中 国 国 家 标 准 汇 编

2008 年修订-56

中国标准出版社 编

中 国 标 准 出 版 社

北 京

图书在版编目（CIP）数据

中国国家标准汇编：2008年修订．56/中国标准出版社编．—北京：中国标准出版社，2009

ISBN 978-7-5066-5521-7

Ⅰ．中…　Ⅱ．中…　Ⅲ．国家标准-汇编-中国-2008
Ⅳ．T-652.1

中国版本图书馆CIP数据核字（2009）第186494号

中国标准出版社出版发行
北京复兴门外三里河北街16号
邮政编码：100045
网址 www.spc.net.cn
电话：68523946　68517548
中国标准出版社秦皇岛印刷厂印刷
各地新华书店经销
*
开本 880×1230　1/16　印张 39.5　字数 1 167 千字
2009年11月第一版　2009年11月第一次印刷
*
定价 200.00 元

ISBN 978-7-5066-5521-7

出 版 说 明

1.《中国国家标准汇编》是一部大型综合性国家标准全集。自1983年起，按国家标准顺序号以精装本、平装本两种装帧形式陆续分册汇编出版。它在一定程度上反映了我国建国以来标准化事业发展的基本情况和主要成就，是各级标准化管理机构，工矿企事业单位，农林牧副渔系统，科研、设计、教学等部门必不可少的工具书。

2.《中国国家标准汇编》收入我国每年正式发布的全部国家标准，分为"制定"卷和"修订"卷两种编辑版本。

"制定"卷收入上年度我国发布的、新制定的国家标准，顺延前年度标准编号分成若干分册，封面和书脊上注明"20××年制定"字样及分册号，分册号一直连续。各分册中的标准是按照标准编号顺序连续排列的，如有标准顺序号缺号的，除特殊情况注明外，暂为空号。

"修订"卷收入上年度我国发布的、被修订的国家标准，视篇幅分设若干分册，但与"制定"卷分册号无关联，仅在封面和书脊上注明"20××年修订-1，-2，-3，……"字样。"修订"卷各分册中的标准，仍按标准编号顺序排列（但不连续）；如有遗漏的，均在当年最后一分册中补齐。需提请读者注意的是，个别非顺延前年度标准编号的新制定的国家标准没有收入在"制定"卷中，而是收入在"修订"卷中。

读者配套购买《中国国家标准汇编》"制定"卷和"修订"卷则可收齐上一年度我国制定和修订的全部国家标准。

3. 由于读者需求的变化，自1996年起，《中国国家标准汇编》仅出版精装本。

4. 2008年制修订国家标准共5946项。本分册为"2008年修订-56"，收入新制修订的国家标准53项。

中国标准出版社

2009年10月

目　录

GB 11341—2008　悬挂输送机安全规程 …………………………………………………………………… 1
GB/T 11343—2008　无损检测　接触式超声斜射检测方法 ……………………………………………… 9
GB/T 11344—2008　无损检测　接触式超声脉冲回波法测厚方法 ……………………………………… 21
GB/T 11348.5—2008　旋转机械转轴径向振动的测量和评定　第5部分:水力发电厂和泵站机组 ………………………………………………………………………………………… 33
GB/T 11355—2008　V带和多楔带传动　额定功率的计算………………………………………………… 49
GB/T 11356.1—2008　带传动　V带轮(基准宽度制)　槽形检验………………………………………… 53
GB/T 11357—2008　带轮的材质、表面粗糙度及平衡 …………………………………………………… 65
GB/T 11361—2008　同步带传动　梯形齿带轮……………………………………………………………… 71
GB/T 11362—2008　同步带传动　梯形齿同步带额定功率和传动中心距的计算………………………… 81
GB/T 11363—2008　钎焊接头强度试验方法………………………………………………………………… 97
GB/T 11364—2008　钎料润湿性试验方法 ………………………………………………………………… 113
GB/T 11369—2008　轻型燃气轮机烟气污染物测量 ……………………………………………………… 121
GB/T 11371—2008　轻型燃气轮机使用与维护 …………………………………………………………… 133
GB/T 11379—2008　金属覆盖层　工程用铬电镀层 ……………………………………………………… 139
GB/T 11387—2008　压电陶瓷材料性能测试方法　静态弯曲强度的测试 ……………………………… 153
GB/T 11409—2008　橡胶防老剂、硫化促进剂试验方法…………………………………………………… 159
GB/T 11419—2008　搪瓷炊具　耐温急变性测定方法……………………………………………………… 171
GB/T 11424—2008　山苍子(精)油 ………………………………………………………………………… 177
GB/T 11425—2008　中国肉桂(精)油 ……………………………………………………………………… 185
GB/T 11500—2008　摄影　密度测量　第2部分:透射密度的几何条件…………………………………… 192
GB/T 11501—2008　摄影　密度测量　第3部分:光谱条件……………………………………………… 204
GB/T 11539—2008　香料　填充柱气相色谱分析　通用法………………………………………………… 225
GB/T 11540—2008　香料　相对密度的测定 ……………………………………………………………… 237
GB/T 11541—2008　照相原纸 ……………………………………………………………………………… 245
GB/T 11543—2008　表面活性剂　中、高黏度乳液的特性测试及其乳化能力的评价方法………………… 253
GB/T 11545—2008　带传动　汽车工业用V带　疲劳试验 ……………………………………………… 261
GB/T 11546.1—2008　塑料　蠕变性能的测定　第1部分:拉伸蠕变…………………………………… 271
GB/T 11547—2008　塑料　耐液体化学试剂性能的测定 ………………………………………………… 285
GB 11554—2008　机动车和挂车用后雾灯配光性能 ……………………………………………………… 303
GB 11564—2008　机动车回复反射器 ……………………………………………………………………… 309
GB/T 11618.1—2008　铜管接头　第1部分:钎焊式管件…………………………………………………… 321
GB/T 11618.2—2008　铜管接头　第2部分:卡压式管件…………………………………………………… 353
GB/T 11651—2008　个体防护装备选用规范 ……………………………………………………………… 385
GB/T 11682—2008　低本底α和/或β测量仪………………………………………………………… 407
GB/T 11693—2008　船用法兰焊接座板 …………………………………………………………………… 419
GB/T 11698—2008　船用法兰连接金属阀门的结构长度 ………………………………………………… 431
GB/T 11699—2008　舷内机小艇　螺旋桨轴端和桨毂 …………………………………………………… 443

GB/T 11746—2008 簇绒地毯 …… 451
GB/T 11759—2008 牛皮 …… 463
GB/T 11760—2008 裸大麦 …… 469
GB/T 11763—2008 棉籽 …… 475
GB/T 11764—2008 葵花籽 …… 481
GB/T 11766—2008 小米 …… 487
GB/T 11793—2008 未增塑聚氯乙烯(PVC-U)塑料门窗力学性能及耐候性试验方法 …… 495
GB/T 11799—2008 船用防爆离心通风机 …… 511
GB/T 11800—2008 船用防爆轴流通风机 …… 523
GB/T 11805—2008 水轮发电机组自动化元件(装置)及其系统基本技术条件 …… 535
GB/T 11807—2008 探查松脱零件的声学监测系统的特性、设计和运行程序 …… 557
GB/T 11809—2008 压水堆燃料棒焊缝检验方法 金相检验和X射线照相检验 …… 573
GB/T 11810—2008 锡 113-铟 113 m 发生器 …… 587
GB/T 11813—2008 压水堆燃料棒氦质谱检漏 …… 595
GB/T 11822—2008 科学技术档案案卷构成的一般要求 …… 603
GB/T 11828.6—2008 水位测量仪器 第6部分:遥测水位计 …… 617

ICS 13.110
C 68

中华人民共和国国家标准

GB 11341—2008
代替 GB 11341—1989

悬挂输送机安全规程

Safety rules for overhead chain conveyers

2008-12-11 发布　　　　2009-10-01 实施

中华人民共和国国家质量监督检验检疫总局
中国国家标准化管理委员会　发布

前　言

本标准的全部内容为强制性。

本标准是对 GB 11341—1989《悬挂输送机安全规程》的修订。

本标准与 GB 11341—1989 相比主要变化如下：

——增加了前言；

——编排次序进行了调整；

——增加了“术语和定义”一章(本版第 3 章)；

——增加了规范性附录“悬挂输送机各部件检修内容及周期”(见附录 A)。

本标准的附录 A 为规范性附录。

本标准由国家安全生产监督管理总局提出。

本标准由全国安全生产标准化技术委员会(SAC/TC 288)归口。

本标准起草单位开滦(集团)有限责任公司、煤炭科学研究总院唐山研究院、济南南方输送设备有限公司、唐山钢铁股份有限公司。

本标准主要起草人：裴华、张健、梅海斌、刘永革、程玉贵、陈洪香、夏晓光。

本标准所代替标准的历次版本发布情况为：

——GB 11341—1989。

悬挂输送机安全规程

1 范围

本标准规定了悬挂输送机在设计、制造、安装、使用、维护和管理等方面的安全技术要求。

本标准适用于通用悬挂输送机和积放式悬挂输送机、地面链式输送机，单轨悬挂小车输送机可参照使用。

2 规范性引用文件

下列文件中的条款通过本标准的引用而成为本标准的条款。凡是注日期的引用文件，其随后所有的修改单(不包括勘误的内容)或修订版均不适用于本标准，然而，鼓励根据本标准达成协议的各方研究是否可使用这些文件的最新版本。凡是不注日期的引用文件，其最新版本适用于本标准。

GB 2893　安全色

GB 2894　安全标志及其使用导则

GB 3836.15　爆炸性气体环境用电气设备　第15部分：危险场所分电气安装(煤矿除外)

GB 3836.16　爆炸性气体环境用电气设备　第16部分：电气装置的检查和维护(煤矿除外)

GB 4053.1　固定式钢直梯安全技术条件

GB 4053.2　固定式钢斜梯安全技术条件

GB 4053.3　固定式工业防护栏杆安全技术条件

GB 4053.4　固定式工业钢平台

GB/T 5972　起重机用钢丝绳检验和报废实用规范

GB 50256　电气装置安装工程低压电器施工及验收规范

JB/T 7011—1993　悬挂输送机　术语

3 术语和定义

下列术语和定义适用于本标准。

3.1

轨道　track

组成输送机线路，小车与链条在其上运行的刚性承载件。

[JB/T 7011—1993，定义5.1]

3.2

捕捉器　safety device for vertical curves

当牵引件意外破断时，在倾斜段上及时卡住运动部件，使之不能下滑的安全装置。

[JB/T 7011—1993，定义5.6]

3.3

升降段　drop section

输送线路上能够携带承载小车升降的装置。

[JB/T 7011—1993，定义7.8]

3.4

止退器　thrust terminator

限制输送物体后退的构件。

3.5

夹紧器　clamp

固定输送物吊具的构件。

3.6

吊具　sling

承载输送物体的构件。

4　一般要求

4.1　应通过设计尽可能排除或减少所有潜在的危险因素。

4.2　通过设计不能避免或充分限制的危险，应采取必要的安全防护装置（防护装置、安全装置）。

4.3　对于无法通过设计排除或减少的，而且安全防护装置对其无效或不完全有效的留有危险，应用信息通知和警告操作者。

4.4　悬挂输送机的零部件以及将悬挂输送机固定于建筑物上的构件应满足强度、刚度和稳定性要求。

4.5　在制造、安装、运输、贮存和使用时，不得对人员、设备和环境造成危险。

5　设计、制造和安装要求

5.1　轨道的安全系数应不小于2，许用挠度应不大于跨度的1/300。单轨悬挂小车输送机轨道的许用挠度应不大于跨度的1/400。

5.2　牵引链条的安全系数应不小于10，对钢铁、汽车行业使用的6吋牵引链条安全系数应不小于12，应采用电加热液压模锻工艺和预拉伸工艺，链条破断负荷应不小于500 kN，预拉伸负荷应不小于250 kN。

5.3　吊板、吊具的安全系数应不小于5。

5.4　承载小车主要受力件的安全系数应不小于5。

5.5　升降段应由两条钢丝绳或链条提升，其端部应设置缓冲装置。每根钢丝绳按额定载荷计算的安全系数应不小于7，链条的安全系数应不小于10。升降段提升钢丝绳尾端固定装置应有防松和自紧功能。

5.6　所有起动和停止装置应有明显标志并易于接近。悬挂输送机线路上应安装紧急停车开关，一般应30 m范围内不少于一个。在操作工位，升降段和线路转弯处应安装紧急停车开关。紧急停车开关的颜色为安全色——红色，并应在所有控制点和装卸点能够迅速而无危险地操纵。

5.7　设备应设置声光警示信号，在设备开动以前警告其他人员注意安全。

5.8　驱动装置应配备过载保护装置，在牵引链条的拉力超过许用值的1.5倍时切断电动机电源，在产品说明书上标明调整方法并在设备相应部位标记。

5.9　张紧装置应配备极限行程开关，以便保持适当的张力，并在张力超出规定值范围时切断电动机电源。

5.10　在轨道的上坡和下坡段应安装捕捉器，当链条意外破断时迅速将链条或小车卡住，同时自动切断电动机电源。捕捉器的间隔应满足落差不大于1.5 m的要求。

5.11　在积放式悬挂输送机中，推杆与承载小车应可靠地啮合。在倾斜段上，若无机件毁坏，即使用人工方法也不应使其分离。

5.12　在积放式悬挂输送机和单轨悬挂小车输送机的活动轨段接头处（如升降段或道岔装置等部位），应装有防止承载小车掉落的安全装置。

5.13　吊具与承载小车应可靠连接，不得自行脱开。吊具应能够防止物品在运行中由于倾斜而打滑或掉落。

5.14　升降段应有上、下限位开关，以使升降段到位时切断升降电动机电源。极限位置应装有档块并满足强度要求。

5.15 由人工装卸时，应考虑操作的方便和安全性，下列情况应采用机械装置：

a） 装卸质量大于 55 kg 的成件物品；

b） 移动速度大于 15 m/min 的成件物品。

5.16 在积放式悬挂输送机道岔附近应设置联锁装置，防止将工作输送线的小车送往非工作输送线或满位输送线。

5.17 所有常用润滑点应便于注油，润滑时不应拆卸防护罩。

5.18 设备下方的行人通道净空高度不得小于 1.9 m，并设有安全防护装置。

5.19 当操作人员进行操作、维护、调整的工作位置在坠落基准面 2 m 以上时，应配置平台和防护栏杆。

5.20 悬挂输送机在跨越工作位置或通过人员上方时，应设置护网或护板。

5.21 当悬挂输送机穿越楼层时，孔口应设防护栏杆。

5.22 直梯、斜梯、防护栏杆和平台应分别符合 GB 4053.1～4053.4 的要求。

5.23 在地面与 2 m 高度之间悬挂输送机不得有工作人员易于触及的尖角，否则应加以防护。

5.24 悬挂输送机以额定载荷额定速度运转时，距设备 1 m 各点的噪声应不大于 80 dB(A)。

5.25 悬挂输送机的安全色及照明应符合 GB 2893 的规定。设备易发生危险的部位应有符合 GB 2894 的安全标志。

5.26 电气设备的安装应符合 GB 50256 的有关规定，危险场所电气设备的安装应符合 GB 3836.15 的有关规定。

6 使用、维护和管理要求

6.1 除指定人员外，任何人不得开动设备或干预设备的正常工作。

6.2 悬挂输送机的操作和维护人员应经过安全技术培训考核合格并持证上岗。

6.3 设备紧急停车后，只有当事故排除后方可开动。

6.4 直梯、斜梯、防护栏杆和平台等防护装置安装好前，设备不得投入使用。

6.5 升降段应有防止意外升降的安全设施，应避免操作人员在升降段的正下方操作。

6.6 操作人员应按规定加载，不得超载。在装载工位附近的明显位置应注明装料操作规程，规程应包括允许的装载量，定位方式和极限尺寸。

6.7 应保持设备特别是驱动装置、牵引链条和吊具的良好工作状态，及时保养。所有装载，卸载和操作工位以及悬挂输送机通道应保持整洁。

6.8 若拆除防护装置的部位位于作业区或人员行经的地方，该部位应用围栏隔开，防止人员靠近。

6.9 当防护装置从运转的输送机上拆除后，维护工作只能由指定人员进行。指定人员应身穿紧身工作服，并由专人在停车开关处监护。防护装置重新装好后，应经安全技术部门同意或维护检查人员和操作人员共同认可后方可重新起动。

6.10 设备运转中不得进行人工润滑，除非润滑部件的位置允许或备有特殊装置，能够确认安全时才允许进行，如润滑需打开护罩，应停机进行润滑。

6.11 牵引链条应采用润滑油定期润滑，不得用润滑脂润滑。

6.12 严禁在链条或轨道上依靠或放置器物（梯子、跳板等），如维护人员不得不这样做时，应停机进行。

6.13 悬挂输送机不得用来完成设计规定以外的任务，也不得在不符合产品技术文件规定的作业条件下使用。

6.14 在悬挂输送机的使用和维护中，不得任意改变电路，以免安全装置失效；危险场所电气设备的维护应符合 GB 3836.16 的有关规定。

6.15 悬挂输送机各部件的检修内容及周期应按附录 A 中规定执行。

6.16 悬挂输送机设备的检查、调整、维护和清理应符合制造厂技术文件的要求。

6.17 每套设备应备有记载维护、故障、修理等内容的设备档案。

6.18 轨道如出现下述情况之一时应报废：

a) 工作翼缘局部变形大于 2 mm；

b) 工作表面磨损达翼缘厚度的 30%。

6.19 升降段提升链条的啮合节距增大 5%时，链条应报废。

6.20 牵引链条的啮合节距增大 5%时，链条应报废。

6.21 走轮和导轮如出现下述情况之一时应报废：

a) 裂纹；

b) 直径减少 4%；

c) 椭圆度达 0.8 mm。

6.22 升降段提升钢丝绳的检验和报废应符合 GB/T 5972 的有关规定。

附 录 A
(规范性附录)
悬挂输送机各部件检修内容及周期

表 A.1 检修内容及周期

部 件	检 修 内 容	周 期
减速机	减速机解体，检查各级齿轮、轴、轴承、电机固定螺栓，润滑系统清洗或更换，测定转动件的磨损量，更换报废零部件，按规定调整间隙。	1年
驱动装置	对驱动轮、驱动链与张紧轮进行检查，测量磨损量，更换报废零部件，检查清洗托轨、调整螺栓，调整托轨、链轮的位置精度。	6个月
张紧装置	检测光轮和导轮轴承、所有密封、螺栓、轨道磨损和水平度，并调整或更换。	3个月
回转装置	解体检测回转轮，清洗或更换轴、轴承及螺栓。	3个月
小车	检查、清洗或更换导轮、轴、升降爪等。	1个月
牵引链及钢丝绳	检查链节、销轴及钢丝绳，更换报废零部件。	1个月
轨道	检查测定轨道的磨损、标高及水平度，更换报废零件。	3个月
停止器夹紧器	检查气路管线、密封，测定位置精度、磨损量，更换报废零件。	3个月
岔道	检测磨损量和位置，更换报废零件并润滑。	3个月

ICS 19.100
J 04

中华人民共和国国家标准

GB/T 11343—2008
代替 GB/T 11343—1989

无损检测　接触式超声斜射检测方法

Non-destructive testing—Practice for ultrasonic angle-beam testing by the contact method

2008-05-13 发布　　2008-11-01 实施

中华人民共和国国家质量监督检验检疫总局
中国国家标准化管理委员会　发布

前　言

本标准修改采用 ASTM E587-00(2005)《接触式超声斜射检测方法》(英文版)。

本标准根据 ASTM E587-00(2005)重新起草。

考虑到我国国情，在采用 ASTM E587-00(2005)时，本标准做了一些修改。有关技术性差异如下：

——删除 ASTM 标准的 1.2 和 1.3；

——将规范性引用文件 ASTM E114 改为 JB/T 4009；

——将规范性引用文件 ASTM E317 改为 JB/T 9214；

——将规范性引用文件 ASTM E543 改为 GB/T 5616；

——将规范性引用文件 ASTM E1316 改为 GB/T 12604.1 和 GB/T 20737；

——将规范性引用文件 SNT-TC-1A 和 ANSI/ASNT CP-189 改为 GB/T 9445；

——增加规范性引用文件 GB/T 19799.1；

——删除规范性引用文件 MIL-STD-410 和 NAS 410；

——删除 ASTM 标准的第 12 章。

为便于使用，本标准还做了下列编辑性修改：

——“本方法”一词改为“本标准”；

——插入 GB/T 1.1—2000 规定的引导语；

——删除英制单位和数据，仅保留 SI 制单位和数据；

——重新编排了部分条号和标题，以符合 GB/T 1.1—2000 的要求。

本标准代替 GB/T 11343—1989《接触式超声斜射探伤方法》。

本标准与 GB/T 11343—1989 相比主要变化如下：

—— 修改和增加了检测原理和应用举例；

—— 增加了检测项目合同等要求。

本标准由中国机械工业联合会提出。

本标准由全国无损检测标准化技术委员会(SAC/TC 56)归口。

本标准起草单位：上海宝钢工业检测公司、上海材料研究所、常州超声电子有限公司。

本标准主要起草人：宁锴、罗云东、于宝虹、潘振新。

本标准所代替标准的历次版本发布情况为：

——GB/T 11343—1989。

无损检测 接触式超声斜射检测方法

1 范围

本标准规定了采用接触式超声斜射脉冲回波技术(包括超声斜射纵波、横波、瑞利波、莱姆波)对材料进行超声检测的方法,同时对系统设备及校准做了适当的规定。

2 规范性引用文件

下列文件中的条款通过本标准的引用而成为本标准的条款。凡是注日期的引用文件,其随后所有的修改单(不包括勘误的内容)或修订版均不适用于本标准,然而,鼓励根据本标准达成协议的各方研究是否可使用这些文件的最新版本。凡是不注日期的引用文件,其最新版本适用于本标准。

GB/T 5616 无损检测 应用导则

GB/T 9445 无损检测 人员资格鉴定与认证(GB/T 9445—2008,ISO 9712:2005,IDT)

GB/T 12604.1 无损检测 术语 超声检测(GB/T 12604.1—2005,ISO 5577:2000,IDT)

GB/T 19799.1 无损检测 超声检测 1号校准试块(GB/T 19799.1—2005,ISO 2400:1972,IDT)

GB/T 20737 无损检测 通用术语和定义(GB/T 20737—2006,ISO/TS 18173:2005,IDT)

JB/T 4009 接触式超声纵波直射探伤方法

JB/T 9214 A型脉冲反射式超声波系统工作性能测试方法

3 术语和定义

GB/T 12604.1 和 GB/T 20737 确立的术语和定义适用于本标准。

4 要点和应用

4.1 将电脉冲施加在压电换能器上即能将电能转变为机械能。在斜射波探头中,换能器通常发生厚度变化,产生压缩与扩张。这种纵波(压缩波)将通过斜楔(通常为一种塑料)。换能器表面与斜楔接触面之间的角度等于被检表面法线与入射波束之间的角度。图1表示超声波束的入射角 φ_i 和折射角 φ_r。

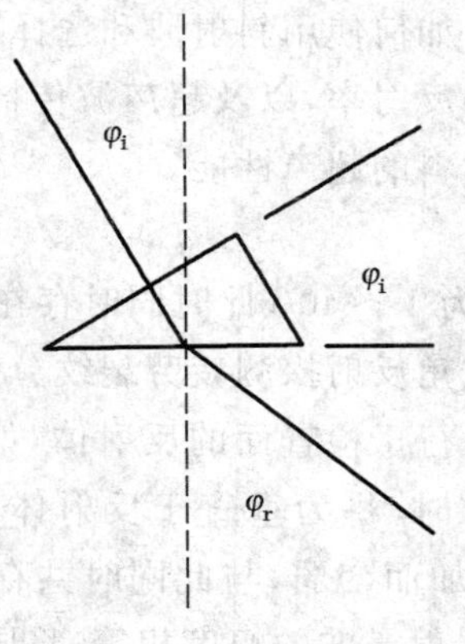

图1 折射

4.2 当斜探头的检查面与材料耦合时,超声波将在材料中传播,如图2所示。超声波在材料中的传播角度(从被检表面的法线量起)和振动的模式将根据斜楔角度、斜楔中的超声声速和被检材料中的超声声速而定。当材料厚度大于几个波长时,材料中传播的波可以是纵波和横波。单纯的横波、横波和表面波、单纯的表面波,在界面上也可能产生全反射(见图3)。在薄的材料中(最长为几个波长的厚度),从斜探头中来的波可能以不同模式的板波在材料中传播。

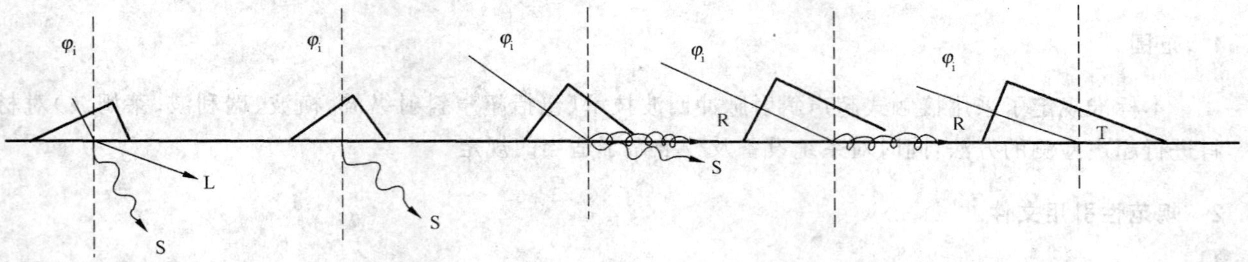

图2 波型振动模式

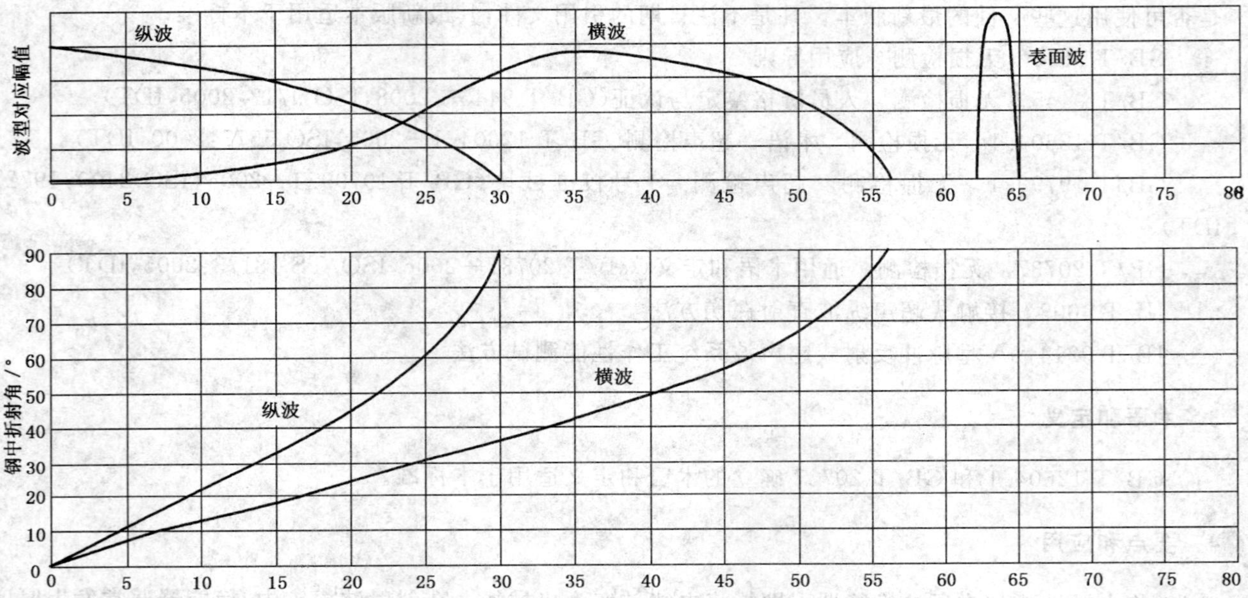

图3 有机玻璃中探头楔块的角度(°)

4.3 所有模式的超声振动都可用做材料的斜射法检测。材料结构和不连续可能存在的位置和取向将决定选择波束的方向和振动的模式。如何使用斜射波和选择适当的波型,需要有关物体几何形状、预期不连续的可能存在位置、大小、取向和反射率,以及超声波传播的物理定律等方面的知识。必须知道或测定所使用检验系统的特性和被检材料的超声性能。

a) 斜射纵波

如图4所示,斜射纵波的折射角为1°~40°(此时同时存在的斜射横波很弱,如图3所示),它将可用于轴类工件的端面上利用直接反射或角反射探测疲劳裂纹。如图5所示的交叉波束的双换能器型探头产生的斜射纵波可用来测厚或检查平行于检查面的反射体,如分层等不连续(如图6所示)。当反射体的主平面与检查面的夹角不超过40°时,将为垂直于反射体主平面的斜射纵波提供最佳反射条件。45°~85°的斜射纵波将随着角度的增加而变弱,与此同时共存的斜射横波也将随之增强。在材料中斜射纵波的幅度在约为55°时与29°的斜射横波的幅度相等,将同时存在于材料中(如图7所示)。由于两束波以不同速度和不同方向同时传播将引起混乱,故很少应用此范围内的斜射波。

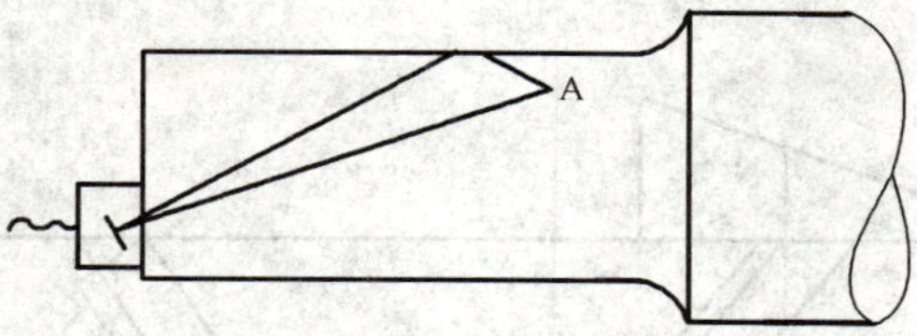

图 4　轴类

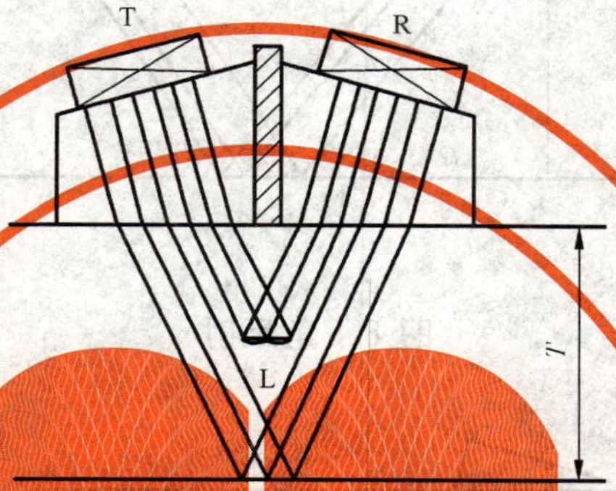

图 5　厚度

图 6　纵向角度

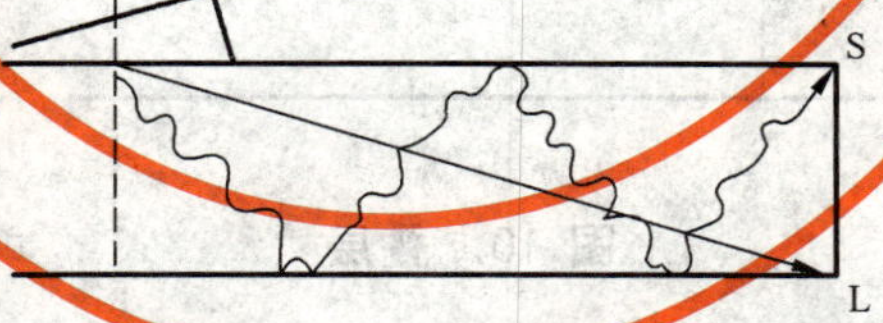

图 7　同时发生的波束

b)　斜射切变波(横波)

在 40°～75°范围内的斜射切变波是最常用的斜射波。斜射横波在下列情况下能探测到材料中的不连续,即当反射体的平面与材料表面垂直,则依靠角反射或再辐射现象(如图 8 所示)。当超声波束与反射体平面相互垂直,则依靠直接反射(如图 9 所示)。平行于检查面的反射体(如图 10 所示钢板中的分层)很少能被斜射波探测到,除非同时有另一反射体,例如在钢板边缘处的分层(如图 11 所示),由于分层和钢板边缘造成的角反射而能被探测出来。通常分层应用直射波探测和评价。斜射横波应用于焊缝检测时,利用角反射,可探出未熔合(如图 13 所示),利用柱面反射或角反射而能使之检测出来(如图 15 所示)。80°～85°的斜射横波经常在材料表面上同时产生表面波,两束波以稍有不同的角度和不同的速度传播将产生混乱,故此角度范围内的斜射波应用是受到限制的。

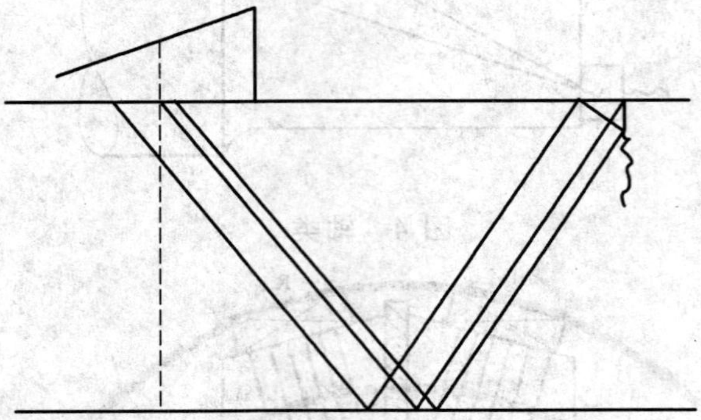

图 8　角反射

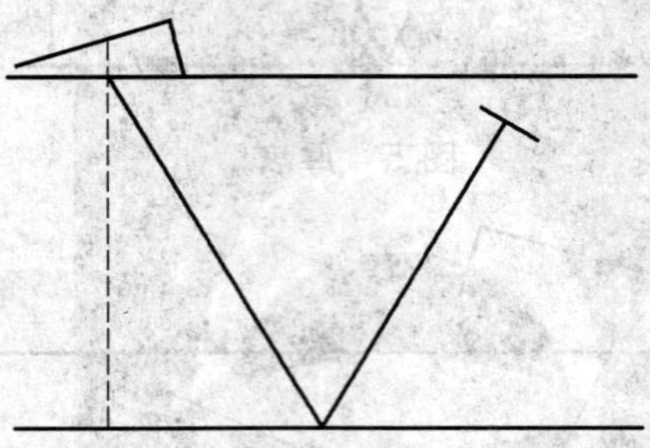

图 9　法向平面

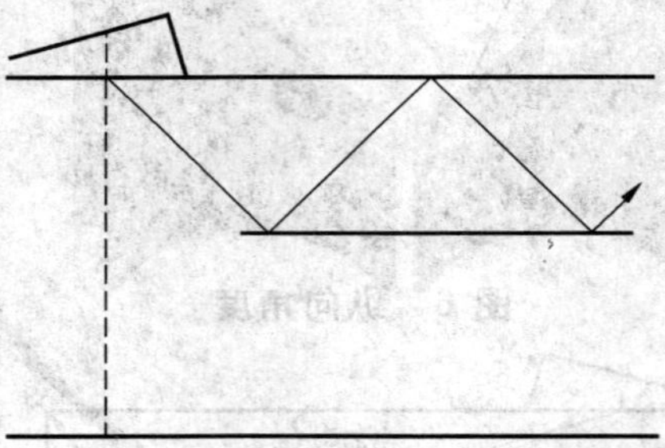

图 10　叠层

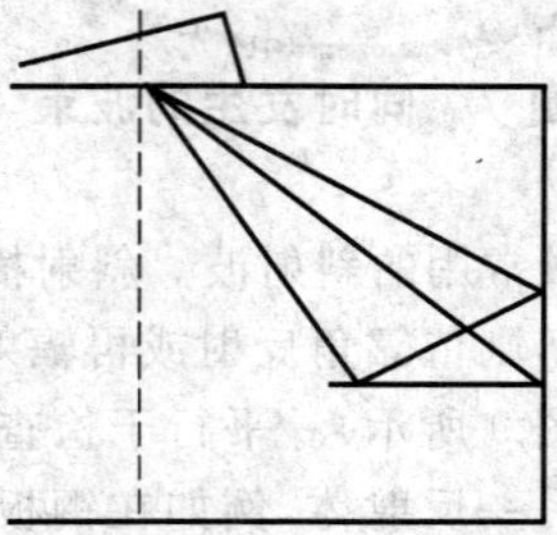

图 11　边缘分层

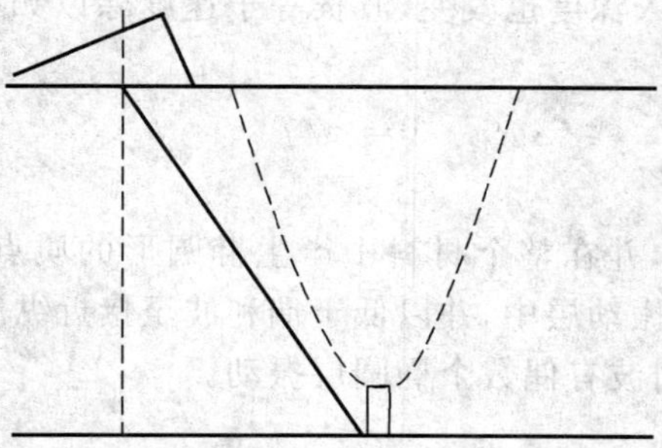

图 12　未焊透

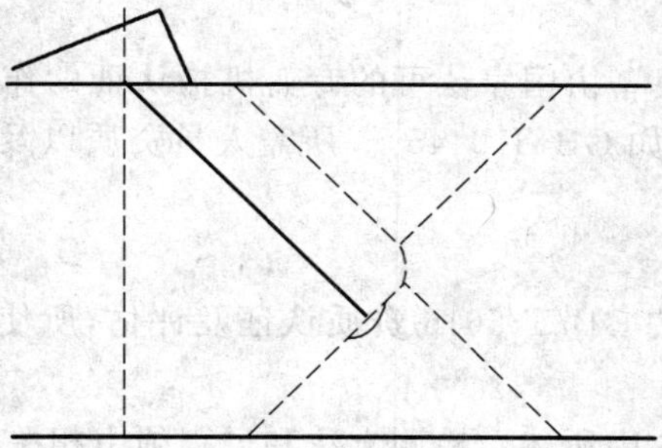

图 13　未熔合

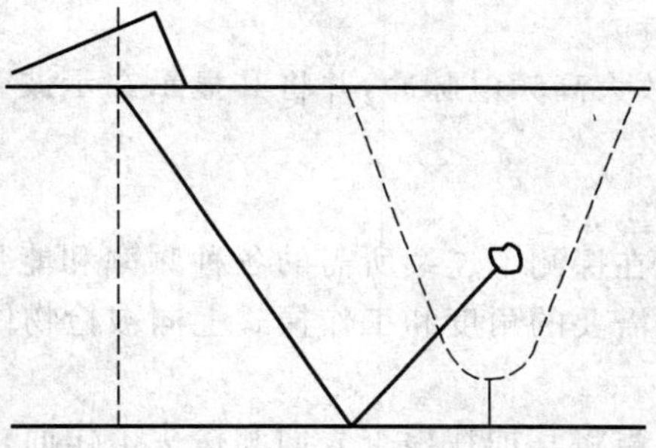

图 14　夹渣或气孔

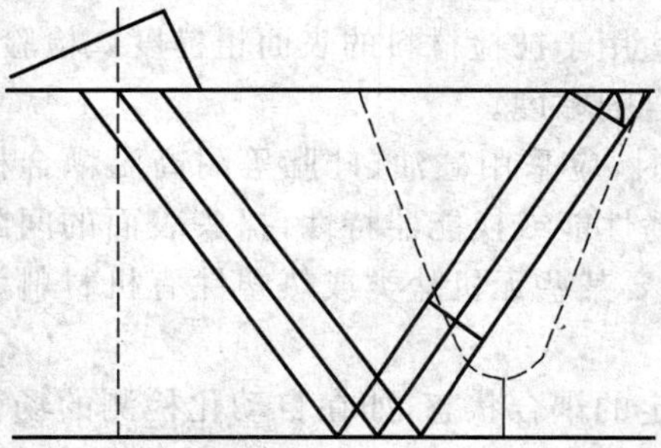

图 15　裂纹

c)　在表面传播的瑞利波

在表面传播的瑞利波以与检查面法线成 90°方向在检查面上传播。在厚度大于两个波长的材料中，瑞利波的能量大约穿透到一个波长的深度。但由于能量以指数式分布，半数能量集中在离表面 1/4 波长的深度范围内。长度方向与瑞利波传播方向垂直的裂纹能被检出，其深度可用改变瑞利波频率的方法加以估计，因为波长改变后透入深度也改变，波长等于速度除以频率，表面下不连续如在表面下一个波长范围内，可被瑞利波发现。

$$\lambda = v/f$$

d）莱姆波

莱姆波传播时检查法线成90°，并在整个材料中产生椭圆形的质点振动。根据材料厚度与检查用频率，这些振动存在于不同数量的振动层中，并以低于瑞利波至接近纵波的速度传播。非对称性莱姆波有奇数个椭圆层振动而对称性莱姆波有偶数个椭圆层振动。

5 资质

5.1 为了检测工作有效进行，下列条款要求供需各方达成一致。

a）检测人员资格

参与检测项目的检测人员应具备由国家认可的专业机构认证的作业资质，使用国家、行业、企业或其他认证部门认证的标准或规范（如GB/T 9445）。所需人员资质以及适用的标准、规范需签署合同各方认可。

b）检测企业资质

参与检测项目的检测机构需按GB/T 5616资质认证及评估，所使用GB/T 5616的版本应在合同当中指明。

5.2 微观结构特殊的材料（如4.3中所述），检测方法和过程须由相关各方商定。

6 设备

6.1 仪器

超声检测仪应能产生、接收、放大高频电脉冲，并将其显示在示波管（CRT）或工作在仪器规定频率下的读出装置上。

6.2 探头

探头应能按校准工艺的规定，在探测不连续所需的各种频率和能量水平上向被检验材料发射及接收超声波。探头装有斜楔，以便在需要的角度和工作模式上向被检物体发射超声波。

6.3 耦合剂

耦合剂通常是液体或半液体，需将其加在检查表面和探头工作面之间，以便超声波能从探头投入被检验材料，典型的耦合剂包括甘油、水、纤维塑胶、机油、乳化油和牛油等，也可添加防锈剂或润湿剂或两者同时应用。选择的耦合剂应对产品或工艺无害。

耦合介质选择时应使其黏度适用于被检材料的表面粗糙度。检验粗糙表面时通常需用高黏度的耦合剂。材料的表面温度将改变耦合剂黏度。

a）在较高温度（超过52℃）时，应采用硅油、硅脂等耐高温耦合材料。然而为避免温度变化而影响楔块材料的超声波传播性能或换能器特性，探头表面的间隙接触或探头的辅助冷却是需要的。在更高温度时，将需要某些无机盐类或热塑性有机材料为主的耦合剂以及不会被高温损坏的楔块材料和换能器。

b）当在大的面积上需要稳定的耦合状态，如在自动化检测的场合或发现表面粗糙度有显著变化时，就需要用能提供更好检测效果的其他耦合方法，如液体间隙耦合法。在此情况下，探头表面不与检查面接触，而用整体导轨或固定装置使两者之间的距离保持约为0.5 mm。经探头流出的液体将充满此间隙。流动的液体能提供耦合的通道，如检查面较热时有使探头保持低温状态的额外优点。

c）直接接触的另一种方法是轮式探头，探头以需要的角度安装在固定轴上，并有一柔性的，充满液体的轮胎能绕此轴旋转，由于弹性的轮胎材料以滚动接触方式与检查面紧密吻合，少量耦合剂就能使超声波透入被检表面。

6.4 校准用试块

已知尺寸的反射体,人工反射体或特定探头和材料适用的,由已知大小反射体形成的距离-幅度曲线都能用于校准。人工反射体的形状可以是横孔、槽口或平底孔。参考用材料与生产用材料应有相似的速度、衰减、曲线和表面粗糙度。

7 校准

7.1 概述

如需要得到定量的资料,仪器的垂直线性或水平线性或两者都应按 JB/T 9214 或由检测机构和买方同意的其他方法来校准。适用的线性指标也应由检验机构和买方彼此同意。

检测前应按产品规范校准检测系统。

7.2 斜射纵波和横波

7.2.1 距离校准如要在生产工件中准确地确定反射体位置,推荐采用按工件尺寸或声程的距离校准方法。可用 GB/T 19799.1 的 1 号校准试块提供的同心圆柱面反射来校准扫描范围和延迟。如工件有适当的几何形状则工件本身能提供更为可靠的校准。当检验区域包括平行表面之间的全部体积,则当以一个方向检测时,示波屏上至少要标出一个 V 形声程,当以两个方向检测时至少要标出半个 V 形声程(从表面至表面)。

7.2.2 幅度校准(增益)通常在一个或多个反射体上进行,例如与被检件主要表面平行并与声程垂直的横孔。按检测声束角度钻的半径相同的平底孔。在某些情况下表面刻槽也能满足要求。反射体信号能用来校准增益控制,使之达到能检测最小不连续的水平。为进行定量评价,对特定探头和材料能用电子学方法或在荧光屏上画出距离-幅度曲线(DA 曲线),或用图表和曲线表示幅度和距离的关系来完成距离幅度校准。除非另有规定,增益应调整到使参考反射体的最大信号达到满屏高度的 80%(只要在线性极限内)。

7.2.3 往往同一参考反射体用来做距离和幅度校准,对低衰减材料的一个例子是图 16 所示的 $T/4$ 深度的单个横孔。移动探头使反射体通过 V 形声程的 1/8、3/8、5/8、7/8 和 9/8 处。调整延迟使信号 1 出现在扫描刻度 1 处。调整扫描范围使信号 9 出现在扫描刻度 9 处。由于这些控制器调节时会相互影响,故应重复调节延迟和扫描范围,直至信号 1 和 9 定位于刻度 1 和 9 处。调节增益控制,使 1、3、5、7 或 9 处信号的一个最高信号为满屏高度的 80%。在此增益调节下,在示波屏上标出 1、3、5、7、9 处反射体信号的最大峰值,联接这些点做成 DA 曲线或在能等效显示的情况下以电子学方法加以补偿。由横孔与表面生成的角反射信号可能在扫描线 4 及 8 处出现,这些信号不能用于 DA 曲线。根据探头前沿(或从斜楔侧面上声束中心线位置)至横孔在表面上的投影位置量出反射体在表面的位置。由于横孔在表面下的深度是已知的,此种校准可作为估计未知反射体位置、深度和相对信号幅度的手段。

7.3 在表面传播的瑞利波

7.3.1 距离校准,由于这是一种表面检测方法,需要用表面几何形状的突然变化(即转角处、方形槽等)作为距离校准的参考。荧光屏上的扫描线应按探头至参考反射体的距离校准。

7.3.2 幅度校准瑞利波的透入深度与频率有关,订货数据中应说明能作为校准参考反射体用的最大允许不连续深度。检查用频率应大约等于材料中瑞利波速度(V_R)除以 4 倍的校准参考深度(d),即:

$$f \cong \frac{V_R}{4d}$$

注:例:校准参考深度为 0.013 in(0.33 mm),材料的瑞利波速度(V_R)为 3.00 mm/μs。

$$f \cong \frac{3.00\ \text{mm}/\mu\text{s}}{4(0.33\ \text{mm})}$$

$$f \cong 2.27\ 周/\mu\text{s}\ 或\ 2.27\ 周$$

此频率下的声束有更大的有效检测深度,对较大深度的反射体有更高的回波幅度。

7.4 莱姆波(可在薄板或管壁中产生)

7.4.1 距离校准如将声束的入射角调节(使用可变角接触式探头或水浸检验中改变角度)到使入射纵波的波前截面速度等于特定类型和模式的莱姆波的相速度。则莱姆波就能在薄板或管壁中产生。各种模式非对称性和对称性莱姆波的相速度取决于超声波的频率和材料的厚度。因此,校准用参考基准必须与被检工件相似,需要的参考不连续可以是厚度的差别或是不连续反射体。莱姆波以群速度传播,每个模式都不同,也不同于相速度。荧光屏上的扫描线应按探头至参考反射体的距离校准。

7.4.2 幅度校准,订货数据中应说明能作为参考基准的最大允许不连续。为从参考反射体上得到校准信号,应选择适用的莱姆波类型和模式。

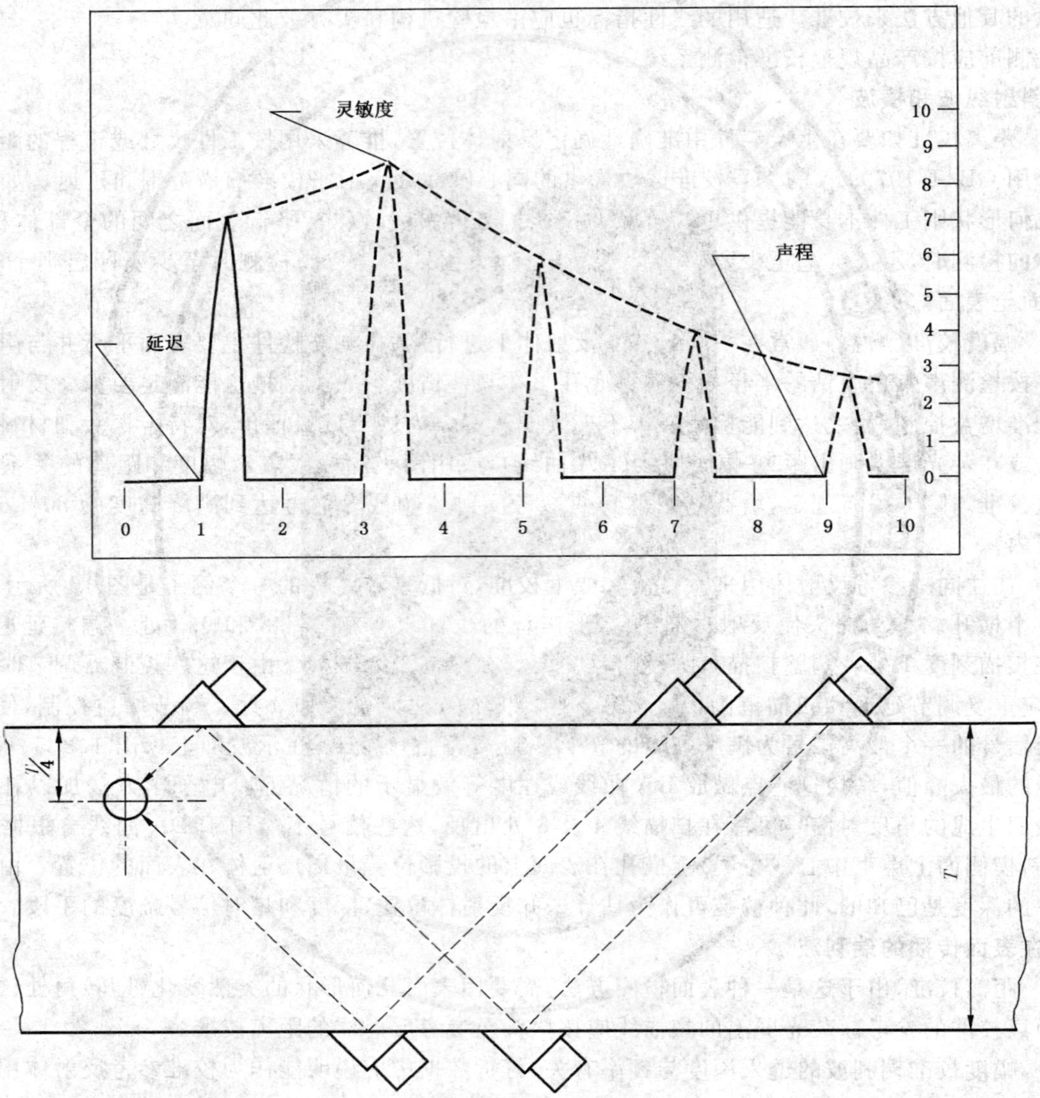

图 16 校准

8 检测方法

8.1 概述

斜射波检测通常采用斜射纵波或斜射横波。

8.2 斜射纵波

当因工件几何形状或不连续取向需要用 1°~40°声束角度时,应用斜射纵波。通常不应使用 1°~40°的斜射横波，因为同时存在的斜射纵波幅度较高且会产生干扰。在1°～40°声束角度范围内，斜射纵波将具有比同时存在的小角度斜射横波更高的幅度。在此斜射纵波范围内应用的探头可分为三组，即单晶探头、平行声束的双晶探头和交叉声束的双晶探头。

a） 单晶探头

预期不连续的主反射面的角度已知时，检测用声束的角度应与此反射面垂直。在可能存在不连续的区域内，应在声束与不连续主平面相互垂直的条件下对材料进行扫查。

从实心轴类端面上检测其疲劳裂纹时，如图17所示，所用的声束角度可按下列公式计算：

$$\varphi_2 = \arctan\frac{A+B}{C}$$

进行检测时，应使声束通过轴的中心线到达被认为有裂纹的区域，同时将探头顺着检测圆作圆周移动。

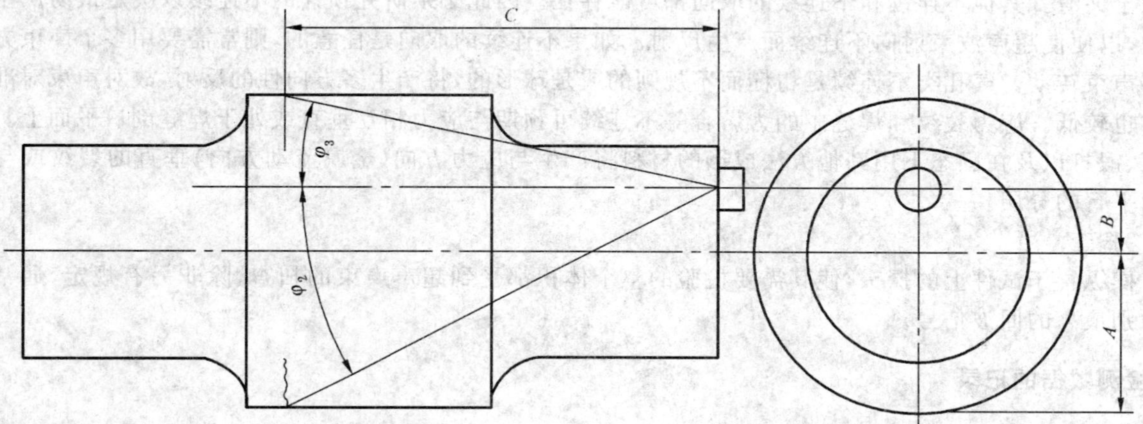

图17　实心轴

从空心轴类端面上探测疲劳裂纹时，如图18所示，其声束角度可按下列公式计算：

$$\varphi_3 = \arctan\frac{A-B}{C}$$

进行检测时，应使从轴端上的声束射向被怀疑有裂纹的区域，同时将探头顺着检验圆作圆周移动。

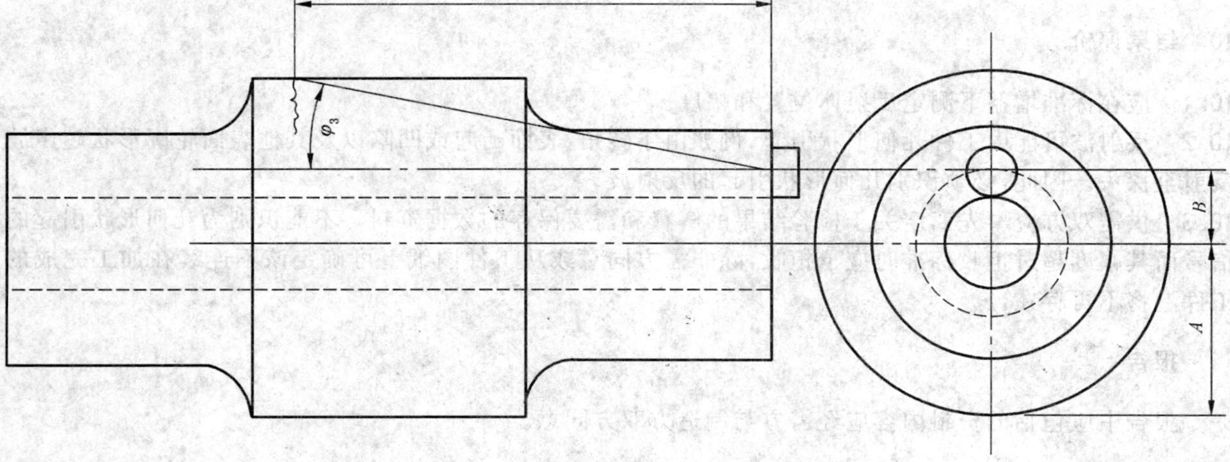

图18　空心轴

b) 平行声束双晶探头

当反射体的声程较近时可采用发射和接收分开的探头或称之为双晶探头，以消除斜楔中的杂波。在双晶探头中发射晶片及其斜楔与接收晶片及其斜楔之间用隔声材料分开，以防止串声，发射声束和接收声束基本上是平行的。除了仪器以一发一收方式工作外，探头的应用与8.2a)所述相似。

c) 交叉声束双晶探头

这些探头装配时使声束在被检验表面正下方交叉以改进近表面处的分辨力。这些探头能够检验的深度范围取决于晶片尺寸和声束角度。除了对近表面分辨力有改进(可能会带来探测深度范围上的限制，因此深度校准时要特别小心)和仪器以一发一收方式工作外，这些探头的应用相似于JB/T 4009中的直射法检验。

8.3 斜射横波

斜射横波检验通常采用单晶片探头方式。此种技术的原理示于图16。横孔给出的圆柱形反射体类似于夹渣。其他不连续和不连续的取向都可能存在。因此必须研究预计的不连续以决定最易产生的取向，以便使超声波束射向不连续而产生反射。如果不连续的取向是任意的，则常需要用多个声束方向或将声束转动。气孔类不连续是粗糙而不规则的或是球形的，将产生多方向性的反射，故对声束对准的要求也较低。应力裂纹和焊缝中的为熔合等不连续可预期与应力相互垂直或处于焊缝剖口平面上。被辗压、锻打以及在固态下用其他方法成形的材料将产生与应力方向(金属流动方向)垂直的裂纹或与检查面平行的分层。

8.4 扫查

操纵置于试件上的探头，使其需要检验的整个体积都受到超声声束的扫查，除非另有规定，通常只需识别最高的回波信号。

9 检测数据的记录

在每次检测中下列数据应予记录：

a) 工件名称(或编号)和检测日期；

b) 操作者姓名和资格等级(如有证件时)；

c) 仪器名称、制造厂、型号及编号；

d) 布置情况、耦合剂、探头电缆长度、手工或自动扫查；

e) 有关探头的说明、类型、频率、晶片尺寸、斜楔及声束的振动模式；

f) 为重复检验所需的参考标准及校准数据；

g) 适用规范要求记录的信号资料或检验结果(不连续的数量，特征或可能的类型，大小和位置)。

10 结果评价

10.1 应在标准增益下测定反射体位置和幅度。

10.2 反射波可能由工件几何形状引起，例如由于转角，表面凸起或凹陷以及其他表面轮廓形状超声波反射至探头。因此，必须识别几何形状引起的反射波。

10.3 供需双方应事先商定关于检验结果的解释和需要保存的数据资料。不能识别为几何形状引起的信号而其幅度超过拒收标准时应予拒收，除非需方同意或从工件图纸上可确定该不连续在加工完成的工件上将不再存在。

11 报告

报告中应包括的资料内容应经需方与制造方双方同意。

ICS 19.100
J 04

中华人民共和国国家标准

GB/T 11344—2008
代替 GB 11344—1989

无损检测
接触式超声脉冲回波法测厚方法

Non-destructive testing—Practice for measuring thickness by ultrasonic pulse-echo contact method

2008-07-30 发布　　2009-02-01 实施

中华人民共和国国家质量监督检验检疫总局
中国国家标准化管理委员会　发布

前　言

本标准修改采用 ASTM E0797-05《接触式超声脉冲回波手工测厚方法》(英文版)。

本标准根据 ASTM E0797-05 重新起草。

考虑到我国国情,在采用 ASTM E0797-05 时,本标准做了一些修改。有关技术性差异如下:

——将规范性引用文件 ASTM E317 改为 JB/T 9214;

——将规范性引用文件 ASTM E1316 改为 GB/T 12604.1;

——将规范性引用文件 ASTM E494 改为 JB/T 7522;

——删除规范性引用文件《无损检测手册》(Nondestructive Testing Handbook,2nd Edition, Vol 7,ASNT)。

为便于使用,本标准还做了下列编辑性修改:

——“本方法”一词改为“本标准”;

——插入 GB/T 1.1—2000 规定的引导语;

——为符合 GB/T 1.1—2000 规定,对附录号和部分条号重新做了编号。

本标准代替 GB/T 11344—1989《接触式超声波脉冲回波法测厚》。

本标准与 GB/T 11344—1989 相比主要变化如下:

——增加了意义和用途(见第 5 章);

——增加了规范性附录“典型的测厚校准用阶梯试块”(见附录 A)。

本标准的附录 A 为规范性附录。

本标准由中国机械工业联合会提出。

本标准由全国无损检测标准化技术委员会(SAC/TC 56)归口。

本标准起草单位:中国航空工业第一集团公司北京航空材料研究院、常州超声电子有限公司。

本标准主要起草人:韩波、史亦韦、潘振新。

本标准所代替标准的历次版本发布情况为:

——GB/T 11344—1989。

无损检测
接触式超声脉冲回波法测厚方法

1 范围

本标准规定了在温度不超过 93.3 ℃条件下使用接触式脉冲回波法测量材料厚度的方法准则。

本标准适用于超声波能以一恒定速度在内部传播并能得到和分辨背面反射的任何材料的厚度测量。

无论用英制单位还是国际单位制表示的数值均可单独作为标称值。

2 规范性引用文件

下列文件中的条款通过本标准的引用而成为本标准的条款。凡是注日期的引用文件，其随后所有的修改单(不包括勘误的内容)或修订版均不适用于本标准，然而，鼓励根据本标准达成协议的各方研究是否可使用这些文件的最新版本。凡是不注日期的引用文件，其最新版本适用于本标准。

GB/T 12604.1　无损检测　术语　超声检测(GB/T 12604.1—2005,ISO 5577:2000,IDT)

JB/T 7522—2004　无损检测　材料超声速度测量方法

JB/T 9214　A 型脉冲反射式超声波探伤系统工作性能　测试方法

3 术语和定义

GB/T 12604.1 确立的术语和定义适用于本标准。

4 方法概述

4.1　采用超声脉冲回波法测量厚度时，厚度值(T)是声速与超声在材料中传播往返时间一半的乘积。

$$T = Vt/2$$

式中：

T——厚度；

V——声速；

t——材料中超声传播往返时间。

4.2　采用超声脉冲回波仪器测量超声脉冲通过被检件的传播时间。

4.3　被检材料声速是材料物理特性的函数。通常假定对给定的材料种类材料声速是一常数，其近似值能从 JB/T 7522—2004 的表 B.1 中查到，也可以根据试验测定。

4.4　不同仪器定时电路采用不同的转换电路。常规方法是所谓时间-模拟转换电路。在该电路中，仪器测量的时间转换成成比例的直流电压，然后将直流电压施加给读出装置。另一种方法采用适当的回波指示调制或选通超高频率振荡器，输出或直接用适当的数字显示，或转换成电压用其他方式显示，厚度与传播时间的函数关系如图 1 所示。

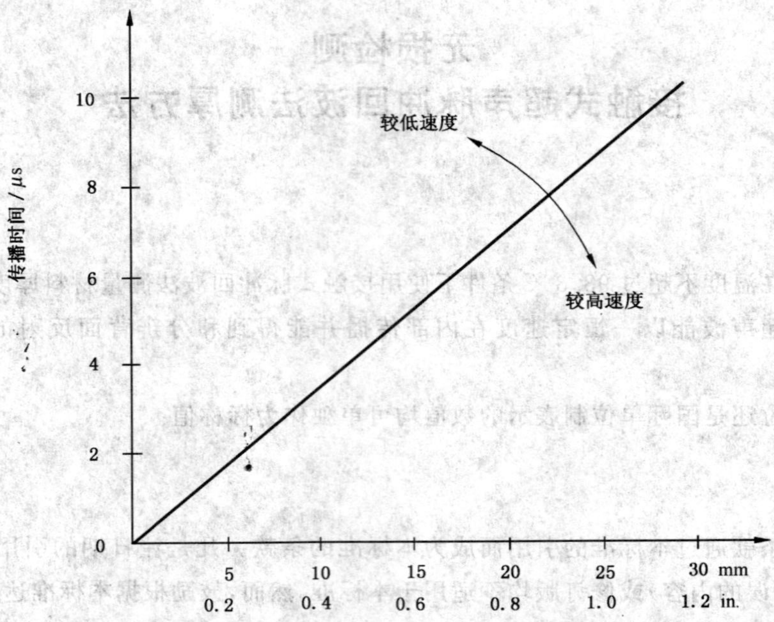

图 1　传播时间-厚度关系(曲线)

5　意义和用途

5.1　本标准规定材料厚度的间接测量方法。材料温度不超过 93.3 ℃。测量从被检件一面进行,不需要接触其背面。

5.2　超声测厚广泛使用于各类材料的基本形状和产品以及精加工部件的厚度测量,也可测量由腐蚀和侵蚀引起的运行中设备壁厚的减薄。

6　设备

6.1　仪器

6.1.1　仪器的显示器(A 扫描显示、表头或数显)必须能方便调节并显示出使用范围内的厚度值。该功能的控制在不同的仪器上可以有不同的名称。例如范围、扫描、材料校准或声速。测厚仪可分为 3 类:

a)　用 A 扫描显示的检测仪;

b)　用 A 扫描显示且能直接显示厚度值的检测仪;

c)　数字直读式超声测厚仪。

6.1.2　用 A 扫描显示的检测仪以 A 扫描显示方式显示时间-幅度信号。通过读出校零初始脉冲和第一次回波(背面反射)之间的距离测量厚度,或根据 A 扫描显示校准时基线上多次背面反射回波之间距离测量厚度,A 扫描显示时基线应能调整到要求的厚度增量。

6.1.3　带数字显示的检测仪是 A 扫描显示的超声脉冲检测仪和数显厚度值的附加电路的组合。材料厚度可用电子方法测量,然后在数字显示装置上输出。A 扫描显示可以检查电子测量的有效性,它可显示出测量情况的变化,例如内部不连续性,回波强度变化,这些可导致不准确的读数。

6.1.4　数字直读式超声测厚仪是脉冲回波仪器的改进型式,初始脉冲和第一次回波之间或多次回波之间的声程时间转换成仪表指示或数字显示。这类仪器用于测量和直接数字显示特定的厚度范围和材料。

6.2 探头

若使用检测仪器，则多数脉冲回波型探头均可适用(接触法直声束、延时块和双晶片)。若厚度显示仪器有能力显示薄部件的厚度，则一般使用高阻尼、高频率探头。高频(10 MHz 或更高)延迟块探头可用于厚度小于大约 0.6 mm(0.025 in)的场合。在高温下测量材料要求专为此设计的探头。当使用双晶探头时，其固有非线性通常要求对薄部件进行特殊修正(见图 2)。仪器和探头、电缆之间必须匹配以获得最佳性能。

6.3 校准试块

要求校准试块有已知的声速或与被检件相同的材料的声速，并且还要求在被测厚度范围内有精确的厚度测量值。一般要求厚度是整数，而不是零散值。其中一个试块的厚度值应接近测量范围最大厚度，而另一个试块的厚度值应接近测量范围最小厚度。

8.1.1.3、8.1.2.2.1、8.1.3.2 和 8.1.4.3 中给出了使用校准试块的一般要求。附录 A(图 A.1、图 A.2和图 A.3)中给出了用于这些校准程序的阶梯试块。

图 2 双探头的非线性

7 双探头的非线性基本要求

7.1 仪器

仪器时基应是线性的，以使材料厚度的变化产生厚度指示的相应变化，如果CRT用作读出装置，它的水平线性必须按照JB/T 9214进行校准。

仪器计时电路的线性及稳定性对测量精度有直接影响，要求仪器每小时复验一次。对于厚度值数字直读式测厚仪，若读数超过仪器允许误差，则前一小时的测量数据应予以复测。

7.2 耦合剂

应根据被测件的表面状态及声阻抗，选用无气泡、黏度适宜的耦合剂。对于表面粗糙试件，应适当增加耦合剂的用量，选择比较稠的耦合剂，使探头和试件之间有良好的声耦合。

7.3 探头与试件的接触

探头与试件接触时，应在探头上加一定压力(20 N～30 N)，保证探头与试件之间有良好的耦合，并且排出多余的耦合剂，使测量面形成一层极薄的耦合剂，减少声波通过耦合层的时间，提高测量精度。

7.4 测量粗糙表面的试件

表面平行或同心的试件可得到较高的测量精度。粗糙表面会影响测量灵敏度(一般应作局部修磨，以便声耦合良好)。如果尚能得到测量结果，在这种情况下应以一个测量点为中心，在直径30 mm圆内做多点测量，把显示的最小值作为测量结果。

7.5 测量衰减较大的试件材料

对于材料不均匀，衰减较大的试件，将影响测量结果。有时在测量区域存在微小夹杂物或分层，也会得到异常的厚度显示值，这时应采用A扫描超声检测仪来测量厚度。

7.6 高温材料

温度最高到540 ℃的高温材料测厚，可以采用特殊设计，具有耐高温元件的仪器、探头装置和耦合剂。在温度升高时，需要对厚度读数进行校正。经常使用的经验法则如下：温度升高时，对钢壁厚测得的读数是高的(即过厚)，每55 ℃增加大约1%厚度。因此，如果仪器在一块相同材料且温度为20 ℃上校好，则在表面温度为460 ℃材料上测得的读数，应减少8%的厚度值。这种校正方法是对许多类型钢材测量取的平均值。其他校正方法必须对其他材料进行经验测定。

7.7 背反射回波幅度

直接厚度显示仪器在超过一定幅度和固定时间的波列的第一个半周期内读出厚度值。如果被检材料的背面反射回波幅度与校准试块的背面反射回波幅度不同，厚度读数可能对应波列中不同的半周期，因此产生一个误差。可以通过下列方法减少：

所使用的校准试块应与被检材料有相同的衰减特性或调整背面反射回波幅度使校准试块和被检材料的幅度相同。

8 仪器的标定和调整

8.1 A扫描显示的检测仪

8.1.1 直接接触单晶片探头

8.1.1.1 显示起点与初始脉冲同步，所有显示单元都是线性的。整个厚度范围都在A扫描上显示。

8.1.1.2 要求对延时控制进行微调，减去磨损片中的时间。本标准要求校准试块至少提供覆盖所用厚度范围的两个厚度，以校准整个测量范围的精度。

8.1.1.3 将探头放在已知厚度的试块上，加入适当的耦合剂。然后调整仪器控制(声速校准，范围，扫描或声速)直到回波显示适当的厚度读数。

8.1.1.4 再在厚度小于该厚度值的试块上检查和调整，以提高系统的精度。

8.1.2 **延时块单晶片探头**

8.1.2.1 使用这种探头时，仪器设备必须能校正通过延时块的时间，以便延时结束时能对应零厚度。这要求仪器中应有所谓的“延时”控制，或电子自动调零。

8.1.2.2 在大多数仪器中，如果声速校准电路预先调整到某给定材料的声速，则应调整延时控制直到仪器显示正确的厚度值。如果仪器必须用延时块探头进行整个校准时，本标准推荐下述方法。

8.1.2.2.1 至少使用两个试块。一个试块厚度接近测量范围的最大值，另一个试块厚度应接近测量范围的最小值。为方便起见，要求厚度应是整数，以使厚度之差也是整数值。

8.1.2.2.2 将探头分别放在两个试块上，然后取得两者读数。应计算这两个读数间的差值。如果厚度读数差小于实际厚度差，将探头放在厚试块上，然后调整声速校准控制扩大厚度范围。如果厚度读数差大于实际厚度差，将探头放在厚试块上，然后调整声速校准控制减少厚度范围。通常推荐一定量的过校准，再将探头依次放在两个试块上，在进行进一步适当的校准时注意读数差。当厚度读数差等于实际厚度差时，材料厚度范围已调整正确，然后单独调节延时控制以得到厚度范围的高低厚度值的正确读数。

8.1.2.3 另一种延时块探头的调整方法是8.1.2.2中方法的变化。进行一系列顺次调整，使用延时控制在薄试块上提供正确读数，使用“范围”控制在厚试块上校准读数。有时适度的过校准是有用的，当两个读数均正确时，仪器就调整完毕。

8.1.3 **双探头**

8.1.3.1 在8.1.2中叙述的方法也适用于用双探头测量大于3 mm(0.125 in)厚度范围的设备。由于声束传播的声程是V字型，因此对于小于3 mm厚度测量存在固有的误差。传播时间不再线性地与厚度成比例，测量的厚度越小，这种非线性越严重，如图2所示。

8.1.3.2 如果在接近刻度线上最薄点的有限范围内进行测量，可以在适当的薄试块上采用8.1.2中的方法校准仪器，得出在有限范围内近似正确的校准曲线。注意，此时测量较大厚度将会存在误差。

8.1.3.3 如果测量厚度范围较大，按8.1.2校准较合适，使用试块的厚度为测量范围的最大厚度和测量范围的中点。遵循这点，可对测量范围的最薄端建立实验校准值。

8.1.4 **厚部件**

8.1.4.1 当测量厚部件并要求高精度时使用。

8.1.4.2 使用直接接触式探头并使初始脉冲同步。显示起始按8.1.4.4规定延时。所有显示单元应是线性的。厚度的增量在A扫描上能显示。

8.1.4.3 扫描的基本校准按8.1.1中规定进行。校准试块应具有能精确地校准整个扫描距离的厚度值，即满屏大约10 mm(0.4 in)或25 mm(1.0 in)。

8.1.4.4 基本校准后，需要扫描延时。例如，如果零件标称厚度是50 mm～60 mm(2.0 in～2.4 in)，校准试块是10 mm(0.4 in)，厚度显示也是从50 mm～60 mm，则调整延时控制使校准试块的第五次背面反射(相当于50 mm或2.0 in)与A扫描显示上参考零点重合，第六次背面回波应位于校准扫描线的右边。

8.1.4.5 这一校准可以在已知近似总厚度的试块上进行校验。

8.1.4.6 在未知试样上取得的读数必须加上被延时在荧光屏以外的值。例如，如果读数是4 mm(0.16 in)，则总厚度为54 mm(2.16 in)。

8.2 **数字直读式超声测厚仪**

8.2.1 仪器应具有“声速设定”(有的仪器为“材料选择”或“声速校正”)和“零位校正”功能。

8.2.2 通常采用和被检件材料相同的试块，一块厚度接近待测厚度最大值，另一块接近待测厚度的最小值。

8.2.3 将探头置于较厚试块上，加入适量的耦合剂，调整仪器的“声速设定”，使测厚仪显示读数接近已知值。

8.2.4 将探头置于较薄试块上，加入适量的耦合剂，调整仪器的“零位校正”，使测厚仪显示读数接近已知值。

8.2.5 反复进行 8.2.3 和 8.2.4，直到厚度量程的高低两端都得到正确读数为止。

8.2.6 若已知材料声速，则可预先设定声速值，然后测量仪器附带的薄钢试块，调节“零位校正”，使仪器显示出不同材料换算后的显示值。

8.3 带有厚度值数字直读的 A 扫描检测仪

带有厚度值数字直读的 A 扫描检测仪的校准可参照 8.1 和 8.2 执行。

9 方法要求

在制定详细的规程时，应考虑下列各项：

——仪器制造商的操作说明书。

——材料或被检对象的范围。

——应用能力和准确度要求。

——定义。

——要求：

- 人员；
- 仪器。

——方法：

- 检测条件；
- 表面准备和耦合剂；
- 校准和容许偏差；
- 扫查参数。

——报告：

- 使用的方法；
- 校准记录；
- 检测记录。

10 报告

在检测记录和报告中应包括以下内容：

——检测方法：

- 仪器的型号；
- 校准试块，尺寸和材料类型；
- 探头的尺寸，频率和类型；
- 扫查方法。

——结果：

- 检测的最大厚度值和最小厚度值；
- 检测位置。

——检测人员的情况、资格等级。

附　录　A
（规范性附录）
典型的测厚校准用阶梯试块

A.1　4阶梯测厚校准试块

图 A.1　典型的4阶梯测厚校准试块

表 A.1　4阶梯试块数据表

符号	美国常规试块/in		4A 试块/mm		4B 试块/mm	
	尺寸	公差	尺寸	公差	尺寸	公差
T_1	0.250	0.001	6.25	0.02	5.00	0.02
T_2	0.500	0.001	12.5	0.02	10.00	0.02
T_3	0.750	0.001	18.75	0.02	15.00	0.02
T_4	1.000	0.001	25.00	0.02	20.00	0.02
L	0.75	0.02	20.00	0.5	20.0	0.5
W	0.75	0.05	20.00	1.0	20.0	1.0

注1：材料为被检材料。
注2：最终表面粗糙度：检测面最大 $Ra0.8\ \mu m$，其他面最大 $Ra1.6\ \mu m$。
注3：为了便于电镀的操作，制作了 1.5 mm 的通孔；从试块边缘到孔中心 1.5 mm。
注4：所有测厚面尺寸均为阳极化或电镀后尺寸。
注5：为了防止锐边，使电镀增厚最小，或去除缺口和毛刺，可对试块的边缘倒斜角或倒圆，但应该保证这种处理引起的尺寸的减少不超过 0.5 mm。

A.2 5阶梯测厚校准试块

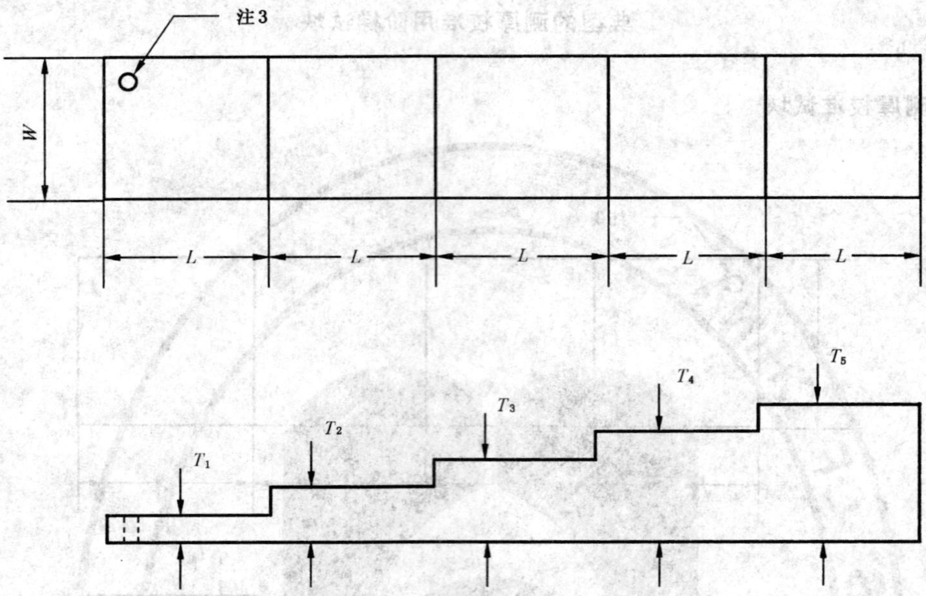

图 A.2 典型的5阶梯测厚校准试块

表 A.2 5阶梯试块数据表

符号	美国常规试块/in		5A 试块/mm		5B 试块/mm	
	尺寸	公差	尺寸	公差	尺寸	公差
T_1	0.100	0.001	2.50	0.02	2.00	0.02
T_2	0.200	0.001	5.00	0.02	4.00	0.02
T_3	0.300	0.001	7.50	0.02	6.00	0.02
T_4	0.400	0.001	10.00	0.02	6.00	0.02
T_5	0.500	0.001	12.50	0.02	10.00	0.02
L	0.75	0.02	20.00	0.5	20.00	0.5
W	0.75	0.05	20.00	1.0	20.00	1.0

注1：材料为被检材料。

注2：最终表面粗糙度：检测面最大 $Ra0.8\ \mu m$，其他面最大 $Ra1.6\ \mu m$。

注3：为了便于电镀的操作，制作了1.5 mm的通孔；从试块边缘到孔中心1.5 mm。

注4：所有测厚面尺寸均为阳极化或电镀后尺寸。

注5：为了防止锐边，使电镀增厚最小，或去除缺口和毛刺，可对试块的边缘倒斜角或倒圆，但应该保证这种处理引起的尺寸的减少不超过0.5 mm。

A.3　7 阶梯测厚校准试块

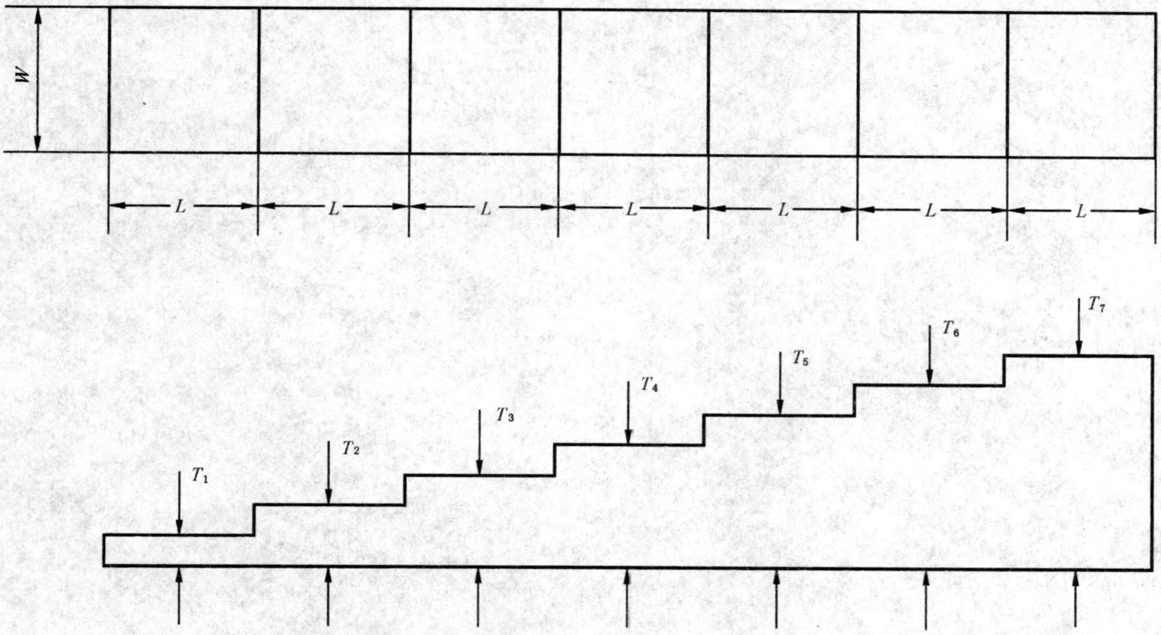

图 A.3　典型的 7 阶梯测厚校准试块

表 A.3　7 阶梯试块数据表

符号	7A 试块/mm		7B 试块/mm	
	尺寸	公差	尺寸	公差
T_1	3.00	0.02	1.00	0.02
T_2	12.50	0.03	1.50	0.02
T_3	24.00	0.03	2.00	0.02
T_4	30.00	0.03	4.00	0.02
T_5	36.00	0.03	6.00	0.02
T_6	42.00	0.03	8.00	0.02
T_7	48.00	0.03	10.00	0.02
L	40.00	1.0	40.00	1.0
W	40.00	1.0	40.00	1.0

注 1：材料为 45 号钢。

注 2：坯料经过锻造和热处理。

注 3：材料晶粒度为 7 级。

ICS 17.160
J 04

GB

中华人民共和国国家标准

GB/T 11348.5—2008/ISO 7919-5:2005
代替 GB/T 11348.5—2002

旋转机械转轴径向振动的测量和评定 第5部分:水力发电厂和泵站机组

Mechanical vibration—Evaluation of machine vibration by measurements on rotating shafts—Part 5: Machine sets in hydraulic power generating and pumping plants

(ISO 7919-5:2005,IDT)

2008-09-27 发布　　2009-05-01 实施

中华人民共和国国家质量监督检验检疫总局
中国国家标准化管理委员会　发布

前　言

GB/T 11348《旋转机械转轴径向振动的测量和评定》分为以下五个部分：

——第1部分：总则；

——第2部分：50 MW以上，额定转速1 500 r/min、1 800 r/min、3 000 r/min、3 600 r/min陆地安装的汽轮机和发电机；

——第3部分：耦合的工业机器；

——第4部分：燃气轮机组；

——第5部分：水力发电厂和泵站机组。

本部分为GB/T 11348的第5部分。

GB/T 11348的本部分等同采用国际标准ISO 7919-5:2005《机械振动　转轴径向振动的测量和评定　第5部分：水力发电厂和泵站机组》(英文版)。

本部分等同翻译ISO 7919-5:2005。

为便于使用，本部分与ISO 7919-5:2005相比，做了如下编辑性修改：

——将“本国际标准”一词改为“本部分”；

——删除国际标准的前言；

——用小数点符号“.”代替小数点符号“,”；

——修改了原标准名称；

——对ISO 7919-5:2005中引用的其他国际标准，有被我国等同采用的用我国标准代替对应的国际标准，未被等同采用为我国标准的直接引用国际标准。

本部分是对GB/T 11348.5—2002《旋转机械转轴径向振动的测量和评定　第5部分：水力发电厂和泵站机组》的修订。与GB/T 11348.5—2002相比，主要技术内容变化如下：

——修改了评价准则，用一种更宽划分，把整个评价区域划分为两个大区域，以代替以前的四个评价区域，以及改变了定义并用原B/C边界线划分进行评价。在两个新的大区A-B和C-D内，原A/B和C/D边界线仍然保留，用于表示基于统计的不同振动烈度等级。关于本版修订目的的更多信息在附录D中给出。

本部分自实施之日起代替GB/T 11348.5—2002。

本部分的附录A是规范性附录，附录B、附录C、附录D是资料性附录。

本部分由全国机械振动、冲击与状态监测标准化技术委员会提出并归口。

本部分负责起草单位：哈尔滨大电机研究所。

本部分参加起草单位：郑州机械研究所、东方电机有限公司、湖北省电力试验研究院、武汉汽轮发电机厂、哈尔滨汽轮机厂有限公司。

本部分主要起草人：胡建文、韩国明、姚大坤、陈昌林、张大国、饶红兵、刘书秀、张刚。

本部分所代替标准的历次版本发布情况为：

——GB/T 11348.5—2002。

旋转机械转轴径向振动的测量和评定 第5部分:水力发电厂和泵站机组

1 范围

GB/T 11348 的本部分给出的准则适用于正常运行条件下水力发电厂和泵站机组在轴承或靠近轴承处测量的转轴振动的评定。根据稳态运行工况下的振动值和这些值可能出现的幅值变化来提出这些准则。

注1:所规定的数值不作为振动评价的唯一依据,因为评价机器的振动状态通常要考虑转轴振动和轴承座振动两个方面(见 GB/T 11348.1 和 GB/T 6075.1)。

本部分适用于水力发电厂和泵站机组,其额定转速为 60 r/min~1 800 r/min,轴瓦类型为筒式或分块瓦轴承,主机功率大于或等于 1 MW。轴线的位置可以是垂直、水平或与这两个方向成任意角度。

本部分适用的机组有以下组合:

a) 水轮机与水轮发电机;

b) 泵与作电动机运行的电机;

c) 水泵-水轮机和电动机-发电机;

d) 水轮机、泵和电动发电机组(典型的蓄能机组)。

包括辅助设备(如同轴线上的启动水轮机或励磁机)。

本部分也适用于通过齿轮或径向弹性联轴器与发电机或电动机连接的水轮机或泵。

注2:转速在 1 000 r/min~1 800 r/min 之间的电机按照 GB/T 11348.3 规定的标准来评定。

本部分不适用于以下机器:

a) 热电厂或工业设备中的泵(这类机器见 GB/T 11348.3);

b) 用滚动轴承的水力机器;

c) 用水润滑轴承的水力机器。

按 GB/T 11348.1 的规定,水力发电厂和泵站机组转轴振动测定的任务如下:

a) 任务 A:振动特性的变化;

b) 任务 B:过大的动载荷;

c) 任务 C:径向间隙的监测。

2 规范性引用文件

下列文件中的条款通过 GB/T 11384 的本部分的引用而成为本部分的条款。凡是注日期的引用文件,其随后所有的修改单(不包括勘误的内容)或修订版均不适用于本部分,然而,鼓励根据本部分达成协议的各方研究是否可使用这些文件的最新版本。凡是不注日期的引用文件,其最新版本适用于本部分。

GB/T 11348.1 旋转机械转轴径向振动的测量和评定 第1部分:总则(GB/T 11348.1—1999, idt ISO 7919-1:1996,Mechanical vibration—Evaluation cf machine vibration by measurements on non-rotating parts—Part 1:General guidelines)

GB/T 17189 水力机械(水轮机、蓄能泵和水泵水轮机)振动和脉动现场测试规程(GB/T 17189—2007,IEC 60994:1991)

GB/T 21487.1 旋转轴振动测量系统 第1部分:径向振动的相对和绝对检测(GB/T 21487.1—2008,ISO 10817-1:1998,IDT)

3 测量方法

3.1 总则

测量的步骤方法和使用仪器，应按照 GB/T 11348.1 和 GB/T 17189 中的规定。

3.2 测量类型

水力机组转轴相对与绝对振动的测量采用非接触传感器。由于低转速的水力机器要求测量仪器很低的频段，所以骑轴式惯性传感器通常不能使用。

对于相对振动测量，传感器最好直接安装在轴瓦或瓦块上。如果传感器安装在轴承支撑结构或轴承座上(对于立式机组通常如此)，应注意到：轴瓦或瓦块和传感器之间的相对运动应比轴的运动小得多，否则，测量的信号不能代表轴和轴瓦间的相对运动。这个要求可以用结构的静态分析或附加测量来评估，后者通常困难而又昂贵。

对于传感器支撑结构，要求其最低固有频率，特别是在位移传感器工作方向上能产生明显振动的最低固有频率，应大于转速频率的 7 倍以上，并且不能是转速频率的整数倍。

支撑结构的绝对振动通常应使用惯性式传感器测量，其安装位置应尽可能靠近位移传感器，并与它同方向，从惯性式传感器得到的读数换算成位移来评估转轴的绝对位移。

注：除了转轴的振动以外，轴承座的振动也要时常监视。然而，可能会对立式机组下导轴承处测量的振动产生误解。在轴承和刚性固定在基础上的轴承座测得的振动，有时是水力产生的，是水力机械经过基础直接传来的，而不是转轴的径向振动引起的。

3.3 测量平面

测量任务 A 和 B(见第 1 章)要求在机组的所有主轴承处进行测试，要尽可能把不同位置上的传感器安装在同一直线上。对于立式机组，推荐的测量方位是上游和沿旋转方向转 90°处。对于卧式机组，为了便于实施，测量方向常选在与铅垂方向成±45°处。

如果只是出于监测的目的，在某些情况下，特别是对于有 4 个以上轴承的机组，测量平面可减少至最重要的几个。测量平面的选择以振动特性分析为基础，模拟所有类型的事故和扰动，最佳的测量平面应是当干扰事件发生时转轴能产生明显振幅的地方。

对于测量任务 C(径向间隙的监测)，要求传感器安装在水机密封、迷宫内或其附近，或装在对于所有相关的振型都能再现轴线弯曲的位置上。特殊情况下，恰当的测量应在机组的相关部位，它们可以得出不同测量平面的转化关系。

注：在判断整个机器性能时，为了得到沿整个轴线的振幅分布信息，在离轴承一段距离(例如法兰)处也进行测量是重要的。如果轴承面离振动节点很近，振动特性和轴线真实变形会被低估。

3.4 测量设备

测量设备性能应符合 GB/T 21487.1 和 GB/T 17189 的要求。

测量设备的频率范围应该适合水力机械转轴振动较宽的激励谱。它应该从机器额定转速频率的 1/4 到水斗或叶片过流频率的 2 倍。

测量系统的幅值范围至少应该是主要区域 A-B 和区域 C-D 之间界限值的 4 倍(见附录 A.2)，以便能精确监测瞬态运行工况下的振动。

4 评定准则

4.1 水轮机运行工况

在水轮机运行工况下，机组的振动幅值和振动幅值变化的评定准则列于附录 A。

鉴于立式水轮机转轴振动轨迹的特殊性，推荐的测量值是相对振动位移的最大值 S_{max}。由于大多数测量系统以测量方向上的振动位移峰-峰值 S_{P-P} 显示(见 GB/T 11348.1)，所以位移幅值评定准则由两种测量值确定。这些准则适用于额定转速在 60 r/min～1 800 r/min 的机组，在合同许可的稳态负荷工况内运行。

除了第1章规定的不适用机器外，本准则适用于在稳态工况下各种水轮机带动的机组，不论何种类型，什么水头及多大功率。

必须注意由于来自转轮旋流出口的径向力，轴流定桨式水轮机、混流式水轮机和水泵水轮机偏离设计最优工况运行时，可能出现较高的轴振动。影响范围通常用水轮机流量低于在每个水头下相应最大效率时流量的80%来确定。

对于水泵水轮机，由于转轮设计兼顾了水轮机和水泵转轮的最优设计，因此转轴振动幅值可以比正常规定的值更高一些。对于运转平稳的水轮机(如水斗式水轮机，轴流转桨式水轮机)，转轴振动幅值通常会更低。

4.2 泵的运行工况

目前还没有足够的数据可用来制定机组在泵运行工况下的准则，GB/T 11348 的这部分将增补在将来的版本中。

4.3 特殊运行工况

必须注意下列运行工况：

a) 低负荷和超负荷的稳态运行工况，以及频繁的开机和停机过程中的瞬态运行工况；

b) 稀少的运行工况，例如紧急停机工况、甩负荷、泵和水泵-水轮机在投入机械制动时的运行。

这些运行过程的评价比在指定的负荷范围内运行评价困难得多。现在还没有足够的数据和经验来建立这些特殊的运行工况的限制曲线。越低于额定工况，水力机械内的水流受到的扰动越大。象脱流和涡动那样的扰动会产生强烈的随机激振。由于水的密度大，水轮机随机激振力要比汽轮机大得多。

然而，在指定的负荷范围以外区域运行时，通常质量不平衡产生的转轴振动完全被随机振动分量掩盖。由于特殊运行工况下，存在这些巨大的随机分量，所以应该较少地依赖于瞬时振动值 S_{max} 或 S_{P-P}，而更多地依赖平均值，此平均值至少是转动10圈以上所采集数据的平均值。

应该注意到，总体来说，机器振动状态的总体评价是基于上面定义的转轴的相对振动和非转动部件上的振动测量两个方面作出的(见 GB/T 6075.5)。

附 录 A
（规范性附录）
在规定运行工况下水轮机组转轴相对振动的评定准则

A.1 引言

在水力机组轴承或靠近轴承处测量的转轴的相对振动，应以下面两项准则为基础进行评定：

准则Ⅰ：正常运行工况时，机器可靠安全的运行要求振动幅值应该控制在一定限值之下，此限值是与可接受的动载荷和机器有足够裕度的径向间隙相适应的。对于那些尚未充分地了解其运行性能的机器（如新机型），这个准则将作为评价机器的基础。

准则Ⅱ：振动幅值相对于参考值的变化不允许超过一定的限值。这是因为即使没有超出准则规定的限值，振动幅值的变化也可以反映初始损伤或某些其他异常情况。

A.2 准则Ⅰ：稳态运行工况下额定转速时的振动幅值

A.2.1 总则

图 A.1 中给出了在测量平面上相对位移最大值 S_{max} 的推荐值。图 A.2 中给出了在测量平面上相对位移峰-峰值 S_{P-P} 的推荐值。这两个值是最大工作转速的函数。它们是按照 4.1 的定义，稳态运行工况下额定转速时在主要承载轴承处或靠近该轴承处，沿径向方向测得的转轴的振动值。在其他的测量点和附录 B 描述的工况下，允许出现更大的振动值。

在图 A.1 和图 A.2 中，振动幅值的整个区域被划分成 2 个主要范围，其定义如下：

大区 A-B：振动值在此大区域内的机器被认为可以无限制长期运行；

大区 C-D：振动值在此大区域内的机器具有较高的振幅。在每种情况下，必须考虑具体的设计和运行条件，判别振动值是否允许长期连续运行。在所有工况下，需要通过比较轴的相对振动值与轴承运转径向间隙和油膜厚度来做出评价。

在图 A.1 和图 A.2 中的值是基于从世界各地收集的各种类型、转速和功率的 900 多台机器的振动数据的统计分析得来的。测量是在机器运转时进行的，这些机器长期正常运行没有故障，因而，被用来建立两个大的区域 A-B 和 C-D 的分界线。分析过程见附录 C。

注 1：在现有的数据库中，大区域 A-B 和 C-D 之间的粗实线代表 92.5% 的累积概率分布，即所分析的机器中，92.5% 的机器的振动值位于粗实线以下。

在两个大区 A-B 和 C-D 内，保留原 A/B 和 C/D 边界线，用于表示基于统计的不同振动烈度等级。

区域 A：振动值低于 A/B 边界线（连同低的轴偏心率）的机组可能具有很小的质量、水力和电磁不平衡，并具有高质量的机械对中，以及所要求的轴承圆度和优良的运行工况。

注 2：A 和 B 之间的虚线边界表示在数据库中 50% 的累积概率分布。

区域 D：出于分析和维修的目的，振动值高于 C/D 边界线的机器通常需要停机，因为它们的振动被认为相当严重，而且可能导致机器损坏。

注 3：C 和 D 之间的虚线边界表示在数据库中 98% 的累积概率分布。

区域界限规定的数值不准备作为验收规范。验收规范由机器制造厂和用户商定。但是，区域的界限值提供的准则可确保避免严重的缺陷和不切实际的要求。另外，对于特殊机器，可能需要使用不同的界限值（较高或较低）。在这种情况下，机器制造厂有责任解释其理由，尤其要确保机器以较高振动运行的安全。

注 4：对于增加出力后重新投运的机组，通常要标明“超额定出力”记号，其振动值可以位于区域 A 或区域 B 内。而选择区域 A 或区域 B，依赖于新激振力与新部件及留用部件经受长期动载荷的能力之间的关系。

A.2.2 运行限值

为了长期运行，通常的做法是确定运行振动限值，这些限值采用报警和停机的形式：

报警：警示振动已经达到规定值或者发生了重大的变化，这时可能需要采取补救措施。一般出现报警后，机组还可以继续运行一段时间，以便查明振动改变的原因并确定补救措施。

停机：超过这个规定振动值继续运行会导致机器损坏。如果振动超过停机值，应该立刻采取措施降低振动或者立刻停机。

考虑到支撑刚度和动载荷的差别，对不同的测量位置和方向可以规定不同的运行限值。

A.2.3 报警值的设定

对于不同的机器，报警值可以有很大的变化。通常是相对于基线值来设定报警值。此基线值是根据特定机器测量的经验而确定的。

推荐设置的报警值应该比基线值高某一数值，此数值相当于大区域 A-B 上限值的 25%，如果基线值较低，报警值可能在大区域 C-D 以下。

在没有基线值的情况，例如新机组，初始报警值的设置应根据同类机器的经验或者商定的验收值。运行一段时间后，建立起稳定状态下的基线值后，再相应地调整报警值。

不论何种情况，报警值不能超出大区域 A-B 上限的 1.25 倍。对于同一台机器，考虑到支撑刚度和动载荷的不同，在不同的测量位置和方向可以规定不同的报警值。如果稳态的基线值改变了（如机器大修后），报警值设定需要相应的修改。

A.2.4 停机值的设定

停机值与机器的机械完整性有关，并且取决于机器能够经受非常规动载荷的能力的具体设计性能。所以，对于类似设计的所有机器，这个值一般是相同的，而且通常与用来设定报警值的稳定状态下的基线值无关。

然而，对于不同设计的机器，停机值是不一样的，而且不可能给出设定绝对停机值的确切准则。一般来说，停机值将落在大区域 C-D 内，但是建议停机值不能超出大区域 A-B 上限的 2 倍。

A.2.5 特殊运行工况

当机器在正常负荷范围以外运行和在瞬态工况运行时，报警和停机功能必须被解除。如果在这些工况运行期间机器也要监测，必须按照机器试运转时可接受的最大振动值选择第二组报警值和停机值。

A.3 准则Ⅱ：振动幅值变化

有时振动幅值发生较大的变化（即变化比较快），即使没有超出 A.2 中规定的限值也要采取措施，因为它表明某个部件可能有移动或失效，也可能是一个严重失效的预兆。因此，准则Ⅱ以稳态和可重复运行条件下可能出现的总的振动幅值的变化为基础，规定了振动幅值变化的准则，但它不适用于预期的变化和由于运行工况改变而发生的变化。

准则Ⅱ用于总的振动，如果转轴振动幅值的变化大于大区域 A-B 上限的 25%，那么不管振动幅值是增大或减小，都应该采取措施查明振动改变的原因。如有必要，应采取相应的措施。同时应考虑到振动的最大值和确定机组是否在新的条件下已稳定下来，然后再作出停机的决定。

必须注意到此准则有使用限制，因为个别频率分量可能在幅值和比率上有很大变化，但这些变化的重要性在总振动信号中并没有反应出来。虽然监测总的振动改变值给出了一些潜在问题的指示，但是需要用比正常监测仪器更复杂的测量仪和分析仪作进一步分析，这些仪器能够确定振动信号中个别频率分量发生矢量改变的趋向。特别重要的是监测转速频率和 2 倍转速频率矢量。应用这些仪器通常需要专门的知识，这类测量准则的制定已超出本标准的范围，详见 GB/T 11348.1 和 GB/T 17189。

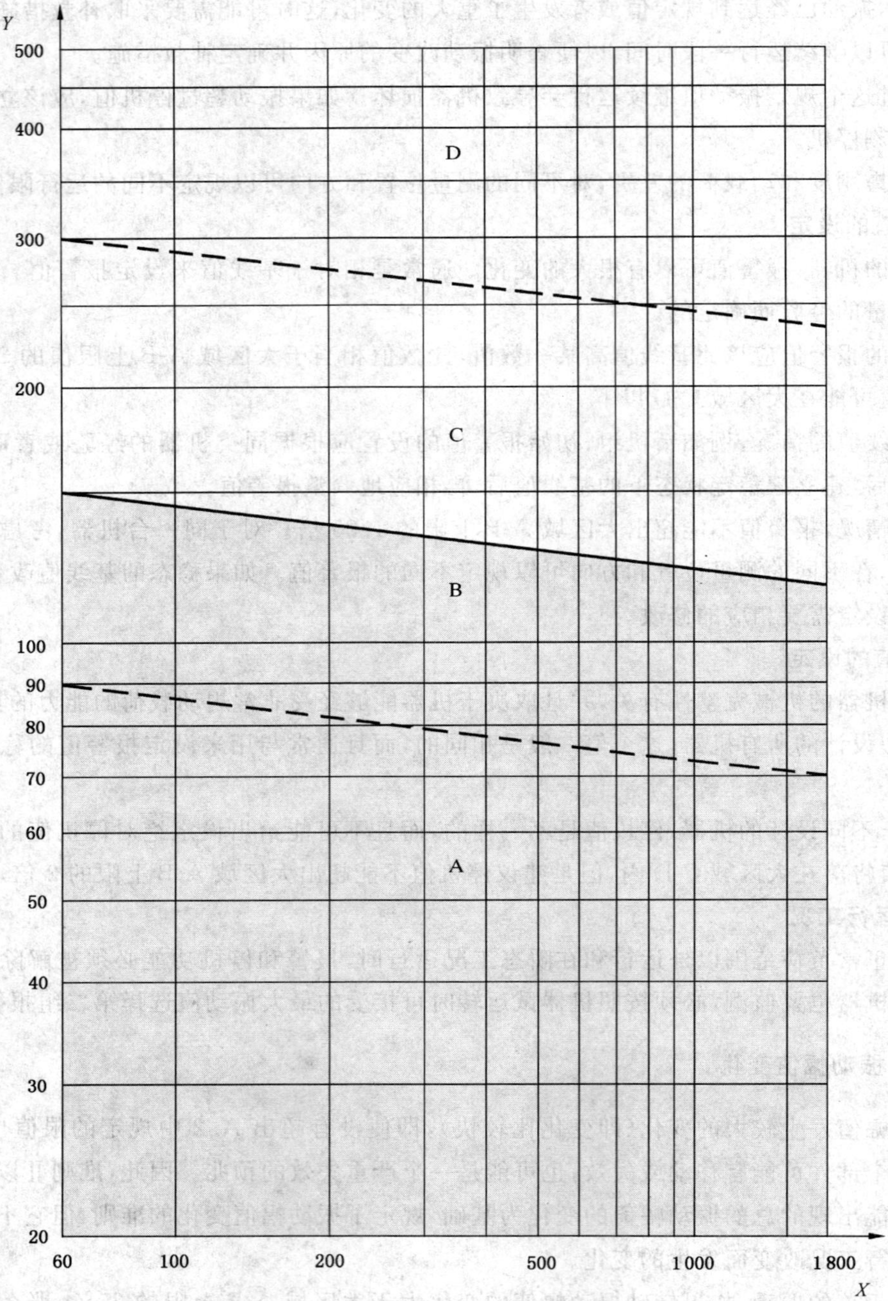

X——最大工作转速，r/min；

Y——转轴相对振动位移最大值，S_{max}，μm。

图 A.1 水力机器或机组测量面内转轴相对振动位移最大值(S_{max})的推荐评价区域，适用于水轮机在合同许可的稳态流动区域运行(见 4.1)

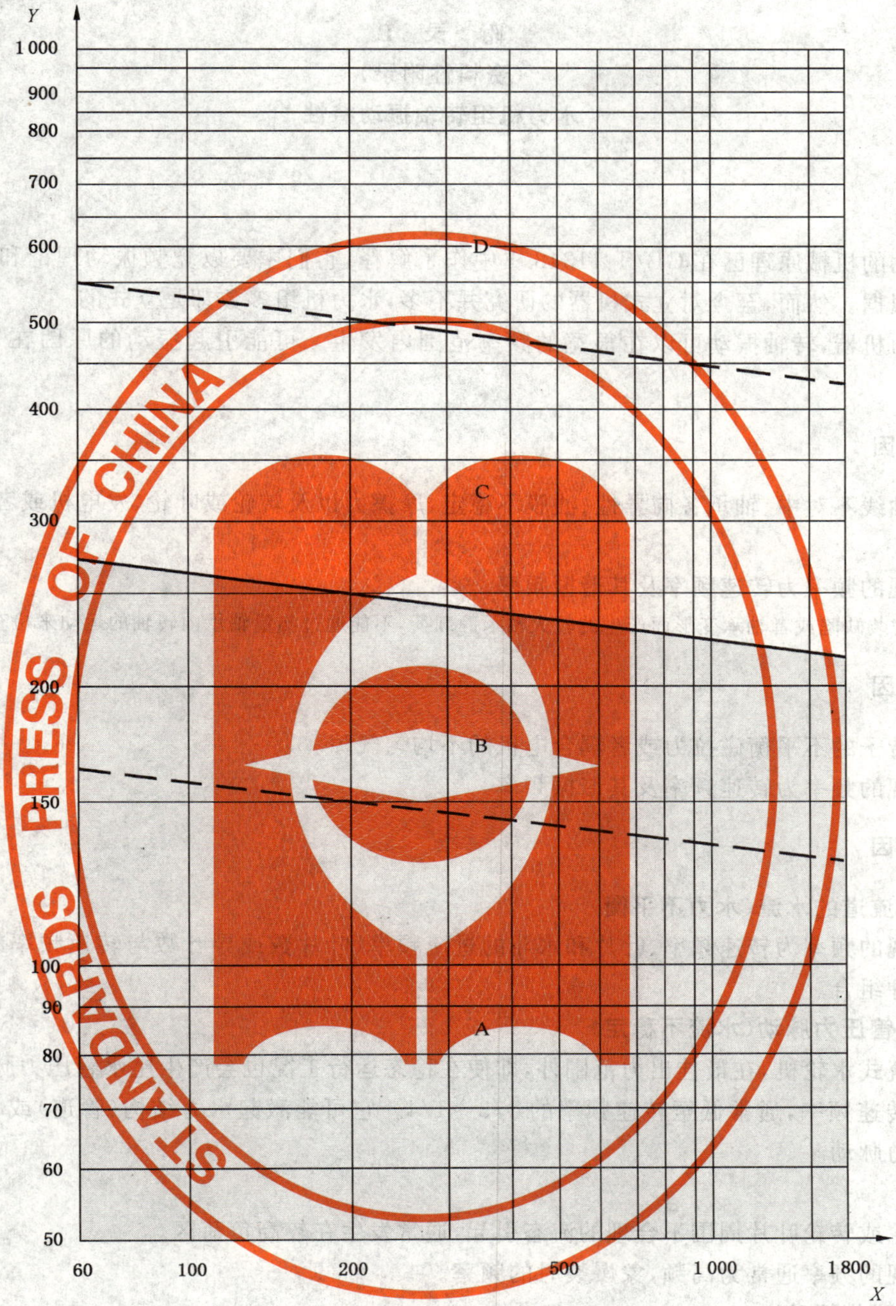

X——最大工作转速，r/min；

Y——转轴相对振动位移峰-峰，S_{P-P}，μm。

图 A.2 水力机器或机组转轴在测量方向上振动位移峰-峰值(S_{P-P})的推荐评价区域，适用于水轮机在合同许可的稳态流动区域运行(见 4.1)

附 录 B
（资料性附录）
水力机组转轴振动特性

B.1 引言

转轴振动的机械原理已在GB/T 11348.1中作了解释，它们主要以宽频振动理论和对卧式机器的试验研究为根据。然而，至今对立式机器的研究并不多，水力机组多数却是立式的。

对于水力机器，转轴振动可以在很宽的频率范围内发生。可能引起振动的原因在B.2至B.5中讨论。

B.2 机械原因

原因有轴线不对中、轴承各向异性、油膜不稳定、摩擦力以及转轮或叶轮、发电机或者励磁机转子的残余不平衡。

可能出现的频率为转速频率及其谐振频率。

注：由于安装缺陷或者轴承变形而产生的较大轴承静载荷，不能通过测量轴承内转轴的运动来检查。

B.3 电气原因

原因为转子的不平衡磁拉力或者耦合电机的不均匀气隙。

可能出现的频率为转速频率及其谐振频率。

B.4 水力原因

B.4.1 通过流道的水流（水力不平衡）

可能出现的频率为转速频率、叶片和水斗的过流频率（叶片数或导叶数与转速频率的乘积）以及这些频率的各种组合。

B.4.2 尾水管压力脉动（水流不稳定）

对于混流式水轮机，在最佳出力范围外，即使在稳态运行工况也会产生尾水管压力脉动。可能出现的频率低于转速频率，通常低至转速频率的1/3～1/4。它可能激起水力结构（管道）或者导叶的共振，从而加剧压力脉动。

B.4.3 空蚀

由于转轮或转轮叶片周围不合理的流态引起，通常发生在较高负荷区。

可能出现的频率通常为高频，象爆裂时的频率。

B.4.4 流体弹性振动

由于水流经过的部件（如叶片、导叶、固定导叶等）出水边的形状不当造成的。

可能出现的频率从低于100 Hz至数千赫兹（取决于断面尺寸和流速），通常可以发现有敲击声的现象。

B.4.5 自激振动

发生在机械部件（如密封、迷宫等）的移动能够影响流经它的水流的部位。

可能出现的频率略高于转速频率，常与转动系统的弯曲固有频率一致。

B.5 附加激励

在开机和关机这些常规的瞬态运行工况下，附加激振力与转轮相互作用，导致较宽的频谱和较高的振幅。在甩负荷过程中,即使是轴流式水轮机也要承受尾水管压力脉动(见 B.4.2)产生很大的次同步轴心轨迹振动。在相似的条件下(特别是只装有两个径向轴承的转轴),减速到某一转速时会出现类似共振现象,轴心轨迹中包含一个或几个与瞬时转速对应的转子的固有频率。

在频繁的瞬态运行工况(例如开机和关机),宽带频谱的随机激振占优势。在极端瞬态运行工况如事故紧急关机时,这种宽带频谱的激振强度甚至会增加更多。

水力机组的各种激振产生的轴心轨迹曲线通常是不封闭的。甚至在稳态运行工况,连续出现的径向水推力可以导致螺旋形或多边形轨迹,其形状和大小在一定限值内以统计规律变化。与热力涡轮机不同,不能由此得出产生了轴承油膜失稳或产生了由于密封气流或类似原因的自激振动。在水力机器非正常负荷工况运行时,尤其是瞬态工况运行时,由于径向力显著增加,从而导致转轴运动增大。

与热力机器不同,水力机组可以经常启停机,功率可以迅速频繁地改变。所以,水力机组常用来调峰、调频和控制功率。由于这些运行也包含频繁启停机,并且常常从一个工况快速变化到另一个工况,此时机组的振动和应力会增大。对于调峰或抽水蓄能机组,瞬态运行工况出现得更频繁,以至于转轴振动增大的运行时间之和大于整个运行时间的0.1%。因此有必要对机组轴承和其他有关部件的附加应力和疲劳问题进行评定。

附　录　C
（资料性附录）
分析步骤和应用的回归技术

本部分结合了来自IEC和ISO数据库的数据，并进行了统计评价。这些数据由11个国家提供，它们包括从立式和卧式，不同转速、不同类型的机器测量的转轴振动幅值。

建立并构成了以下两个新的数据库：

测量的轴振动位移峰-峰值 S_{P-P} 对机器的转速；

测量的轴振动位移最大值 S_{max} 对机器的转速。

图C.1表示从数据库中提取出的 S_{P-P} 值。图中可以看到数据的广泛分布和统计评价。

由于数据的不相容，需要对某些提供的原始数据进行修改。通过改进数据组，在描述步骤中（用统计分析软件包）进行了如下步骤：

a)　在指定的转速范围内验证数据分布；

b)　用在双对数坐标的数据库中转换的数据，以 S_{P-P} 或 S_{max} 做因变量，转速做自变量，用倍增模型 $Y=aX^b$ 进行回归分析；

c)　在双对数坐标中，计算预测曲线的线性化（主要在边界附近，在低速和高速区域）；

d)　工作组成员在回归分析结果和经验的基础上确定边界曲线。

大区域A-B和C-D之间的边界曲线为92.5%的累积概率预测曲线，即所有收集测量数据的92.5%低于这条曲线，而区域A和B之间的边界为50%的累积概率预测曲线。

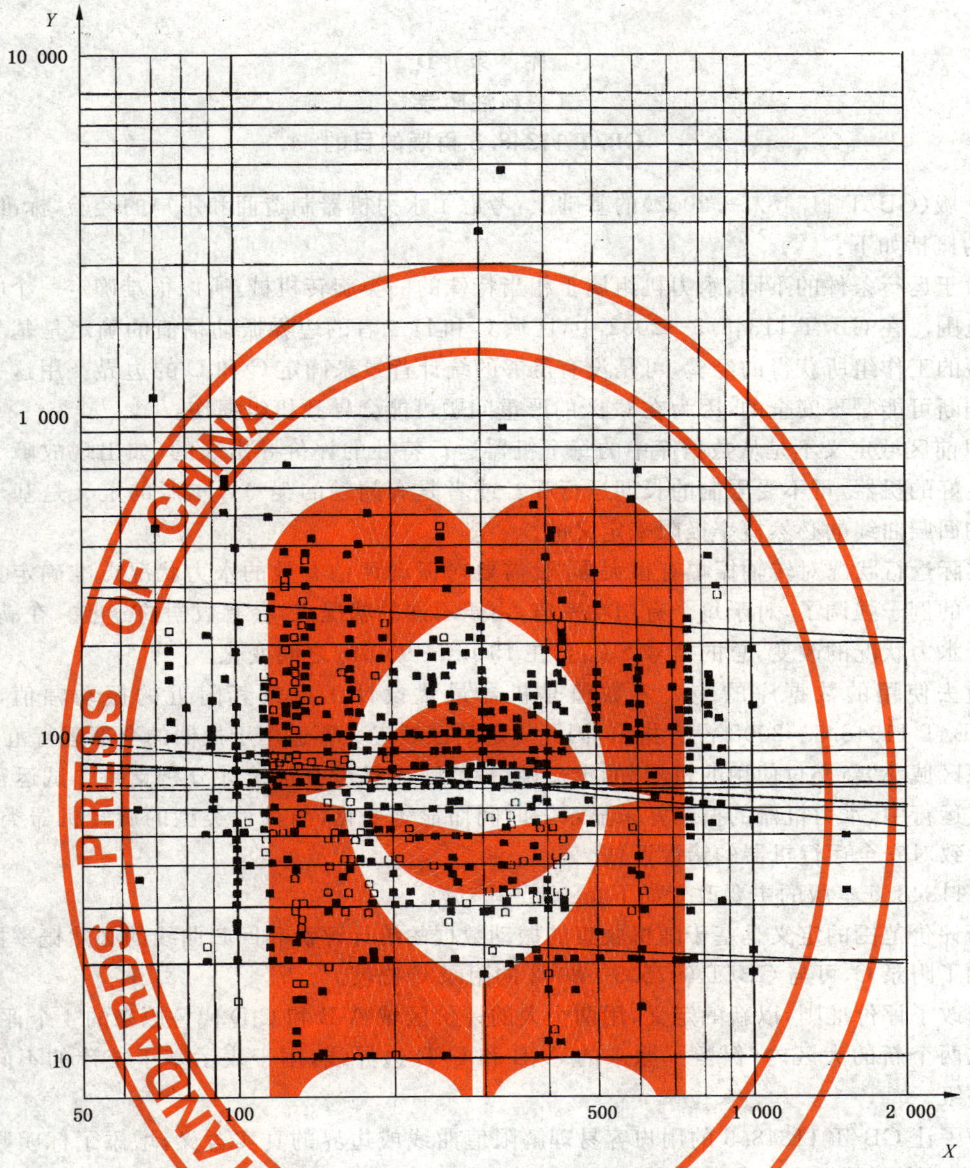

X——转速，r/min；

Y——转轴振动位移峰-峰值，S_{P-P}，μm。

图 C.1　表示数据广泛分布和统计评价的 S_{P-P} 值

附 录 D
（资料性附录）
GB/T 11348.5 再版的目的

在第一版（GB/T 11348.5—2002）的基础上，考虑了水力机器制造商和用户的经验，标准做了修订，本版的目的概括如下：

a） 由于运行条件的不同，水力机组属于相当特殊的一类旋转机械，所以很难确定一个临界的振动范围。在 GB/T 11348.5—2002 中，区域 C 和 D 二者的边界振动幅值的确定是基于起草第一版的工作组所获得的经验，可是没有足够的统计背景来确定 C 和 D 的边界。用这一边界限值判断可能是不安全的，因为在 C 区的严重问题可能会导致机组损伤。

b） 以前区域定义不是从数据库中的每个机器运行特性的评价导出来的（如出现故障了吗？它是良好的机器，可不受限制的长期运行呢？或者是有问题的呢?）。本版的定义是基于统计评价和回归曲线的必然概率极限来定义的。

c） 实际运行状况对转轴振幅有很大影响，需要对振动评估有效的水力状况点准确定义。图 D.1 中的例子强调了，对于每个有功功率值，由于不同的状况点，会有数据的分散。在满负荷下，由于水力状况的改变，总的信号 S_{SUM} 会在 15 μm～95 μm 之间变化。

d） 过去使用的数据库的绝大多数值是机器最优设计工况或其附近的振动幅值，这一点在 GB/T 11348.5—2002 没有指出，因此规定的区域定义不适用于机器的全部运行范围。

e） 原区域 A“新交付使用的机器”的定义显得武断，而且没有被统计分析支持。试运行以后的正式运行中，水力机器的振幅并未显示随时间而显著变化，与其他类型的旋转机器类似，这可能导致对安全运行机器的错误评估。

GB/T 11348.5 本版的主要改变如下：

——新评价范围的定义是基于随机收集的振动数据的统计评价和回归曲线的必然概率极限。新增加了附录 C，可与 GB/T 6075.5—2002 的附录 C 比较。

——修改了评价准则，以新的定义，用两个大的评价区域 A-B 和 C-D 代替原来的 4 个评价区域。

——在两个新的大区内，保留了原来的 A/B 和 C/D 边界线，用于表示基于统计的不同振动烈度等级。

——为了让 GB/T 11348.5 的用户容易理解限值曲线或边界的真实含义，增添了标明数据库值的图，以表明数据点的分散情况（见图 C.1）。

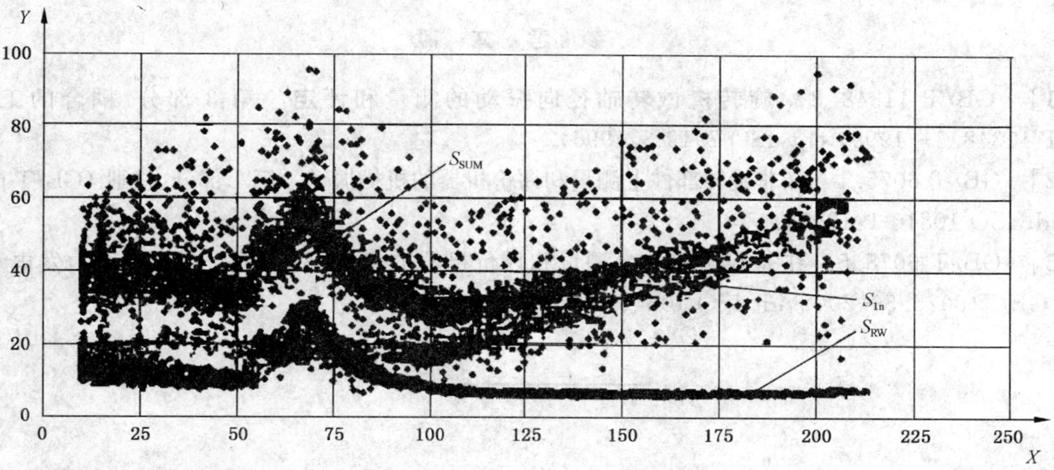

X——有功功率,MW;

Y——轴振动位移最大值,S_{max},μm;

S_{SUM}——总振幅值;

S_{1n}——第1谐波分量;

S_{RW}——残余差额。

图 D.1 最大轴振位移 S_{max} 对有功功率

在一台220 MW混流式水轮机水导轴承上2个多月的测量

参 考 文 献

［1］ GB/T 11348.3 旋转机械转轴径向振动的测量和评定 第3部分:耦合的工业机器(GB/T 11348.3—1999，eqv ISO 7919-3:1996).

［2］ GB/T 6075.1 在非旋转部件上测量和评价机器的机械振动 第1部分:总则(GB/T 6075.1—1999,idt ISO 10816-1:1995).

［3］ GB/T 6075.5 在非旋转部件上测量和评价机器的机械振动 第5部分:水力发电厂和泵站机组(GB/T 6075.5—2002,idt ISO 10816-5:2000).

ICS 21.220.10
J 18

中华人民共和国国家标准

GB/T 11355—2008
代替 GB/T 11355—1989

V带和多楔带传动　额定功率的计算

V-belt and V-ribbed belt drives—Calculation of power ratings

(ISO 5292:1995, Belt drives—V-belt and V-ribbed belt drives—Calculation of power ratings, MOD)

2008-04-16 发布　　2008-10-01 实施

中华人民共和国国家质量监督检验检疫总局
中国国家标准化管理委员会　发布

前　言

本标准修改采用 ISO 5292:1995《带传动　V 带和多楔带　额定功率的计算》。为保持现有国家标准术语、符号的一致性，本标准相对国际标准做了下列修改：小带轮包角 θ 改为 α，传动比 R 改为 i。

本标准是对 GB/T 11355—1989《V 带传动　额定功率的计算》的修订。

本标准与 GB/T 11355—1989 相比主要技术差异如下：

——增加了多楔带传动额定功率的计算。

本标准由中国机械工业联合会提出并归口。

本标准起草单位：中机生产力促进中心。

本标准主要起草人：黄刚、秦书安。

本标准所代替标准的历次版本发布情况为：

——GB/T 11355—1989。

V带和多楔带传动　额定功率的计算

1　范围

本标准规定了带有两个带轮的工业用V带和多楔带传动的额定功率及修正项和修正系数的计算公式。

本标准适用于现行国家标准规定的V带和多楔带的截面，也适用于正在研制过程中的V带和多楔带的截面。

2　术语和定义

额定功率　power rating

在传动装置正确安装和维护的条件下，按规定的几何尺寸和环境条件，在规定的时间周期内，给定单根V带和多楔带每楔所能传递的功率。

额定功率是V带和多楔带的横截面、小带轮节径和小带轮角速度的函数。有关传动比、包角和带长的修正项，均已列入计算公式。

3　计算公式

每根V带或多楔带每楔传递的额定功率 P 由下式计算：

$$P = K(P_1 + \Delta P_1 + \Delta P_2)$$

式中：

$$K = \frac{m}{m-1}\left(1 - m^{-\frac{\alpha}{\pi}}\right)$$

$$P_1 = d_p\omega\left[C_1 - C_2\left(\frac{1}{d_p}\right) - C_3(d_p\omega)^2 - C_4\lg(d_p\omega)\right]$$

$$\Delta P_1 = C_4\omega d_p \lg \frac{2}{1 + 10^{\frac{C_2}{C_4 d_p}\left(\frac{1}{s}-1\right)}}$$

$$\Delta P_2 = C_4\omega d_p \lg \frac{L}{L_0}$$

其中：

m——V带时为5，多楔带时为4或5；

α——小带轮包角，单位为弧度(rad)；

P_1——基本额定功率，单位为千瓦(kW)；

ΔP_1——由传动比引起的附加功率值，单位为千瓦(kW)；

ΔP_2——由带长引起的附加功率值，单位为千瓦(kW)；

d_p——小带轮节径，单位为毫米(mm)；

ω——小带轮角速度，单位为弧度每秒(rad/s)；

C_1、C_2、C_3、C_4——带的特定质量水平和满足规定时间周期的参数(同一厂家的不同型号或不同质量等级的带，参数可以是不同的)；

S——为 i 或 $1/i$ 中的大值，i 为传动比；

L_0——基本带长，单位为毫米(mm)；

L——实际带长，单位为毫米(mm)。

在基准宽度制中，L_0 和 L 采用基准长度；在有效宽度制中，L_0 和 L 采用有效长度。

ICS 21.220.10
J 18

中华人民共和国国家标准

GB/T 11356.1—2008
代替 GB/T 11356.1—1997

带传动 V 带轮(基准宽度制)槽形检验

Belt drives—Pulleys for V-belts (system based on datum width)—Geometrical inspection of grooves

(ISO 255:1990, MOD)

2008-04-16 发布　　2008-10-01 实施

中华人民共和国国家质量监督检验检疫总局
中国国家标准化管理委员会　发布

前　言

GB/T 11356《带传动　V带轮　槽形检验》由以下两部分组成：

——GB/T 11356.1　带传动　V带轮(基准宽度制)　槽型检验；

——GB/T 11356.2　带传动　V带轮(有效宽度制)　槽型检验。

本部分是GB/T 11356的第1部分。

本部分修改采用ISO 255:1990《带传动　V带轮(基准宽度制)　槽形检验》。

为与现行带传动国家标准一致，本部分对ISO 255:1990中的符号做了如下修改：

——基准宽度符号“W_d”改为“b_d”；

——槽角符号“α”改为“φ”；

——槽顶高符号“b”改为“h_a”；

——槽底深符号“h”改为“h_f”；

——修正项符号“h_s”改为“x”；

——测量球或量棒直径符号“d”改为“d_B”。

本部分代替GB/T 11356.1—1997《带传动　普通及窄V带轮(基准宽度制)　槽形检验》。

本部分与GB/T 11356.1—1997相比主要变化如下：

——按照ISO标准格式，对标准结构进行了编排；

——增加了图的名称；

——增加了引言部分；

——范围中增加了“槽型带轮的检测参数和公差”的说明；

——增加了ISO原文中的引用标准；

——6.2中增加了对多槽带轮槽形检验的要求；

——增加了参考文献。

本部分的附录A是规范性附录。

本部分由中国机械工业联合会提出并归口。

本部分起草单位：中机生产力促进中心。

本部分主要起草人：秦书安、黄刚。

本部分由中机生产力促进中心负责解释。

本部分所代替标准的历次版本发布情况为：

——GB 11356—1989；

——GB/T 11356.1—1997。

引　言

使用V带传动时，带轮轮槽的尺寸可基于基准宽度制或者有效宽度制来定义，因此开发了带轮和带尺寸定义及描述的两种体系。两种体系互相独立。

基于基准宽度制定义的带轮槽形检验，通过规定必要的机械检测方法来确保带实际轮槽形与标准带轮槽形的一致性。但是没有规定用以控制带轮产品槽形的快速或连续槽型检验方法。

带传动 V带轮(基准宽度制) 槽形检验

1 范围

GB/T 11356 的本部分规定了基准宽度制的普通及窄 V 带轮轮槽的常规检验方法。

带轮的检测参数和公差在 GB/T 10412 中规定。

2 规范性引用文件

下列文件中的条款通过 GB/T 11356 的本部分的引用而成为本部分的条款。凡是注日期的引用文件,其随后所有的修改单(不包括勘误的内容)或修订版均不适用于本部分,然而,鼓励根据本部分达成协议的各方研究是否可使用这些文件的最新版本。凡是不注日期的引用文件,其最新版本适用于本部分。

GB/T 10412 普通和窄 V 带轮(基准宽度制)(ISO 4183:1995,MOD)

3 基本程序

带轮的检验应按下列四个连续检验程序进行:

a) 检验槽截面(见第 4 章);

b) 检验槽间距(见第 5 章);

c) 检验基准直径(见第 6 章);

d) 检验圆跳动(见第 7 章)。

4 槽截面的检验

4.1 槽截面尺寸

槽截面具体尺寸应符合有关标准的规定,检验参数见图 1 和表 1。

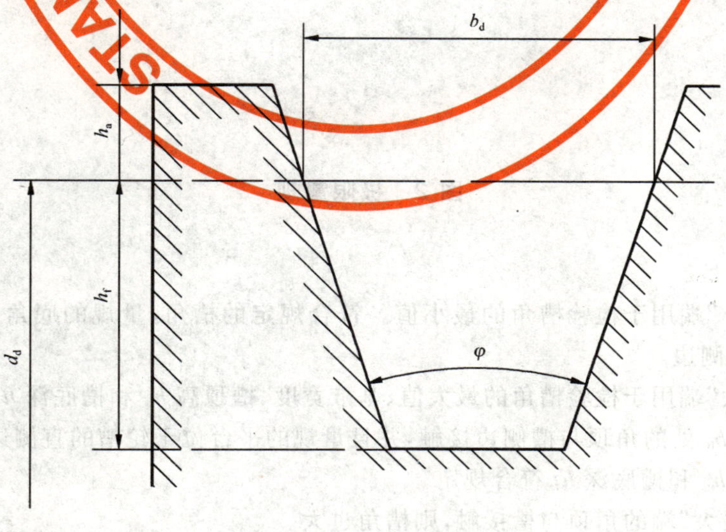

图 1 槽截面

表 1 槽截面尺寸参数

槽截面尺寸	代　号	公　差
基准宽度	b_d	规定值(无公差)
槽　角	φ	$\pm\Delta\varphi$
槽顶高(基准宽度以上)	h_a	最小值
槽底深(基准宽度以下)	h_f	最小值

4.2 检验

4.2.1 极限量规

槽截面应用图 2 所示的极限量规进行检验。

符合标准规定的每个槽截面的各个标准角度,均应有一个极限量规。

极限量规应标志有槽型和槽角。

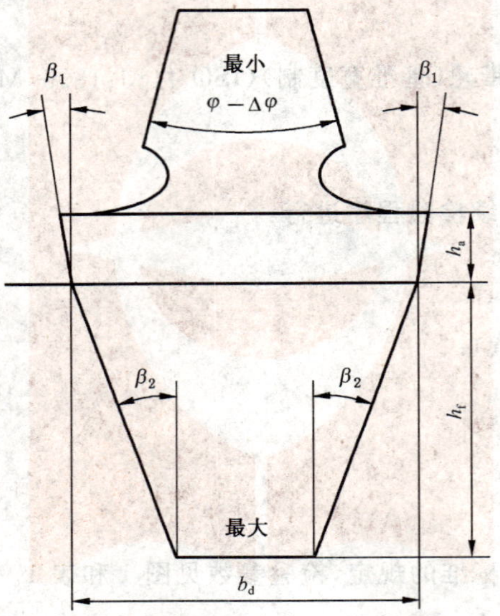

$$\beta_1=\frac{\varphi-\Delta\varphi}{2}$$

$$\beta_2=\frac{\varphi+\Delta\varphi}{2}$$

图 2 极限量规

4.2.2 检验方法

极限量规见图 2。

极限量规的“最小”端用于检验槽角的最小值。符合规定的槽角,量规的底角与槽侧边应接触(见图 3)或均匀地靠在槽侧边。

极限量规的“最大”端用于检验槽角的最大值、基准宽度、槽顶高 h_a 和槽底深 h_f。

如果量规在宽度 b_d 处的角顶与槽侧边接触,并且量规的平台位于轮槽的直侧边以内(见图 4),则槽角、基准宽度、槽顶高 h_a 和槽底深 h_f 符合规定。

如果仅是量规“最大”端的角顶与槽接触,则槽角过大。

如果量规的平台位于槽的直侧边以上,则基准宽度或槽顶高 h_a 过小(见图 5)。

如果量规与槽底接触,并且量规在 b_d 宽度处的角顶未接触槽的侧边,则槽深过小(见图 6)。

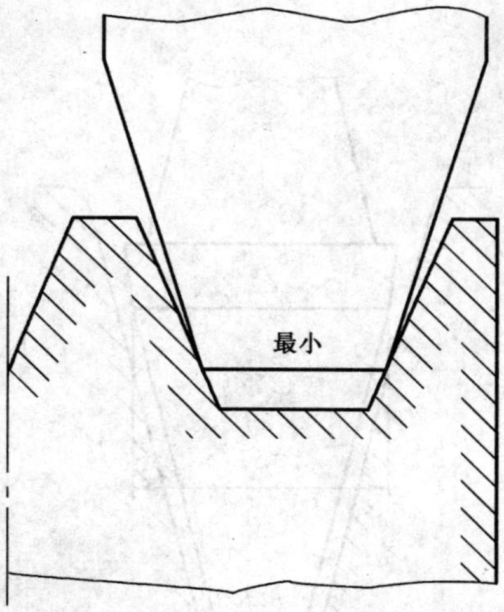

图 3　待检槽形中的极限量规

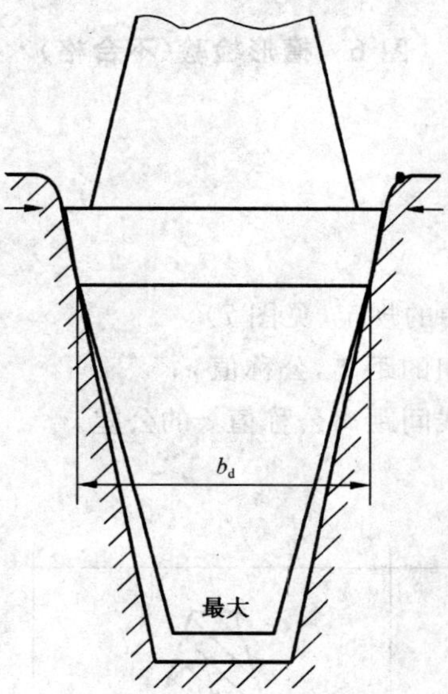

图 4　槽形检验(合格)

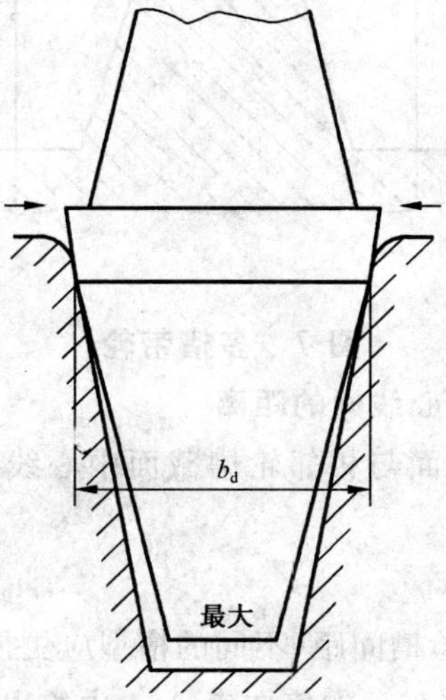

图 5　槽形检验(不合格)

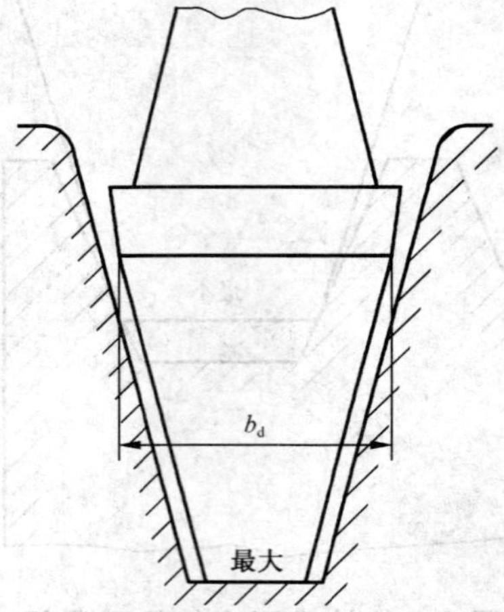

图 6　槽形检验(不合格)

5　槽间距的检验

5.1　槽间距参数

5.1.1　槽间距

下列尺寸应符合 GB/T 10412 中的规定(见图 7)。

——两相邻轮槽截面中心线之间的距离,公称值 e;

——任意两相邻轮槽截面中心线间距离公称值 e 的公差。

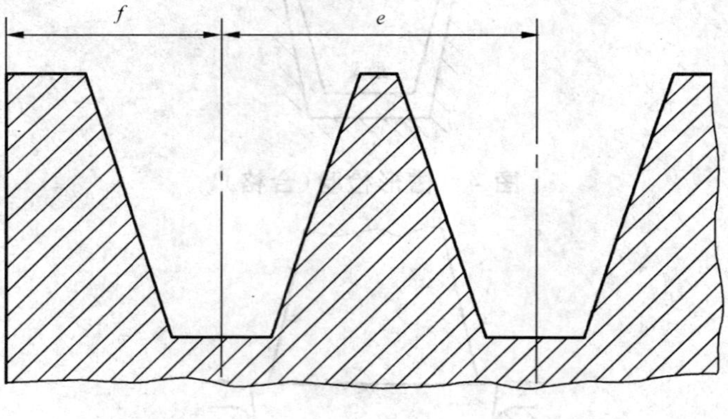

图 7　多槽带轮

5.1.2　带轮端面与第一个轮槽截面中心线间的距离

对于所有单槽或多槽带轮,带轮端面与相邻轮槽截面中心线间的距离 f 值,应规定其最小值。为便于带轮找正,可规定 f 值的正负偏差。

5.2　检验

使用可更换测量球的测量装置检验槽间距(不同的槽型应更换相应的测量球)。测量球直径应符合 6.1.2 的规定。测量球或量棒直径及修正项的值在表 A.1 中给出。

使用带游标卡尺，并且测量球可换的测量装置测量每个轮槽的槽间距值 e(见图 8)。测量球直径在表 A.1 中给出。当测量球完全放入轮槽后，可动测量球的滑动装置应固定，用游标卡尺或千分尺测出距离 X。被测槽间距 e 值等于两测量球外端间距离 X 与测量球直径 d_B 之差。被测槽间距 e 值按式(1)计算：

$$e = X - d_B \quad \cdots\cdots(1)$$

式中：

e——槽间距，单位为毫米(mm)；

X——两测量球外端间距离，单位为毫米(mm)；

d_B——测量球直径，单位为毫米(mm)。

图 8　槽间距检验装置

6　基准直径的检验

6.1　尺寸参数

6.1.1　基准直径

下列尺寸应符合 GB/T 10412 中的规定：

——基准直径公称值 d_d；

——基准直径公称值 d_d 的公差；

——多槽带轮中各轮槽基准直径间的公差。

6.1.2　测量球或量棒

下列尺寸应符合附录 A 中的规定：

——测量球或量棒直径 d_B；

——直径 d_B 的公差；

——修正项 $2x$。

基准直径 d_d 应在测量球或量棒同时与轮槽侧边紧密接触时通过测量确定。

6.2　检验

使用直径符合 6.1.2 中规定的测量球或量棒。将两个测量球或量棒放入待测轮槽中(见图 9)。测量与带轮轴线平行的两个测量球或量棒外切面的距离 K，此距离可用平面平行量具，如游标卡尺测量。

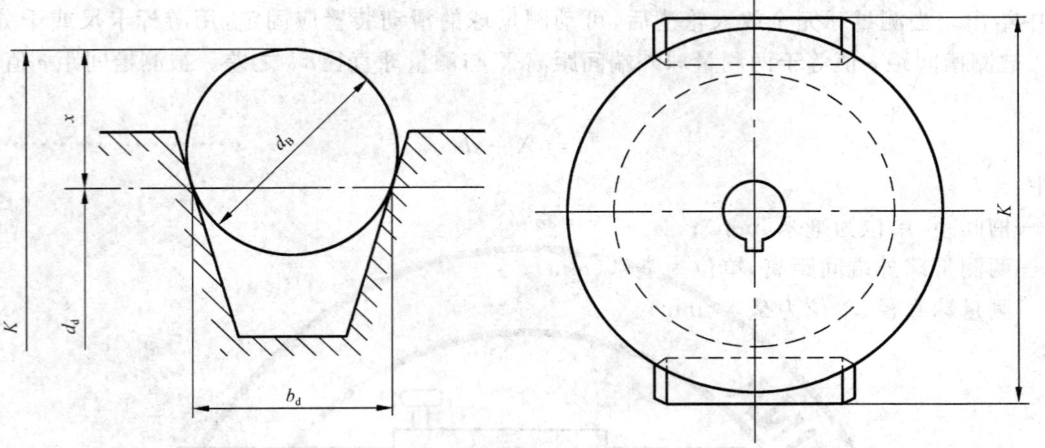

图 9 待检轮槽中的测量棒

基准直径由式(2)求出：

$$d_d = K - 2x \qquad \cdots\cdots (2)$$

式中：

$2x$——修正项。

如果带轮有多个轮槽，则应分别测量每一个轮槽。

7 圆跳动的检验

7.1 公差

下列公差应符合有关标准的规定：

——外圆径向圆跳动公差 t_1，以轴孔中心线为基准 A。

——斜向圆跳动公差 t_2，t_2 应在垂直于轮槽工作面的基准直径处测量。基准由基准 A 和基准 B（与轴肩端面配合的带轮端面）组成。

7.2 检验

在测量位置（见图 10），围绕基准 A 旋转一周过程中的径向和斜向圆跳动不应大于规定值。

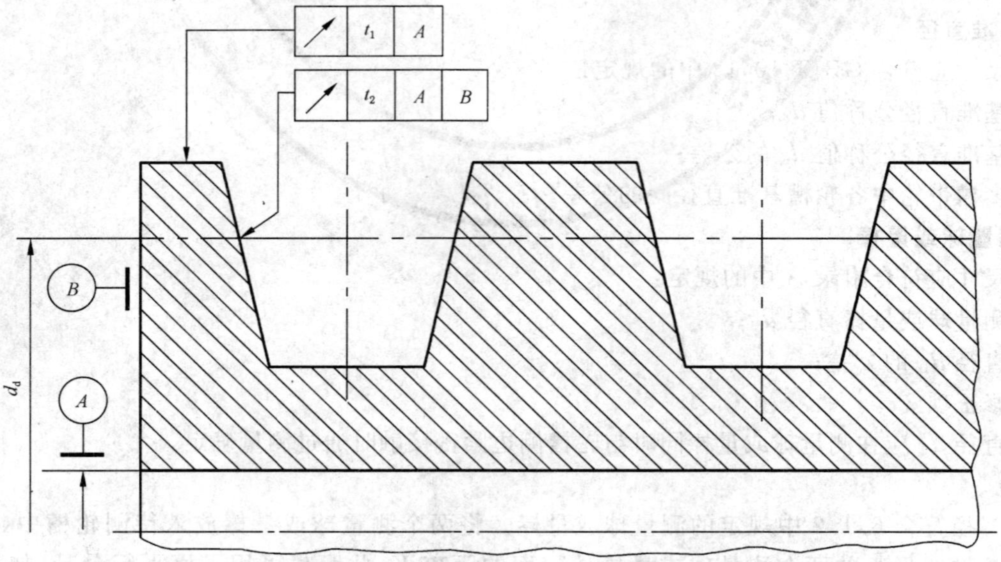

图 10 外圆径向及斜向圆跳动公差

附 录 A
（规范性附录）
测量球或量棒直径 d_B 和修正项 $2x$

测量球或量棒直径 d_B 和修正项 $2x$ 见表 A.1。

表 A.1

槽 型	测量球或量棒直径 d_B		修正项 $2x$
	基本尺寸	极限偏差	
Y	5.5	$^{0}_{-0.03}$	7
Z、SPZ	9	$^{0}_{-0.036}$	12
A、SPA	11.6	$^{0}_{-0.043}$	15
B、SPB	14.7	$^{0}_{-0.043}$	19
C、SPC	20	$^{0}_{-0.052}$	26
D	28.5	$^{0}_{-0.052}$	37
E	33.8	$^{0}_{-0.062}$	44

参 考 文 献

[1] GB/T 1800.4—1999 极限与配合 标准公差等级和孔、轴的极限偏差表(eqv ISO 286-2:1988)

[2] GB/T 6931.2—1986 V带传动 术语(eqv ISO 1081:1980)

[3] GB/T 1182—1996 形状和位置公差 通则、定义、符号和图样表示法(eqv ISO 1101:1996)

ICS 21.220.10
J 18

中华人民共和国国家标准

GB/T 11357—2008
代替 GB/T 11357—1989

带轮的材质、表面粗糙度及平衡

Quality, roughness and balance of transmission pulleys

(ISO 254:1998, Belt drives—Pulleys—Quality, finish and balance of transmission pulleys, MOD)

2008-04-16 发布　　2008-10-01 实施

中华人民共和国国家质量监督检验检疫总局
中国国家标准化管理委员会　发布

前　言

本标准修改采用 ISO 254:1998《带传动　带轮　质量、表面粗糙度及平衡》。本标准相对国际标准做了下列修改:编辑方法有所不同,引用了国家标准,并删减了部分分析性语言。

本标准是对 GB/T 11357—1989《带轮的材质、表面粗糙度及平衡》的修订。

本标准与 GB/T 11357—1989 相比,主要技术差异如下:

——带轮材料要求更具有普遍性,不规定具体材料,删减了对铸造、焊接及烧结带轮的具体要求;

——表面粗糙度增加了对多楔带轮的规定;

——增加试验带轮粗糙度要求;

——机械转速不仅由图确定,同时可由计算公式得出。

本标准由中国机械工业联合会提出并归口。

本标准起草单位:中机生产力促进中心。

本标准主要起草人:黄刚、秦书安。

本标准所代替标准的历次版本发布情况为:

——GB/T 11357—1989。

带轮的材质、表面粗糙度及平衡

1 范围

本标准规定了传动带轮的质量特性，传动带轮和试验带轮的表面粗糙度和平衡的质量水平。

本标准适用于V带轮、多楔带轮、平带轮、同步带轮，不适用于有活动轮缘的变速带轮。

2 规范性引用文件

下列文件中的条款，通过本标准的引用而成为本标准的条款。凡是注日期的引用文件，其随后所有的修改单（不包括勘误的内容）或修订版均不适用于本标准，然而，鼓励根据本标准达成协议的各方研究是否可使用这些文件的最新版本。凡是不注日期的引用文件，其最新版本适用于本标准。

GB/T 9239.1—2006　机械振动　恒态（刚性）转子平衡品质要求　第1部分：规范与平衡允差的检验（ISO 1940-1:2003，IDT）

GB/T 9239.2—2006　机械振动　恒态（刚性）转子平衡品质要求　第2部分：平衡误差（ISO 1940-2:2003，IDT）

3 带轮的材料及质量要求

带轮可以由能够被加工成符合标准规定尺寸和公差，并能承受各种工作条件（包括温升、机械应力、摩擦等各种环境）而不损坏的材料制造。带轮材料应适于发散由传动中产生的热量。

4 表面粗糙度

4.1 传动带轮

工作表面粗糙度不应超出表1规定值。

表1　传动带轮工作表面粗糙度

带轮工作表面		表面粗糙度 $Ra/\mu m$
V带和多楔带轮槽和各种带轮轴孔		3.2
平带轮轮缘，各种带轮轮缘棱边		6.3
同步带轮的齿侧和齿顶	一般工业传动	3.2
	高性能传动（如汽车用传动）	1.6

4.2 试验带轮

工作表面粗糙度不应超出表2规定值。

表2　试验带轮工作表面粗糙度

带轮工作表面	表面粗糙度 $Ra/\mu m$
V带和多楔带轮槽（动态试验）	1.6
同步带轮槽	
张紧轮	

4.3　平带轮轮缘、V带轮和多楔带轮轮槽的棱边应倒角或倒圆。

5 平衡

5.1 带轮平衡的目的在于改善它的质量分布，以减少它在旋转时产生的不平衡力。经校正平衡的带轮，其残余不平衡量应不大于允许值。

5.2 残余不平衡量的规定极限值应等同预计使用中的允许值。

5.3 带轮平衡有静平衡和动平衡两种方式：

在一个平面内的平衡，称为静平衡；

在两个平面内的平衡，称为动平衡。

5.4 带轮带有较宽的轮缘表面或带轮以相对较高的速度转动时，需要进行动平衡。

5.5 作为生产储备用的带轮，因尚未确定使用条件，只需作静平衡。

5.6 静平衡应使带轮在工作直径（由带轮类型确定为基准或有效直径）上的偏心残留量不大于下列二值中较大的值：

a) 0.005 kg；

b) 带轮及附件的当量质量的 0.2%。

注：当量质量系指几何形状与被检带轮相同的铸铁带轮的质量。

5.7 当带轮转速已知时应确定是否需要进行动平衡。

由图 1 或通过下列公式计算确定带轮极限速度 n_1：

$$n_1 = \sqrt{1.58 \times 10^{11} / Bd}$$

式中：

B——带轮轮缘宽度，单位为毫米（mm）；

d——带轮直径（基准直径或有效直径），单位为毫米（mm）。

当带轮转速 $n \leqslant n_1$ 时，进行静平衡；

$n > n_1$ 时，进行动平衡。

5.8 动平衡按 GB/T 9239.1 及 GB/T 9239.2 进行。质量等级由下列二值中选取较大值：

$$G_1 = 6.3 \quad \text{mm/s}$$

$$G_2 = 5\ v/M \quad \text{mm/s}$$

式中：

5——残留偏心量的实际限度［见 5.6a)］，单位为克（g）；

v——带轮的圆周速度，单位为米每秒（m/s）；

M——带轮的当量质量［见 5.6b)］，单位为千克（kg）。

如果使用者有特殊需求时，质量等级可能小于 G_1 或 G_2。

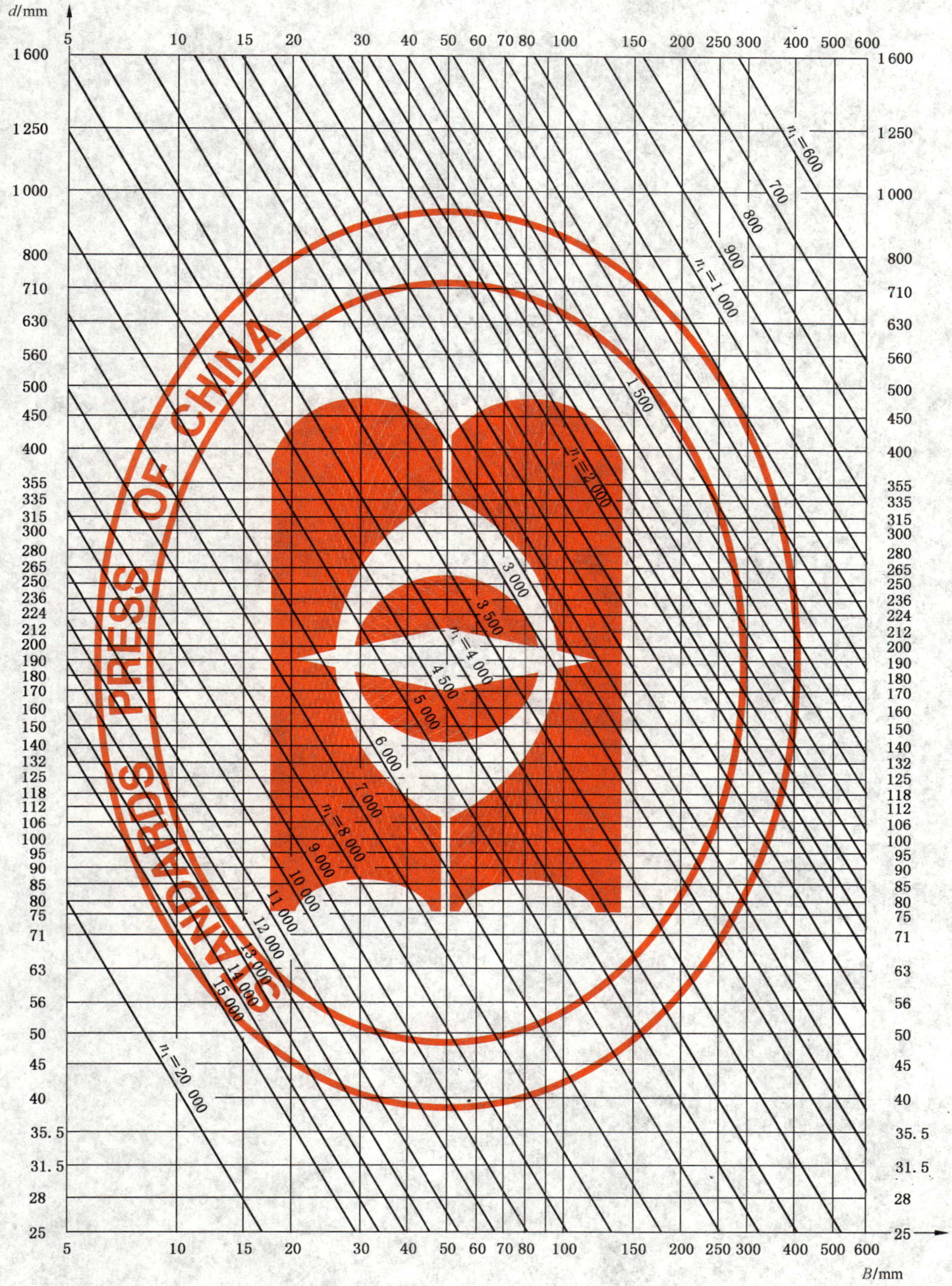

B——带轮轮缘宽度，mm；

d——带轮直径(基准直径或有效直径)，mm。

图 1 静平衡、动平衡极限转速 n_1/(r/min)

ICS 21.220.10
J 18

中华人民共和国国家标准

GB/T 11361—2008
代替 GB/T 11361—1989

同步带传动　梯形齿带轮

Synchronous belt drives—Trapezoidal toothed pulleys

(ISO 5294:1989, Synchronous belt drives—Pulleys, MOD)

2008-04-16 发布　　2008-10-01 实施

中华人民共和国国家质量监督检验检疫总局
中国国家标准化管理委员会　发布

前　言

本标准修改采用 ISO 5294:1989《同步带传动　带轮》。相对国际标准，增加了同步带轮端面圆跳动检测和同步带轮径向圆跳动检测图示（图 5 和图 6）；编辑方法不同，并为区别曲线齿同步带轮，本标准同步带轮注明为梯形齿同步带轮。

本标准是对 GB/T 11361—1989《同步带传动　带轮》的修订。

本标准与 GB/T 11361—1989 相比主要技术差异如下：

——为区别曲线齿同步带轮，注明梯形齿带轮；

——减少了挡圈厚度的规定；

——增加了外径极限偏差值的规定范围；

——删减轮宽 b 小于 10 mm 时，以 10 mm 计算带轮平行度和锥度的规定。

本标准由中国机械工业联合会提出并归口。

本标准起草单位：中机生产力促进中心、宁波凯弛胶带有限公司、无锡太湖同步带轮厂。

本标准主要起草人：秦书安、黄刚、胡志洪、冯晓平、谢炳生。

本标准由中机生产力促进中心负责解释。

本标准所代替标准的历次版本发布情况为：

——GB/T 11361—1989。

同步带传动 梯形齿带轮

1 范围

本标准规定了用来传递机械动力，准确定位或实现同步传动的同步带传动中梯形齿带轮的基本特征，包括：轮齿尺寸及极限偏差、带轮尺寸及极限偏差、带轮形位公差。

2 规范性引用文件

下列文件中的条款通过本标准的引用而成为本标准的条款。凡是注日期的引用文件，其随后所有的修改单（不包括勘误的内容）或修订版均不适用于本标准，然而，鼓励根据本标准达成协议的各方研究是否可使用这些文件的最新版本。凡是不注日期的引用文件，其最新版本适用于本标准。

GB/T 6931.3—2008 带传动术语 第3部分：同步带传动术语（ISO 5288:2001，MOD）

GB/T 11357—2008 带轮的材质、表面粗糙度及平衡（ISO 254:1998，MOD）

3 轮齿尺寸

3.1 渐开线齿

齿条刀具的尺寸及极限偏差见图1和表1。

图1 加工渐开线齿的齿条刀具

表 1　加工渐开线齿廓的刀具尺寸及极限偏差　　单位为毫米

槽型	MXL	MXL	XXL	XL	L	H	H	XH	XXH
齿数	10～23	≥24	≥10	≥10	≥10	14～19	>19	≥18	≥18
节距 $P_b \pm 0.003$	2.032	2.032	3.175	5.080	9.525	12.700	12.700	22.225	31.750
齿半角 $A \pm 0.12/(°)$	28	20	25	25	20	20	20	20	20
齿高 $h_r{}^{+0.05}_{0}$	0.64	0.64	0.84	1.40	2.13	2.59	2.59	6.88	10.29
齿顶厚 $b_g{}^{+0.05}_{0}$	0.61	0.67	0.96	1.27	3.10	4.24	4.24	7.59	11.61
齿顶圆角半径 $r_1 \pm 0.03$	0.30	0.30	0.30	0.61	0.86	1.47	1.47	2.01	2.69
齿根圆角半径 $r_2 \pm 0.03$	0.23	0.23	0.28	0.61	0.53	1.04	1.42	1.93	2.82
两倍节根距 $2a$	0.508	0.508	0.508	0.508	0.762	1.372	1.372	2.794	3.048

3.2　直边齿廓

直边齿廓尺寸及极限偏差见图 2 和表 2。

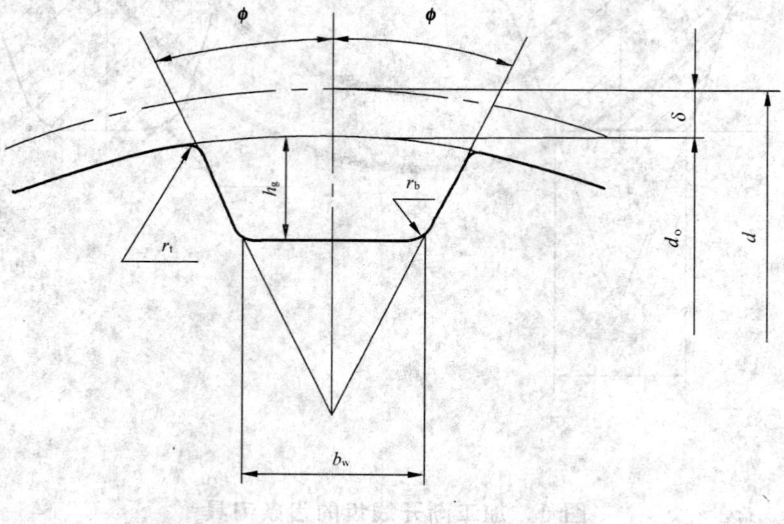

图 2　直边齿廓带轮的轮齿

表 2 直边齿廓带轮的轮齿尺寸及极限偏差

单位为毫米

槽型	MXL	XXL	XL	L	H	XH	XXH
齿槽底宽 b_w	0.84±0.05	$0.96^{+0.05}_{0}$	1.32±0.05	3.05±0.1	4.19±0.13	7.90±0.15	12.17±0.18
齿槽深 h_g	$0.69^{0}_{-0.05}$	$0.84^{0}_{-0.05}$	$1.65^{0}_{-0.08}$	$2.67^{0}_{-0.10}$	$3.05^{0}_{-0.13}$	$7.14^{0}_{-0.13}$	$10.31^{0}_{-0.13}$
齿槽半角 ϕ±1.5/(°)	20	25	25	20	20	20	20
齿顶圆角半径 r_t	$0.13^{+0.05}_{0}$	0.3±0.05	$0.64^{+0.05}_{0}$	$1.17^{+0.13}_{0}$	$1.6^{+0.13}_{0}$	$2.39^{+0.13}_{0}$	$3.18^{+0.13}_{0}$
齿根圆角半径 r_b	0.25	0.35	0.41	1.19	1.60	1.98	3.96
两倍节顶距 2δ	0.508	0.508	0.508	0.762	1.372	2.794	3.048

3.3 带轮相邻齿间的节距公差及在90°弧以内的节距累计偏差见表 3。

表 3 节距偏差

单位为毫米

带轮外径 d_o	节距偏差	
	任意两相邻齿	90°弧内累积
$d_o \leqslant 25.4$	±0.03	±0.05
$25.4 < d_o \leqslant 50.8$		±0.08
$50.8 < d_o \leqslant 101.6$		±0.10
$101.6 < d_o \leqslant 177.8$		±0.13
$177.8 < d_o \leqslant 304.8$		±0.15
$304.8 < d_o \leqslant 508$		±0.18
$d_o > 508$		±0.2

4 带轮尺寸

4.1 带轮宽度基本尺寸及允许的最小实际宽度见图 3 和表 4。有挡圈带轮包括带有单、双边挡圈的带轮。当传动中带轮平行性得到足够控制时，无挡圈带轮最小宽度可以减小，但不得小于有挡圈带轮的最小宽度。

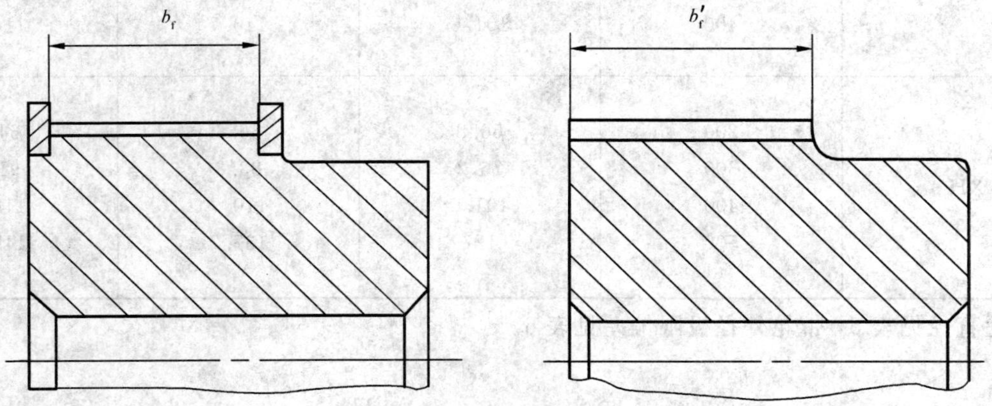

图 3 带轮宽度

表 4 带轮的宽度

单位为毫米

槽 型	轮宽代号	轮宽基本尺寸	有挡圈带轮最小宽度 b_f	无挡圈带轮最小宽度 b_f'
MXL	012	3.2	3.8	5.6
	019	4.8	5.3	7.1
	025	6.4	7.1	8.9
XXL	012	3.2	3.8	5.6
	019	4.8	5.3	7.1
	025	6.4	7.1	8.9
XL	025	6.4	7.1	8.9
	031	7.9	8.6	10.4
	037	9.5	10.4	12.2
L	050	12.7	14	17
	075	19.1	20.3	23.3
	100	25.4	26.7	29.7
H	075	19.1	20.3	24.8
	100	25.4	26.7	31.2
	150	38.1	39.4	43.9
	200	50.8	52.8	57.3
	300	76.2	79	83.5
XH	200	50.8	56.6	62.6
	300	76.2	83.8	89.8
	400	101.6	110.7	116.7
XXH	200	50.8	56.6	64.1
	300	76.2	83.8	91.3
	400	101.6	110.7	118.2
	500	127	137.7	145.2

4.2 带轮直径见表 5，带轮外径极限偏差见表 6。

表 5　带轮直径

单位为毫米

齿数	带轮槽型													
	MXL		XXL		XL		L		H		XH		XXH	
	节径	外径	节径	外径	节径	外径	节径	外径	节径	外径	节径	外径	节径	外径
10	6.47	5.96	10.11	9.6	16.17	15.66								
11	7.11	6.61	11.12	10.61	17.79	17.28								
12	7.76	7.25	12.13	11.62	19.4	18.9	36.38	35.62						
13	8.41	7.9	13.14	12.63	21.02	20.51	39.41	68.65						
14	9.06	8.55	14.15	13.64	22.04	22.13	42.45	41.69	56.6	55.23				
15	9.7	9.19	15.16	14.65	24.26	23.75	45.48	44.72	60.64	59.27				
16	10.35	9.84	16.17	15.66	25.87	25.36	48.51	47.75	64.68	63.31				
17	11	10.49	17.18	16.67	27.49	26.98	51.54	50.78	68.72	67.35				
18	11.64	11.13	18.19	17.68	29.11	28.6	54.57	53.81	72.77	71.39	127.34	124.55	181.91	178.86
19	12.29	11.78	19.2	18.69	30.72	30.22	57.61	56.84	76.81	75.44	134.41	131.62	192.02	188.97
20	12.94	12.43	20.21	19.7	32.34	31.83	60.64	59.88	80.85	79.48	141.49	138.69	202.13	199.08
(21)	13.58	13.07	21.22	20.72	33.96	33.45	63.67	62.91	84.89	83.52	148.56	145.77	212.23	209.18
22	14.23	13.72	22.23	21.73	35.57	35.07	66.7	65.94	88.94	87.56	155.64	152.84	222.34	219.29
(23)	14.88	14.37	23.24	22.74	37.19	36.68	69.73	68.97	92.98	91.61	162.71	159.92	232.45	229.4
(24)	15.52	15.02	24.26	23.75	38.81	38.3	72.77	72	97.02	95.65	169.79	166.99	242.55	239.5
25	16.17	15.66	25.27	24.76	40.43	39.92	75.8	75.04	101.06	99.69	176.86	174.07	252.66	249.61
(26)	16.82	16.31	26.28	25.77	42.04	41.53	78.83	78.07	105.11	103.73	183.94	181.14	262.76	259.72
(27)	17.46	16.96	27.29	26.78	43.66	43.15	81.86	81.1	109.15	107.78	191.01	188.22	272.87	269.82
28	18.11	17.6	28.3	27.79	45.28	44.77	84.89	84.13	113.19	111.82	198.08	195.29	282.98	279.93
(30)	19.4	18.9	30.32	29.81	48.51	48	90.96	90.2	121.28	119.9	212.23	209.44	303.19	300.14
32	20.7	20.19	32.34	31.83	51.74	51.24	97.02	96.26	129.36	127.99	226.38	223.59	323.4	320.35
36	23.29	22.78	36.38	35.87	58.21	57.70	109.15	108.39	145.53	144.16	254.68	251.89	363.83	360.78
40	25.37	25.36	40.43	39.92	64.68	64.17	121.28	120.51	161.7	160.33	282.98	280.18	404.25	401.21
48	31.05	30.54	48.51	48	77.62	77.11	145.53	144.77	194.04	192.67	339.57	336.78	485.1	482.06
60	38.81	38.3	60.64	60.13	97.02	96.51	181.91	181.15	242.55	241.18	424.47	421.67	606.38	603.33
72	46.57	46.06	72.77	72.26	116.43	115.92	218.3	217.53	291.06	289.69	509.36	506.57	727.66	724.61
84							254.68	253.92	339.57	338.2	594.25	591.46	848.93	845.88
96							291.06	290.3	388.08	386.71	679.15	676.35	970.21	967.16
120							363.83	363.07	485.1	483.73	848.93	846.14	1 212.76	1 209.71
156									630.64	629.26				

注：括号内的尺寸尽量不采用。

表 6　带轮外径极限偏差

单位为毫米

外　径　d_o	极限偏差
$d_o \leqslant 25.4$	$^{+0.05}_{0}$
$25.4 < d_o \leqslant 50.8$	$^{+0.08}_{0}$
$50.8 < d_o \leqslant 101.6$	$^{+0.10}_{0}$
$101.6 < d_o \leqslant 177.8$	$^{+0.13}_{0}$
$177.8 < d_o \leqslant 304.8$	$^{+0.15}_{0}$
$304.8 < d_o \leqslant 508$	$^{+0.18}_{0}$
$508 < d_o \leqslant 762$	$^{+0.20}_{0}$
$762 < d_o \leqslant 1\,016$	$^{+0.23}_{0}$
$d_o > 1\,016$	$^{+0.25}_{0}$

4.3　带轮挡圈尺寸见图 4 和表 7。

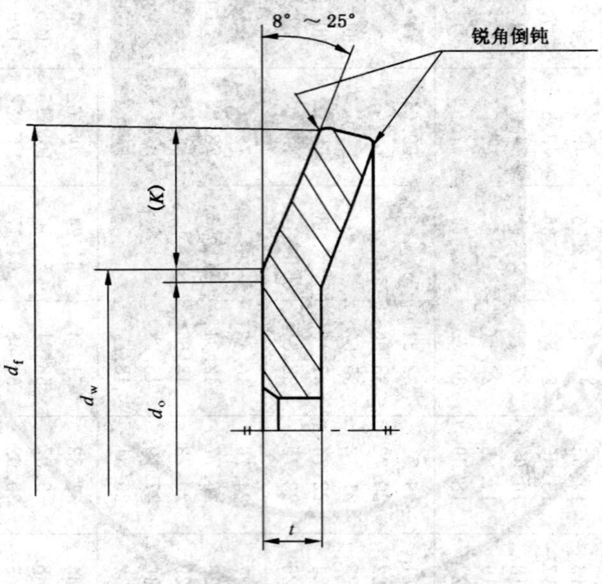

d_o——带轮外径，mm；

d_w——挡圈弯曲处直径，mm；

$d_w = (d_o + 0.38) \pm 0.25$；

K——挡圈最小高度，mm。

图 4　挡圈尺寸

表 7　带轮挡圈尺寸

单位为毫米

槽型	MXL	XXL	XL	L	H	XH	XXH
挡圈最小高度 K	0.5	0.8	1	1.5	2	4.8	6.1

5 带轮形位公差

5.1 带轮端面圆跳动见图5和表8。

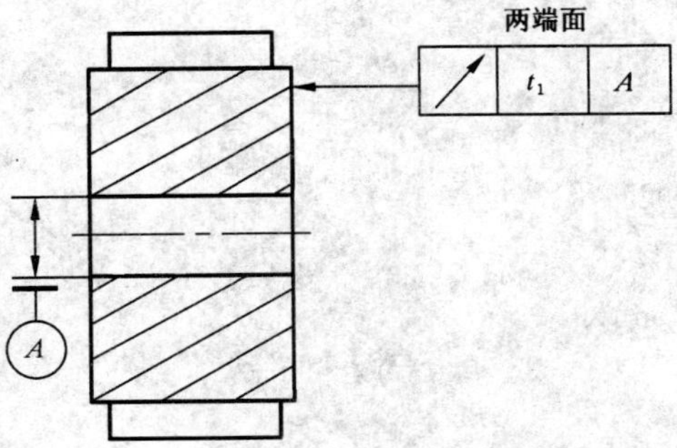

图5 同步带轮端面圆跳动检测

5.2 带轮径向圆跳动见图6和表8。

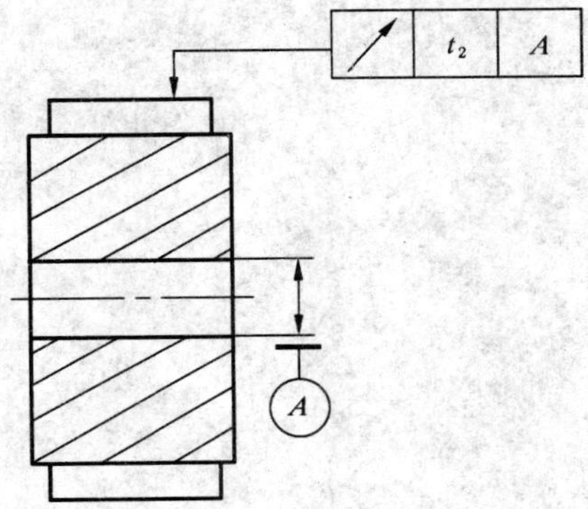

图6 同步带轮径向圆跳动检测

表8 带轮形位公差

单位为毫米

外径 d_o	端面圆跳动最大值	径向圆跳动最大值
$d_o \leqslant 101.6$	0.1	—
$101.6 < d_o \leqslant 254$	$0.001\ d_o$	—
$d_o > 254$	$0.25 + 0.000\ 5(d_o - 254)$	—
$d_o \leqslant 203.2$	—	0.13
$d_o > 203.2$	—	$0.13 + 0.000\ 5(d_o - 203.2)$

5.3 带轮轮齿与轴线的平行度≤$0.001b$ mm(b——带轮宽度)。

5.4 带轮外径在表6给定的公差范围内时,带轮锥度≤$0.001b$ mm(b——带轮宽度)。

ICS 21.220.10
J 18

中华人民共和国国家标准

GB/T 11362—2008
代替 GB/T 11362—1989

同步带传动 梯形齿同步带额定功率和传动中心距的计算

Synchronous belt drives—Calculation of power rating and drive center distance of trapezoidal toothed synchronous belt

(ISO 5295:1987, Synchronous belts—Calculation of power rating and drive center distance, MOD)

2008-04-16 发布　　2008-10-01 实施

中华人民共和国国家质量监督检验检疫总局
中国国家标准化管理委员会　发布

前　言

本标准修改采用 ISO 5295：1987《同步带传动　额定功率和传动中心距的计算》，主要增加了传动设计作为附录。

本标准是对 GB/T 11362—1989《同步带传动　额定功率和传动中心距的计算》的修订。

本标准与 GB/T 11362—1989 相比主要变化如下：

——增加了第 4 章术语符号说明的表格；

——附录中设计计算部分编排格式发生了改变。

本标准的附录 A 为资料性附录。

本标准由中国机械工业联合会提出并归口。

本标准起草单位：中机生产力促进中心、无锡太湖同步带轮厂、宁波凯弛胶带有限公司。

本标准主要起草人：秦书安、黄刚、冯晓平、胡志洪、谢炳生。

本标准由中机生产力促进中心负责解释。

本标准所代替标准的历次版本发布情况为：

——GB/T 11362—1989。

同步带传动 梯形齿同步带额定功率和传动中心距的计算

1 范围

本标准为两轮传动的梯形齿同步带建立了额定功率和中心距的计算公式。

计算用的一些参数值取决于节距和带的结构，应由带制造方提出。

2 规范性引用文件

下列文件中的条款，通过本标准的引用而构成本标准的条款。凡是注日期的引用文件，其随后所有的修改单（不包括勘误的内容）或修订版均不适用于本标准。然而，鼓励根据本标准达成协议的各方研究是否可使用这些文件的最新版本。凡是不注日期的引用文件，其最新版本适用于本标准。

GB/T 11361—2008 同步带传动 梯形齿带轮（ISO 5294:1989，MOD）

GB/T 11616—1989 同步带尺寸（eqv ISO 5296:1982）

3 术语和定义

额定功率 power rating

在传动装置正确安装和维护的条件下，按规定的几何尺寸和环境条件，在规定的时间周期内正常工作，同步带所能传递的功率。

额定功率取决于：

带和带轮齿的节距；

带的宽度；

带每米长度的质量；

带的许用工作张力；

小带轮角速度；

小带轮齿数；

小带轮啮合齿数。

4 代号

代号见表1。

表1 代号

代 号	说 明	单 位
P_b	带和带轮的齿节距	mm
b_s	带宽	mm
b_{so}	基准宽度，是同一带型标准带的最大宽度	mm
m	带宽为 b_{so} 的单位长度的质量	kg/m
T_a	宽度为 b_{so} 的带的许用工作张力	N
ω	小带轮角速度	rad/s
v	带的线速度	m/s
Z_1	小带轮的齿数	
Z_2	大带轮的齿数	

表 1(续)

代　　号	说　　明	单　　位
Z_b	带的齿数	
Z_m	小带轮的啮合齿数	
a	带轮中心距	mm
P_0	宽度为 b_{so} 的带的基准额定功率	kW
P_r	宽度为 b_s 的带的额定功率	kW
K_W	宽度系数	
K_Z	啮合齿数系数	
ent[ ]	取括号内数值的整数部分	

5　基准额定功率

宽度为 b_{so} 的带的基准额定功率 P_0 由公式(1)计算:

$$P_0 = \frac{(T_a - m v^2)v}{1\ 000} \quad \cdots\cdots(1)$$

式中:

$$v = \frac{\omega P_b Z_1 \times 10^{-3}}{2\pi}$$

6　额定功率

6.1　精确公式

宽度为 b_s,小带轮啮合齿数为 Z_m 的带的额定功率按公式(2)计算:

$$P_r = \left(K_Z K_W T_a - \frac{b_s m v^2}{b_{so}}\right) \times v \times 10^{-3} \quad \cdots\cdots(2)$$

6.2　近似公式

额定功率可按公式(3)近似计算:

$$P_r \approx K_Z K_W P_0 \quad \cdots\cdots(3)$$

7　中心距

7.1　精确公式

首先用公式(4)计算辅助角 θ:

$$\text{inv}\theta = \pi \frac{Z_b - Z_2}{Z_2 - Z_1} \quad \cdots\cdots(4)$$

式中:$\text{inv}\theta = \tan\theta - \theta$,$\theta$(见图 1)的数值可用逐步逼近法或查渐开线函数表来确定。

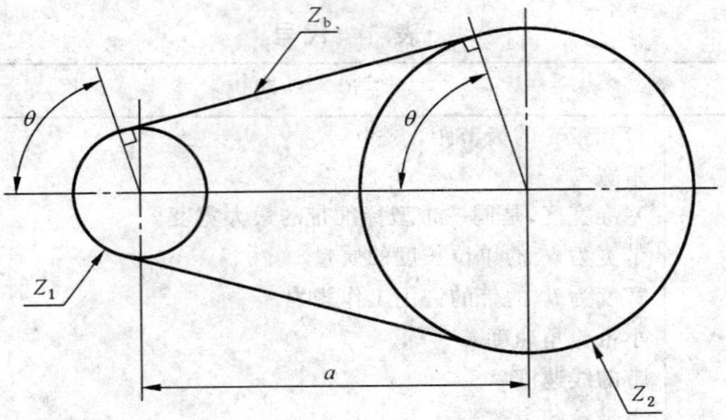

图 1　中心距计算

中心距按公式(5)计算：

$$a=\frac{P_b(Z_2-Z_1)}{2\pi\cos\theta} \qquad \cdots\cdots(5)$$

按上式计算一般是正确的，但是当 Z_2/Z_1 之值接近 1 时，上述方法不宜采用，因为 a 的表达式成了两个微量之比。在此情形下，推荐使用 7.2 给出的方法。

7.2 近似公式

首先由公式(6)计算 M 值：

$$M=\frac{P_b}{8}(2Z_b-Z_1-Z_2) \qquad \cdots\cdots(6)$$

然后按公式(7)计算中心距 a：

$$a\approx M+\sqrt{M^2-\frac{1}{8}\left[\frac{P_b(Z_2-Z_1)}{\pi}\right]^2} \qquad \cdots\cdots(7)$$

当 Z_2/Z_1 之值很大时，应避免采用这个方法而使用 7.1 中给出的方法。

8 小带轮啮合齿数 Z_m

啮合齿数由公式(8)计算：

$$Z_m=\mathrm{ent}\left[\frac{Z_1}{2}-\frac{P_bZ_1}{2\pi^2a}(Z_2-Z_1)\right] \qquad \cdots\cdots(8)$$

为方便计算，式中$\frac{1}{2\pi^2}$可由$\frac{1}{20}$代替。

9 啮合齿数系数 K_Z

$Z_m\geqslant6$，$K_Z=1$；

$Z_m<6$，$K_Z=1-0.2(6-Z_m)$。

10 宽度系数 K_W

系数 K_W 由公式(9)给出：

$$K_W=\left(\frac{b_s}{b_{so}}\right)^{1.14} \qquad \cdots\cdots(9)$$

其中 b_{so}取决于带型，其值见表 2。

K_W 的计算结果，修约到两位小数。

表 2 基准宽度

单位为毫米

节距代号	基准宽度 b_{so}
MXL	6.4
XXL	
XL	9.5
L	25.4
H	76.2
XH	101.6
XXH	127

附 录 A
（资料性附录）
梯形齿同步带传动设计方法

A.1 梯形齿同步带传动设计

A.1.1 梯形齿同步带传动设计方法

梯形齿同步带传动设计方法见表 A.1。

表 A.1 设计方法

计算项目	代号	公式及数据	单位	说 明
设计功率	P_d	$P_d=K_0P$	kW	K_0——载荷修正系数，见表 A.3～表 A.5； P——需传递的功率
带 型	MXL XXL XL L H XH XXH	根据 P_d 和 n_1 由图 A.1 选择。 n_1——小带轮转速，单位为转每分(r/min)		当选择的带型与相邻带型较接近时，将两种带型作平行设计，择优选用
节 距	P_b	具体带型对应的节距	mm	见 GB/T 11361 表 5
小带轮齿数	Z_1	按 GB/T 11361 表 5 选取，应使 $Z_1 \geqslant Z_{min}$，Z_{min} 见表 A.6		
大带轮齿数	Z_2	$Z_2=iZ_1$		i 为传动比；计算结果按 GB/T 11361 表 5 圆整
小带轮节径	d_1	$d_1=P_bZ_1/\pi$	mm	
大带轮节径	d_2	$d_2=P_bZ_2/\pi$	mm	
带 速	v	$v=\frac{\pi d_1 n_1}{60\ 000}=\frac{\omega P_b Z_1 10^{-3}}{2\pi}<v_{max}$		v_{max} 见表 A.7
节线长	L_p	$L_p=2a_0\cos\phi+\frac{\pi(d_2+d_1)}{2}+\frac{\pi\phi(d_2-d_1)}{180}$ 按 GB/T 11616 表 4 选择最接近的标准带长	mm	a_0——初定中心距，单位为毫米(mm)； $\phi=\sin^{-1}\left(\frac{d_2-d_1}{2a}\right)$
计算中心距 a)近似公式 b)精确公式	a	$a\approx M+\sqrt{M^2-\frac{1}{8}\left[\frac{P_b(Z_2-Z_1)}{\pi}\right]^2}$ $a=\frac{P_b(Z_2-Z_1)}{2\pi\cos\theta}$ $\mathrm{inv}\theta=\pi\frac{Z_b-Z_2}{Z_2-Z_1}$ $\mathrm{inv}\theta=\tan\theta-\theta$	mm	$M=\frac{P_b}{8}(2Z_b-Z_1-Z_2)$ Z_b——带的齿数； Z_2/Z_1 较大时，采用方法 b)； Z_2/Z_1 接近 1 时，采用方法 a)。 θ(见图 1)的数值可用逐步逼近法或查渐开线函数表来确定
小带轮啮合齿数	Z_m	$Z_m=\mathrm{ent}\left[\frac{Z_1}{2}-\frac{P_bZ_1}{2\pi^2a}(Z_2-Z_1)\right]$		ent[ ]——取括号内的整数部分

表 A.1（续）

计算项目	代号	公式及数据	单位	说明
基准额定功率（XL～XXH型，$Z_m \geqslant 6$时）	P_0	$P_0=\frac{(T_a-mv^2)v}{1\ 000}$ 表A.9～表A.13给出了XL～XXH型带的基准额定功率值	kW	T_a——带宽b_{so}的许用工作张力（见表A.8），单位为牛顿(N)； b_{so}——带的基准宽度（见表2），单位为毫米(mm)； m——带宽b_{so}的单位长度的质量（见表A.8），单位为千克每米(kg/m)； v——带的速度，单位为米每秒(m/s)
啮合齿数系数	K_Z	$Z_m \geqslant 6$时，$K_Z=1$； $Z_m<6$时，$K_Z=1-0.2(6-Z_m)$		
额定功率	P_r	$P_r=\left(K_Z K_W T_a-\frac{b_s mv^2}{b_{so}}\right)\times v\times 10^{-3}$ $P_r \approx K_Z K_W P_0$	kW	K_W——宽度系数； $K_W=\left(\frac{b_s}{b_{so}}\right)^{1.14}$
带宽	b_s	根据设计要求，$P_d \leqslant P_r$ 故带宽$b_s \geqslant b_{so}\left(\frac{P_d}{K_Z P_0}\right)^{1/1.14}$	mm	b_{so}见表2。 计算结果按GB/T 11616确定带宽。一般应使$b_s<d_1$
验算工作能力	P	$P_r=\left(K_Z K_W T_a-\frac{b_s mv^2}{b_{so}}\right)\times v\times 10^{-3}>P_d$时，传递能力足够	kW	T_a和m查表A.8； $v=\frac{P_b d_1 n_1}{60\ 000}$

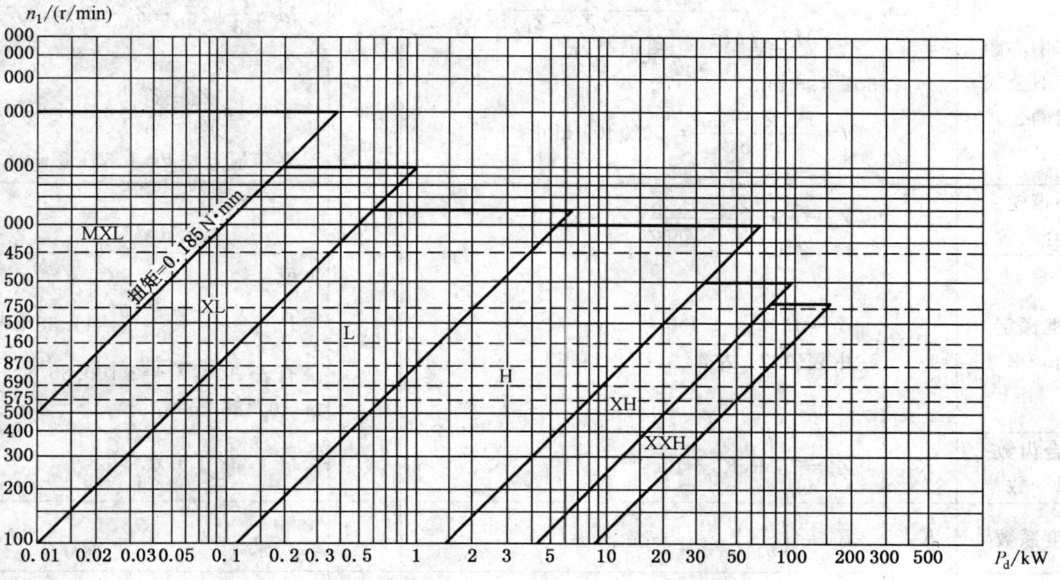

图 A.1　梯形齿同步带选型图

A.1.2　梯形齿同步带传动设计方法示例

梯形齿同步带传动设计方法示例见表A.2。

表 A.2 设计方法示例

<table>
<tr><td colspan="5">设计条件：
a) 原动机：额定功率 2.2 kW，异步电动机；转速：$n_1=1\ 430$ r/min。
b) 工作机：液体搅拌机，工作转速 $n_2=350$ r/min，满载工作。
c) 中心距要求：$a\approx500$ mm，带轮直径不受限制。
d) 运行要求：每天 24 h。</td></tr>
<tr><td>计算项目</td><td>代号</td><td>公式及数据</td><td>单位</td><td>说　明</td></tr>
<tr><td>设计功率</td><td>P_d</td><td>$P_d=K_0P=1.8\times2.2=3.96$</td><td>kW</td><td>查表 A.3，$K_0=1.8$</td></tr>
<tr><td>带　型</td><td></td><td>根据 P_d 和 n_1 由图 A.1 选取 H 带型</td><td></td><td></td></tr>
<tr><td>节　距</td><td>P_b</td><td>$P_b=12.7$</td><td>mm</td><td>见 GB/T 11361 表 5</td></tr>
<tr><td>小带轮齿数</td><td>Z_1</td><td>按表 A.6 和 GB/T 11361 表 5 选取 $Z_1=Z_{min}=18$</td><td></td><td></td></tr>
<tr><td>大带轮齿数</td><td>Z_2</td><td>$Z_2=iZ_1=Z_1n_1/n_2=4.086Z_1=73.55$
按 GB/T 11361 表 5 圆整 $Z_2=72$</td><td></td><td></td></tr>
<tr><td>小带轮节径</td><td>d_1</td><td>$d_1=P_bZ_1/\pi=72.77$</td><td>mm</td><td></td></tr>
<tr><td>大带轮节径</td><td>d_2</td><td>$d_2=P_bZ_2/\pi=291.06$</td><td>mm</td><td></td></tr>
<tr><td>带　速</td><td>v</td><td>$v=\frac{\pi d_1n_1}{60\ 000}=5.45<v_{max}$</td><td></td><td>$v_{max}=40$ m/s，见表 A.7</td></tr>
<tr><td>节线长</td><td>L_p</td><td>$L_p=2a_0\cos\phi+\frac{\pi(d_2+d_1)}{2}+\frac{\pi\phi(d_2-d_1)}{180}=$ 1 595.42 mm
按 GB/T 11616 表 4 选择最接近的标准带长 $L_p=1\ 600.20$，带齿数 $Z_b=126$，长度代号为 630</td><td>mm</td><td>$\phi=\sin^{-1}\left(\frac{d_2-d_1}{2a}\right)=12.6°$</td></tr>
<tr><td>计算中心距
a)近似公式
b)精确公式</td><td>a</td><td>$a\approx M+\sqrt{M^2-\frac{1}{8}\left[\frac{P_b(Z_2-Z_1)}{\pi}\right]^2}=$ 502.496 mm
$a=\frac{P_b(Z_2-Z_1)}{2\pi\cos\theta}=502.409$ mm</td><td>mm</td><td>$M=\frac{P_b}{8}(2Z_b-Z_1-Z_2)=257.175$
$Z_b=126$
$\text{inv}\theta=\pi\frac{Z_b-Z_2}{Z_2-Z_1}=3.141\ 6$
逐步逼近法 $\theta=1.351\ 8$ rad</td></tr>
<tr><td>小带轮
啮合齿数</td><td>Z_m</td><td>$Z_m=\text{ent}\left[\frac{Z_1}{2}-\frac{P_bZ_1}{2\pi^2a}(Z_2-Z_1)\right]=7$</td><td></td><td></td></tr>
<tr><td>基准额定
功　率</td><td>P_0</td><td>$Z_1=18$，$n_1=1\ 430$ r/min
由表 A.11 内插法，$P_0=11.37$</td><td>kW</td><td>或
$P_0=\frac{(T_a-mv^2)v}{1\ 000}=11.38$ kW；
查表 A.8，$T_a=2\ 100.85$ N，
$m=0.488$ kg/m</td></tr>
<tr><td>啮合齿数
系　数</td><td>K_Z</td><td>$Z_m=7\geqslant6$，$K_Z=1$</td><td></td><td></td></tr>
<tr><td>宽度系数</td><td>K_W</td><td>$K_W=\left(\frac{b_s}{b_{so}}\right)^{1.14}$</td><td></td><td></td></tr>
<tr><td>额定功率</td><td>P_r</td><td>$P_r\approx K_ZK_WP_0=K_ZP_0\left(\frac{b_s}{b_{so}}\right)^{1.14}$</td><td>kW</td><td></td></tr>
<tr><td>带　宽</td><td>b_s</td><td>根据设计要求，$P_d\leqslant P_r$
故带宽 $b_s\geqslant b_{so}\left(\frac{P_d}{K_ZP_0}\right)^{1.14}=30.21$
按 GB/T 11616，$b_s=38.1<d_1$</td><td>mm</td><td>查表 2，$b_{so}=76.2$ mm。计算结果按 GB/T 11616 确定带宽</td></tr>
</table>

表 A.2（续）

计算项目	代号	公式及数据	单位	说　明
验算工作能力	P	$P_r=\left(K_Z K_W T_a-\frac{b_s m v^2}{b_{so}}\right)\times v\times 10^{-3}=$ 5.16 kW $>P_d=3.96$ kW，传递能力足够		$K_W=0.451$

表 A.3　载荷修正系数 K_0

工作机	原动机					
	交流电动机（普通转矩鼠笼式、同步电动机），直流电动机（并激），多缸内燃机			交流电动机（大转矩、大滑差率、单相、滑环），直流电动机（复激、串激），单缸内燃机		
	运转时间			运转时间		
	断续使用 每日 3～5 h	普通使用 每日 8～10 h	连续使用 每日 16～24 h	断续使用 每日 3～5 h	普通使用 每日 8～10 h	连续使用 每日 16～24 h
复印机、计算机、医疗器械	1.0	1.2	1.4	1.2	1.4	1.6
清扫机、缝纫机、办公机械、带锯盘	1.2	1.4	1.6	1.4	1.6	1.8
轻负荷传送带、包装机、筛子	1.3	1.5	1.7	1.5	1.7	1.9
液体搅拌机、圆形带锯、平碾盘、洗涤机、造纸机、印刷机械	1.4	1.6	1.8	1.6	1.8	2.0
搅拌机（水泥、粘性体）、皮带输送机（矿石、煤、砂）、牛头刨床、挖掘机、离心压缩机、振动筛、纺织机械（整经机、绕线机）、回转压缩机、往复式发动机	1.5	1.7	1.9	1.7	1.9	2.1
输送机（盘式、吊式、升降式）、抽水泵、洗涤机、鼓风机（离心式、引风、排风）、发动机、激磁机、卷扬机、起重机、橡胶加工机（压延、滚轧压出机）、纺织机械（纺纱、精纺、捻纱机、绕纱机）	1.6	1.8	2.0	1.8	2.0	2.2
离心分离机、输送机（货物、螺旋）、锤击式粉碎机、造纸机（碎浆）	1.7	1.9	2.1	1.9	2.1	2.3
陶土机械（硅、粘土搅拌）、矿山用混料机、强制送风机	1.8	2.0	2.2	2.0	2.2	2.4

注 1：当使用张紧轮时，载荷系数还应加入表 A.4 中的使用张紧轮修正系数。

注 2：当增速传动时，载荷系数还应加入表 A.5 中的增速传动修正系数。

表 A.4　使用张紧轮修正系数

张紧轮的位置	系　数
松边内侧	0
松边外侧	0.1
紧边内侧	0.1
紧边外侧	0.2

表 A.5　增速传动修正系数

增　速　比	系　数
1.00～1.24	0
1.25～1.74	0.1
1.75～2.49	0.2
2.50～3.49	0.3
≥3.50	0.4

表 A.6 带轮最少许用齿数

小带轮转速 n_1/(r/min)	带型						
	MXL	XXL	XL	L	H	XH	XXH
	带轮最少许用齿数/Z_{min}						
<900	10	10	10	12	14	22	22
900～<1 200	12	12	10	12	16	24	24
1 200～<1 800	14	14	12	14	18	26	26
1 800～<3 600	16	16	12	16	20	30	—
3 600～<4 800	18	18	15	18	22	—	—

表 A.7 同步带允许最大线速度

带型	MXL、XXL、XL	L、H	XH、XXH
v_{max}/(m/s)	40～50	35～40	25～30

表 A.8 带的许用工作张力 T_a 及单位长度质量 m

带型	T_a/N	m/(kg/m)
MXL	27	0.007
XXL	31	0.010
XL	50.17	0.022
L	244.46	0.095
H	2 100.85	0.448
XH	4 048.90	1.484
XXH	6 398.03	2.473

表 A.9 XL 型带(节距 5.080 mm,基准宽度 9.5 mm)基准额定功率 P_0 单位为千瓦

小带轮转速 n_1/(r/min)	小带轮齿数和节圆直径/mm									
	10 16.17	12 19.40	14 22.64	16 25.87	18 29.11	20 32.34	22 35.57	24 38.81	28 45.28	30 48.51
950	0.040	0.048	0.057	0.065	0.073	0.081	0.089	0.097	0.113	0.121
1 160	0.049	0.059	0.069	0.079	0.089	0.098	0.108	0.118	0.138	0.147
1 425	—	0.073	0.085	0.097	0.109	0.121	0.133	0.145	0.169	0.181
1 750	—	0.089	0.104	0.119	0.134	0.148	0.163	0.178	0.207	0.221
2 850	—	0.145	0.169	0.193	0.216	0.240	0.263	0.287	0.333	0.355
3 450	—	0.175	0.204	0.232	0.261	0.289	0.317	0.345	0.399	0.425
100	0.004	0.005	0.006	0.007	0.008	0.009	0.009	0.010	0.012	0.013
200	0.009	0.010	0.012	0.014	0.015	0.017	0.019	0.020	0.024	0.026
300	0.013	0.015	0.018	0.020	0.023	0.026	0.028	0.031	0.036	0.038
400	0.017	0.020	0.024	0.027	0.031	0.034	0.037	0.041	0.048	0.051
500	0.021	0.026	0.030	0.034	0.038	0.043	0.047	0.051	0.060	0.064
600	0.026	0.031	0.036	0.041	0.046	0.051	0.056	0.061	0.071	0.076
700	0.030	0.036	0.042	0.048	0.054	0.060	0.065	0.071	0.083	0.089
800	0.034	0.041	0.048	0.054	0.061	0.068	0.075	0.082	0.095	0.102
900	0.038	0.046	0.054	0.061	0.069	0.076	0.084	0.092	0.107	0.115

表 A.9（续）

单位为千瓦

小带轮转速 n_1/(r/min)	小带轮齿数和节圆直径/mm									
	10 16.17	12 19.40	14 22.64	16 25.87	18 29.11	20 32.34	22 35.57	24 38.81	28 45.28	30 48.51
1 000	0.043	0.051	0.060	0.068	0.076	0.085	0.093	0.102	0.119	0.127
1 100	0.047	0.056	0.065	0.075	0.084	0.093	0.103	0.112	0.131	0.140
1 200	—	0.061	0.071	0.082	0.092	0.102	0.112	0.122	0.142	0.152
1 300	—	0.066	0.077	0.088	0.099	0.110	0.121	0.132	0.154	0.165
1 400	—	0.071	0.083	0.095	0.107	0.119	0.131	0.142	0.166	0.178
1 500	—	0.076	0.089	0.102	0.115	0.127	0.140	0.152	0.178	0.190
1 600	—	0.082	0.095	0.109	0.122	0.136	0.149	0.163	0.189	0.203
1 700	—	0.087	0.101	0.115	0.130	0.144	0.158	0.173	0.201	0.215
1 800	—	0.092	0.107	0.122	0.137	0.152	0.168	0.183	0.213	0.228
2 000	—	0.102	0.119	0.136	0.152	0.169	0.186	0.203	0.236	0.252
2 200	—	0.112	0.131	0.149	0.168	0.186	0.204	0.223	0.259	0.277
2 400	—	0.122	0.142	0.163	0.183	0.203	0.223	0.242	0.282	0.301
2 600	—	0.132	0.154	0.176	0.198	0.219	0.241	0.262	0.304	0.325
2 800	—	0.142	0.166	0.189	0.213	0.236	0.259	0.282	0.327	0.349
3 000	—	0.152	0.178	0.203	0.228	0.252	0.277	0.301	0.349	0.373
3 200	—	0.163	0.189	0.216	0.242	0.269	0.295	0.321	0.371	0.396
3 400	—	0.173	0.201	0.229	0.257	0.285	0.312	0.340	0.393	0.420
3 600	—	0.183	0.213	0.242	0.272	0.301	0.330	0.359	0.415	0.443
3 800	—	—	—	0.256	0.287	0.317	0.348	0.378	0.436	0.465
4 000	—	—	—	0.269	0.301	0.333	0.365	0.396	0.458	0.487
4 200	—	—	—	0.282	0.316	0.349	0.382	0.415	0.478	0.509
4 400	—	—	—	0.295	0.330	0.365	0.400	0.433	0.499	0.531
4 600	—	—	—	0.308	0.345	0.381	0.417	0.452	0.519	0.552
4 800	—	—	—	0.321	0.359	0.396	0.433	0.470	0.539	0.573

表 A.10　L 型带（节距 9.525 mm，基准宽度 25.4 mm）基准额定功率 P_0

单位为千瓦

小带轮转速 n_1/(r/min)	小带轮齿数和节圆直径/mm														
	12 36.38	14 42.45	16 48.51	18 54.57	20 60.64	22 66.70	24 72.77	26 78.83	28 84.89	30 90.90	32 97.02	36 109.15	40 121.28	44 133.40	48 145.53
725	0.34	0.39	0.45	0.51	0.56	0.62	0.67	0.73	0.78	0.84	0.90	1.01	1.12	1.23	1.33
870	0.40	0.47	0.54	0.61	0.67	0.74	0.81	0.87	0.94	1.01	1.07	1.20	1.33	1.46	1.59
950	0.44	0.52	0.59	0.66	0.73	0.81	0.88	0.95	1.03	1.10	1.17	1.31	1.45	1.59	1.73
1 160	0.54	0.63	0.72	0.81	0.90	0.98	1.07	1.16	1.25	1.33	1.42	1.59	1.76	1.93	2.09
1 425	—	0.77	0.88	0.99	1.10	1.20	1.31	1.42	1.52	1.63	1.73	1.94	2.14	2.34	2.53
1 750	—	0.95	1.08	1.21	1.34	1.47	1.60	1.73	1.86	1.98	2.11	2.35	2.59	2.81	3.03
2 850	—	—	1.73	1.94	2.14	2.34	2.53	2.72	2.90	3.08	3.25	3.57	3.86	4.11	4.33
3 450	—	—	2.08	2.32	2.55	2.78	3.00	3.21	3.40	3.59	3.77	4.09	4.35	4.56	4.69
100	0.05	0.05	0.06	0.07	0.08	0.09	0.09	0.10	0.11	0.12	0.12	0.14	0.16	0.17	0.19
200	0.09	0.11	0.12	0.14	0.16	0.17	0.19	0.20	0.22	0.23	0.25	0.28	0.31	0.34	0.37

表 A.10（续）

单位为千瓦

小带轮转速 n_1/(r/min)	小带轮齿数和节圆直径/mm														
	12 36.38	14 42.45	16 48.51	18 54.57	20 60.64	22 66.70	24 72.77	26 78.83	28 84.89	30 90.90	32 97.02	36 109.15	40 121.28	44 133.40	48 145.53
300	0.14	0.16	0.19	0.21	0.23	0.26	0.28	0.30	0.33	0.35	0.37	0.42	0.47	0.51	0.56
400	0.19	0.22	0.25	0.28	0.31	0.34	0.37	0.40	0.43	0.47	0.50	0.56	0.62	0.68	0.74
500	0.23	0.27	0.31	0.35	0.39	0.43	0.47	0.50	0.54	0.58	0.62	0.70	0.77	0.85	0.93
600	0.28	0.33	0.37	0.42	0.47	0.51	0.56	0.60	0.65	0.70	0.74	0.83	0.93	1.02	1.11
700	0.33	0.38	0.43	0.49	0.54	0.60	0.65	0.70	0.76	0.81	0.87	0.97	1.08	1.18	1.29
800	0.37	0.43	0.50	0.56	0.62	0.68	0.74	0.80	0.86	0.93	0.99	1.11	1.23	1.35	1.47
900	0.42	0.49	0.56	0.63	0.70	0.77	0.83	0.90	0.97	1.04	1.11	1.24	1.38	1.51	1.65
1 000	0.47	0.54	0.62	0.70	0.77	0.85	0.93	1.00	1.08	1.15	1.23	1.38	1.53	1.67	1.82
1 100	0.51	0.60	0.68	0.77	0.85	0.93	1.02	1.10	1.18	1.27	1.35	1.51	1.68	1.83	1.99
1 200	0.56	0.65	0.74	0.83	0.93	1.02	1.11	1.20	1.29	1.38	1.47	1.65	1.82	1.99	2.16
1 300	0.60	0.70	0.80	0.90	1.00	1.10	1.20	1.30	1.39	1.49	1.59	1.78	1.96	2.15	2.33
1 400	0.65	0.76	0.87	0.97	1.08	1.18	1.29	1.39	1.50	1.60	1.70	1.91	2.11	2.30	2.49
1 500	0.70	0.81	0.93	1.04	1.15	1.27	1.38	1.49	1.60	1.71	1.82	2.04	2.25	2.45	2.65
1 600	0.74	0.87	0.99	1.11	1.23	1.35	1.47	1.59	1.70	1.82	1.94	2.16	2.38	2.60	2.81
1 700	0.79	0.92	1.05	1.18	1.30	1.43	1.56	1.68	1.81	1.93	2.05	2.29	2.52	2.74	2.96
1 800	0.83	0.97	1.11	1.24	1.38	1.51	1.65	1.78	1.91	2.04	2.16	2.41	2.65	2.88	3.11
1 900	0.88	1.03	1.17	1.31	1.45	1.59	1.73	1.87	2.01	2.14	2.27	2.53	2.78	3.02	3.25
2 000	0.93	1.08	1.23	1.38	1.53	1.67	1.82	1.96	2.11	2.25	2.38	2.65	2.91	3.15	3.39
2 200	1.02	1.18	1.35	1.51	1.68	1.83	1.99	2.15	2.30	2.45	2.60	2.88	3.16	3.41	3.65
2 400	1.11	1.29	1.47	1.65	1.82	1.99	2.16	2.33	2.49	2.65	2.81	3.11	3.39	3.65	3.89
2 600	1.20	1.39	1.59	1.78	1.96	2.15	2.33	2.51	2.68	2.85	3.01	3.32	3.61	3.87	4.10
2 800	1.29	1.50	1.70	1.91	2.11	2.30	2.49	2.68	2.86	3.03	3.20	3.52	3.81	4.07	4.29
3 000	1.38	1.60	1.82	2.04	2.25	2.45	2.65	2.85	3.03	3.21	3.39	3.71	4.00	4.24	4.45
3 200	—	1.70	1.94	2.16	2.38	2.60	2.81	3.01	3.20	3.39	3.56	3.89	4.17	4.40	4.58
3 400	—	1.81	2.05	2.29	2.52	2.74	2.96	3.17	3.37	3.55	3.73	4.05	4.32	4.53	4.67
3 600	—	1.91	2.16	2.41	2.65	2.88	3.11	3.32	3.52	3.71	3.89	4.20	4.45	4.63	4.74
3 800	—	2.01	2.27	2.53	2.78	3.02	3.25	3.47	3.67	3.86	4.03	4.33	4.56	4.70	4.76
4 000	—	2.11	2.38	2.65	2.91	3.15	3.39	3.61	3.81	4.00	4.17	4.45	4.65	4.75	4.75
4 200	—	—	2.49	2.77	3.03	3.28	3.52	3.74	3.94	4.13	4.29	4.55	4.71	4.76	4.70
4 400	—	—	2.60	2.88	3.16	3.41	3.65	3.87	4.07	4.24	4.40	4.63	4.75	4.74	4.60
4 600	—	—	2.70	3.00	3.27	3.53	3.77	3.99	4.18	4.35	4.49	4.69	4.76	4.69	4.46
4 800	—	—	2.81	3.11	3.39	3.65	3.89	4.10	4.29	4.45	4.58	4.74	4.75	4.60	4.27

注：[虚线框]为带轮圆周速度在 33 m/s 以上时的功率值，设计时带轮用碳素钢或铸钢。

表 A.11 H型带(节距 12.7 mm,基准宽度 76.2 mm)基准额定功率 P_0 单位为千瓦

小带轮转速 n_1/(r/min)	小带轮齿数和节圆直径/mm													
	14 56.60	16 64.68	18 72.77	20 80.85	22 88.94	24 97.02	26 105.11	28 113.19	30 121.28	32 129.36	36 145.53	40 161.70	44 177.87	48 194.04
725	4.51	5.15	5.79	6.43	7.08	7.71	8.35	8.99	9.63	10.26	11.53	12.79	14.05	15.30
870	5.41	6.18	6.95	7.71	8.48	9.25	10.01	10.77	11.53	12.29	13.80	15.30	16.78	18.26
950	—	6.74	7.58	8.42	9.26	10.09	10.92	11.75	12.58	13.40	15.04	16.66	18.28	19.87
1 160	—	8.23	9.25	10.26	11.28	12.29	13.30	14.30	15.30	16.29	18.26	20.21	22.13	24.03
1 425	—	—	11.33	12.57	13.81	15.04	16.26	17.47	18.68	19.87	22.24	24.56	26.83	29.06
1 750	—	—	13.88	15.38	16.88	18.36	19.83	21.29	22.73	24.16	26.95	29.67	32.30	34.84
2 850	—	—	—	24.56	26.84	29.06	31.22	33.33	35.37	37.33	41.04	44.40	47.39	49.96
3 450	—	—	—	29.29	31.90	34.41	36.82	39.13	41.32	43.38	47.09	50.20	52.64	54.35
100	0.62	0.71	0.80	0.89	0.98	1.07	1.16	1.24	1.33	1.42	1.60	1.78	1.96	2.13
200	1.25	1.42	1.60	1.78	1.96	2.13	2.31	2.49	2.67	2.84	3.20	3.56	3.91	4.27
300	1.87	2.13	2.40	2.67	2.93	3.20	3.47	3.73	4.00	4.27	4.80	5.33	5.86	6.39
400	2.49	2.84	3.20	3.56	3.91	4.27	4.62	4.97	5.33	5.68	6.39	7.10	7.80	8.51
500	3.11	3.56	4.00	4.44	4.89	5.33	5.77	6.21	6.66	7.10	7.98	8.86	9.74	10.61
600	3.73	4.27	4.80	5.33	5.86	6.39	6.92	7.45	7.98	8.51	9.56	10.61	11.66	12.71
700	4.35	4.97	5.59	6.21	6.83	7.45	8.07	8.68	9.30	9.91	11.14	12.36	13.57	14.78
800	4.97	5.68	6.39	7.10	7.80	8.51	9.21	9.91	10.61	11.31	12.71	14.09	15.47	16.83
900	—	6.39	7.19	7.98	8.77	9.56	10.35	11.14	11.92	12.71	14.26	15.81	17.35	18.87
1 000	—	7.10	7.98	8.86	9.74	10.61	11.49	12.36	13.23	14.09	15.81	17.52	19.20	20.87
1 100	—	7.80	8.77	9.74	10.70	11.66	12.62	13.57	14.52	15.47	17.35	19.20	21.04	22.85
1 200	—	8.51	9.56	10.61	11.66	12.71	13.75	14.78	15.81	16.83	18.87	20.87	22.85	24.80
1 300	—	9.21	10.35	11.49	12.62	13.74	14.87	15.98	17.09	18.19	20.38	22.53	24.64	26.72
1 400	—	9.91	11.14	12.36	13.57	14.78	15.98	17.18	18.36	19.54	21.87	24.16	26.40	28.59
1 500	—	10.61	11.92	13.23	14.52	15.81	17.09	18.36	19.62	20.87	23.34	25.76	28.13	30.43
1 600	—	11.31	12.71	14.09	15.47	16.83	18.19	19.54	20.88	22.20	24.80	27.35	29.82	32.23
1 700	—	12.01	13.49	14.95	16.41	17.85	19.29	20.71	22.12	23.51	26.24	28.90	31.48	33.98
1 800	—	12.71	14.26	15.81	17.35	18.87	20.38	21.87	23.34	24.80	27.66	30.43	33.11	35.68
1 900	—	13.40	15.04	16.66	18.28	19.87	21.46	23.02	24.56	26.08	29.06	31.93	34.69	37.33
2 000	—	14.09	15.81	17.52	19.20	20.87	22.53	24.16	25.76	27.35	30.43	33.40	36.24	38.93
2 100	—	—	16.58	18.36	20.13	21.87	23.59	25.28	26.95	28.59	31.78	34.84	37.74	40.47
2 200	—	—	17.35	19.20	21.04	22.85	24.64	26.40	28.13	29.82	33.11	36.24	39.19	41.96
2 300	—	—	18.11	20.04	21.95	23.83	25.68	27.50	29.29	31.03	34.41	37.60	40.60	43.38
2 400	—	—	18.87	20.87	22.85	24.80	26.72	28.59	30.43	32.23	35.68	38.93	41.96	44.73
2 500	—	—	19.62	21.70	23.75	25.76	27.74	29.67	31.56	33.40	36.92	40.22	43.26	46.02
2 600	—	—	20.38	22.53	24.64	26.72	28.75	30.73	32.67	34.55	38.14	41.47	44.51	47.24
2 800	—	—	21.87	24.16	26.40	28.59	30.73	32.82	34.84	36.79	40.47	43.84	46.84	49.45
3 000	—	—	23.35	25.76	28.13	30.43	32.67	34.84	36.93	38.93	42.67	46.02	48.93	51.35
3 200	—	—	24.80	27.35	29.82	32.23	34.55	36.79	38.93	40.97	44.73	48.01	50.75	52.91
3 400	—	—	26.24	28.90	31.49	33.98	36.38	38.67	40.85	42.91	46.64	49.79	52.30	54.11
3 600	—	—	—	30.43	33.11	35.68	38.14	40.47	42.68	44.73	48.38	51.35	53.55	54.92
3 800	—	—	—	31.93	34.69	37.33	39.84	42.20	44.40	46.43	49.96	52.67	54.49	55.33
4 000	—	—	—	33.40	36.24	38.93	41.47	43.84	46.02	48.01	51.35	53.75	55.10	55.31
4 200	—	—	—	34.84	37.74	40.47	43.03	45.39	47.53	49.45	52.55	54.56	55.37	54.84
4 400	—	—	—	36.24	39.19	41.96	44.51	46.84	48.93	50.75	53.55	55.10	55.27	53.90
4 600	—	—	—	37.60	40.60	43.38	45.92	48.20	50.20	51.91	54.35	55.36	54.78	52.46
4 800	—	—	—	38.93	41.96	44.73	47.24	49.45	51.35	52.91	54.92	55.31	53.90	50.50

注：□为带轮圆周速度在 33 m/s 以上时的功率值，设计时带轮用碳素钢或铸钢。

表 A.12 XH 型带（节距 22.225 mm，基准宽度 101.6 mm）基准额定功率 P_0 单位为千瓦

小带轮转速 n_1/(r/min)	小带轮齿数和节圆直径/mm						
	22 155.64	24 169.79	26 183.94	28 198.08	30 212.23	32 226.38	40 282.98
575	18.82	20.50	22.17	23.83	25.48	27.13	33.58
585	19.14	20.85	22.55	24.23	25.91	27.58	34.13
690	22.50	24.49	26.47	28.43	30.38	32.30	39.81
725	23.62	25.70	27.77	29.81	31.84	33.85	41.65
870	28.18	30.63	33.05	35.44	37.80	40.13	49.01
950	30.66	33.30	35.91	38.47	41.00	43.47	52.85
1 160	37.02	40.13	43.17	46.13	49.01	51.81	62.06
1 425	44.70	48.28	51.73	55.05	58.22	61.24	71.52
1 750	53.44	57.40	61.14	64.62	67.83	70.74	79.12
2 850	—	78.45	80.45	81.36	81.10	79.57	—
3 450	—	81.37	80.10	78.90	71.62	64.10	—
100	3.30	3.60	3.90	4.20	4.50	4.80	5.99
200	6.59	7.19	7.79	8.39	8.98	9.58	11.96
300	9.88	10.77	11.66	12.55	13.44	14.33	17.87
400	13.15	14.33	15.51	16.69	17.87	19.04	23.69
500	16.40	17.87	19.33	20.79	22.24	23.69	29.39
600	19.62	21.37	23.11	24.84	26.56	28.26	34.95
700	22.82	24.84	26.84	28.83	30.80	32.75	40.34
800	25.99	28.26	30.52	32.75	34.95	37.13	45.52
900	29.11	31.64	34.13	36.59	39.01	41.39	50.47
1 000	32.19	34.95	37.67	40.34	42.96	45.52	55.17
1 100	35.23	38.21	41.13	43.99	46.78	49.50	59.57
1 200	38.21	41.39	44.50	47.53	50.47	53.32	63.65
1 300	41.13	44.50	47.78	50.95	54.02	56.96	67.39
1 400	43.99	47.53	50.96	54.25	57.40	60.41	70.74
1 500	46.78	50.47	54.02	57.40	60.62	63.65	73.70
1 600	49.50	53.32	56.96	60.41	63.65	66.67	76.22
1 700	52.15	56.07	59.78	63.26	66.48	69.45	78.27
1 800	54.71	58.71	62.46	65.93	69.11	71.98	79.84
1 900	57.18	61.24	65.00	68.43	71.52	74.24	80.88
2 000	59.57	63.65	67.39	70.74	73.70	76.22	81.37
2 100	61.85	65.94	69.61	72.85	75.63	77.90	81.28
2 200	64.04	68.09	71.67	74.76	77.30	79.27	80.59
2 300	66.12	70.10	73.56	76.44	78.71	80.32	79.26
2 400	68.09	71.98	75.26	77.90	79.84	81.02	77.26
2 500	—	73.70	76.78	79.12	80.67	81.37	74.56
2 600	—	75.26	78.09	80.09	81.19	81.35	71.15
2 800	—	77.90	80.09	81.24	81.28	80.13	—
3 000	—	79.84	81.19	81.28	80.00	77.26	—
3 200	—	81.02	81.35	80.13	77.26	72.60	—
3 400	—	81.41	80.48	77.11	72.95	66.05	—
3 600	—	80.94	78.24	73.94	66.98	—	—

注：┆┆为带轮圆周速度在 33 m/s 以上时的功率值，设计时带轮用碳素钢或铸钢。

表 A.13 **XXH 型带（节距 31.75 mm，基准宽度 127 mm）基准额定功率 P_0** 单位为千瓦

小带轮转速 n_1/(r/min)	小带轮齿数和节圆直径/mm					
	22 222.34	24 242.55	26 262.76	30 303.19	34 343.62	40 404.25
575	42.09	45.76	49.39	56.52	63.45	73.41
585	42.79	46.52	50.21	57.44	64.46	74.53
690	50.11	54.40	58.62	66.83	74.70	85.74
725	52.51	56.98	61.36	69.87	77.97	89.25
870	62.23	67.36	72.34	81.85	90.66	102.38
950	67.41	72.85	78.10	88.01	97.01	108.55
1 160	80.31	86.35	92.06	102.38	111.05	120.49
1 425	94.85	101.13	106.80	116.11	122.36	125.12
1 750	109.43	115.05	119.53	124.72	124.25	111.30
100	7.44	8.122	8.80	10.15	11.50	13.52
200	14.87	16.21	17.55	20.23	22.91	26.90
300	22.24	24.24	26.23	30.20	34.14	39.99
400	29.54	32.18	34.80	39.99	45.12	52.67
500	36.75	39.99	43.21	49.55	55.76	64.78
600	43.85	47.66	51.42	58.80	65.96	76.19
700	50.80	55.14	59.41	67.70	75.64	86.75
800	57.59	62.41	67.12	76.19	84.72	96.33
900	64.19	69.44	74.53	84.20	93.10	104.78
1 000	70.58	76.19	81.58	91.67	100.71	111.97
1 100	76.74	82.64	88.26	98.56	107.45	117.75
1 200	82.64	88.75	94.50	104.79	113.25	121.98
1 300	88.26	94.50	100.28	110.30	118.00	124.53
1 400	93.57	99.86	105.56	115.05	121.63	125.24
1 500	98.56	104.78	110.30	118.96	124.06	123.99
1 600	103.19	109.26	114.46	121.98	125.18	120.62
1 700	107.45	113.24	118.00	124.06	124.93	115.00
1 800	111.31	116.71	120.88	125.12	123.20	106.99

注：[虚线框] 为带轮圆周速度在 33 m/s 以上时的功率值，设计时带轮用碳素钢或铸钢。

ICS 25.160.50
J 33

中华人民共和国国家标准

GB/T 11363—2008
代替 GB/T 11363—1989,GB/T 8619—1988

钎焊接头强度试验方法

Test method of the strength for brazed and soldered joint

(ISO 5187:1985, Welding and allied processes—Assemblies made with soft solders and brazing filler metals—Mechanical test methods, NEQ)

2008-05-06 发布　　2008-11-01 实施

中华人民共和国国家质量监督检验检疫总局
中国国家标准化管理委员会　发布

前言

本标准对应于 ISO 5187:1985《焊接及相关工艺　采用软钎料和硬钎料制造的部件　力学试验方法》(英文版),与 ISO 5187 的一致性程度为非等效,主要差异如下:

——增加了第 3 章“原理”、第 4 章“术语和定义”、第 5 章“符号和说明”和 6.2.1“板材接头试样”。

本标准代替 GB/T 11363—1989《钎焊接头强度试验方法》和 GB/T 8619—1988《钎缝强度试验方法》,与 GB/T 11363—1989 和 GB/T 8619—1988 相比主要变化如下:

——标准名称修改为“钎焊接头强度试验方法”;

——增加了“规范性引用文件”、“原理”、“术语和定义”、“符号和说明”、“钎焊面积(S_0)的测定”等五章;

——增加了板材试样平行部宽度为 10 mm、15 mm、30 mm 等三种试样类型(6.2.1);

——增加了棒材试样平行部直径为 5 mm、10 mm、15 mm、20 mm 等四种试样类型,删掉了 8 mm 试样类型(6.2.2);

——增加了对试验机的要求(11.1);

——在强度计算公式中采用了国际通用符号(12.1.3、12.2.2);

——删掉了氧乙炔火焰加热装置示意图(GB/T 8619 的 2.5.2);

——试验报告记录中增加了试验时间、试验场所、钎料形态、钎焊接头热处理状态、试验温度、本标准编号及试验人员的要求(第 13 章)。

本标准由中国机械工业联合会提出。

本标准由全国焊接标准化技术委员会(SAC/TC 55)归口。

本标准起草单位:哈尔滨焊接研究所、深圳亿铖达工业有限公司、北京航空材料研究院、国营第六九九厂、常熟市华银焊料有限公司、北京有色金属研究院、哈尔滨工业大学。

本标准主要起草人:吕晓春、马鑫、程耀永、奚瑾、顾文华、郭宏、何鹏。

本标准所代替标准的历次版本发布情况为:

——GB/T 11363—1989;

——GB/T 8619—1988。

钎焊接头强度试验方法

1 范围

本标准规定了钎焊接头的常规拉伸与剪切试验方法。

本标准适用于金属材料的钎焊接头强度的测定，其他如陶瓷、复合材料等结构材料也可参照（参考）使用。

2 规范性引用文件

下列文件中的条款通过本标准的引用而成为本标准的条款。凡是注日期的引用文件，其随后所有的修改单（不包括勘误的内容）或修订版均不适用于本标准，然而，鼓励根据本标准达成协议的各方研究是否可使用这些文件的最新版本。凡是不注日期的引用文件，其最新版本适用于本标准。

GB/T 228　金属材料　室温拉伸试验方法（GB/T 228—2002，eqv ISO 6892：1998）

GB/T 3375　焊接术语

GB/T 8170　数值修约规则

GB/T 16825（所有部分）　静力单轴　试验机的检验

3 原理

试验是用拉力拉伸试样，一般拉至断裂，测定钎焊接头的抗拉强度、抗剪强度或蠕变极限。

除非另有规定，试验一般在室温 10℃～35℃范围内进行。对温度要求严格的试验，试验温度应为 23℃±5℃。

4 术语和定义

GB/T 3375 和 GB/T 228 中确立的以及下列术语和定义适用于本标准。为了方便，下面列出了 GB/T 3375 和 GB/T 228 中的一些术语。

4.1

最大力　maximum force

F_m

试样在屈服阶段之后所能抵抗的最大力。对于无明显屈服（连续屈服）的金属材料，为试验期间的最大力。

4.2

应力　stress

试验期间任一时刻的力除以试样原始横截面积（S_0）之商。

4.3

抗拉强度　tensile strength

R_m

相应最大力（F_m）的应力。

4.4

抗剪强度　shear strength

τ_m

试样剪切断裂前所承受的最大切应力。

4.5

蠕变极限　creep limit

σ

在规定温度下，引起试样在一定时间内蠕变总伸长率或恒定蠕变速率不超过规定值的最大应力。

4.6

平行长度　parallel length

L_c

试样两头部或两夹持部分（不带头试样）之间平行部分的长度。

5　符号和说明

本标准使用的符号、单位和相应的说明见表1。

表1　符号和说明

符　号	单　位	说　明
a	mm	矩形横截面试样厚度或管壁厚度
b	mm	矩形横截面试样平行长度的宽度或管的纵向剖条宽度
d	mm	圆形横截面试样平行长度的直径
B	mm	板材试样夹持头部的宽度或试件宽度
D	mm	管外经或棒材试样夹持头部的直径或试件直径
L	mm	试件长度
L_c	mm	平行长度
L_t	mm	试样总长度
r	mm	过渡弧半径
S_0	mm^2	破坏前的钎焊面积
F_m	N	最大力
R_m	N/mm^2	抗拉强度
τ_m	N/mm^2	抗剪强度
σ	N/mm^2	蠕变极限
注：$1\ N/mm^2=1\ MPa$。		

6　试样

6.1　试样的种类

按照试验的种类和试样的形状分类，见表2。

表2　试样的种类

拉伸试验	板材对接试样
	棒材对接试样
剪切试验	板材搭接试样
	棒材套接试样
拉伸剪切试验	板材斜对接试样

6.2　试样的形状与尺寸

试样的形状与尺寸取决于要被试验的金属产品的形状与尺寸。

6.2.1 板材接头试样的尺寸

板材试样的尺寸见表 3。板材拉伸试件、试样形状示意图见图 1，板材剪切试件、试样形状示意图见图 2，板材斜对接试件、试样形状示意图见图 3。

表 3 板材接头的试样

单位为毫米

试样种类	a	b	r	L_c	L_t	B
板材对接试样 板材搭接试样	0.1～3.0	10 15 20	≥10	≥15+b/2	根据试验机定	≥b
板材对接试样 板材搭接试样 板材斜对接试样	≥3.0	15 20 30	≥12	60	根据试验机定	≥b

尺寸单位：毫米

表面粗糙度单位：微米

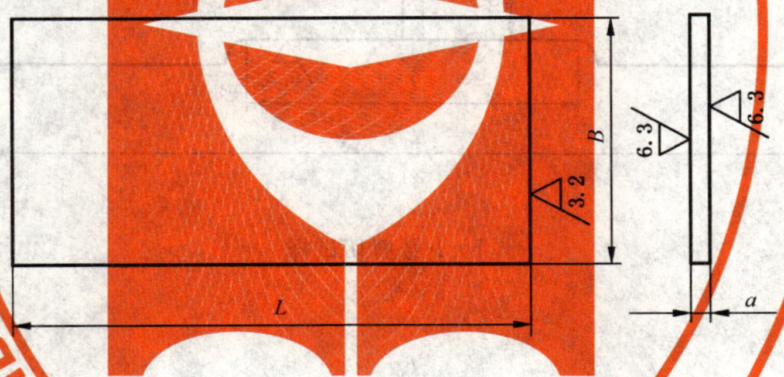

a) 板材拉伸试件

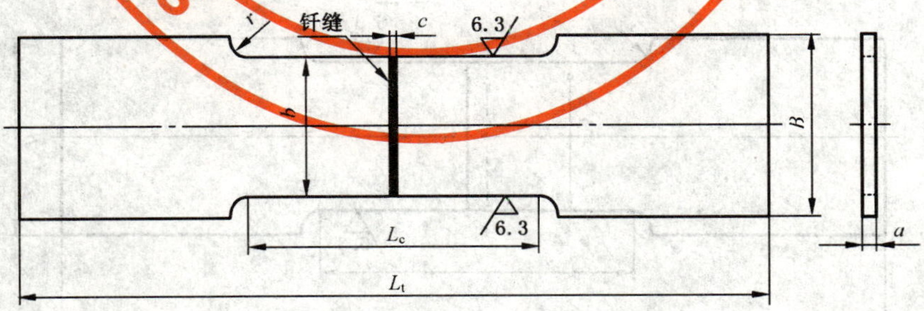

b) 板材拉伸试样

图 1 板材拉伸试件、试样形状示意图

尺寸单位:毫米

表面粗糙度单位:微米

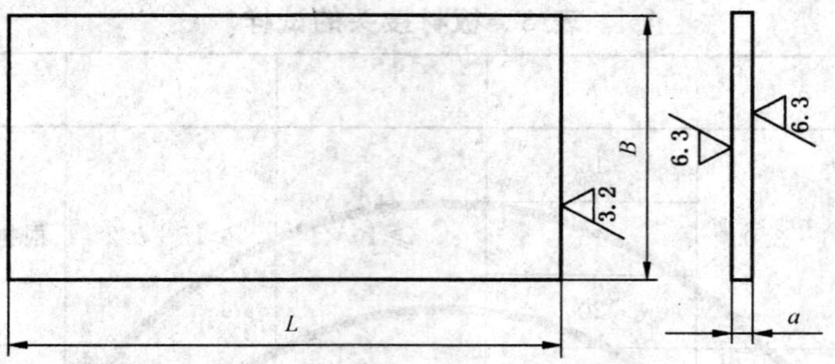

a) 板材剪切试件

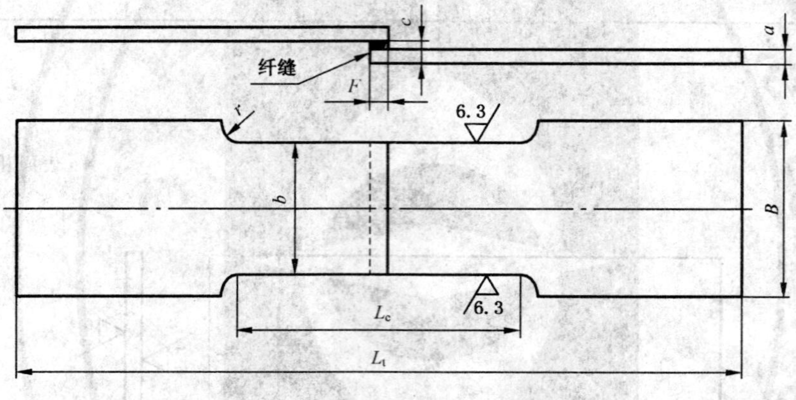

b) 1 号剪切试样

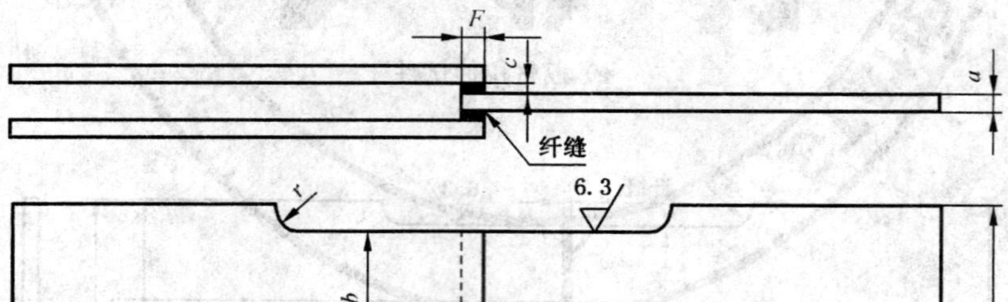

c) 2 号剪切试样

图 2　板材剪切试件、试样形状示意图

尺寸单位:毫米

表面粗糙度单位:微米

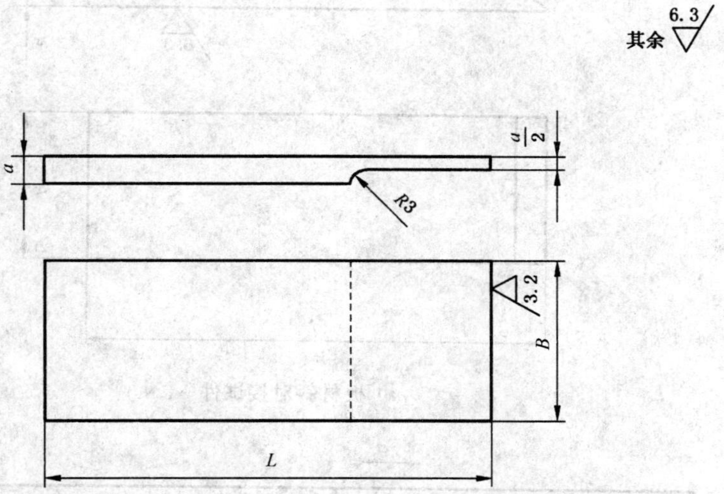

d) 3 号剪切试件

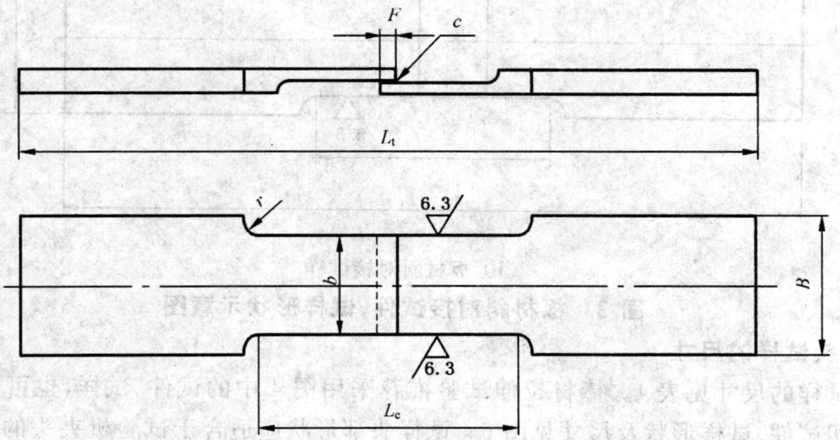

e) 3 号剪切试样

图 2(续)

尺寸单位:毫米

表面粗糙度单位:微米

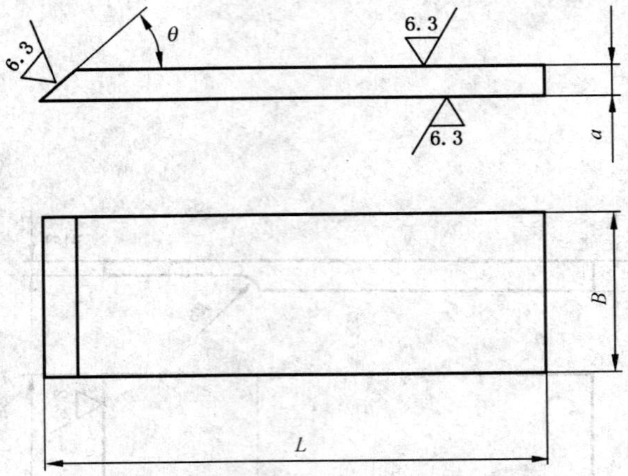

a) 板材斜对接试件

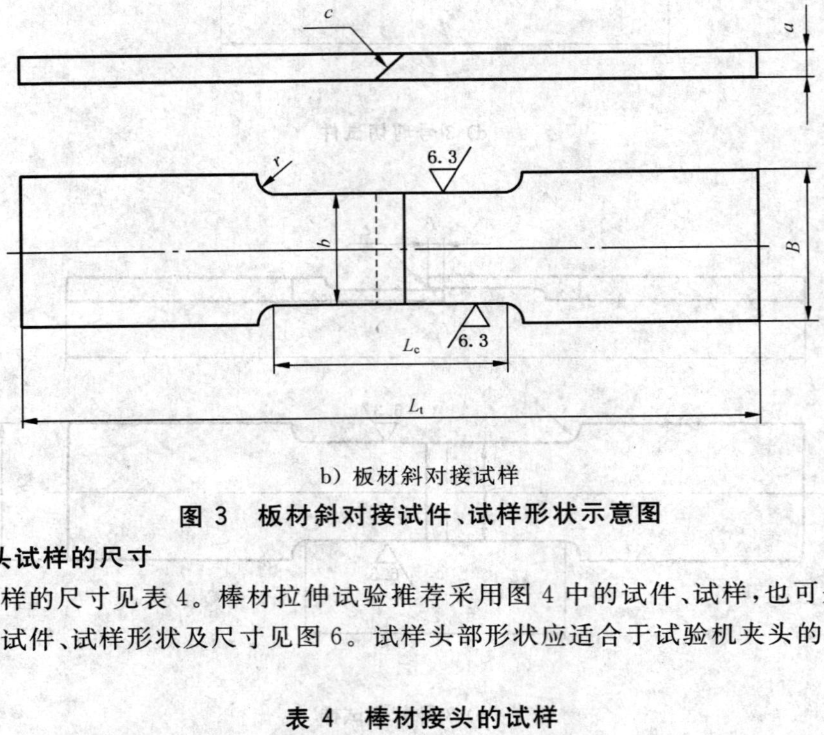

b) 板材斜对接试样

图 3 板材斜对接试件、试样形状示意图

6.2.2 棒材接头试样的尺寸

棒材接头试样的尺寸见表 4。棒材拉伸试验推荐采用图 4 中的试件、试样,也可采用图 5 的试件、试样。棒材剪切试件、试样形状及尺寸见图 6。试样头部形状应适合于试验机夹头的夹持,图中试样头部仅为示意性。

表 4 棒材接头的试样

单位为毫米

试样种类	d	r	L_c	L_t	D
棒材对接试样	5	⩾0.75d	⩾5.5d	根据试验机定	⩾d
	10				
	15				
	20				
	<5	不需机加工,夹持头部形状与根据试验机定			
棒材套接试样	见图 6				

尺寸单位：毫米

表面粗糙度单位：微米

图 4　棒材拉伸试件、试样形状示意图（一）

尺寸单位：毫米

表面粗糙度单位：微米

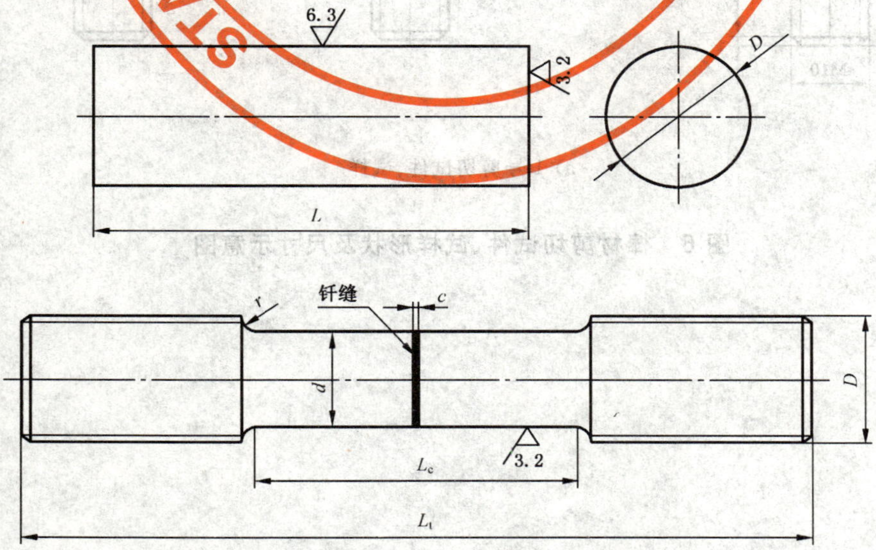

图 5　棒材拉伸试件、试样形状示意图（二）

尺寸单位:毫米

表面粗糙度单位:微米

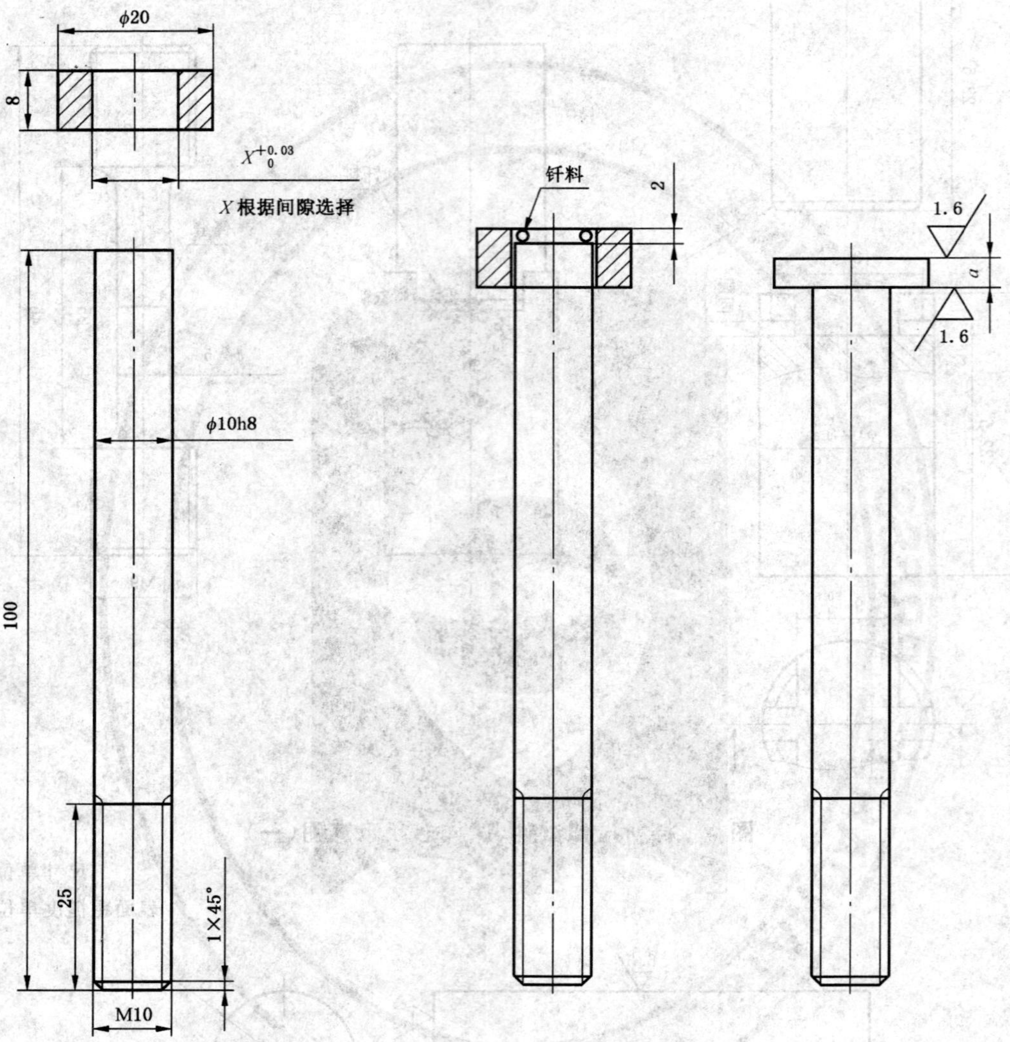

a) 1号剪切试件、试样

图 6　棒材剪切试件、试样形状及尺寸示意图

尺寸单位:毫米

表面粗糙度单位:微米

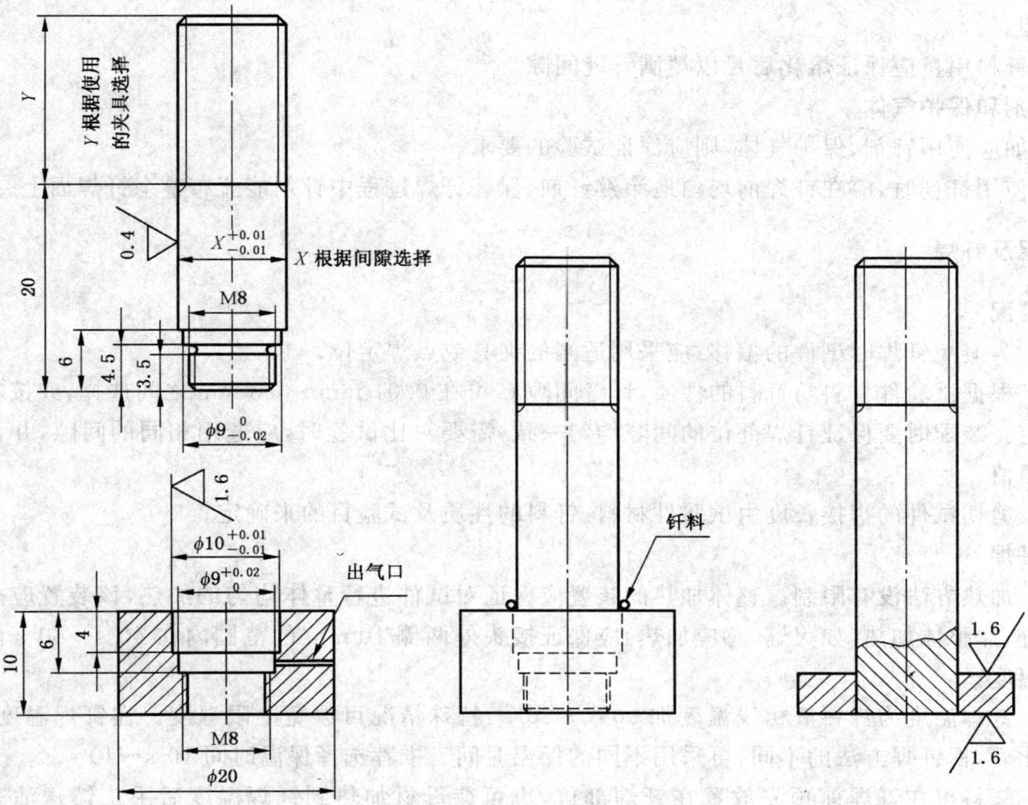

b) 2 号剪切试件、试样

图 6(续)

6.3 试样的加工

试件钎焊后,如试样需要经过机械加工,在机械加工过程中,避免施加使接头变形的载荷。剪切试件的钎焊圆角及钎缝处多余的钎料应完全去除。注意清除时应避免损伤试样。测定低温、室温强度至少需要 5 个试样。测绘高温强度或蠕变强度曲线则需 5~10 个试样。

7 钎焊面积(S_0)的测定

试样破坏前钎焊面积测量时按照 GB/T 228 中的相关规定进行,应根据测量的试样原始尺寸计算原始钎焊面积,计算结果表示到小数点后四位,数值修约规则按照 GB/T 8170 的规定进行。

8 试件及加工要求

8.1 根据试验目的选择试件种类,在保证试样中部受试部分长度条件下,也可根据试验机条件适当加长试样夹持部分的长度,板状试件应平整。

8.2 拉伸试件的钎焊端面应与拉伸方向成直角。

8.3 板材斜对接试件的嵌接角度取决于试验目的、母材及钎料的种类。

8.4 待钎焊面及其周围应用适当方法清理,去除油污及氧化物杂质。

9 钎料、钎剂和保护气体

9.1 钎料

9.1.1 试验用的钎料种类按实际构件需要选择，其形状、尺寸不作具体规定，钎料表面应采用适当方法加以清理。

9.1.2 钎料用量应保证熔化后足以填满钎缝间隙。

9.2 钎剂和保护气体

9.2.1 如应使用钎剂、保护气体，则应保证试验的要求。

9.2.2 使用钎剂时，应在钎焊前均匀地涂敷钎剂，保证钎焊过程中钎剂能流布整个钎焊面上。

10 装配及钎焊

10.1 装配

10.1.1 为避免钎焊时试件的偏移，应采用适当的夹具或点焊定位。

10.1.2 根据试验件材料与钎料的性质，钎缝间隙 C 可在 0.01 mm～0.3 mm 之间选择，或按实际构件需要确定。装配时要保证钎焊部位的间隙均匀一致，需要对比试验时，应选用相同的间隙，并记录实际装配间隙值。

10.1.3 剪切试件的搭接长度由试验件材料、钎料的性质及试验目的来确定。

10.2 钎焊

10.2.1 加热方法没有限制。整体加热的装置应保证对试件进行整体均匀的加热，该装置应配有温度测量系统；非整体加热(如火焰、感应加热)应保证接头外两侧 10 mm 的范围内在 40 s～60 s 内均匀达到钎焊温度。

10.2.2 钎焊温度为钎料液相线温度加 30℃～50℃，特殊情况可放宽上限温度。在钎焊温度下，钎料完全熔化后，视钎焊方法的不同，可采用不同的保温时间。推荐选择保温时间 10 s～40 s。

10.2.3 钎料可在钎焊前预先放置在钎焊部位，也可待母材加热到钎焊温度后手工馈送沾有钎剂的钎料。

10.2.4 试件钎焊后应避免急冷。

11 试验方法

11.1 试验机应按照 GB/T 16825 进行检验，并应为 1 级或优于 1 级准确度。按照 GB/T 228—2002 中规定的拉伸试验方法进行试验。加载时应避免钎焊接头产生人为的偏心载荷，确保夹持的试件受轴向拉力的作用。试验机夹头的分离速率尽可能保持恒定。

11.2 低温瞬时拉伸与剪切试验应保证试样在规定的温度下进行。

11.3 高温瞬时拉伸与剪切试样应置于备有加热炉的拉伸试验机上加载，加载前，试样在试验温度下保温 1 h，炉温控制在±1%。

11.4 蠕变强度试验应在蠕变试验机上进行。加载前，试样保温 2 h，炉温控制在±1%。如果测定室温蠕变试验，试样保温时间及温度控制根据判断进行。

11.5 棒材套接试件推荐采用图 7 所示的试验夹具，也可采用具有相同试验条件的试验夹具。

11.6 断口表面要进行检查，其结果记入报告中，如发现有严重、非正常致密性缺陷时(缺陷超过钎缝断口面积的 20%)，试验结果无效。

尺寸单位:毫米

表面粗糙度单位:微米

a) 1号试样用试验夹具

图7　棒材剪切试验用夹具

尺寸单位:毫米

表面粗糙度单位:微米

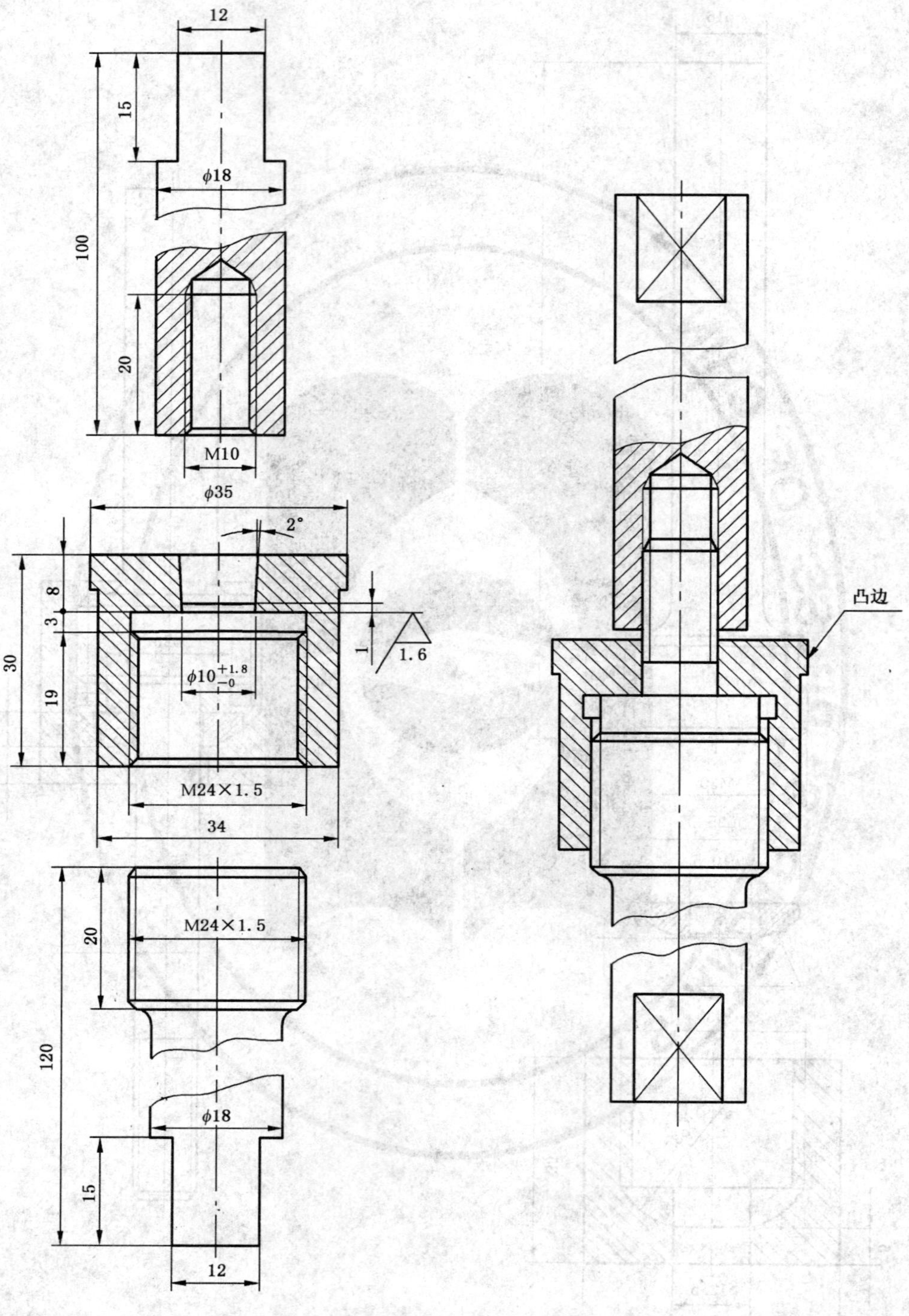

b) 2号试样用试验夹具

图7(续)

12 试验结果的表述

12.1 拉伸试验

12.1.1 板材对接试样钎焊面积为钎焊接头的宽度乘以钎焊接头厚度。

12.1.2　棒材对接试样的钎焊面积为以此为直径的圆面积。

12.1.3　钎焊接头的抗拉强度由公式(1)求出：

$$R_m = \frac{F_m}{S_0} \qquad \cdots\cdots(1)$$

式中：

R_m——接头抗拉强度的数值，单位为牛顿每平方毫米(N/mm^2)；

F_m——接头的破坏载荷的数值，单位为牛顿(N)；

S_0——试样的钎焊面积的数值，单位为平方毫米(mm^2)。

12.1.4　观察破断位置，并记入试验报告中。

12.2　剪切试验

12.2.1　板材搭接试样、板材斜对接试样的钎焊面积为钎焊接头宽度乘以搭接长度。棒材套接试样的钎焊面积为钎焊处周长乘以套接长度。

12.2.2　钎焊接头的抗剪强度由公式(2)求出：

$$\tau_m = \frac{F_m}{S_0} \qquad \cdots\cdots(2)$$

式中：

τ_m——接头抗剪强度的数值，单位为牛顿每平方毫米(N/mm^2)；

F_m——接头的破坏载荷的数值，单位为牛顿(N)；

S_0——破坏前的钎焊面积的数值，单位为平方毫米(mm^2)。

12.2.3　高温瞬时剪切试验可以通过断裂应力与温度的关系曲线来表示，典型曲线示例如图8所示。

12.2.4　观察破断位置，并记入试验报告中。

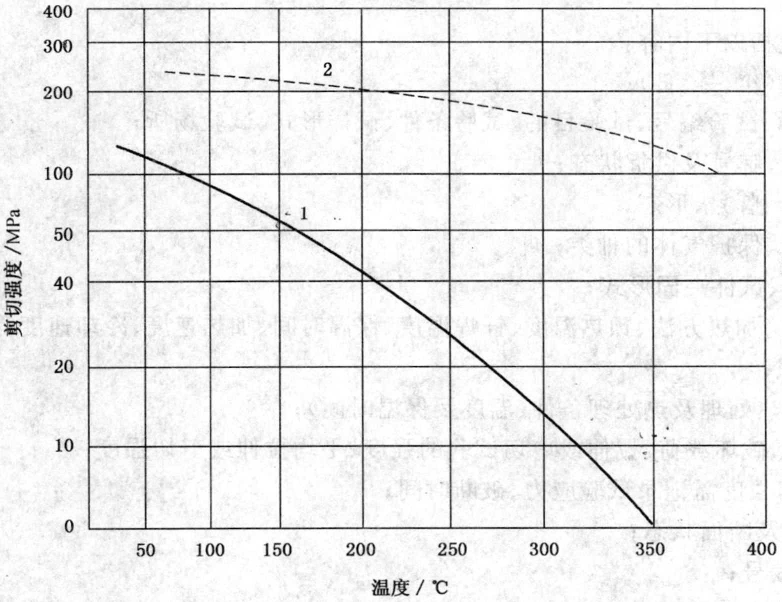

1——软钎焊；

2——硬钎焊。

图8　高温瞬时剪切试验典型曲线

12.3　蠕变剪切试验

蠕变剪切试验用来测定在一个或几个温度级别时钎焊接头的蠕变极限 σ(MPa)与蠕变破坏时间(h)的关系，典型曲线示例如图9所示。试验应力按蠕变破坏时间在 $0.1 \sim 10^3$ h 范围内选择；在特殊情况下，要在蠕变破坏时间为 10^5 h 或 10^6 h 内选择试验应力。

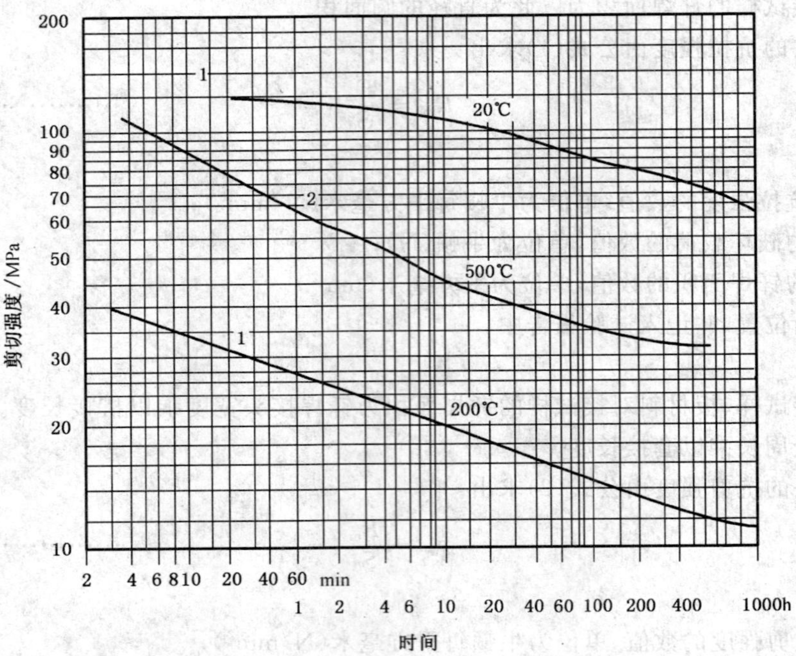

1——软钎焊；

2——硬钎焊。

图 9 蠕变剪切试验典型曲线

13 试验报告

试验报告应包括以下内容：

a) 试验时间(年、月、日)；

b) 试验名称、试验编号、试验目的、试验条件、试样形式、试验场所；

c) 母材型号、牌号及供货状态；

d) 钎料型号、牌号、形态；

e) 钎剂牌号、保护气体的种类；

f) 装配间隙、试件夹固形式；

g) 钎焊条件(加热方法、预热温度、钎焊温度、保温时间、加热速度、冷却速度等)；

h) 钎焊面积；

i) 有无经过热处理及热处理条件(温度及保温时间)；

j) 拉伸速度、破坏载荷、拉伸或剪切试验的强度、平均拉伸或剪切强度；

k) 蠕变剪切强度需记录试验应力、破断时间；

l) 破断位置及断面状态；

m) 本标准编号；

n) 试验人员。

ICS 25.160.50
J 33

GB

中华人民共和国国家标准

GB/T 11364—2008
代替 GB/T 11364—1989

钎料润湿性试验方法

Test method of wettability for brazing filler metals

(ISO 5179:1983, Investigation of brazeability using a varying gap test piece, NEQ)

2008-05-06 发布　　　　2008-11-01 实施

中华人民共和国国家质量监督检验检疫总局
中国国家标准化管理委员会　发布

前言

本标准对应于 ISO 5179:1983《变间隙试件的可钎焊性研究》(英文版);与 ISO 5179 的一致性程度为非等效,主要差异如下:

——增加了第 3 章"术语和定义"、第 6 章"加热装置"和 7.1"铺展试验"。

本标准代替 GB/T 11364—1989《钎料铺展性及填缝性试验方法》,与 GB/T 11364—1989 相比主要变化如下:

——标准名称修改为"钎料润湿性试验方法";

——修改了范围的表述内容;

——增加了"规范性引用文件";

——删掉了"填缝性"的定义,增加了"润湿性"、"铺展系数"的定义;

——修改了填缝性试验的技术要求(4.2.2 和 7.2);

——增加了铺展性试验结果的评价指标(7.1.5);

——修改了试验结果的记录(第 8 章)。

本标准由中国机械工业联合会提出。

本标准由全国焊接标准化技术委员会(SAC/TC 55)归口。

本标准起草单位:哈尔滨工业大学、深圳亿铖达工业有限公司、北京航空材料研究院、日东电子科技(深圳)有限公司、常熟市华银焊料有限公司、哈尔滨焊接研究所。

本标准主要起草人:何鹏、马鑫、程耀永、史建卫、顾文华、吕晓春。

本标准所代替标准的历次版本发布情况为:

——GB/T 11364—1989。

钎料润湿性试验方法

1 范围

本标准规定了测定硬钎料润湿性能的铺展试验方法及填缝试验方法。

本标准适用于硬钎料润湿性能的评定。

2 规范性引用文件

下列文件中的条款通过本标准的引用而成为本标准的条款。凡是注日期的引用文件，其随后所有的修改单(不包括勘误的内容)或修订版均不适用于本标准，然而，鼓励根据本标准达成协议的各方研究是否可使用这些文件的最新版本。凡是不注日期的引用文件，其最新版本适用于本标准。

GB/T 8170 数值修约规则

3 术语和定义

下列术语和定义适用于本标准。

3.1

润湿性 wettability

在钎焊时，液态钎料对母材浸润和附着的能力。

3.2

铺展系数 coefficient of spreading

评定钎料润湿性的一个判据。

4 试件

4.1 一般要求

试件的试验面应光洁，无毛边、毛刺。试验面应用适当方法清理，去除油污及氧化物杂质。

4.2 形状及尺寸

4.2.1 钎料铺展试验用试件的形状及尺寸如图1所示。

单位为毫米

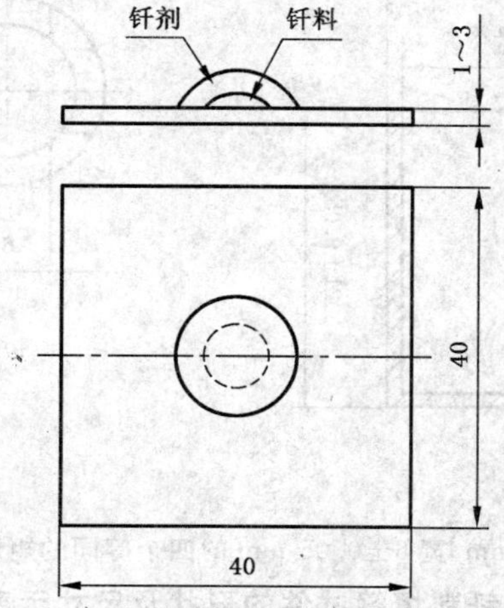

图1 钎料铺展试件形状及尺寸示意图

4.2.2 钎料填缝试验用试件的形状及尺寸如图2所示，试件装配示意图如图3所示。

单位为毫米

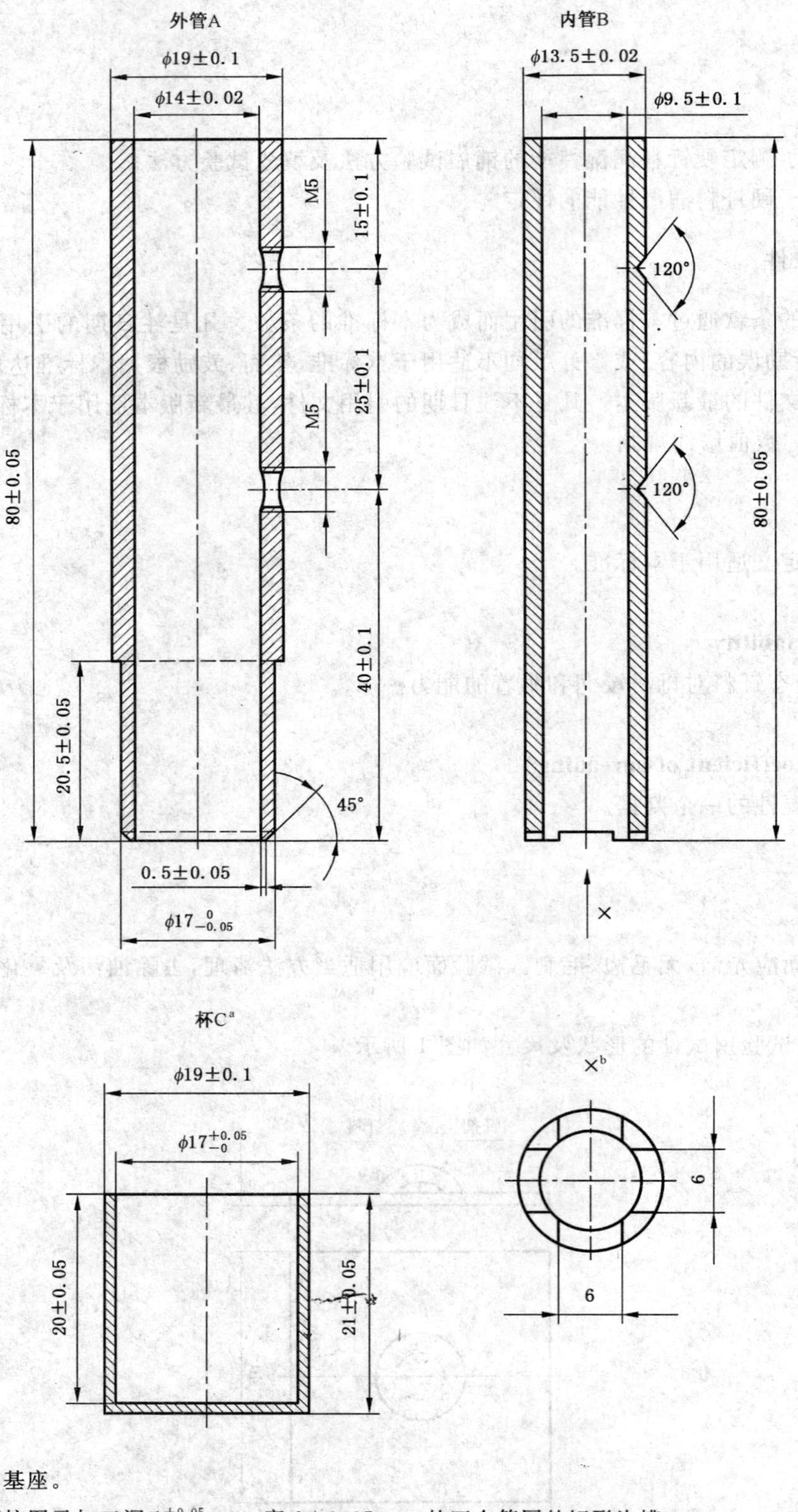

a 杯C为试件的基座。

b 内管B的端部按图示加工深 $1^{+0.05}_{0}$ mm，宽 6±0.05 mm 的四个等同的矩形沟槽。

图2 钎料填缝试件的形状及尺寸示意图

图 3　试件装配示意图

5　试验材料

5.1　母材

5.1.1　试件材料应与实际构件相同。在对比试验时应选择适合钎焊的金属材料。

5.1.2　铺展试件的试验面要求表面平整。填缝试件中的内管 B 与杯 C 之间应有一定间隙，以使熔融钎料通过间隙流入外管 A 与内管 B 的毛细间隙中。

5.2　钎料

试验用的钎料要在试验前进行适当清理。铺展试验、填缝试验中钎料的形状及用量没有特殊的规定，但在对比试验的情况下应保证钎料形状、钎料用量的一致性。

5.3 钎剂及保护气体

如需使用钎剂时，试验用钎剂种类没有特殊规定，应选择在钎焊温度区间具有较高活性的钎剂。钎剂使用量无特殊规定，但应保证钎料及母材在钎焊过程中不发生二次氧化。在对比试验的情况下，应保证钎剂种类及其用量的一致性。

可使用真空或保护气氛进行铺展及填缝试验。

6 加热装置

6.1 推荐加热装置为箱式电炉，示例见图4。也可采用满足试验条件的其他加热方式。

6.2 电炉应有足够的均温区，将试件均匀加热至钎焊温度。

6.3 加热装置应具有测量炉温及试件温度的测量装置。

6.4 试验平台需水平放置，试验平台及其支撑杆应选用耐高温的金属材料。

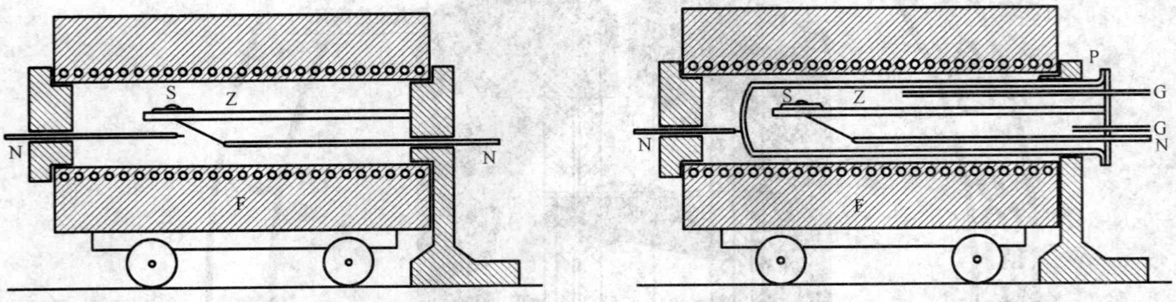

a) 使用钎剂的情况　　　b) 使用保护气体或真空的情况

F——电炉；　　Z——试验平台；
S——试验件；　　N——热电偶；
G——保护气体进气管及出气管；　　P——石英管。

图4 加热装置示意图

7 试验方法

7.1 铺展试验

7.1.1 试验温度为相应的钎焊温度。

7.1.2 试验前，钎料置于试件的上表面中心位置，如需使用钎剂，应将其覆盖于钎料上，然后将试件平放在试验平台上。

7.1.3 采用快速加热工艺时，试验平台应先预热到试验温度，经预热的试验平台在炉外停留的时间不得超过15 s。

7.1.4 试件达到试验温度后，板厚为1 mm的试件推荐保温30 s；板厚1 mm以上的试件推荐保温50 s。采用真空钎焊等慢速升温钎焊工艺时，可采用较长保温时间。

7.1.5 试验结束时，应使试件静止，并冷却至室温，试验结果通过铺展面积和铺展系数来表达。

采用适当的仪器测量钎料铺展面积(推荐使用求积仪)，以cm^2为单位。

采用适当的仪器测量钎料铺展之后的高度，根据式(1)计算铺展系数。

本试验需要重复5次，结果取其平均值，试验结果表示到小数点后两位，数值修约规则按照GB/T 8170中的规定进行。

$$K = \frac{D-H}{D} \times 100\% \quad \cdots\cdots (1)$$

式中：

K——铺展系数；

H——钎料在母材表面铺展后的高度的数值，单位为毫米(mm)；

D——与钎料体积相等的球体的直径的数值，单位为毫米(mm)；

$$D = 1.24V^{1/3}$$

V——试验中使用的钎料的质量与密度的比值。

7.2 填缝试验

7.2.1 试验温度为相应的钎焊温度。

7.2.2 试验前，将钎料(切成 15 mm～20 mm 小段)尽可能放置在内管 B 内腔中，如需用钎剂，应将钎剂置于内腔中。钎料与钎剂的混合方法依据它们的特性，推荐使用 1 400 mm^3 钎料和适量钎剂。

7.2.3 填缝性试验的保温时间推荐为试件达到试验温度后 50 s，采用真空钎焊等慢速升温钎焊工艺时，可采用较长保温时间。

7.2.4 如图 5 所示，至少从 2 个或更多方向对试管中钎料填缝横截面进行 X 射线透视，并如图 6 所示记录钎料角度与填缝高度的关系曲线。

7.2.5 在距试管底部 30 mm 处横截面处进行显微组织观察，如果想获得更多的数据，也可取更多的横截面。显微组织观察时，可获得钎料填缝宽度，钎料与母材的合金化情况及钎料与母材的相互扩散情况的数据。

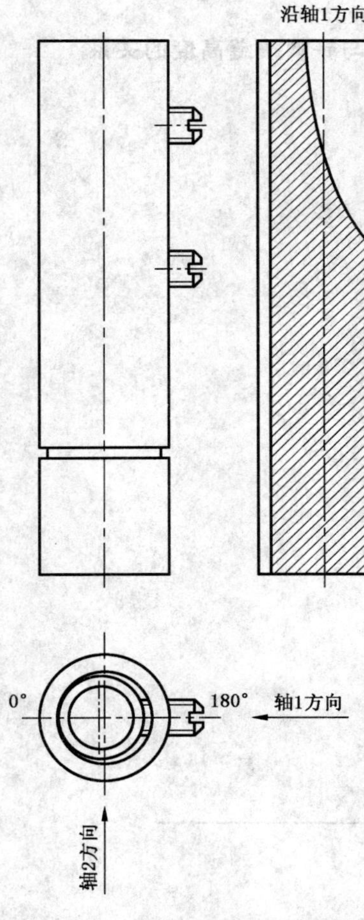

图 5 射线透视检查示意图

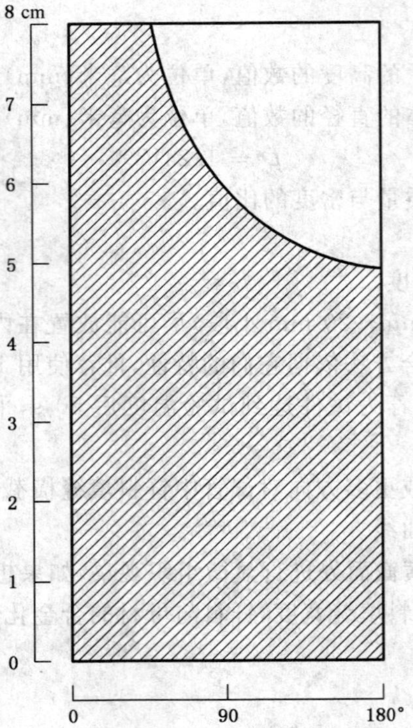

图 6　角度与钎料填缝高度的关系

8　试验结果的记录

8.1　铺展性试验结果的记录

a)　试验名称、试验编号；
b)　母材型号、牌号及尺寸；
c)　钎料型号、牌号、规格、用量；
d)　钎剂种类、用量及保护气体；
e)　钎焊温度、加热方法、保温时间；
f)　铺展面积、铺展率。

8.2　填缝性试验结果的记录

a)　试验名称、试验编号；
b)　母材型号、牌号及尺寸；
c)　钎料型号、牌号、规格、用量；
d)　钎剂种类、用量及保护气体；
e)　钎焊温度、加热方法、保温时间；
f)　X 射线透视检查结果；
g)　显微组织分析结果。

ICS 27.040
K 58

中华人民共和国国家标准

GB/T 11369—2008
代替 GB/T 11369—1989,GB/T 11370—1989

轻型燃气轮机烟气污染物测量

Measurement of exhaust gas emission for aero-derivative gas turbine

2008-07-18 发布　　　　2009-01-01 实施

中华人民共和国国家质量监督检验检疫总局
中国国家标准化管理委员会　发布

前　言

本标准代替 GB/T 11369—1989《轻型燃气轮机排气冒烟测量》和 GB/T 11370—1989《轻型燃气轮机气态污染物测量》。本次修订将 GB/T 11370—1989 的有关内容纳入本标准。

本标准与 1989 年版相比主要变化如下：

——整合后的标准名称为《轻型燃气轮机烟气污染物测量》；

——增加了 GB/T 14099—2005、GB/T 15135 为规范性引用文件(本版的第 2 章)；

——补充了烟气测量取样感头的制造材料要求(本版的 4.3.1a) 和 5.3.1a))；

——修改了取样管道相关数值要求(本版的 4.3.4)；

——补充了真空泵技术要求(本版的 5.3.8)；

——补充了作反射率测定时对滤纸背衬的要求(本版的 5.3.10)；

——修改了设备的清洗和泄漏检查要求(本版的 5.3.12)；

——删除了 GB/T 11370—1989 版附录 A 中的代用测量方法；

——修改了排烟测量中测量程序的相关数值要求(本版的 5.4.1、5.4.2)。

本标准的附录 A 为资料性附录。

本标准由中国航空工业第一集团公司提出。

本标准由中国航空工业第一集团公司归口。

本标准起草单位：中航世新燃气轮机股份有限公司、中国航空综合技术研究所。

本标准主要起草人：周琦、于培敏、张华。

本标准所代替标准的历次版本发布情况为：

——GB/T 11369—1989；

——GB/T 11370—1989。

轻型燃气轮机烟气污染物测量

1 范围

本标准规定了轻型燃气轮机(以下简称燃气轮机)排放的烟气污染物测量装置和测量程序。

本标准适用于固定工况运行的燃气轮机。

2 规范性引用文件

下列文件中的条款通过本标准的引用而成为本标准的条款。凡是注日期的引用文件,其随后所有的修改单(不包括勘误的内容)或修订版均不适用于本标准,然而,鼓励根据本标准达成协议的各方研究是否可使用这些文件的最新版本。凡是不注日期的引用文件,其最新版本适用于本标准。

GB/T 14099—2005 燃气轮机 采购

GB/T 15135 燃气轮机 词汇

3 术语和定义

GB/T 15135 确立的以及下列术语和定义适用于本标准。

3.1

干扰 interference

除待测量的气体(或雾气)以外的其他各种气体成分对仪器引起的响应。

3.2

噪音 noise

与样气无关的,仪器输出信号的不规则变化,它与仪器漂移特性不同。

3.3

氮氧化物(NO_x) nitrogen oxides

规定为氮的氧化物,即一氧化氮(NO)和二氧化氮(NO_2)的总和。

3.4

响应 response

对应已知样气浓度的仪器输出信号。

3.5

标准气体 calibration gas

一种专门配制的,已知成分和浓度,用以校准仪器的气体混合物。

3.6

浓度 concentration

在气体混合物中的待测成分的体积分数。

3.7

零点漂移 zero drift

在没有待测气体的情况下,仪器输出随时间变化而产生的与零点的偏差。

3.8

取样 sampling

在控制条件下,收集排出烟气的样气,以供测量分析用。

3.9

标点气 span gas

一种用于日常的仪器校验和调整的高精度的标准气体。

3.10

标点漂移　span drift

在相同的标点气流量和浓度下重复测量时，仪器响应随时间的变化。

3.11

精度　precision

在仪器调整不变的情况下，对一已知的样气进行测量时，测量值的重复性。

3.12

零点气　zero gas

一种用来调整仪器、建立仪器零点或响应点的气体。

3.13

取样量　sampling volume

以每平方厘米过滤纸烟痕面积上流过样气的立方厘米容积计。

注：本方法规定的标准取样量在每平方厘米过滤纸烟痕面积上为 5 680 cm^3。

3.14

过滤纸烟痕面积　smoke spot area on filter paper

样气通过过滤纸时，烟粒沉积的面积。

4　气态污染物测量

4.1　概述

燃气轮机排放的气态污染物主要包括氮氧化物（NO_x）、二氧化硫（SO_2）、一氧化碳（CO）和未燃烧或部分燃烧的碳氢化合物（UHC_S）等，通常情况下测量 NO_x 和 SO_2，测量的氧气（O_2）浓度用于计算。

4.2　测量装置

测量装置的构成见图 1。

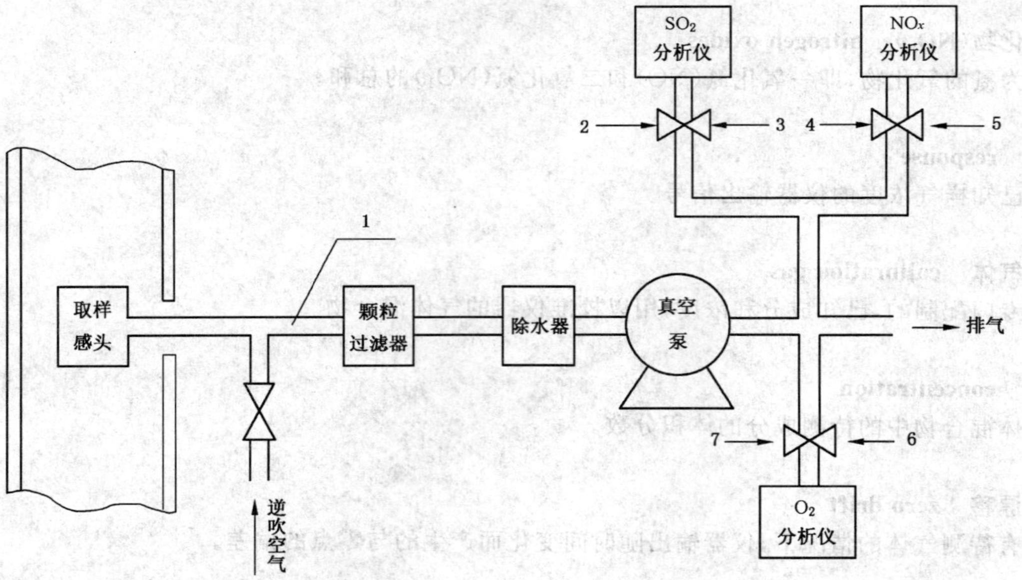

1——取样管道；
2——零点气；
3——标点气；
4——零点气；
5——标点气；
6——标点气；
7——零点气。

图 1　气态污染物测量装置

4.3 测量仪器、设备及其要求

4.3.1 取样感头

取样感头的主要要求有：

a) 应采用不锈钢或镍基合金钢制造；

b) 多点混合式取样感头和单点移位式取样感头均可使用，但取样点数不应少于12点。如采用多点混合式取样感头，取样感头上取样孔的孔径应相同，宜均匀分布；

c) 应根据通过取样感头组件的压降至少80%发生在取样孔处的原则来确定取样孔径；

d) 通常，取样感头应安装在距动力涡轮或任何排气弯头至少二倍排气管道直径以外，取样感头上的取样孔应迎着气流。

4.3.2 颗粒过滤器

用来滤掉样气中的颗粒。通常，它可以和取样感头相结合放在燃气轮机排气管道内；也可放置在排气管道外。但是，当样气温度高于500 ℃时，过滤器应放在排气管道外。

4.3.3 标定阀

一个三通阀用来将零点气和标点气引入分析仪。

4.3.4 取样管道

取样管道用不锈钢或聚四氟乙烯材料制成。为防止样气凝结，管道应尽量短，其内径应为9 mm～10 mm。取样时间尽量短，管道应采取措施保证样气温度在100 ℃～150 ℃。

4.3.5 除水器

除水器应能使样气的露点降到3 ℃以下，如果采用的分析仪不受水汽干扰，则不必放置该部件。

4.3.6 真空泵

真空泵应有足够的抽气能力，保证样气经过取样系统的时间小于10 s；与此同时，泵应保证密封并且不会促进样气进行化学反应。

4.3.7 分析仪

4.3.7.1 一般要求

应根据测量需要选取适当量程的分析仪。为使读数误差降为最小，应使用足够的量程。

4.3.7.2 O_2 分析仪

用一台O_2分析仪来确定样气中O_2的浓度，总量程范围为0%～25%。

4.3.7.3 NO_x 分析仪

用一台NO_x分析仪来确定样气中NO_x的浓度，总量程范围为$0 \sim 5\times10^{-4}$。

4.3.7.4 SO_2 分析仪

用一台SO_2分析仪来确定样气中SO_2的浓度，总量程范围为$0 \sim 5\times10^{-4}$。

4.3.7.5 分析仪的性能要求

O_2、NO_x、SO_2分析仪的性能主要要求如下：

a) 各个量程的精度应小于满量程的±1%；

b) 仪器的零点漂移在2h内应小于满量程的±1%；

c) 仪器的标点漂移在2h内应小于满量程的±1%；

d) 仪器的噪音应小于满量程的±1%；

e) 仪器的线性度应小于满量程的±2%；

f) 仪器的总干扰响应小于满量程的±2%；

g) 仪器的响应时间，从样气进入分析仪到获得90%的最终读数的时间，对NO_x和O_2不应超过15 s；对SO_2不应超过30 s。

4.4 标准气体的要求

4.4.1 零点气

采用高纯度氮气(N_2)，其中CO、NO_x和SO_2的浓度均应小于1×10^{-6}。

4.4.2　NO_x 和 SO_2 的标点气

它们应为一组以 N_2 作为稀释气体、已知浓度的混合气体。名义浓度应分别为仪器满量程的 25%、50% 和 90%。其中，90% 满量程浓度的混合气体用来确定和检查仪器的量程；而 25%和 50%满量程浓度的混合气则用来在每次测量前检查仪器标定的有效性。

4.4.3　氧的标点气

用 N_2 中带 20.9% O_2 的气体作为量程标点气，用另一个中等浓度（在 N_2 中带 13%的 O_2）的标点气在每次测量前检查仪器标定的有效性。

4.4.4　除有特殊要求外，标点气的浓度相对误差通常在±2% 以内，并应有出厂合格证。

4.5　测量程序

4.5.1　测量准备

测量准备程序为：

a)　检查取样管道，确认管道没有泄漏和没有受到任何沾污。在检查管道泄漏情况时，应断开取样感头和分析仪，并使真空泵工作，系统的泄漏量应小于 0.1 L/min；

b)　加热取样管道，并接通各仪器电源，预热管道和仪器，直到它们达到热稳定状态为止；

c)　使用适合校准用的气体调整各仪器，并记录相应的响应值；

d)　用中值对仪器标定，并将仪器响应值与制造厂给出的或原先标定的曲线对比，若浓度相对误差超过满量程±2%，则应检查仪器并重新录取标定曲线。

4.5.2　取样分析

取样分析的主要要求有：

a)　起动燃气轮机并使之进入预先规定的功率状态。在燃气轮机起动、停车及正常工作过程中，凡是不取样时，均应引入清洁、干燥的空气逆吹取样管路和取样感头，以防止未燃烧完全的燃油进入取样系统造成沾污；

b)　在确认燃气轮机和取样分析系统进入稳定工作状态后，进行取样分析，并在各分析仪的合适量程范围内读数；

c)　如果用单点移位式取样感头取样时，则应按预先确定的取样点位置进行移位测量，确定每一点上稳定的 NO_x、SO_2 和 O_2 的浓度。在每个点上的停留时间应是取样系统的平均响应时间加上 3 s；

d)　在测量期间，各台仪器的零点和标点大约每隔 1 h 就应重新检查。如果发现零点漂移或标点漂移超过±2%时，应检查调整仪器，待恢复到原有技术状态后，再重新进行测量。

4.6　测量数据

对每个功率状态应记录如下数据：

a)　燃气轮机功率（或为计算功率所需的参数）、转速、燃料流量等基本参数；

b)　大气条件——压力、温度和湿度；

c)　燃料和添加剂（如果使用）的有关数据；

d)　取样管道的温度和流量；

e)　NO_x、SO_2 和 O_2 分析仪的满量程范围、标点气响应值和样气响应值。

4.7　测量结果的计算和评定

4.7.1　修正到标准条件（15%的 O_2 浓度）下的 NO_x 和 SO_2 的浓度可按公式(1)计算。

$$\phi_{mod} = \phi_{real} \times 5.9\%/(20.9\% - \phi_{O_2}) \qquad (1)$$

式中：

ϕ_{mod}——修正 NO_x 或 SO_2 浓度；

ϕ_{real}——实测的 NO_x 或 SO_2 浓度；

ϕ_{O_2}——实测 O_2 浓度。

4.7.2　使用单点移位式取样感头时，填报的 NO_x 和 SO_2 浓度值应是各个取样点计算出的修正值相加除以取样点数；使用多点混合式取样感头时，填报的 NO_x 或 SO_2 浓度值则是取样感头几次测量所得的计算修正值相加除以次数。通常，一个功率状态取样一次。

5　排烟测量

5.1　概述

悬浮于燃气轮机排气中的微小固体颗粒群，其主要成分是燃料燃烧产生的碳粒。这些固体颗粒能减少光的透射并形成可见烟。

5.2　测量装置

测量装置构成见图 2。

5.3　测量仪器、设备及其要求

5.3.1　取样感头

取样感头的主要要求有：

a)　应用不锈钢或镍基合金钢制造；

b)　取样感头上的孔数不应少于 12 个，各个孔径应相等并均匀分布。应根据通过取样感头组件的压降至少 80% 发生在取样孔处的原则来确定取样孔；

c)　尽量不用冷却式取样感头，如果必须使用时，则应控制好冷却条件，使样气温度不降至 100 ℃ 以下；

d)　一般情况下，取样感头应安装在距动力涡轮或任何排气弯头至少二倍排气管道直径以外，取样感头上的取样孔应迎着气流。

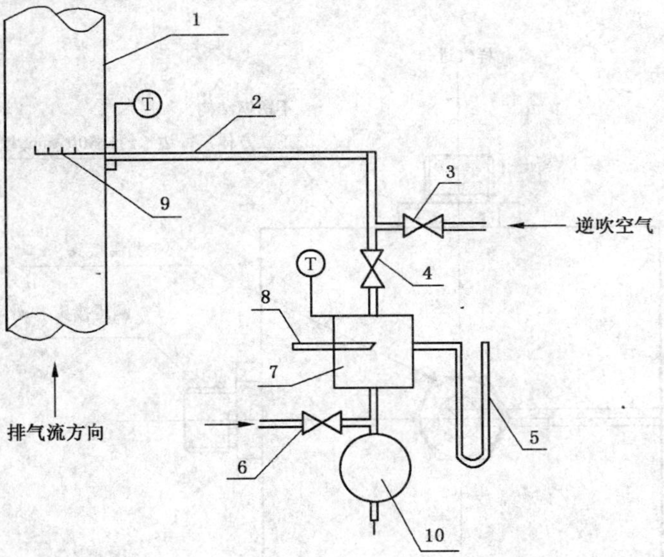

1—— 排气管道；
2——取样管道；
3——阀 C；
4——阀 A；
5——水柱压力计；
6——阀 B；
7——取样箱；
8——取样泵接头；
9——多点取样感头；
10——真空泵。

图 2　排烟测量装置

5.3.2 取样管道

取样管道的主要要求有：

a) 管道应采用能防止颗粒物质沉积和静电荷聚积的材料，如不锈钢、铜或聚四氟乙烯等；

b) 管道宜直线布置，并减少管接头及其它可能促使颗粒物质沉淀的结构，必须拐弯时，管道的弯曲半径不应小于十倍的管径；

c) 取样管的内径可取 9 mm～10 mm。从取样感头出口到取样箱之间的管道应尽量短，最长不要大于 30 m；

d) 要求对取样管道加热和保温，保持样气温度在 100 ℃～150 ℃之间，以防止样气的凝结或过滤纸的碳化。

5.3.3 阀

阀 A 和阀 B 为调节阀，用以建立取样箱内要求的样气压力，阀 C 则用来控制逆吹取样管道和取样感头的空气。

5.3.4 逆吹空气系统

逆吹空气在邻近阀 A 的上游处接入取样管道，并应尽量靠近取样箱。它的作用是燃气轮机起动、停车及正常工作过程中，凡是不取样时，通常用干燥、清洁的空气逆吹取样管道和取样感头，以保持取样系统的清洁。

5.3.5 取样箱

它是一个稳定箱，用以建立稳定的取样条件。取样箱应加热和保湿，保持样气温度在 100 ℃～150 ℃。取样箱见图 3。

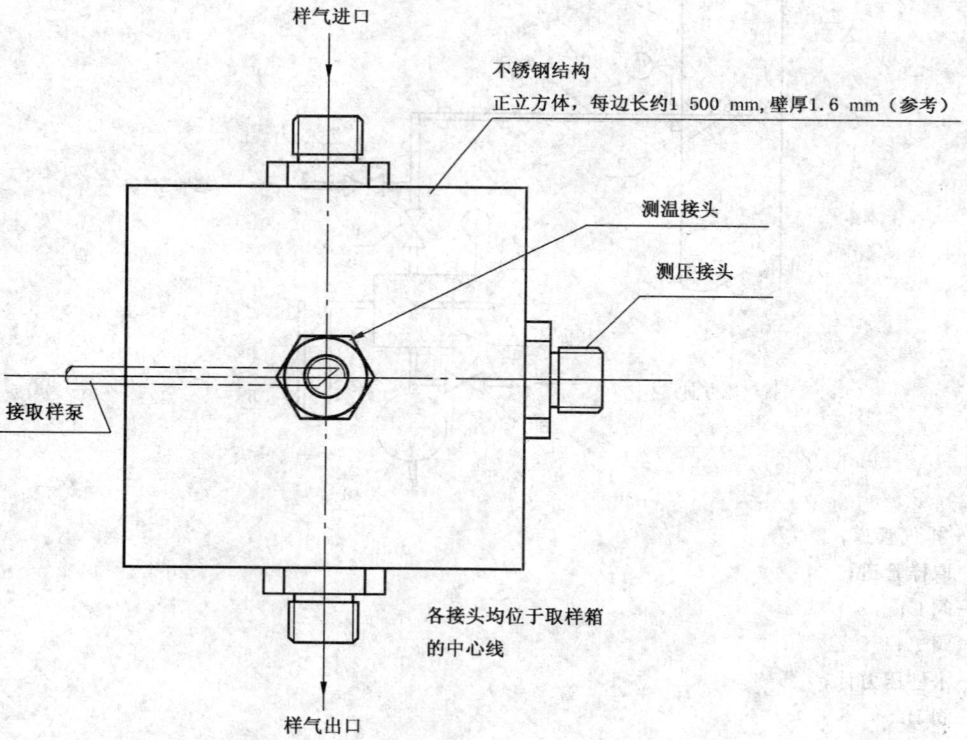

图 3 取样箱

5.3.6 温度测量

在取样箱上应测量样气的温度。

5.3.7 压力测量

用水柱压力计在取样箱上测量样气的压力。

5.3.8 真空泵

若需要时，应在取样箱下游放置真空泵。在阀A完全打开、阀B关闭时，它的能力应足以使取样箱内与外界大气间有1.2kPa～2.5 kPa的压力。泵应是无油型的，以避免可能污染样气。

5.3.9 取样泵

在15 ℃、101.3 kPa的标准大气条件下，对每平方厘米有效滤纸面积提供5 680 cm^3±250 cm^3 的总容积流量。这种泵称为巴克拉克(Bacharach)泵。

5.3.10 过滤纸

过滤纸为白色，表面绝对反射率在82.5%～87.5%之间。作反射率测定时，滤纸应使用表面绝对反射率不低于75%的白纸作背衬。当标准状况下清洁空气以47.6 cm^3/min的流量通过1 cm^2 有效表面积的清洁滤纸时，通过滤纸的压降应在1.73 kPa～8.55 kPa。

5.3.11 反射率测量

应采用一台反射率测量仪对所取得过滤烟痕进行烟痕反射率的测量。

5.3.12 设备的清洗和泄漏检查

如果自上次清洗后运行已超过5 h，在采集样气前要充分清洁探头和采样管道。把合适的溶剂注入探头和管道，然后再用清洁干燥的压缩空气吹5 min，以除去管道内任何残留溶剂。在空气吹过管道时要接通管道加热器。

在进行任何样气采集前，采样管道和接头的连接处要进行泄漏检查。

5.4 测量程序

5.4.1 注意事项

测量中的注意事项主要有：

a) 在燃气轮机运行前，应加热取样管道到100 ℃～150 ℃；
b) 燃气轮机运行后，在没有取样时，必须接通逆吹空气系统，对取样管路和取样感头进行逆吹；
c) 燃气轮机处于稳定状态，并且已有足够时间使该状态的样气充满取样管道和取样箱后，方可取样。

5.4.2 取样准备

对每个试验状态应进行如下的取样准备程序：

a) 将一张清洁过滤纸夹入取样泵，并保证牢牢的夹住；
b) 打开阀B，并将取样泵联到取样箱上；
c) 关闭阀C，切断空气逆吹系统；
d) 全开阀A，使样气流动；
e) 调整阀B，使取样箱压力与外界大气压力差在1.2 kPa～2.5 kPa；
f) 取样前，应使样气流动5 min，并注意保证取样箱温度在100 ℃～150 ℃。

5.4.3 取样程序

取样程序如下：

a) 用取样泵抽取所需的标准样气量通过过滤纸大约1 min；
b) 松开滤纸夹头，移动或更换滤纸后重新夹紧；
c) 重复步骤a)；
d) 如果在同一状态下，发现所取得的两张相邻滤纸的烟痕有明显不同，则应重复程序a)、b)和c)，直到前后相邻的两张滤纸烟痕目视相似为止。如果实现不了，则表明取样系统有泄漏和清洁问题，应停止测量并进行检查和排除。

5.4.4 确定烟点数

烟点数是一种对排烟定量的无因次量。它是在标准取样量下取得的滤纸烟痕反射入射光的百分衰减率除以10而得。

为保证数据的准确性,应尽量使用反射率计来确定烟点数,其确定程序为:

a) 接通反射率计,并预热仪器5 min;

b) 用一张未使用过的清洁滤纸使反射率计的读数调整到100;

c) 测量取得的滤纸上烟痕的反射率 R_S;

d) 烟点数可按公式(2)进行计算,测得的烟点数的可重复性在±0.5以内。

$$烟点数 = \frac{100 - R_S}{10} \quad \cdots\cdots(2)$$

式中:

R_S——滤纸上烟痕的反射率。

5.4.5 测量数据

对每个试验功率状态应记录如下数据:

a) 燃气轮机功率(或为计算功率所需的参数)、转速、燃料流量等基本参数;

b) 大气条件——压力、温度和湿度;

c) 燃料和添加剂(如果使用)的有关数据;

d) 取样箱温度和压力;

e) 烟点数。

5.5 代用方法

排烟测量的代用方法参照附录A。

附　录　A
（资料性附录）
排烟测量代用方法

A.1　烟数法

排烟测量可采用烟数法，表 A.1 中给出了烟点数和排烟数之间的近似定量关系，以利对比两种方法测量的结果。

表 A.1　排烟数与烟点数之间的近似对照

烟点数	排烟数	观察排烟
0	0	观察不到排烟
1	1	
2	5	
3	10	
4	16	
5	25	可观察到排烟
6	34	
7	42	
8	53	
9	100	

A.2　冯布兰德反射烟数法

冯布兰德反射烟数测量方法按 GB/T 14099—2005 中附录 B.1.3。

ICS 27.040
K 58

GB

中华人民共和国国家标准

GB/T 11371—2008
代替 GB/T 11371—1989

轻型燃气轮机使用与维护

Operation and maintenance for gas turbine

2008-04-09 发布　　　　2008-10-01 实施

中华人民共和国国家质量监督检验检疫总局
中国国家标准化管理委员会　发布

前　言

本标准代替 GB/T 11371—1989《轻型燃气轮机使用与维护》。

本标准与 GB/T 11371—1989 相比主要变化如下：

——增加 GB/T 13674《轻型燃气轮机燃料使用规范》和 GB/T 15135《燃气轮机词汇》为规范性引用文件(本版的第 2 章)；

——增加使用和维护人员在异常噪声级环境下工作时的防护措施(本版的 4.10)；

——增加了防爆炸要求(本版的 4.12)；

——修改了部分运行检查内容(1989 年版的 5.1.6、5.1.15)；

——增加手动盘车要求(本版的 5.1.12)；

——增加故障紧急停机检查要求(本版的 5.2.3.7)。

本标准由中国航空工业第一集团公司提出。

本标准由中国航空工业第一集团公司归口。

本标准起草单位:中国航空综合技术研究所、中航世新燃气轮机股份有限公司。

本标准主要起草人:许双成、张华、于培敏、孟凡涛。

本标准所代替标准的历次版本发布情况为：

——GB/T 11371—1989。

轻型燃气轮机使用与维护

1 范围

本标准规定了轻型燃气轮机(以下简称燃气轮机)使用与维护的要求。

本标准适用于发电和机械驱动用的燃气轮机动力装置,为编制燃气轮机使用与维护文档提供依据。

2 规范性引用文件

下列文件中的条款通过本标准的引用而成为本标准的条款。凡是注日期的引用文件,其随后所有的修改单(不包括勘误的内容)或修订版均不适用于本标准,然而,鼓励根据本标准达成协议的各方研究是否可使用这些文件的最新版本。凡是不注日期的引用文件,其最新版本适用于本标准。

GB/T 10489　轻型燃气轮机通用技术要求

GB/T 13674　轻型燃气轮机燃料使用规范

GB/T 15135　燃气轮机词汇

3 术语和定义

GB/T 10489 和 GB/T 15135 中确立的术语和定义适用于本标准。

4 安全

4.1　燃气轮机的使用与维护应符合国家安全技术标准的相关规定,对从事使用和维护设备的人员应提供必要的安全保护。

4.2　制造方提供的燃气轮机使用维护说明书应包括安全使用和维护的要求。

4.3　用户对燃气轮机运行时人员进入燃气轮机运行现场(机房、机舱等)应作出安全防护规定。

4.4　对使用和维护人员应进行安全操作技术培训。

4.5　在燃气轮机动力装置投入运行前,使用和维护人员应有明确的分工,各负其责。

4.6　在作业区域内,应有足够的照明和通风设备。

4.7　对危险部位应有明显的标志并采用护罩、隔板及护栏等防护设施,以保护人员安全。

4.8　在燃气轮机动力装置运行时,应对接近装置的人员提供足够的通风和撤离现场的设施。此外,还应考虑在封闭区域内使用灭火系统时可能危及人员的安全问题。

4.9　应为使用和维护人员提供适当的搬运设备及工具,特别要注意重型设备(包括索具、吊具、起重机械和行车等)使用中的安全保护措施。

4.10　使用和维护人员在异常的噪声级环境下工作时应佩戴护耳器。

4.11　工作场地应防止火灾危险,充分注意燃料、滑油的渗漏可能引起的着火危险(应特别注意潜在的渗漏),并采取相应的安全防火措施。

4.12　应提供适当的气体检测、设备火花抑制、管件接地/连接等措施,使燃料泄漏和气体爆炸的可能性降到最小。

4.13　燃气轮机动力装置的各项电气设备均应符合电气设备有关标准及条例所规定的安全要求。

4.14　用于联络的通信工具应完好,能适应统一指挥和应急使用。

5 运行

5.1 新安装或大修后的运行前准备

5.1.1 燃气轮机动力装置的所有连接件应安装牢固，支撑调节螺栓无松动。

5.1.2 进、排气装置内无异物，燃气轮机周围清理干净，地面无油污。

5.1.3 清点所有工具并放在规定的地方。

5.1.4 燃气轮机动力装置所使用的仪表、设备以及测试用仪器应经过校准或标定，并具有合格证。

5.1.5 按燃气轮机使用维护说明书要求沿流向检查各系统（滑油系统、燃料系统、液压系统、控制系统、冷却系统、灭火系统、电气系统等）的管路、附件（包括各阀门、螺堵、窥窗等）、管路接头、测量仪表等安装是否完善和正确可靠，各种阀门的位置应正确，并有位置标记。

5.1.6 检查滑油品质、滑油量和滑油温度。

5.1.7 检查辅助滑油泵、应急滑油泵工作是否正常。

5.1.8 检查燃气轮机使用的燃料，应符合 GB/T 13674 要求，若用气体燃料应保证燃气轮机燃料系统的入口无液相存在。

5.1.9 检查点火器工作是否正常，试验点火器的区域内需确认无易燃性气体的泄漏。

5.1.10 检查全部温度仪表指示是否正常。

5.1.11 检查手动紧急停机系统功能。

5.1.12 手动盘车时，应检查转子灵活性和有无异常声音。

5.1.13 按燃气轮机使用维护说明书中的规定，在起动前对起动系统进行检查和操作试验。

5.1.14 完成全部试验检查程序和控制保护功能检查。

5.2 日常运行规则

5.2.1 燃气轮机起动点火前的检查

燃气轮机起动点火前，应检查的主要项目有：

a) 转子灵活性，有无异常声音；
b) 滑油系统工作情况；
c) 管路有无渗漏；
d) 起动控制系统工作情况。

5.2.2 使用气体燃料时的起动清吹要求

在按 5.2.1 检查的同时，起动控制系统应具有足够的清吹时间，以便在燃气轮机点火前将进气道直至排气系统（包括烟囱）中的可燃气体予以充分排除，也可以采用其他预防措施。

5.2.3 起动和运行检查及记录

5.2.3.1 对起动和运行进行检查，记录可作为使用中对燃气轮机维护的依据。

5.2.3.2 起动顺序检查并记录：

a) 起动前记录运行日期、当地大气压力和温度；
b) 检查和记录从起动加速到慢车状态过程中的时间、转速和排气温度等参数。

5.2.3.3 加负荷前运行检查并记录：

a) 振动；
b) 燃气轮机所有仪表指示；
c) 按燃气轮机使用维护说明书检查保护装置功能（可用模拟信号并断开执行机构）；
d) 检查燃料、滑油管路的渗漏。

5.2.3.4 运行中检查并记录：

a) 按规定周期记录大气压力和温度，燃气轮机主要参数如温度、压力、转速、流量、振动等；
b) 运行中故障及处理方法、燃料滤和滑油滤检查以及其他维护等工作；

c) 按燃气轮机使用维护说明书定期检查各种保护装置。

5.2.3.5 停机过程中检查并记录：

a) 惰转时间；

b) 振动；

c) 有无异常声音。

5.2.3.6 停机后检查并记录：

a) 检查和排除各系统管路泄漏；

b) 检查或校对测试仪表，必要时进行更换；

c) 检查燃料系统和滑油系统的滤网，必要时清洗或更换；

d) 检查各种阀门；

e) 检查燃气轮机外观和安装固定；

f) 必要时检查和清洗燃料喷嘴。

5.2.3.7 故障紧急停机时检查并记录：

a) 检查燃料系统；

b) 检查控制和保护系统；

c) 检查滑油系统；

d) 检查冷却系统。

5.3 履历本填写

应按时填写燃气轮机履历本。

6 维护

6.1 维护工作要求

6.1.1 用户职责

用户应具备设备使用和维护条件，并应详细说明：

a) 地点、周围环境、空气品质；

b) 用户拥有的维护设备和能力；

c) 运行方式(负荷、小时/天、小时/年、起动次数等)；

d) 燃料种类及组分；

e) 使用与维护人员的数量及技术水平。

6.1.2 制造方职责

6.1.2.1 应按 6.1.1 用户提供的设备使用和维护条件，制订维护计划。该计划应标明推荐进行的定期维护与检查项目，每项维护工作都应包含下述要求：

a) 间隔时间；

b) 任务说明；

c) 预计需要更换的备件和器材；

d) 预计人员的工时数和完成任务的时间；

e) 人员的技术水平；

f) 起吊最重零部件的质量；

g) 专用工具或设备。

6.1.2.2 应对燃气轮机及驱动设备在使用寿命期内预计可能发生的故障，提出所需进行的故障维修措施。每项措施应说明：

a) 任务说明；

b) 预计需要更换的备件和器材；

c) 预计人员的工时数；

d) 预计的停机要求；

e) 人员的技术水平、工具和设备要求；

f) 建议完成故障维修工作的地点；

g) 起吊最重零部件的质量。

6.1.2.3 应对提供给用户的使用和维护资料及培训计划加以解释。

6.2 售后服务

6.2.1 用户职责

用户职责主要包括：

a) 规定器材的装运方式及交货的地点；

b) 指明哪些维修工作由用户、制造方或责任承包者分别承担并完成；

c) 做好维修工作记录，并反馈信息。

6.2.2 制造方职责

制造方职责主要包括：

a) 应确定承担售后服务机构和地点；

b) 应规定非现场的维修地点；

c) 应规定可取得各种备件和器材的地点；

d) 应说明制造方不承担的维修服务工作，但应指明能提供这种维修服务的机构；

e) 应为维修、换件和技术服务制订推荐的作业程序表，该表应说明与6.1.1条规定的用户运行方式相适应的检查和维修类型、次数和级别。

6.3 制造方提供的资料

制造方提供的资料主要包括：

a) 为燃气轮机及其驱动设备的运行、维护和维修所需的手册、图样和图表说明等资料。这些资料应能指导用户在机组寿命期内，预期能够承担的全部工作。还应包括与每项具体工作有关的下列内容：必需的专门技术、工具和设备；必需的备件和器材（如零部件、润滑剂等）；规定的维护周期；

b) 推荐的维护计划和维修作业程序表；

c) 推荐的备用零件、器材、润滑剂等清单；

d) 按6.1.1规定的运行方式推荐的关键备件和采购这些关键备件所需提前时间的清单；

e) 可通过技术通报、服务函件等向用户及时提供使用与维护补充资料，以利于改善燃气轮机动力装置的工作可靠性；

f) 燃气轮机履历本。

6.4 停放和贮存

对较长时间不使用的燃气轮机应按燃气轮机使用维护说明书进行停放和贮存。

ICS 25.220.40
A 29

中华人民共和国国家标准

GB/T 11379—2008/ISO 6158:2004
代替 GB/T 11379—1989

金属覆盖层 工程用铬电镀层

Metallic coatings—Electroplated coatings of chromium for engineering purposes

(ISO 6158:2004,IDT)

2008-06-19 发布 2009-01-01 实施

中华人民共和国国家质量监督检验检疫总局
中国国家标准化管理委员会 发布

前 言

本标准等同采用 ISO 6158:2004《金属覆盖层 工程用铬电镀层》(英文版)。

本标准根据 ISO 6158:2004 翻译起草。

为了便于使用,本标准做了下列编辑性修改:

——删除国际标准的前言,增加了我国标准前言;

——“本国际标准”一词改为“本标准”;

——引用了与国际标准相对应的国家标准。

本标准代替 GB/T 11379—1989《金属覆盖层 工程用铬电镀层》。与 GB/T 11379—1989 相比主要变化如下:

——增加了引言和标识;

——修改了铬电镀层的要求;

——删除了工程用铬电镀层的特性、应用实例及有关说明;

——增加了工程用铬电镀层的典型厚度;

——删除了喷丸强度的测量方法。

本标准的附录 C 为规范性附录,附录 A、附录 B 均为资料性附录。

本标准由中国机械工业联合会提出。

本标准由全国金属与非金属覆盖层标准化技术委员会(SAC/TC 57)归口。

本标准起草单位:武汉材料保护研究所、广州市达志化工科技有限公司、南京晶晶表面技术有限公司、杭州天堂伞业集团有限公司。

本标准主要起草人:张德忠、毛祖国、蔡志华、贾建新、张升达、王奇伟、何杰。

本标准所代替标准的历次版本发布情况为:

——GB/T 11379—1989。

引　言

工程用铬电镀层与装饰性铬一样，通常采用六价铬电镀。然而工程用铬电镀层一般比装饰性铬电镀层厚。常规或传统铬是最常用的类型，多孔铬、裂纹铬、尺寸镀铬和双层铬也用来获得贮油的或抗不粘结的表面，或提高耐蚀性。

工程用铬电镀层常在基体金属上直接电镀，以提高耐磨性，增强抗摩擦腐蚀能力，减小静摩擦力或动摩擦力，减小"咬死"或粘结，增强耐蚀性以及修复尺寸偏小或磨损的工件。为防严重腐蚀，电镀铬前可采用镍或其他金属底镀层，或采用合金电镀来提高铬镀层的耐蚀性，如铬-钼合金电镀。

金属覆盖层　工程用铬电镀层

1　范围

本标准规定了黑色和有色金属上的有或无底镀层的工程用铬电镀层的要求。电镀层标识提供了一种表示典型工程应用的铬电镀层的厚度的方法。

2　规范性引用文件

下列文件中的条款通过本标准的引用而成为本标准的条款。凡是注日期的引用文件，其随后所有的修改单(不包括勘误的内容)或修订版均不适用于本标准，然而，鼓励根据本标准达成协议的各方研究是否可使用这些文件的最新版本。凡是不注日期的引用文件，其最新版本适用于本标准。

GB/T 3138　金属镀覆和化学处理与有关过程术语(GB/T 3138—1995，neq ISO 2079:1981)

GB/T 4955　金属覆盖层　覆盖层厚度测量　阳极溶解库仑法(GB/T 4955—2005，ISO 2177:2003，IDT)

GB/T 4956　磁性基体上的非磁性覆盖层　覆盖层厚度测量　磁性法(GB/T 4956—2003，ISO 2178:1982，IDT)

GB/T 5270　金属基体上的金属覆盖层　电沉积和化学沉积层　附着力强度试验方法评述(GB/T 5270—2005，ISO 2819:1980，IDT)

GB/T 6462　金属和氧化物覆盖层　厚度测量　显微镜法(GB/T 6462—2005，ISO 1463:2003，IDT)

GB/T 6463　金属和其他无机覆盖层厚度测量方法评述(GB/T 6463—2005，ISO 3882:2003，IDT)

GB/T 9790　金属覆盖层及其他有关覆盖层　维氏和努氏显微硬度试验(GB/T 9790—1988，neq ISO 4516:1980)

GB/T 12332　金属覆盖层　工程用镍电镀层(GB/T 12332—2008，ISO 4526:2004，IDT)

GB/T 12334　金属和其他非有机覆盖层　关于厚度测量的定义和一般规则(GB/T 12334—2001，ISO 2064:1996，IDT)

GB/T 12609　电沉积金属覆盖层和相关精饰　计数检验抽样程序(GB/T 12609—2005，ISO 4519:1980，IDT)

GB/T 17721　金属覆盖层　孔隙率试验　铁试剂试验(GB/T 17721—1999，eqv ISO 10309:1994)

GB/T 19349　金属和其他无机覆盖层　为减少氢脆危险的钢铁预处理(GB/T 19349—2003，ISO 9587:1999，IDT)

GB/T 19350　金属和其他无机覆盖层　为减少氢脆危险的涂覆后钢铁的处理(GB/T 19350—2003，ISO 9588:1999，IDT)

GB/T 20015　金属和其他无机覆盖层　电镀镍、自催化镀镍、电镀铬及最后精饰　自动控制喷丸硬化前处理(GB/T 20015—2005，ISO 12686:1999，MOD)

GB/T 20018　金属和非金属覆盖层　覆盖层厚度测量　β射线背散射法(GB/T 20018—2005，ISO 3543:2000，IDT)

ISO 9220　金属覆盖层　厚度测量　扫描电镜法

ISO 10587　金属和其他无机覆盖层　涂覆和未涂覆金属覆盖层的螺栓和螺杆的残余氢脆试验斜楔法

ISO 15274　金属和其他无机覆盖层　钢铁析氢的电化学测量　藤壶电极法

EN 12508　金属及合金的防护　表面处理,金属和其他无机覆盖层　词汇

3　术语和定义

GB/T 3138、GB/T 12334、EN 12508 确立的术语和定义适用于本标准。

4　向供方提供的资料

4.1　必要资料

按本标准订购电镀产品时,需方应在合同或订购合约中,或在工程图纸上书面提供以下资料:

a)　标识(见第 5 章);

b)　替代试样的要求(见 6.1);

c)　主要表面,应在工件图纸上标明,也可用有适当标记的样品说明(见 6.2);

d)　铬电镀层的外观和表面精饰,如电镀的、打磨的或机加工的(见 6.2 和 6.3)。也可用需方提供或认可的样品来表明外观和所要求的精饰,以便于比较(见 6.2);

e)　可容许的缺陷的类型、大小和数量(见 6.2);

f)　表面上最小厚度有要求的附加部分(见 6.4);

g)　测量厚度的试验方法(见 6.4);

h)　结合力和孔隙率的要求及其试验方法(见 6.6 和 6.7);

i)　工件的抗拉强度和电镀前减小应力的热处理的要求(见 6.8);

j)　电镀后降低氢脆热处理的要求和氢脆试验方法(见 6.9);

k)　抽样方案和接收水平(见第 7 章)。

4.2　附加资料

适当时,需方应提供以下附加资料:

a)　基体金属的标准成分或规格、冶金学状态以及硬度(见 5.3);

注:修复工件时,很难提供这些资料,因此镀层的质量难以保证。

b)　前处理的任何要求或限制,如用蒸汽喷砂代替酸洗前处理;

c)　结合力的任何特殊要求(见 6.6);

d)　可导致压应力的任何处理的必要性,如:电镀前或电镀后的喷丸处理(见 6.10);

e)　底镀层(见 5.5 和 6.11)和退镀(见 6.12)的要求。

5　标识

5.1　概述

标识可能出现在工程图、订购单、合同或详细的产品说明中。

标识按照规定的顺序明确指出了基体金属、特殊合金、减小应力的要求、底镀层的类型和厚度、铬镀层的类型和厚度以及包括降低氢脆敏感性的热处理在内的后处理。

5.2　组成

标识应包括以下内容:

a)　术语“电镀层”;

b)　本标准的编号,即 GB/T 11379;

c)　连字符;

d)　基体金属的化学符号(见 5.3);

e)　斜线(/);

f)　铬镀层及面镀层和底镀层的符号,每一层之间按镀层的先后顺序用斜线(/)分开。镀层标识应包括镀层的厚度(以微米计)和热处理要求(见 5.4)。省去的或不作要求的步骤应用双斜线

(//)标明。

注：特种合金建议用该基体金属的化学符号后加标准牌号注明，如：UNS 号，或等同的国家或地方牌号，其牌号置于〈 〉内。

示例：Fe〈G43400〉是高强度钢的 UNS 牌号。

5.3 基体金属的标识

基体金属应用其化学符号表示。如果是合金，则应标明主要成分。

例如：

a) Fe 表示铁和钢；

b) Zn 表示锌合金；

c) Cu 表示铜及铜合金；

d) Al 表示铝及铝合金。

注：为确保表面预处理合适及镀层与基体金属之间的结合力良好，标明特种合金及其冶金学状态(回火、渗氮等)尤为重要。

5.4 热处理要求的标识

热处理要求应按如下要求标注在方括号内：

a) SR 表示消除应力热处理；ER 表示降低氢脆敏感性热处理；HT 表示其他热处理；

b) 在圆括号中标明最低温度，用℃计；

c) 热处理持续时间，用 h 计；

示例：[SR(210)1]表示在 210℃下消除应力处理 1 h。

热处理有规定时，标识中应包括其要求(见 5.6)。

5.5 金属镀层的类型和厚度

铬电镀层用表 1 给出的符号后加所要求的以微米计的最小局部厚度表示。附录 A 给出了工程用铬电镀层的典型厚度。

表 1 不同类型的铬电镀层的符号

铬电镀层的类型	符 号
常规硬铬	hr
混合酸液中电镀的硬铬	hm
微裂纹硬铬	hc
微孔硬铬	hp
双层铬	hd
特殊类型的铬	hs

示例：Cr50hr 表示厚度为 50μm 的常规硬铬电镀层。

镍底镀层应按 GB/T 12332 来表示，即：符号 sf 表示无硫镍，sc 表示含硫镍，sh 表示镍母液中分散有微粒的无硫镍。将适当的符号置于所要求的镍电镀层的最小局部厚度数值(以微米计)后面，以表示镍底镀层的类型。

示例：Ni10sf 表示从不会向电镀层中引入硫的溶液中电镀的镍底层，其厚度为 10 μm。

5.6 标识实例

低碳钢(Fe)上电沉积的厚度为 50μm 的常规硬铬(Cr50hr)电镀层标识为：

电镀层 GB/T 11379-Fe//Cr50hr

铝上电沉积的厚度为 250μm 的多孔铬电镀层(Cr250hp)标识为：

电镀层 GB/T 11379-Al//Cr250hp

钢上厚度为 25μm 的常规硬铬电镀层(Cr25hr)，其底镀层为 10μm 厚的无硫镍，则该铬电镀层标识为：

电镀层　GB/T 11379-Fe//Ni10sf/Cr25hr

钢上厚度为 50 μm 的常规硬铬电镀层，电镀前在 210℃下进行消除应力的热处理 2 h，电镀后在 210℃下进行降低脆性的热处理 22 h，该铬电镀层标识如下：

电镀层　GB/T 11379-Fe/[SR(210)2]/Cr50hr/[ER(210)22]

为了便于订货，详细的产品说明书不仅包括标识，而且还应清楚地注明特定产品其他必要的使用要求。

6 要求

6.1 替代试样

当电镀件不适合进行试验，或因电镀件数量较少或价值贵重而不可提交进行破坏性试验时，可用替代试样来测量结合力、厚度、孔隙率、耐蚀性、硬度和其他性能。替代试样的材质、冶金学状态、表面状态应与电镀件一样，并且与其代表的电镀件一起加工。

需方应明确规定替代试样的使用方法以及所用替代试样的数量、材质、形状和大小[见 4.1b)]。

6.2 外观

主要表面上的铬电镀层应是光亮的或有光泽的，用肉眼检查时，不应有麻点、起泡、脱落或对表面精饰有害的其他缺陷。电镀后直接使用或磨光的工件表面上，除镀层的最外边缘处，其他部位不允许有铬瘤。由于基体金属的表面状态(划痕、孔隙、钢印、杂质)引起的缺陷，即使经过良好的金属精饰也难以除去，则这些缺陷不应成为拒收的理由。需方应规定精饰或未精饰产品容许的缺陷。

可用确认的样品进行对比检查[见 4.1d)]。

电镀工件应无肉眼可见的裂纹。厚度大于 50 μm 的镀层不允许有通达基体的裂纹。

为满足尺寸要求镀后要进行打磨的电镀件，不应干磨，而应采用合适的液体冷却剂，并采用足够轻的压力以免开裂。打磨后，在无放大情况下肉眼观察，粗裂纹应作为拒收的理由。

电镀方进行热处理和打磨时产生的肉眼可见的气泡和裂纹应拒收。

6.3 表面精饰

见 4.1d)。

注：对于打磨精饰，表面粗糙度 *Ra* 为 0.4 μm 称为细抛，*Ra* 为 0.2 μm 称为精抛。

6.4 厚度

标识中规定的镀层厚度应是最小局部厚度。除非另有规定，否则电镀层的局部厚度应在主要表面上直径 20 mm 的球所能接触到的任何一点上进行测量[见 4.1f)]。

铬电镀层、镍或其他金属底镀层的最小局部厚度应按附录 B 中给出的方法进行测量。

如遇争议，则库仑法用来测量 10 μm 以下的铬电镀层的厚度，显微镜法用来测量 10 μm 及以上厚度的铬电镀层和底层的厚度[见 4.1g)]。

注：铬电镀层的厚度不受技术限制，但由于电镀件的尺寸和几何形状造成的实际影响，铬电镀层增厚时很难获得光滑的表面和一致的厚度。为对铬电镀层进行打磨或机加工以满足外观和表面粗糙度的要求，电镀操作要在工序间中断。当电镀工序中断时，经过机械打磨或加工的表面必须进行合适的再活化以增强后续电沉积层的结合力。为提高电沉积层厚度和覆盖能力，可采用辅助电极。

6.5 硬度

当硬度有规定时，应按 GB/T 9790 给出的方法进行测量。

6.6 结合强度

没有完全满意的试验来测量铬电镀层与基体金属的结合力。然而在镀有 25 μm 铬电镀层的替代试样上进行弯曲试验可用来检验工艺中结合力的效果。GB/T 5270 对结合力试验方法作了评述，其中包括适合某特定情况的热振试验。对于厚的铬电镀层(大于 25 μm)，打磨试验可用来鉴别差的结合力

[见 4.1h)]。

注：电镀方有责任确定电镀前的表面预处理方法，以确保镀层与基体金属的结合力。另见 6.4 的注，注意采用适当的表面预处理以确保铬镀层与铬镀层的结合力。

6.7 孔隙率

电镀铁件(或替代试样)应进行 GB/T 17721 中描述的孔隙率试剂试验或需方设计的改进的孔隙率试验。如果每一个工件或每单位面积的孔隙数超过需方和供方共同认可的数量，那么工件就应报废。

当多孔的、裂纹的或其他类型的铬镀层不连续性有规定时，铬电镀层的孔隙和裂纹数应通过合适放大倍数的光学显微镜或用附录 C 给出的方法(适用时)进行目测检查[见 4.1h)]。

注：附录 C 给出的方法不适用于裂纹和孔隙没有伸展到基体金属或镍底镀层的厚铬镀层。

6.8 电镀前消除应力的热处理

当需方有规定时，最大抗拉强度等于或大于 1 000 MPa(31 HRC)以及机加工、研磨、锻造或冷成形过程中产生了张应力的钢件，在清洗和金属沉积前应进行消除应力的热处理。热处理的工艺和等级应按需方的规定进行，也可由需方根据 GB/T 19349 来规定合适的工艺和等级[见 4.1i)]。

有氧化皮或污垢的钢件在电镀前应进行清洗。对于高强度钢，为避免在清洗过程中产生氢脆危害，应采用化学碱性除油或阳极电解除油及机械除油。对高强度钢(抗拉强度大于 1 400 MPa)进行机械除油时，应考虑进行过热处理的可能性。

6.9 降低氢脆的热处理

最大抗拉强度等于或大于 1 000 MPa(31 HRC)的钢件及表面强化过的工件，应进行降低氢脆的热处理。热处理的工艺和等级按 GB/T 19350 进行或按需方的规定进行[见 4.1j)]。

降低氢脆的热处理的效果可按需方规定的试验方法进行测量，或按标准中描述的方法测量，例如：GB/T 6462 和 ISO 15274。

6.10 喷丸

如果需方规定电镀前或电镀后要进行喷丸处理，则应按 GB/T 20015 进行。测量喷丸强度的方法在该标准中有描述[见 4.2d)]。

注：电镀前的喷丸处理可将疲劳强度的降低减至最小。疲劳强度的降低产生于高强度钢电镀层受拉应力和工件受复杂承载部件的重复使用过程中。其他影响疲劳寿命的因素包括镀层厚度和沉积层的残余内应力；镀层厚度应足够薄，以适应所期望的使用条件。喷丸产生的压应力使耐蚀性和抗应力腐蚀开裂性能提高。

6.11 底镀层的应用

当需方有规定时，可采用镍或其他金属底镀层。如需降低氢脆处理，则电镀后应按 GB/T 19350 规定的工艺和等级进行。电镀镍底层应符合 GB/T 12332 的要求。

6.12 退镀

允许进行退镀和重镀，但最大抗拉强度≥1 000 MPa(31 HRC)的工件的镀层在酸中退镀后，重镀前应进行降低氢脆的处理(见 6.9)。如果工件在碱性溶液中进行阳极退镀，则退镀后不需要进行降低氢脆的处理[见 4.2e)]。

当工件的铬电镀层被磨掉或磨至露出基体金属或镍底层(如有)时，为获得更好的修复效果，常将剩余镀层全部退去。

虽然表面上铬镀层完好，但是为尽可能满足最终产品的要求，表面仍应进行精饰，例如，用涂有氧化铝的金钢砂轮打磨。在碱性溶液中脱脂和阳极清洗后，彻底浸泡，再在电镀液中以 6 V 电压阳极浸蚀 10 s～20 s，以活化铬镀层的最外层，然后将工件变成阴极，开始通入 3 V 电压，再在 30 s～60 s 内慢慢提高电压至析氢和电沉积出现，并且使电流在 5 min 内达到正常值。

7 抽样

抽样方案应从 GB/T 12609 规定的程序中选择。接收水平应由需方规定[见 4.1k)]。

附 录 A
（资料性附录）
工程用铬电镀层的典型厚度

典型厚度/μm	应 用
≥2～≤10	用于减小摩擦力和抗轻微磨损
>10～≤30	用于抗中等磨损
>30～≤60	用于抗粘附磨损
>60～≤120	用于抗严重磨损
>120～≤250	用于抗严重磨损和抗严重腐蚀
>250	用于修复

附 录 B
（资料性附录）
铬及其他金属镀层厚度的测量方法

B.1 概述

GB/T 6463 综述了金属及其他无机覆盖层厚度的测量方法。

B.2 破坏性试验

B.2.1 显微镜法

采用 GB/T 6462 规定的方法。

B.2.2 库仑法

GB/T 4955 中规定的库仑法可用于测量铬镀层和金属底镀层的总厚度。用该方法时，应在直径 20 mm 的小球可接触到的主要表面上任何一点上测量。

B.2.3 扫描电镜法

ISO 9220 中描述的扫描电镜法可用来测量铬电镀层和底镀层的厚度。

B.3 非破坏性试验

B.3.1 磁性法

当基体金属是磁性材料时，可采用 GB/T 4956 中规定的方法。

B.3.2 β 反向散射法

采用 GB/T 20018 规定的方法。本方法适用于铝及铝合金、镁及镁合金、钛及钛合金和非金属材料基体上铬电镀层厚度的测量。

附 录 C
（规范性附录）
铬电镀层的裂纹和孔隙的测量

C.1 概述

微裂纹通常采用无前处理的显微镜法直接测量。在有争议的情况下，建议用电沉积铜法（见 C.3）来显露裂纹，而且电沉积铜法也是显露微裂纹必须的方法。

C.2 裂纹的无前处理的显微镜测量法

在适当放大倍数的光学显微镜下，用反射光检查表面的裂纹。用测微计目镜或类似的装置测出用以计数裂纹的距离。在已测量的至少可数出 40 条裂纹的长度上进行检测。

C.3 裂纹和孔隙的电沉积铜法[硫酸铜（Dubpernell）试验]

C.3.1 原理

在酸性硫酸铜溶液中，以低电流密度或电压在铬镀层不连续处的镍底镀层上（如果有）或铁、锌或铝基体金属上电沉积铜。本方法可以用来快速目测裂纹和孔隙的均匀性，或数出裂纹和孔隙的数量。最后可用显微镜观察。

C.3.2 步骤

本试验最好是在电镀铬后立即进行。如果要延迟进行，实验前应将试验试样进行彻底的脱脂，并避免电解处理。以试验试样作阴极，在 20℃±5℃时，通以 0.3 A/dm^2 的平均电流密度（约 0.2 V～0.4 V，取决于阴阳极面积比），在阴极上电镀铜 1 min，其电镀液包括 200 g/L 的五水硫酸铜（$CuSO_4 \cdot 5H_2O$）和 20 g/L 的硫酸（H_2SO_4，ρ=1.84 g/mL）。

在浸入电镀液前，必须将试验试样和阳极接通电流。

如果电镀铬后几天才进行试验，则应在电沉积铜前将试样浸入约 65℃的 10 g/L～20 g/L 硝酸中 4 min，有助于显露裂纹和孔隙。在已测量的至少可以数出 40 条裂纹或 200 个孔隙的长度上进行检测。

参 考 文 献

[1] ASTM DS-56H:2001,Metals and Alloys in the Unified Numbering System(*UNS*)9th edition.[1]

[2] EN 573-3:2003,Aluminium and aluminium alloys—Chemical composition and form of wrought products—Part 3:Chemical Composition.[1]

[3] EN 1412:1995,Copper and copper alloys—Castings—European numbering system.[1]

[4] EN 1706:1998,Aluminium and aluminium alloys—Castings—Chemical composition and mechanical properties.[1]

[5] EN 10088-1:1995,Stainless steels—Part 1:list of stainless steels.[1]

[6] CR 13388, copper and copper alloys—compendium of compositions and products: 1998-11.[1]

[7] Stahlschlüssel(Steel Code)10th edition,2001,Verlag Stahlschlüssel Wegst GmbG,71672 Marbach am Neckar,Germany.[1]

1) 金属和合金的标准牌号可在该文件中查到。

ICS 31-030
L 18

中华人民共和国国家标准

GB/T 11387—2008
代替 GB/T 11387—1989

压电陶瓷材料性能测试方法 静态弯曲强度的测试

Test methods for the properties of piezoelectric ceramics—Test for the static flexural strength

2008-08-04 发布　　　　2009-02-01 实施

中华人民共和国国家质量监督检验检疫总局
中国国家标准化管理委员会　发布

前　言

本标准代替 GB/T 11387—1989《压电陶瓷材料静态弯曲强度试验方法》。

本标准与 GB/T 11387—1989 相比，主要有下列变化：

——增加测试条件；

——充实了测试原理的内容；

——取消了异常数据的取舍方法，规定了测试结果保留的有效数字；

——取消对测试报告的要求。

本标准由中国船舶工业集团公司提出。

本标准由全国海洋船标准化技术委员会船用材料应用工艺分技术委员会归口。

本标准起草单位：中国船舶工业集团公司国营第七二一厂。

本标准主要起草人：朱斌、张晖、张丽英。

本标准所代替标准的历次版本发布情况为：

——GB/T 11387—1989。

压电陶瓷材料性能测试方法
静态弯曲强度的测试

1 范围

本标准规定了压电陶瓷材料静态弯曲强度的测试原理、测试条件、试样、测试设备及装置和测试步骤。

本标准适用于测量压电陶瓷材料在室温下的静态弯曲强度。

2 测试原理

弯曲强度测试采用三点弯曲法。试样被定位在一个压头和两个支座之间,压头与支座的相对运动使试样产生弯曲,用试验机对试样施加弯曲负荷直至试样断裂,通过断裂时的临界负荷、夹具和试样的尺寸,按公式(1)计算试样静态弯曲强度。

$$\sigma_b = \frac{1.5FL}{bh^2} \qquad \cdots\cdots(1)$$

式中:

σ_b——静态弯曲强度的数值,单位为兆帕(MPa);

F——试样断裂时的最大压力的数值,单位为牛顿(N);

L——试样支座间的距离的数值,单位为毫米(mm);

b——试样的宽度的数值,单位为毫米(mm);

h——试样的高度的数值,单位为毫米(mm)。

3 测试条件

3.1 测试的大气条件

测试的大气条件如下:

a) 温度:15 ℃～35 ℃;

b) 相对湿度:25%～75%;

c) 大气压力:86 kPa～106 kPa。

3.2 仲裁测试的大气条件

仲裁测试的大气条件如下:

a) 温度:25 ℃±2 ℃;

b) 相对湿度:45%～55%;

c) 大气压力:86 kPa～106 kPa。

4 试样

4.1 试样尺寸

试样尺寸见图1。

单位为毫米

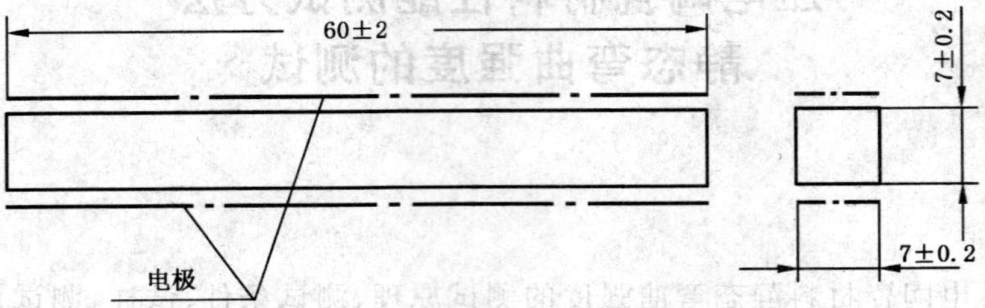

图 1 试样尺寸

4.2 试样的处理

试样相对面的平行度应不大于 0.02 mm，横截面的两邻边夹角应为 90°±0.5°。试样按图 2 所示涂覆金属电极层，沿 3 轴方向极化。电极面垂直于 3 轴，极化后至少放置 10 d。测试在没有测定电物理参数的试样上进行。

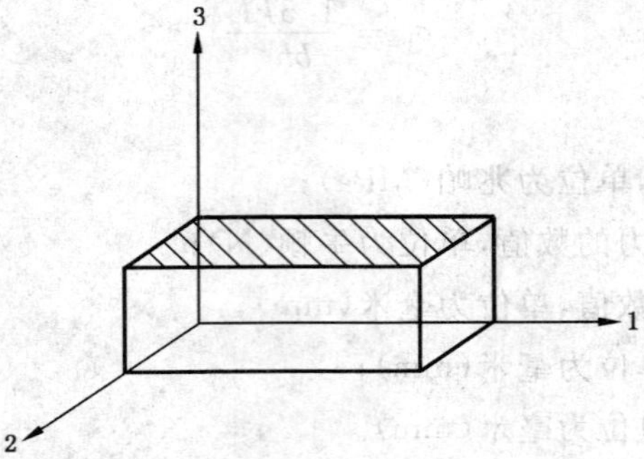

图 2 试样极化方向

4.3 试样数量

每组试样数量应不少于 10 个。

5 测试设备及装置

5.1 试验机

试验机要求如下：

a) 试验机应备有调速装置，其加载速率应控制在 4 N/s 范围内，平稳地加卸试验力，且无冲击现象；

b) 试验力示值相对误差±1%，试验力相对变动度应不超过±1%；

c) 试验力可分为不同量程。

5.2 夹具

夹具要求如下：

a) 支座与压头应在测试过程中不会产生塑性变形，其材料的弹性模量应不低于 200 GPa；

b) 支座与压头的曲率半径和试验跨距见图 3，夹具宽度应大于试样宽度，与试样接触部分的表面粗糙度(Ra)应不大于 1.6 μm；

c) 夹具跨距测量误差应不大于 0.05 mm。

单位为毫米

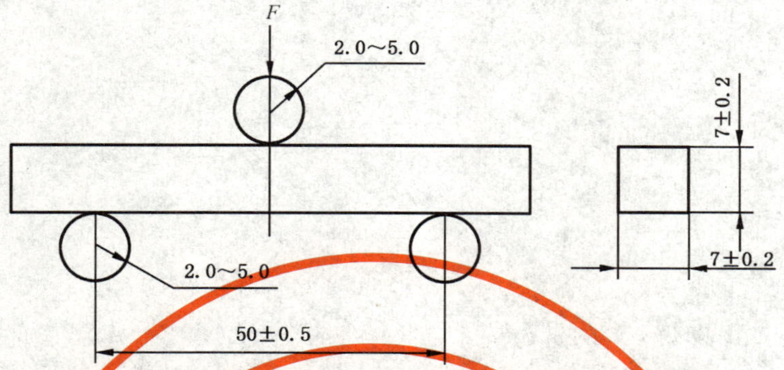

图 3　测试装置

5.3　**量具**

测试时应使用分度值为 0.01 mm 的量具。

6　测试步骤

6.1　**测量试样**

测量试样中部的宽度和高度，精确至 0.01 mm，并记录。

6.2　**调节夹具**

按图 3 所示，调节两支点间的距离，并使两支点至负荷点的距离相等。将试样放在支座上，使两端露出部分的长度相等，支座与压头沿轴 2 方向，试样长度沿轴 1 方向放置，见图 1。

6.3　**量程选择**

调整量程，使试样断裂时的最大压力在试验机使用量程的 20%～90%之间。

6.4　**加压**

试验力的方向平行于试样的 3 轴，试验力增加速率应不大于 4 N/s，其测试误差应不大于 10%。记录试样断裂时的最大压力。

7　数据处理

对每一个被测试样的弯曲强度值应修约至整数。测试结果用算术平均值和标准差表示。

ICS 83.040.20
G 70

中华人民共和国国家标准

GB/T 11409—2008
代替 GB/T 11409.1—1995,GB/T 11409.2—1995,GB/T 11409.3—2003,GB/T 11409.4—1989,
GB/T 11409.5—1989,GB/T 11409.6—2003,GB/T 11409.7—1989,GB/T 11409.8—1989,
GB/T 11409.9—2003

橡胶防老剂、硫化促进剂试验方法

Test methods rubber antiagers and vulcanizing accelerators

2008-06-18 发布　　2009-02-01 实施

中华人民共和国国家质量监督检验检疫总局
中国国家标准化管理委员会　发布

前　言

本标准代替 GB/T 11409.1—1995《橡胶防老剂、硫化促进剂熔点测定方法》、GB/T 11409.2—1995《橡胶防老剂、硫化促进剂结晶点测定方法》、GB/T 11409.3—2003《橡胶防老剂、硫化促进剂软化点的测定》、GB/T 11409.4—1989《橡胶防老剂、硫化促进剂加热减量的测定方法》、GB/T 11409.5—1989《橡胶防老剂、硫化促进剂筛余物的测定方法》、GB/T 11409.6—2003《橡胶防老剂、硫化促进剂表观密度的测定》、GB/T 11409.7—1989《橡胶防老剂、硫化促进剂灰分的测定方法》、GB/T 11409.8—1989《橡胶防老剂、硫化促进剂粘度的测定方法　旋转粘度计法》、GB /T 11409.9—2003《橡胶防老剂、硫化促进剂盐酸不溶物含量的测定》。

本标准是由 GB/T 11409.1～GB/T 11409.9 整合修订而成。

本标准与 GB/T 11409.1～GB/T 11409.9 的技术性差异：

——本标准中熔点的测定与 GB/T 11409.1—1995 的差异为：毛细管规格由内径约 1 mm 改为 1.2 mm～1.4 mm，壁厚约 0.15 mm 改为 0.2 mm～0.3 mm(本标准中的 3.1，GB/T 11409.1—1995 中的 2.5)，分析步骤中，将毛细管中试样由紧缩为 2 mm～3 mm 高改为 3 mm～6 mm 高，由比预测熔点低 30 ℃，并以 2 ℃/min 升温改为由比预测熔点低 25 ℃，并以 3 ℃/min 升温，将毛细管的安装情况改为当温度升至比预测熔点低约 10 ℃方可将装试样的毛细管附着于温度计上。

——其余项目的测定和 GB/T 11409.2～GB/T 11409.9 无技术性差异，只是做了编辑性的修改。

本标准由中国石油和化学工业协会提出。

本标准由全国橡胶与橡胶制品标准化技术委员会化学助剂分技术委员会归口。

本标准负责起草单位：山西省化工研究所，中国石化集团南京化学工业有限公司。

本标准参加起草单位：河南省开仑化工有限责任公司。

本标准主要起草人：范秀莉。

本标准所代替标准的历次版本发布情况为：

——GB/T 11409.1 ～ GB/T 11409.9—1989，GB/T 11409.1—1995，GB/T 11409.2—1995，GB/T 11409.3—2003，GB/T 11409.6—2003，GB/T 11409.9—2003。

橡胶防老剂、硫化促进剂试验方法

1 范围

本标准规定了橡胶防老剂、硫化促进剂的熔点、结晶点、软化点、加热减量、筛余物、表观密度、灰分、黏度、盐酸不溶物的测定方法。

本标准适用于橡胶防老剂、硫化促进剂的熔点、结晶点、软化点、加热减量、筛余物、表观密度、灰分、黏度、盐酸不溶物的测定。

2 规范性引用文件

下列文件中的条款通过本标准的引用而成为本标准的条款。凡是注日期的引用文件，其随后所有的修改单(不包括勘误的内容)或修订版均不适用于本标准，然而，鼓励根据本标准达成协议的各方研究是否可使用这些文件的最新版本。凡是不注日期的引用文件，其最新版本适用于本标准。

GB/T 601 化学试剂 标准滴定溶液的制备

GB/T 603 化学试剂 试验方法中所用制剂及制品的制备(GB/T 603—2002，neq ISO 6353-1：1982)

GB/T 1250 极限数值的表示方法和判定方法

GB/T 6003.1 金属丝编织网试验筛(GB/T 6003.1—1997，eqv ISO 3310-1：1990)

GB/T 6682 分析实验室用水规格和试验方法(GB/T 6682—2008，ISO 3696：1987，MOD)

3 试验方法

除非另有说明，在分析中所用标准溶液、制剂和制品，均按 GB/T 601、GB/T 603 规定制备。使用确认为分析纯的试剂和符合 GB/T 6682 所规定的三级水。

检验结果的判定按 GB/T 1250 中修约值比较法进行。

3.1 熔点的测定

3.1.1 仪器

3.1.1.1 装置

3.1.1.1.1 电热熔点测定器：如图 1 所示，尺寸详见图 2 所示，该测定器中的玻璃管内有 100 W～300 W 的电热丝，连接在 1 kVA 的调压器上。

3.1.1.1.2 安装：如图 1 所示，向测定器中注入传热液，其液面与扩张部分下缘部分对齐，测定过程中，应保持全浸式温度计水银球下端距液面约 50 mm，局浸式温度计达到浸没线。

3.1.1.2 温度计：分度值为 0.1 ℃，局浸式或全浸式。

3.1.1.3 辅助温度计：分度值为 1 ℃，使水银球位于露出液面外的温度计水银柱的中部。

3.1.1.4 参考温度计：0 ℃～200 ℃，分度值为 1 ℃。

3.1.1.5 毛细管：长 70 mm～100 mm，内径约 1.2 mm～1.4 mm，壁厚约 0.2 mm～0.3 mm。

3.1.1.6 投掷玻璃管：内径 8 mm，长 800 mm。

3.1.1.7 玛瑙研钵。

3.1.1.8 调压器：1 kVA。

3.1.2 传热液

根据试样熔点的高低选取。熔点在 250 ℃以下时，可选用液体石蜡、硫酸、201 型 100 号甲基硅油和邻苯二甲酸二辛酯等。

熔点在 250 ℃以上时，可用硫酸和硫酸氢钾(11＋9)混合溶液等。

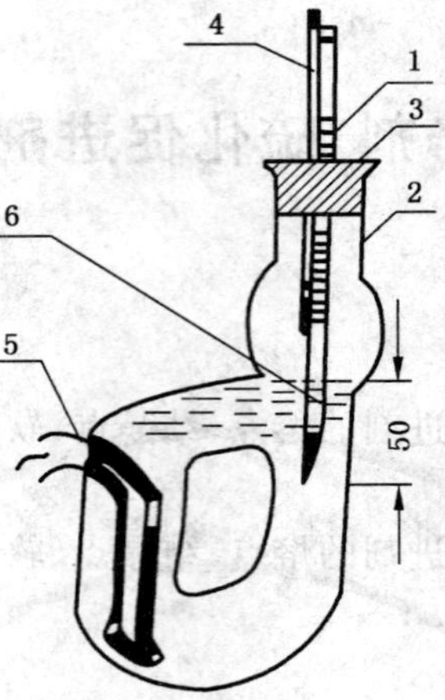

1——温度计；

2——电热测定器；

3——胶塞；

4——辅助温度计；

5——100 W～300 W 电热丝；

6——毛细管。

图 1　电热熔点测定器

单位为毫米

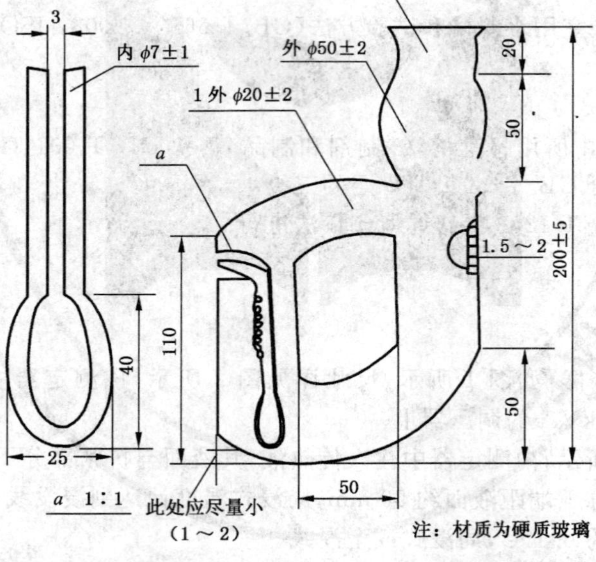

图 2　电热熔点测定器尺寸

3.1.3　分析步骤

将测定加热减量后的试样在玛瑙研钵中研细，然后放入一端封闭的、清洁干燥的毛细管中，经直立的投掷玻璃管投掷十余次，至毛细管中的试样紧缩为 3 mm～6 mm 高，并立即将上端熔封，缓缓加热传热液，待温度升至比预测试样熔点低约 25 ℃时，以 3 ℃/min 升温，待温度升至比预测熔点低约 10 ℃时，将装试样的毛细管附着于温度计上，此时注意使试样层面与温度计水银球的中部在同一高度，插入传热液中，并以(1±0.1)℃/min 升温，这时要细心观察试样在毛细管中的变化情况，当试样收缩并且在毛细管壁上开始出现液体时的温度为初熔温度；毛细管中的试样完全液化时的温度为试样的全熔温度。初熔温度与全熔温度的间距为该试样的熔程。取重复两次测定结果的算术平均值为测定结果。

3.1.4　**校正**

若使用全浸式温度计，则测得熔点按式(1)计算：

$$T_1 = t_1 + 0.00016h(t_1 - t_2) \qquad \cdots\cdots(1)$$

式中：

t_1——温度计指示的温度数值，单位为摄氏度(℃)；

h——露出液面水银柱的高度，用温度计的度数表示；

t_2——露出液面水银柱中部周围空气的温度(由辅助温度计表示)；

0.000 16——水银的体积表观膨胀系数。

3.1.5　**允许差**

平行测定两个结果的差值不应大于 0.5 ℃。

3.2　**结晶点的测定**

3.2.1　**原理**

在规定条件下，冷却液体试样或熔融试样，在冷却过程中，当试样出现结晶时，在液相中测量到一个恒定温度或回升的最高温度为试样的结晶点。

3.2.2　**仪器**

3.2.2.1　结晶点测定装置如图 3 所示。

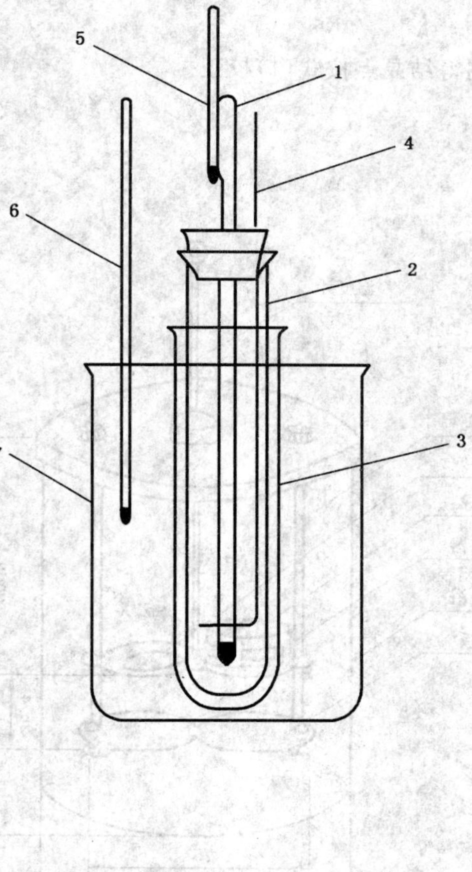

1——温度计；
2——结晶管；
3——套管；
4——搅拌器；
5——辅助温度计；
6——参考温度计；
7——冷却器。

图 3　结晶点测定装置

3.2.2.2　结晶管：外经为 25 mm，长度约 150 mm。

3.2.2.3　套管：内经约 28 mm，长度约 120 mm。

3.2.2.4　搅拌器：玻璃或不锈钢制成，下端宥一直经约 20 mm 的环。

3.2.2.5　温度计：分度值为 0.1 ℃，长度约 300 mm 的局浸或全浸式温度计一支，普通温度计两支。

3.2.2.6　冷却浴：600 mL 烧杯，内盛适当冷却剂。

冷却剂视试样结晶点不同选用冰水混合物、水、甘油。

3.2.3　试样的准备

在常温下为固体的试样，在比预计的结晶点高出约 20 ℃以内的温度下加热熔化。

对液体试样或熔融试样，根据产品的性质要求，可以直接进行结晶点测定，也可以干燥后进行结晶点测定，干燥方法在具体产品标准中规定。

3.2.4　分析步骤

将液体试样或熔融试样加入结晶管至约 60 mm 深度，垂直装入搅拌器及温度计，温度计水银球处于结晶管中部位置，顶端距结晶管底部约 10 mm，把结晶管装入套管中，冷却浴温度一般比预计的结晶点低 10 ℃～15 ℃，上下平稳地移动搅拌器搅拌试样，也可以用温度计进行搅拌，但必须注意温度计不得触及管壁，搅拌速度每分钟约 60 次（搅拌速度及搅拌时间可视产品性质，在该产品标准中具体规定），使试样逐渐冷却。仔细观察试样温度的变化。试样开始结晶时，温度出现回升，此时停止搅拌。当温度回升至最高点并维持一定时间不变时，该温度即为试样的结晶点。取重复两次测定结果的算术平均值为测定结果。

若使用全浸式温度计，则测得结晶点按式(1)校正。

3.3　软化点的测定

3.3.1　软化点测定器（见图 4）。

单位为毫米

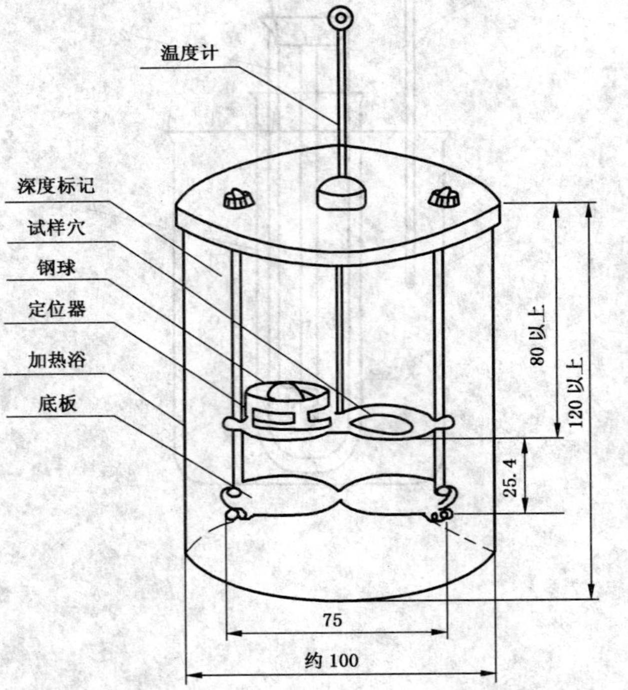

图 4　软化点测定器

单位为毫米

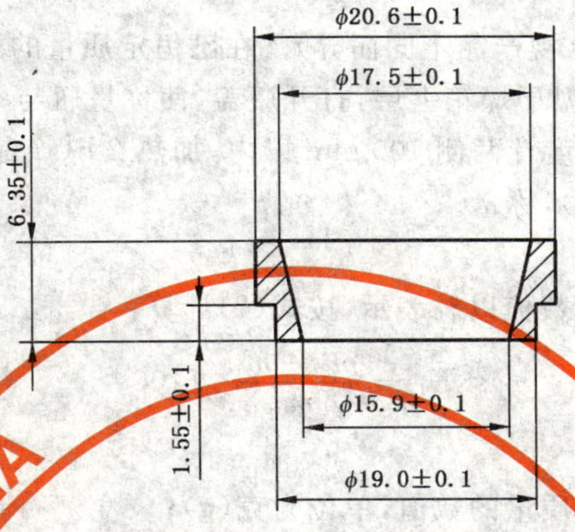

图 5 试样环

3.3.1.1 试样环:用黄铜或不锈钢制成的环,其形状及尺寸见图 5。

3.3.1.2 钢球:直径 9.53 mm,质量 3.5 g±0.05 g 的钢制圆球。

3.3.1.3 钢球定位器:用金属制成,使钢球位于试样中央。

3.3.2 温度计:长约 300 mm,分度值为 0.5 ℃的全浸式或局浸式温度计。

3.3.3 电炉及调压器。

3.3.4 瓷板或玻璃板。

3.3.5 有柄蒸发器。

3.3.6 平口刀。

3.3.7 传热液:硅油、水或甘油。

3.3.8 试样的准备

3.3.8.1 将试样环置于涂有油膜的瓷板或玻璃板上。

3.3.8.2 取约 10 g 试样,置于有柄蒸发器中,在调压器的电炉上加热熔化,加热时不断搅拌试样以防止局部过热。加热温度不得高出估计的试样软化点约 40 ℃。将试样注入试样环内,至试样表面略高于环面。

3.3.8.3 试样在室温下冷却 30 min 后,用热刀刮去高出环面的试样部分,使试样面与环面平齐。

3.3.9 分析步骤

3.3.9.1 将盛有试样的试样环水平安放在承板的圆孔中,套上钢球定位器,钢球放在试样上,试样架放入盛有传热液的加热浴中。加热浴温度低于估计的试样软化点约 50 ℃,维持 10 min～15 min。传热液浴面略低于连杆上的深度标记,试样环任何部位不得有气泡。将温度计由上承板中心孔垂直插入,使温度计水银球底部与环的底部在同一水平位置。

3.3.9.2 将加热浴置于电炉上加热,使传热液温度的升温速度保持 5 ℃/min。

3.3.9.3 试样受热软化,在钢球的重力作用下,试样与钢球一起坠落到与底板面接触时的温度为试样的软化点。

若使用全浸式温度计,观测值按式(1)校正。

3.4 加热减量的测定

3.4.1 仪器

3.4.1.1 电热恒温干燥箱:温度波动范围为±2 ℃。

3.4.1.2 称量瓶:直径 50 mm、高 30 mm。

3.4.1.3 干燥器:内盛变色硅胶或无水氯化钙。

3.4.1.4　分析天平。

3.4.2　分析步骤

调节恒温干燥箱至规定温度(视产品不同而异)。在已恒定质量的两称量瓶中,分别称取试样约 3 g (精确至 0.000 1 g),置于电热恒温干燥箱上层,打开瓶盖,使称量瓶与干燥箱温度计水银球的纵向距离不大于 100 mm,并对称分布于温度计两侧 100 mm 以内,加热 2 h(产品有特殊规定除外)后,取出放入干燥器中,冷却至室温(约 30 min),称量。

3.4.3　结果的计算

加热减量以质量分数 X_1 计,数值以%表示,按式(2)计算:

$$X_1 = \frac{m_2 - m_1}{m_0} \times 100 \qquad \cdots\cdots(2)$$

式中:

m_2——加热后试样和称量瓶质量的数值,单位为克(g);

m_1——加热前试样和称量瓶质量的数值,单位为克(g);

m_0——试样质量的数值,单位为克(g)。

3.4.4　允许差:平行测定两个结果的差数不大于其算术平均值的 10%,以此算术平均值做为试样的加热减量。

3.5　筛余物的测定

3.5.1　试剂和仪器

3.5.1.1　乙醇[64-17-5]。

3.5.1.2　乙醚[60-29-7]。

3.5.1.3　试验筛(湿法):直径不大于 100 mm,孔经 149 μm、74 μm。

3.5.1.4　试验筛(干法):按产品标准规定选用筛子的网目及孔径。

3.5.1.5　毛刷:毛长约 30 mm、宽约 30 mm(湿法 20 mm)的平刷,以柔软细毛制作。

3.5.1.6　称量瓶:直径 40 mm,高 25 mm。

3.5.1.7　培养皿:直径 120 mm。

3.5.1.8　电热恒温干燥箱:温度波动范围±2 ℃。

3.5.1.9　干燥箱:内盛变色硅胶或无水氯化钙。

3.5.2　干法分析步骤

称取试样约 10 g(精确至 0.1 g),放入筛中,用毛刷反复刷擦,至筛网不再有试样降落为止。若筛中仍有粗粒,将粗粒移至已知质量的表面皿上称量(精确至 0.000 1 g)。

3.5.3　湿法分析步骤

称取试样约 5 g(精确至 0.1 g),置于 500 mL 烧杯中,加乙醇湿润,用玻璃棒挤压试样成为碎块,然后加入 50 mL 水,充分混合后,把液体中的悬浮分倾入预先准备好的干净的筛网上。用水使试样全部转移至筛网上,然后边注入少量的水,边用毛刷在网上扫,至试样大部分通过筛网后,把筛子放入直径为 120 mm 的培养皿中,向培养皿中加入适量的水,使水浸过筛网。用毛刷在网上扫,其速度为 1 次/s,每扫描 40 次把培养皿中的水更换一次,反复进行,直至筛网下不再有试样降落后,用乙醇充分洗涤筛网,最后用乙醚清洗。把筛子放入(105±2)℃(对于低熔点产品视产品不同而异)的烘箱中干燥 2 h 后,取出放入干燥器中冷却至室温(约 30 min),然后把筛中的残余物小心地移入已恒定质量的称量瓶中称量。再把称量瓶干燥 30 min,取出冷却后称量。反复进行,至质量变化在 1 mg 以下时,记录其质量。

3.5.4　结果的计算

筛余物以质量分数 X_2 计,数值以%表示,按式(3)计算:

$$X_2 = \frac{m_5 - m_4}{m_3} \times 100 \qquad \cdots\cdots(3)$$

式中：

m_5——加热前试样和称量瓶质量的数值，单位为克(g)；

m_4——加热后试样和称量瓶质量的数值，单位为克(g)；

m_3——试样质量的数值，单位为克(g)。

3.6 表观密度的测定

3.6.1 仪器

3.6.1.1 活塞[如图6所示]：外径(21.80±0.05)mm，长度115 mm，质量为190 g的空心筒体，由一般钢材制作。

3.6.1.2 气缸[如图6所示]：内径(22.00±0.05)mm，内部深度100 mm，由一般钢材制作。

3.6.1.3 游标卡尺。

单位为毫米

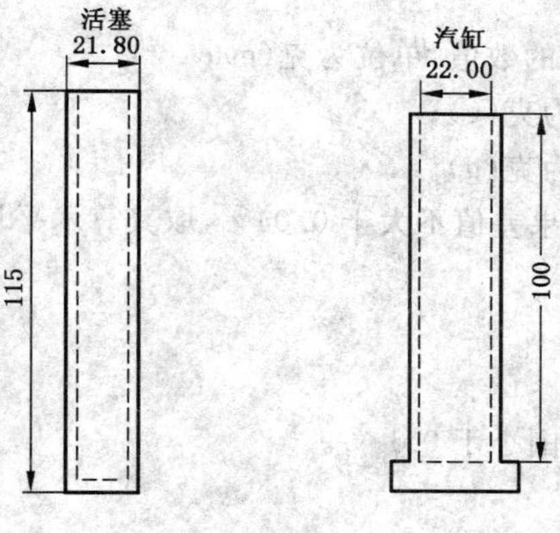

图6 表观密度测定装置

3.6.2 分析步骤

把活塞对正气缸使其自然下落，用游标卡尺测量上端露出的尺寸 H_1，精确至0.01 cm，然后拔出活塞，准确称取1 g～5 g试样(精确至0.1 g)慢慢的倒入气缸内，轻地摇动气缸或敲动气缸外壁，使粘附在气缸内侧的试样落至缸底，使缸内试样保持水平，然后缓缓放入活塞，使活塞在手指帮助下徐徐下落，活塞下落至与试样表面接触的时间原则上为5 s，这时必须感觉到活塞接触到试样表面，将活塞轻轻地旋转一圈，或用木板轻轻敲击外壁，然后测量活塞上端露出的尺寸 H_2，精确至0.01 cm。

3.6.3 结果的计算

试样的表观密度以 G 计，数值以 g/cm^3 表示，按式(4)计算：

$$G = \frac{m_6}{0.785\,4D^2(H_2 - H_1)} \times 100 \qquad \cdots\cdots(4)$$

式中：

m_6——试样质量的数值，单位为克(g)；

H_2——试样存在时活塞的外部尺寸，单位为厘米(cm)；

H_1——空白时活塞的外部尺寸，单位为厘米(cm)；

D——气缸内径，单位为厘米(cm)。

取3～5次测定值的算术平均值作为测定结果。

3.7 灰分的测定

3.7.1 仪器

3.7.1.1 瓷坩埚：30 mL或50 mL。

3.7.1.2 干燥器：内盛变色硅胶或无水氯化钙。

3.7.1.3 高温炉。

3.7.1.4　分析天平。

3.7.2　分析步骤

在已预先恒定质量的瓷坩埚中，分别称取试样 2 g～5 g(精确至 0.000 1 g)。在电炉上小心加热除去挥发分，并在不使试样着火的条件下使其全部炭化。然后，将坩埚放入高温炉内，加盖而略留空隙，在 600 ℃～800 ℃下灼烧 2 h 后，从高温炉中取出先放置 3 min～5 min 后，再放入干燥器中冷至室温(约 30 min)，称其质量，再置于高温炉内灼烧 30 min，取出，冷却后称量。反复操作，直至连续两次称量变化小于 0.000 5 g，记录称量结果。

3.7.3　结果的计算

灰分以质量分数 X_3 计，数值以%表示，按式(5)计算：

$$X_3 = \frac{m_9 - m_8}{m_7} \times 100 \qquad \cdots\cdots(5)$$

式中：

m_9——灼烧后坩埚和灰分质量的数值，单位为克(g)；

m_8——坩埚质量的数值，单位为克(g)；

m_7——试样质量的数值，单位为克(g)。

3.7.4　允许差：两次平行测定的结果差值不大于 0.04%，取其算术平均值作为分析结果。

3.8　黏度的测定

3.8.1　仪器

3.8.1.1　旋转黏度计。

3.8.1.2　超级恒温浴：温度波动范围小于 0.1 ℃。

3.8.1.3　温度计：分度值为 0.1 ℃。

3.8.1.4　烧杯：直径不小于 7 cm。

3.8.2　分析步骤

3.8.2.1　取适量试样于烧杯中，插入温度计，一并放入超级恒温浴内恒温，精确的把试样恒定在规定温度(由产品标准规定)±0.1 ℃范围内。

3.8.2.2　视试样黏度大小，选用适用的转子及转速，使读数在刻度盘的 20～90 范围内。

3.8.2.3　安装好仪器，使仪器浸入试样中心，并使液面至转子液位标线。注意转子及保护架上不要附有气泡。校正仪器水平，继续恒温至规定温度。

3.8.2.4　开启黏度计电源，转子旋转 1 min 后压下操作杆，钳住指针，使指针停在视线内，读取指示数值。

3.8.2.5　维持试样温度不变，重复 3.8.2.4 的分析步骤。

3.8.3　结果的计算

试样的动力黏度以 η_t 计，数值以 Pa·s 表示，按式(6)计算：

$$\eta_t = KS \qquad \cdots\cdots(6)$$

式中：

K——系数，视转子及转速不同由仪器给定；

S——圆盘读数。

3.8.4　允许差

连续两次测定结果的差值不大于算术平均值的 3%，并以此算术平均值作为试样的黏度。

3.9　盐酸不溶物的测定

3.9.1　试剂和仪器

3.9.1.1　盐酸[7647-01-0]。

3.9.1.2　玻璃漏斗。

3.9.1.3 瓷坩埚：30 mL。

3.9.1.4 高温炉。

3.9.2 分析步骤

称取试样 5 g～10g(试样不易溶于盐酸时为 2 g～5 g，精确至 0.1 g)置于 100 mL 烧杯中，用少量水湿润后加入盐酸 50 mL，在电炉上加热至微沸，在不断搅拌下维持 30 min，使试样充分溶解。待冷却至 50 ℃以下，用无灰滤纸过滤，用热水充分洗涤残渣。再将残渣和滤纸一起移入已恒量的坩埚中，半开盖在电炉上逐渐升温使其全部炭化，然后放入高温炉中灰化 2 h～3 h，取出坩埚，移入干燥器中，冷却至室温后称量。再将坩埚移入高温炉中灼烧 30 min，取出冷却至室温，反复操作，直至质量恒定。

3.9.3 结果的计算

盐酸不溶物以质量分数 X_4 计，数值以%表示，按式(7)计算：

$$X_4 = \frac{m_{12} - m_{11}}{m_{10}} \times 100 \qquad \cdots\cdots(7)$$

式中：

m_{12}——坩埚和盐酸不溶物质量的数值，单位为克(g)；

m_{11}——坩埚质量的数值，单位为克(g)；

m_{10}——试样质量的数值，单位为克(g)。

ICS 25.220.50;97.040.60
Y 26

中华人民共和国国家标准

GB/T 11419—2008/ISO 2747:1998
代替 GB/T 11419—1989

搪瓷炊具　耐温急变性测定方法

Vitreous and porcelain enamels—Enamelled cooking utensils—Determination of resistance to thermal shock

(ISO 2747:1998,IDT)

2008-12-23 发布　　2009-06-01 实施

中华人民共和国国家质量监督检验检疫总局
中国国家标准化管理委员会　发布

前言

本标准等同采用 ISO 2747:1998《搪瓷炊具　耐温急变性测定方法》(英文版)。

为便于使用,本标准作了下列编辑性修改:

——“本国际标准”一词改为“本标准”;

——删除国际标准的前言,增加了我国标准的前言。

本标准代替 GB/T 11419—1989《搪瓷耐温急变性测试方法》。

本标准与 GB/T 11419—1989《搪瓷耐温急变性测试方法》相比主要变化如下:

——标准名称改为《搪瓷炊具　耐温急变性测定方法》,与 ISO 2747 相一致。

——增加了如何判定搪瓷损坏的定义。

——试验步骤描述更合理。

——增加了附录 A。

本标准的附录 A 为资料性附录。

本标准由中国机械工业联合会提出。

本标准由全国金属与非金属覆盖层标准化技术委员会搪瓷分技术委员会(SAC/TC 57/SC 3)归口。

本标准起草单位:东华大学、国家眼镜玻璃搪瓷制品质量监督检验中心。

本标准主要起草人:张国琇、桑仪、蒋伟忠。

本标准所代替标准的历次发布情况为:

——GB/T 11419—1989。

搪瓷炊具　耐温急变性测定方法

1　范围

本标准规定了搪瓷炊具耐温急变性的测定方法。通过连续的热震试验测定搪瓷炊具在温度突然变化条件下的性能。

2　术语和定义

下列术语和定义适用于本标准。

2.1

热震试验　thermal shock test

从将冷水注入加热的试样内部开始，到再加热试样到下一阶段热震试验所需温度结束的一系列操作。

2.2

热震温度　thermal shock temperature

试样用冷水骤冷之前所加热到的温度。

2.3

耐温急变性　thermal shock resistance

试样在用冷水骤冷或再加热时出现第一次损坏的热震温度与水温之差。

2.4

损坏　damage

在正常视觉条件下，距离试样 250 mm，在搪瓷瓷面上可见剥瓷或裂纹；或可见有色液体渗进瓷层。

3　原理

由递增温度为 20 ℃的一系列单次热震试验组成，各次热震试验从外面加热试样，然后用 20 ℃的水倾入试样内部骤冷。

第一次试验的热震温度为 200 ℃。出现第一次可见的损坏时试验结束。

4　仪器

4.1　电热炉

电热炉温度应能全程控制，其直径和最大输出功率应符合表 1 的规定。

表 1

试样内径/mm	电热炉	
	直径/mm	最大输出功率/W
≤180	145	1 000±100
>180～≤220	180	1 500±150
>220	220	2 000±200

为克服试样底部不平坦，电热炉上应覆盖一填满粒度为 0.100 mm～0.125 mm 铜粒的环。

4.2　测温装置

能快速显示，精度为 2 ℃。

4.3 温度计

用于测量水温。

4.4 麂皮、软布或手巾纸

4.5 贮水容器

4.6 秒表

5 试样和取样

5.1 应采用未经受过任何物理化学试验的试样。

5.2 试样在交付批中应有代表性，取样方案应经相关各方同意。

5.3 至少应测试三个试样。

6 试验步骤

6.1 概述

注：附录A提出了本标准规定的试验条件的基本选择依据。

每次热震试验，用20 ℃±1 ℃的水倾入试样，如有可能，水的深度要达到30 mm。若倾入试样的水不能达到30 mm的深度，应在试验报告中记录实际深度。应确保可提供更多的20 ℃±1 ℃的水(见6.2.1)。

用已预热的电热炉(4.1)加热试样，控制电热炉的最大输出值，该最大输出值应确保试样从开始加热起，至达到试验温度的时间不小于5 min。

测量温度在试样的内底部，距离试样侧面四分之一内径处。

6.2 第一次热震试验

6.2.1 当温度达到200 ℃±5 ℃(热震温度)时，向试样内部一次倾注30 mm深度、20 ℃±1 ℃的水。随后在5 s±1 s内自电热炉上取下试样，用温度为20 ℃±1 ℃的水充满试样内部，并将试样全部浸入贮有温度为20 ℃±1 ℃水的贮水容器中迅速冷却。当试样达到室温(23 ℃±1 ℃)时取出试样，倒空试样中的水，用麂皮、软布或手巾纸(4.4)擦干试样，并检查试样是否损坏(2.4)。

6.2.2 如果试样未见损坏，则将试样加热至220 ℃±5 ℃(第二次热震试验的热震温度)。

如在加热期间出现损坏，则本次试验完成。在这种情况下，就取200 ℃为该试样的热震温度。此时，应选定一个低于200 ℃的加热温度为第一次试验温度，对试样作进一步试验，并在试验报告中加以陈述。

6.3 第二次及其后的试验

6.3.1 如果试样通过第一次试验未损坏，则在220 ℃±5 ℃的温度下重复6.2.1试验步骤进行第二次试验。当按6.2.2加热时，此刻加热温度应达到240 ℃±5 ℃。如果出现损坏，试验结束，则该试样的热震温度为220 ℃。

6.3.2 如果没有出现损坏，则试验按如前所述继续进行，两次连续试验间温度增加20 ℃，直到试样出现损坏。

7 结果表述

7.1 平均热震温度

计算各试样第一次出现损坏的热震温度的算术平均值。

若三次试验中的某个试验数据与平均热震温度之差大于50 ℃，则应增加测试两个相同的试样，然后计算该五个试验数据的算术平均值。

7.2 平均耐温急变性

由按7.1计算所得的平均热震温度减去水温(20 ℃)为平均耐温急变性值。

8 试验报告

试验报告应包括下列内容：

a) 本国家标准号，如："按照 GB/T 11419—2008 测定"；

b) 样品描述(形状、内径、瓷层厚度、容积、质量、商标)；

c) 所用的取样方案；

d) 所测试样数量；

e) 电热炉的直径、最大输出功率和是否盖环；

f) 搪瓷首次出现损坏的热震温度(单个值和平均值)；

g) 平均耐温急变性值；

h) 搪瓷损坏的类型，必要时附上损坏的照片；

i) 热震试验时如果试样内注水无法达到 30 mm 深度时，注明注入水的深度。

附 录 A
（资料性附录）
确定本标准试验条件的依据

一个涂覆完成的搪瓷涂层通常处于要求的压应力下，在使用状态下应力或多或少会改变。如：炊具在加热和冷却过程中，其搪瓷层对于张应力尤其敏感，随着在热震期间的温差增加，其涂搪制品损坏的可能在增加。因此，耐温急变性试验以热震温度递增的形式进行。然而，张应力的产生和大小不仅仅取决于热震，还受许多其他因素的影响，特别是搪瓷层与金属材料的膨胀系数、瓷层厚度、弹性模数和导热性。

选择热震试验(2.1)是因为搪瓷中的裂纹常常是非常细微很难看得见，然而在之后的加热过程中，就能辨认出这些裂纹，因为残留在裂纹中的水在再加热时迅速蒸发(见6.2.1)并引起附近的搪瓷碎裂。因此，将在瓷层刚好出现损坏之前的热震温度作为评价该瓷层耐温急变性的评估值。

ICS 71.100.60
Y 41

中华人民共和国国家标准

GB/T 11424—2008
代替 GB/T 11424—1989

山苍子(精)油

Oil of *Litsea cubeba* (*Litsea cubeba* Pers.)

(ISO 3214:2000, Oil of *Litsea cubeba*, MOD)

2008-08-28 发布　　2009-01-01 实施

中华人民共和国国家质量监督检验检疫总局
中国国家标准化管理委员会　发布

前　言

本标准修改采用 ISO 3214:2000《山苍子油》。与 ISO 3214:2000 相比，主要技术差异如下：

——删除了 ISO 3214:2000 的取样方法；

——试验方法采用《香料通用试验方法》国家标准；

——ISO 3214:2000 中规定相对密度(20 ℃/20 ℃)为 0.880～0.892，本标准为 0.880～0.905；

——ISO 3214:2000 中规定溶混度(20 ℃)为“1 体积试样混溶于 3 体积 70%(V/V)乙醇中，呈澄清溶液”，本标准为“1 体积试样混溶于 3 体积 90%(体积分数)乙醇中，呈澄清溶液”；

——删除了 ISO 3214:2000 中的羰值；

——将 ISO 3214:2000 的 4.10 内容作为本标准的附录 B(资料性附录)；

——增加了检验规则；

——对标志、包装、运输、贮存和保质期内容进行了具体规定。

本标准代替 GB/T 11424—1989《山苍子油》。

本标准与 GB/T 11424—1989 相比，主要变化如下：

——GB/T 11424—1989 中规定溶混度(20 ℃)为“1 体积试样混溶于 3 体积 70%(V/V)乙醇中，呈澄清溶液”，本标准为“1 体积试样混溶于 3 体积 90%(体积分数)乙醇中，呈澄清溶液”；

——删除了 GB/T 11424—1989 中的羰基化合物含量；

——柠檬醛含量的测定用面积归一化法代替内标法；

——增加了附录 B 代表性和特征性组分含量范围。

本标准的附录 A、附录 B 是资料性附录。

本标准由中国轻工业联合会提出。

本标准由全国香料香精化妆品标准化技术委员会归口。

本标准起草单位：上海香料研究所、湖南湘农山香油脂香料有限责任公司、中华人民共和国福建出入境检验检疫局。

本标准主要起草人：金其璋、徐易、曹怡、余卫东、赵志刚、梁鸣。

本标准所代替标准的历次版本发布情况为：

——GB/T 11424—1989。

山苍子(精)油

1 范围

本标准规定了山苍子(精)油的要求、试验方法、检验规则及标志、包装、运输、贮存和保质期。

本标准适用于山苍子(*Litsea cubeba* Pers.)(精)油及食品添加剂山苍子(精)油。

2 规范性引用文件

下列文件中的条款通过本标准的引用而成为本标准的条款。凡是注日期的引用文件,其随后所有的修改单(不包括勘误的内容)或修订版均不适用于本标准,然而,鼓励根据本标准达成协议的各方研究是否可使用这些文件的最新版本。凡是不注日期的引用文件,其最新版本适用于本标准。

GB/T 11538—2006 精油 毛细管柱气相色谱分析 通用法(ISO 7609:1985,IDT)

GB/T 11540 香料 相对密度的测定(GB/T 11540—2008,ISO 279:1998,MOD)

GB/T 14454.2 香料 香气评定法

GB/T 14454.4 香料 折光指数的测定(GB/T 14454.4—2008,ISO 280:1998,MOD)

GB/T 14454.5 香料 旋光度的测定(GB/T 14454.5—2008,ISO 592:1998,MOD)

GB/T 14455.3 香料 乙醇中溶解(混)度的评估(GB/T 14455.3—2008,ISO 875:1999,MOD)

3 术语和定义

下列术语和定义适用于本标准。

3.1

山苍子(精)油 oil of *litsea cubeba*

用水蒸气蒸馏法从山苍子(*Litsea cubeba* Pers.)的鲜果中提取的精油。

4 要求

4.1 色状:浅黄色至黄色流动液体。

4.2 香气:类似柠檬醛的特征香气。

4.3 相对密度(20 ℃/20 ℃):0.880～0.905。

4.4 折光指数(20 ℃):1.480 0～1.490 0。

4.5 旋光度(20 ℃):+3°～+12°。

4.6 溶混度(20 ℃):1 体积试样混溶于 3 体积 90%(体积分数)乙醇中,呈澄清溶液。

4.7 柠檬醛(橙花醛+香叶醛)含量(GC):≥66.0%。

5 试验方法

5.1 色状的检定

将试样置于比色管内,用目测法观察。

5.2 香气的评定

按 GB/T 14454.2 的规定。

5.3 相对密度的测定

按 GB/T 11540 的规定。

5.4 折光指数的测定

按 GB/T 14454.4 的规定。

5.5 旋光度的测定

按 GB/T 14454.5 的规定。

5.6 溶混度的评估

按 GB/T 14455.3 的规定。

5.7 柠檬醛含量的测定

5.7.1 仪器

a) 色谱仪、记录仪和积分仪按 GB/T 11538—2006 中第 5 章的规定；

b) 毛细管柱；

c) 氢火焰离子化检测器。

5.7.2 测定方法

面积归一化法：按 GB/T 11538—2006 中 10.4 指定方法测定柠檬醛含量。

5.7.3 重复性及结果表示

按 GB/T 11538—2006 中 11.4 规定进行，应符合要求。

山苍子(精)油典型气相色谱图(面积归一化法)参见附录 A。

山苍子(精)油代表性和特征性组分含量范围(面积归一化法)参见附录 B。

6 检验规则

6.1 山苍子(精)油应由生产厂质量检验部门负责检验，生产厂应保证出厂产品均符合本标准的要求，每批出厂产品均应附有质量合格证书。色状、香气、相对密度、折光指数、柠檬醛含量为出厂检验项目，而旋光度、溶混度为型式检验项目，每季度检验一次。

6.2 验收单位有权按照本标准的各项规定检验所收到的产品质量是否符合本标准的要求。每一批号做一次验收，不同批号分别验收。

6.3 抽样方法：每批的包装单位 1 个～2 个，全抽；3 个～100 个抽取 2 个；100 个以上增加部分再抽取 3%。用取样器从每个包装单位中均匀抽取试样 50 mL～100 mL，将所抽取的试样全部置于混样器内充分混匀，分别装入两个清洁、干燥、密闭的惰性容器中，避光保存。容器上贴标签，注明：生产厂名、产品名称、生产日期、批号、数量及取样日期，一瓶作为检验用，另一瓶留存备查。

6.4 如验收结果中有一项指标不符合本标准要求时，可会同生产厂重新加倍抽取试样复验。如复验结果仍有指标不合格，则该批产品不能验收。

6.5 当供需双方对产品质量发生异议时，可由双方协议解决或由法定检验机构进行仲裁。

7 标志、包装、运输、贮存和保质期

7.1 标志

产品包装外应注明：产品名称、生产厂名和地址、商标、批号、净含量、生产日期和保质期、许可证号及标准编号。顾客如有特殊要求，可与生产厂另订协议。

7.2 包装

山苍子(精)油应装于清洁、无杂味的不锈钢桶或塑料桶内，或按顾客要求包装。

7.3 运输

在运输过程中应轻装轻卸，防止日晒雨淋，不得与有毒、有害物质混装、混运，并应符合有关部门的规定。本产品的闪点约为 71 ℃。

7.4　贮存

本产品应贮存在阴凉、干燥、通风的仓库内，避免杂气污染，远离火源。

注：山苍子(精)油因含大量柠檬醛，在空气中干燥后易自燃。

7.5　保质期

在符合规定的贮运条件、包装完整、未经启封的情况下，本产品保质期为一年。逾期重新按本标准进行检验，合格仍可使用。

附 录 A
（资料性附录）
山苍子（精）油典型气相色谱图
（面积归一化法）

A.1 操作条件

a） 柱：毛细管柱长 30 m，内径约 0.25 mm；
b） 固定相：聚乙二醇；
c） 膜厚：0.25 μm；
d） 色谱炉温度：线性程序升温从 70 ℃～250 ℃，速率 2 ℃/min；
e） 进样口温度：250 ℃；
f） 检测器温度：250 ℃；
g） 检测器：火焰离子化检测器；
h） 载气：氮气；
i） 载气流速：1 mL/min；
j） 进样量：约 0.3 μL；
k） 分流比：1/100。

A.2 山苍子（精）油典型气相色谱图

山苍子（精）油典型气相色谱图，见图 A.1。

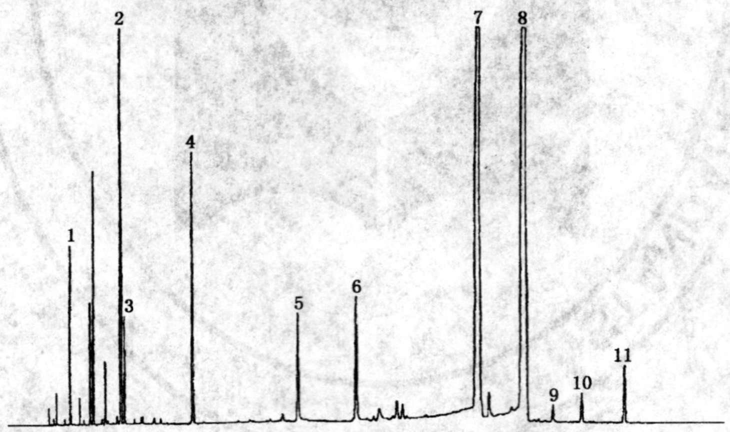

1——α-蒎烯；
2——苧烯；
3—— 1,8-桉叶素；
4—— 2-甲基-2-己烯-6-酮；
5—— 香茅醛；
6—— 芳樟醇；
7—— 橙花醛；
8—— 香叶醛；
9—— 香茅醇；
10—— 橙花醇；
11—— 香叶醇。

图 A.1 山苍子（精）油典型气相色谱图

附 录 B
（资料性附录）
山苍子（精）油代表性和特征性组分含量范围
（面积归一化法）

山苍子（精）油代表性和特征性组分含量范围，见表 B.1。

表 B.1 山苍子（精）油代表性和特征性组分含量范围

组 分	最低/%	最高/%
α-蒎烯	—	1.5
苧烯	9	15
2-甲基-2-己烯-6-酮	1.8	3.0
香茅醛	—	1.5
芳樟醇	1.5	3.0
橙花醛	25	33
香叶醛	38	45
香茅醇	0.5	1.5
橙花醇	0.2	1.2
香叶醇	0.5	1.5

ICS 71.100.60
Y 41

GB

中华人民共和国国家标准

GB/T 11425—2008
代替 GB/T 11425—1989

中国肉桂（精）油

Oil of cassia，China（*Cinnamomum aromaticum* Nees，syn. *Cinnamomum cassia* Nees ex Blume）

（ISO 3216:1997，Oil of cassia，Chinese type，MOD）

2008-08-28 发布　　2009-01-01 实施

中华人民共和国国家质量监督检验检疫总局
中国国家标准化管理委员会　发布

前言

本标准修改采用ISO 3216:1997《中国肉桂油》。与ISO 3216:1997相比，主要技术差异如下：

——删除了ISO 3216:1997的取样方法；

——试验方法采用《香料通用试验方法》国家标准；

——ISO 3216:1997中规定反式肉桂醛含量为70%～88%，本标准为74%～88%；

——将ISO 3216:1997的4.10内容作为本标准的附录B(资料性附录)；

——增加了检验规则；

——对标志、包装、运输、贮存和保质期内容进行了具体规定。

本标准代替GB/T 11425—1989《肉桂油》。

本标准与GB/T 11425—1989相比，主要变化如下：

——删除了味觉指标；

——反式肉桂醛含量的测定用面积归一化法代替内标法；

——增加了附录B代表性和特征性组分含量范围。

本标准的附录A、附录B是资料性附录。

本标准由中国轻工业联合会提出。

本标准由全国香料香精化妆品标准化技术委员会归口。

本标准由中华人民共和国广西出入境检验检疫局、上海香料研究所、广西产品质量监督检验院、防城港市双丰香料有限公司、广东省林化产品质量检测站负责起草。

本标准主要起草人：傅雪夫、徐易、田继军、金其璋、刘军义、刘培杰、杨春德、沈晓玲。

本标准所代替标准的历次版本发布情况为：

——GB/T 11425—1989。

中国肉桂（精）油

1 范围

本标准规定了中国肉桂(精)油的要求、试验方法、检验规则及标志、包装、运输、贮存和保质期。

本标准适用于中国肉桂(*Cinnamomum aromaticum* Nees, syn. *Cinnamomum cassia* Nees ex Blume)(精)油。

2 规范性引用文件

下列文件中的条款通过本标准的引用而成为本标准的条款。凡是注日期的引用文件,其随后所有的修改单(不包括勘误的内容)或修订版均不适用于本标准,然而,鼓励根据本标准达成协议的各方研究是否可使用这些文件的最新版本。凡是不注日期的引用文件,其最新版本适用于本标准。

GB/T 11538—2006 精油 毛细管柱气相色谱分析 通用法(ISO 7609:1985,IDT)

GB/T 11540 香料 相对密度的测定(GB/T 11540—2008,ISO 279:1998,MOD)

GB/T 14454.2 香料 香气评定法

GB/T 14454.4 香料 折光指数的测定(GB/T 14454.4—2008,ISO 280:1998,MOD)

GB/T 14454.13—2008 香料 羰值和羰基化合物含量的测定(ISO 1271:1983,ISO 1279:1996,MOD)

GB/T 14455.3 香料 乙醇中溶解(混)度的评估(GB/T 14455.3—2008,ISO 875:1999,MOD)

GB/T 14455.5 香料 酸值或含酸量的测定(GB/T 14455.5—2008,ISO 1242:1999,MOD)

3 术语和定义

下列术语和定义适用于本标准。

3.1

中国肉桂(精)油 oil of cassia, China

用水蒸气蒸馏法从生长在中国南方的肉桂(*Cinnamomum aromaticum* Nees, syn. *Cinnamomum cassia* Nees ex Blume)的叶和/或枝梗中提取的精油。

4 要求

4.1 色状:淡黄色至红棕色流动液体。

4.2 香气:类似肉桂醛的特征香气。

4.3 相对密度(20 ℃/20 ℃):1.052～1.070。

4.4 折光指数(20 ℃):1.600 0～1.614 0。

4.5 溶混度(20 ℃):1 体积试样混溶于 3 体积 70%(体积分数)乙醇中,呈澄清溶液。

4.6 酸值:≤15.0。

4.7 羰基化合物含量(以肉桂醛表示):≥80.0%。

4.8 反式肉桂醛含量(GC):≥74.0%。

5 试验方法

5.1 色状的检定

将试样置于比色管内,用目测法观察。

5.2 香气的评定

按 GB/T 14454.2 的规定。

5.3 相对密度的测定

按 GB/T 11540 的规定。

5.4 折光指数的测定

按 GB/T 14454.4 的规定。

5.5 溶混度的评估

按 GB/T 14455.3 的规定。

5.6 酸值的测定

按 GB/T 14455.5 的规定。

5.7 羰基化合物含量的测定

按 GB/T 14454.13—2008 中第一法的规定。

5.8 反式肉桂醛含量的测定

5.8.1 仪器

a) 色谱仪、记录仪和积分仪按 GB/T 11538—2006 中第 5 章的规定；

b) 毛细管柱；

c) 氢火焰离子化检测器。

5.8.2 测定方法

面积归一化法：按 GB/T 11538—2006 中 10.4 指定方法测定反式肉桂醛的含量。

5.8.3 重复性及结果表示

按 GB/T 11538—2006 中 11.4 规定进行，应符合要求。

中国肉桂（精）油典型气相色谱图（面积归一化法）参见附录 A。

中国肉桂（精）油代表性和特征性组分含量范围（面积归一化法）参见附录 B。

6 检验规则

6.1 中国肉桂（精）油应由生产厂质量检验部门负责检验，生产厂应保证出厂产品均符合本标准的要求，每批出厂产品均应附有质量合格证书。色状、香气、相对密度、折光指数、反式肉桂醛含量为出厂检验项目，而溶混度、酸值、羰基化合物含量为型式检验项目，每季度检验一次。

6.2 验收单位有权按照本标准的各项规定检验所收到的产品质量是否符合本标准的要求。每一批号做一次验收，不同批号分别验收。

6.3 抽样方法：每批的包装单位 1 个～2 个，全抽；3 个～100 个抽取 2 个；100 个以上增加部分再抽取 3%。用取样器从每个包装单位中均匀抽取试样 50 mL～100 mL，将所抽取的试样全部置于混样器内充分混匀，分别装入两个清洁、干燥、密闭的惰性容器中，避光保存。容器上贴标签，注明：生产厂名、产品名称、生产日期、批号、数量及取样日期，一瓶作为检验用，另一瓶留存备查。

6.4 如验收结果中有一项指标不符合本标准要求时，可会同生产厂重新加倍抽取试样复验。如复验结果仍有指标不合格，则该批产品不能验收。

6.5 当供需双方对产品质量发生异议时，可由双方协议解决或由法定检验机构进行仲裁。

7 标志、包装、运输、贮存和保质期

7.1 标志

产品包装外应注明：产品名称、生产厂名和地址、商标、批号、净含量、生产日期和保质期、许可证号及标准编号。顾客如有特殊要求，可与生产厂另订协议。

7.2 包装

中国肉桂(精)油应装于清洁、无杂味的不锈钢桶或塑料桶内,或按顾客要求包装。

7.3 运输

在运输过程中应轻装轻卸,防止日晒雨淋,不得与有毒、有害物质混装、混运,并应符合有关部门的规定。本产品的闪点约为 88 ℃。

7.4 贮存

本产品应贮存在阴凉、干燥、通风的仓库内,避免杂气污染,远离火源。

7.5 保质期

在符合规定的贮运条件、包装完整、未经启封的情况下,本产品保质期为一年。逾期重新按本标准进行检验,合格仍可使用。

附　录　A
（资料性附录）
中国肉桂（精）油典型气相色谱图
（面积归一化法）

A.1　操作条件

a)　柱：毛细管柱长 50 m，内径约 0.20 mm；
b)　固定相：聚二甲基硅氧烷（OV 101）；
c)　膜厚：0.25 μm；
d)　色谱炉温度：线性程序升温从 100 ℃～200 ℃，速率 3 ℃/min；
e)　进样口温度：230 ℃；
f)　检测器温度：230 ℃；
g)　检测器：火焰离子化检测器；
h)　载气：氮气；
i)　载气流速：1 mL/min；
j)　进样量：约 0.2 μL；
k)　分流比：1/100。

A.2　中国肉桂（精）油典型气相色谱图

中国肉桂（精）油典型气相色谱图，见图 A.1。

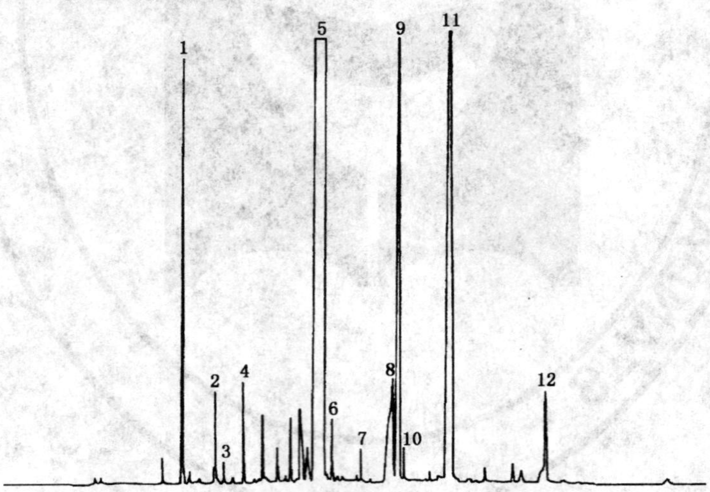

1——苯甲醛；
2——水杨醛；
3——苯乙酮；
4——苯乙醇；
5——反式肉桂醛；
6——肉桂醇；
7——丁香酚；
8——香豆素；
9——乙酸肉桂酯；
10——顺式邻甲氧基肉桂醛；
11——反式邻甲氧基肉桂醛；
12——乙酸邻甲氧基肉桂酯。

图 A.1　中国肉桂（精）油典型气相色谱图

附 录 B
（资料性附录）
中国肉桂（精）油代表性和特征性组分含量范围
（面积归一化法）

中国肉桂（精）油代表性和特征性组分含量范围，见表 B.1。

表 B.1 中国肉桂（精）油代表性和特征性组分含量范围

组　分	最低/%	最高/%
苯甲醛	0.5	2.0
水杨醛	0.2	1.0
苯乙酮	—	0.1
苯乙醇	—	0.5
反式肉桂醛	74.0	88.0
肉桂醇	—	1.0
丁香酚	—	0.5
香豆素	—	4.0
乙酸肉桂酯	—	6.0
反式邻甲氧基肉桂醛	3.0	15.0
乙酸邻甲氧基肉桂酯	—	2.0

ICS 37.040.20
G 80

中华人民共和国国家标准

GB/T 11500—2008/ISO 5-2:2001
代替 GB/T 11500—1989

摄影　密度测量　第2部分：透射密度的几何条件

Photography—Density measurement—Part 2: Geometric conditions for transmission density

(ISO 5-2:2001,IDT)

2008-06-18 发布　　2009-02-01 实施

中华人民共和国国家质量监督检验检疫总局
中国国家标准化管理委员会　发布

前　言

本标准等同采用 ISO 5-2:2001《摄影　密度测量　第 2 部分:几何条件》(英文版)。

本标准等同翻译 ISO 5-2:2001。

为便于使用,本标准做了以下编辑性修改:

a) “本国际标准”一词改为“本标准”;

b) 用小数点“.”代替作为小数点的逗号“,”;

c) 删除 ISO 5-2:2001 的前言;

d) 规范性引用文件的引导语改为 GB/T 1.1—2000 规定的引导语。

本标准代替 GB/T 11500—1989《摄影透射密度测量的几何条件》。

本标准与 GB/T 11500—1989 相比,主要包括以下变化:

——将标准名称按国际标准名称翻译,从原来的《摄影密度测量的几何条件》改为《摄影　密度测量　第 2 部分:透射密度的几何条件》;

——增加了前言和引言;

——引言中阐明了用“乳白玻璃”取代“积分球”作漫射器的理由以及透射比和透射因数的区别等;

——为了能更清晰的理解标准内容,对“适用范围”这部分内容进行了明确的规定;同时扩充了应用范围(本版的第 1 章,1989 版的第 2 章第 2.2 款);

——增加了“规范性引用文件”一章。在引用标准中,因我国现无等同采用被引用国际标准的国家标准,因此,直接引用国际标准(见本版第 2 章);

——“定义”进行了扩充。为了应用的一致性和意义更明确,术语“透射因数”代替“透射比”,增加了“漫射系数”的定义(本版的第 3 章,1989 版的第 4 章);

——标准推荐了二种入射模式,二种出射模式的几何结构并以图表的形式作详细描述(本版的第 5 章第 2 款);

——标准规定了漫射器的漫射系数和漫反射因数(本版的第 5 章第 3 款);

——标准推荐了新的漫射系数计算方法及其实际光学测量装置(附录 A);

——标准阐明了入射通量角和出射通量角对密度测量的影响,确定采样孔的光阑位置(附录 B 和附录 C)。

本标准的附录 A 为规范性附录,附录 B 和附录 C 为资料性附录。

本标准由中国石油和化学工业协会提出。

本标准由全国感光材料标准化技术委员会归口。

本标准起草单位:中国计量科学研究院。

本标准主要起草人:陈锐、王煜、李在清。

本标准所代替标准的历次版本发布情况为:

——GB/T 11500—1989。

引　言

本标准是 ISO 5 系列标准之一，它规定的透射密度的几何条件主要应用于黑白和彩色摄影，也可用于其他领域。从 1974 第一版到 1985 第二版的主要改变是采用乳白玻璃法取代积分球法作为 ISO 标准漫透射密度的基础。虽然满足 ISO 5-2 规定的任一漫射方法都可以采用，为简便，通常用“乳白玻璃”标注其漫射法，以别于积分球漫射法。由于乳白玻璃与样品之间的相互反射的影响，得到的密度值与采用积分球法得到的相比，通常要稍低一些。实际影响取决于乳白玻璃和面向漫射器的样品表面反射特性。

ISO 5-2 的“宗旨”是，规定了接近实际应用条件下的测量光学密度的几何条件。漫透射密度尤其与接触印片和查片箱上评估影片等活动密切相关。在灯箱上查看影片是漫透射密度的重要应用之一。因此，为漫透射密度测量规定的条件考虑了查片箱的漫射特性和光谱反射因数值。

ISO 5-2 同时描述了两类投影密度的几何条件。其光谱条件在 ISO 5-3 中规定。

漫透射密度是对胶片调控光的能力的一种度量。影片在一侧被漫射照明，在另一侧观看，这与在漫透射辐射源(照明器)上观看影片相同。具有漫射照明的投影几何条件几乎等同于在漫辐射源上观看影片的几何条件，只是投影透镜代替了人眼。当影片置于漫射辐射源上或者与印片材料接触，光在样品及其附近表面之间存在相互反射。这种相互反射影响密度值，使用乳白玻璃作为集光器的测量仪器最好地考虑了这种影响，而积分球则不能。在密度计中采用乳白玻璃，除上述主要原因外，青睐此类仪器还在于它们更耐用、制造成本低和方便使用。

投影密度是对这类胶片调控光的能力的一种度量。即胶片的一侧被垂直地照明，并被垂直地收集后投影出去。使用带聚光镜的设备观看缩微胶片、电影片和幻灯片及印制照片。本标准定义的投影密度几何条件模拟了这一条件：在带聚光镜的典型投影系统中片框中心的负片或幻灯片的小面积的透射特性受影响的条件。可用一个称为采样孔的或片框内不透明膜的小孔限定。

透过样品的总通量与入射至采样孔的总通量之比定义为透射比，但它在实际中几乎不用。可是，透过采样区域并被投影透镜收集形成投影图像的通量是我们感兴趣的。此通量与采样孔没有样品时收集的通量之比被定义为透射因数，透射因数是计算投影密度的基础。

被测密度取决于入射光线的半锥角和投影透镜向采样孔所张的半角。该半角或者用角度表示，或者以 f 数表示。由于 f 数经常标在投影透镜上，所以本标准用 f 数表示二种投影密度类型即：$f/4.5$ 和 $f/1.6$。$f/4.5$ 型用途广泛，因为它用于微缩胶片阅读器。$f/1.6$ 型是电影放映机的代表。

摄影 密度测量 第2部分：透射密度的几何条件

1 范围

本标准规定了测量ISO漫透射密度和 $f/4.5$、$f/1.6$ 投影透射密度的几何条件。

漫透射密度主要应用在透明照明器(查片箱)上观看的影像、接触印制影像以及具有漫射照明系统投影的影像测量。

投影密度主要应用于带有聚光镜的影像测量。

虽然在本标准规定的密度测量方法主要用于影像测量，但是也经常应用到滤光器和其他透明材料的测量。

2 规范性引用文件

下列文件中的条款通过本标准的引用而成为本标准的条款。凡是注日期的引用文件，其随后所有的修改单(不包括勘误的内容)或修订版均不适用于本标准，然而，鼓励根据本标准达成协议的各方研究是否可使用这些文件的最新版本。凡是不注日期的引用文件，其最新版本适用于本标准。

GB/T 11501 摄影 密度测量 第3部分：光谱条件(GB/T 11501—2008，ISO 5-3:1995，IDT)

ISO 5-1:1984 摄影密度测量 第1部分：术语，符号和表示法

ISO 7724-1:颜料和油漆 色度学 第1部分：原理

3 术语和定义

下列术语和定义适用于本标准。

3.1

透射因数(T) transmittance factor

透过样品的通量与样品从测量仪器采样孔移开后所测通量之比。

$$T=\frac{\Phi_\tau}{\Phi_j}$$

式中：

Φ_τ——透射通量；

Φ_j——孔径通量。

3.2

透射密度(D_T) transmission density

透射因数倒数取10为底的对数

$$D_T=\log_{10}\frac{1}{T}=\log_{10}\frac{\Phi_j}{\Phi_\tau}$$

3.3

漫射系数(β_{dc}) diffusion coefficient

照明或接收系统漫射性的度量。

注：参见附录A。

4 坐标系、术语和符号

本文将 ISO 5-1 中描述的坐标系、术语和符号作为规定透射密度测量几何条件的基础。

5 ISO 标准漫射密度

5.1 几何模式

采用漫射辐照源和定向接收器的方法可以测量漫透射密度，这种布置称为“漫入射模式”，另一种布置是定向辐照源和漫射接收器，称之为“漫出射模式”。

各种漫射模式如图 1 所示。可以用规定的漫射分布和规定的定向分布描述测量模式。该分布是辐射分布还是接收分布取决于具体模式。

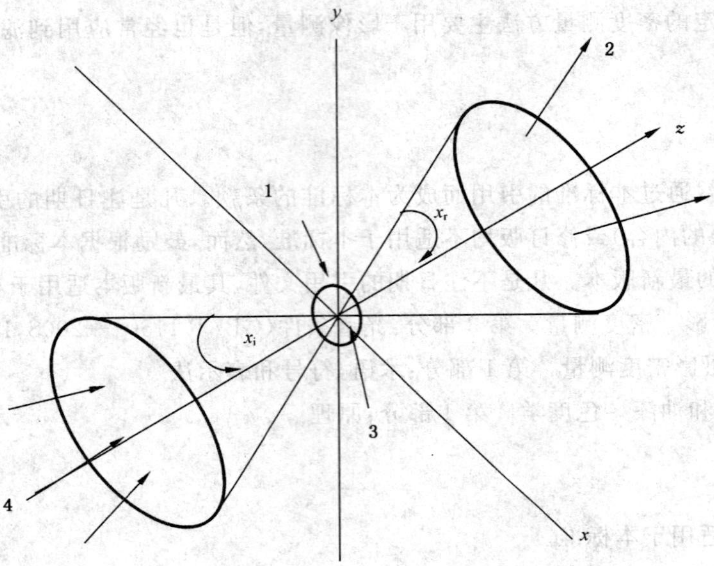

1——采样孔；

2——出射几何条件；

3——O 点；

4——入射几何条件。

漫透射密度测量	投影密度测量
漫入射式：($K_i=90°$，$K_r\leqslant10°$)[a]	$f/4.5$：($K_i=K_r=6.4°$)[b]
漫出射式：($K_i=10°$，$K_r\leqslant90°$)[a]	$f/1.6$：($K_i=K_r=18.2°$)[b]

[a] 90°指的是样品与漫射辐照系统相接触。

[b] 半角 K 的值根据本文 6.2 注释中的公式计算。

图 1 密度测量的几何条件

5.2 采样孔径

测量密度占用的这部分尺寸和形状的区域称为采样孔。在物理上，用光阑实现采样孔，该光阑与被测样品接触（参见附录 C）。图 2 示出了可应用的四种组合方式：入射模式二种，出射模式二种。没有其他组合。

注：图 2 所示，对于 B 和 D 的组合方式，不透光的光阑构成了具有漫射材料的光滑表面。由于 B 和 D 的组合成本较高，在实际中经常采用 A 和 C 的组合方式。

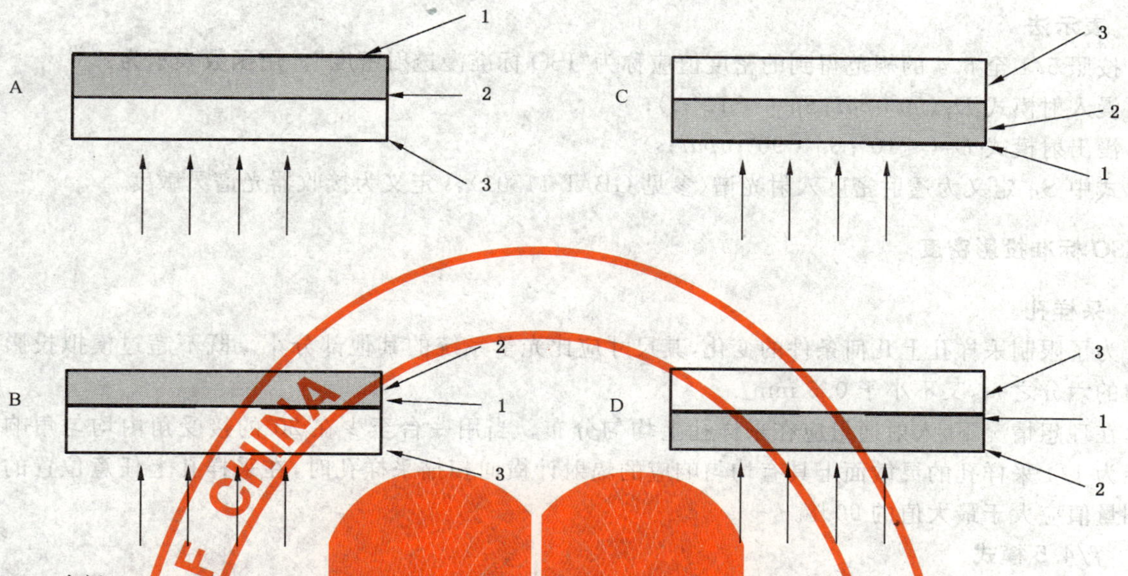

1——光阑；
2——样品；
3——乳白玻璃。

图 2 漫入射模式(A,B)和漫出射模式(C,D)的光阑的几何安排

如果采样孔的尺寸没有大到采样孔各部位的入射通量和出射通量的几何条件有实质性变化；或者没有小到要考虑影片的颗粒和样品的厚度，或者明显存在衍射效应；则采样孔的大小和形状无需严格。本标准不涉及直径小于 0.5 mm 的区域或显微密度学范畴以及需要特殊考虑的测量。采样孔和限制定向分布的光学元件的相对尺寸与定向分布对角弦的允差相关。

在理想情况下，入射通量和出射通量的分布在采样孔上是均匀的。当用一个几何形状相似、大小不超过采样孔对应尺寸四分之一的光孔横向扫瞄采样孔时，采样孔上任一位置的辐射亮度应在最大值的10%以内。测量均匀图像时，不均匀性影响不大；但不均匀性是测量非均匀图像的重要误差源(参见附录 B)。

漫射器尺寸相对于采样孔应足够大，以防止漫射器的边缘和其支撑部件影响密度测量。被测样品应与漫射器接触。在测量影片和干版样品时，乳剂面应朝向漫射器。

5.3 漫射分布

以采样孔为中心的漫射分布中，辐亮度的角分布或接收灵敏度的角分布在采样孔平面界定的整个半球应是均匀的。其均匀度应为漫射系数 $\beta_{dc}=0.92\pm0.02$。附录 A 中规定了漫射系数的测定方法。

在 GB/T 11501 中规定的光谱范围，漫射辐照(接收)系统的光谱反射因数 $R_{d/8}$(ISO 7724-1 中定义)应为 0.55 ± 0.05，表面应抛光。

通常使用乳白玻璃产生这种分布。如果可以满足规定的光学条件，则不必使用乳白玻璃。

注 1：如果密度计的漫射系数和反射因数在上述规定的允差范围之内，因漫射系数和反射因数的偏离准确值而引入的密度测量不确定度与总不确定度相比通常比较小。

注 2：由于样品和漫射系统之间发生相互反射，所以漫射系统的表面抛光情况及其反射比会影响密度的读数。上述的反射比即“在给定条件下的反射光通量与入射通量之比”，在 CIE 出版物 17.4 中给出了反射比的定义；这里用反射因数 R 表示，而 CIE 出版物 17.4 中也给出了反射因数定义，是在给定锥角方向的反射辐射通量与相同条件下理想漫反射体的反射辐射通量之比。如果立体角趋近于 2π，反射因数趋近于反射比。通常对于规定了反射比的漫射系统，可以采用积分球测量光谱反射因数。因此，本标准规定(光谱)反射因数值；而在教科书上讨论物理现象时通常使用反射比。

5.4 定向分布

对于定向分布，辐亮度的角分布和响应的角分布的最大值应在采样孔中心垂直于采样孔的方向上。

在采样孔上任意点，离开样品平面法线 10°角以外的分布应忽略不计。

5.5 表示法

按照 5.1 至 5.4 的规范得到的密度值应称为“ISO 标准漫透射密度”。用函数表示为：

漫入射模式 $D_T(90°opal;S_H:\leqslant10°;s)$；

漫出射模式 $D_T(\leqslant10°;S_H:90°;opal;s)$。

式中 S_H 定义为透射密度入射光谱(参见 GB/T 11501)，s 定义为接收器光谱灵敏度。

6 ISO 标准投影密度

6.1 采样孔

为了限制采样孔上几何条件的变化，其尺寸应比光学系统的其他部分小。既不超过模拟投影透镜入瞳的六分之一，又不小于 0.5 mm。

在理想情况下，入射通量应在采样孔上均匀分布。当用一台至少在 20°的接受角内均匀角响应和直径为 1/4 采样孔的灵敏面上具有均匀响应的辐射计横向扫描采样孔时，在采样孔上任意位置的辐射计测量值应大于最大值的 90%。

6.2 *f*/4.5 模式

入射辐亮度角分布和探测器灵敏度角分布(包括滤光器、透镜和其他光学元件的影响)在光轴角 0°至 6.4°±0.2°之间的任意角度上的均匀性应在 10%以内。

注：f 数和形成轴像点的半光锥角(K)的关系式用下式表示：

$$f\text{数}=\frac{1}{2n\sin K}$$

式中：

n 是像方的折射率。

6.3 *f*/1.6 模式

入射辐亮度角分布和探测器角分布(包括滤光器、透镜和其他光学元件的影响)在光轴角 0°至 18.2°±1.0°之间的任意角度上的均匀性应在 10%以内。

6.4 入射通量几何条件均匀性

用 2°半角圆锥内具有均匀响应(±10%以内)的辐射计扫描入射辐亮度角分布时，在规定入射通量圆锥内任意方向的辐亮度变化应在最大值的 10%以内。在规定的入射通量圆锥之外的通量应小于圆锥内通量最大值的 2%。

6.5 出射通量几何条件均匀性

用具有 2°半角圆锥分布的小光束扫描接收器的灵敏度角分布时，在规定的圆锥内的灵敏度变化应在最大值的 10%以内；在规定的出射通量圆锥之外的通量应小于圆锥内通量最大值的 2%。

6.6 表示法

按照 6.2 规范得到的 $f/4.5$ 型密度值应称为“ISO 标准 $f/4.5$ 投影透射密度”。用函数表示为：

$D_T(6.4°;S_H:6.4°;s)$；

按照 6.3 规范得到的 $f/1.6$ 型密度值应称为“ISO 标准 $f/1.6$ 投影透射密度”。用函数表示为：

$D_T(18.2°;S_H:18.2°;s)$。

附 录 A
（规范性附录）
漫 射 系 数

漫入射模式的漫射系数 β_{dc} 定义为二个辐射通量 Φ_1，Φ_2 之比：

$$\beta_{dc}=\frac{\Phi_1}{\Phi_2}=\frac{\int AL_1(\Omega)\cos\theta d\Omega}{\int AL_2(\Omega)\cos\theta d\Omega} \quad \text{(A.1)}$$

式中：

L_1——实际漫射照明系统的辐亮度；

Φ_1——实际漫射照明系统的总辐射通量；

L_2——朗伯源的辐亮度；

Φ_2——朗伯源的总辐射通量；

A——漫射辐射系统的面积；

Ω——立体角；

θ——漫射辐射源与其表面法线之间的夹角(参见图 A.1)。

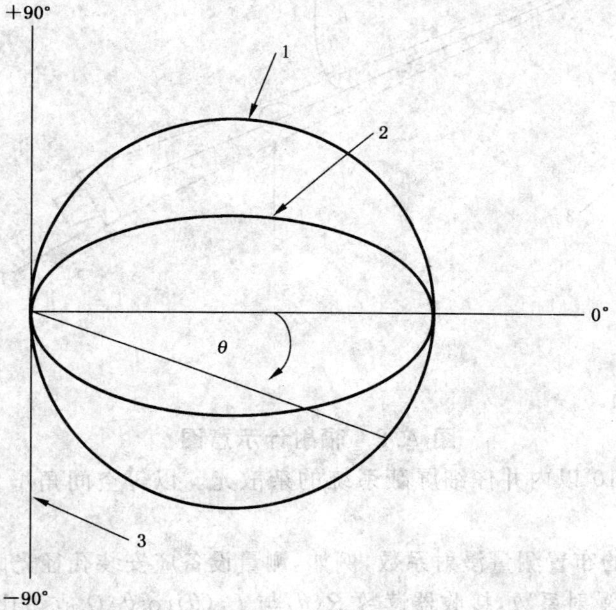

1——理想漫反射分布 $L_2(\theta)\cos\theta$；

2——非理想漫反射分布 $L_1(\theta)\cos\theta$；

3——漫射照明系统前表面。

图 A.1 漫射照明系统几何分布

在半球空间完成上式积分，L_1 会随方向变化，而 L_2 为常数。为归一化起见，当 $\theta=0$，即在垂直方向(参见图 A.1)，$L_1=L_2$。

注：为简化起见，文中只给出了漫射照明系统的公式，对于漫射接收系统，自然保持相同的形式。

如果辐亮度 $L_1(\Omega)$ 是绕其法线方向对称(根据定义 L_2 也是如此)；β_{dc} 可表示为：

$$\beta_{dc}=\frac{\int AL_1(\Omega)\cos\theta d\Omega}{\int AL_2(\Omega)\cos\theta d\Omega}=\frac{\int 2\pi\sin\theta L_1(\theta)\cos\theta d\theta}{\int 2\pi\sin\theta L_2(\theta)\cos\theta d\theta}$$

$$= \frac{\int L_1(\theta)\cos\theta\ \sin\theta \mathrm{d}\theta}{L_1(\theta=0)\int \cos\theta \sin\theta \mathrm{d}\theta} \quad \cdots\cdots\cdots\cdots\cdots\cdots (A.2)$$

对于一个以法线为轴旋转对称系统的漫射系数，可以将漫射照明系统前表面置于安装辐射计的臂旋转中心上。在臂从法线向90°转动过程中，记录各个角度的辐射计读数(见图A.2)。要证明漫射照明系统是关于光轴(法线)各向同性的，应按不同方向绕光轴转动漫射照明系统并重复上述测量过程。如果漫射系统不是以光轴为旋转对称，漫射系数应按公式A.1计算。

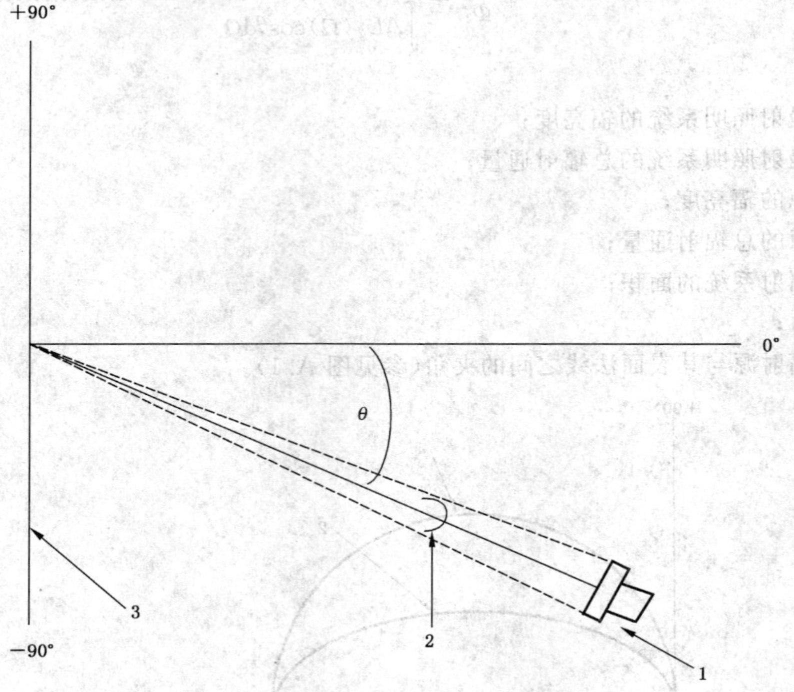

1——辐射计；

2——最大值10°；

3——漫射照明系统前表面。

图 A.2　辐射计示意图

辐射计视场应限制在10°以内并仔细屏蔽系统的杂散光。以等空间角增量测量辐射分布，增量不超过10°。

以测量光学密度相同的布置测量漫射系数，例如，测量设备应安装孔径光阑。

如果根据图A.2测量漫射系数，接收器读数 $R(\theta)$ 与 $L_1(\theta)\cos\theta\Delta\Omega$ 成正比，$\Delta\Omega$ 为接收器面积对应的立体角。漫射系数可由下式确定：

$$\beta_{\mathrm{dc}} = \frac{\sum R(\theta) \mid \sin\theta \mid}{R(\theta=0)\sum \mid \cos\theta\sin\theta \mid} \quad \cdots\cdots\cdots\cdots\cdots\cdots (A.3)$$

在漫出射模式的测量中，一个近似点光源围绕漫射接受面，在半圆周上移动；以角增量不超过10°为间隔读取 $R(\theta)$。采用公式(A.3)计算该系统的漫射系数。

测定漫射系数的光谱条件应与测量光学密度的相一致；即不仅它们的光谱乘积相同，而且照明系统的光谱功率分布和探测器的光谱灵敏度分布也相同。

附　录　B
（资料性附录）
入射通量角和出射通量角不匹配

投影密度是以半角表示（本标准）的入射通量和出射通量几何条件的函数，其中二者半角较大的发生变化后对测量值影响较大，而半角较小的发生变化后对结果没什么影响。鉴于此，可略减小入射通量和出射通量中的任一半角，而不影响密度测量。仪器设计人员可利用这一优点，从而避免覆盖相同的孔径之间的对准问题。如采用此技术，较大的半角应满足本标准第6章的规定。

附 录 C
（资料性附录）
确定采样孔的光阑位置

由于漫射乳白玻璃、样品和光阑具有一定厚度的影响，以及二种不同模式，光阑有四种不同的安放位置（见图2）。由于本标准将采样孔定义为“测量密度时占用的这部分的区域的形状和大小”，因此样品和光阑必须直接接触。

为简化问题，以漫入射模式为例；根据辐射度的原理，在测量密度时，不是测量漫射系统的“辐亮度”（见图C.1），就是测量探测器上的“辐照度”（见图C.2）。在这二种情况下，“有效视场”（图C.1和图C.2虚线所示）由光阑的尺寸（等同于采样孔）和它到探测器的距离给定。该距离固定不变。

在采用辐亮度原理时，如果样品厚度改变，或漫射照明器（见图C.1）移动，光阑和探测器将移动相同距离。这种移动不会导致探测器“看见”乳白玻璃的边沿。因为在这种情况下，被测密度与样品厚度紧密相关。

在采用辐照度原理时，所有元件都是固定的。它们根本不移动，其位置与样品厚度无关。

只要遵循上述原理，密度测量结果就与样品厚度无关。

用类似的方法考虑漫出射模式。

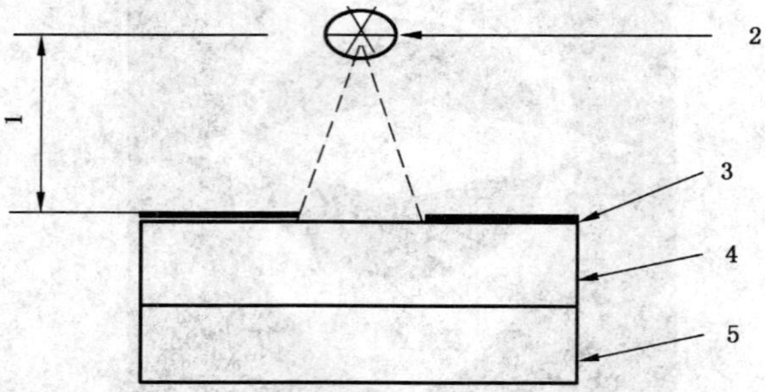

1——固定距离；
2——探测器；
3——光阑；
4——样品；
5——乳白玻璃。

图 C.1 漫入射模式几何条件，“辐亮度”原理

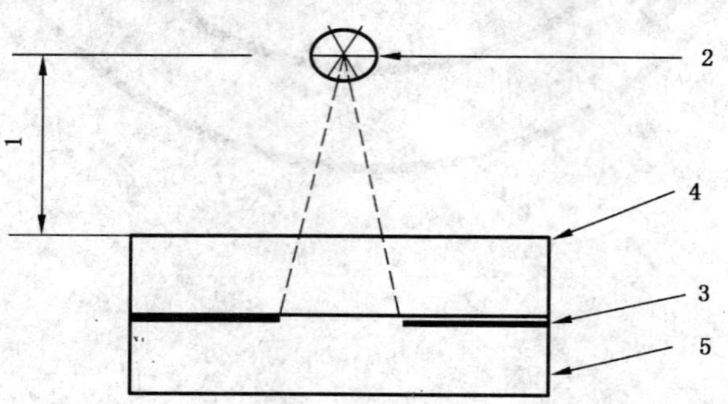

1——固定距离；
2——探测器；
3——光阑；
4——样品；
5——乳白玻璃。

图 C.2 漫入射模式几何条件，“辐照度”原理

参 考 文 献

[1] WALSH J. W. T. Photometry, New York, Dover Publications, 1965, 3rd ed. (London, Constable and Co., 1958, 3rd ed.)

[2] BYER, R. Y. Considerations for Measuring Transmission Density. Journ. Imaging Techn. 13 (1987), pp. 1-3

[3] BUHR, E., HOESCHEN, D. and BERGMANN, D. The Measurement of Diffuse Optical Densities. Part 1: The Diffusion Coefficent. Journ. Imaging Science and Techn. 39(1995), pp. 453-457

[4] CIE Publication. No. 17. 4:1987, International Lighting Vocaulary

ICS 37.040.01
G 80

中华人民共和国国家标准

GB/T 11501—2008/ISO 5-3:1995
代替 GB/T 11501—1989

摄影　密度测量　第3部分:光谱条件

Photography—Density measurement—Part 3:Spectral conditions

(ISO 5-3:1995,IDT)

2008-06-04 发布　　2008-12-01 实施

中华人民共和国国家质量监督检验检疫总局
中国国家标准化管理委员会　发布

前　　言

本标准等同采用ISO 5-3:1995《摄影　密度测量　第3部分:光谱条件》(英文版)。

本标准代替GB/T 11501—1989《摄影密度测量的光谱条件》(参照采用国际标准ISO 5-3:1984《摄影　密度测量　第3部分:光谱条件》,而此国际标准已被ISO 5-3:1995代替,并有技术性修订)。

本标准等同翻译ISO 5-3:1995。

为便于使用,本标准做了以下编辑性修改:

a) "本国际标准"一词改为"本标准";

b) 用小数点"."代替作为小数点的逗号",";

c) 删除ISO 5-3:1995的前言;将ISO 5-3:1995的引言直接翻译作为本标准的引言;

d) 规范性引用文件的引导语改为GB/T 1.1—2000规定的引导语。

本修订版标准在内容上与其前一版本相比,主要包括以下变化:

——将标准名称按国际标准名称翻译,从原来的《摄影密度测量的光谱条件》改为《摄影　密度测量　第3部分:光谱条件》;

——增加了前言和引言;

——为了能更清晰的理解标准内容,对"适用范围"这部分内容进行了明确的规定和广义定义(本版第1章,1989年版第1章);

——增加了"规范性引用文件"一章。在引用标准中,因我国现无等同采用被引用国际标准的国家标准,因此,直接引用国际标准(见本版第2章);

——"定义"进行了扩充。为了应用的一致性和意义更明确,增加部分术语。为密度计光谱特性的核查,引入"边带抑制"的概念。(本版第4章,1989年版第4章);

——增加了目前广泛应用的ISO E状态密度光谱条件(本版8.6);

——为了准确核查密度计的光谱特性,在附录中推荐了密度计的光谱特性校准方法;

——为方便核查密度计的光谱特性,列表示出抑制比与密度测量值的关系(本版附录C);

——改变了密度类型的名称表示方法,为避免混淆,将原国家标准的"标准X密度"称为"ISOX密度"。例如,符合视觉光谱响应的密度,国际标准称其为"ISO视觉密度",而国家标准称为"标准视觉密度";

——本标准的测量环境条件中规定:湿度应在(50±5)%,一般实验室难以满足,拟将这一条件调整为(50±10)%,且在校准证书中应说明测量时的环境条件。

本标准的附录A、附录B、附录C为资料性附录。

本标准由中国石油和化学工业协会提出。

本标准由全国感光材料标准化技术委员会(SAC/TC 102)归口。

本标准起草单位:中国计量科学研究院,广东省计量科学研究院,大连希奥特检测设备有限公司。

本标准主要起草人:陈锐、权小菁、邓晓东、李在清。

本标准所代替标准历次版本发布情况为:

——GB/T 11501—1989。

引　言

本标准规定了黑白和彩色摄影中应用的光学密度测量系列标准条件之三:光谱条件。

完整定义一个密度量值,既要规定测量系统的几何条件,也要规定其光谱条件。ISO 5-2 规定透射密度测量的几何条件,ISO 5-4 规定反射密度测量的几何条件。本标准规定透射密度测量的光谱条件。

早期的密度测量,主要根据密度计中所采用滤光器的类型规定仪器的光谱条件。它要求所有密度计中的光电接收器的光谱响应、施照体光谱功率分布以及所插入的光学元件完全一致,很明显做到这一点非常困难。现代,密度测量标准仅规定所有元件的光谱乘积应等于某些公开发表的一组数据。这样一种技术规范为密度计制造厂商改善其产品的准确度和精密度提供了灵活性。同时,这样规范既有利于标准参考物质的制造,也有利于标准量值的检定。

在影像复制过程中,光学密度是记录介质的某一面积对光或辐射通量进行调制的一种度量。密度测量在许多方面有其重要性。如评价影像的明暗程度、预测胶片或相纸在印片过程中的作用以及在彩色处理过程中确定图像颜色测量方法等方面都要采用密度测量方法。如果视觉效果是重要的,则测量光谱条件应模拟某些合适的照明和人眼的光谱灵敏度。对于印片操作,应模拟用于印片操作的辐照体的光谱功率分布和印片材料的光谱灵敏度。在评价需分色的原稿材料时,施照体、分色介质的光谱灵敏度和三色分色滤光镜的光谱透射比也需要模拟。为了获得表征胶片和照相纸的照相性能所制作的感光测定曲线,也需要做某种密度测量。密度测量还可以用于音调再现分析和各种操作的监视,例如照相加工、平版印刷、凹版印刷和丝网印刷等。

透射密度测量规定的光谱功率分布与反射密度测量的光谱功率分布是不相同的,对于反射密度测量,规定白炽钨丝灯的光谱功率分布为标准施照体 A。在密度测量中优先选用施照体 A 的原因是,国家计量实验室通常都做光谱光度测量,并基于 CIE 标准施照体 A 完成视觉反射因数的色度计量标准。采用这种方法减少了获得反射密度测量物理标准的困难。对于透射密度测量,入射一侧的光谱功率分布被一个典型的吸热滤光器所改变。引入吸热滤光器的目的在于消除热量对试样和光学系统的影响。

许多反射密度标准规定使用硫酸钡作为参考标准。然而压制成的硫酸钡容易破碎,并随批号和压制方法产生变化。其反射比在压制后的最初几天会明显漂移。

1969 年,CIE 推荐了理想漫反射因数。相应的反射密度是基于理想漫反射体而规定的。

常用的反射密度计通常由各种参考标准板进行校准。这些工作标准应由基准装置校准,而基准又是由国家实验室使用绝对方法校准的。

摄影　密度测量　第3部分:光谱条件

1　范围

本标准规定了用于摄影图像复制的几种密度测量的光谱条件。贯穿本标准的影像复制包含了摄影学的广义定义,其中有对于在辐射能量作用的敏感表面生产图像的过程及处理方法。

2　规范性引用文件

下列文件中的条款通过本标准的引用而成为本标准的条款。凡是注日期的引用文件,其随后所有的修改单或修订版均不适用于本标准,然而,鼓励根据本标准达成协议的各方研究是否可使用这些文件的最新版本。凡是不注日期的引用文件,其最新版本适用于本标准。

ISO　5-1:1984　摄影　密度测量　第1部分:术语,符号和表示法

CIE　出版物　17.4:1987　国际照明词典

CIE　出版物　18.2:1983　物理光度学基础

3　定义

下列定义适用于本标准。

3.1

CIE 标准施照体 A　CIE standard illuminant A

温度约为 2 856 K 的普朗克辐射。

注 1:根据 1968 年国际实用温标,使用普朗克第二常数 $c_2 = 1.438\,8 \times 10^{-2}\,\mathrm{m \cdot K}$

注 2:工作在分布温度为 2 856 K 的充气螺旋钨丝灯的辐射近似于这种光谱分布,因此可用其作为标准施照体 A 的具体复现。

3.2

边带抑制　sideband rejection

所需通带以外的辐射被阻挡或压缩的程度。

通常表示为所需通带内积分能量与通带外积分能量之比。

3.3

峰值波长　peak wavelength

系统响应最大时的波长。

3.4

光谱带宽　spectral bandwidth

当系统响应下降到峰值预定的百分比时,通带内二点之间以波长为单位的宽度。

3.5

入射光谱　influx spectrum

入射至样品表面或采样光阑的入射通量光谱。入射光谱是光源和试样光源一侧光学系统的函数。

4　密度测量

为了从光谱性质全面定义密度的光谱类型,应规定测量系统的光源,光学部件和光谱响应。CIE 标

准施照体 A 是用于密度测量的主要光源。在几乎全部透射密度计和一些反射密度计中,需要在入射光一侧加吸热滤光器,以保护样品和光学元件。如果吸热滤光器不改变 550 nm 以下的 CIE A 光源的相对光谱功率分布,则不会产生明显的荧光效应或相关影响。

4.1 反射密度测量

对于反射密度测量,如果密度计制造厂或用户都不能确信被测样品中无荧光效应,则入射通量的相对光谱功率分布应是 CIE 标准施照体 A。它的光谱分布在表 1 中的 S_A 标题下给出。

4.2 透射密度测量

对于透射密度测量,如果密度计制造厂或用户都不能确信被测样品中无荧光效应,则入射通量的相对光谱功率公布在表 1 中的 S_H 标题下给出。表中给出的 S_H 值是根据 CIE 标准施照体 A 的相对光谱功率分布,并在红外区域加以修正得出的。

4.3 环境条件

一些材料的密度会随温度和相对湿度的改变而变化。为了避免混乱,在按标准测定密度时,温度应控制在 23℃±2℃,相对湿度在(50±10)%以内。

5 光谱响应 *S*

密度计的光谱响应是探测器光谱灵敏度以及样品与探测器之间的各种光学器件和滤光片的光谱修正作用的函数。理论上,匹配成在实际应用中使用的接收器(如人眼和照相纸等)的光谱响应最理想。

6 光谱乘积 Ⅱ

用入射通量的光谱功率分布 *S* 乘以对应波长探测器的光谱响应 *s*,可得到其光谱乘积,用 Ⅱ 表示。在测量中,由于经常会遇见较明显的荧光效应,其入射通量应符合本标准的规定。如果在样品或光学元件无荧光的情况下,只需得到正确的光谱乘积,而不必分别限制入射通量和探测器的光谱特性。密度计的光谱乘积表示为:

$$\prod = S \cdot s$$

式中:

S——入射通量的相对光谱功率分布。

s——探测器(包括探测器和插入它与样品之间的所有光学元件)的相对光谱响应。

7 表示方法

本标准规定的密度测量条件的函数表示方法为:

$$D(G;S:g;s)$$

式中:

G——入射通量的几何条件;

g——出射通量的几何条件。

本标准只涉及密度测量的光谱条件,因此密度函数符号简化为:

$$D(S:s)$$

并规定把反射密度以 D_R 表示;透射密度以 D_T 表示。

8 密度的类型

用几种密度的光谱类型评价摄影记录介质。其光谱类型是按照以波长 10 nm 为间隔的光谱乘积的对数值定义的，即以波长间隔 10 nm 的入射通量的相对光谱功率分布 S 乘以相应波长的探测器相对光谱响应度 s，可得出其光谱乘积 Ⅱ。其光谱乘积归一后的峰值规定为 10^5。本标准用此值以 10 为底的对数来定义各种密度的光谱类型。

8.1 ISO 视觉密度

透射密度表示为：$D_T(S_H:V_T)$。

反射密度表示为：$D_R(S_A:V)$。

视觉密度是评价直接观察或通过投影观察影像黑白程度所做的测量。它主要用于黑白影像，同时也适用其他类型的影像。

对于反射密度，密度计出射部分的元件与探测器的光谱特性合成的光谱响应度符合明视觉光谱光效率函数 $V(\lambda)$。$V(\lambda)$ 与 S_A 逐个波长的乘积定义了整台反射密度计的 ISO 视觉密度光谱乘积。其乘积的对数值在表 2 中给出。

透射视觉密度要求的光谱乘积与反射密度的光谱乘积基本相同。但由于入射通量的光谱条件不同，所以接收器的光谱响应度 V_T 应加以补偿，使每个 10 nm 波长点的乘积都满足 $S_H V_T = S_A V$。

8.2 印片密度

在感光材料上印制连续调影像时，需要一种称为印片密度的特殊计量方法。其光谱条件是光源的光谱功率分布、光学系统的光谱特性和印片材料的光谱响应度的函数。当用胶片试样和无光谱选择的调制器分别与印片材料做接触印片而获得相同效果时，则该调制器的透射密度等于该胶片试样的接触印片密度。

对于投影印片密度，胶片试样应投影印制在印片材料上，调制器应与印片材料接触印制。两种印片曝光时，应使用相同的投影仪、相同的曝光时间和电压保持一致的相同光源。

为了得到特殊印片材料的直接印片密度，应选择适当的光源、衰减器和探测器来确定密度计的光谱特性，在多数情况下，可采用回归分析法修正商用密度计的密度读数，求出印片密度。

8.2.1 ISO Ⅰ型密度 $D_T(S_H:S_1)$

重氮和微泡胶片在缩微工业中广泛用于从原底片及其各代翻底片上印制拷贝。此类印制用胶片在蓝光区或紫外区具有感光性，在印片机上需要装备高压汞灯。并规定，在此类胶片与光源的组合条件下，对于原底片的测量，应使用具有透射峰值波长在 400 nm 处的窄带滤光器的密度计测量其密度值。印片材料的有效光谱响应度用 S_1 表示，其光谱乘积在表 2 给出，其密度为 ISO Ⅰ型密度。密度计测量印片密度的准确程度取决于印制胶片的响应度、印制系统的光谱条件以及几何条件等。

8.2.2 ISO Ⅱ型密度 $D_T(S_H:S_2)$

在卤化银盲色感光材料(如黑白相纸或胶片)上印片时，其光谱乘积Ⅱ2 的对数值列在表 2 中。这些数据是用紫外吸收滤光器修正印片材料的平均光谱响应后得出的。紫外吸收滤光器在 360nm 处锐截止。其合成光谱响应度用符号 S_2 表示。加入紫外吸收滤光器可使由印片系统的光学元件变化和银沉淀物在波长 360 nm 处吸收带产生的影响限制到最小程度。光源的相对光谱功率分布乘以光谱响应度，即可得到测量 ISO Ⅱ型印片密度的密度计所需的光谱乘积。

8.3 ISO A 状态密度

透射密度表示为：

$D_T(S_H:A_B)$；$D_T(S_H:A_G)$；$D_T(S_H:A_R)$。

反射密度表示为：

$D_R(S_A:A'_B)$；$D_R(S_A:A'_G)$；$D_R(S_A:A'_R)$。

全部测试仪器的光谱乘积的对数值在表 3 中列出。A_B、A_G、A_R 分别为函数表示法表示 A 状态透射密度的蓝、绿、红的光谱响应；A'_B、A'_G、A'_R表示 A 状态反射密度的光谱响应。

注：A 状态响应被定义为与历史上评价幻灯片和后来评价与纸基上类似的成色剂相匹配的响应度。

8.4 ISO M 状态密度

透射密度表示为：

$D_T(S_H:M_B)$；$D_T(S_H:M_G)$；$D_T(S_H:M_R)$。

M 状态密度的光谱乘积的对数值在表 4 中给出。M_B、M_G、M_R分别以函数表示法表示 M 状态透射密度的蓝、绿、红的光谱响应。

注：M 状态的响应定义为与历史上评价彩色负片最相匹配的响应。

8.5 ISO T 状态密度

透射密度表示为：

$D_T(S_H:T_B)$；$D_T(S_H:T_G)$；$D_T(S_H:T_R)$。

反射密度表示为：

$D_R(S_A:T'_B)$；$D_R(S_A:T'_G)$；$D_R(S_A:T'_R)$。

T 状态密度的光谱乘积的对数值与表 5 一致。T_B、T_G、T_R分别以函数表示法表示 T 状态透射密度的蓝、绿、红的光谱响应；T'_B、T'_G、T'_R表示 T 状态的反射密度符号。

注：T 状态响应定义为符合历史上用以评价色彩分离的原创艺术片最相匹配的响应(需进行分色的原稿作品)。另外尤其在美国，T 响应用于诸如纸质印刷品和胶印打样等印刷制板材料。

8.6 ISO E 状态密度

反射密度表示为：

$D_R(S_A:E'_B)$；$D_R(S_A:E'_G)$；$D_R(S_A:E'_R)$。

E 状态密度的光谱乘积的对数值在表 6 中给出。E'_B、E'_G、E'_R分别以函数表示法表示 E 状态反射密度的蓝、绿、红的光谱响应。

注 1：在欧洲贸易中，E 状态通常是其印刷制板业应匹配的响应。

注 2：E 状态响应是从 DIN16536-2(参看附录 D)双通带滤光器技术规范拓展而来，它考虑了入射通量的光谱特性和探测器的光谱响应。

注 3：在确定“E 状态密度”时，有些用户希望使用偏振器，应当说明的是，偏振器不是中性的，并且不存在一个“标准”偏振器。关于这个题目的进一步讨论请参阅第 9 章。

注 4：E 状态蓝光谱乘积的应用需要进一步研究，且期望该光谱乘积在下一版国际标准中得到修订。

8.7 ISO 窄带密度

透射密度表示为：

$D_{T'r}(S_H:N_\lambda)$。

反射密度表示为：

$D_{R'r}(S_A:N_\lambda)$。

窄带密度表示法中下标 r 等同于 10 的 r 次幂指数边带抑制，下标 λ 表示峰值波长。举例说明：$D_{T'5}(S_H:N_{480})$表示边带抑制为 10^5，峰值波长为 480 nm 的透射密度光谱条件。

$D_{R'4}(S_A:N_{590})$表示边带抑制为 10^4，峰值波长为 590 nm 的反射密度光谱条件。

a) 峰值波长

选择接近实际应用的波长。

b) 光谱带宽

光谱带宽定义为，光谱乘积下降到规定的峰值百分数时，两点之间用波长单位表示的宽度。

50%：不大于 20 nm；

0.1%:不大于 40 nm;

注:名义带宽 15 nm(50%处)的法布里·帕罗(Fabry Perot)三腔干涉滤光器容易满足上述要求。

c) 边带抑制

在 0.01%波长点外光谱乘积的总积分应不超过 0.01%波长点内光谱乘积积分的给定分数。如果待测密度最高为 3.0,则该分数不应大于 1/10 000(10^4抑制比);如果待测密度最高为 4.0,则该分数不应大于 1/100 000(10^5抑制比)。参见附录 C。

8.8 ISO Ⅰ状态密度

Ⅰ状态密度是窄带密度的特例。其光谱带宽和边带抑制比如 8.7 所定义。峰值波长为:

蓝:430 nm(±5 nm);

绿:535 nm(±5 nm);

红:625 nm(±5 nm)。

这一特殊的波长组,对于评价印刷制板材料如纸张印刷油墨特别有用。

关于使用偏振器的讨论请参阅第 9 章。

8.9 ISO 3 型密度 $D_T(S_H:s_3)$

ISO 3 型密度为在多层彩色胶片上印制的光学声带密度。

在多层彩色胶片上的光学声带是由染料影像加银或一种金属盐组成。光学声带通常用于具有 S-1 型光敏面或硅探测器的还音系统。用透射峰值在波长 800 nm 的窄带滤光器密度计可以监控这种形式的声带。该系统的有效光谱响应度以 s_3 表示,所用密度计的光谱条件应符合下述规定:密度计的峰值响应度在(800±5)nm 处,带宽为 20 nm,带宽内的响应和为总响应的 80%,此带宽由光谱乘积最大值一半处的相应两波长之差决定。

9 光谱允差

密度计所允许偏离标准规定的光谱条件的程度,取决于所采用光谱条件的性质和被测材料。对于完全无光谱选择性(中性)的非荧光材料,光谱条件的改变对密度测量没有影响。测量有明显光谱选择性或有荧光的材料时,要求其光谱条件与规定的一致。在给定某些待测样品时,基准实验室可准确地测量出试样的光谱调制量(光谱反射因数和光谱透射因数),并计算出具有标准光谱条件的密度值。用于这种校准的光谱光度系统的几何条件应与密度测量的标准几何条件一致。而且入射光谱应符合规定,以避免荧光效应引入的误差。如果密度计的示值与试样的校准值符合在 0.03 或 3%以内时,应认为本标准的光谱规范得到了充分满足。在这种条件下测得的密度分别命名为 ISO 视觉密度;ISO A、M、T、E、I 状态密度和标准 1 型、2 型、3 型密度。在某些情况下,有些人希望在密度计中使用偏振片。应特别注意偏振片不是中性的,并且没有标准偏振片。如果密度计生产厂商提供了带有偏振器的仪器,并称其符合某种密度状态,它应确定包括偏振片在内的光谱乘积满足该技术规范。随之而来的问题是,把一个偏振片附加在符合相关光谱乘积的某台仪器上,结果使这台仪器不再符合规范了。

10 绝对参考标准(白)

反射因数或相应的反射密度是相对于实际的或理想的参考标准测出的。除另有说明外,确定标准的反射密度的参考标准是理想漫反射材料。工业用标准器具是由计量实验室相对于理想漫反射体进行校准的。

在许多应用中,参考标准是一种可形成影像的支撑体,例如未经曝光但经过冲洗加工的相纸。在这种情况下,所测得的密度称为"相对反射密度",并应说明该参考标准的情况。

表 1 ISO 密度计入射光谱

(相对光谱功率分布在 560nm 处为 100)

波　长 λ/nm	透射密度计入射通量光谱 S_H	反射密度计入射通量光谱 S_A
340	4	4
350	5	5
360	6	6
370	8	8
380	10	10
390	12	12
400	15	15
410	18	18
420	21	21
430	25	25
440	29	29
450	33	33
460	38	38
470	43	43
480	48	48
490	54	54
500	60	60
510	66	66
520	72	72
530	79	79
540	86	86
550	93	93
560	100	100
570	107	107
580	111	114
590	115	122
600	116	129
610	119	136
620	117	144
630	113	151
640	107	158
650	102	165
660	96	172
670	89	179
680	80	185
690	72	192
700	62	198
710	53	204
720	45	210
730	37	216
740	31	222
750	24	227
760	19	232
770	15	237

表 2　标准视觉密度和标准印片密度光谱乘积

(峰值规定为 5.000)

波　长 λ/nm	视　觉 $\mathrm{Log}_{10}\Pi_{V}$	1 型 $\mathrm{Log}_{10}\Pi_{1}$	2 型 $\mathrm{Log}_{10}\Pi_{2}$
340			<1.000
350			2.708
360		<1.000	4.280
370		1.640	4.583
380		2.860	4.760
390		4.460	4.851
400	<1.000	5.000	4.916
410	1.322	4.460	4.956
420	1.914	2.860	4.988
430	2.447	1.640	5.000
440	2.811	<1.000	4.990
450	3.090		4.951
460	3.346		4.864
470	3.582		4.743
480	3.818		4.582
490	4.041		4.351
500	4.276		3.993
510	4.513		3.402
520	4.702		2.805
530	4.825		2.211
540	4.905		<1.000
550	4.957		
560	4.989		
570	5.000		
580	4.989		
590	4.956		
600	4.902		
610	4.827		
620	4.731		
630	4.593		
640	4.433		
650	4.238		
660	4.013		
670	3.749		
680	3.490		
690	3.188		
700	2.901		
710	2.622		
720	2.334		
730	2.041		
740	1.732		
750	1.431		
760	1.146		
770	<1.000		

表 3　ISO A 状态密度光谱乘积 $Log_{10}\Pi_A$

（峰值规定为 5.000）

波长 λ/nm	蓝	绿	红
400	斜率=0.380/nm		
410			
420	3.602		
430	4.819	斜率=0.220/nm	
440	5.000		斜率=0.270/nm
450	4.912		
460	4.620		
470	4.040		
480	2.989		
490	1.566		
500	0.165	1.650	
510		3.822	
520		4.782	
530		5.000	
540		4.906	
550	斜率=−0.140/nm	4.644	
560		4.221	
570		3.609	
580		2.766	
590		1.579	
600			2.568
610			4.638
620		斜率=−0.170/nm	5.000
630			4.871
640			4.604
650			4.286
660			3.900
670			3.551
680			3.165
690			2.776
700			2.383
710			1.970
720			1.551
730			1.141
740			0.741
750			0.341
			斜率=−0.040/nm

表 4　ISO M 状态密度光谱乘积 $Log_{10}\Pi_M$

（峰值规定为 5.000）

波长 λ/nm	蓝	绿	红
	▲	▲	▲
400	斜率＝0.250/nm		
410	2.103		
420	4.111		
430	4.632	斜率＝0.106/nm	
440	4.871		
450	5.000		
460	4.955		
470	4.743	1.152	
480	4.343	2.207	
490	3.743	3.156	
500	2.990	3.804	斜率＝0.260/nm
510	1.852	4.272	
520		4.626	
530		4.872	
540		5.000	
550	斜率＝－0.220/nm	4.995	
560		4.818	
570		4.458	
580		3.915	
590		3.172	
600		2.239	
610		1.070	
620			2.109
630			4.479
640			5.000
650			4.899
660			4.578
670		斜率＝－0.120/nm	4.252
680			3.875
690			3.491
700			3.099
710			2.687
720			2.269
730			1.859
740			1.449
750			1.054
760			0.654
770			0.254
			斜率＝－0.040/nm
	▼	▼	▼

表 5 ISO T 状态密度光谱乘积 $Log_{10}\Pi_T$

（峰值规定为 5.000）

波长 λ/nm	蓝	绿	红
340	<1.000		
350	1.000		
360	1.301		
370	2.000		
380	2.477		
390	3.176		
400	3.778		
410	4.230		
420	4.602		
430	4.778		
440	4.914		
450	4.973		
460	5.000		
470	4.987	<1.000	
480	4.929	3.000	
490	4.813	3.699	
500	4.602	4.447	
510	4.255	4.833	
520	3.699	4.964	
530	2.301	5.000	
540	1.602	4.944	
550	<1.000	4.820	
560		4.623	<1.000
570		4.342	1.778
580		3.954	2.653
590		3.398	4.477
600		2.845	5.000
610		1.954	4.929
620		1.000	4.740
630		<1.000	4.398
640			4.000
650			3.699
660			3.176
670			2.699
680			2.477
690			2.176
700			1.699
710			1.000
720			<1.000

表 6 ISO E 状态密度光谱乘积 $Log_{10}\Pi_E$

（峰值规定为 5.000）

波长 λ/nm	蓝	绿	红
370	1.000		
380	2.431		
390	3.431		
400	4.114		
410	4.477		
420	4.778		
430	4.914		
440	5.000		
450	4.959		
460	4.881		
470	4.672	<1.000	
480	4.255	3.000	
490	3.778	3.699	
500	2.903	4.477	
510	1.699	4.833	
520	1.000	4.964	
530	<1.000	5.000	
540		4.944	
550		4.820	
560		4.623	<1.000
570		4.342	1.778
580		3.954	2.653
590		3.398	4.477
600		2.845	5.000
610		1.954	4.929
620		1.000	4.740
630		<1.000	4.398
640			4.000
650			3.699
660			3.176
670			2.699
680			2.477
690			2.176
700			1.699
710			1.000
720			<1.000

附　录　A
（资料性附录）
密度计的校准方法

A.1　概述

期望感光材料和密度计生产厂商保存一些校准密度的设备（包括信号处理的部件）。密度计一经校准，应有一个系统对该密度计进行短期和长期的监控。下述的三种方法可用于校准或评价密度计的性能。

A.2　计算方法

测量密度计每个部件的光谱分布，计算和标定出光谱乘积Π，并与标准光谱条件比较。

A.3　参考滤光片法

A.3.1

一组光谱间隔为 20 nm±2 nm 的窄带滤光器。该组滤光器的光谱范围应大于被校准密度计的光谱范围。滤光器的峰值透射比不小于 30%，半宽度小于 10 nm；超过峰值波长点 50 nm 处的光谱透射比应小于 0.01%。

六个一组的中性滤光片。滤光片在被测光谱范围内透射比的变化不应超过该滤光片透射比平均值的 5%或密度的±0.02。中性滤光片的透射比值分别为 63%、32%、10%、1.0%、0.1%、0.01%（密度值分别为 0.2，0.5，1，2，3，4）。

A.3.2

应用透射比测量精度不低于 0.1%的光谱光度计测量上述滤光器的光谱密度或光谱透射比。对于窄带滤光器，在测量光谱透射比时，应适当限制测量装置的带宽。

A.3.3

首先用密度计系统所需的光谱乘积计算出每一个滤光器的密度。然后用被测密度计测量这组密度片，且被测密度计的几何条件应与光谱光度计的相一致。密度计的测量值与计算值符合在 2%以内被认为是合理的。

注：密度计有一个将光投射到收集孔径的源孔径。当测量样品或参考滤光器时，样品孔径取代了源孔径。这样保证了密度计测量参考滤光器所用的孔径与光谱光度计校准该参考滤光器时所用的孔径相同。这一点非常重要，因为干涉滤光片对入射光束的角分布很敏感。这同样消除了与某些滤光器的光散射的相关问题。

这种方法对于像视觉密度等宽光谱范围的很适合。当用于评价 A 状态和 M 状态密度时，窄带滤光器的密度值通常很高。因此，建议先用标准滤光器组确认密度计无滤光器时的光谱乘积，并用上述结果与光谱光度计的测量显示值结合在一起得出该密度计的 A 状态和 M 状态密度。用表 3～表 6 的值检查其光谱的乘积。

A.4　采样法

采样方法的目的是要确定密度计的光谱乘积是否在可接受的范围内。

A.4.1　选择包含被测量产品的均匀密度区域且经曝光和冲洗的胶片或相纸样品，样品应代表今后会遇到的颜色和密度范围。

A.4.2

确定样品的光谱透射比（或反射比）值。

A.4.3

根据表3至表6给出的理想光谱乘积计算密度。

A.4.4

在密度计上读出样品的密度值。

A.4.5

样品的密度计算值与A.4.4中密度值比较。对于要求严格的密度测试，无论密度值大小，都应符合在±0.02或±2%以内。

附 录 B
（资料性附录）
ISO 密度光谱乘积和入射通量相对光谱功率分布

图 B.1～图 B.5 表示出本标准所规定的各种类型的 ISO 密度光谱乘积以及透射和反射密度入射通量相对光谱功率分布。（除 E 状态密度外）由于各值是以 10 nm 为间隔进规格化的，光谱分布的峰值可能不正好在 10 nm 处（如 M 状态的绿）。

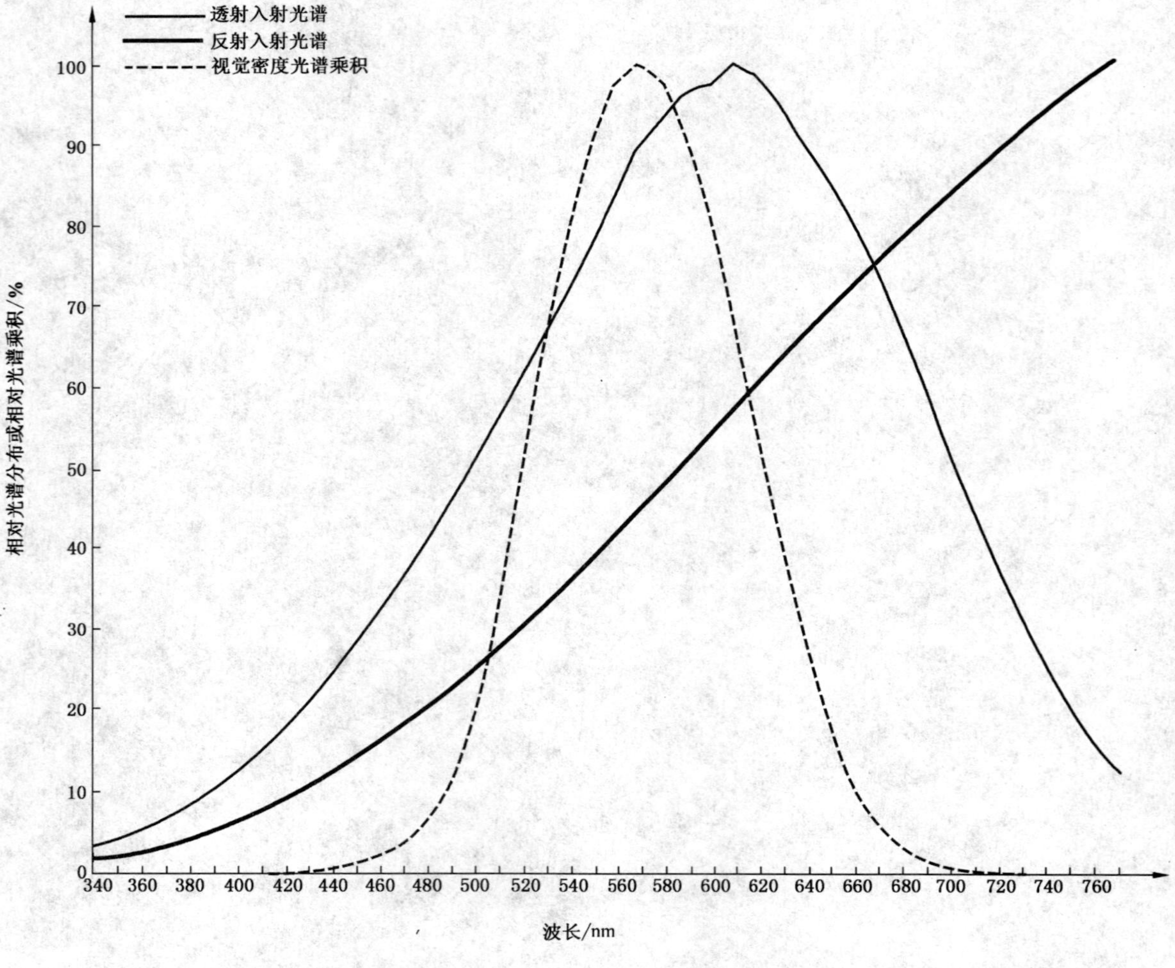

图 B.1 视觉密度入射通量光谱分布和光谱乘积

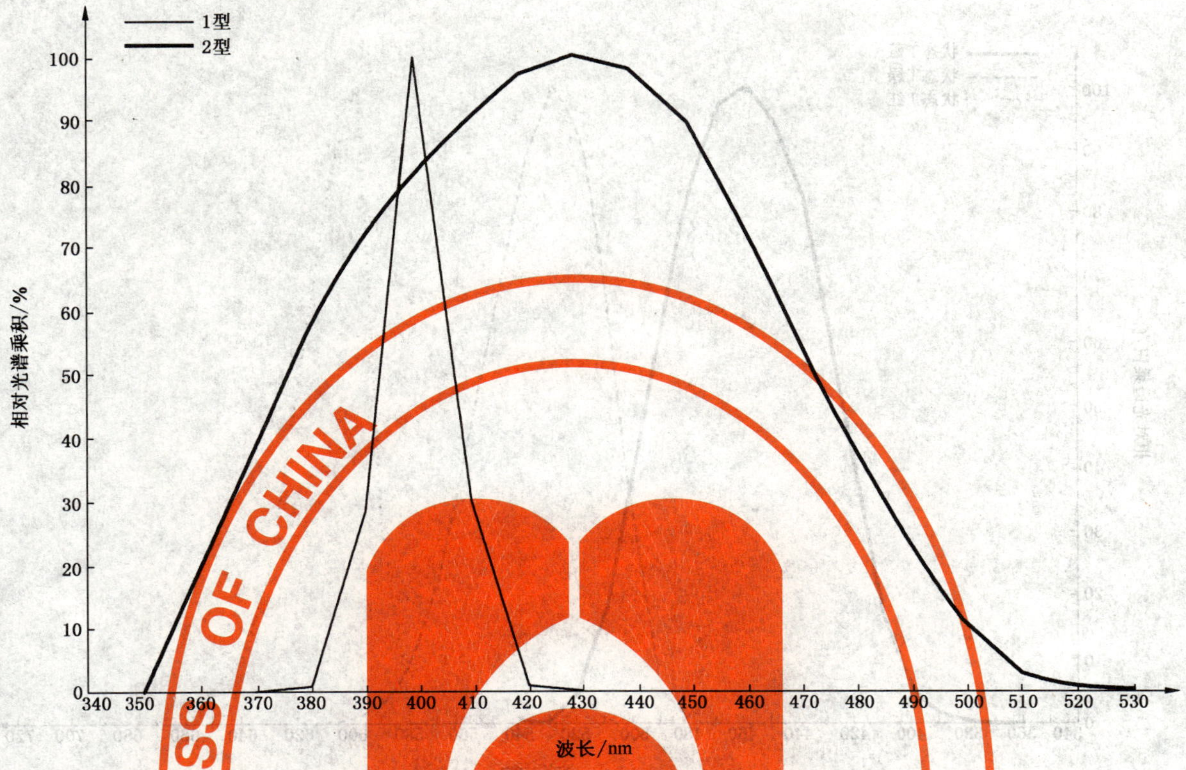

图 B.2 1型密度和2型密度光谱乘积

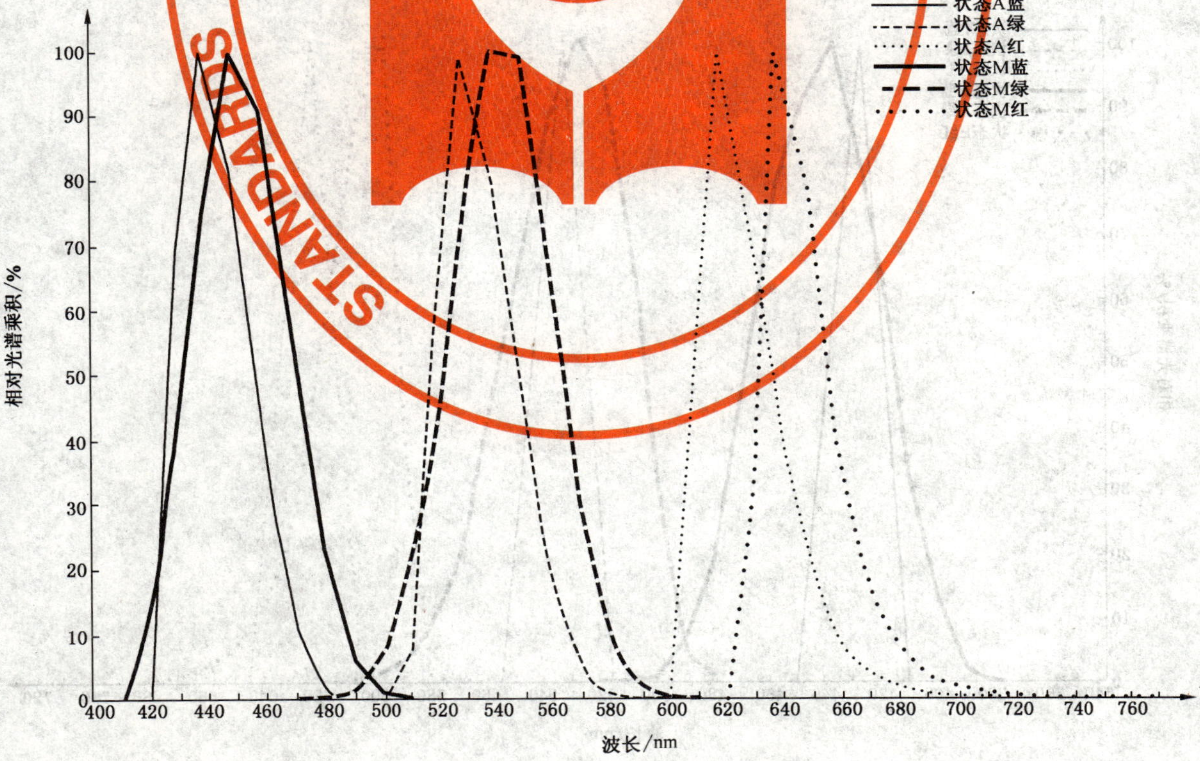

图 B.3 A状态和M状态密度光谱乘积

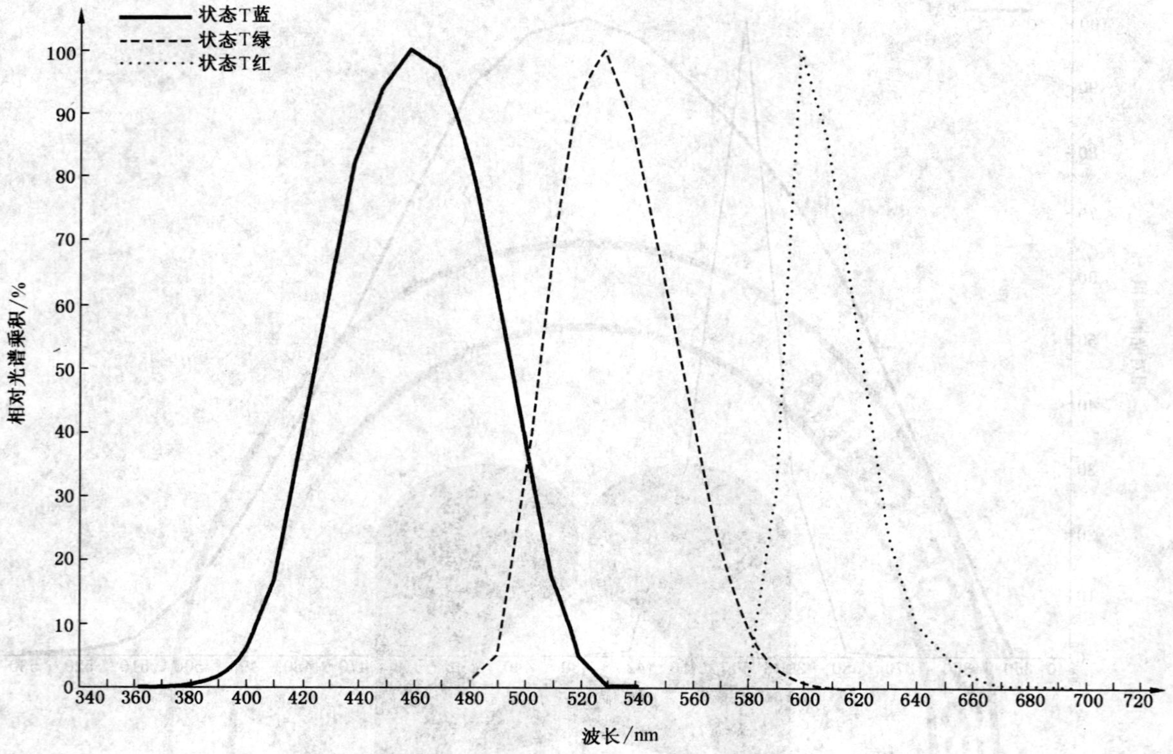

图 B.4 T状态密度光谱乘积

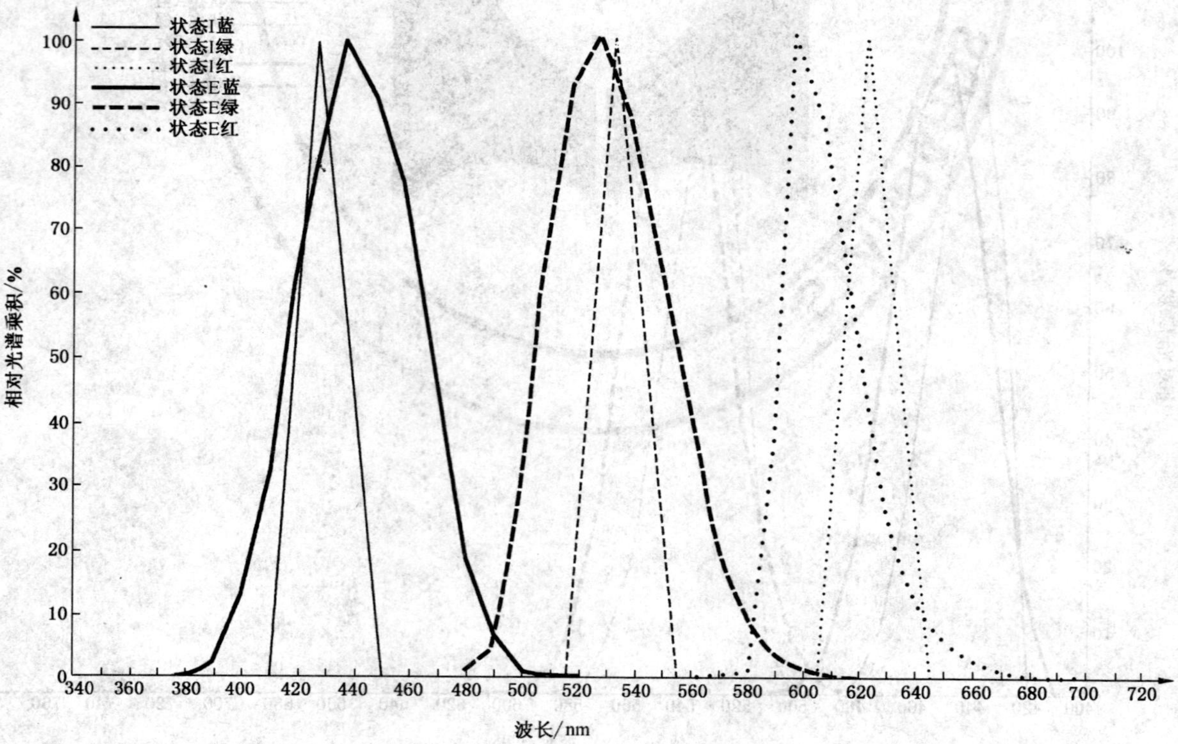

图 B.5 E状态密度和I状态密度光谱乘积

附　录　C
（资料性附录）
边带抑制

边带抑制对于测量准确度非常重要。表 C.1 示出在四种不同的边带抑制条件下与实际密度产生的偏差。该数据是根据一个简单模式得出即：样品在通带外没有密度，接收器的光谱响应是平坦的，施照体光谱能量分布是平坦的。

表 C.1　不同抑制比下测量密度与实际密度的偏离

实际密度	测量密度			
	抑制比为 10^6	抑制比为 10^5	抑制比为 10^4	抑制比为 10^3
5.0	4.958 6	4.699 0	3.959	2.996
4.0	3.995 7	3.858 6	3.699	2.959
3.0	2.999 6	2.995 7	2.959	2.699
2.0	2.000 0	1.999 6	1.996	1.959
1.0	1.000 0	1.000 0	0.999	0.996 1

参 考 文 献

［1］ ISO 5-2:1991 Photography—Density measurements—Part 2:Geometric conditions for transmission density.

［2］ ISO 5-4:1995 Photography—Density measurements—Part 4: Geometric conditions for reflection density.

［3］ DIN 16536-2:1986 Colour density measurement on prints—Part 2: Requirements on measuring apparatus for reflection densitometers.

［4］ Mees and James. The theory of the photographic process. MacMillann, 3rd edn., 1971;453

ICS 71.100.60
Y 41

中华人民共和国国家标准

GB/T 11539—2008/ISO 7359:1985
代替 GB/T 11539—1989、GB/T 14455.9—1993

香料　填充柱气相色谱分析　通用法

Fragrance/Flavor substances—Analysis by gas chromatography on packed columns—General method

(ISO 7359:1985, Essential oil—Analysis by gas chromatography on packed columns—General method, IDT)

2008-07-15 发布　　2008-12-01 实施

中华人民共和国国家质量监督检验检疫总局
中国国家标准化管理委员会　发布

前　言

本标准等同采用 ISO 7359:1985《精油　填充柱气相色谱分析　通用法》。本标准与 ISO 7359:1985 相比,主要是将标准名称和标准中的“精油”改为“香料”。

本标准是对 GB/T 11539—1989《单离及合成香料　填充柱气相色谱分析　通用法》和 GB/T 14455.9—1993《精油　填充柱气相色谱分析　通用法》的合并及修订。

本标准由中国轻工业联合会提出。

本标准由全国香料香精化妆品标准化技术委员会归口。

本标准由上海香料研究所负责起草。

本标准主要起草人:金其璋、徐易、曹怡。

本标准所代替标准的历次版本发布情况为:

——GB/T 11539—1989;

——GB/T 14455.9—1993。

引　　言

由于气相色谱分析法的描述十分冗长，因此认为如下做法是有用的。一方面制定通用方法，指出所有常用参数、仪器、产品、方法、公式等方面的详细信息；另一方面制定较为简短的香料特定成分的测定标准，仅给出有关特定的操作条件。

这些简述版本的标准将引用本标准填充柱气相色谱分析法，或引用 GB/T 11538《精油　毛细管柱气相色谱分析　通用法》。

香料　填充柱气相色谱分析　通用法

1　范围

本标准规定了用填充柱气相色谱分析香料的通用方法，目的在于测定其中一个特定成分的含量和/或探求一个特征图像。

2　规范性引用文件

下列文件中的条款通过本标准的引用而成为本标准的条款。凡是注日期的引用文件，其随后所有的修改单（不包括勘误的内容）或修订版均不适用于本标准，然而，鼓励根据本标准达成协议的各方研究是否可使用这些文件的最新版本。凡是不注日期的引用文件，其最新版本适用于本标准。

GB/T 11538　精油　毛细管柱气相色谱分析　通用法（GB/T 11538—2006，ISO 7609:1985，IDT）

GB/T 14454.1　香料　试样制备（GB/T 14454.1—2008，ISO 356:1996，MOD）

3　原理

小量香料在规定的条件下，在一根装填适当物质的柱上进行气相色谱分析。

必要时用保留指数鉴定不同成分。

用测量峰面积的方法对特定成分作定量测定。

4　试剂和产品

分析中，除另有规定外，只用认可的分析级试剂和新蒸馏的产品。

4.1　载气

4.1.1　氢[1]、氦或氮，按照所用检测器的类型选用。如所用检测器需用上述以外的载气，应说明。

4.1.2　辅助气：适合所用检测器的任何气体。

4.2　检查柱的化学惰性的产品：乙酸芳樟酯，纯度至少98%。

4.3　测试柱效的产品[2]

4.3.1　芳樟醇，色谱测定纯度至少99%。

4.3.2　甲烷，色谱测定纯度至少99%。

4.4　参比物质，对应于待测定或待检出成分。参比物质将在每一有关标准中规定。

4.5　内标：将在每一有关标准中规定，它的出峰位置应尽可能地靠近待测成分，且不与香料中任何成分的峰相重叠。

4.6　正构烷烃，色谱测定纯度至少95%。在一特定的标准中所用的正构烷烃的范围，取决于试验条件下所涉及成分的保留指数。

注：正构烷烃仅用于需测定保留指数时。

4.7　测试混合物：制备一个含接近等量比例的下列物质的混合物。

——苧烯；

——苯乙酮；

——芳樟醇；

1)　用此气时，应严格遵守安全规则。

2)　其他产品也可用以检查柱效，它们将在每一有关标准中规定。

——乙酸芳樟酯；

——萘；

——肉桂醇。

所有上述试剂用色谱测定，纯度至少95%。

注：其他产品也可用，将在每一有关标准中规定。

5 仪器

5.1 色谱仪，装备有一个合适的检测器和一个程序升温器。进样系统和检测系统应配备有能单独控制各自温度的装置。

5.2 柱，用惰性材料制成(例如玻璃或不锈钢)，内径在2 mm～4 mm之间，长度在2 m～4 m之间。

担体应尽可能惰性，例如硅烷化和酸洗的白色硅藻土。必须使用特定颗粒度的担体时，将在有关标准中规定。

固定相的性质将在每一有关标准中规定。目前最常用的固定相是：非极性的如二甲基聚硅氧烷，极性的如聚乙二醇。固定相与担体之比以每100 g担体上固定相的克数表示。

柱填料的组成将在每一有关标准中规定。

注：如果用柱填料而不用另外固定相时，则应适当描述填料的特征。

5.3 记录仪和积分仪，其效能应与仪器的其余部分相适合。

6 试样制备

按GB/T 14454.1的规定。

如果注入的试样需要进行特殊制备，将在有关标准中指出。

7 操作条件

7.1 温度

色谱炉、进样系统和检测器的温度将在每一有关标准中规定。

7.2 载气流速

调节流速以便得到所需柱效(见8.2)。

7.3 辅助气流速

参照制造商说明书以得到检测器的最佳响应值。

8 柱性能

8.1 化学惰性试验

在试验条件下(见7.1)注入一定量的乙酸芳樟酯，应只得到一个峰(在纯度限定范围内)。

8.2 柱效

在130 ℃恒温下，以芳樟醇峰测定柱效。测定有效塔板数N，用下列公式之一计算应至少为3 000。

公式1：(见图1)

$$N = 16\left(\frac{d_r'}{\omega}\right)^2 \quad \cdots\cdots(1)$$

公式2：

$$N = 5.54\left(\frac{d_r'}{b}\right)^2 \quad \cdots\cdots(2)$$

式中：

d_r'——调整保留距离，以长度单位表示(130 ℃时芳樟醇峰的保留距离减去空气峰或甲烷峰的保留距离)；

ω——芳樟醇峰拐点上两根切线与基线的两个交点间的距离，以保留距离同样的长度单位表示；

b——规定化合物(芳樟醇)半峰高处的宽度,单位为毫米(mm)。

记录仪纸速应使 ω 至少 10 mm,以便得到适当的精密度。

记录仪纸速应使 b 至少 5 mm,以便得到适当的精密度。

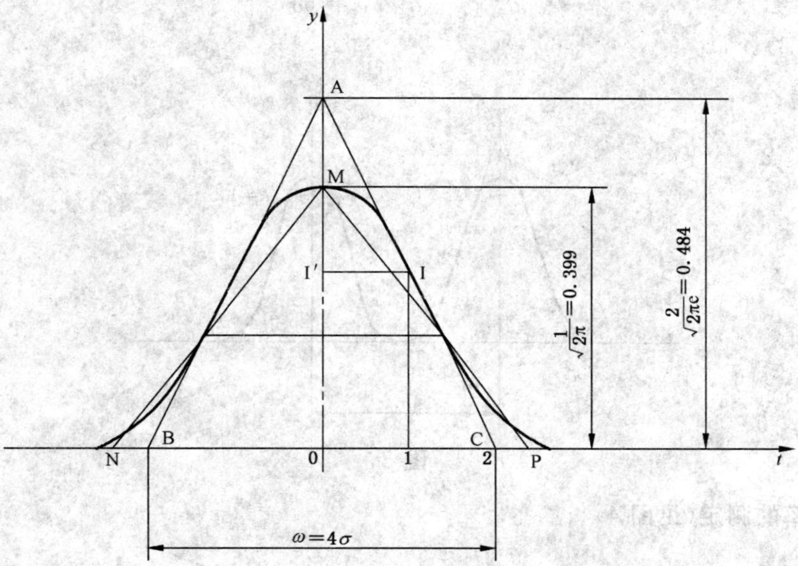

图 1

8.3 分离度和分离百分率

为了测定分离度和/或分离百分率,在试验条件下注入适量测试混合物(4.7)。

8.3.1 分离度的测定(见图 2)

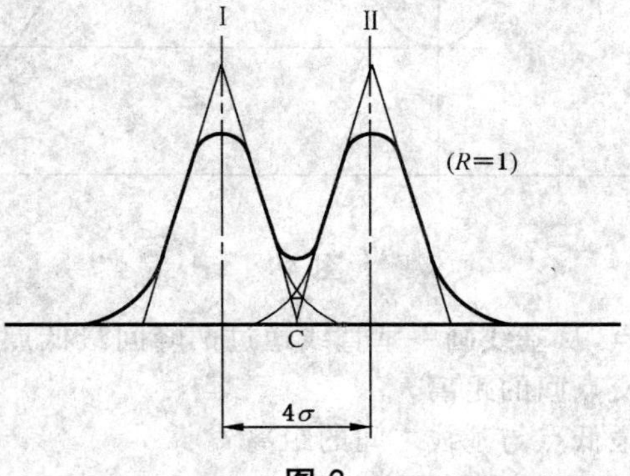

图 2

用式(3)计算相邻二峰Ⅰ和Ⅱ的分离因子 R:

$$R = 2\frac{d_{r(\mathrm{II})} - d_{r(\mathrm{I})}}{\omega_{(\mathrm{I})} + \omega_{(\mathrm{II})}} \qquad \cdots\cdots(3)$$

式中:

$d_{r(\mathrm{I})}$——峰Ⅰ的保留距离;

$d_{r(\mathrm{II})}$——峰Ⅱ的保留距离;

$\omega_{(\mathrm{I})}$——峰Ⅰ的底宽;

$\omega_{(\mathrm{II})}$——峰Ⅱ的底宽。

如果 $\omega_{(\mathrm{I})} \approx \omega_{(\mathrm{II})}$,用式(4)计算 R:

$$R = \frac{d_{r(\mathrm{II})} - d_{r(\mathrm{I})}}{\omega} = \frac{d_{r(\mathrm{II})} - d_{r(\mathrm{I})}}{4\sigma} \qquad \cdots\cdots(4)$$

式中 σ 是标准偏差(见图 1)。

如果两峰之间距离 $d_{r(\text{II})}-d_{r(\text{I})}=4\sigma$,分离因子 $R=1$(见图 2)。

如果两峰分离不完全,两峰拐点处切线相交于 C 点。为了分离完全,两峰间距离应等于:

$$d_{r(\text{II})}-d_{r(\text{I})}=6\sigma$$

如此 $R=1.5$(见图 3)。

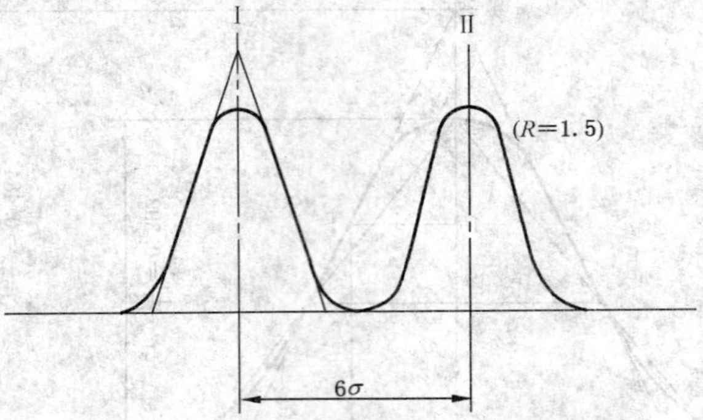

图 3

8.3.2 分离百分率的测定(见图 4)

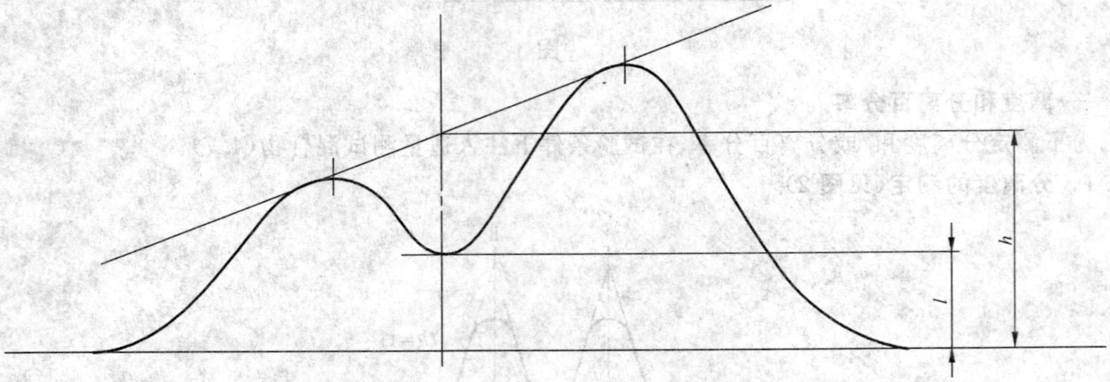

图 4

画一直线连接有关峰的顶点,从基线画一垂直线通过两峰间最低点。在连接有关峰顶的直线和基线之间沿着垂直线量出基线与交点间的距离 h。

沿着垂直线再量出两峰间最低点与基线之间的距离 l。

用式(5)计算分离百分率 p,以百分数表示:

$$p=\frac{100(h-l)}{h} \qquad \cdots\cdots(5)$$

8.3.3 检查程序升温时的分离度

用下列条件:

——二甲基聚硅氧烷或聚乙二醇柱;

——程序升温从 80 ℃～220 ℃,速率 2 ℃/min 或 3 ℃/min。

载气流速应使测试混合物(4.7)中所有成分和测定保留指数所需正构烷烃(4.6)在程序升温终止前全部从柱中流出。

8.3.3.1 注入适量测试混合物(4.7),在所得色谱图上:

a) 在二甲基聚硅氧烷柱的情况下,苧烯峰和苯乙酮峰的分离百分率至少为 95%(见 8.3.2);

b) 在聚乙二醇(M_r=20 000)柱的情况下,芳樟醇峰和乙酸芳樟酯峰的分离百分率至少为 95%(见 8.3.2)。

如果在有关标准中规定用其他固定相，则应规定具体要求。

8.3.3.2 注入适量测试混合物(4.7)，计算测试混合物中各成分的保留指数(见第9章)。

用二甲基聚硅氧烷柱时，则用烷烃 C_{10} 至 C_{16}。

用聚乙二醇(M_r=20 000)柱时，则用烷烃 C_{11} 至 C_{24}。

这样计算出的保留指数指出了柱的极性，并比较了被分析成分的各种结构特征。

如果在不同柱上[3]装有同一名称的填充物，测得的测试混合物成分的保留指数仅稍有不同，则不同柱上所得的结果可视为同等的。

9 保留指数的测定

如需测定保留指数，则应制备一个包括正戊烷在内的正构烷烃的试样的混合物，按照预期的保留指数范围选择正构烷烃。待柱温稳定后，注入适量混合物，按10.1规定的条件进行分析。

这样得到色谱图“B”。

9.1 保留指数的测定

比较色谱图“A”(见10.1)和“B”(见第9章)，在色谱图“B”上记下对应于正构烷烃的那些峰。

在色谱图“B”上做以下测量。

9.1.1 恒温条件

9.1.1.1 如果用热导检测器，计算待测保留指数峰峰顶的保留距离与空气峰峰顶的保留距离之间的差 d'_x，以毫米计。

计算待测保留指数峰前最近的一个正构烷烃峰峰顶的保留距离与空气峰峰顶的保留距离之间的差 d'_n，以毫米计。

计算待测保留指数峰后最近的一个正构烷烃峰峰顶的保留距离与空气峰峰顶的保留距离之间的差 d'_{n+1}，以毫米计。

9.1.1.2 如果用火焰离子化检测器，计算待测保留指数峰峰顶的保留距离与甲烷峰峰顶的保留距离之间的差 d'_x，以毫米计。

计算待测保留指数峰前最近的一个正构烷烃峰峰顶的保留距离与甲烷峰峰顶的保留距离之间的差 d'_n，以毫米计。

计算待测保留指数峰后最近的一个正构烷烃峰峰顶的保留距离与甲烷峰峰顶的保留距离之间的差 d'_{n+1}，以毫米计。

9.1.2 从进样开始用线性程序升温的程序

测量出待测保留指数峰峰顶与此峰前最近的一个正构烷烃峰(n个碳原子)峰顶之间在基线上的距离 Δx，以毫米计。

测量出相邻两个正构烷烃(具有 n 个碳原子的正构烷烃和待测保留指数峰后面最近的具有 $n+1$ 个碳原子的正构烷烃)峰峰顶之间在基线上的距离 Δy，以毫米计。

9.2 保留指数的计算

9.2.1 恒温条件

用式(6)计算保留指数 I：

$$I = 100\,\frac{\log d'_x - \log d'_n}{\log d'_{n+1} - \log d'_n} + 100n \qquad \cdots\cdots(6)$$

式中：

d'_x——待测保留指数峰峰顶与空气峰(或甲烷峰)峰顶之间的距离，以毫米计(见9.1.1)；

---

3) 这些不同限度将在以后规定。

d'_n——具有 n 个碳原子的正构烷烃峰峰顶与空气峰（或甲烷峰）峰顶之间的距离，以毫米计（见 9.1.1）；

d'_{n+1}——具有 $n+1$ 个碳原子的正构烷烃峰峰顶与空气峰（或甲烷峰）峰顶之间的距离，以毫米计（见 9.1.1）。

注：此公式只在 $d'_{n+1}>d'_x>d'_n$ 时有效。

9.2.2 从进样开始用线性程序升温的程序

此计算式仅在各成分的保留时间包括在线性程序升温范围内时方为有效。

用式(7)计算保留指数 I。

$$I = 100\frac{\Delta x}{\Delta y} + 100n \qquad \cdots\cdots(7)$$

式中：

Δx——待测保留指数峰峰顶与具有 n 个碳原子的正构烷烃峰峰顶之间的距离，以毫米计（见 9.1.2）；

Δy——具有 n 个碳原子的正构烷烃峰峰顶与具有 $n+1$ 个碳原子的正构烷烃峰峰顶之间的距离，以毫米计（见 9.1.2）。

注：如果进行不同的程序升温，就不可能计算保留指数。

10 测定方法

10.1 通用条件

按有关标准记录香料的色谱图。

温度和流速条件应和测试柱效时所用的一样（见 8.2）。

为测定某些特定成分，有关标准会规定使用指定温度下的恒温条件。在此情况下，应控制流速使其达到有关标准中规定的分离百分率。

待柱温稳定后，注入适量试样。

这样得到色谱图"A"。

10.2 内标法

在同样操作条件下，记录香料的色谱图及内标（4.5）的色谱图。检查色谱图，待测成分和香料的其他成分应分开，内标不与香料的任何成分相干扰。

10.2.1 响应因子的测定

为定量测定，如果一个成分对应于内标的响应因子需要测定，可称取适量内标（4.5）和参比物质（4.4），使相应的峰面积大致相等。

如果需要用溶剂，将在有关标准中规定。

待柱温稳定后，注入适量此混合物，按 10.1 规定条件进行分析。

这样得到色谱图"F"。

用式(8)计算该成分对应于内标的响应因子 K：

$$K = \frac{A_E \times m_R}{A_R \times m_E} \qquad \cdots\cdots(8)$$

式中：

A_R——待计算其响应因子的参比物质的峰面积积分单位；

A_E——内标峰面积的积分单位；

m_R——参比物质的质量，单位为毫克(mg)；

m_E——内标的质量，单位为毫克(mg)。

10.2.2 测定

如果有关标准规定用某种内标，称取适量香料和该内标(精确至 0.001 g)，制备成一混合物。内标量的选择应使待测成分的峰面积与内标的峰面积大致相等。

待柱温稳定后，注入适量此混合物，按 10.1 规定条件进行分析。

这样得到色谱图“C”。

10.3 叠加法

如果在某一特定的测定中不能用内标法，则可用叠加法。

为此，首先注入适量香料，其中 x 是待测成分，y 是所得色谱图“D”上出峰位置靠近 x 的成分。

然后称取 m 克香料和 m_R 克对应于待测成分 x 的参比物质(4.4)(精确至 0.001 g)，制备成一混合物。

注入此混合物。

这样得到色谱图“E”。

10.4 面积归一化法

此法不是一个真正的测定方法，仅用峰面积比较方法对从一个混合物中流出的不同成分的相对浓度做粗略的估计，而不是测定这些成分的质量分数。

11 结果的表示

11.1 内标法

用式(9)计算待测成分的含量 C_X，以质量分数表示：

$$C_X = \frac{A_X \times m_E \times K}{A_E \times m} \times 100 \quad \cdots\cdots(9)$$

式中：

A_X——待测成分的峰面积积分单位(见 10.2.2)；

A_E——内标的峰面积积分单位(见 10.2.2)；

m——精油的质量，单位为毫克(mg)；

m_E——内标的质量，单位为毫克(mg)；

K——待测成分对应于内标的响应因子(见 10.2.1)。

11.2 叠加法

当 $r'>r$ 时，用式(10)计算待测成分的含量 C_X，以%表示：

$$C_X = \frac{m_R}{m} \times \frac{r}{r'-r} \times 100 \quad \cdots\cdots(10)$$

式中：

m_R——参比物质(4.4)的质量，单位为克(g)；

m——香料的质量，单位为克(g)；

以及：

$$r = \frac{A_X}{A_Y}$$

A_X——色谱图“D”上(见 10.3)对应于成分 x 的峰面积；

A_Y——色谱图“D”上对应于靠近 x 的成分 y 的峰面积；

以及：

$$r' = \frac{A'_X}{A'_Y}$$

A'_X——色谱图“E”上(见 10.3)对应于成分 x 的峰面积；

A'_Y——色谱图“E”上对应于靠近 x 的成分 y 的峰面积。

11.3 面积归一化法

当试样在试验条件下能全部挥发(香料无残渣)，且所得色谱图上无过多的小峰，用式(11)计算待测成分的含量 C_X，以%表示：

$$C_X = \frac{A_X}{\sum A} \times 100 \quad \cdots\cdots\cdots\cdots (11)$$

式中：

A_X——待测成分的峰面积积分单位；

$\sum A$——所有峰面积积分单位之和。

11.4 结果和重复性

以同一样品几次(至少三次)测定所得结果的平均值作为响应因子 K 和待测成分的含量 C_X，计算中所用数值偏离平均值不应大于某一百分率(一般为±2.5%)。此百分率和测定次数将在不同方法或有关标准中规定。

12 试验报告

试验报告应包括下列内容：

a) 试样的鉴定；

b) 本标准用的参考资料；

c) 所用仪器类型；

d) 柱的特性(材料、填料、温度)；

e) 进样系统的特性(类型和温度)；

f) 检测器的特性(类型和温度)；

g) 载气和流速；

h) 记录仪的特性(最大信号高度、纸速、满刻度响应时间)；

i) 所得结果。

ICS 71.100.60
Y 41

GB

中华人民共和国国家标准

GB/T 11540—2008
代替 GB/T 11540—1989,GB/T 14455.4—1993

香料　相对密度的测定

Fragrance/Flavor substances—Determination of relative density

(ISO 279:1998, Essential oils—Determination of relative density at 20 ℃—Reference method, MOD)

2008-07-15 发布　　2008-11-01 实施

中华人民共和国国家质量监督检验检疫总局
中国国家标准化管理委员会　发布

前　言

本标准修改采用 ISO 279:1998《精油　20 ℃时相对密度的测定　参考方法》，与 ISO 279:1998 的主要差异为：

——删除了 ISO 279:1998 的取样方法；

——增加了单离及合成香料相对密度的测定、t'温度下和 t 温度下相对密度的换算公式；

——增加了密度仪的操作程序(附录 A)和韦氏比重秤法(附录 B)。

本标准是对 GB/T 11540—1989《单离及合成香料　相对密度的测定》、GB/T 14455.4—1993《精油　相对密度的测定》的合并和修订，主要变化是增加了密度仪的操作程序。

本标准的附录 A、附录 B 为规范性附录。

本标准由中国轻工业联合会提出。

本标准由全国香料香精化妆品标准化技术委员会归口。

本标准由上海香料研究所负责起草。

本标准主要起草人：曹怡、徐易、金其璋。

本标准所代替标准的历次版本发布情况为：

——GB/T 11540—1989；

——GB/T 14455.4—1993。

香料 相对密度的测定

1 范围

本标准规定了在一定温度下测定香料相对密度的方法。

本标准适用于精油、单离及合成香料相对密度的测定。

2 规范性引用文件

下列文件中的条款通过本标准的引用而成为本标准的条款。凡是注日期的引用文件，其随后所有的修改单(不包括勘误的内容)或修订版均不适用于本标准，然而，鼓励根据本标准达成协议的各方研究是否可使用这些文件的最新版本。凡是不注日期的引用文件，其最新版本适用于本标准。

GB/T 14454.1 香料 试样制备(GB/T 14454.1—2008,ISO 356:1996,MOD)

3 术语和定义

下列术语和定义适用于本标准。

3.1

相对密度 relative density

一定温度(t ℃)下，一定体积的香料的质量与相同温度下同样体积的蒸馏水的质量之比。

注：其表示符号为 d_t^t，没有单位。

3.2

绝对密度 absolute density

一定温度(t ℃)下，一定体积的香料的质量与体积之比。

注：其表示符号为 ρ_t，单位为 g/mL。

4 原理

在一定温度(t ℃)下先后称量密度瓶内同体积的香料和水的质量。

5 试剂

5.1 所用试剂均为分析纯试剂，水为蒸馏水或纯度相当的水。

5.2 蒸馏水，新煮沸并冷却到测定的温度。

6 仪器

实验室常用仪器，特别是下列仪器：

6.1 玻璃密度瓶，最小标称容量为 5 mL。

注：市售的自动电子密度仪可精确测定相对密度。该仪器可用于常规的控制，但是在有争议的情况下，仲裁法是密度瓶法。

6.2 水浴，能够将温度控制在测定温度±0.2 ℃。

6.3 标准温度计，温度范围在 10 ℃～30 ℃，有 0.2 ℃或 0.1 ℃的分刻度。

6.4 分析天平。

7 试样制备

按 GB/T 14454.1 的要求。

8 操作程序

8.1 密度瓶的准备

仔细地清洗密度瓶(6.1),然后依次用乙醇、丙酮进行清洗,用干燥的空气流使密度瓶的内壁干燥。

如有必要,用干布或滤纸拭干外壁。

当天平室和密度瓶的温度达到平衡时,如有瓶塞,称取包括瓶塞在内的密度瓶的质量,精确到 0.001 g(精油)、0.000 2 g(单离及合成香料)。

8.2 蒸馏水的称量

密度瓶内注满蒸馏水(5.2)。

将密度瓶浸入到水浴(6.2)中。如有必要,在 30 min 后,调节水位至刻度。如有瓶塞,塞上瓶塞,用干布或滤纸拭干外壁。

当天平室和密度瓶的温度达到平衡时,如有瓶塞,称取包括瓶塞在内的密度瓶的质量,精确到 0.001 g(精油)、0.000 2 g(单离及合成香料)。

8.3 香料的称量

将密度瓶倒空,按 8.1 规定将其清洗并干燥。

用试样代替蒸馏水,按 8.2 的规定进行操作。

密度仪操作程序见附录 A。

韦氏比重秤法见附录 B。

9 结果的表述

9.1 按式(1)计算相对密度 d_t^t:

$$d_t^t = \frac{m_2 - m_0}{m_1 - m_0} \qquad \cdots\cdots(1)$$

式中:

m_0——按 8.1 测得的空密度瓶的质量,单位为克(g);

m_1——按 8.2 测得的装有水的密度瓶的质量,单位为克(g);

m_2——按 8.3 测得的装有香料的密度瓶的质量,单位为克(g)。

精油的测定结果计算到小数点后三位,单离及合成香料的测定结果计算到小数点后四位。

平行试验结果允许差精油为 0.001,单离及合成香料为 0.000 4。

注 1:在实际应用中,空气托力的影响不加以校正。

注 2:电子密度仪常可达到更高的精度。

如果需要香料的绝对密度,可将 t ℃时香料的相对密度乘以 t ℃时蒸馏水的绝对密度(20 ℃时蒸馏水的绝对密度为 0.998 23 g/mL)。

9.2 在室温(t')测定相对密度时,可按式(2)换算:

$$d_t^t = d_t^{t'} + f\,(t' - t) \qquad \cdots\cdots(2)$$

式中:

$d_t^{t'}$——在 t'温度下测得的相对密度;

f——平均校正值。

注:由于精油的性质,如果需要在不同的温度进行测试,则在有关的产品标准中说明测定温度。精油在 20 ℃范围内的平均校正值是每摄氏度为 0.000 7~0.000 8。

10 试验报告

试验报告应包括：

——所用的测试方法；

——所得到的测试结果；

——如果重复性已得到核实，最后所得到的结果。

试验报告还应该说明本标准中未规定的任何操作条件或被认为可选用的操作条件，以及可能影响测试结果的任何事件。

试验报告应包括对样品的完全鉴别所需要的所有详情。

附 录 A
（规范性附录）
密度仪操作程序

A.1 打开仪器开关，将温度恒定在测定温度，预热 30 min。

A.2 待仪器稳定后，用进样器吸取蒸馏水注入测样管，使蒸馏水充满管内，不得有气泡。待显示数字稳定后记录读数（$\rho_{水}$）。

A.3 吸出蒸馏水，按仪器使用说明清洗、干燥测样管。

A.4 吸出试样，用 A.2 的方法进行测试，记录读数（$\rho_{样}$）。

A.5 吸出试样，用 A.3 的方法清洗、干燥测样管。

A.6 结果的计算见式（A.1）。

$$d_t^t = \frac{\rho_{样}}{\rho_{水}} \qquad \cdots\cdots\cdots\cdots\cdots\cdots (\text{A.1})$$

式中：

$\rho_{水}$——测得的水的绝对密度；

$\rho_{样}$——测得的试样的绝对密度。

附　录　B
（规范性附录）
韦氏比重秤法

B.1　仪器装置

a)　韦氏比重秤；

b)　水浴：能将温度控制在规定温度±0.5 ℃；

c)　温度计：10 ℃～30 ℃，有 0.5 ℃刻度。

B.2　操作程序

用蒸馏水注入韦氏比重秤 a)所附的玻璃圆筒内，将圆筒置于水浴 b)中，将悬于秤端的玻璃锤浸入玻璃圆筒内的蒸馏水中，秤壁右端悬挂游码于 0.997 1 处，调节秤臂左端平衡用的螺旋，使之平衡，然后将圆筒内的蒸馏水倾去，擦干，装入试样，置于水浴 b)中，将已擦干的玻璃锤浸入试样中，调节秤臂右端的游码数量与位置使之平衡，读取数值，将此数值除以 0.997 1，即得试样在规定温度时的相对密度。

ICS 85.060
Y 32

中华人民共和国国家标准

GB/T 11541—2008
代替 GB/T 11541—1989

照相原纸

Photographic base paper

2008-08-19 发布　　2009-05-01 实施

中华人民共和国国家质量监督检验检疫总局
中国国家标准化管理委员会　发布

前　言

本标准是对 GB/T 11541—1989《照相原纸》的修订。

本标准代替 GB/T 11541—1989。

本标准与 GB/T 11541—1989 相比主要变化如下：

——修改了范围；

——修改了规范性引用文件；

——修改了检验规则(本版的第 6 章)；

——修改了标志、包装、运输、贮存(本版的第 7 章)；

——增加了附录 A、附录 B、附录 C。

本标准的附录 A、附录 B、附录 C 为规范性附录。

本标准由中国轻工业联合会提出。

本标准由全国造纸工业标准化技术委员会归口。

本标准起草单位：河南省产品质量监督检验院、中国制浆造纸研究院。

本标准主要起草人：李红、阮健、徐艳秋。

本标准所代替标准的历次版本发布情况为：

——QB 705—1979；

——GB/T 11541—1989。

本标准由全国造纸工业标准化技术委员会负责解释。

照 相 原 纸

1 范围

本标准规定了照相原纸的分类、技术要求、试验方法、检验规则、标志、包装、运输、贮存。

本标准适用于加工印相及放大的照相原纸。

2 规范性引用文件

下列文件中的条款通过本标准的引用而成为本标准的条款。凡是注日期的引用文件，其随后所有的修改单(不包括勘误的内容)或修订版均不适用于本标准，然而，鼓励根据本标准达成协议的各方研究是否可使用这些文件的最新版本。凡是不注日期的引用文件，其最新版本适用于本标准。

GB/T 450 纸和纸板 试样的采取及试样纵横向、正反面的测定(GB/T 450—2008,ISO 186:2002,MOD)

GB/T 451.2 纸和纸板定量的测定(GB/T 451.2—2002,eqv ISO 536:1995)

GB/T 455 纸和纸板撕裂度的测定(GB/T 455—2002,eqv ISO 1974:1990)

GB/T 456 纸和纸板平滑度的测定(别克法)(GB/T 456—2002,idt ISO 5627:1995)

GB/T 459 纸和纸板伸缩性的测定(GB/T 459—2002,eqv ISO 5635:1978)

GB/T 462 纸、纸板和纸浆 分析试样水分的测定(GB/T 462—2008,ISO 287:1985,ISO 638:1978,MOD)

GB/T 465.2 纸和纸板 浸水后抗张强度的测定(GB/T 465.2—2008,ISO 3781:1983,MOD)

GB/T 1540 纸和纸板吸水性的测定 可勃法(GB/T 1540—2002,neq ISO 535:1991)

GB/T 1541 纸和纸板 尘埃度的测定

GB/T 2828.1 计数抽样检验程序 第1部分:按接收质量限(AQL)检索的逐批检验抽样计划(GB/T 2828.1—2003,ISO 2859-1:1999,IDT)

GB/T 7974 纸、纸板和纸浆亮度(白度)的测定 漫射/垂直法(GB/T 7974—2002,neq ISO 2470:1999)

GB/T 10342 纸张的包装和标志

GB/T 10739 纸、纸板和纸浆试样处理和试验的标准大气条件(GB/T 10739—2002,eqv ISO 187:1990)

GB/T 12914 纸和纸板 抗张强度的测定(GB/T 12914—2008,ISO 1924-1:1992,ISO 1924-2:1992,MOD)

3 分类

照相原纸按质量分为一等品和合格品两个等级。一等品供加工高级艺术摄影的印相及放大照相纸。合格品供加工一般印相及放大照相纸。

4 技术要求

4.1 照相原纸的技术指标应符合表1的规定。

表 1

指标名称		单位	规定			
			一等品		合格品	
定量		g/m²	140±3	200±5	140±4	200±6
横幅定量差	≤	g/m²	3	5	4	6
抗张强度纵向	≥	kN/m	5.50	6.60	4.90	6.30
湿抗张强度纵向	≥	kN/m	1.60	2.00	1.20	1.50
撕裂度横向	≥	mN	700	930	650	840
吸水性	≤	g/m²	15.0～20.0		16.0～24.0	
亮度	≥	%	100.0		95.0	
横向伸缩性	≤	%	+2.5		+2.8	
平滑度(正反面均)	≥	s	80	60	80	60
吸显影液量	≤	%	25		—	
透水度		级	甲		乙	
铁点	$0.1\ mm^2 \sim 0.3\ mm^2$	个/m²	≤500		≤600	
	$>0.3\ mm^2 \sim 0.5\ mm^2$		≤50		≤100	
	$>0.5\ mm^2$		不应有		≤50	
尘埃度	$0.1\ mm^2 \sim 0.5\ mm^2$	个/m²	≤40		≤60	
	$>0.5\ mm^2 \sim 1.0\ mm^2$		≤4		≤8	
	$>1.0\ mm^2$		不应有		不应有	
交货水分		%	4.0～7.0			

4.2 照相原纸的厚薄应均匀一致,不可有单面松紧的现象。

4.3 照相原纸的切边应整齐、洁净。

4.4 照相原纸的纸面应平整、不应有褶子、起皱、斑点、水泡、砂子等影响使用的外观纸病。

4.5 照相原纸的纤维组织应均匀,表面平滑细腻,正反面不应有显著差别。

5 试验方法

5.1 定量、横幅定量差按 GB/T 451.2 的规定进行测定。

5.2 纵向抗张强度按 GB/T 12914 的规定进行测定,仲裁时采用恒速拉伸法。

5.3 湿纵向抗张强度按 GB/T 465.2 的规定进行测定。

5.4 横向撕裂度按 GB/T 455 的规定进行测定。

5.5 吸水性按 GB/T 1540 的规定进行测定,吸水时间为 60 s。

5.6 亮度按 GB/T 7974 的规定进行测定。

5.7 横向伸缩性按 GB/T 459 的规定进行测定,浸水时间 15 min。

5.8 平滑度按 GB/T 456 的规定进行测定。

5.9 透水度按附录 A 的规定进行测定。

5.10 吸显影液量按附录 B 的规定进行测定。

5.11 铁点按附录 C 的规定进行测定。

5.12 尘埃度按 GB/T 1541 的规定进行测定。

5.13 交货水分按 GB/T 462 的规定进行测定。

6 检验规则

6.1 生产厂应保证产品符合本标准要求，交货时应附产品合格证。

6.2 以一次交货的数量为一批，应不多于 30 t。

6.3 计数抽样检验程序按 GB/T 2828.1 规定进行。样本单位为筒。接收质量限(AQL)：纵向抗张强度、横向伸缩性、铁点、吸显影液量、吸水性、透水度、交货水分 AQL＝4.0；定量、全幅定量差、横向撕裂度、亮度、平滑度、尘埃度、外观纸病 AQL＝6.5。抽样方案采用正常检验二次抽样方案，检验水平为一般检验水平Ⅰ，见表 2。

表 2

批量/筒	正常检验二次抽样方案　一般检验水平Ⅰ				
	样本量	AQL＝4.0		AQL＝6.5	
		Ac	Re	Ac	Re
2～15	2	0	1	0	1
16～25	3	0	1	0	1
26～90	5	0	1	—	—
	3	—	—	0	2
	3(6)	—	—	1	2
91～150	5	0	2	0	2
	5(10)	1	2	1	2
151～280	8	0	2	0	3
	8(16)	1	2	3	4

6.4 可接收性的确定：第一次检验的样品数量应等于该方案给出的第一样本量。如果第一样本中发现的不合格品数小于或等于第一接收数，应认为该批是可接收的；如果第一样本中发现的不合格品数大于或等于第一拒收数，应认为该批是不可接收的。如果第一样本中发现的不合格品数介于第一接收数与第一拒收数之间，应检验由方案给出样本量的第二样本，并累计在第一样本和第二样本中发现的不合格品数。如果不合格品累计数小于或等于第二接收数，则判定该批是可接收的；如果不合格品累计数大于或等于第二拒收数，则判定该批是不可接收的。

6.5 需方有权按本标准检验产品，如对产品质量有异议，应在到货一个月内(或按合同规定)通知供方，由供需双方共同抽样检验。如果检验结果不符合标准规定，则判该批不可接收，由供方负责处理；如果检验结果符合本标准规定，则判该批可接收，由需方负责处理。

7 标志、包装、运输、贮存

7.1 产品的包装和标志按 GB/T 10342 的规定进行，或按合同要求。

7.2 运输时应使用带篷、防雨、防潮、洁净的运输工具。

7.3 搬运和装卸时应注意避免损坏包装，不应与有污染的物质共同运输，不应将纸件从高处扔下。

7.4 照相原纸应妥善贮存于通风仓库的垫板上，以防受雨雪或地面湿气的影响。

附 录 A
（规范性附录）
透水度的测定

A.1 原理

照相原纸经显影（碱性）、定影（酸性）、水洗（中性）后，原纸所呈现的透水均匀程度的情况，以级数表示。

A.2 试样的采取和处理

试样的采取和处理按 GB/T 450、GB/T 10739 的规定进行。

A.3 试剂和器皿

A.3.1 D-72（1∶2）显影液。
A.3.2 F-5 定影液。
A.3.3 显影盘、定影盘。
A.3.4 秒表。
A.3.5 水洗槽。
A.3.6 标准实样（照片）。

A.4 试验步骤

取长 120 mm 全幅纸样，切成 4 张宽为 280 mm 的试样。将试样放入显影液（A.3.1）中浸 4 min，取出后再放入定影液中（A.3.2），10 min 后取出。用流水漂洗后，将试样放在黑纸上，用肉眼观察其均匀程度，并与标准实样（照片）对照评定等级。共测定 4 张试样。

甲级——透水完全均匀或全不透水；
乙级——透水的均匀性稍差；
丙级——透水严重不均匀。

附 录 B
（规范性附录）
吸显影液量的测定

B.1 原理

以%表示照相原纸经显影液浸渍后的吸收量。

B.2 试样的采取和处理

试样的采取和处理按 GB/T 450、GB/T 10739 的规定进行。

B.3 试剂和器皿

B.3.1 D-72(1∶2)显影液。

B.3.2 天平，精确至 0.01 g。

B.3.3 显影盘。

B.3.4 秒表。

B.3.5 10 kg 滚筒。

B.4 试验步骤

B.4.1 沿纸页横幅切取 4 张 100 mm×100 mm 的试样。

B.4.2 试样放在天平上(B.3.2)称量，记下质量 m_1。

B.4.3 将称量好的试样放入温度(20±2)℃显影液(B.3.1)中，应使试样完全浸没在液体中，保持 2 min。

B.4.4 取出试样，放在滤纸上，再在试样上面覆盖一张滤纸，并用滚筒(B.3.5)在试样上往返滚动一次，迅速称量 m_2。

B.4.5 结果的处理

吸显影液量 w 按式(1)计算，以%表示：

$$w = \frac{m_2 - m_1}{m_1} \times 100 \qquad \cdots\cdots(1)$$

测定 4 个试样，以 4 个试样测定值的算术平均值表示。结果保留两位有效数字。

附　录　C
（规范性附录）
铁点的测定

C.1　试样的采取和处理

试样的采取和处理按 GB/T 450、GB/T 10739 的规定进行。

C.2　试剂和器皿

C.2.1　4%化学纯硝酸溶液。
C.2.2　2%化学纯亚铁氰化钾溶液。
C.2.3　耐酸水槽。
C.2.4　秒表。
C.2.5　木夹子。
C.2.6　标准尘埃对比图：在一透明膜上印有不同面积和形状的尘埃系列。同一横行排列着面积相同，但形状不同的尘埃；同一纵列排列着形状类似，但面积不同的尘埃。

注：标准尘埃对比图应由标准化机构提供，不应使用复制品，因复制品可能会改变斑点的尺寸。

C.3　试验步骤

C.3.1　沿纸页横幅均匀切取 2 张 100 mm×100 mm 试样，浸入盛有硝酸(C.2.1)和亚铁氰化钾(C.2.2)混合溶液(比例为 1∶1)的水槽中，10 min 后取出。用水洗净后风干，检验试样上的蓝色斑点，和标准尘埃对比图(C.2.6)比较，鉴定纸上蓝色斑点的面积大小，分别记录同一面积的斑点个数。

C.3.2　结果的处理

测定 2 张试样，计算 2 个试样测定值的算术平均值，计算结果取整数位，以个/m^2 表示。

ICS 71.100.40
G 72

中华人民共和国国家标准

GB/T 11543—2008
代替 GB/T 11543—1989

表面活性剂 中、高黏度乳液的特性测试及其乳化能力的评价方法

Surface active agents—The identification of emulsion for moderate to high viscosity and the evaluation method of emulsifying capability

2008-04-01 发布

2008-10-01 实施

中华人民共和国国家质量监督检验检疫总局
中国国家标准化管理委员会 发布

前言

本标准代替 GB/T 11543—1989《表面活性剂　中、高黏度乳液的特性测试及其乳化能力的评定方法》。

本标准与法国标准 NF T73-418—1983《表面活性剂 中、高黏度乳液的制备、特性研究及其乳化能力的估计》的一致性程度为非等效。

本标准与法国标准 NF T73-418—1983 的主要差异：

——稳定性测定章节分别叙述；

——乳液类型测定叙述内容；

——显微镜检查内容；

——目测叙述内容；

——试验报告内容。

本标准与前版的主要差异：

——增加了前言部分；

——增加了术语和定义的内容；

——合并了仪器和设备一章(见第 5 章)；

——合并了稳定性测定一节(见 7.2)。

本标准由中国石油和化学工业协会提出。

本标准由化学工业表面活性剂标准化技术委员会归口。

本标准起草单位：上海染料研究所有限公司、浙江皇马化工集团。

本标准起草人：庄永斌、王伟松、孟照平。

本标准于 1989 年首次发布。

表面活性剂　中、高黏度乳液的特性测试及其乳化能力的评价方法

1　范围

本标准规定了表面活性剂中、高黏度乳液的特性测试及其乳化能力的评价方法。

本标准适用于一种或几种表面活性剂和一种或几种液体或不溶于水的固体与水形成的乳液。该乳液在性能测试的温度范围内应保持其流变性。

2　规范性引用文件

下列文件中的条款通过本标准的引用而成为本标准的条款。凡是注日期的引用文件，其随后所有的修改单(不包括勘误的内容)或修订版均不适用于本标准，然而，鼓励根据本标准达成协议的各方研究是否可使用这些文件的最新版本。凡是不注日期的引用文件，其最新版本适用于本标准。

GB/T 5327　表面活性剂名词术语(GB/T 5327—1985,idt ISO 862:1984)

GB/T 6367　表面活性剂　已知钙硬度水的制备(GB/T 6367—1997,idt ISO 2174:1990)

HG/T 3506　表面活性剂　试验用水或水溶液电导率的测定(HG/T 3506—1999,ISO 2456:1986,NEQ)

3　术语和定义

下列术语和定义适用于本标准。

3.1

乳化能力　emulsifying capability

乳化剂促使乳液形成的能力。以配置 100 g 乳液与所耗用的乳化剂的最少克数之比表示。

3.2

破乳　de-emulsion

由于被乳化液体的颗粒聚结而造成的乳液解体。

3.3

乳液的分离　emulsified liquor separation

连续相以透明或澄清的形式出现。

3.4

乳化液体　emulsified liquor

适于构成乳化液连续相的液体。

3.5

乳化剂　emulsifier

能使或促使乳化液形成的物质。

3.6

乳化作用　emulsification

能使乳化液生成的作用。

3.7

乳液的类型　emulsified liquor type

水包油乳化液(O/W)，油包水乳化液(W/O)。

3.8

体系　system

由其性质和成分的特性确定乳液。

3.9

相的体积比　phases volume ratio

被乳化液体的体积与形成了连续相的液体之比。

3.10

乳液的分散相与乳液的连续相　emulsified liquor disperse phase and emulsified liquor continue phase

分散相是乳化液的间断相，连续相是分散介质。

3.11

分散度　dispersion degree

被乳化液体在连续相中分割度。可将球形颗粒的平均大小归类。

3.12

乳液的稳定性　emulsified liquor stability

可分为储藏稳定性和使用稳定性。

3.13

乳脂状　butterfat state

乳液以分散相的形式明显地分离成具有不同含量的数种乳液。其中被乳化度最大者叫做乳脂。

3.14

转相温度　inversion temperature

乳液的类型迅速发生转相变化的温度。

4　原理

采用不同浓度的表面活性剂溶液，通过机械搅拌，制备一系列乳液。按电导率法测定乳液的类型。在一定的条件下，测定乳液的性能，最终评定表面活性剂的乳化能力。

5　仪器和设备

5.1　具塞磨口玻璃瓶：容量 125 mL、1 000 mL。

5.2　量筒：容量 100 mL。

5.3　烧杯：容量 600 mL。

5.4　电动机：可控制转速 100 r/min～500 r/min。

5.5　恒温水浴锅。

5.6　离心机：转速可达 4 000 r/min。

5.7　离心分离管：容量 10 mL。

5.8　显微镜：500 倍以上。

5.9　冰箱：可调节温度至－10℃。

5.10　叶轮式不锈钢搅拌(见图 1)。

单位为毫米

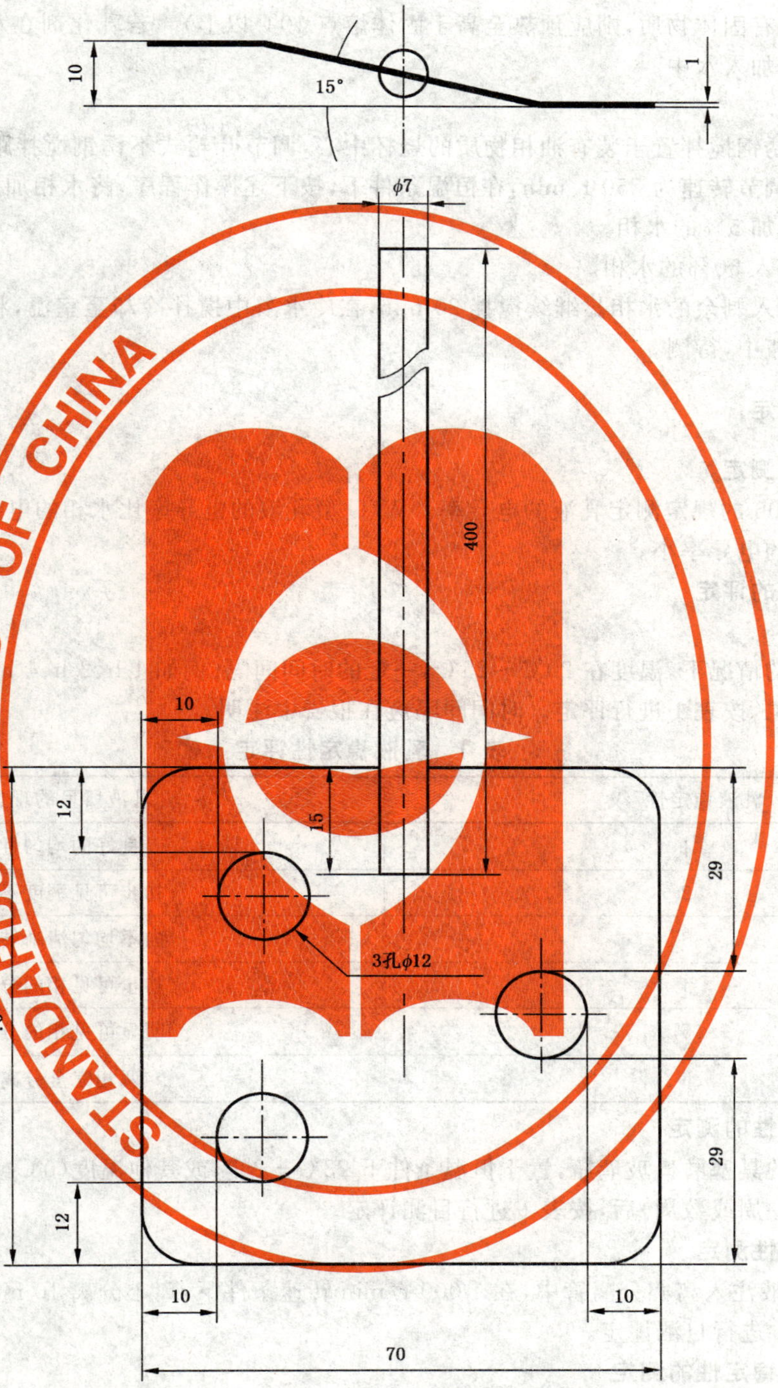

图 1　叶轮式不锈钢搅拌示意图

6　乳液的制备

6.1　乳液的制备准备

水相应按 HG/T 3506 的规定测定其电导率，并按 GB/T 6367 的规定测定其钙硬度。固体油相应测定其熔点。

分别称取配制 400 g 乳液所需的油相和水相物质(称准至 0.1 g)于烧杯中,称取一定量的乳化剂(称准至 0.1 g),置于易溶的一相中,将烧杯加盖以免蒸发,预热油相和水相至制备乳液所需的两相同样的温度(若油相中有固体物质,则应预热至高于固体熔点 10℃以上)。若乳化剂在水相或油相中均不能完全溶解,则将它加入水中。

6.2 乳液的制备

将叶轮式不锈钢搅拌置于装有油相物质的烧杯中心,调节叶轮式不锈钢搅拌距底部 2 mm～3 mm 处,启动电动机,调节转速为 250 r/min,在恒温条件下,按下述操作程序,将水相加入油相进行乳化:

第一分钟,滴加 5%的水相。

第二分钟,加入 50%的水相。

第三分钟,加入剩余的水相。继续搅拌 20 min,在冷水浴中搅拌冷却至室温,将乳液置于洁净干燥且具塞磨口玻璃瓶中,待测。

7 乳液性能的测定

7.1 乳液类型的测定

按 HG/T 3506 的规定测定乳液的电导率。W/O 型乳液的电导率比水相的电导率大,O/W 型乳液的电导率比水相的电导率小。

7.2 乳液稳定性的评定

7.2.1 目测

在强烈照明的情况下,温度在 20℃～25℃,一定的时间间隔(例如 1 h、2 h、4 h、6 h、12 h、24 h),目测乳液所呈的现象,按表 1 进行评定。时间间隔应在报告中注明。

表 1 乳液稳定性评定

乳液稳定性/级	乳液所呈的现象
1	良好的均匀性
2	初步可见稠度不匀
3	向不均匀清晰转化
4	初步可见相的分离
5	明显可见相的分离
6	两相完全分离

7.2.2 储藏稳定性的测定

将装有乳液的具塞磨口玻璃瓶,置于恒温条件下 23℃±2℃,或其他温度(0℃或 45℃)条件,放置一定时间(数小时、一周或数周)后,按表 1 进行目测评定。

7.2.3 离心稳定性测定

将 10 mL 乳液注入离心分离管中,在 4 000 r/min 转速条件下,离心分离 10 min(特殊要求,可分离 60 min)后,按表 1 进行目测评定。

7.2.4 冷热循环稳定性的测定

称取 100 g 乳液(称准至 1 g)置于具塞磨口玻璃瓶中,在－10℃±2℃的条件下,放置 16 h 后,再在 23℃±2℃工作温度下,放置 8 h,作为一次冷热循环(凝胶-解冻)。观察乳液状态的变化(破乳、聚结、聚凝或分离)。若乳液无明显变化,重复以上冷热循环操作,直至乳液状态发生变化为止或重复冷热循环操作 5 次。

乳液的冷热循环稳定性,以经受凝胶-解冻的循环次数来表示。

7.3 乳液的粒径的测定

乳液制备 20 min 后,用滴管吸取一滴乳液,在 5 min 内用显微镜观察其外观,颗粒最大直径、平均直径及凝聚趋势，并记录最大直径和最小直径的颗粒数。

对于油相浓度超过10%的乳液，可采用同一水相稀释乳液(必要时，可加入少量乳化剂或稳定剂，以确保乳液的稳定)，调节油相浓度于5%～10%，再用移液管吸取一滴稀释液，进行观察。显微镜放大倍数应根据颗粒大小进行调节，也可通过显微摄影技术来测定乳液的粒径大小和分布情况。显微镜观察仅适用于W/O型乳液。

8 乳化能力的测定

对不同浓度的乳化剂配成的一系列乳液，按本标准规定的方法测定其各项性能。以配制各项性能最佳的乳液100 g与所需乳化剂的最少克数之比来表示该乳化剂的乳化能力。

9 试验报告

试验报告应包括以下内容：

a) 水相的电导率、硬度；

b) 配置乳液时的温度；

c) 乳液的配方；

d) 乳液的类型；

e) 乳液稳定性的测试条件及结果；

f) 显微镜放大倍数及观察结果；

g) 乳化能力的评定。

ICS 21.220.10
G 42

中华人民共和国国家标准

GB/T 11545—2008
代替 GB/T 11545—1996

带传动　汽车工业用V带　疲劳试验

Belt drives—V-belts for the automotive industry—Fatigue test

(ISO 5287:2003, Belt drives—Narrow for the automotive industry—Fatigue test, MOD)

2008-06-18 发布　　2009-02-01 实施

中华人民共和国国家质量监督检验检疫总局
中国国家标准化管理委员会　发布

前　言

本标准修改采用国际标准 ISO 5287:2003《带传动　汽车工业用窄 V 带　疲劳试验》。

本标准代替 GB/T 11545—1996《汽车 V 带疲劳试验方法》。

本标准与 ISO 5287:2003 的主要差异如下：

根据 ISO 5287:2003 重新起草，在附录 A 中列出了本标准章条编号与 ISO 5287:2003 章条号对照一览表。

考虑到我国国情在采用 ISO 5287:2003 时，本标准做了一些修改。有关技术性差异已编入正文中，并在他们所涉及的条款页边空白处用垂直单线标识。在附录 B 中给出了这些技术性差异及其原因的一览表以供参考。

为了便于使用，本标准还做了下列编辑性修改：

a)　“本国际标准”一词改为“本标准”；

b)　删除国际标准的前言。

本标准与 GB/T 11545—1996 相比主要变化如下：

——增加了试验 V 带的长度范围(1996 年版的 6.1.3，本版的 6.1.3)；

——将两轮试验也纳入正文，并补充了 AV15、AV17 和 AV22 三个型号尺寸及其参数(1996 年版的附录 A，本版的 4.1.4、4.2.2、6.1.2)；

——改变了试验带轮的表面粗糙度和硬度(1996 年版的 4.2.1、4.2.3，本版的 4.2.3)。

本标准的附录 A 和附录 B 均为资料性附录。

本标准由中国石油和化学工业协会提出。

本标准由化学工业胶带标准化技术归口单位归口。

本标准起草单位：浙江紫金港胶带有限公司、无锡市中良橡胶有限公司、马鞍山锐生工贸有限公司、宁波丰茂远东橡胶有限公司、青岛橡胶工业研究所。

本标准主要起草人：庞长志、郑有灿、陈铁鸣、朱树生、刘志刚、曾军、韩德深、许喆。

本标准所代替标准的历次版本发布情况为：

——GB 11545—1989，GB/T 11545—1996。

带传动　汽车工业用V带　疲劳试验

1　范围

本标准规定可用于检验汽车V带(以下简称V带)耐疲劳性能的试验方法。

本标准适用于汽车内燃机附属设备中传动用V带。

2　规范性引用文件

下列文件中的条款通过本标准的引用而成为本标准的条款。凡是注日期的引用文件,其随后所有的修改单(不包括勘误内容)或修订版均不适用于本标准,然而,鼓励根据本标准达成协议的各方研究是否可使用这些文件的最新版本。凡是不注日期的引用文件,其最新版本适用于本标准。

GB/T 11357　带轮的材质、表面粗糙度及平衡(GB/T 11357—1989,eqv ISO 254:1981)

GB/T 13352　带传动　汽车工业用V带及其带轮　尺寸(GB/T 13352—2008,ISO 2790:2004,MOD)

3　总述

在本标准规定的条件下,用三轮(或二轮)疲劳试验机测定V带的疲劳寿命。疲劳寿命是指当V带达到终止条件时所累积的正常运转小时数。

4　设备

4.1　疲劳试验机

试验机应具有牢固结构,所有部件应能承受试验中产生的应力而不受损。试验机应包括以下几个部分。

4.1.1　一个主动轮和驱动它的装置。

4.1.2　一个从动轮和与之相连的功率消耗和测定装置;其测定装置要有一定精度,并可校正。

4.1.3　一个可以对V带施加张力的张紧轮和张紧装置:

a)　三轮试验机上是一个张紧轮(见图1);

b)　两轮试验机上是一个可移动的带轮(可以是主动轮或从动轮,见图2)。

4.1.4　一个测量V带滑动量的装置,测量精度为±1%。

为了适用于不同的带长,主动轮和(或)从动轮(对三轮试验机还包括张紧轮)及其支架的位置可调节并可以紧固(见图1、图2)。

为能方便地对V带施加张紧力,三轮试验机上的张紧轮以及安装的轴承支架应能沿张紧力的方向自由滑动或转动。在这种情况下,张紧力的作用线平分V带在张紧轮上的夹角,通过张紧轮的轴心并且作用在通过张紧轮槽中心的平面上。

两轮试验机的从动轮或主动轮应可以平移,以满足6.1.3规定的短V带的需要(见图2)。固定住可移动单元后,张紧力便加到V带上。

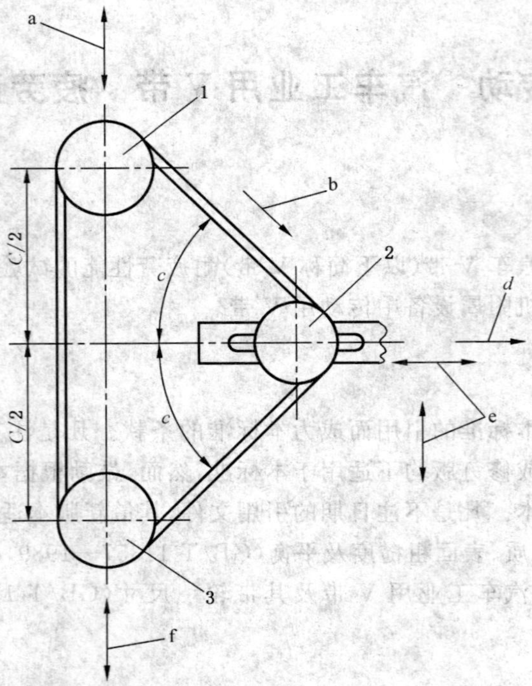

1——从动轮(与功率消耗装置相连);
2——张紧轮(置于滑道中);
3——主动轮。

注:安装在试验带轮上的V带,与通过轮槽的中心面所成角度应在±15′的范围内。

a:从动轮调节方向;
b:带的运动方向;
c:开始试验时为45°,可以因带的再次张紧而改变;
d:作用于张紧轮的带的张紧力;
e:张紧轮及其支架的调节方向;
f:主动轮调节方向。

图1 三轮试验机

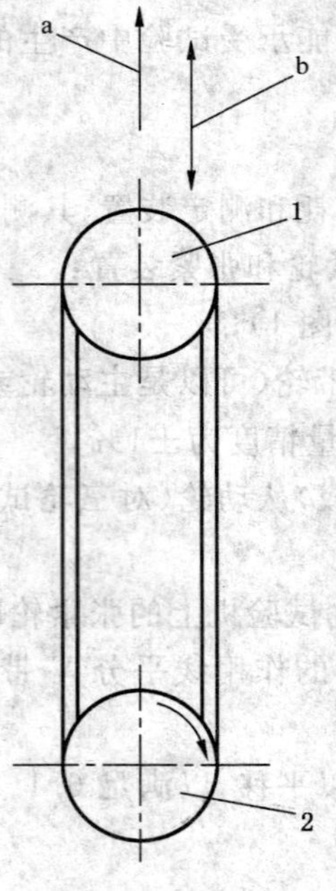

1——从动轮(与功率消耗装置相连);
2——主动轮。

注:安装在试验带轮上的V带,与通过轮槽的中心面所成角度应在±15′的范围内。

a:作用于可移动带轮的带的张紧力;
b:可移动带轮的调节方向(可固定)。

图2 两轮试验机

4.2 试验用带轮

4.2.1 试验带轮采用 45 号钢制作，并进行调质处理，轮缘部分表面硬度(217～255)HBS。

4.2.2 试验带轮的尺寸如表 1 和图 3 所示。

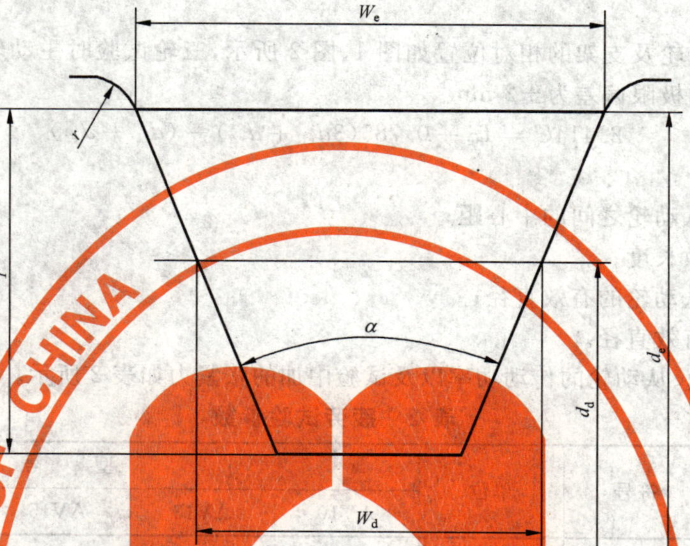

图 3 试验带轮的轮槽

表 1 试验带轮尺寸

项目	符号	单位	型号					极限偏差
			AV10	AV13	AV15	AV17	AV22	
有效直径与基准直径的差值	$d_e-d_d=2Y$	mm	3.69	5.23	6.80	8.62	7.69	
槽的基准宽度	W_d	mm	8.5	11.0	12.5	14.0	19.0	
主动轮和从动轮有效直径(三轮试验机)	d_{e1}	mm	121	127	127	127	150	±0.2
主动轮和从动轮有效直径(两轮试验机)	d_{e1}	mm	63	76	80	90	100	±0.2
张紧轮有效直径(三轮试验机)	d_{e2}	mm	63	70	80	90	100	±0.2
槽的有效宽度	W_e	mm	9.7	12.7	14.7	16.8	21.5	±0.25
主动轮和从动轮槽角	α	°	36	36	36	36	36	±0.5
张紧轮槽角	α	°	36	36	36	34	34	±0.5
最小槽深	P	mm	11	13.75	15	16	19	
槽侧顶部最小圆角半径	r	mm	0.8	0.8	0.8	0.8	1.5	

4.2.3 轮槽侧面处的表面粗糙度 Ra 的算术平均值不得大于 3.2 μm。

4.2.4 带轮的平衡要求按 GB/T 11357 的规定执行。

5 实验室条件

5.1 实验室的室温应控制在 18 ℃～32 ℃之间。

5.2 试验时装置周围不得有空气流动，但由于传动本身引起的空气流动除外。

6 试验方法

6.1 试验条件

6.1.1 试验装置中各轮及支架的相对位置如图 1、图 2 所示，三轮试验时主动轮和从动轮间的中心距由下式计算，中心距的极限偏差为±2 mm。

$$2.414C = L_e - 0.785(3d_{e1} + d_{e2}) - (d_{e1} - d_{e2})$$

式中：

C——主动轮与从动轮之间的中心距；

L_e——V 带的有效长度；

d_{e1}——主动轮与从动轮的有效直径；

d_{e2}——张紧轮的有效直径。

6.1.2 主动轮的转速、从动轮的传动功率以及试验中加的张紧力如表 2 所示。

表 2 疲劳试验参数

项目	符号	单位	型号				
			AV10	AV13	AV15	AV17	AV22
主动轮转速	n	r/min	4 900	4 700	4 700	4 700	3 900
从动轮的传动功率	P	kW	6.0	7.9	7.9	9.0	10.0
三轮试验张紧力	F	N	540	690	690	830	930
二轮试验张紧力	F	N	460	610	610	690	770
注：两轮试验机的传动功率 P 值应为表中的 70%。							

6.1.3 三轮试验机试验时所用 V 带长度最好按表 3 选取。

表 3 三轮试验机 V 带带长选择 单位为毫米

型号	带长
AV10 AV13	800～1 000
AV15 AV17 AV22	950～1 200

若 AV10 和 AV13 带长小于 800 mm、AV15、AV17 和 AV22 的带长小于 950 mm 时用两轮试验机进行试验。

6.2 程序

6.2.1 准备

6.2.1.1 三轮试验机

将 V 带安装在带轮上，在张紧轮上施加规定的张紧力，让张紧轮支架在滑道中自由移动，开动试验机使之达到规定的转速，将规定的负荷迅速施加在从动轮上，让试验装置在上述条件下运转 5 min±15 s(不包括启动和制动时间)，然后停机至少 10 min。

6.2.1.2 两轮试验机

使用可移动的 V 带轮代替张紧轮，其余与 6.2.1.1 中的试验程序相同。

6.2.1.3 用手使 V 带转动数圈，测量张紧轮移动的最大范围并记录下来，然后将张紧轮支架紧固在上述最大移动范围的中心处。

6.2.2 试验

6.2.2.1 重新启动试验机达到规定的转速，将规定的负荷迅速施加到从动轮上，记录主动轮和从动轮之间的初始滑动率，让试验装置在上述条件下连续运转，直到 V 带达到终止条件。

6.2.2.2 当滑动率与初始滑动率之差(即滑动率增量)达到4%时,立即关闭试验机,停机20 min,然后松开张紧轮支架(二轮试验为可移动V带轮支架)的紧固装置,重新对V带施加张紧力,用手使V带转动2～3圈,再按6.2.1.3所述将其紧固在最大移动范围的中心处,随后继续试验。对V带进行再张紧的操作时间不得超过30 min。

6.2.3 滑动率增量计算

滑动率增量 g 可以用测定时的滑动率与初始滑动率相减而得到,也可以按式(1)计算:

$$g=(i_o-i_f)\times 100=(n_o/N_o-n_f/N_f)\times 100 \qquad (1)$$

式中:

g——滑动率增量,%;

n_o——开始试验时从动轮转速;

n_f——测定 g 值时从动轮转速;

N_o——开始试验时主动轮转速;

N_f——测定 g 值时主动轮转速。

6.2.4 试验的终止

当试验中出现V带失效现象(即带体翻转、断裂等)而无法运转或V带滑动率增量第三次达到4%时,终止试验并记录连续正常运转的累积小时数,作为疲劳寿命试验结果。

7 试验报告

试验报告应包括以下内容:

a) 试验依据的标准号;

b) 试验V带的型号和长度;

c) 使用试验机的类型和型号;

d) 试验V带疲劳寿命,单位为小时(h);

e) 结束试验的理由;

f) 主动轮转速、从动轮传动功率、张紧轮的张紧力;

g) 再张紧次数和每次再张紧时的运转时间,单位为小时(h);

h) 试验期间的平均室温;

i) 试验日期、试验人员及试验单位。

附　录　A
（资料性附录）
本标准章条编号与 ISO 5287:2003 章条编号对照

A.1　本标准章条编号与 ISO 5287:2003 章条编号对照一览表(见表 A.1)。

表 A.1　本标准章条编号与 ISO 5287:2003 章条编号对照

本标准章条编号	对应的国际标准章条编号
1	1
2	2
3	3
4	4
4.1.1	4.1.1
4.1.2	4.1.2
4.1.3	4.1.3,4.1.4
4.1.4	4.1.5
4.2.1,4.2.2,4.2.3	4.2
5.1;5.2	5
6.1.1;6.1.2	6.1
6.2.1	6.2.1
6.2.1.1	6.2.1.1
6.2.1.2	6.2.1.2
6.2.2.1;6.2.3	6.2.2
6.2.2.2;6.2.4	6.2.3
7	7

附 录 B
（资料性附录）
本标准与 ISO 5287:2003 技术性差异及其原因

B.1 本标准与 ISO 5287:2003 的技术性差异及其原因的一览表(见表 B.1)。

表 B.1 本标准与 ISO 5287:2003 技术性差异及其原因

本标准的章条编号	技术性差异	原 因
4.2.1	改变了带轮的表面硬度	主要是考虑各生产厂家的工艺加工条件和加工成本，且也能满足要求
4.2.2	根据日本汽车协会标准 JASO E107—1988《汽车 V 带》，试验带轮尺寸增加了 AV15、AV17、AV22 三个型号尺寸及其参数	根据我国国情 AV15、AV17、AV22 三种型号都还普遍在使用
4.2.3	改变了轮槽侧面的表面粗糙度	主要是考虑各生产厂家的工艺加工条件和加工成本，且也能满足要求
6.1.2	根据 JASO E107—1988 增加了疲劳试验参数表 2	统一和规范
6.1.3	增加了试验带长的规定	更加具有对比性

ICS 83.080.01
G 31

中华人民共和国国家标准

GB/T 11546.1—2008/ISO 899-1:2003
代替 GB/T 11546—1989

塑料 蠕变性能的测定 第1部分:拉伸蠕变

Plastic—Determination of creep behaviour—Part 1:Tensile creep

(ISO 899-1:2003,IDT)

2008-08-04 发布 2009-04-01 实施

中华人民共和国国家质量监督检验检疫总局
中国国家标准化管理委员会 发布

前　言

GB/T 11546《塑料　蠕变性能的测定》分为两个部分：

——第 1 部分：拉伸蠕变；

——第 2 部分：三点弯曲蠕变。

本部分为 GB/T 11546 的第 1 部分。

本部分等同采用 ISO 899-1:2003《塑料——蠕变性能的测定——第 1 部分：拉伸蠕变》(英文版)。

本部分代替 GB/T 11546—1989《塑料拉伸蠕变测定方法》。

本部分与 GB/T 11546—1989 相比主要变化如下：

——增加了标称伸长、标称拉伸蠕变应变、标称拉伸蠕变模量的定义和计算公式及应用领域(1.3 和 3.4、3.6、3.8)；

——计算总载荷时应包括预载荷(6.5.2)；

——增加温度和湿度控制记录的具体要求(6.8)；

——在结果表示中增加了三维表示的要求(7.2.4)；

——增加了附录 A。

本部分的附录 A 为资料性附录。

本部分由中国石油和化学工业协会提出。

本部分由全国塑料标准化技术委员会(SAC/TC 15)归口。

本部分起草单位：中国石油化工股份有限公司北京燕山分公司树脂应用研究所、天津大学。

本部分参加起草单位：国家合成树脂质量监督检验中心、国家化学建筑材料测试中心(材料测试部)、国家塑料制品质检中心(福州)、国家石化有机原料合成树脂质检中心、广州金发科技股份有限公司。

本部分主要起草人：王晓丽、陈宏愿、李景庆、宋文、高雪艳、许越峥、魏若奇、王建东、李建军。

本部分于 1989 年首次发布。

塑料 蠕变性能的测定
第1部分:拉伸蠕变

1 范围

1.1 GB/T 11546 的本部分规定了在预处理、温度和湿度等给定条件下测定塑料标准试样拉伸蠕变的方法。

1.2 本部分规定的方法适用于硬质和半硬质的非增强、填充和纤维增强的塑料材料(定义见GB/T 2035—2008),适用于直接模塑的哑铃形试样或从薄片或模塑制品机加工所得的试样。

1.3 本部分规定的方法可为工程设计、研究和开发提供数据。工程设计用数据需要用引伸计对试样标线间距离进行测量,研究或质量控制用数据可以依据夹具间距离变化(标称伸长)进行计算。

1.4 拉伸蠕变随着试样制备、试样尺寸和试验环境的不同将发生很大改变。试样的热历史也可对试样的蠕变行为产生深远影响(见附录A)。因此,如需精确比较结果,应仔细控制这些因素。

1.5 如拉伸蠕变性能用于工程设计,则应在较大范围的内应力、时间和环境条件下对塑料材料进行试验。

2 规范性引用文件

下列文件中的条款通过 GB/T 11546 的本部分的引用而成为本部分的条款。凡是注日期的引用文件,其随后所有的修改单(不包括勘误的内容)或修订版均不适用于本部分,然而,鼓励根据本部分达成协议的各方研究是否可使用这些文件的最新版本。凡是不注日期的引用文件,其最新版本适用于本部分。

GB/T 1034—2008 塑料 吸水性的测定(ISO 62:2008,IDT)

GB/T 1040.1—2006 塑料 拉伸性能的测定 第1部分:总则(ISO 527-1:1993,IDT)

GB/T 1040.2—2006 塑料 拉伸性能的测定 第2部分:模塑和挤塑塑料的试验条件(ISO 527-2:1993,IDT)

GB/T 2035—2008 塑料术语及其定义(ISO 472:1999,IDT)

GB/T 2918—1998 塑料试样状态调节和试验的标准环境(idt ISO 291:1997)

GB/T 19467.1—2004 塑料 可比单点数据的获得和表示 第1部分:模塑材料(ISO 10350-1:1998,IDT)

ISO 11403-1:2001 塑料——可比多点数据的获得和表示——第1部分:力学性能

3 术语和定义

GB/T 2035—2008 确立的以及下列术语和定义适用于本部分。

3.1

蠕变 creep

恒定应力下应变随时间的增加。

3.2

初始应力 initial stress

σ

标距间单位初始横截面积上的拉伸载荷,单位为兆帕(MPa)。按式(1)计算:

$$\sigma = \frac{F}{A} \quad \cdots\cdots(1)$$

式中：

F——载荷，单位为牛顿(N)；

A——试样标距间初始横截面积，单位为平方毫米(mm^2)。

3.3

伸长　extension

$(\Delta L)_t$

时刻 t 时标线间距离的增量，单位为毫米(mm)。按式(2)计算：

$$(\Delta L)_t = L_t - L_0 \quad \cdots\cdots(2)$$

式中：

L_t——试验中任一给定时刻 t 时的标距，单位为毫米(mm)；

L_0——预加载后、加载前试样的初始标距，单位为毫米(mm)。

3.4

标称伸长　nominal extension

$(\Delta L^*)_t$

夹具间距离的增量，单位为毫米(mm)。按式(3)计算：

$$(\Delta L^*)_t = L_t^* - L_0^* \quad \cdots\cdots(3)$$

式中：

L_t^*——试验中任一给定时刻 t 时的夹具间距离，单位为毫米(mm)；

L_0^*——预加载后、加载前试样的夹具间初始距离，单位为毫米(mm)。

3.5

拉伸蠕变应变　tensile-creep strain

ε_t

蠕变试验中任一给定时间由施加载荷产生的伸长与初始标距之比。无量纲或以百分数表示。按式(4)计算：

$$\varepsilon_t = \frac{(\Delta L)_t}{L_0} \quad \cdots\cdots(4)$$

3.6

标称拉伸蠕变应变　nominal tensile-creep strain

ε_t^*

蠕变试验中任一给定时刻由于施加载荷产生的标称伸长与夹具间初始距离之比。无量纲或以百分数表示。按式(5)计算：

$$\varepsilon_t^* = \frac{(\Delta L^*)_t}{L_0^*} \quad \cdots\cdots(5)$$

3.7

拉伸蠕变模量　tensile-creep modulus

E_t

初始应力与拉伸蠕变应变之比，计算方法见 7.1.1。

3.8

标称拉伸蠕变模量　nominal tensile-creep modulus

E_t^*

初始应力与标称拉伸蠕变应变之比，计算方法见 7.1.2。

3.9

等时应力-应变曲线　isochronous stress-strain curve

施加试验载荷后，在某规定时刻直角坐标中应力对蠕变应变的曲线。

3.10

破断时间　time to rupture

试样从加满载荷到破断所经历的时间。

3.11

蠕变强度极限　creep-strength limit

在给定温度和相对湿度下，在规定时刻 t 时刚好导致破断的初始应力($\sigma_{B,t}$)或产生规定形变的初始应力($\sigma_{\varepsilon,t}$)。

3.12

蠕变恢复　recovery from creep

试样完全卸载后，任一给定时刻应变的减小，用卸载后试样应变减小与卸载时应变之比表示。

4　仪器

4.1　夹具

夹具应尽可能保证加载轴线与试样纵轴方向一致。确保试样只承受单一应力，可认为试样受载部分所受应力均匀分布在垂直于加载方向的横截面上。

建议使用加载前就能将试样对中固定的夹具。升高载荷时，试样和夹具不允许有任何位移，自锁夹具不适合本试验。

4.2　加载系统

加载系统应保证能平稳施加载荷，不产生瞬间过载，并且施加的载荷在所需载荷的±1%以内。在蠕变破断试验中，应采取措施防止试样破断时产生的振动传递到相邻的加载系统。加载机构应能施加快速、平稳和重复性载荷。

4.3　伸长测量装置

伸长测量装置由能够测量载荷下试样标距伸长量或夹具间距离伸长量的非接触式或接触式装置构成，此装置不应通过力学效应(如不应有的变形、缺口)、其他物理效应(如加热试样)或化学效应对试样性能产生影响。

使用非接触式(光学)装置测量应变时，应使试样纵轴垂直于测量装置的光轴。为测定试样长度伸长，应使用引伸计记录夹具间距离变化。伸长测量装置的精确度应在±0.01 mm 以内。

对于蠕变破断试验，建议使用按测高仪原理制成的非接触式光学系统测量伸长。最好能自动指示试样破断时间。应采用刻有标记的(金属)夹子或者惰性耐热漆在试样上标出标距。

只有受试材料允许使用电阻应变计所用的粘接剂时，以及蠕变持续时间较短时，电阻应变计才能适用。

4.4　计时器

精确至0.1%。

4.5　测微计

测量试样厚度和宽度，精确至0.01 mm 或更小。

5　试样

使用相关材料标准或 GB/T 1040.2—2006 中规定的测定拉伸性能的试样。

6 步骤

6.1 状态调节和试验环境

按照材料标准的规定对试样进行状态调节。若材料标准中未规定，且相关方未协商一致，应使用GB/T 2918—1998中最适宜的一组状态调节条件。

蠕变性能不仅受试样的热历史影响，而且受状态调节时的温度和湿度影响。如果试样未达到湿度平衡，蠕变将会受到影响。当试样过于干燥，由于吸水会产生正应变；而当试样过于潮湿，由于脱水会产生负应变。推荐状态调节时间大于t_{90}(见GB/T 1034—2008)。

除非相关方协商一致，如在高温或低温下试验，则应在与状态调节相同的环境下进行试验。应保证试验时间内温度偏差在±2 ℃以内。

6.2 测量试样尺寸

按GB/T 1040.1—2006中9.2规定测量状态调节后的试样尺寸。

6.3 安装试样

将状态调节后并已测量尺寸的试样安装在夹具上，并按要求安装伸长测量装置。

6.4 选择应力值

选择与材料预期应用相当的应力值，并按3.2中规定的公式计算施加在试样上的载荷。

若规定初始应变值，应力值可以用材料的杨氏模量计算(见GB/T 1040.1—2006)。

6.5 加载步骤

6.5.1 预加载

如为消除试验中传动装置的齿间偏移，可在增加试验负荷前向试样施加预载荷，但应保证预加载不对试验结果产生影响。夹好试样后，待温度和相对湿度平衡时方可预加载，再测量标距。保证预加载过程中预载荷不变。

6.5.2 加载

向试样平稳加载，加载过程应在1 s～5 s内完成。某种材料的一系列试验应使用相同的加载速度。

计算总载荷(包括预载荷)作为试验载荷。

6.6 测量伸长

记录试样加满载荷点作为$t=0$点，若伸长测量不是自动和(或)连续记录的，则要求按下列时间间隔测量应变：

1 min，3 min，6 min，12 min，30 min；

1 h，2 h，5 h，10 h，20 h，50 h，100 h，200 h，500 h，1 000 h等。

如认为时间点太宽，应提高读数频率。

6.7 测量时间

测量每个蠕变试验的总时间，准确至±0.1%或±2 s以内(应小于此公差)。

6.8 控制温度和湿度

若温度和相对湿度不是自动记录的，开始试验时应记录，最初一天至少测三次。当在规定时间内试验条件是稳定的，可以不再频繁检查温度和相对湿度(至少每天一次)。

6.9 测量蠕变恢复率(可选)

试验超过预定时间而试样不破断，应迅速平稳卸去载荷。使用与蠕变测量中相同的时间间隔测量恢复率。

7 结果表示

7.1 计算法

7.1.1 拉伸蠕变模量，E_t

拉伸蠕变模量单位为兆帕(MPa)。按式(6)计算：

$$E_t = \frac{\sigma}{\varepsilon_t} = \frac{FL_0}{A(\Delta L)_t} \qquad \cdots\cdots(6)$$

式中：

F——载荷，单位为牛顿(N)；

L_0——初始标距，单位为毫米(mm)；

A——试样初始横截面积，单位为平方毫米(mm^2)；

$(\Delta L)_t$——时间 t 时的伸长，单位为毫米(mm)。

7.1.2 标称拉伸蠕变模量，E_t^*

标称拉伸蠕变模量单位为兆帕(MPa)。按式(7)计算：

$$E_t^* = \frac{\sigma}{\varepsilon_t^*} = \frac{FL_0^*}{A(\Delta L^*)_t} \qquad \cdots\cdots(7)$$

式中：

F——载荷，单位为牛顿(N)；

L_0^*——夹具间初始距离，单位为毫米(mm)；

A——试样初始横截面积，单位为平方毫米(mm^2)；

$(\Delta L^*)_t$——时间 t 时标称伸长，单位为毫米(mm)。

7.2 图解法

7.2.1 蠕变曲线

如果试验是在不同温度下进行的，那么原始数据将按每一温度表示为一系列拉伸蠕变应变对时间对数的蠕变曲线，每条曲线代表所用的某一初始应力(见图 1)。

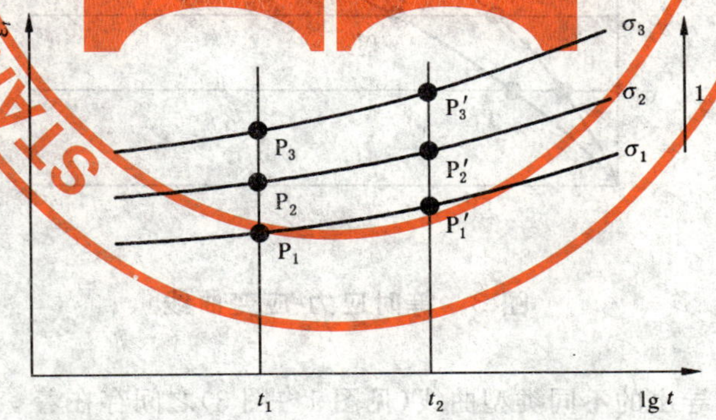

1——应力增加。

图 1 蠕变曲线

数据也可用其他方式如 7.2.2 和 7.2.3 描述，可为所需的特定用途提供信息。

7.2.2 蠕变模量-时间曲线

对每一个所用的初始应力，可画出按 7.1 计算出的拉伸蠕变模量对时间对数的曲线(见图 2)。

如果试验是在不同温度下进行的，对每一温度绘出一组曲线。

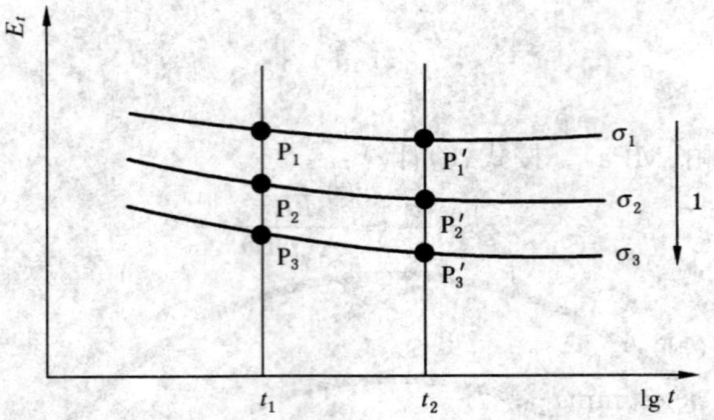

1——应力增加。

图 2　蠕变模量-时间曲线

7.2.3　等时应力-应变曲线

等时应力-应变曲线是施加试验载荷后，在某规定时刻直角坐标中应力对蠕变应变的曲线。通常绘制载荷下 1 h，10 h，100 h，1 000 h 和 10 000 h 几条曲线。由于每一蠕变试验在每一曲线上只绘出一个点，因此有必要在至少三个不同的应力下进行试验，以得到等时曲线。

要从图 1 所示的一系列蠕变曲线上得到负荷下某一特定时间（如 10 h）的等时应力-应变曲线，可从每一蠕变曲线上读出 10 h 时的应变，然后在直角坐标中标出对应于应力值（y 轴）的应变值（x 轴）。对其他时间重复这些步骤以得到一系列等时曲线（见图 3）。

如果试验是在不同温度下进行的，对每一温度绘出一组曲线。

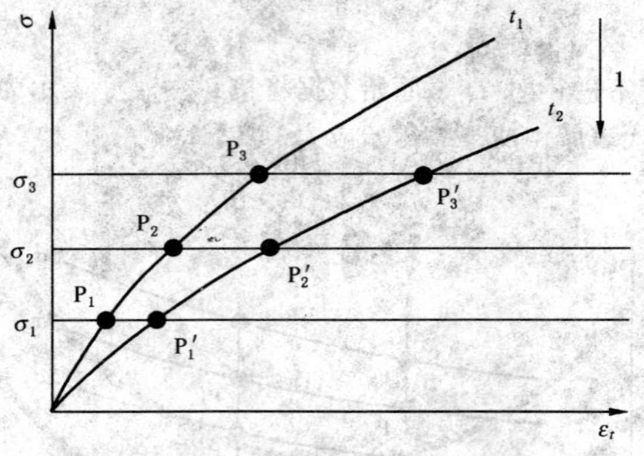

1——时间增加。

图 3　等时应力-应变曲线

7.2.4　三维表示

由原始蠕变试验数据导出的不同类型曲线（见图 1～图 3）之间存在着 $\varepsilon = f(t,\sigma)$ 关系。这种关系可用三维空间中的平面表示（见参考文献[1]）。

由原始蠕变试验数据导出的所有曲线构成该平面的要素。由于测量中存在固有的试验误差，实际测量的点通常不落在曲线上而恰好偏离这些曲线。

因此，$\varepsilon = f(t,\sigma)$ 平面可由构成它的若干曲线产生，但通常需要进行曲线回归处理，使用计算机技术更加迅速和可靠。

7.2.5　蠕变破断曲线

蠕变破断曲线可预测任何应力下发生破断的时间。这可以绘制成应力对时间对数（见图 4）或应力对数对时间对数曲线。

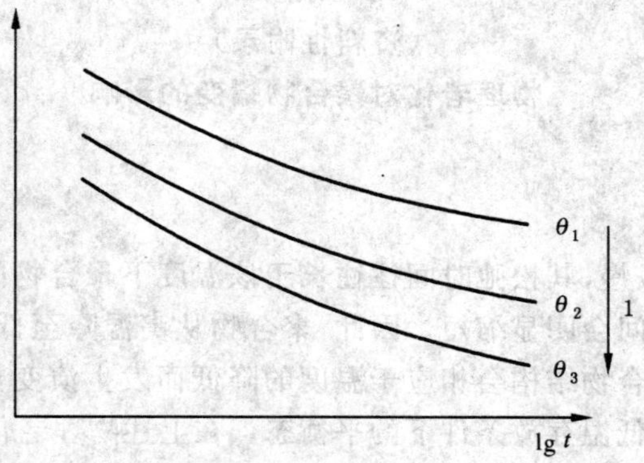

1——温度增加；

t——破断时间。

图4 蠕变断裂曲线

7.3 精密度

因未获得实验室间数据，本试验方法的精密度尚不可知。待得到实验室间数据后，将在下次修订中增加有关精密度的内容。

8 试验报告

试验报告应包括如下项目：

a) 注明采用本标准；

b) 受试材料的详细说明，包括材料组成、制备、生产厂家、商品名、牌号、生产日期、模塑类型和退火的信息；

c) 试样尺寸；

d) 试样制备方法；

e) 试样主轴方向（由制品尺寸或材料取向推断出）；

f) 状态调节和试验环境条件；

g) 计算的拉伸蠕变模量 E_t 或标称拉伸蠕变模量 E_t^*；

h) 按7.2描述的一条或多条曲线或表格表示每一试验温度下的蠕变试验数据；

i) 如进行恢复率测定，报告试样卸荷后应变-时间关系（见6.9）。

附　录　A
（资料性附录）
物理老化对聚合物蠕变的影响

A.1　概述

低温时聚合物分子运动较慢，其松弛时间往往长于该温度下聚合物的存放时间，而在高温条件下，聚合物分子运动较快，松弛时间会明显缩短。因此，聚合物从高温降至低温的过程中会发生物理老化，即在一个较长时间范围内，聚合物结构会相应于温度的降低而发生演变，如分子形态重构、分子有序化堆砌等，直到聚合物结构达到低温存放条件下的平衡态。在上述物理老化过程中，聚合物分子运动能力随温度降低而逐步减弱，即使当温度恒定于低温存放条件时，聚合物分子运动能力还会进一步减弱。所以，在一定应力下聚合物的蠕变形变会依赖于其物理老化过程，且物理老化越充分，蠕变越慢。

物理老化对聚合物蠕变的影响可如图 A.1 所示。图 A.1 给出了不同老化程度聚氯乙烯(PVC)试样的蠕变曲线，其中全部 PVC 试样均在施加载荷前由 85 ℃(接近玻璃化转变温度 T_g)迅速降温至 23 ℃并保温一定时间 t_e，各试样的物理老化程度即用 t_e 描述。由图 A.1 可见，PVC 试样在低温保存时间 t_e 越长，其蠕变曲线沿时间轴向长蠕变时间方向的偏移越大。

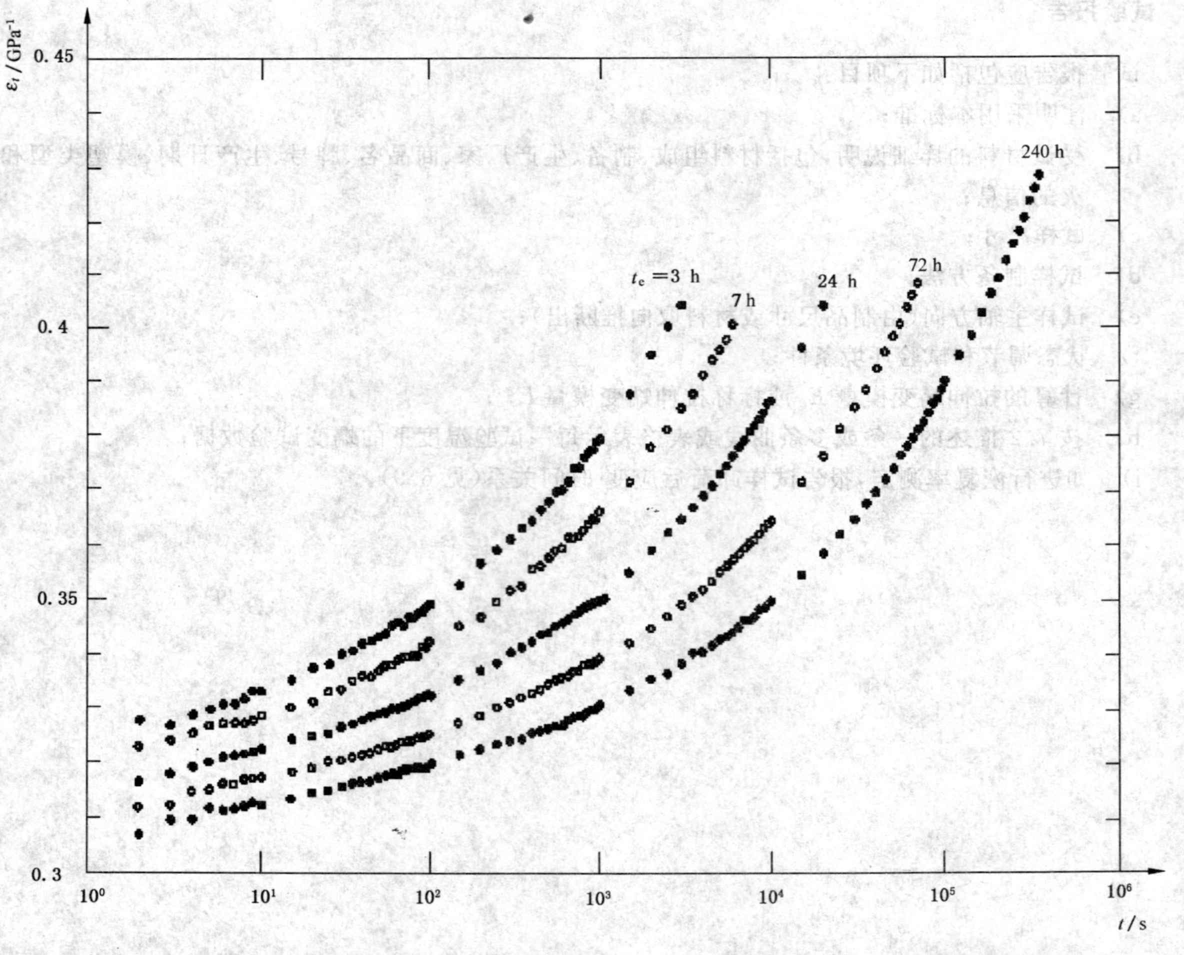

图 A.1　由 85 ℃迅速降温至 23 ℃并恒温 t_e 的 PVC 物理老化试样的蠕变曲线

A.2 高温蠕变

若将聚合物在低温条件下存放一定时间，然后再升高温度测定其蠕变行为，则物理老化对蠕变行为的影响会更加复杂。因为聚合物在低温存放过程中发生的物理老化，在升温至测试温度的过程中会发生一定程度的逆转，而逆转的程度取决于升温幅度的大小和升温过程中所发生的物理老化行为。当该升温过程中聚合物试样的表观(有效)物理老化程度降低时，高温条件会再度激活聚合物的物理老化过程。与聚合物在低温存放时发生的物理老化过程一样，该再度激活的物理老化过程所持续时间的长短，取决于所采用的测试条件。基于温度升高可引起上述聚合物物理老化状态的变化，在高于存放温度的测试温度下，聚合物的蠕变行为依赖于试样在施加载荷前于测试温度下停留时间的长短。

上述聚合物的热历史所产生对聚合物蠕变行为的影响见图 A.2 和图 A.3 所示。图 A.2 中，各试样被加热至试验温度 44 ℃前，在 23 ℃下存放时间 t_{e1} 均为 200 h，升温至 44 ℃后保温不同时间 t_{e2}，施加载荷并测定其蠕变曲线，结果发现，即便试样在环境温度下经过相对较长的存放时间 t_{e1}，其蠕变行为仍强烈依赖于测试温度下的保温时间 t_{e2}。

图 A.3 中，除了聚合物试样在 23 ℃下的存放时间 t_{e1} 为一年以上之外，所采用蠕变曲线的其他测定条件与图 A.2 中相同。随 PVC 试样在测试温度 44 ℃下保温时间 t_{e2} 的增加，蠕变曲线沿时间轴向较短蠕变时间偏移，表明试样的老化程度随 t_{e2} 增加逐步降低，这是因为，在加热升温前的低温存放过程中，试样发生物理老化时产生了更大程度上的结构改变。

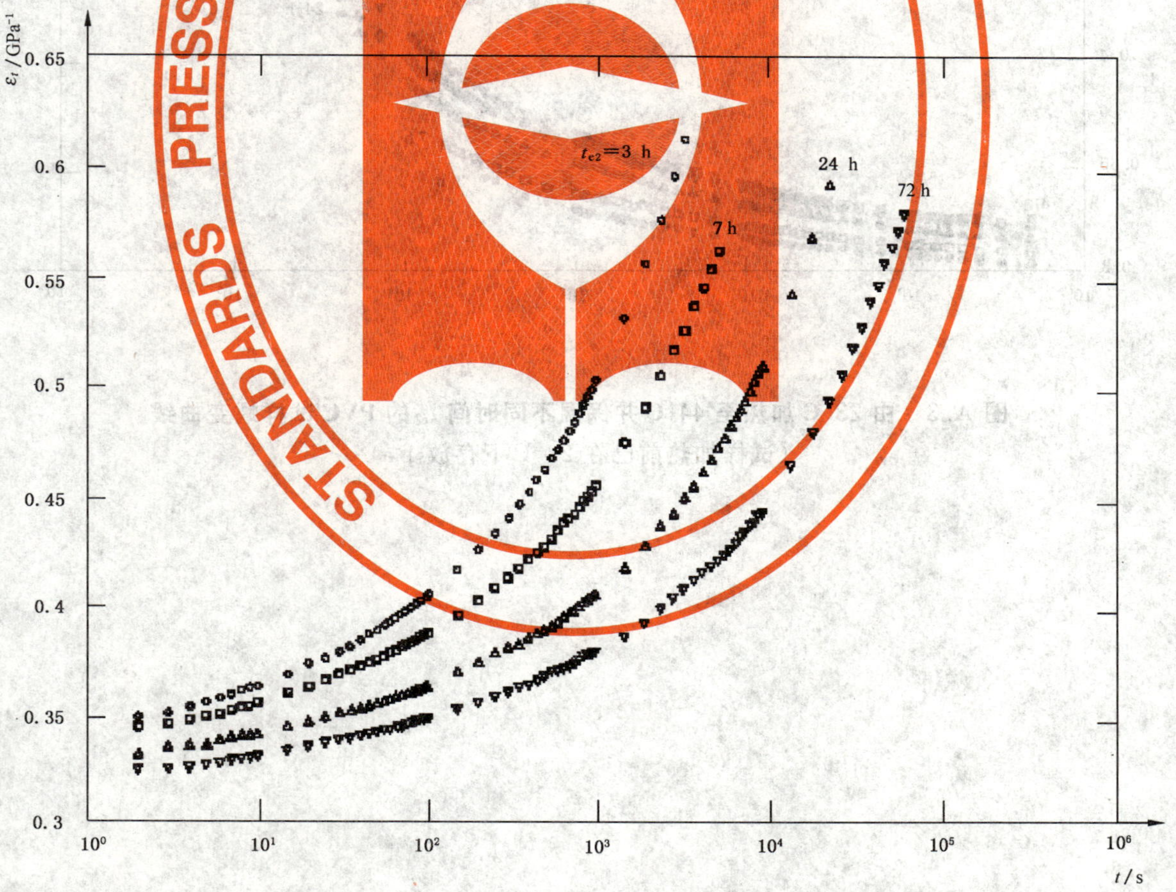

图 A.2 由 23 ℃加热至 44 ℃并保温不同时间 t_{e2} 的 PVC 试样蠕变曲线

(试样加热前已在 23 ℃下存放 200 h)

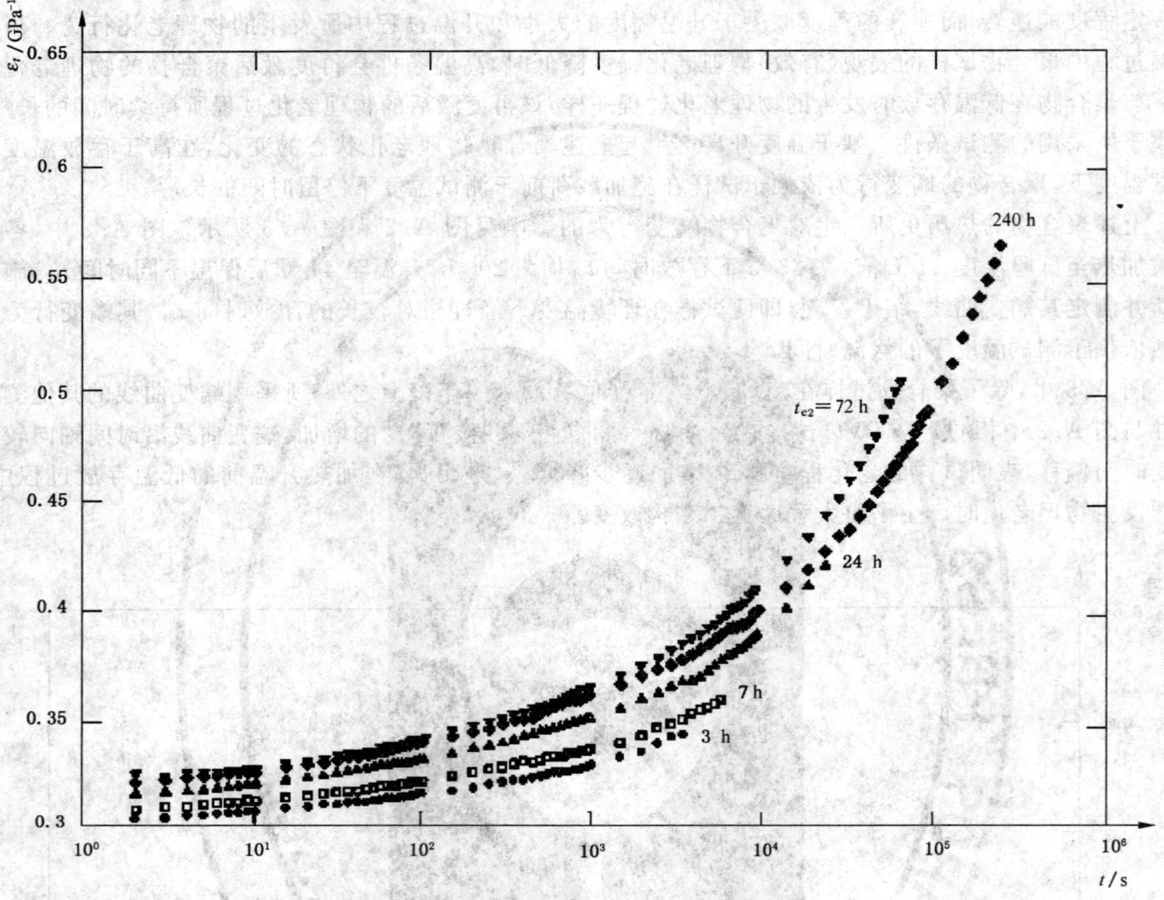

图 A.3 由 23 ℃加热至 44 ℃并保温不同时间 t_{e2} 的 PVC 试样蠕变曲线

（试样加热前已在 23 ℃下存放 1 a）

参 考 文 献

[1] TURNER,S. , Creep in thermoplastics—Preliminary concepts and definitions, British Plastics, June(1964),322-324.

[2] LEHMANN,J. ,Zeitstandverhalten von PMMA in der Freibewitterung und im Normklima, V15 in 27. Jahrestagung der GUS,18th March 1998,ISBN 3-9806167-0-3.

ICS 83.080.01
G 32

GB

中华人民共和国国家标准

GB/T 11547—2008
代替 GB/T 11547—1989

塑料　耐液体化学试剂性能的测定

Plastic—Methods of test for the determination of the effects of immersion in liquid chemicals

(ISO 175:1999,MOD)

2008-09-04 发布　　　　2009-04-01 实施

中华人民共和国国家质量监督检验检疫总局
中国国家标准化管理委员会　发布

前言

本标准修改采用ISO 175:1999《塑料——耐液体化学试剂性能的测试方法》(英文版)。

本标准根据ISO 175:1999重新起草,在附录A中列出了本标准章条号与ISO 175:1999章条号的对照一览表。

考虑到我国国情,本标准在采用国际标准时进行了修改。这些技术性差异用垂直单线标识在它们所涉及的条款的页边空白处。

本标准与ISO 175:1999主要技术性差异如下:

——将ISO 175:1999的4.1.1中的注修改为本标准的4.1.1中的条文;

——将ISO 175:1999的4.2.1中补充100 ℃～105 ℃温度范围的允许温度偏差为±3 ℃;

——将规范性引用文件由ISO标准相应地改为我国标准;

——将一些适用于国际标准的表述改为适用于我国标准的表述。

为便于使用,本标准还做了下列编辑性修改:

——"ISO 175"一词改为"本标准";

——删除了ISO 175:1999的前言。

本标准代替GB/T 11547—1989《塑料　耐液体化学试剂(包括水)性能测试方法》,与GB/T 11547—1989相比主要技术内容改变如下:

——修改了标准名称;

——增加了目次、前言;

——增加了对试样尺寸的具体要求"优先选择试样尺寸为60 mm×60 mm"(见4.4);

——将试样的尺寸要求由"50±1 mm"更改为"60 mm±1 mm"(见5.3);

——增加了"5.2.3.4 试样浸泡装置"和"5.5.1.8 液体吸收体积的测量"。

本标准附录B为规范性附录,本标准附录A和附录C为资料性附录。

本标准由中国石油和化学工业协会提出

本标准由全国塑料标准化技术委员会(SAC/TC 15)归口

本标准负责起草单位:国家合成树脂质量监督检验中心。

本标准参加起草单位:中石化北化院国家化学建筑材料测试中心(材料测试部)、国家塑料制品质检中心(福州)、广州金发科技股份有限公司。

本标准主要起草人:赵平、王建东、李建军、刘玉春、何芃。

本标准所代替标准的历次版本发布情况为:

——GB/T 11547—1989。

塑料 耐液体化学试剂性能的测定

1 范围

1.1 本标准规定了塑料试样在不受外界影响的情况下，浸泡于液体化学试剂中所引起性能变化的测定。本标准不包含 ISO 22088-2：2006、ISO 22088-3：2006 和 ISO 22088-4：2006 所规定的环境应力开裂测试（ESC）。

1.2 本标准仅适用于测定试样表面完全浸没于液体化学试剂的情况。

注：这一方法可能不适用于塑料试样的局部浸泡或间歇式蘸湿。

1.3 本标准适用于所有的固体塑料，如模塑或挤出成型塑料、板材、管材、棒材或厚度大于 0.1 mm 的片材。本标准不适用于多孔塑料材料。

2 规范性引用文件

下列文件中的条款通过本标准的引用而成为本标准的条款。凡是注日期的引用文件，其随后所有的修改单（不包括勘误的内容）或修订版均不适用于本标准，然而，鼓励根据本标准达成协议的各方研究是否可使用这些文件的最新版本。凡是不注日期的引用文件，其最新版本适用于本标准。

GB/T 1034—2008 塑料 吸水性的测定（ISO 62：2008，IDT）

GB/T 1690—2006 硫化橡胶或热塑性橡胶耐液体试验方法（ISO 1817：2005，MOD）

GB 2536—1990 变压器油（neq IEC 60296：1982）

GB/T 2918—1998 塑料试样状态调节和试验的标准环境（idt ISO 291：1997）

GB/T 8806—1988 塑料管材尺寸测量方法（eqv ISO 3126：1974）

GB/T 15596—1995 塑料 暴露于玻璃下日光或自然气候或人工光后颜色和性能变化的测定（eqv ISO 4582：1980）

GB/T 17037.3—2003 塑料 热塑性塑料材料注塑试样的制备 第 3 部分：小方试片（ISO 294-3：2002，IDT）

ISO 2818：1994 塑料——机械加工法制备试样

ISO 3205：1976 优先选用的试验温度

3 原理

在规定的温度和规定的时间条件下，将试样完全浸泡在测试液体中。

在浸泡前后，分别对试样的性能进行测定，如果可行，也可在干燥后进行测定。对于后一种情况，在同一组试样中，尽可能一个接一个进行测试。

注：仅在所用试样具有相同的形状、相同的尺寸（特别是厚度相同）和极为相似的状态（内应力、表面等）下，本试验方法才能比较不同塑料之间的性能。

规定的测试方法如下：

a） 浸泡后或浸泡干燥后，立即测定试样在质量、尺寸和外观上的变化；

b） 浸泡后或浸泡干燥后，立即测定试样物理性能的变化（力学性能、热性能、光学性能等）；

c） 液体吸收量。

若要求确定材料仍受液体作用的情况，应采用浸泡后立即测试的方法。若要求确定材料在液体（液体为挥发性的）作用的状态，则应采用浸泡干燥后测试的方法。这一方法可以测定可溶成分的影响。

4 通用技术要求和步骤

4.1 试液

4.1.1 试液的选择

若需要塑料与某一特定液体接触时的行为的数据，通常应选用该特定液体作为试液。试液应为分析纯。

不同批次的工业用化学试剂通常没有完全恒定的组分。因此，为了使试液对塑料性能产生的影响具有代表性，应尽可能选用规定的化工产品或其混合液。当采用工业级试剂时，应采用同一批次试剂来测试。

在验证成分不明的试剂对塑料性能产生的影响时，其试剂应从同一容器中取出。

4.1.2 试液类型

试液类型见附录 B。

4.2 测试条件

4.2.1 浸泡温度

优先选用的浸泡温度为：

a) 23 ℃±2 ℃；

b) 70 ℃±2 ℃。

若为了与塑料的使用温度保持一致，应采用其他温度时，则应从 ISO 3205:1976 中给出的优先选用温度中选取。推荐使用以下温度：

0 ℃，20 ℃，27 ℃，40 ℃，55 ℃，85 ℃，95 ℃，100 ℃，125 ℃，150 ℃

浸泡温度不大于 100 ℃，允许偏差±2 ℃；浸泡温度大于 100 ℃时，允许偏差±3 ℃。在测试塑料管材的某些特定条件下，则采用 60 ℃作为浸泡温度。

注 1：在高于正常环境温度条件下进行浸泡试验时，可增加一组试样。在此温度下，用相同的试验周期进行状态调节，然后测试其性能，以区分性能的变化是受温度影响还是受试液影响。

注 2：对于长周期浸泡试验，试样在 23 ℃空气中储放期间也可能发生变化，建议增制一组试样以供对比。

4.2.2 测定温度

质量、尺寸或物理性能变化的测定温度为 23 ℃±2 ℃。若浸泡温度不是 23 ℃±2 ℃，则按 4.6.3 中所述方法调节试样温度到 23 ℃。

4.3 浸泡时间

优先选用的浸泡时间为：

a) 短期试验：24 h；

b) 标准试验：1 周；

c) 长期试验：16 周。

若需要采用其他的浸泡时间，如要求以时间为变数进行试验，或要求作出直到达到平衡时的曲线，建议从下列标准等级中选用浸泡时间：

a) 1 h，2 h，4 h，8 h，16 h，24 h，48 h，96 h，168 h；

b) 2 周，4 周，8 周，16 周，26 周，52 周，78 周；

c) 1.5 年，2 年，3 年，4 年，5 年。

4.4 试样

试样的形状和尺寸根据塑料本身的形状（片材、薄膜、棒材等）、性质以及浸泡后的试验项目（质量、尺寸、物理性能）而定，试样可以具有各种各样的形状和尺寸。

试样可直接模塑成型，也可机械加工成型。在机械加工中，表面应精加工，试样的加工表面应非常光洁，但不得造成炭化痕迹。

对于5.3.1和5.3.2中规定的试样，优先选择试样尺寸为60 mm×60 mm，其厚度取决于塑料的类型：

——对于热塑性塑料，推荐选择厚度为1.0 mm～1.1 mm；

——对于模塑混合物，样品尺寸按照GB/T 17037.3—2003的规定；

——对于半成品材料，试样应优先选择根据ISO 2818:1994进行的机械加工，并且至少保留一面不进行机械加工；

——对于复合材料，推荐厚度不少于2 mm。

所用的试样数量按相关测定项目的国家标准中的规定，若无规定，每组试样应不少于三个。

注：采用厚度是1 mm的样品进行测试，由于厚度影响可能会导致测试结果在质量、尺寸、外观或试液吸收量上发生改变。

4.5 状态调节

按照GB/T 2918—1998的规定：23/50，2级，对试样进行调节。

注：对于已知能迅速达到或很缓慢达到温度和湿度平衡（特别是湿度平衡）的塑料，可以在相应的产品说明中缩短或延长状态调节时间（见附录C）。

4.6 步骤

4.6.1 试液用量

为避免试验过程中试液中被提取物质浓度增大，所用试液量按照试样的总表面积计算，每平方厘米不少于8 mL的试液。试样应完全浸泡于试液当中。

注：在一些其他标准中规定了不同的试液量，如：已知硬质PVC和聚烯烃管材中被提取物质含量很少，在相关的标准中规定了较少的试液量。

4.6.2 试样的浸泡

每组试样放置于规定的容器中（见5.2），并使它们完全浸泡于试液内（必要时可系一重物）。允许将成分相同的几组试样浸泡于同一容器中。

试样表面不允许相互接触，也不允许与容器壁及所系重物有所接触。

浸泡过程中，每24 h至少搅动试液一次。

试验时间超过7 d时，每到第7 d应更换等量新配试液。

若试液不稳定（如次氯酸钠），则要求更加频繁地更换。

注：若光线对试液作用可能产生影响，则建议在暗室或在规定照明条件下进行操作。

在某些情况下，应规定试样上方的液体高度（如试液有氧化的危险），或检测试液吸收体积量。试样吸收的试液体积是开始时的体积和试液剩余体积之差。若有必要计算这一值，仪器设备应具有单独测量试液体积的能力。

4.6.3 冲洗和擦拭

浸泡周期结束时，如需将试样温度调节到室温，可将试样迅速地转入室温下的新鲜试液中，浸泡15 min～30 min。

试样从试液中移出以后，采用下列步骤冲洗试样：

a) 对于浸泡在酸、碱或其他水溶性溶剂中的试样，可直接用清水冲洗。若为了避免在称重之前或称重的过程中试样吸湿，要求快速处理，可在冲洗后的试样表面吸附一些吸湿剂，如浓硫酸。

b) 对于浸泡在非挥发性、非水溶性的有机试液中的试样，用对试样没有影响的挥发性溶剂清洗，如轻质石脑油。

用滤纸或无绒棉布擦拭试样表面。

注1：若试样浸泡在室温的丙酮或乙醇一样挥发性溶剂中，可无需冲洗和擦拭。

注2：若要求的话，可能需要在浸泡结束时检测试液。这种检测可以是简单的肉眼观察、试液体积或质量的测定以检测是否有液体吸收，也可以是更严格的检测，如滴定等。

这种检测可能不适用于在浸泡过程中更换过试液的情况。

4.7 结果表示

4.7.1 数字形式表示

除了给出浸泡前、后的测定结果外，还可以用浸泡后性能值(X_2)(质量变化除外)相对于浸泡前的性能值(X_1)的百分比来表示，见式(1)：

$$性能变化百分比 = \left(\frac{X_2}{X_1}\right) \times 100\% \quad \cdots\cdots\cdots\cdots(1)$$

式中：

X_1——相应的浸泡前性能值；

X_2——浸泡后的某一性能值。

4.7.2 图线形式表示

进行试样性能随时间变化试验时，建议绘制出相应的关系图。以所得测定值(包括起始值)或性能值的差值为纵坐标，以浸泡时间(t)为横坐标，如需缩短时间坐标，则可用 $t^{1/2}$ 或 $\lg t$ 作为横坐标。

若吸收符合菲克定律，GB/T 1034—2008 推荐的双对数曲线(如试液质量或体积-浸泡时间)可以使得饱和浓度和扩散系数的测定在较短的浸泡时间内完成。

5 质量、尺寸及外观变化的测定

5.1 概述

质量、尺寸和外观变化试验可在同一片试样上进行。至少需测量三个试样。

5.2 仪器

5.2.1 通用仪器

5.2.1.1 烧杯：大小适宜，并带盖(必要时需密封)，对于易挥发性或有蒸汽产生的试液需配上冷凝管。仪器应具有一定的耐腐蚀性。浸泡温度在室温以上时，烧杯需密封，以尽量减少试液蒸发带来的质量损失。

5.2.1.2 密闭容器：可控制试验温度恒定。若随着温度的升高，试液有所挥发，则应保证通风效果良好。

5.2.1.3 温度计：范围和精度适宜。

5.2.1.4 鼓风烘箱：能控制在所选定的干燥温度下。

若无特别说明，则能控制在 50 ℃±2 ℃的烘箱。

5.2.2 质量变化测量仪器

5.2.2.1 称量瓶。

5.2.2.2 天平：当试样质量大于或等于 1 g 时，天平的精度为 0.001 g；当试样质量小于 1 g 时，天平的精度为 0.000 1 g。

5.2.3 尺寸和体积变化测量仪器

5.2.3.1 千分尺：平面砧式，精度为 0.01 mm。

5.2.3.2 孔径规：精度为 0.1 mm。

5.2.3.3 带刻度的玻璃管：用于测量试样的原始体积。

5.2.3.4 试样浸泡装置：能够测量剩余液体体积(参见参考文献[1])，例如由带刻度毛细管测量计连接的完全密封的两个玻璃球形容器[图 1a)]。然后将装置翻转 180°，让在球形容器 1 中的试样浸泡于试液当中[见图 1b)]，开始试验。为了测量剩余试液的体积，再次将装置翻转恢复到刚刚开始的位置。试液流回球形容器 1 中，可从毛细管测量计上读出液体体积变化[见图 1c)]。读数完成后，装置翻转 180°变成图 1b)的位置，继续浸泡过程。

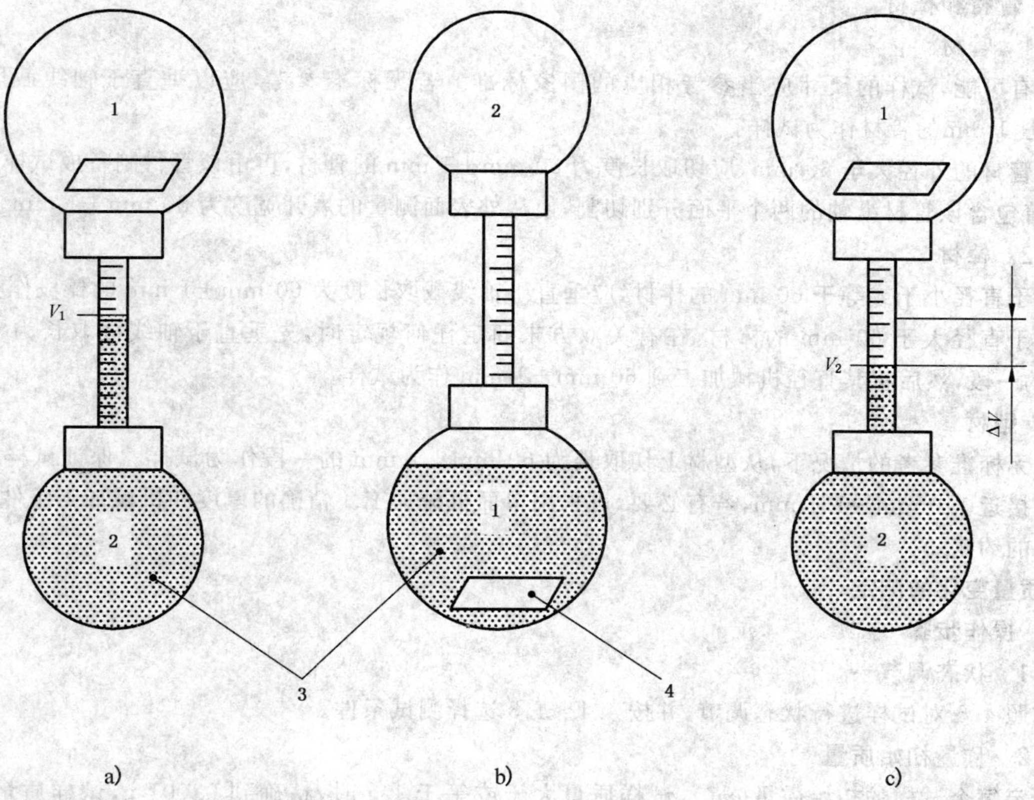

1——球形容器 1；

2——球形容器 2；

3——试液；

4——试样。

图 1　试样浸泡装置示意图

5.3　试样

5.3.1　模塑材料

试样应是边长为 60 mm±1 mm 的正方形，其厚度在 1.0 mm～1.1 mm 之间。材料应按照相应的产品标准规定的条件模塑成型(或按照供应商提供的条件)。

注 1：GB/T 9352—1988、GB/T 17037.3—2003 和 GB/T 5471—2008 提供了模塑试样制备的通则。

注 2：在某些情况下，经双方协商可采用尺寸为 50 mm×50 mm×4 mm 的试样。采用这一尺寸试样时，将会增加达到平衡的时间，相当于厚度为 1 mm 试样的 16 倍。

5.3.2　挤出料

试样应是边长为 60 mm±1 mm 的正方形，其厚度在 1.0 mm～1.1 mm 之间。试样可从挤出片材上直接切取下来，片材应按照相应的产品标准中规定的条件制备(或按照材料供应商提供的条件)。

注：在某些情况下，经双方协商试样尺寸可为 50 mm×50 mm×2 mm。

5.3.3　片材和板材

试样应是边长为 60 mm±1 mm 的正方形，并采用 ISO 2818:1994 规定的机械加工方法从大片材或板材上加工而得到。

若片材或板材的公称厚度小于或等于 25 mm，则试样厚度跟板材或片材厚度一样。

若片材或板材的公称厚度大于 25 mm，在没有相关说明的情况下，试样的尺寸应单面加工到 25 mm。

注：由于菲克扩散，达到平衡的时间与正方形试样的厚度成比例的增加。试样厚度为 25 mm 将需要花费 5 年多的时间来达到平衡。

5.3.4 管材和棒材

5.3.4.1 管材

若有可能，试样的尺寸应当参考相应的国家标准。若无标准参考，应以垂直于轴线截取长度为60 mm±1 mm的管材作为试样。

若管材的外径大于60 mm，应切取长度为60 mm±1 mm的管材，再由该管材制备成试样。其制法为：沿着包含该管材纵轴的两个平面分别切割，使从外表面测量的展开宽度为60 mm±1 mm。

5.3.4.2 棒材

对于直径小于或等于60 mm的棒材，应垂直于轴线截取长度为60 mm±1 mm的棒段作为试样。

对于直径大于60 mm的棒材，在有关双方未商定任何规定时，先垂直于轴线截取长为60 mm±1 mm的一段，然后将其直径机械加工到60 mm±1 mm作为试样。

5.3.5 型材

在无标准参考的情况下，从型材上切取长为60 mm±1 mm的一段作为试样。保证试样的厚度尽可能地接近1.0 mm～1.1 mm，若有必要，可采用单面机械加工。精确的厚度和机械加工条件应根据协议双方的约定。

5.4 质量变化的测定

5.4.1 操作步骤

5.4.1.1 状态调节

按照4.5对试样进行状态调节，并按4.1～4.3选择测试条件。

5.4.1.2 称量初始质量

测定每个试样的初始质量(m_1)，试样质量大于或等于1 g时，精确到0.001 g，试样质量小于1 g时，精确到0.000 1 g。

按照4.6.2中规定的方法将试样浸泡在试液中。

5.4.1.3 浸泡后立即称量

从试液中取出试样，按4.6.3进行冲洗和擦拭，放入已称重的空称量瓶中，盖好，并称取试样的质量(m_2)根据5.4.1.2精确到0.001 g或0.000 1 g。

若所用试液在室温下有挥发性，则试样暴露在空气中的时间不应超过30 s。若称量之后还需继续试验(如质量随时间变化的曲线)，则立即将试样放回试液中，并将容器放回恒温控制器中。

5.4.1.4 浸泡干燥后称量

在5.4.1.3操作后，从称量瓶中取出试样，放入规定温度的烘箱中，干燥至恒重。对于厚度为1 mm的试样，通常采用的干燥条件为：50 ℃±2 ℃，2 h。若有必要则将试样冷却，按4.5重新进行状态调节，再称取试样的质量(m_3)。

注：在某些情况下，有关双方可以商定被测试样不必进行状态调节。

5.4.1.5 仅在干燥后称量

试样从试液中取出后，先按照4.6.3进行冲洗和擦拭，然后立即置于烘箱中，并按照5.4.1.4进行干燥处理，再称取试样质量。

5.4.2 试验结果的计算和表示

5.4.2.1 记录每个试样的质量，用mg表示。

a) 浸泡前的质量，用m_1表示；

b) 试样浸泡后的质量，用m_2表示；

c) 试样浸泡干燥和再状态调节的质量，用m_3表示。

计算以下差值：

m_2-m_1和m_3-m_1，并记录正负号。

5.4.2.2 也可用下列方法表示：

5.4.2.2.1 单位面积的质量变化

用式(2)、(3)计算每单位面积的质量增加或减少值，用 mg/cm² 表示：

$$\text{浸泡后每单位面积的质量变化}=\frac{m_2-m_1}{A} \quad \cdots\cdots\cdots(2)$$

$$\text{浸泡干燥和再状态调节后每单位面积质量变化}=\frac{m_3-m_1}{A} \quad \cdots\cdots\cdots(3)$$

式中：

m_1——试样浸泡前的质量，单位为毫克(mg)；

m_2——试样浸泡后的质量，单位为毫克(mg)；

m_3——试样浸泡干燥和再状态调节的质量，单位为毫克(mg)；

A——表示试样的初始总表面积，单位为平方厘米(cm²)。

5.4.2.2.2 质量变化百分率

用式(4)、(5)计算质量增加或减少的百分率：

$$\text{浸泡后质量变化率}=\frac{m_2-m_1}{m_1}\times 100\% \quad \cdots\cdots\cdots(4)$$

$$\text{浸泡干燥和再状态调节后质量变化率}=\frac{m_3-m_1}{m_1}\times 100\% \quad \cdots\cdots\cdots(5)$$

式中：

m_1——试样浸泡前的质量，单位为毫克(mg)；

m_2——试样浸泡后的质量，单位为毫克(mg)；

m_3——试样浸泡干燥和再状态调节后的质量，单位为毫克(mg)。

5.4.2.3 计算每组试验结果的算术平均值。

5.5 尺寸变化的测定

5.5.1 操作步骤

5.5.1.1 状态调节

按照 4.5 对试样进行状态调节，并根据 4.1～4.3 选择测试条件。

5.5.1.2 测量试样的原始尺寸

5.5.1.2.1 正方形试样

在试样的 4 个侧面作 4 根长度基准线，用千分尺测量其长度，然后记录其平均长度为 l_1，精确到 0.1 mm。

用孔径规测量 4 个基准点的厚度，然后记录其平均长度为 h_1，精确到 0.01 mm，要求各基准点离边缘的距离不小于 10 mm。

5.5.1.2.2 棒材和型材

用千分尺测量并记录试样长度，然后记录其平均长度为 l_1，精确到 0.1 mm。

用孔径规在 4 个基准点上测量其厚度，然后记录其平均长度为 h，精确到 0.01 mm。

若型材的厚度不均匀，则在两个不同厚度的区域分别测量其厚度值。

5.5.1.2.3 管材

根据 GB/T 8806—1988 测量管材的外径(d_1)、长度(l_1)、壁厚(h_1)。

5.5.1.3 初始体积的测量

使用带刻度的玻璃管在 23 ℃条件下，测量试样的原始体积(V_1)。

5.5.1.4 浸泡

采用烧杯和 5.2.3.4 中描述的装置，并按照 4.6.2 中规定的方法将试样浸泡在试液中。

5.5.1.5 浸泡后立即测量

从试液中取出试样，采用 4.6.3 进行冲洗和擦拭，按 5.5.1.2 在原记号位置上测量试样的尺寸，相应地记录为 d_2、l_2 和 h_2。

注：不宜延长开始测量尺寸的时间。

5.5.1.6 浸泡干燥后测量

在 5.5.1.5 操作后，将试样按照规定的温度和规定的时间在烘箱中干燥，通常采用的干燥条件为：50 ℃±2 ℃，2 h。若有必要则将试样冷却，按 4.5 重新进行状态调节，再按 5.5.1.2 在原记号位置上测量试样的尺寸，相应地记录为 d_3、l_3 和 h_3。

注：在某些情况下，有关双方可以商定被测试样不必进行状态调节。

5.5.1.7 仅在干燥后测量

试样从试液中取出后，先按照 4.6.3 进行冲洗和擦拭，然后立即置于烘箱中，并按照 5.5.1.6 进行干燥处理和测量。

5.5.1.8 液体吸收体积的测量

按 5.2.3.4 中描述的那样测量液体吸收总量，用试液原始体积和试样移出的试液体积之差表示。

5.5.2 试验结果计算和表示

除了记录试样原始尺寸(或体积)和最后尺寸(或体积)外，还应报告最后尺寸(或体积)对原始尺寸(或体积)的百分率。对试验过程中每个试样、每个尺寸和每个变化计算百分率。计算结果可能大于、等于或小于 100%。若计算值为 100%，则表示试样在试液作用下无尺寸(或体积)变化。

因此，可按式(6)、(7)计算膨胀率：

$$Q=\frac{\Delta V}{V_1}=\frac{V_1-V_2}{V_1} \qquad \cdots\cdots\cdots\cdots(6)$$

或用百分比表示：

$$Q'=\frac{\Delta V}{V_1}\times 100\% \qquad \cdots\cdots\cdots\cdots(7)$$

式中：

Q——材料试样的膨胀率；

ΔV——浸泡前后的体积差；

V_1——试样浸泡前的体积；

V_2——试样浸泡后的体积；

Q'——材料试样的膨胀率百分比。

5.5.2.1 计算每组试样试验结果的算术平均值。

5.5.2.2 做试样尺寸随时间变化试验时，应绘制尺寸-浸泡时间的曲线。

5.6 颜色或其他外观变化的检测

5.6.1 概述

颜色或其他外观变化的检测可以与本标准规定的其他测试试验一同进行，也可单独进行。无论是哪种情况，都应准备好额外的试样以做对比。

5.6.2 操作步骤

5.6.2.1 当进行其他测试时，兼测颜色或其他外观变化，则按该试验项目步骤操作。

5.6.2.2 当仅测颜色或其他外观变化，只要双方一致同意，则采用通用步骤(见第 4 章)。

5.6.2.3 用 GB/T 15596—1995 规定的方法将每个试样与空白试样对比检测，并记录如下性能的变化：

a) 颜色

——仪器检测；

——用灰度比色卡肉眼检测；

b) 其他外观

——仪器检测(表面光泽度、透光性)；

——肉眼检测如下外观上的变化：

银纹和开裂的出现；

起泡、小坑或其他类似缺陷的出现；

表面存在有易于擦掉的物质；

表面发黏；

分层、翘曲或其他变形；

部分溶解。

使用表1中的等级表示。

表 1

外观变化等级
无变化
不明显变化
轻微变化
中等变化
严重变化

5.6.3 结果表示

根据GB/T 15596—1995,用表1中规定的变化等级来表示肉眼检测外观性能改变的结果。

分别记录试样经浸泡擦拭、浸泡干燥和再状态调节的检测结果。

6 其他物理性能变化的测试

6.1 概述

可测定力学性能、电性能、热性能或光学性能等。

6.2 仪器

6.2.1 仪器列于5.2中,但仅在特殊情况需要时才使用天平。

6.2.2 其他仪器,在所要测定性能的相关国家标准中规定了的仪器。

6.3 试样

6.3.1 形状和尺寸

试样应满足所要测定性能的相关国家标准中的试样规定。

若有几种尺寸可供选择,推荐选用试样厚度最接近4 mm的规格尺寸。

6.3.2 试样制备

遵照相关国家标准的规定进行。

注：有些性能对样品中的内应力很敏感。因此,为了评价最终制品,建议试样取自该最终制品,不使用专门的模塑或挤出成型。

6.3.3 数目

试样数目按照相关国家标准中规定的数量。对需要更换试样的测试项目(特别是破坏性试验),应多备一些空白试样。

6.4 操作步骤

6.4.1 状态调节和初始值的测定

按照4.5对试样进行状态调节,并根据4.1～4.3选择测试条件。

根据所要测定项目的相关国家标准测定试样的初始性能值。

按照4.6.2中规定的方法将试样浸泡在试液中。

6.4.2 浸泡后立即测量

从试液中取出试样,按4.6.3进行冲洗和擦拭,,然后如6.4.1中一样,重新测量该测定项目的性能值。

若所用试液在室温条件下是挥发性的,则试样从试液移出后的2 min～3 min内就应开始测试。

6.4.3 浸泡干燥后测量

在6.4.2操作后,将试样按照规定的温度和时间在烘箱中干燥,若无特别说明则在50 ℃±2 ℃下干燥2 h±15 min。若有必要则将试样冷却,按4.5重新进行状态调节,再按相关国家标准重新测量所要求的性能值。

注:在某些情况下,有关双方可以商定被测试样不必进行状态调节。

6.4.4 仅在干燥后测量

试样从试液中取出后,先按照4.6.3进行冲洗和擦拭,然后立即置于烘箱中,并按照6.4.3进行干燥处理,再测量所测定的性能值。

6.5 试样结果的计算和表示

6.5.1 按照相关的国家标准计算测定性能的试验结果。

计算下列数值的平均值:

Y_1——每个试样浸泡前的性能数值(空白试样的性能值);

Y_2——浸泡后试样的性能值;

Y_3——浸泡干燥和再状态调节后的性能值。

6.5.2 对于可测量的(即测量标尺呈比例的)性能,可按下式计算其最终性能对初始性能的百分比:

对于浸泡后性能改变百分比为:$\frac{Y_2}{Y_1}\times 100\%$

对于浸泡干燥和再状态调节后性能改变百分比为:$\frac{Y_3}{Y_1}\times 100\%$

所得百分率可能大于、等于或小于100%。当该值等于100%时,表示试样在试液作用下该物理性能无变化。

6.5.3 若有必要,可做性能-时间的关系曲线。

7 试验报告

试验报告应包括以下内容:

a) 注明采用本标准;

b) 试验材料或测试产品的完整说明;

c) 试样种类、制备方法、尺寸、表面状态等;

d) 采用的状态调节步骤;

e) 所用的试液、浸泡温度和浸泡时间(s),以及所有其他条件(光照或黑暗、蒸汽等);

f) 干燥温度和时间;

g) 所用的肉眼检测方法;

h) 研究的性能和试验方法;

i) 按4.7、5.4.2、5.5.2、5.6.3和6.5表示试验结果,若有必要可附上性能值与浸泡时间的函数关系图;

j) 若有要求,浸泡后对试液进行检测的结果;

k) 对试验结果产生影响的所有其他现象。

附 录 A
（资料性附录）
ISO 175:1999 与 GB/T 11547—2008 对照表

序号	ISO 175:1999	GB/T 11547—2008
1	1 范围	1 范围
2	2 参考文献	2 规范性引用文件
3	3 原理	3 原理
4	4 通用技术和要求	4 通用技术要求和步骤
5	5 质量、尺寸及外观变化的测定	5 质量、尺寸及外观变化的测定
6	6 其他物理性能变化的测试	6 其他物理性能变化的测试
7	7 试验报告	7 试验报告
8	附录 A(资料性附录) 试液的类型	附录 A(资料性附录) ISO 175:1999 与 GB/T 11547—2008 对照表
9	附录 B(资料性附录) 关于达到状态平衡的塑料试样吸湿的注释	附录 B(规范性附录) 试液的类型
10		附录 C(资料性附录) 关于达到状态平衡的塑料试样吸湿的注释
11	参考文献	参考文献

附 录 B
(规范性附录)
试液的类型

B.1 表 B.1 和表 B.2 列出了可作为试液的化学试剂和各种化工产品的详细名称。

警告——某些试剂是用浓化学试剂稀释而成的，在配制时有危险性，应在有经验的技术人员指导下操作。

试验所用的化学试剂质量应满足试验要求。

任何混合产品的质量和参考组成都应满足协议双方的商定。

B.2 试液在处理时的危险性和预防措施如下：

A——不同腐蚀程度的药品决不应与皮肤或衣服接触，只能用安全移液管。

B——可燃性药品，不应靠近火源。

C——产生刺激性气味或毒气的药品，应在通风橱内操作。

表 B.1 化学试剂

试液	浓度[a]		预防措施(见 B.1 和 B.2)	备注	密度(20 ℃[b])/(kg/m³)
	质量分数/%	kg/m³			
乙酸	99.5		A+C	浓溶液	1 050
乙酸	5	50		加 50 mL 浓乙酸到 950 mL 水中	
丙酮	100		B		785
氢氧化铵	25	230	A+C	以(NH_3)表示	907
氢氧化铵	10	96	A+C	以(NH_3)表示	958
苯胺	100		A+C		1 021
铬酸	40(以 CrO_3 表示)	550	A+C	1 000 mL 溶液中加 3 mL 浓硫酸	
柠檬酸	10	100			
乙醚	100		B+C		719
蒸馏水	100				
乙醇		770	B	体积分数 97%(71 ℃ O.P.)	802
乙醇	50	460		1 000 mL 体积分数 96%乙醇加 47 mL水	
乙酸乙酯	100		B+C		901
正庚烷	100		B		683
盐酸	36		A+C	浓溶液	1 180
盐酸	10	105	A+C	加 250 mL 浓盐酸到 750 mL 水中	
氢氟酸[c]	40	450	A+C		1 160
过氧化氢	30	330	A	不稀释	
过氧化氢	3	31	A	10 份体积体积分数为 30% H_2O_2 加 90 份体积水	
乳酸	10	100			
甲醇	100		B+C		790
硝酸	70		A+C	浓硝酸	1 420

表 B.1（续）

试液	浓度[a]		预防措施(见 B.1 和 B.2)	备注	密度(20 ℃[b])/(kg/m³)
	质量分数/%	kg/m³			
硝酸	40	500	A	加 500 mL 浓硝酸到 540 mL 水中	1 250
硝酸	10	105	A	加 105 mL 浓硝酸到 900 mL 水中	1 050
油酸	100				890
苯酚	5	50	A		
碳酸钠	20	216	A	以 $Na_2CO_3 \cdot H_2O$ 表示	1 080
碳酸钠	2	20			1 010
氯化钠	10	108			1 070
氢氧化钠	40	575	A		1 430
氢氧化钠	1	10	A		1 010
次氯酸钠	10		A+C	9.5%活性氯	
硫酸	98		A	浓硫酸	1840
硫酸	75	1 250	A	加 695 mL 浓硫酸到 420 mL 水中	1 670
硫酸	10		A	$c(H_2SO_4)=1$ mol/L	
硫酸	5		A	$c(H_2SO_4)=0.5$ mol/L	
甲苯	100		B		871
2,2,4-三甲基戊烷	100		B		698

[a] g/L 表示的浓度与 kg/m³ 表示的浓度在数值上是相等的。

[b] g/mL 表示的单位体积质量是由 kg/m³ 表示的单位体积质量除以 1 000 得到的。

[c] 若在操作过程中氢氟酸溅到皮肤上，应立即用葡萄糖酸钙溶液或胶体处理。

表 B.2 化工产品

试 液	说 明	预防措施(见 B.1 和 B.2)
矿物油	例如：GB/T 1690—2006[a] 中规定的 1、2 或 3 号参照油	
绝缘油	按 GB 2536—1990	
橄榄油	质量待规定	
棉籽油	质量待规定	
溶剂混合物	例如：GB/T 1690—2006[a] 中规定的 A、B、C 或 D 参照溶剂	B
肥皂液	用肥皂片制得 1%肥皂溶液	
清洗剂	质量和浓度待规定	
松节油	质量待规定	B
煤油	质量待规定	B
石油(汽油)	质量待规定[b]	B

[a] GB/T 1690—2006 是关于液体对硫化弹性体的标准。

[b] 石油不应含苯。

附 录 C
(资料性附录)
关于达到状态调节平衡的塑料试样吸湿的注释

C.1 在潮湿环境中状态调节的塑料试样的吸湿量和吸湿速度会因为塑料性质的不同而大不相同。

C.2 本标准中所规定的状态调节步骤(见 4.5),除了以下一些情况,一般都能达到满意效果:

a) 已知在状态调节环境下需经过很长时间才能达到平衡的材料(如某些聚酰胺材料);

b) 不能预估计吸湿能力的吸湿达到平衡所需时间的新材料或未知结构的材料。

C.3 对于 C.2 中提到的材料,可采用如下操作步骤之一:

a) 在高温下干燥材料。本方法的缺点是:材料处于干燥状态时的某些性能,特别是力学性能,不同于在 23 ℃±2 ℃和相对湿度(50±10)%条件下测量的性能值;

b) 根据 GB/T 2918—1998 在 23/50 条件下对试样进行状态调节,直到平衡。在这种情况下,在相隔$(h/\mathrm{mm})^2$ 周(h 为试样的厚度,mm)进行一次测定,直到试样质量恒定在 0.1%以内,是一种判断是否达到平衡的简便判断依据。对于某些聚合物,作出不少于$(h/\mathrm{mm})^2$ 周的质量-时间曲线就足够了。从实用来看,只要此图的斜率(以百分率表示)在$(h/\mathrm{mm})^2$ 周的位置上为 0.1%便可认为达到平衡。

参 考 文 献

［1］ Menger a. Gomzi:“Swelling Kinetics of Polymer-Solvent System”,Eur. Polymer J.,30(1994),1,pp. 33-36

［2］ ISO 4433(所有部分):1997,热塑管——耐液体化学试剂的性能——分类

［3］ ISO 22088-2:2006 塑料——抗环境应力开裂(ESC)的测定——第2部分:恒定拉伸应力法

［4］ ISO 22088-3:2006 塑料——抗环境应力开裂(ESC)的测定——第3部分:弯曲试条法

［5］ ISO 22088-4:2006 塑料——抗环境应力开裂(ESC)的测定——第4部分:球或针压痕法

［6］ GB/T 5471—2008 塑料 热固性塑料试样的压塑(ISO 295:2004,IDT)

［7］ GB/T 9352—2008 塑料 热塑性塑料材料试样的压塑(eqv ISO 293:2004,IDT)

ICS 43.040.20
T 38

中华人民共和国国家标准

GB 11554—2008
代替 GB 11554—1998

机动车和挂车用后雾灯配光性能

Photometric characteristics of rear fog lamp for power-driven vehicles and their trailers

2008-12-31 发布 2010-01-01 实施

中华人民共和国国家质量监督检验检疫总局
中国国家标准化管理委员会 发布

前　言

本标准的全部技术内容为强制性。

本标准对应于 ECE R38 Rev2 Amend2《关于批准机动车和挂车用后雾灯的统一规定》。本标准与 ECE R38 的一致性程度为非等效，主要差异如下：

——修改了第 1 章范围；

——增加了规范性引用文件；

——删除了 ECE R38 中有关管理方面的下列章节和附录：

2. 认证申请；

3. 认证标志；

4. 认证；

10. 生产一致性；

11. 生产不一致性的处理；

12. 正式停产；

13. 负责认证试验的技术部门和管理部门的名称和地址；

——增加了检验规则。

本标准的主要技术要求，如：要求、试验方法，与 ECE R38 一致。

本标准代替 GB 11554—1998《汽车及挂车后雾灯配光性能》。本标准与前版相比较主要变化如下：

——修改了前版第 1 章的范围；

——修改了前版第 2 章的引用标准；

——修改了前版第 3 章定义中的有关规定；

——修改了前版第 4 章技术要求中的有关条款；

——修改了前版第 5 章试验方法；

——修改了前版第 6 章检验规则；

——增加了使用光源模块的后雾灯的有关条款；

——增加了可变光强后雾灯的有关条款。

对于新申请型式检验的机动车和挂车用后雾灯，本标准自 2010 年 1 月 1 日起实施；对于本标准实施前已通过型式检验的机动车和挂车用后雾灯，本标准自 2012 年 1 月 1 日起实施。

本标准由国家发展和改革委员会提出。

本标准由全国汽车标准化技术委员会归口。

本标准起草单位：上海汽车灯具研究所。

本标准主要起草人：周涛、王晋军。

本标准所代替标准的历次版本发布情况为：

——GB 11554—1989、GB 11554—1998。

机动车和挂车用后雾灯配光性能

1 范围

本标准规定了机动车和挂车用后雾灯的技术要求、试验方法和检验规则等。

本标准适用于L_3、L_4、L_5、L_7、M、N机动车和O类挂车用的各种类型的后雾灯。

本标准中机动车和挂车用后雾灯简称后雾灯。

L_7指四轮摩托车。

2 规范性引用文件

下列文件中的条款通过本标准的引用而成为本标准的条款。凡是注日期的引用文件，其随后所有的修改单(不包括勘误的内容)或修订版均不适用于本标准，然而，鼓励根据本标准达成协议的各方研究是否可以使用这些文件的最新版本。凡是不注日期的引用文件，其最新版本适用于本标准。

GB 4599 汽车用灯丝灯泡前照灯

GB 4785 汽车及挂车外部照明和光信号装置的安装规定

GB 15766.1 道路机动车辆灯丝灯泡 尺寸、光电性能要求(GB 15766.1—2000,idt IEC 60809:1995)

ECE R37 关于机动车及其挂车灯具认证用灯丝灯泡认证的统一规定

3 术语和定义

GB 4785确立的术语和定义适用于本标准。

4 要求

4.1 一般规定

4.1.1 后雾灯应设计和制造成在正常使用条件下，即使受到振动，仍能保证满足使用要求和符合本标准的规定。

4.1.2 后雾灯中的光源模块，应设计为即使在黑暗中也能将其安装在正确的位置上；并且能够防止误操作。

4.1.3 当可变光强后雾灯的光强调节装置失效时，应能自动满足稳定光强后雾灯的配光性能要求。

4.1.4 如果使用灯丝灯泡，应符合GB 15766.1或ECE R37规定。

4.2 配光性能

4.2.1 在下述规定的角度范围内，后雾灯各方向上的发光强度应符合以下规定：

4.2.1.1 通过基准轴线的水平H—H线和垂直V—V线上，在基准轴线左、右10°和上、下5°之间(见图1)，其发光强度最小限值为150 cd；

4.2.1.2 在图1配光屏幕中的菱形区域内，如果目视检查发现发光强度有明显的变化，则除检查H—H线和V—V线上是否达到上述规定外，还应检查该区域内其余部分发光强度，最小限值为75 cd；

4.2.1.3 在可以看到灯的所有方向上，稳定光强后雾灯发光强度最大限值为300 cd；可变光强后雾灯发光强度最大限值为840 cd，但在夜晚工作时不超过300 cd。

4.2.2 对于配备有一个以上光源的单灯，当其任何一个光源失效时，仍应满足发光强度最小限值要求。当所有光源点亮时，不应超过发光强度最大限值。

4.2.3 在基准轴线观察方向上的视表面应不大于140 cm^2。

4.3 后雾灯的光色及其色度特性应符合 GB 4785 的规定。

4.4 耐热性

在温度 23 ℃±5 ℃的环境条件下，后雾灯在 5.3 规定的条件下预热 20 min 之后，连续工作 1 h，试验后灯具应无明显翘曲、变形、裂痕或变色。

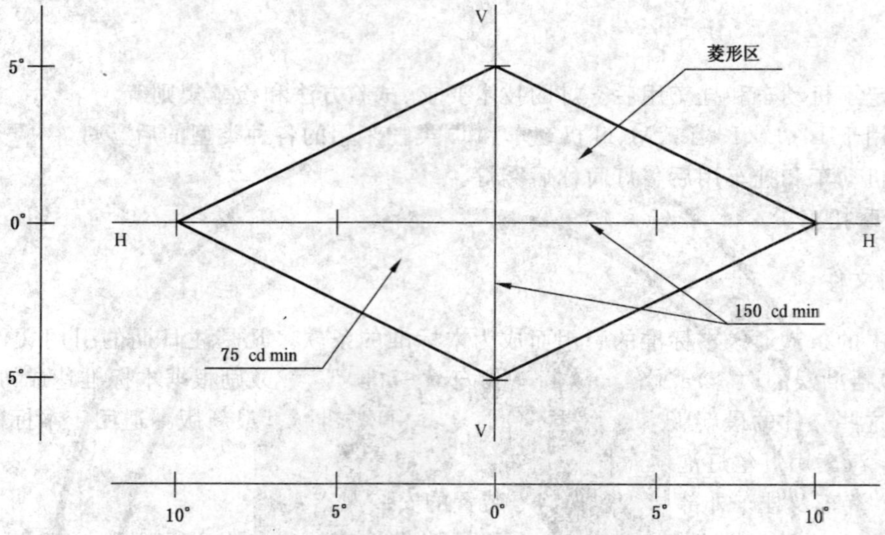

图 1 配光屏幕

5 试验方法

5.1 试验暗室、装置及设备，应符合 GB 4599 的规定。

5.2 配光性能的试验条件

5.2.1 对于装用不可更换光源(灯丝灯泡或其他)的后雾灯分别在 6.75 V、13.5 V 或 28.0 V 进行测试。

5.2.2 对装用可更换灯丝灯泡的后雾灯，测量时应在后雾灯中使用标准灯泡，并使它工作于发出基准光通量的状态。

5.2.3 对于配备变光装置的后雾灯，在正确使用该装置的情况下，按照制造商规定的输入电压进行测试。

5.2.4 对于所有不是装用灯丝灯泡的后雾灯，点亮后 1 min 和 30 min 应分别进行发光强度的测量，其结果应符合 4.2 的相应规定；在点亮后 1 min 时各点的发光强度应通过由点亮 1 min 和点亮 30 min 时在 HV 点上的发光强度的比值与点亮 30min 时各点的发光强度测量结果相乘得到。

5.2.5 装用几个光源的装置的测量

5.2.5.1 在装用批量生产的 6.75 V、13.5 V 或 28.0 V 可换灯丝灯泡的场合，可以使用批量生产的灯泡测量，所产生的发光强度值应予以修正。基准光通量与试验电压(6.75 V、13.5 V 或 28.0 V)下光通量的平均值之比是修正系数，所使用的每个灯丝灯泡的实际光通量与其平均值的偏差应不大于±5%；也可以在每个灯泡的位置上逐一使用工作于基准光通量状态的标准灯泡进行测量，并将每个位置上的单独测量结果相加。

5.2.5.2 在装用不可更换光源或其他光源的场合，按照制造商规定的电压测量，需要时制造商应提供专用的供电装置。

5.3 耐热性的试验条件

5.3.1 对于装用不可更换光源(灯丝灯泡或其他)的后雾灯分别在 6.75 V、13.5 V 或 28.0 V 进行测试。

5.3.2 对于装用可更换灯丝灯泡的后雾灯，试验电压应使该灯泡工作于 GB 15766.1 或 ECE R37 中规定的平均功率；如果 GB 15766.1 或 ECE R37 中只规定最大功率的光源，试验电压应使光源工作于最大功率的 90%。

5.3.3 对于可变光强的后雾灯，试验应在不小于最大发光强度的 90%下进行。

5.4 配光性能测试前，应将不可更换光源后雾灯或灯泡以测试时电压点燃，使其光性能趋于稳定。

5.5 配光性能测试的距离，应保证能应用光度学中的距离平方反比定律。

5.6 从后雾灯的基准中心观察，光接受器的张角是在 10′至 1°之间。

5.7 在各测量方向的角度偏差不大于 15′。

5.8 测量角度的量度以基准轴线和基准中心(由制造商在图纸上表明)为基准。

5.9 色度测量应使用 A 光源(色温为 2 856 K)。对于使用不可更换光源的后雾灯，按 5.2.1 中规定的试验条件下测试；对于配备变光装置的后雾灯，按 5.2.3 中规定的试验条件下测试。用目视观察图 1 菱形区域外的光色应无明显变化。

6 检验规则

6.1 后雾灯不同型式

在以下主要方面有差异的：

a) 商品名称和商标；

b) 光学系统的特性(发光等级、光分布角、灯丝灯泡或光源模块的类型等)；

c) 分类(可变光强、稳定光强)。

但是，灯丝灯泡颜色或者滤光片颜色的改变可视为同一型式。

6.2 型式检验

6.2.1 后雾灯不同型式的判定按上述 6.1 的规定。

6.2.2 制造商应提供：

a) 足以识别该型式后雾灯特征的图纸一式三份，包括配光镜详细的特性结构，并表明基准轴线(H=0°,V=0°)、基准中心和安装在车辆上的几何位置有关后雾灯光学单元材料的简要技术说明书一份；

b) 样灯两只(可更换灯丝灯泡后雾灯含灯丝灯泡，可变光强后雾灯含变光装置)。

6.2.3 每只样灯应符合 4.1 的相应规定。

6.2.4 按第 5 章进行试验，每只样灯均应符合 4.2、4.3 和 4.4 的相应规定。

6.3 生产一致性检验

6.3.1 对型式检验合格的后雾灯，用从批量产品中随机抽取的样品来判定其生产一致性。

6.3.2 随机抽取的样灯 2 只，应符合 4.1 的相应规定。

6.3.3 按第 5 章进行试验，随机抽取的样灯，应符合 4.2、4.3、4.4 的相应规定，但其中 4.2.1.2 要求的最小发光强度限值放宽至规定的 80%，4.2.1.3 要求的最大发光强度限值放宽至规定的 120%。

ICS 43.040.20
T 38

GB

中华人民共和国国家标准

GB 11564—2008
代替 GB 11564—1998

机动车回复反射器

Retro reflector device for motor vehicles

2008-11-10 发布 2009-05-01 实施

中华人民共和国国家质量监督检验检疫总局
中国国家标准化管理委员会 发布

前　言

本标准的全部技术内容为强制性。

本标准对应于联合国欧洲经济委员会 ECE R3—2005《关于回复反射器认证的统一规定》。一致性程度为非等效，主要差异如下：

——修改了 1　范围；

——增加了规范性引用文件；

——删除了 ECE R3 中有关管理方面的下列章节和附录：

a)　3 认证申请；

b)　4 认证标志；

c)　5 认证；

d)　8 生产一致性；

e)　9 生产不一致性的处理；

f)　10 正式停产；

g)　11 负责认证试验的技术部门和管理部门的名称和地址；

h)　12 过渡规定；

i)　附录 9 光学性能的经时稳定性试验和不褪色性试验。

本标准的主要技术要求如：一般规定；特殊规定；试验方法与上述法规一致。

本标准代替 GB 11564—1998《机动车回复反射器》，与前版相比较主要变化如下：

——修改了前版第 3 章“定义”中的有关条款；

——修改了前版第 4 章“技术要求”中的有关条款；

——修改了前版第 5 章“试验方法”；

——删除了前版 4.5 中 g)光学性能的经时稳定性试验和 h)不褪色性试验；

——增加了ⅠB 类和ⅢB 类回复反射器定义、技术要求和试验方法等。

本标准的附录 A 是规范性附录。

本标准自实施之日起，GB 11564—1998 废止。新申请型式检验的回复反射器，应符合本标准。

本标准实施的过渡要求：

对于本标准实施前已通过型式检验的回复反射器，对照本版标准相应规定如有不符，给予 24 个月的过渡期。

本标准由国家发展和改革委员会提出。

本标准由全国汽车标准化技术委员会归口。

本标准起草单位：上海汽车灯具研究所、天津市神光新技术开发公司。

本标准主要起草人：周涛、俞培锋、孙体生。

本标准所代替标准的历次版本发布情况为：

——GB 11564—1989、GB 11564—1998。

机动车回复反射器

1 范围

本标准规定了机动车回复反射器的要求、试验方法和检验规则等。

本标准适用于摩托车、汽车和挂车使用的各种类型的回复反射器。

2 规范性引用文件

下列文件中的条款通过本标准的引用而成为本标准的条款。凡是注日期的引用文件，其随后所有的修改单(不包括勘误的内容)或修订版均不适用于本标准，然而，鼓励根据本标准达成协议的各方研究是否可使用这些文件的最新版本。凡是不注日期的引用文件，其最新版本适用于本标准。

GB/T 3978 标准照明体及照明观测条件

GB 4785 汽车及挂车外部照明和光信号装置的安装规定

GB/T 10485 道路车辆 外部照明和光信号装置 环境耐久性

3 术语和定义

下列术语和定义适用于本标准。

3.1

回复反射 retro-reflection

光线沿着与入射光方向的邻近方向反射，当照射角在很大范围内变动时，仍能保持这一特性。

3.2

回复反射光学单元 retro-reflecting optical unit

能产生“回复反射”的单元反射器。

3.3

回复反射器(以下简称反射器) retro-reflecting device

由一个或多个回复反射光学单元组成，具有回复反射功能的器件。

3.4

回复反射器发光区域 illuminating area of the retro-reflecting device

由制造商规定回复反射器光学系统的最外边缘围成的区域。

3.5

回复反射器的角直径 angular diameter of the retro-reflecting device

由回复反射器最大发光区域和光源的中心或受光器中心所构成的立体角。

3.6

基准轴线(NC) axis of reference

由制造商规定的，在光度测试和回复反射器安装时，作为角视场的基准方向(H=0°，V=0°)。

3.7

基准中心(C) center of reference

由制造商规定的基准轴线与发光区域的交点。

3.8

观察角(α) angle of divergence

基准中心到受光器(观察测量点)的连线与基准中心到光源中心的连线之间的夹角。

3.9

照射角(β)　illumination angle

基准中心到光源中心的连线与基准轴线之间的夹角。

3.10

旋转角(ε)　angle of rotation

反射器从一定位置开始,绕其基准轴线旋转所经过的角度。

3.11

反射器照度(E)　illumination of the retro-reflecting device

在一与入射光线垂直的,且通过回复反射器基准中心的平面内所测得的照度。

3.12

发光强度系数(CIL)　coefficient of luminous intensity

反射器在一定的照射角、观察角和旋转角的条件下,在观察角方向上,反射光发光强度与反射器照度的比值。

3.13

ⅠB或ⅢB类回复反射器　retro reflecting device of class ⅠB or ⅢB

与其他嵌入车身的信号灯复合的回复反射器。

4　要求

4.1　一般规定

4.1.1　反射器在正常使用条件下,应保持其应有的功能,其外表面应不粗糙且便于清洁,表面若有任何突出物均不应有碍清洁工作。此外,应无任何影响其功能发挥的设计或制造方面的缺陷。

4.1.2　反射器各零部件应是不易拆卸,其光学单元不可更换。

4.1.3　对于ⅣA类反射器,其在车辆上固定连接方式应保证牢固和耐久。

4.1.4　在正常使用时,反射器的内表面不允许有接触外界的入口。

4.2　形状、尺寸和结构的规定

4.2.1　反射器依其光度特性分为三类:ⅠA或ⅠB类、ⅢA或ⅢB类(用于挂车)和ⅣA类。

4.2.2　ⅠA或ⅠB类反射器发光区域外形应做成简单形状,在正常观察距离内不易与常用字母、数字或三角形相混淆,但允许其采用与简单字母O、I、U或数字8相似的形状。

4.2.3　ⅢA或ⅢB类反射器发光区域外形应是一个等边三角形,若在一角上标有安装标记"TOP"字样,则该角的顶点应指向上方。反射器中心允许有(也可无)一个空白三角形的非反射区(内外三角形对应边平行),其外形边长(A)应在150 mm～200 mm之间,但沿垂直方向的反射区宽度(B)至少为外形边长的20%。其反射区可以做成连续的或间断的,间断的最短间距(C)不得大于15 mm,三角形每边上的反射分块数,包括顶角处至少四个,且每一反射分块只有通过型式检验的ⅠA类反射器可以替换。具体尺寸要求如图1所示。

图 1 ⅢA 和ⅢB 类反射器发光区域外形示意图

4.2.4 ⅣA 类反射器发光区域外形应做成简单形状，在正常观察距离内应不易与常用字母、数字或三角形相混淆，但允许其采用与简单的字母 O、I、U 或数字 8 相似的形状。该类反射器发光区域的面积至少为 25 cm^2。

4.2.5 反射器可由光学单元与滤色片组成，但应在设计上保证其在正常使用条件下不会自行散开；滤色片所需颜色，不允许通过油漆或清漆等着色获得。

4.3 反射器的色度

4.3.1 反射器的色度为红色，琥珀色或无色透明(白色)。

4.3.2 当反射器使用相当于 GB/T 3978 规定的标准光源 A(色温为 2 856 K)照射时，其观察角 α 为 20′，照射角 β 为 V＝H＝0°(无色透明反射器 β 为 V＝±5°，H＝0°)，反射光的色度特性应符合 GB 4785 要求。

4.3.3 无色透明反射器不应产生选择性反射，即经相当于 GB/T 3978 规定的标准光源 A 照射时，其反射光色度坐标 x 和 y 变化不大于 0.01。

4.4 反射器的光度(CIL 值)

4.4.1 ⅠA 类、ⅠB 类和ⅢA、ⅢB 类

4.4.1.1 红色反射器的 CIL 值应不小于表 1 的规定。

表 1　　单位为毫坎德拉每勒克斯

反射器类别	观察角 α	照射角 β			
		垂直 V	0°	±10°	±5°
		水平 H	0°	0°	±20°
ⅠA、ⅠB	20′	CIL	300	200	100
	1°30′		5	2.8	2.5
ⅢA、ⅢB	20′		450	200	150
	1°30′		12	8	8
注：在以基准中心为顶点，以(V=±10°，H=0°)和(V=±5°，H=±20°)为边界的立体角，不允许 CIL 值小于本表最后两栏的数值。					

4.4.1.2　ⅠA 类、ⅠB 类琥珀色反射器的 CIL 值不得小于表 1 中数值乘以系数 2.5。

4.4.1.3　ⅠA 类、ⅠB 类无色透明反射器的 CIL 值不得小于表 1 中数值乘以系数 4。

4.4.2　ⅣA 类反射器的 CIL 值应不小于表 2 的规定。

表 2　　单位为毫坎德拉每勒克斯

颜色	观察角 α	照射角 β						
		垂直 V	0°	±10°	0°	0°	0°	0°
		水平 H	0°	0°	±20°	±30°	±40°	±50°
白色	20′	CIL	1 800	1 200	610	540	470	400
	1°30′		34	24	15	15	15	15
琥珀色	20′		1 125	750	380	335	290	250
	1°30′		21	15	10	10	10	10
红色	20′		450	300	150	135	115	100
	1°30′		9	6	4	4	4	4

4.5　反射器的环境试验

反射器应经受下列环境试验：

4.5.1　耐入侵试验；

4.5.2　耐撞击试验(仅ⅣA 类反射器进行此项试验)；

4.5.3　耐油性试验；

4.5.4　耐腐蚀性试验；

4.5.5　镜背试验(仅镜背开启式或可拆式的反射器进行此项试验)；

4.5.6　耐热性试验。

5　试验方法

5.1　对 4.1 和 4.2 的规定以目视法进行判定。

5.2　反射器色度试验

5.2.1　以标准色度样板和被测样品或样块，在相当于 GB/T 3978 规定的标准光源 A 的照射下进行目视比较，定性地判定是否符合色度要求。

5.2.2　如对目视比较的定性判定有异议，则应按 4.3.2 或 4.3.3 要求，使用定量方法测定色度坐标，确定其是否符合要求。

5.3　反射器的光度试验

5.3.1 反射器的光度测试如图2所示。

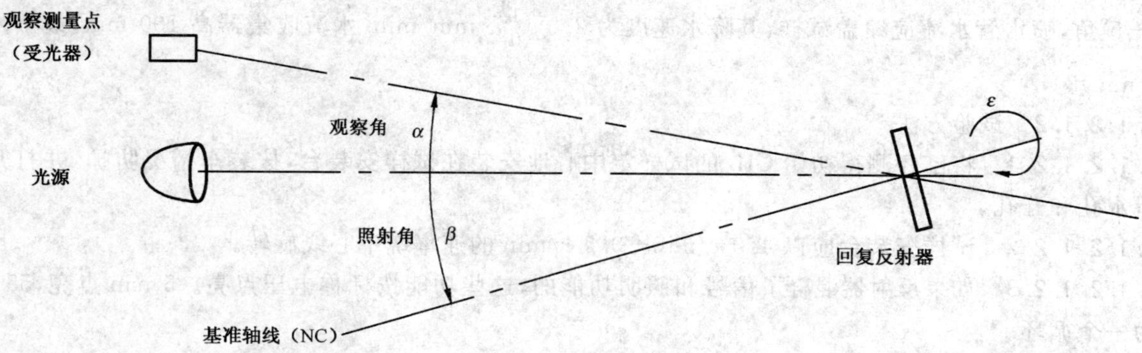

图2 反射器的光度测试

5.3.2 由反射器制造商提供NC,此轴线方向就是表1及表2中β在V=H=0°的方向。对于多个基准轴线,光度测量应对不同或最边缘的轴线分别测量。

5.3.3 对于ⅠA或ⅠB类反射器,仅考虑其发光区域在直径为200 mm圆内的部分,发光区域本身应限制在100 cm^2,而反射器光学单元的表面则不必达到这一面积,制造商应规定反射器的发光区域使用区域的边界。对于ⅢA、ⅢB和ⅣA类反射器的发光区域在尺寸上不作限制,整个发光区域均应考虑在内。

5.3.4 当β在V=H=0°的条件下,测试反射器的CIL值,应稍稍转动反射器,以确定有无镜面反射效应,如有,应使β在V=±5°范围内和H=0°的条件下进行读数,在消除镜面反射前提下采用使CIL值影响最小的位置。

5.3.5 对无安装标记"TOP"的反射器,在测试β为V=H=0°(或上述5.3.4确定的角度),α=20′的CIL值时,应绕NC基准轴线转动,确定其最大的CIL值(此时ε=0°),并且该CIL值应符合规定;在测其余α、β数值下的CIL值,若不符合规定还允许在ε=±5°范围内调整。

5.3.6 对有安装位置标记"TOP"的反射器,在测β为V=H=0°(或上述5.3.4确定的角度),α=20′的CIL值时,仅允许ε在±5°范围内调整,使其符合规定。

5.3.7 当β在V=H=0°,ε=0°的CIL值超过规定的50%以上,则其余α、β数值下的CIL值也应在ε=0°的条件下测试。

5.4 反射器的环境试验

5.4.1 耐入侵试验

5.4.1.1 耐透水性试验

5.4.1.1.1 反射器(与灯具组合者,应拆去全部可拆的非反射器部件)以整件发光区域朝上,完全浸没(低于水面20 mm)在50 ℃±5 ℃的水10 min之后,将其转动180°,使发光区域朝下(背面也低于水面20 mm)再浸10 min。然后以相同方法立即把反射器再浸入25 ℃±5 ℃的水中进行与前相似二个历时10 min的试验。

5.4.1.1.2 上述试验结束后,目视检查水是否渗入反射器内,如果有水,则判定未通过本试验。

5.4.1.1.3 若目测未发现渗水或对结论有异议时,先轻轻摇动反射器,除去外部过多的水,然后复测CIL值(仅在β为V=H=0°,α=20′时)。应达到上述4.4的要求,则判定通过本试验。

5.4.1.2 对于ⅠB、ⅢB类反射器,允许制造商选用以下方法代替5.4.1.1试验。

5.4.1.2.1 防水试验

该试验测试样品的防潮湿能力和排水孔的排水能力。

5.4.1.2.1.1 淋雨试验设备

5.4.1.2.1.1.1　试样安装试验台最小直径为 140 mm，并且可以绕中心线旋转。

5.4.1.2.1.1.2　试验箱内应配备一个喷水管，其中心线向下和水平转动的试样安装台的垂直轴线成 45°±5°角，喷水管水流应覆盖试样，其降水速度为 $2.5^{+1.6}_{-0}$ mm/min（水流收集器高 100 mm，最小内径 140 mm）。

5.4.1.2.1.2　试验方法

5.4.1.2.1.2.1　将已经测得初始 CIL 的试样定中心地安装在试样安装台，按装车情况防护，并打开全部泄水孔和开孔。

5.4.1.2.1.2.2　试样安装台应以 4.0 r/min±0.5 r/min 的速率绕中心线旋转。

5.4.1.2.1.2.3　如果反射器混合了信号和照明功能的，这些功能按标称电压点亮。5 min 点亮，55 min 灭为一个循环。

5.4.1.2.1.2.4　试验时间为 12 h(12 个循环)。

5.4.1.2.1.2.5　样品排水循环结束后，停止转台和喷水管运行，淋雨箱门关闭，样品排水 1 h。

5.4.1.2.1.2.6　结果判定

试验后，样品内允许潮气积累，但经过轻拍或倾斜不得出现积水。用干棉布将反射器外表面擦净后，复测 CIL 值（仅在 β 为 V＝H＝0°，α＝20′时），应达到上述 4.4 的要求。

5.4.1.2.2　防尘试验

该试验测试样品的防尘能力。

5.4.1.2.2.1　防尘试验设备

5.4.1.2.2.1.1　试验箱：内部边长为 0.9 m～1.5 m 的立方体，底面为一漏斗形，为了有助于收集灰尘。箱内体积（除底部漏斗形）应最大为 2 m^3，并且装入 3 kg～5 kg 的试验灰尘。试验箱应是可以通过高压气或鼓风机使灰尘完全扩散。

5.4.1.2.2.1.2　灰尘：符合 GB/T 10485 中 10.4.4 规定。

5.4.1.2.2.2　试验方法

5.4.1.2.2.2.1　试验应按装车情况进行防护，试样与箱壁之间距离应不小于 150 mm，如果试验长度大于 600 mm，应水平中心的放在试验箱内。

5.4.1.2.2.2.2　试样打开泄水孔或其他开孔，经历 5 h，每隔 15 min 扬尘 2 s～15 s。

5.4.1.2.2.3　结果判定

用干棉布将反射器外表面擦净后，复测 CIL 值（仅在 β 为 V＝H＝0°，α＝20′时），应达到上述 4.4 的要求。

5.4.2　耐撞击试验

将试验的反射器以紧固在车上相似的方式、发光区域朝上水平地紧固在试验装置上，在室温下从高度为 0.76 m，以一直径为 13 mm 的光滑实心钢球垂直自由落到发光区域中心部一次，试验装置对钢球可以垂直导向，但不得妨碍其自由下落。试验后，其发光区域不得开裂。

5.4.3　耐油性试验

5.4.3.1　耐润滑油试验

在反射器的外表面，特别是发光区域，用蘸有清洁润滑油的棉布轻轻擦拭约 5 min 后，清洗表面，然后复测 CIL 值（仅在 β 为 V＝H＝0°，α＝20′时），应达到上述 4.4 的要求。

5.4.3.2　耐燃油试验

在反射器的外表面，特别是发光区域，用蘸有体积百分比 70％的 *n*-庚烷和 30％的甲苯混合液的棉布轻轻擦拭约 5 min 后，目视检查表面，除了允许稍有裂痕外，表面不应有任何明显变化。

5.4.4　耐腐蚀性试验

5.4.4.1　反射器（与灯具组合者，应拆去全部可拆的非反射器部件）以整件按工作状态置于试验箱内，经受 50 h 盐雾试验，其中喷雾 24 h，间隔 2 h，再喷雾 24 h(2 h 间隔期间允许样品在试验箱内自然干燥)。其试验温度为 35 ℃±2 ℃。盐雾溶液的重量百分比：(20±2)份氯化钠，80 份杂质不超过 0.02%的水。

5.4.4.2 试验后用流水清洗掉样品表面沉积物，再在水(杂质不超过 0.02%)中漂洗，洗涤水温不超过 35 ℃，然后在试验室内恢复 1 h，检查样品，不应有损害反射器功能的明显腐蚀痕迹，当主要部件是金属时更应检查其是否受到腐蚀。

5.4.5 镜背试验

把反射器镜背用硬尼龙刷清刷后，用蘸有体积百分比为 70%的 n-庚烷和 30%的甲苯混合液的棉布擦拭或完全浸湿 1 min，使其干燥挥发后，再用硬尼龙刷刷其镜背面，进行磨损试验，然后用墨汁涂其镜背面，再复测 CIL 值(仅在 β 为 V＝H＝0°，α＝20′时)，应达到上述 4.4 的要求。

5.4.6 耐热性试验

反射器应在周围温度为 65 ℃±2 ℃的干燥大气环境中，连续保持 48 h。试验后检查反射器，特别是其光学元件应无可见裂痕或明显变形。

6 检验规则

6.1 反射器同一型式的判定

在以下主要方面无差异的，则被认为是同一型式：

a) 商品名称和商标；

b) 具有一个或多个与标准样品相同的回复反射光学单元；

c) 或有不同，但呈对称性，或适宜将其中之一安装在车辆左侧，另一个安装在右侧。

6.2 反射器应进行型式检验和生产一致性检验。符合以下 6.2.1 或 6.2.2 相应规定的，则认为该反射器通过型式检验或生产一致性检验。

6.2.1 反射器的型式检验

6.2.1.1 反射器同一型式的判定按上述 6.1 的规定。

6.2.1.2 制造商应提供：

a) 足以识别该型式反射器特征的图纸一式三份，包括反射器几何尺寸及其公差，以及在车辆上的安装位置，基准轴和基准中心；

b) 有关反射器光学单元材料的简要技术说明书一份；

c) 反射器样品的颜色由制造商确定，应提供样品 10 个；如果同时需要或其后将型式检验扩充到其他颜色的，还应提供扩充的相应颜色样品各 2 个。

6.2.1.3 按 5.1 目视法检验 10 个样品，均应符合 4.1 和 4.2 的规定。

6.2.1.4 按 5.2 色度试验方法检验 10 个样品，均应符合 4.3 的规定。

6.2.1.5 对 10 个样品进行 5.4.6 的耐热性试验，应符合其规定。

6.2.1.6 按 5.3 的光度试验方法，测 10 个样品的 CIL 值(仅在 β 为 V＝H＝0°，α＝20′时)均应符合 4.4 的规定，并选其中 CIL 值最小和最大的 2 个进行全部 CIL 值测试，均应符合规定，该 2 个样品由型式检验技术管理部门保存，以便需要时进行进一步的检验。

6.2.1.7 将光度试验余下的 8 个样品中随机抽取 4 个分成 2 组，每组两个进行以下试验：

第 1 组：耐入侵试验和耐油性试验；

第 2 组：耐腐蚀性试验、镜背试验和耐撞击试验；

以上 2 组试验均按 5.4 进行，应符合其规定。

其具体试验程序按本标准附录 A 进行。

6.2.2 反射器的生产一致性检验

6.2.2.1 对已经型式检验合格的反射器，用从批量产品中随机抽取的样品来判定其生产的一致性。

6.2.2.2 随机抽取的样品几何尺寸及公差，应符合 6.2.1 申请型式检验提供的图纸规定。

6.2.2.3 随机抽取的样品数量规定为 1 个。对于全部发光强度系数 CIL 值应至少等于 4.4 规定的 80％，否则再随机抽取样品 5 个，其测得 CIL 的平均值应至少等于 4.4 的规定值，但任何一个测量值不得低于规定值的 50％。

附 录 A
（规范性附录）
型式检验的试验程序表

序号	依据条款	要求及方法	样品									
			a	b	c	d	e	f	g	h	i	j
1	4.1、4.2、5.1	一般要求、形状、尺寸和结构的规定、目视法	√	√	√	√	√	√	√	√	√	√
2	4.3、5.2.1	色度规定、目视比较检验	√	√	√	√	√	√	√	√	√	√
3	4.3、5.2.2	色度有异议：色度坐标测定		*√								
4	4.5.6、5.4.6	耐热性试验：65 ℃±2 ℃ 48 h，目测裂痕或变形	√	√	√	√	√	√	√	√	√	√
5	4.4、5.3	光度规定：仅限 β 为 V＝H＝0°，α＝20′ 测 CIL 值	√	√	√	√	√	√	√	√	√	√
6	4.4、5.3、6.2.1.6	光度规定：测全部 CIL 值			*√	*√						
7	4.5.1、5.4.1.1 或 5.4.1.2	耐入侵试验；对于ⅠB、ⅢB 类允许选用防水和防尘试验							√	√		
8	4.5.3、5.4.3.2	耐燃油试验：5 min 后目测有无明显变化							√	√		
9	4.5.3、5.4.3.1	耐润滑油试验：5 min 后复测 CIL 值（β 为 V＝H＝0°，α＝20′）							√	√		
10	4.5.4、5.4.4	耐腐蚀性试验：喷雾 24 h 间隔 2 h，再喷雾 24 h，目测明显腐蚀痕迹					√	√				
11	4.5.5、5.4.5	镜背试验：1 min 涂墨汁，复测 CIL 值（β 为 V＝H＝0°，α＝20′）					√	√				
12	4.5.2、5.4.2	耐撞击试验：0.76 m，13 mm 钢球自由跌落，目测开裂（仅ⅣA 类进行）					√	√				
13	6.2.1.6	存放在型式检验技术管理部门			√	√						

注：有 * 者为假设的样品。

ICS 47.020.30
U 55

中华人民共和国国家标准

GB/T 11618.1—2008
代替 GB/T 11618—1999

铜管接头 第1部分：钎焊式管件

Pipe fittings of copper and copper alloys—Part 1: Fittings of braze welding type

2008-08-04 发布 2009-02-01 实施

中华人民共和国国家质量监督检验检疫总局
中国国家标准化管理委员会 发布

前　言

GB/T 11618《铜管接头》分为两个部分：

——第1部分：钎焊式管件；

——第2部分：卡压式管件。

本部分为GB/T 11618的第1部分。

本部分代替GB/T 11618—1999《铜管接头》。

本部分与GB/T 11618—1999相比，主要变化如下：

——修改了承口连接尺寸。本部分的Ⅱ系列承、插口外径允许偏差采用了欧共体标准BS EN1254-1:1998《铜及铜合金管件　第1部分：软钎焊或硬钎焊相连配件》(英文版)，材料、连接性能、卫生等相关内容参照德国标准DVGW W534:1995《装置中的管接头和管连接》(英文版)选用了相应的国内标准。

——修改了公称通径，从DN 6 mm～DN200 mm扩大为DN 6 mm～DN 300 mm。

——保留了原标准中四档铜管外径尺寸，以并行的形式列入，便于船用管路选用。

本部分的附录A为资料性附录。

本部分由中国船舶工业集团公司提出。

本部分由全国船用机械标准化技术委员会管系附件分技术委员会归口。

本部分起草单位：天力管件有限公司、中国船舶工业综合技术经济研究院、国际铜业协会(中国)、沪东中华造船(集团)有限公司、慈溪市金龙铜铝管制造公司、临海市晟星铜业管件有限公司。

本部分主要起草人：柳知春、蔡建平、孙镜明、罗发元、柳巧巧、杨建国、黄炜、潘兆祥。

本部分所代替标准的历次版本发布情况为：

——GB 11618.1～11618.8—1989、GB/T 11618—1999。

铜管接头 第1部分:钎焊式管件

1 范围

GB/T 11618的本部分规定了铜管尺寸连接按GB/T 18033的钎焊式铜管管件(以下简称钎焊管件)的分类、要求、试验方法、检验规则、标志、包装、运输和贮存。

本部分适用于公称压力不大于1.6 MPa,公称通径不大于DN 300 mm,用于输送生活用水(冷水、热水)、饮用水、燃气及对铜无腐蚀作用的其他介质铜管路用钎焊式管件的设计、制造和验收。

2 规范性引用文件

下列文件中的条款通过GB/T 11618的本部分的引用而成为本部分的条款。凡是注日期的引用文件,其随后所有的修改单(不包括勘误的内容)或修订版均不适用于本部分,然而,鼓励根据本部分达成协议的各方研究是否可使用这些文件的最新版本。凡是不注日期的引用文件,其最新版本适用于本部分。

GB/T 191 包装储运图示标志(GB/T 191—2008,ISO 780:1997,MOD)

GB/T 1176—1987 铸造铜合金技术条件(neq ISO 1338:1977)

GB/T 1804—2000 一般公差 未注公差的线性和角度尺寸的公差(eqv ISO 2768-1:1989)

GB/T 2040—2002 铜及铜合金板材

GB/T 2059—2000 铜及铜合金带材

GB/T 7306.1—2000 55°密封管螺纹 第1部分:圆柱内螺纹与圆锥外螺纹(eqv ISO 7-1:1994)

GB/T 8619—1988 钎缝强度试验方法

GB/T 8888 重有色金属加工产品的包装、标志、运输和贮存

GB/T 18033—2007 无缝铜水管和铜气管

YS/T 649—2007 铜及铜合金挤制棒

《生活饮用水输配水设备及防护材料卫生安全评价规范》 卫生部卫法监发(2001)161号文附件2

《钢质海船入级规范》2006 第3分册 中国船级社

3 分类和标记

3.1 分类和基本参数

钎焊管件按管材料分为以下两个系列:

a) Ⅰ系列——参照德国标准DVGW W534;

b) Ⅱ系列——参照日本标准JCDA 0004。

钎焊管件的分类和基本参数见表1。

表 1　钎焊管件的分类和基本参数

名　称		型　式	代　号	公称压力 PN/MPa	公称通径 DN/mm
等径	三通	—	ST	1.6	6～300
异径		—	RT		
45°弯头		A 型	A45E		
		B 型	B45E		
90°弯头		A 型	A90E		
		B 型	B90E		
等径管件		—	SC		
异径管件		—	RC		
过桥管件		—	GC		15～25
管　帽		—	CAP		6～50
内螺纹转换接头		—	FTC		
外螺纹转换接头		—	ETC		6～80
注：A 型钎焊管件接口两端均为承口，B 型钎焊管件接口一端为承口，另一端为插口。					

3.2　结构和基本尺寸

3.2.1　钎焊管件承、插口的结构和基本尺寸

Ⅰ、Ⅱ系列钎焊管件承、插口的结构和基本尺寸见图 1 和表 2。

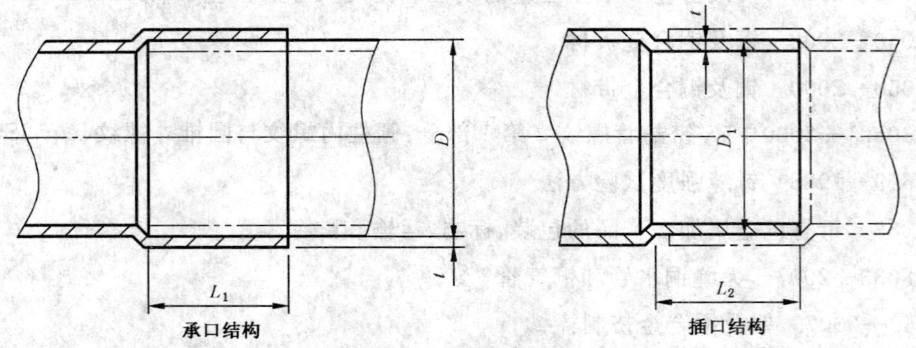

图 1　钎焊管件承、插口

表 2　钎焊管件承、插口的基本尺寸　　单位为毫米

公称通径 DN	铜管外径 D_w	承口内径 D		插口外径 D_1		承口长度 L_1 ≥		插口长度 L_2 ≥		壁厚[a] t ≥	
		Ⅰ系列	Ⅱ系列	Ⅰ系列	Ⅱ系列	Ⅰ系列	Ⅱ系列	Ⅰ系列	Ⅱ系列	铜	铜合金
6	8	$8^{+0.15}_{+0.06}$		$8^{+0.04}_{-0.05}$		7	6.8	9	8.8	0.60	1.00
8	10	$10^{+0.15}_{+0.06}$		$10^{+0.04}_{-0.05}$			7.8		9.8		
10	12	$12^{+0.15}_{+0.06}$		$12^{+0.04}_{-0.05}$		9	8.6	11	10.6		1.10
15	15、16	$15^{+0.15}_{+0.06}$		$15^{+0.04}_{-0.05}$		11	10.6	13	12.6	0.70	1.20
		$16^{+0.15}_{+0.06}$		$16^{+0.04}_{-0.05}$							
	18	$18^{+0.15}_{+0.06}$		$18^{+0.04}_{-0.05}$		13	12.6	15	14.6	0.80	1.40

表 2（续）

单位为毫米

公称通径 DN	铜管外径 D_w	承口内径 D		插口外径 D_1		承口长度 L_1 ≥		插口长度 L_2 ≥		壁厚[a] t ≥	
		Ⅰ系列	Ⅱ系列	Ⅰ系列	Ⅱ系列	Ⅰ系列	Ⅱ系列	Ⅰ系列	Ⅱ系列	铜	铜合金
20	22	$22^{+0.18}_{+0.07}$		$22^{+0.05}_{-0.06}$		15	15.4	17	17.4	0.90	1.50
25	28	$28^{+0.18}_{+0.07}$		$28^{+0.05}_{-0.06}$		18	18.4	20	20.4	1.00	1.60
32	35	$35^{+0.23}_{+0.09}$		$35^{+0.06}_{-0.07}$		20	23	22	25	1.20	1.80
40	42、44	$42^{+0.23}_{+0.09}$		$42^{+0.06}_{-0.07}$		22	27	24	29	1.30	2.00
		$44^{+0.23}_{+0.09}$		$44^{+0.06}_{-0.07}$							
50	54、55	$54^{+0.23}_{+0.09}$		$54^{+0.06}_{-0.07}$		25	32	27	34	1.50	2.30
		$55^{+0.23}_{+0.09}$		$55^{+0.06}_{-0.07}$							
65	67	$67^{+0.33}_{+0.10}$		$67^{+0.07}_{-0.08}$		28	33.5	30	36.5	1.70	2.40
	76	$76^{+0.33}_{+0.10}$		$76^{+0.07}_{-0.08}$		30		32		1.90	2.80
80	89	$89^{+0.33}_{+0.10}$		$89^{+0.07}_{-0.08}$		32	37.5	34	40.5	2.20	3.10
100	108、105	$108^{+0.33}_{+0.10}$		$108^{+0.07}_{-0.08}$		36	47.5	38	51.5	2.40	3.50
		$105^{+0.33}_{+0.10}$		$105^{+0.07}_{-0.08}$							
125	133	$133^{+0.8}_{+0.3}$	—	133 ± 0.2	—	38	—	41	—	2.50	—
150	159	$159^{+0.8}_{+0.3}$		159 ± 0.2		42		45		3.00	
200	219	$219^{+1.4}_{+0.6}$		219 ± 0.4		45		48		4.00	
250	267	$267^{+2.1}_{+0.9}$		267 ± 0.6		48		51		5.00	
	273	$273^{+2.1}_{+0.9}$		273 ± 0.6						5.80	
300	325	$325^{+2.1}_{+0.9}$		325 ± 0.6		52		55		6.00	
承口内径、插口外径的最大圆度偏差不应超过相对应铜管外径尺寸的1%，最大和最小直径的平均值应在直径允许偏差范围内。											
a 船用铜和铜合金管的壁厚参照中国船级社《钢质海船入级规范》2006 第 3 分册。											

3.2.2　等径三通钎焊管件的结构和基本尺寸

3.2.2.1　Ⅰ系列等径三通钎焊管件的结构和基本尺寸见图 2 和表 3。

3.2.2.2　Ⅱ系列等径三通钎焊管件的结构和基本尺寸见图 2 和表 4。

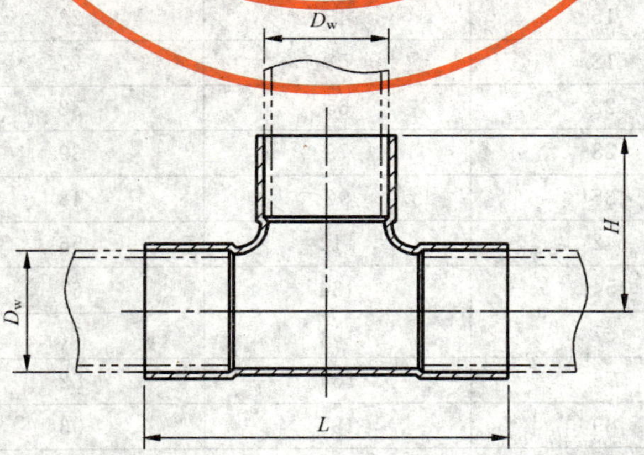

图 2　等径三通钎焊管件

表 3 Ⅰ系列等径三通钎焊管件的基本尺寸

单位为毫米

公称通径 DN	铜管外径 D_w	结构尺寸		重量/kg
		L	H	
6	8	30	15	0.01
8	10	32	16	
10	12	39	20	
15	15、16	46	23	0.02
	18	54	27	0.03
20	22	64	32	0.05
25	28	78	39	0.09
32	35	90	45	0.14
40	42、44	102	51	0.21
50	54、55	120	60	0.36
65	67	144	72	0.59
	76	156	78	0.80
80	89	176	88	1.19
100	108、105	206	103	1.83
125	133	236	118	2.53
150	159	272	136	4.14
200	219	342	171	9.23
250	267	398	199	16.10
	273	404	202	19.35
300	325	466	233	27.20

表 4 Ⅱ系列等径三通钎焊管件的基本尺寸

单位为毫米

公称通径 DN	铜管外径 D_w	结构尺寸		重量/kg
		L	H	
6	8	30	15	0.01
8	10	34	17	
10	12	38	19	0.01
15	15	45	23	0.02
	18	53	27	0.03
20	22	65	32	0.05
25	28	79	39	0.09
32	35	96	48	0.16
40	42	112	56	0.24
50	54	134	67	0.41
65	67	154	77	0.64
	76	164	82	0.85
80	89	186	93	1.29
100	108	230	115	2.10

3.2.3 异径三通钎焊管件的结构和基本尺寸

3.2.3.1 Ⅰ系列异径三通钎焊管件的结构和基本尺寸见图3和表5。

3.2.3.2 Ⅱ系列异径三通钎焊管件的结构和基本尺寸见图3和表6。

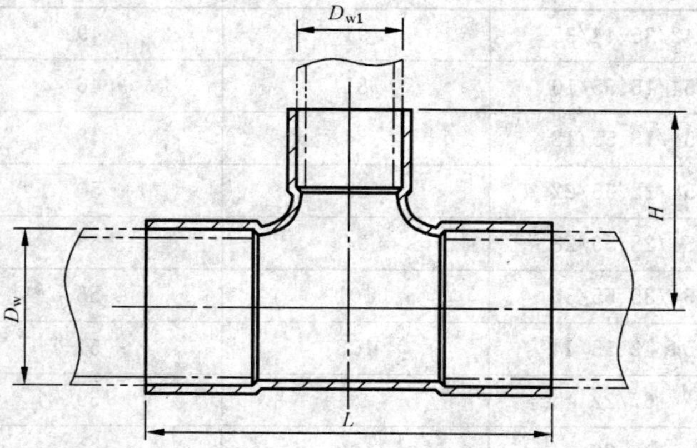

图3 异径三通钎焊管件

表5 Ⅰ系列异径三通钎焊管件的基本尺寸

单位为毫米

<table>
<tr><th rowspan="2">公称通径
DN/DN_1</th><th rowspan="2">铜管外径
D_w/D_{w1}</th><th colspan="2">结构尺寸</th><th rowspan="2">重量/kg</th></tr>
<tr><th>L</th><th>H</th></tr>
<tr><td>8/6</td><td>10/8</td><td>30</td><td>16</td><td rowspan="2">0.01</td></tr>
<tr><td>10/8</td><td>12/10</td><td>37</td><td>18</td></tr>
<tr><td rowspan="2">15/8</td><td>15/10、16/10</td><td>41</td><td>19</td><td rowspan="3">0.02</td></tr>
<tr><td>18/10</td><td>46</td><td rowspan="2">21</td></tr>
<tr><td rowspan="2">15/10</td><td>15/12、16/10</td><td>43</td></tr>
<tr><td>18/12</td><td>48</td><td>23</td><td>0.03</td></tr>
<tr><td>20/10</td><td>22/12</td><td>54</td><td>26</td><td>0.04</td></tr>
<tr><td rowspan="2">20/15</td><td>22/15、22/16</td><td>57</td><td>28</td><td>0.04</td></tr>
<tr><td>22/18</td><td>60</td><td rowspan="2">30</td><td>0.05</td></tr>
<tr><td>25/10</td><td>28/12</td><td>62</td><td rowspan="2">0.06</td></tr>
<tr><td rowspan="2">25/15</td><td>28/15、28/16</td><td>65</td><td>32</td></tr>
<tr><td>28/18</td><td>68</td><td>34</td><td>0.07</td></tr>
<tr><td>25/20</td><td>28/22</td><td>72</td><td rowspan="2">36</td><td>0.08</td></tr>
<tr><td rowspan="2">32/15</td><td>35/15、35/16</td><td>69</td><td>0.10</td></tr>
<tr><td>35/18</td><td>72</td><td>38</td><td rowspan="2">0.11</td></tr>
<tr><td>32/20</td><td>35/22</td><td>76</td><td>40</td></tr>
<tr><td>32/25</td><td>35/28</td><td>82</td><td>43</td><td rowspan="2">0.13</td></tr>
<tr><td rowspan="2">40/15</td><td>42/15、44/16</td><td>74</td><td>40</td></tr>
<tr><td>42/18、44/18</td><td>77</td><td>42</td><td>0.14</td></tr>
<tr><td>40/20</td><td>42/22、44/22</td><td>81</td><td>44</td><td>0.15</td></tr>
<tr><td>40/25</td><td>42/28、44/28</td><td>87</td><td>47</td><td>0.17</td></tr>
</table>

表 5（续） 单位为毫米

公称通径 DN/DN_1	铜管外径 D_w/D_{w1}	结构尺寸		重量/kg
		L	H	
40/32	42/35、44/35	94	49	0.19
50/15	54/15、55/16	81	46	0.21
	54/18、55/18	84	48	0.22
50/20	54/22、55/22	88	50	0.24
50/25	54/28、55/28	94	53	0.26
50/32	54/35、55/35	101	55	0.28
50/40	54/42、55/44	108	57	0.31
65/20	67/22	98	59	0.36
	76/22	102	63	0.47
65/25	67/28	104	62	0.39
	76/28	108	66	0.50
65/32	67/35	111	64	0.42
	76/35	115	68	0.55
65/40	67/42、67/44	118	66	0.46
	76/42、76/44	122	70	0.59
65/50	67/54、67/55	130	69	0.52
	76/54、76/55	134	73	0.66
80/32	89/35	121	76	0.76
80/40	89/42、89/44	128	78	0.82
80/50	89/54、89/55	140	81	0.91
80/65	89/67	153	84	1.01
	89/76	162	86	1.09
100/50	108/54、105/55	152	92	1.27
100/65	108/67、105/67	165	95	1.40
	108/76、105/76	174	97	1.49
100/80	108/89、105/89	187	99	1.63
125/65	133/67	170	108	1.74
	133/76	179	110	1.84
125/80	133/89	192	112	1.99
125/100	133/108、133/105	211	116	2.23
150/80	159/89	202	126	2.96
150/100	159/108、159/105	221	130	3.28
150/125	159/133	246	132	3.68
200/100	219/108、219/105	230	162	6.11

表 5（续）

单位为毫米

公称通径 DN/DN$_1$	铜管外径 D_w/D_{w1}	结构尺寸		重量/kg
		L	H	
200/125	219/133	255	164	6.79
200/150	219/159	281	168	7.54
250/150	267/159	289	193	11.65
	273/159		196	13.85
250/200	267/219	349		14.06
	273/219		199	16.69
300/200	325/219	360	226	20.90
300/250	325/267	408	229	23.69
	325/273	414		24.01

表 6　Ⅱ系列异径三通钎焊管件的基本尺寸

单位为毫米

公称通径 DN/DN$_1$	铜管外径 D_w/D_{w1}	结构尺寸		重量/kg
		L	H	
8/6	10/8	32	16	0.01
10/8	12/10	36	18	
15/8	15/10	40	20	0.02
	18/10	45	22	
15/10	15/12	42	21	
	18/12	47	23	0.03
20/10	22/12	55	26	0.04
20/15	22/15	58	28	
	22/18	61	30	0.05
25/10	28/12	63		0.06
25/15	28/15	66	32	0.07
	28/18	69	34	
25/20	28/22	73	36	0.08
32/15	35/15	75	35	0.11
	35/18	78	37	
32/20	35/22	82	40	0.12
32/25	35/28	88	43	0.14
40/15	42/15	84	39	0.15
	42/18	87	41	0.16
40/20	42/22	91	44	0.17
40/25	42/28	97	47	0.19
40/32	42/35	104	52	0.21

表 6（续）

单位为毫米

公称通径 DN/DN$_1$	铜管外径 D_w/D_{w1}	结构尺寸		重量/kg
		L	H	
50/15	54/15	95	46	0.25
	54/18	98	48	0.26
50/20	54/22	102	50	0.27
50/25	54/28	108	53	0.29
50/32	54/35	115	58	0.32
50/40	54/42	122	62	0.35
65/20	67/22	109	59	0.40
	76/22		63	0.50
65/25	67/28	115	62	0.43
	76/28		66	0.54
65/32	67/35	122	67	0.47
	76/35		71	0.58
65/40	67/42	129		0.51
	76/42		75	0.63
65/50	67/54	141	76	0.58
	76/54		80	0.71
80/32	89/35	132	79	0.83
80/40	89/42	139	83	0.90
80/50	89/54	151	88	1.00
80/65	89/67	164	89	1.10
	89/76	173		1.17
100/50	108/54	175	99	1.48
100/65	108/67	188	101	1.61
	108/76	197		1.69
100/80	108/89	210	105	1.84

3.2.4　45°弯头钎焊管件的结构和基本尺寸

3.2.4.1　Ⅰ系列 45°弯头钎焊管件的结构和基本尺寸见图 4 和表 7。

3.2.4.2　Ⅱ系列 45°弯头钎焊管件的结构和基本尺寸见图 4 和表 8。

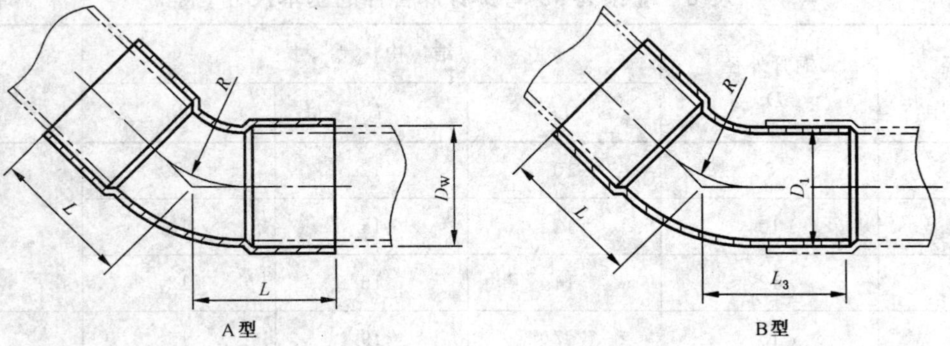

图 4　45°弯头钎焊管件

表 7　Ⅰ系列 45°弯头钎焊管件的基本尺寸　　单位为毫米

公称通径 DN	铜管外径 D_w	结构尺寸			重量/kg
		L	L_3	R	
6	8	10	12	8	0.01
8	10	11	13	10	
10	12	14	16	12	
15	15、16	17	19	15	
	18	20	22	18	0.02
20	22	23	25	22	0.03
25	28	27	29	28	0.05
32	35	32	34	35	0.08
40	42、44	36	38	42	0.12
50	54、55	43	45	54	0.21
65	67	50	52	67	0.34
	76	55	57	76	0.46
80	89	61	63	89	0.69
100	108、105	72	74	108	1.07
125	133	79	82	106	1.43
150	159	91	94	127	2.40
200	219	113	116	175	5.40
250	267	131	134	214	9.50
	273	133	136	218	11.40
300	325	153	156	260	16.15

表 8 Ⅱ系列 45°弯头钎焊管件的基本尺寸

单位为毫米

公称通径 DN	铜管外径 D_w	结构尺寸			重量/kg
		L	L_3	R	
6	8	10	12	8	0.01
8	10	12	14	10	
10	12	14	16	12	
15	15	17	19	15	0.01
	18	20	22	18	0.02
20	22	23	25	22	0.03
25	28	28	30	28	0.05
32	35	35	37	35	0.09
40	42	41	43	42	0.14
50	54	50	52	54	0.24
65	67	56	59	67	0.38
	76	59	62	76	0.50
80	89	67	70	89	0.76
100	108	83	87	108	1.25

3.2.5 90°弯头钎焊管件的结构和基本尺寸

3.2.5.1 Ⅰ系列 90°弯头钎焊管件的结构和基本尺寸见图 5 和表 9。

3.2.5.2 Ⅱ系列 90°弯头钎焊管件的结构和基本尺寸见图 5 和表 10。

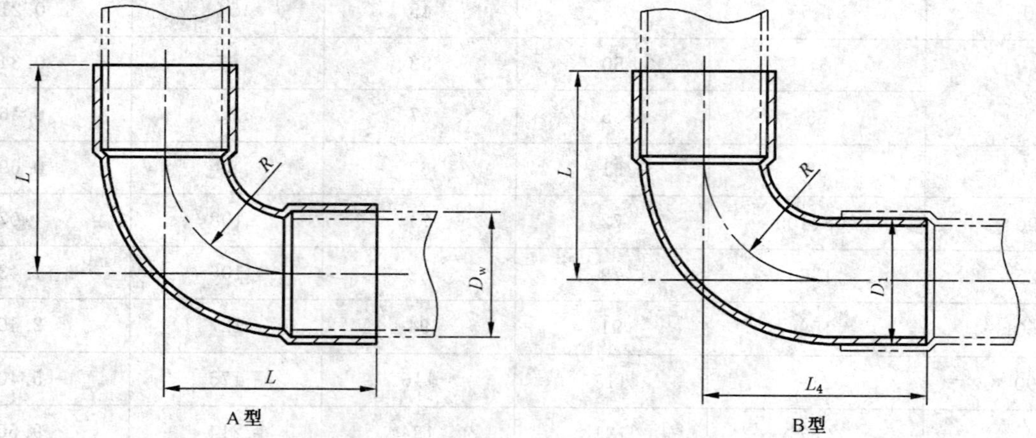

图 5 90°弯头钎焊管件

表 9 Ⅰ系列 90°弯头钎焊管件的基本尺寸

单位为毫米

公称通径 DN	铜管外径 D_w	结构尺寸 L	结构尺寸 L_3	结构尺寸 R	重量/kg
6	8	15	17	8	0.01
8	10	17	19	10	
10	12	21	23	12	
15	15、16	26	28	15	0.02
	18	31	33	18	0.03
20	22	37	39	22	0.04
25	28	46	48	28	0.07
32	35	55	57	35	0.12
40	42、44	64	66	42	0.18
50	54、55	79	81	54	0.33
65	67	95	97	67	0.54
	76	106	108	76	0.76
80	89	121	123	89	1.17
100	108、105	144	146	108	1.83
125	133	144	147	106	2.27
150	159	169	172	127	3.79
200	219	220	223	175	8.94
250	267	262	265	214	16.13
	273	266	269	218	19.40
300	325	312	315	260	27.91

表 10 Ⅱ系列 90°弯头钎焊管件的基本尺寸

单位为毫米

公称通径 DN	铜管外径 D_w	结构尺寸 L	结构尺寸 L_3	结构尺寸 R	重量/kg
6	8	15	17	8	0.01
8	10	18	20	10	
10	12	21	23	12	
15	15	26	28	15	0.02
	18	31	33	18	0.03
20	22	37	39	22	0.04
25	28	46	48	28	0.07
32	35	58	60	35	0.13
40	42	69	71	42	0.20
50	54	86	88	54	0.36
65	67	101	104	67	0.59
	76	110	113	76	0.80
80	89	127	130	89	1.24
100	108	156	160	108	2.00

3.2.6 等径接头钎焊管件的结构和基本尺寸

3.2.6.1 Ⅰ系列等径接头钎焊管件的结构和基本尺寸见图 6 和表 11。

3.2.6.2 Ⅱ系列等径接头钎焊管件的结构和基本尺寸见图 6 和表 12。

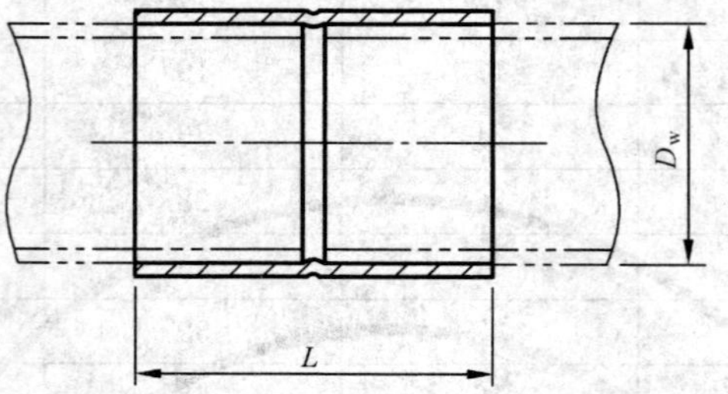

图 6 等径接头钎焊管件

表 11 Ⅰ系列等径接头钎焊管件的基本尺寸

单位为毫米

公称通径 DN	铜管外径 D_w	结构尺寸 L	重量/kg
6	8	16	0.01
8	10		
10	12	20	
15	15、16	24	
	18	29	
20	22	33	0.02
25	28	40	0.04
32	35	45	0.06
40	42、44	49	0.09
50	54、55	56	0.14
65	67	63	0.22
	76	68	0.30
80	89	73	0.43
100	108、105	87	0.67
125	133	96	0.91
150	159	109	1.50
200	219	125	3.15
250	267	141	5.40
	273		6.40
300	325	149	8.30

表 12 Ⅱ系列等径接头钎焊管件的基本尺寸

单位为毫米

公称通径 DN	铜管外径 D_w	结构尺寸 L	重量/ kg
6	8	16	0.01
8	10	18	
10	12	20	
15	15	24	
	18	29	
20	22	34	0.02
25	28	41	0.04
32	35	51	0.07
40	42	59	0.10
50	54	70	0.18
65	67	74	0.26
	76	75	0.33
80	89	84	0.50
100	108	110	0.85

3.2.7 异径接头钎焊管件的结构和基本尺寸

3.2.7.1 Ⅰ系列异径接头钎焊管件的结构和基本尺寸见图 7 和表 13。

3.2.7.2 Ⅱ系列异径接头钎焊管件的结构和基本尺寸见图 7 和表 14。

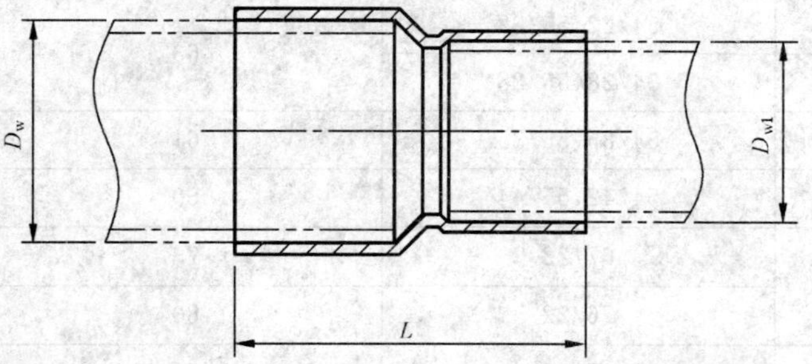

图 7 异径接头钎焊管件

表 13 Ⅰ系列异径接头钎焊管件的基本尺寸

单位为毫米

公称通径 DN/DN₁	铜管外径 D_w/D_{w1}	结构尺寸 L	重量/ kg
8/6	10/8	19	0.01
10/8	12/10	21	
15/8	15/10、16/10	24	
	18/10	28	
15/10	15/12、16/12	25	
	18/12	29	
20/10	22/12	34	0.02

表 13（续） 单位为毫米

公称通径 DN/DN_1	铜管外径 D_w/D_{w1}	结构尺寸 L	重量/kg
20/15	22/15、22/16	35	0.02
	22/18		
25/10	28/12	40	0.03
25/15	28/15、28/16	41	
	28/18		
25/20	28/22		
32/15	35/15、35/16	46	0.05
	35/18	47	
32/20	35/22		
32/25	35/28		0.06
40/15	42/15、44/16	52	0.07
	42/18、44/18		
40/20	42/22、44/22	53	0.08
40/25	42/28、44/28		
40/32	42/35、44/35	51	
50/15	54/15、55/16	62	0.12
	54/18、55/18		
50/20	54/22、55/22	63	0.13
50/25	54/28、55/28		
50/32	54/35、55/35	61	0.14
50/40	54/42、55/44	60	
65/20	67/22	73	0.20
	76/22	80	0.28
65/25	67/28	73	0.21
	76/28	80	0.28
65/32	67/35	72	0.22
	76/35	79	0.29
65/40	67/42、67/44	71	0.22
	76/42、76/44	77	0.29
65/50	67/54、67/55	70	0.22
	76/54、76/55	76	0.30
80/32	89/35	90	0.43
80/40	89/42、89/44	89	
80/50	89/54、89/55	85	

表 13（续）

单位为毫米

公称通径 DN/DN₁	铜管外径 D_w/D_{w1}	结构尺寸 L	重量/kg
80/65	89/67	82	0.44
	89/76	80	
100/50	108/54、105/55	100	0.65
100/65	108/67、105/67	96	
	108/76、105/76	93	
100/80	108/89、105/89	90	
125/65	133/67	110	0.90
	133/76	109	
125/80	133/89	105	
125/100	133/108、133/105	100	
150/80	159/89	124	14.5
150/100	159/108、159/105	118	
150/125	159/133	107	1.41
200/100	219/108、219/105	155	3.30
200/125	219/133	145	3.21
200/150	219/159	135	3.13
250/150	267/159	163	5.60
	273/159	166	6.76
250/200	267/219	136	5.01
	273/219	140	6.20
300/200	325/219	172	9.00
300/250	325/267	151	8.30
	325/273	150	8.20

表 14 Ⅱ系列异径接头钎焊管件的基本尺寸

单位为毫米

公称通径 DN/DN₁	铜管外径 D_w/D_{w1}	结构尺寸 L	重量/kg
8/6	10/8	19	0.01
10/8	12/10	21	
15/8	15/10	25	
	18/10	28	
15/10	15/12	25	
	18/12	28	
20/10	22/12	33	0.02
20/15	22/15	34	
	22/18		

表 14（续）

单位为毫米

公称通径 DN/DN_1	铜管外径 D_w/D_{w1}	结构尺寸 L	重量/kg
25/10	28/12	40	0.03
25/15	28/15	41	
	28/18		
25/20	28/22	42	0.04
32/15	35/15	49	0.05
	35/18	50	0.06
32/20	35/22		
32/25	35/28		
40/15	42/15	58	0.08
	42/18		
40/20	42/22		
40/25	42/28	59	0.09
40/32	42/35	60	0.10
50/15	54/15	70	0.14
	54/18		
50/20	54/22	71	
50/25	54/28		0.15
50/32	54/35	72	0.16
50/40	54/42		0.17
65/20	67/22	80	0.22
	76/22	85	0.29
65/25	67/28	80	0.23
	76/28	85	0.30
65/32	67/35	81	0.24
	76/35	86	0.30
65/40	67/42	82	0.25
	76/42	88	0.31
65/50	67/54	82	0.26
	76/54	87	0.33
80/32	89/35	100	0.46
80/40	89/42		0.47
80/50	89/54	101	0.50
80/65	89/67	94	
	89/76	90	
100/50	108/54	119	0.76
100/65	108/67	114	
	108/76	109	0.75
100/80	108/89	107	0.77

3.2.8 过桥接头钎焊管件的结构和基本尺寸

3.2.8.1 Ⅰ系列过桥接头钎焊管件的结构和基本尺寸见图8和表15。

3.2.8.2 Ⅱ系列过桥接头钎焊管件的结构和基本尺寸见图8和表16。

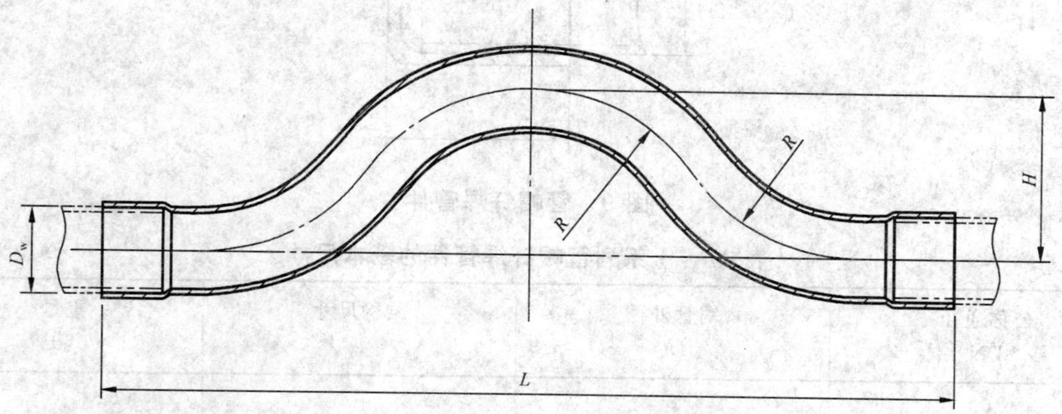

图8 过桥接头钎焊管件

表15 Ⅰ系列过桥接头钎焊管件的基本尺寸

单位为毫米

公称通径 DN	铜管外径 D_w	结构尺寸			重量/kg
		L	H	R	
15	15、16	112	20	28	0.04
	18	130	22	32	0.06
20	22	160	26	42	0.10
25	28	190	32	50	0.18

表16 Ⅱ系列过桥接头钎焊管件的基本尺寸

单位为毫米

公称通径 DN	铜管外径 D_w	结构尺寸			重量/kg
		L	H	R	
15	15	112	20	28	0.04
	18	130	22	32	0.06
20	22	160	26	42	0.10
25	28	190	32	50	0.18

3.2.9 管帽钎焊管件的结构和基本尺寸

3.2.9.1 Ⅰ系列管帽钎焊管件的结构和基本尺寸见图9和表17。

3.2.9.2 Ⅱ系列管帽钎焊管件的结构和基本尺寸见图9和表18。

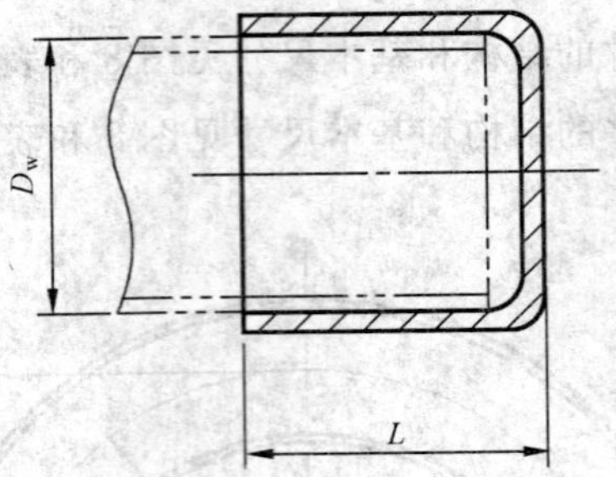

图 9　管帽钎焊管件

表 17　Ⅰ系列管帽钎焊管件的基本尺寸

单位为毫米

公称通径 DN	铜管外径 D_w	结构尺寸 L	重量/ kg
6	8	9	0.01
8	10		
10	12	11	
15	15、16	14	
	18	16	
20	22	18	0.02
25	28	22	0.03
32	35	24	0.04
40	42、44	26	0.06
50	54、55	29	0.10

表 18　Ⅱ系列管帽钎焊管件的基本尺寸

单位为毫米

公称通径 DN	铜管外径 D_w	结构尺寸 L	重量/ kg
6	8	9	0.01
8	10		
10	12	11	
15	15	14	
	18	16	
20	22	19	0.02
25	28	23	0.03
32	35	27	0.05
40	42	31	0.07
50	54	36	0.12

3.2.10　内螺纹转换接头钎焊管件的结构和基本尺寸

3.2.10.1　Ⅰ系列内螺纹转换接头钎焊管件的结构和基本尺寸见图 10 和表 19。

3.2.10.2　Ⅱ系列内螺纹转换接头钎焊管件的结构和基本尺寸见图 10 和表 20。

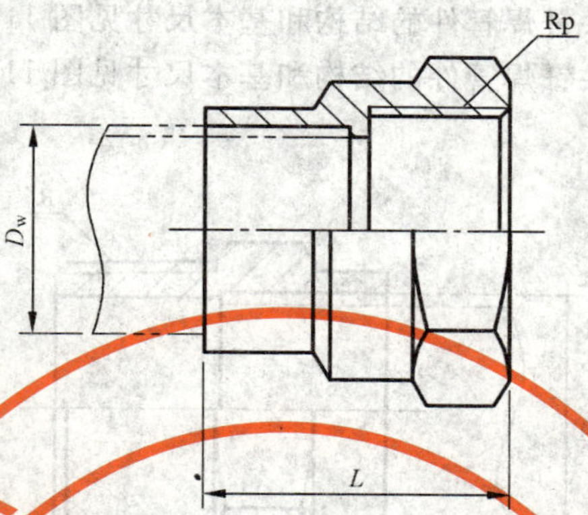

图 10　内螺纹转换接头钎焊管件

表 19　Ⅰ系列内螺纹转换接头钎焊管件的基本尺寸

单位为毫米

公称通径 DN	铜管外径 D_w	管螺纹 Rp/in	结构尺寸 L	重量/kg
6	8	1/8	15	0.01
8	10	1/4	19	0.02
10	12	3/8	21	0.03
15	15、16	1/2	26	0.04
	18		28	
20	22	3/4	32	0.07
25	28	1	37	0.10
32	35	1¼	42	0.16
40	42、44	1½	44	0.19
50	54、55	2	52	0.29

表 20　Ⅱ系列内螺纹转换接头钎焊管件的基本尺寸

单位为毫米

公称通径 DN	铜管外径 D_w	管螺纹 Rp/in	结构尺寸 L	重量/kg
6	8	1/8	15	0.01
8	10	1/4	20	0.02
10	12	3/8	21	0.03
15	15	1/2	26	0.04
	18		28	
20	22	3/4	32	0.07
25	28	1	37	0.10
32	35	1¼	45	0.16
40	42	1½	49	0.20
50	54	2	59	0.32

3.2.11 外螺纹转换接头钎焊管件的结构和基本尺寸

3.2.11.1 Ⅰ系列外螺纹转换接头钎焊管件的结构和基本尺寸见图11和表21。

3.2.11.2 Ⅱ系列外螺纹转换接头钎焊管件的结构和基本尺寸见图11和表22。

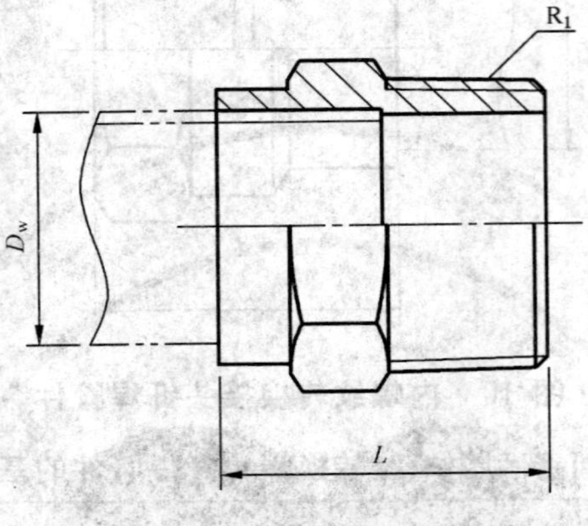

图11 外螺纹转换接头钎焊管件

表21 Ⅰ系列外螺纹转换接头钎焊管件的基本尺寸

单位为毫米

公称通径 DN	铜管外径 D_w	管螺纹 R_1/in	结构尺寸 L	重量/kg
6	8	1/8	15	0.01
8	10	1/4	18	
10	12	3/8	21	0.02
15	15、16	1/2	26	0.04
	18		28	
20	22	3/4	30	0.05
25	28	1	36	0.09
32	35	1¼	41	0.13
40	42、44	1½	43	0.17
50	54、55	2	49	0.25
65	67	2½	57	0.44
	76		59	0.47
80	89	3	65	0.68

表 22 Ⅱ系列外螺纹转换接头钎焊管件的基本尺寸

单位为毫米

公称通径 DN	铜管外径 D_w	管螺纹 R_1/in	结构尺寸 L	重量/kg
6	8	1/8	15	0.01
8	10	1/4	20	0.01
10	12	3/8	21	0.02
15	15	1/2	26	0.04
15	18	1/2	28	0.04
20	22	3/4	30	0.05
25	28	1	35	0.09
32	35	1¼	44	0.16
40	42	1½	48	0.19
50	54	2	56	0.28
65	67	2½	63	0.48
65	76	2½	63	0.53
80	89	3	71	0.75

3.3 产品标记

3.3.1 型号表示方法

钎焊管件的型号表示方法如下：

□-□ □-□

材料代号：TP——TP2、TU——TU2、H——H59、ZH——ZCuZn40Mn2、ZQ——ZCuA19Mn2

公称通径或公称通径×铜管外径的数值，单位为毫米(mm)

系列代号：Ⅰ——Ⅰ 系列；Ⅱ——Ⅱ 系列

型式代号(见表 1)

3.3.2 标记示例

公称通径为 65 mm、铜管外径为 76 mm 的Ⅰ系列等径三通，材料为 TU2 的钎焊管件标记为：

钎焊管件 GB/T 11618.1—2008 ST-Ⅰ65×76-TU

公称通径为 32 mm 的Ⅱ系列内螺纹转换接头，材料为铸锰黄铜的钎焊管件标记为：

钎焊管件 GB/T 11618.1—2008 FTC-Ⅱ32-ZH

公称通径为 80 mm/65 mm、铜管外径为 89 mm/76 mm 的Ⅱ系列异径接头，材料为 TP2 的钎焊管件标记为：

钎焊管件 GB/T 11618.1—2008 RC-Ⅱ80/65×89/76-TP

4 要求

4.1 材料

4.1.1 钎焊管件的材料见表 23。

表 23　钎焊管件的材料

型式代号	材料		
	名称	牌号	标准号
ST、RT、A45E、B45E、A90E、B90E、SC、RC、GC	铜管	TP2、TU2	GB/T 18033—2007
CAP	铜及铜合金板材		GB/T 2040—2002
	铜及铜合金带材		GB/T 2059—2000
FTC、ETC	黄铜棒	H59	YS/T 649—2007
	铸锰黄铜	ZCuZn40Mn2	GB/T 1176—1987
	铸铝青铜	ZCuAl9Mn2	

4.1.2　钎焊管件与铜管钎焊用的钎料参见附录 A。

4.2　外观

钎焊管件外表面允许有轻微的模痕，但不应有裂纹、凹凸不平和超过壁厚 10% 的划痕。

4.3　尺寸及公差

4.3.1　钎焊管件的承、插口尺寸偏差应符合表 2 的要求。

4.3.2　钎焊管件的外形长度尺寸偏差应符合表 24 的要求。

表 24　钎焊管件的外形长度尺寸偏差　　单位为毫米

铜管外径 D_w	外形长度(L、H)尺寸偏差
8～22	±1.0
28～55	±1.2
67～89	±1.5
105～133	±2.0
159	±3.0
219	±4.0
267～325	±5.0

4.3.3　钎焊管件各端面应平整，其垂直度偏差应符合表 25 的要求。

表 25　钎焊管件的垂直度要求　　单位为毫米

铜管外径 D_w	垂直度偏差
≤22	≤2.0
28～55	≤3.0
67～108	≤4.0
133～159	≤5.0
219	≤6.0
267～325	≤8.0

4.3.4　钎焊管件未注尺寸的线性和角度尺寸公差应符合 GB/T 1804—2000 中 m 级的要求，转换接头内、外螺纹公差应符合 GB/T 7306.1—2000 的要求。

4.4　强度

钎焊管件的本体强度应能承受最高 1.5 倍的工作压力，持压 15 s，不应有渗漏和塑性变形。

4.5　密封性

用于气体介质的钎焊管件应能在 1.7 MPa 气压下无泄漏。用于液体介质的钎焊管件应能在

0.6 MPa的气压下无泄漏。

4.6 爆破压力试验

舰船用铁白铜材质的钎焊管件应耐受大于等于4倍公称压力的爆破压力。

4.7 连接性能

钎焊管件应具有符合要求的连接性能。钎焊管件与管路连接后,应无渗漏、脱落和塑性变形。

4.8 卫生

钎焊管件的卫生应符合《生活饮用水输配水设备及防护材料卫生安全性评价规范》的要求。

4.9 连接方法

4.9.1 Ⅰ系列钎焊管件与铜管的连接采用硬钎焊,当公称通径不大于25 mm时,允许采用软钎焊,钎焊料牌号和钎焊工艺参见附录A。

4.9.2 Ⅱ系列钎焊管件与铜管的连接可采用硬钎焊或软钎焊。

5 试验方法

5.1 材料

钎焊管件的材料用检查钎焊管件所用材料牌号及质量证明书的方法进行检验,结果应符合4.1的要求。

5.2 外观

在日光或灯光照明下目测和相关量具检验钎焊管件外观,结果应符合4.2的要求。

5.3 尺寸及公差

用精度符合极限偏差要求的通用量具检查钎焊管件的尺寸及公差,结果应符合3.2、4.3的要求。

5.4 强度

将钎焊管件装在强度试验台上,试验压力为2.5 MPa,持压15 s,试验介质为自来水,试验用压力表的精度应不低于1.5级,压力表的最大量程为1.5倍~2.0倍的试验压力,检查钎焊管件外表面,结果应符合4.4的要求。

5.5 密封性

将钎焊管件装在气密试验台上,将其浸没水中,充入纯净的压缩空气,用于气体介质的气密试验压力为1.7 MPa,用于液体介质的气密试验压力为0.6 MPa,持压时间均为10 s,检查钎焊管件连接部位,结果应符合4.5的要求。

5.6 爆破压力试验

爆破压力应不小于6.4 MPa,不用持压,升压至钎焊管件破坏为止,结果应符合4.6的要求。

5.7 连接性能试验

5.7.1 耐压试验

将钎焊管件两端与长度为200 mm的铜管卡压连接,组成一组试样,进行耐压试验,试验介质为自来水,其试验压力为2.5 MPa,持压1 min,检查钎焊管件与铜管连接部位,结果应符合4.7的要求。

5.7.2 负压试验

应使用3个不同公称通径的钎焊管件分别与长度为200 mm的等径管件卡压连接后构成一组试件,试验时,室温为(20±5)℃,试验压力为−80 kPa,在该试验压力下,保持1 h后,钎焊管件和铜管内压降应不大于5 kPa,检查钎焊管件与铜管连接部位,结果应符合4.7的要求。

5.7.3 拉拔试验

选用等径管件,两端与长度为300 mm的铜管钎焊连接,组成一组试件,向管内封入0.6 MPa气压,固定在拉伸试验机上。进行拉拔试验时,以2 mm/min的速度进行拉伸,测定出现泄漏的最大拉伸力,此时的拉伸力应不小于GB/T 8619—1988第4章规定的断裂载荷。检查钎焊管件与铜管连接部位,结果应符合4.7的要求。

5.7.4 温度变化试验

温度变化性能试验装置如图12所示,此项试验应在(20±5)℃和(93±2)℃时用(0.1±0.01)MPa

内压来进行 5 000 次循环变化，一个循环为(30±2)min，冷热水各保持 15 min。在铜管外径大于 54 mm 时，进行 2 500 次循环变化，一个循环为(60±2)min。检查各连接部位，结果应符合 4.7 的要求。

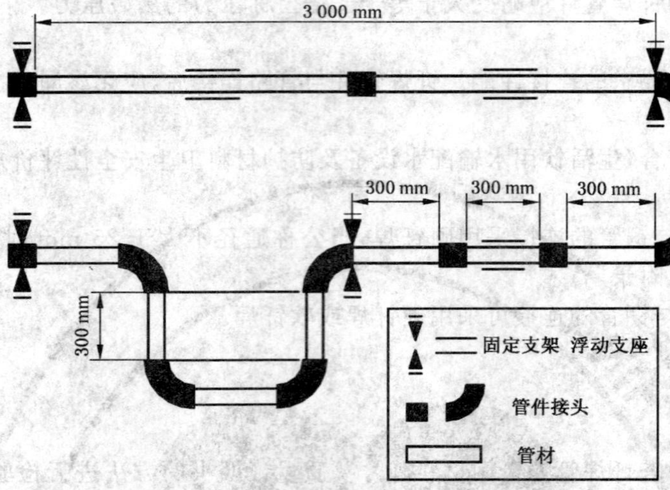

图 12　温度变化试验装置

5.7.5　交变弯曲试验

交变弯曲试验装置见图 13，使用至少 3 个钎焊管件，管子跨距为 2 m，在中间布置 1 个接头，在管端各布置 1 个转换接头，弯曲应力加在试验结构中部的接头上。试验时检查各部位连接是否完好，然后打开球阀，启动压力泵，等到压力表显示 1.5 MPa 时，关闭球阀，启动调速电机，管子在中部连接范围内偏转±10 mm。而且以 15 Hz 持续 20 s，停顿 2 min。检验用 10 万次负荷变化来进行。检查各连接部位，结果应符合 4.7 的要求。

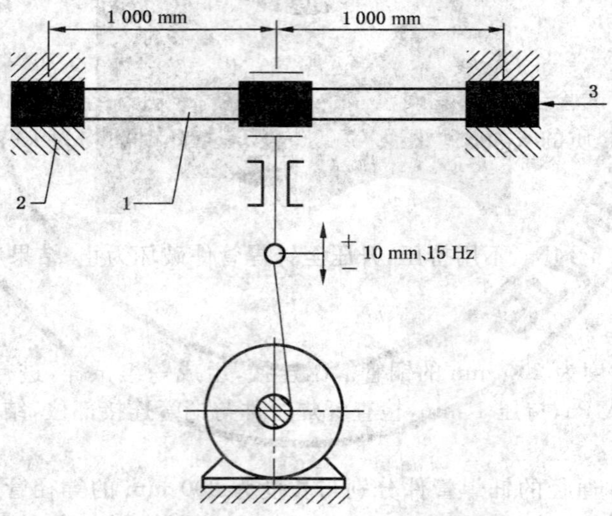

1——管子；
2——夹紧接头；
3——压力连接管。

图 13　交变弯曲试验装置

5.7.6　振动试验

振动试验装置见图 14，试件两端与长度为 200 mm 的铜管钎焊连接，组成一组试样，在试件附近固定一端，并与水压试验泵连接，加压至 1.75 MPa 并保压，试验介质为自来水。在试样的另一端端部进行振动，其振动条件应符合表 26 的要求。进行振动试验时，试验压力为 1.75 MPa，在该压力下，持续 10 万次振动数，检查各连接部位。结果应符合 4.7 的要求。

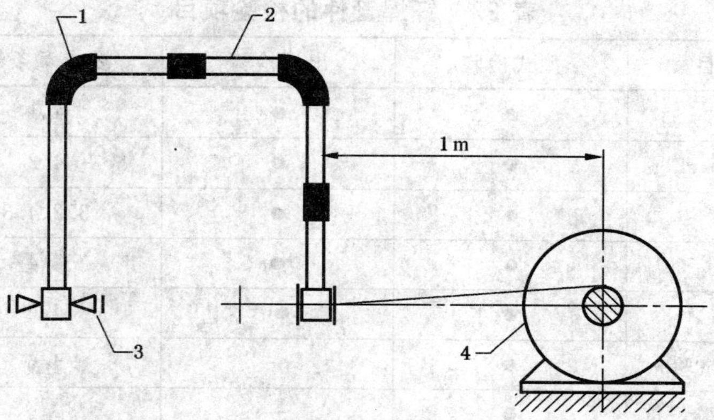

1——试件；
2——长度为 200 mm 的管子；
3——球阀；
4——偏心轮。

图 14　振动试验装置

表 26　振动试验条件

项　　目	条　　件
振幅	±1 mm
振动频率	20 Hz

5.7.7　**压力波动试验**

钎焊管件两端与长度为 500 mm 的铜管钎焊连接，组成一组试样，从 0.1 MPa 加压至 2.5 MPa 为一个循环，试验介质为自来水，每分钟应进行(30±5)个循环，持续 10 000 个循环时，检查钎焊管件和铜管连接部位，结果应符合 4.7 的要求。

5.8　**卫生要求**

用于输送饮用净水和生活饮用水的钎焊管件，其卫生要求的检验应符合《生活饮用水输配水设备及防护材料卫生安全评价规范》附录 A 的规定。

6　检验规则

6.1　检验分类

钎焊管件的检验分为型式检验和出厂检验。

6.2　型式检验

6.2.1　检验时机

有下列情况之一时，应进行型式检验：

a)　首次生产或转厂生产；

b)　正式生产后，如工艺有较大改变，可能影响产品性能；

c)　上级质量监督机构提出要求时；

d)　当客户有要求时。

6.2.2　检验项目

钎焊管件的型式检验项目应符合表 27 的规定。

表 27　钎焊管件的检验项目

序号	检验项目	型式检验	出厂检验	要求章条号	试验方法章条号
1	材料	●	●	4.1	5.1
2	外观	●	●	4.2	5.2
3	尺寸	●	●	3.2、4.3	5.3
4	强度	●	●	4.4	5.4
5	密封性	●	●[c]	4.5	5.5
6	爆破压力试验[a]	●	—	4.6	5.6
7	耐压试验	●	—	4.7	5.7.1
8	负压试验	●	—		5.7.2
9	拉拔试验	●	—		5.7.3
10	温度变化试验	●	—		5.7.4
11	交变弯曲试验	●	—		5.7.5
12	振动试验	●	—		5.7.6
13	压力波动试验	●	—		5.7.7
14	卫生要求[b]	●	—	4.8	5.8

注：●为必检项目；—为不检项目。

a 用于船用管路的钎焊管件应进行该项检验。

b 用于输送饮用净水和生活饮用水的钎焊管件应进行该项检验。

c 钎焊管件拟用于气体介质时，进行此项检验。

6.2.3　检验样品数量

钎焊管件的型式检验样品数量为同一型号中取不同规格的三件。

6.2.4　判定规则

钎焊管件所有样品全部检验项目符合要求，判定型式检验合格。材料检验不符合要求，则判型式钎焊管件检验不合格；若有其他不符合要求的项目，应加倍取样复验。若复验合格，则判钎焊管件型式检验合格；若复验时仍有不符合要求的项目，则判钎焊管件型式检验不合格。

6.3　出厂检验

6.3.1　检验项目

钎焊管件出厂检验项目见表 27。

6.3.2　检验样品数量

钎焊管件的材料同一厂家为一批，按批次检验。表 27 中第 2 项和第 3 项的出厂检验为逐个产品检验。表 27 中第 4 项和第 5 项的出厂检验样品数量为同种类、同规格钎焊管件中每生产批抽样 2%（不少于 3 只）。

6.3.3　判定规则

钎焊管件所有样品全部检验项目符合要求，判钎焊管件出厂检验合格。钎焊管件的材料检验不符合要求，则判定钎焊管件出厂检验不合格；钎焊管件的外观和尺寸检验结果不合格时，允许返修后重新全数检验。钎焊管件若有其他不符合要求的项目，应加倍取样复验。若复验合格，则判钎焊管件出厂检验合格；若复验时仍有不符合要求的项目，则判钎焊管件出厂检验不合格。

7　标志

钎焊管件上应标上永久性的制造商商标和规格。

8 包装、运输和贮存

8.1 钎焊管件应放入洁净的塑料袋内并封口，装进纸质包装箱或者木制包装箱内，箱内应附有合格证和产品质量证明书。产品质量证明书内容包括：

a) 产品名称、规格、标准号；

b) 制造厂名、厂址；

c) 材料牌号；

d) 批号、数量；

e) 质量部门盖章和签字；

f) 包装日期。

8.2 包装箱上应有产品名称、重量、箱体尺寸、标记、制造厂名、防潮等标志，并应符合 GB/T 191 和 GB/T 8888 中的有关规定。饮用水用钎焊管件应有“饮水用”中文字样的标志。

8.3 包装成箱的产品，不得与有毒、有害物一起运输，且应符合 GB/T 8888 中有关规定。包装成箱的产品应贮存在无腐蚀气体的干净的环境内，避免杂乱堆放和与有毒、有害物混放。

附 录 A
（资料性附录）
钎焊管件采用铜基无银、低银焊料钎焊工艺

A.1 焊前准备

铜管的切割面应与铜管中心线垂直，铜管端部、外表面与钎焊管件承口重叠的一段应光亮、清洁、无油污。

A.2 装配前准备

在钎焊前应调整铜管自由端和钎焊管件承口处的装配间隙，使其尽可能均匀。钎焊管件或铜管由于击落等变形的情况，应进行必要的修正后再进行钎焊。

A.3 钎料的选择

A.3.1 根据不同的使用情况，钎焊管件与铜管钎焊时推荐选用表 A.1 规定的铜磷（银）钎料。

表 A.1 钎料主要成分

钎焊料牌号（硬钎焊）	标准号	主要化学成分/%			熔化温度区/℃	特性
		P	Ag	Cu		
BCu93P（无银）	GB/T 6418—1993	6.8～7.5	—	余量	710～800	铺展性，填缝性好
BCu91PAg（低银）		6.8～7.2	1.8～2.2		645～790	管件焊缝性能优良

A.3.2 无银、低银铜磷钎料用于铜与铜钎焊时一般不用钎剂；用于焊接铜与铜合金、铜合金与铜合金钎焊管件时宜使用 QFB-101 粉状钎焊溶剂（简称钎剂），根据需要亦可使用 QFB-112 糊状钎剂（简称糊状钎剂）。

A.4 加热连接

A.4.1 钎焊管件与铜管的连接方式：Ⅰ系列钎焊管件应采用表 A.1 规定钎料的硬钎焊，当公称通径不大于 25 mm 时允许用锡/铜（97%/3%）等无铅软钎焊，熔化温度区低于 450 ℃；Ⅱ系列钎焊管件对Ⅰ系列规定钎料的软、硬钎焊均可适用。

A.4.2 均匀加热被焊钎焊管件，尽可能快速将母材加热，当温度在 650 ℃～750 ℃时送入钎料条，切勿将火焰直接加热钎料条，毛细管作用产生的吸引力使熔化后的钎料往钎焊管件间隙内填补。

A.4.3 当钎料全部熔化即停止加热，应特别注意避免钎焊管件的温度过高，加热时间过长，而使钎焊管件强度降低。

A.4.4 进行倒立钎焊时应延长保温时间，为避免钎料下淌，可使用石棉绳扎在钎料下面进行阻流（或采用其他阻流熔剂）。

A.5 焊后处理

A.5.1 表 A.1 中两种钎料可以反复多次焊接，钎焊结束后，用湿布揩拭连接部分。

A.5.2 采用钎剂焊接的管件应在焊缝连接部分用 10%柠檬酸溶液清洗残渣，然后再使用热水毛巾擦净。

A.5.3 钎焊后用流水冲洗管道，以免残余熔渣滴在管路内引起管内污染或事故。

ICS 47.020.30
U 55

中华人民共和国国家标准

GB/T 11618.2—2008

铜管接头　第2部分：卡压式管件

Pipe fittings of copper and copper alloys—Part 2：Fittings of press type

2008-12-31 发布　　　　2009-10-01 实施

中华人民共和国国家质量监督检验检疫总局
中国国家标准化管理委员会　发布

前　言

GB/T 11618《铜管接头》分为两个部分：

——第 1 部分：钎焊式管件；

——第 2 部分：卡压式管件。

本部分为 GB/T 11618 的第 2 部分。

本部分的Ⅰ系列选用了德国煤气和给水专业人员联合会规程中 DVGW GW2：1983《建筑物中煤气和供水用铜管的连接》(英文版)；Ⅱ系列选用了日本铜中心标准 JCDA0004—1990《建筑物中煤气和供水用铜管的连接》(日文版)。

本部分中材料、卫生等相关内容参照德国 DVGW W534：1995《装置中的管接头和管连接》(英文版)和 JCDA0002—2002《铜配管用及铜合金卡压管件的性能基准》(日文版)，选用了相应的国内标准。

本部分的附录 A 为规范性附录，附录 B 为资料性附录。

本部分由中国船舶工业集团公司提出。

本部分由全国船用机械标准化技术委员会管系附件分技术委员会(SAC/TC 137/SC 3)归口。

本部分起草单位：无锡金羊管件有限公司、中国船舶工业综合技术经济研究院、国际铜业协会(中国)、无锡市华东减震器有限公司。

本部分主要起草人：王锡铭、袁雪峰、孙镜明、沈峰、罗发元、胡大军、黄炜、王建华。

铜管接头　第2部分：卡压式管件

1　范围

本部分规定了铜管尺寸连接按 GB/T 18033 的卡压式铜管管件(以下简称卡压管件)的分类、要求、试验方法、检验规则、标志、包装、运输和贮存。

本部分适用于公称压力不大于 PN1.6 MPa、公称通径不大于 DN 100 mm 的用于输送生活用水(冷水、热水)、饮用水、燃气、医用气体、海水等铜管路用卡压管件的设计、制造和验收。

2　规范性引用文件

下列文件中的条款通过 GB/T 11618 的本部分的引用而成为本部分的条款。凡是注日期的引用文件，其随后所有的修改单(不包括勘误的内容)或修订版均不适用于本部分，然而，鼓励根据本部分达成协议的各方研究是否可使用这些文件的最新版本。凡是不注日期的引用文件，其最新版本适用于本部分。

GB/T 191　包装储运图示标志(GB/T 191—2008，ISO 780:1997，MOD)

GB/T 528　硫化橡胶或热塑性橡胶拉伸应力应变性能的测定(GB/T 528—1998，eqv ISO 37:1994)

GB/T 531　橡胶袖珍硬度计压入硬度试验方法(GB/T 531—1999，idt ISO 7619:1986)

GB/T 1176—1987　铸造铜合金技术条件(neq ISO 1338:1977)

GB/T 1685　硫化橡胶或热塑性橡胶　在常温和高温下压缩应力松弛的测定(GB/T 1685—2008，ISO 3384:2005，MOD)

GB/T 1690　硫化橡胶或热塑性橡胶耐液体试验方法(GB/T 1690—2006，ISO 1817:2005，MOD)

GB/T 1804—2000　一般公差　未注公差的线性和角度尺寸的公差(eqv ISO 2768-1:1989)

GB/T 2040—2008　铜及铜合金板材

GB/T 2059—2008　铜及铜合金带材

GB/T 3512　硫化橡胶或热塑性橡胶　热空气加速老化和耐热试验(GB/T 3512—2001，eqv ISO 188:1998)

GB/T 5231—2001　加工铜及铜合金化学成分和产品形状

GB/T 5720　O形橡胶密封圈试验方法

GB/T 5721　橡胶密封制品标志、包装、运输、贮存的一般规定

GB/T 7306.1—2000　55°密封管螺纹　第1部分：圆柱内螺纹与圆锥外螺纹(eqv ISO 7-1:1994)

GB/T 7759　硫化橡胶、热塑性橡胶　常温、高温和低温下压缩永久变形测定(GB/T 7759—1996，eqv ISO 815:1991)

GB/T 7762　硫化橡胶或热塑性橡胶　耐臭氧龟裂　静态拉伸试验(GB/T 7762—2003，ISO 1431-1:1989，MOD)

GB/T 8888　重有色金属加工产品的包装、标志、运输和贮存

GB/T 12829　硫化橡胶或热塑性橡胶小试样(德尔夫特试样)撕裂强度的测定(GB/T 12829—2006，ISO 34-2:1996，IDT)

GB/T 18033—2007　无缝铜水管和铜气管

HG/T 3091—2000　橡胶密封件　给、排水管及污水管道用接口密封圈　材料规范

HG/T 3092　燃气输送管及配件用橡胶密封圈胶料

YS/T 649—2007　铜及铜合金挤制棒

《生活饮用水输配水设备及防护材料卫生安全评价规范》　卫生部卫法监发(2001)161号文附件2

《钢质海船入级规范》2006　第3分册　中国船级社

3　术语和定义

下列术语和定义适用于GB/T 11618的本部分。

3.1

卡压式连接　press joint

以带有特种密封圈的承口管件连接管道，用专用工具压紧管口而起密封和紧固作用的一种连接方式。

4　分类和标记

4.1　卡压管件的型式及代号

卡压管件按管材料分为两个系列：

a)　Ⅰ系列——参照德国DVGW W534；

b)　Ⅱ系列——参照日本JCDA 0004。

卡压管件的型式及代号见表1。

表1　卡压管件的种类、型式及代号

名　　称		型　　式	代　　号
等径	三通	—	ST
异径	三通	—	RT
45°弯头		A型	A 45E
45°弯头		B型	B 45E
90°弯头		A型	A 90E
90°弯头		B型	B 90E
等径管件		—	SC
异径管件		—	RC
管帽		—	CAP
内螺纹转换接头		—	FTC
外螺纹转换接头		—	ETC
注：A型卡压管件接口两端均为承口；B型卡压管件接口一端为承口，另一端为插口。			

4.2　基本参数

卡压管件的基本参数见表2。

表2　卡压管件的基本参数

种　　类	管材系列	公称压力 PN/MPa	公称通径 DN/mm
等径三通、45°弯头、90°弯头、等径管件、管帽	Ⅰ系列	1.6	15～100
	Ⅱ系列		15～50
异径管件、异径三通	Ⅰ系列		20×15～100×80
	Ⅱ系列		20×15～50×40
内螺纹转换接头	Ⅰ系列		15～50
	Ⅱ系列		
外螺纹转换接头	Ⅰ系列		15～80
	Ⅱ系列		15～50

4.3 结构和基本尺寸

4.3.1 卡压管件承口的结构型式和基本尺寸

4.3.1.1 Ⅰ系列卡压管件承口的结构型式和基本尺寸见图1和表3。

4.3.1.2 Ⅱ系列卡压管件承口的结构型式和基本尺寸见图2和表4。

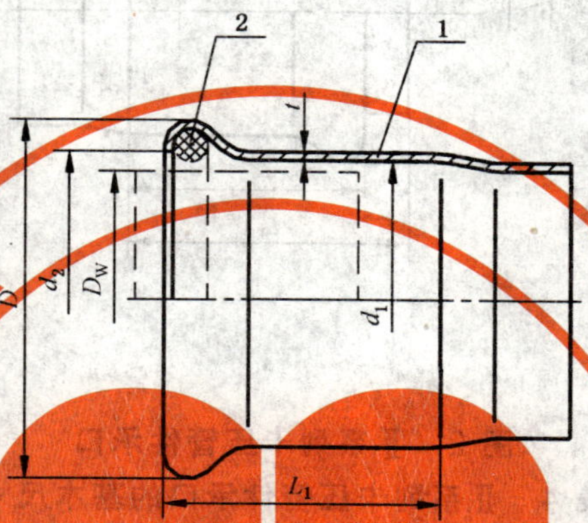

1——本体；

2——密封圈。

图1 Ⅰ系列卡压管件承口

表3 Ⅰ系列卡压管件承口的基本尺寸

单位为毫米

公称尺寸 DN	管外径 D_W	壁厚[b] $t \geqslant$	承口内径 d_1	承口端内径 d_2	承口端外径 D	承口长度 L_1
15[a]	15.0	1.5	15.3	15.9	23.2	20
	18.0	1.5	18.3	18.9	26.2	20
20	22.0	1.5	22.3	23.0	31.6	21
25	28.0	1.5	28.3	28.9	37.2	23
32	35.0	1.5	35.5	36.5	44.3	26
40	42.0	1.5	42.5	43.0	53.3	30
50	54.0	1.5	54.6	55.0	65.4	35
65	76.1	2.0	77.3	78.0	94.7	53
80	88.9	2.0	90.0	91.0	109.5	60
100	108.0	2.0	109.5	111.0	133.8	75

a 公称尺寸 DN15 管外径增加 D_W15.0。现为 D_W15.0 和 D_W18.0 两挡。

b 铜的壁厚含铁白铜壁厚，舰船用铜和铜合金壁厚参照 CCS《钢质海船入级规范》2006 第3分册相关规定。

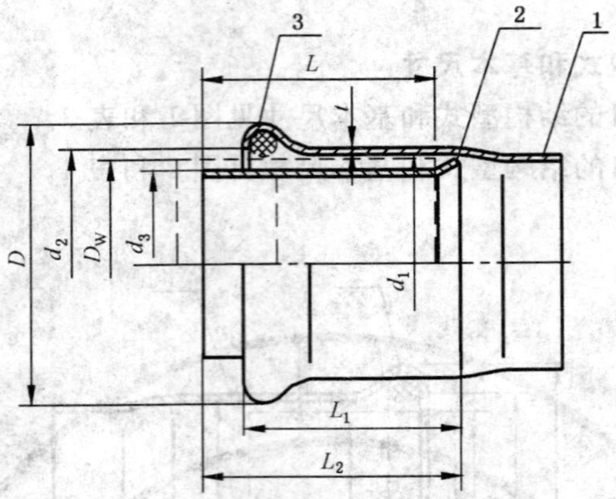

1——本体；

2——内衬；

3——密封圈。

图 2 Ⅱ系列卡压管件承口

表 4 Ⅱ系列卡压管件承口的基本尺寸

单位为毫米

公称尺寸 DN	管外径 D_W	壁厚 $t \geqslant$	承口内径 d_1	承口端内径 d_2	内衬端外径 d_3	承口端外径 D	插入深度 L	承口长度 L_1	内衬长度 L_2
15[a]	15.0	1.5	15.3	15.9	13.3	23.2	17	20	22
	18.0	1.5	18.3	18.9	16.3	26.2	17	20	22
20	22.0	1.5	22.3	23.0	19.9	31.6	18	21	23
25	28.0	1.5	28.3	28.9	25.9	37.2	20	23	25
32	35.0	1.5	35.5	36.5	32.1	44.3	22	26	29
40	42.0	1.5	42.5	43.0	39.1	53.3	24	30	33
50	54.0	1.5	54.6	55.0	51.0	65.4	31	35	38

a 公称尺寸 DN15 管外径增加 D_W15.0。现为 D_W15.0 和 D_W18.0 两挡。

4.3.2 等径三通的结构型式和基本尺寸

4.3.2.1 Ⅰ系列等径三通的结构型式和基本尺寸见图 3 和表 5。

4.3.2.2 Ⅱ系列等径三通的结构型式和基本尺寸见图 4 和表 6。

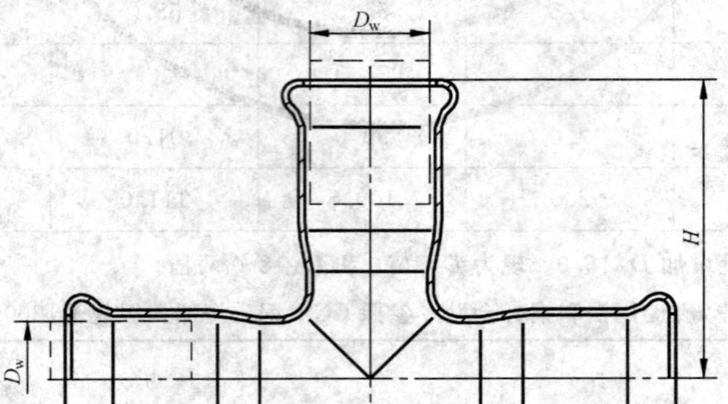

图 3 Ⅰ系列等径三通

表 5 Ⅰ系列等径三通的基本尺寸

单位为毫米

公称通径 DN	管外径 D_w	L	H	重量/kg
15	15.0	64	39	0.07
	18.0	68	42	0.10
20	22.0	74	45	0.13
25	28.0	84	52	0.18
32	35.0	100	58	0.24
40	42.0	112	63	0.34
50	54.0	138	78	0.53
65	76.1	230	106	1.34
80	88.9	260	123	1.73
100	108.0	310	146	2.54

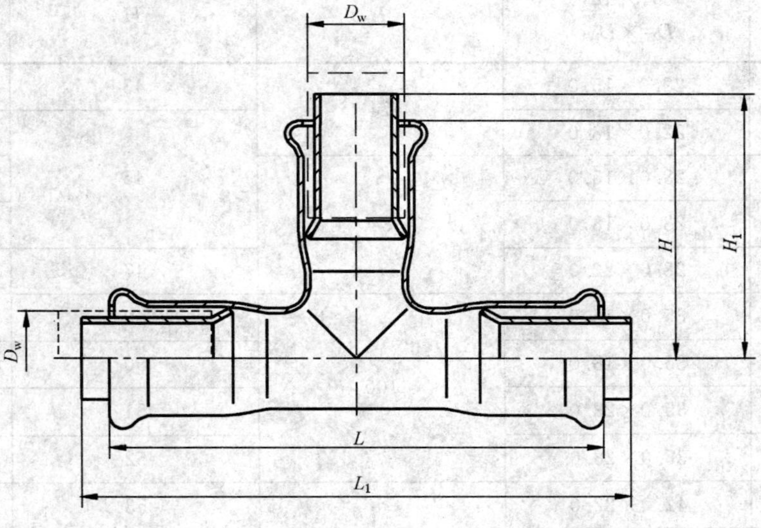

图 4 Ⅱ系列等径三通

表 6 Ⅱ系列等径三通的基本尺寸

单位为毫米

公称通径 DN	管外径 D_w	L	L_1	H	H_1	质量/kg
15	15.0	64	68	39	41	0.10
	18.0	68	72	42	44	0.13
20	22.0	74	78	45	47	0.16
25	28.0	84	88	52	54	0.24
32	35.0	100	106	58	61	0.33
40	42.0	112	118	63	66	0.46
50	54.0	138	144	78	81	0.71

4.3.3 异径三通的结构型式和基本尺寸

4.3.3.1 Ⅰ系列异径三通的结构型式和基本尺寸见图 5 和表 7。

4.3.3.2 Ⅱ系列异径三通的结构型式和基本尺寸见图 6 和表 8。

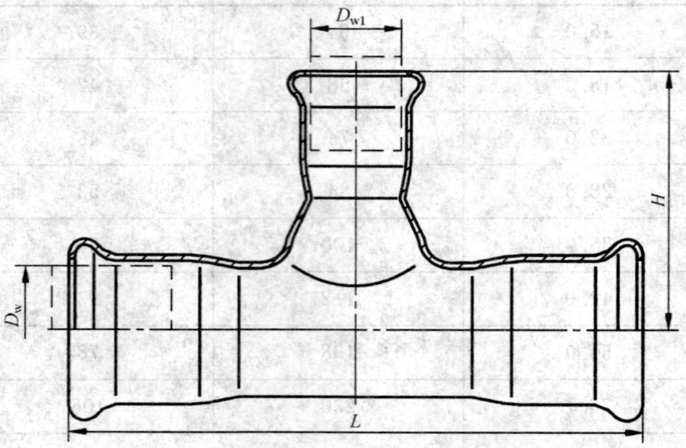

图 5 Ⅰ系列异径三通

表 7 Ⅰ系列异径三通的基本尺寸

单位为毫米

<table>
<tr><th>公称通径
DN×DN₁</th><th>管外径
$D_w \times D_{w1}$</th><th>L</th><th>H</th><th>质量/
kg</th></tr>
<tr><td rowspan="2">20×15</td><td>22.0×15.0</td><td rowspan="2">74</td><td>43</td><td>0.11</td></tr>
<tr><td>22.0×18.0</td><td rowspan="3">45</td><td>0.13</td></tr>
<tr><td rowspan="2">25×15</td><td>28.0×15.0</td><td rowspan="3">84</td><td>0.14</td></tr>
<tr><td>28.0×18.0</td><td>0.15</td></tr>
<tr><td>25×20</td><td>28.0×22.0</td><td>47</td><td>0.16</td></tr>
<tr><td rowspan="2">32×15</td><td>35.0×15.0</td><td rowspan="4">100</td><td>49</td><td>0.20</td></tr>
<tr><td>35.0×18.0</td><td>50</td><td>0.21</td></tr>
<tr><td>32×20</td><td>35.0×22.0</td><td>51</td><td>0.22</td></tr>
<tr><td>32×25</td><td>35.0×28.0</td><td>52</td><td>0.23</td></tr>
<tr><td>40×20</td><td>42.0×22.0</td><td rowspan="3">114</td><td>53</td><td>0.28</td></tr>
<tr><td>40×25</td><td>42.0×28.0</td><td>56</td><td>0.30</td></tr>
<tr><td>40×32</td><td>42.0×35.0</td><td>61</td><td>0.32</td></tr>
<tr><td>50×20</td><td>54.0×22.0</td><td rowspan="4">138</td><td>56</td><td>0.44</td></tr>
<tr><td>50×25</td><td>54.0×28.0</td><td>64</td><td>0.44</td></tr>
<tr><td>50×32</td><td>54.0×35.0</td><td>67</td><td>0.46</td></tr>
<tr><td>50×40</td><td>54.0×42.0</td><td>70</td><td>0.48</td></tr>
<tr><td>65×20</td><td>76.1×22.0</td><td rowspan="5">230</td><td rowspan="2">73</td><td>0.95</td></tr>
<tr><td>65×25</td><td>76.1×28.0</td><td>0.95</td></tr>
<tr><td>65×32</td><td>76.1×35.0</td><td>77</td><td>1.03</td></tr>
<tr><td>65×40</td><td>76.1×42.0</td><td>80</td><td>1.05</td></tr>
<tr><td>65×50</td><td>76.1×54.0</td><td>85</td><td>1.06</td></tr>
</table>

表 7（续） 单位为毫米

公称通径 DN×DN_1	管外径 $D_W \times D_{W1}$	L	H	质量/kg
80×20	88.9×22.0	260	83	1.12
80×25	88.9×28.0		81	1.13
80×32	88.9×35.0		84	1.16
80×40	88.9×42.0		88	1.23
80×50	88.9×54.0		91	1.28
80×65	88.9×76.1		110	1.37
100×20	108.0×22.0	310	100	1.44
100×25	108.0×28.0		102	1.93
100×32	108.0×35.0		105	1.94
100×40	108.0×42.0			2.20
100×50	108.0×54.0			2.22
100×65	108.0×76.1		123	2.50
100×80	108.0×88.9		134	2.80

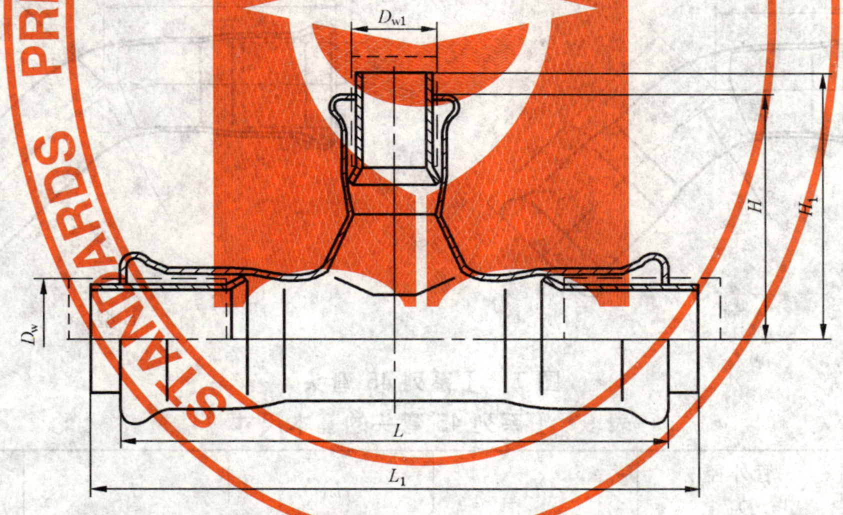

图 6 Ⅱ系列异径三通

表 8 Ⅱ系列异径三通的基本尺寸 单位为毫米

公称通径 DN×DN_1	管外径 $D_W \times D_{W1}$	L	L_1	H	H_1	重量/kg
20×15	22.0×15.0	74	78	43	45	0.14
	22.0×18.0		78	45	47	0.16
25×15	28.0×15.0	84	88	45	47	0.18
	28.0×18.0		88	45	47	0.20
25×20	28.0×22.0		88	47	49	0.31

表 8（续）

单位为毫米

公称通径 DN×DN$_1$	管外径 $D_W \times D_{W1}$	L	L_1	H	H_1	重量/kg
32×15	35.0×15.0	100	104	49	51	0.25
	35.0×18.0		106	50	52	0.28
32×20	35.0×22.0		106	51	53	0.29
32×25	35.0×28.0		106	52	54	0.31
40×20	42.0×22.0	114	120	53	55	0.28
40×25	42.0×28.0		120	56	58	0.30
40×32	42.0×35.0		120	61	64	0.32
50×20	54.0×22.0	138	144	56	58	0.44
50×25	54.0×28.0		144	64	66	0.44
50×32	54.0×35.0		144	67	70	0.46
50×40	54.0×42.0		144	70	73	0.48

4.3.4 45°弯头的结构型式和基本尺寸

4.3.4.1 Ⅰ系列45°弯头的结构型式和基本尺寸见图7和表9。

4.3.4.2 Ⅱ系列45°弯头的结构型式和基本尺寸见图8和表10。

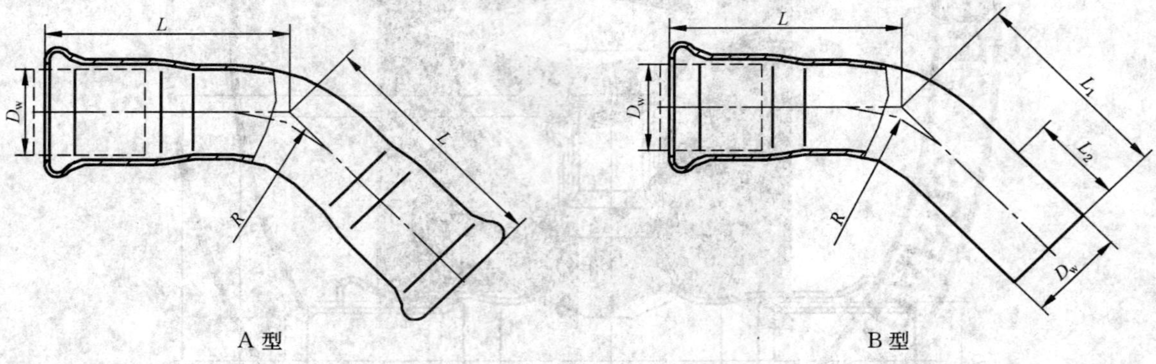

注：$R=1.5D_W$。

图 7 Ⅰ系列45°弯头

表 9 Ⅰ系列45°弯头的基本尺寸

单位为毫米

公称通径 DN	管外径 D_W	L	L_1	L_2	重量/kg
15	15.0	36	41	19	0.05
	18.0	37	42	22	0.07
20	22.0	42	48	23	0.09
25	28.0	48	54	25	0.14
32	35.0	72	81	29	0.22
40	42.0	89	99	33	0.33
50	54.0	115	127	38	0.52
65	76.1	180	188	57	1.25
80	88.9	211	225	64	1.64
100	108.0	258	275	79	2.21

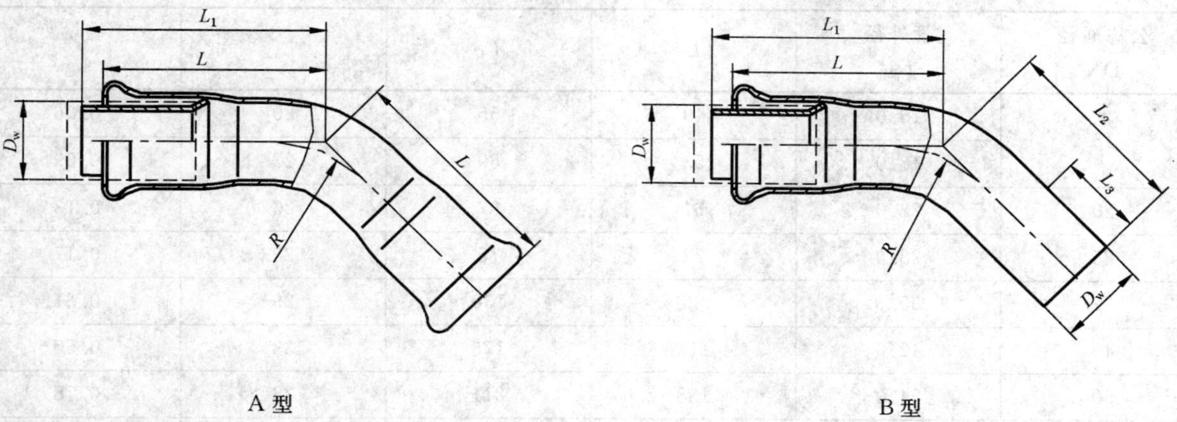

注：$R=1.5D_W$。

图 8　Ⅱ系列 45°弯头

表 10　Ⅱ系列 45°弯头的基本尺寸

单位为毫米

公称通径 DN	管外径 D_W	L	L_1	L_2	L_3	重量/kg
15	15.0	36	37	41	20	0.06
	18.0	37	38	42	21	0.08
20	22.0	42	44	48	22	0.11
25	28.0	48	52	54	24	0.16
32	35.0	72	75	81	28	0.26
40	42.0	89	92	99	31	0.40
50	54.0	115	118	127	36	0.62

4.3.5　90°弯头的结构型式和基本尺寸

4.3.5.1　Ⅰ系列 90°弯头的结构型式和基本尺寸见图 12 和表 14。

4.3.5.2　Ⅱ系列 90°弯头的结构型式和基本尺寸见图 13 和表 15。

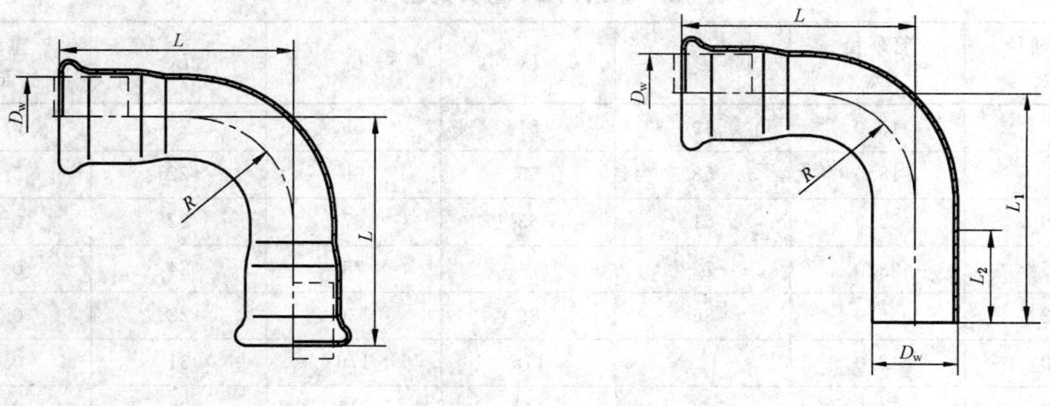

注：$R=1.5D_W$。

图 9　Ⅰ系列 90°弯头

表 11 Ⅰ系列 90°弯头的基本尺寸

单位为毫米

公称通径 DN	管外径 D_W	L	L_1	L_2	重量/kg
15	15.0	49	55	20	0.06
	18.0	53	59	22	0.09
20	22.0	61	67	23	0.13
25	28.0	72	78	25	0.17
32	35.0	86	130	29	0.31
40	42.0	112	176	33	0.50
50	54.0	138	211	38	0.78
65	76.1	235	247	57	1.20
80	88.9	277	292	64	1.60
100	108.0	341	358	79	2.40

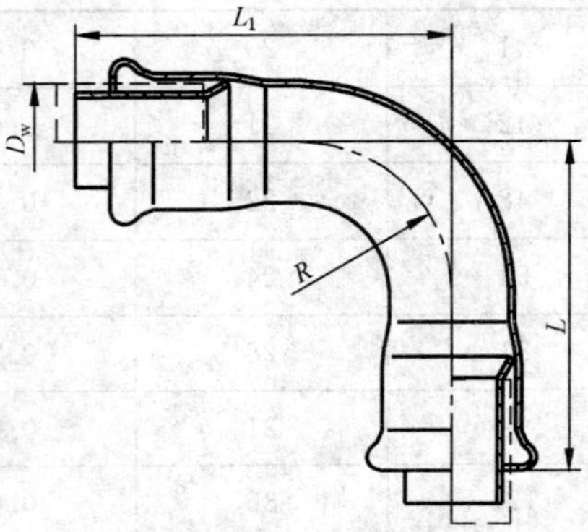

A 型

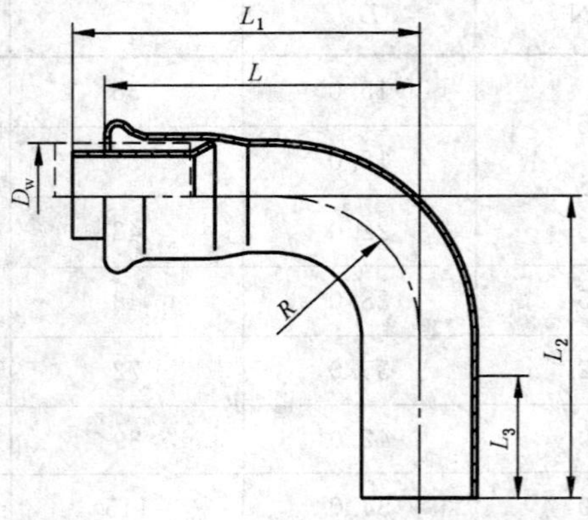

B 型

注：$R=1.5D_W$。

图 10 Ⅱ系列 90°弯头

表 12 Ⅱ系列 90°弯头的基本尺寸

单位为毫米

公称通径 DN	管外径 D_W	L	L_1	L_2	L_3	重量/kg
15	15.0	49	51	55	20	0.07
	18.0	53	55	59	22	0.10
20	22.0	61	63	67	22	0.14
25	28.0	72	74	78	24	0.19
32	35.0	86	89	130	28	0.34
40	42.0	112	115	176	31	0.54
50	54.0	138	141	211	36	0.84

4.3.6 等径管件的结构型式和基本尺寸

4.3.6.1 Ⅰ系列等径管件的结构型式和基本尺寸见图 11 和表 13。

4.3.6.2 Ⅱ系列等径管件的结构型式和基本尺寸见图 12 和表 14。

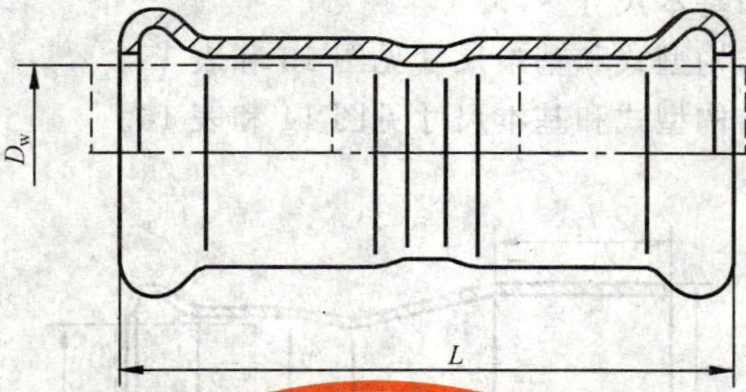

图 11 Ⅰ系列等径管件

表 13 Ⅰ系列等径管件的基本尺寸

单位为毫米

公称通径 DN	管外径 D_w	L	重量/kg
15	15.0	48	0.03
	18.0	48	0.04
20	22.0	50	0.05
25	28.0	54	0.06
32	35.0	62	0.08
40	42.0	71	0.11
50	54.0	83	0.15
65	76.1	141	0.71
80	88.9	162	0.96
100	108.0	194	1.44

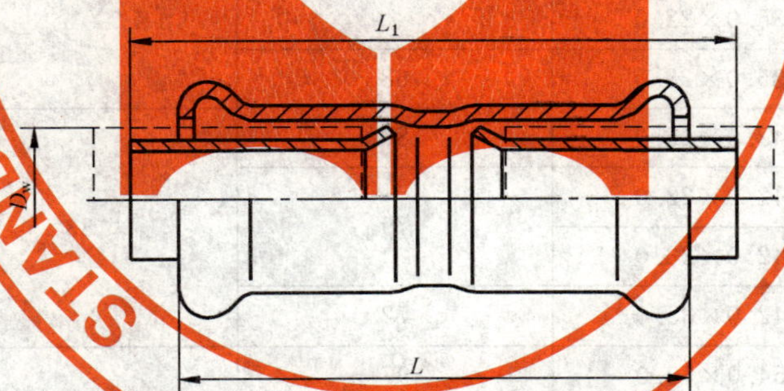

图 12 Ⅱ系列等径管件

表 14 Ⅱ系列等径管件的基本尺寸

单位为毫米

公称通径 DN	管外径 D_w	L	L_1	重量/kg
15	15.0	48	52	0.04
	18.0	48	52	0.05
20	22.0	50	54	0.07
25	28.0	54	58	0.09
32	35.0	62	68	0.14
40	42.0	71	77	0.19
50	54.0	83	89	0.27

4.3.7 异径管件的结构型式和基本尺寸

4.3.7.1 Ⅰ系列异径管件的结构型式和基本尺寸见图 13 和表 15。

4.3.7.2 Ⅱ系列异径管件的结构型式和基本尺寸见图 14 和表 16。

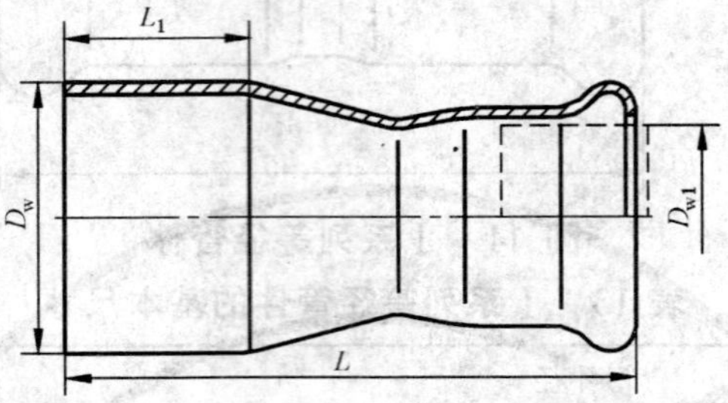

图 13 Ⅰ系列异径管件

表 15 Ⅰ系列异径管件的基本尺寸

单位为毫米

公称通径 $DN \times DN_1$	管外径 $D_W \times D_{W1}$	L	L_1	重量/kg
20×15	22.0×15.0	59	24	0.04
	22.0×18.0	57		0.05
25×15	28.0×15.0	66	25	0.06
	28.0×18.0	64		0.06
25×20	28.0×22.0	59		0.07
32×15	35.0×15.0	73	29	0.08
	35.0×18.0	71		0.09
32×20	35.0×22.0			0.09
32×25	35.0×28.0	68		
40×15	42.0×18.0	80	33	0.11
40×20	42.0×22.0	79		0.12
40×25	42.0×28.0			
40×32	42.0×35.0	72		
50×15	54.0×18.0	97	38	0.18
50×25	54.0×28.0	95		0.19
50×32	54.0×35.0			
50×40	54.0×42.0	89		
65×50	76.1×54.0	147	57	0.54
80×50	88.9×54.0	163	64	0.86
80×65	88.9×76.1	160		0.92
100×50	108.0×54.0	172	79	1.12
100×65	108.0×76.1	184		1.13
100×80	108.0×88.9	204		1.35

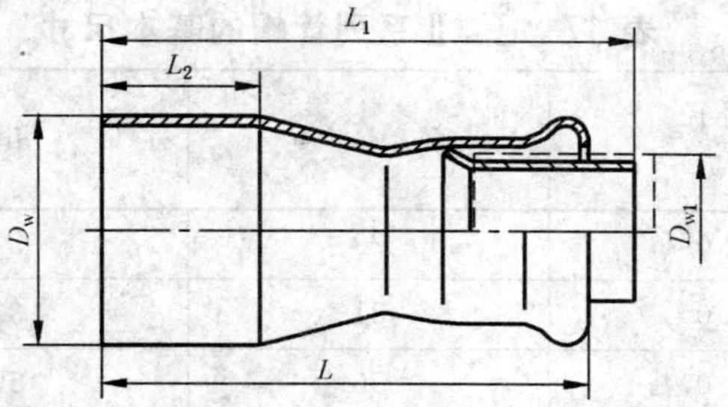

图 14 Ⅱ系列异径管件

表 16 Ⅱ系列异径管件的基本尺寸

单位为毫米

公称通径 DN×DN_1	管外径 D_W×D_{W1}	L	L_1	L_2	重量/ kg
20×15	22.0×15.0	59	61	22	0.05
	22.0×18.0	57	59		0.06
25×15	28.0×15.0	66	68	25	0.07
	28.0×18.0	64	66		0.07
25×20	28.0×22.0	59	61		0.08
32×15	35.0×15.0	73	75	28	0.09
	35.0×18.0	71	73		0.10
32×20	35.0×22.0				0.10
32×25	35.0×28.0	68	70		0.11
40×15	42.0×18.0	80	82	31	0.12
40×20	42.0×22.0	79	81		0.13
40×25	42.0×28.0				0.14
40×32	42.0×35.0	72	75		0.15
50×15	54.0×18.0	97	99	36	0.19
50×25	54.0×28.0	95	97		0.21
50×32	54.0×35.0		98		0.22
50×40	54.0×42.0	89	92		0.23

4.3.8 管帽的结构型式和基本尺寸

Ⅰ系列、Ⅱ系列管帽的结构型式和基本尺寸见图 15 和表 17。

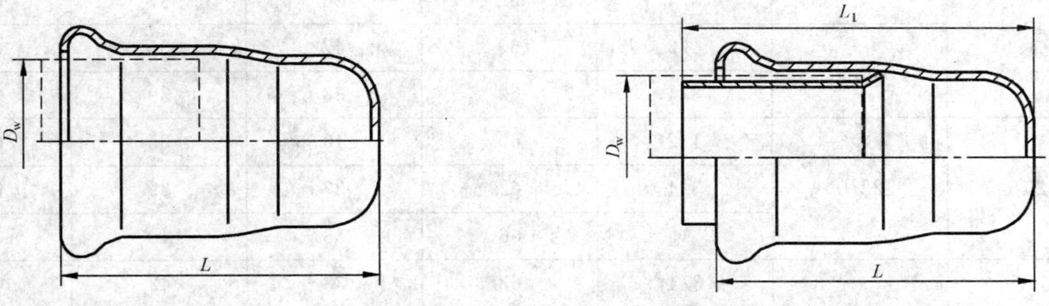

Ⅰ系列　　Ⅱ系列

图 15 管帽

表 17 Ⅰ、Ⅱ系列管帽的基本尺寸

单位为毫米

公称通径 DN	管外径 D_W	L	L_1	重量/kg	
				Ⅰ系列	Ⅱ系列
15	15.0	29	31	0.01	0.01
	18.0	31	33	0.01	0.01
20	22.0	50	52	0.03	0.04
25	28.0	54	56		0.05
32	35.0	62	65	0.04	0.07
40	42.0	71	74	0.06	0.10
50	54.0	83	86	0.08	0.14
65	76.1	141	145	0.40	—
80	88.9	162	166	0.50	—
100	108.0	194	198	0.80	—

4.3.9 内螺纹转换接头的结构型式和基本尺寸

4.3.9.1 Ⅰ系列内螺纹转换接头的结构型式和基本尺寸见图 16 和表 18。

4.3.9.2 Ⅱ系列内螺纹转换接头的结构型式和基本尺寸见图 17 和表 19。

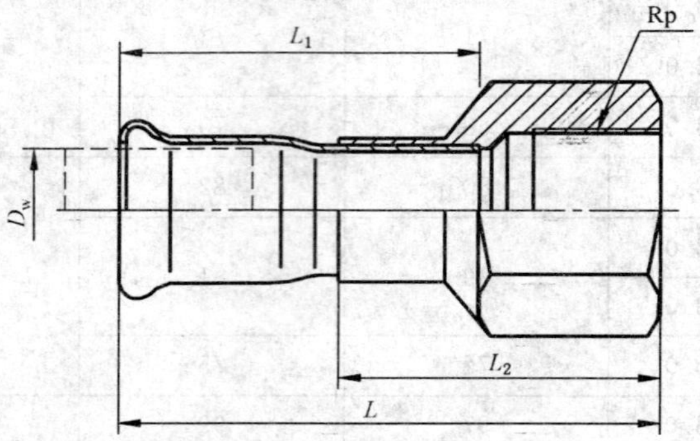

图 16 Ⅰ系列内螺纹转换接头

表 18 Ⅰ系列内螺纹转换接头的基本尺寸

单位为毫米

公称通径 DN	管外径 D_W	管螺纹 Rp	L	L_1	L_2	重量/kg
15	15.0	1/2	59	36	34	0.07
		3/4	62	36	37	0.07
	18.0	1/2	69	47	35	0.09
		3/4	62	33	39	0.11
20	22.0	1/2	60	40	35	0.10
		3/4	62	37	39	0.12
		1	66	38	40	0.21
25	28.0	3/4	63	38	42	0.14
		1	69	41	43	0.23
		1¼	71	43	45	0.32

表 18（续）

单位为毫米

公称通径 DN	管外径 D_w	管螺纹 Rp	L	L_1	L_2	重量/kg
32	35.0	1	67	45	48	0.28
		1¼	75	47	50	0.38
		1½		47	52	0.42
40	42.0	1¼	71	41	54	0.46
		1½	79	51	56	0.50
50	54.0	1½	77	49	61	0.56
		2	97	68	64	0.63

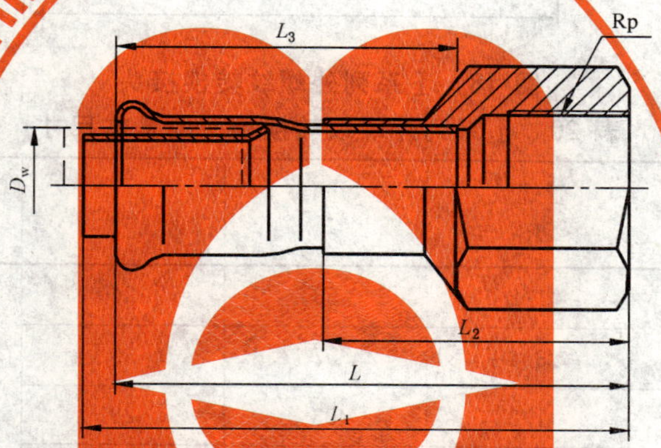

图 17 Ⅱ系列内螺纹转换接头

表 19 Ⅱ系列内螺纹转换接头的基本尺寸

单位为毫米

公称通径 DN	管外径 D_w	管螺纹 Rp	L	L_1	L_2	L_3	重量/kg
15	15.0	1/2	59	61	34	36	0.08
		3/4	62	64	37	36	0.08
	18.0	1/2	69	71	33	47	0.10
		3/4	62	64	39	33	0.12
20	22.0	1/2	60	62	35	40	0.11
		3/4	62	64	39	37	0.13
		1	66	68	40	38	0.22
25	28.0	3/4	63	65	42	38	0.16
		1	69	71	43	41	0.25
		1¼	71	73	45	43	0.34
32	35.0	1	67	70	48	45	0.33
		1¼	75	78	50	47	0.41
		1½			52		0.45
40	42.0	1¼	71	74	54	41	0.50
		1½	79	82	56	51	0.54
50	54.0	1½	77	80	61	49	0.62
		2	97	100	64	68	0.69

4.3.10 外螺纹转换接头的结构型式和基本尺寸

4.3.10.1 Ⅰ系列外螺纹转换接头的结构型式和基本尺寸见图 18 和表 20。

4.3.10.2 Ⅱ系列外螺纹转换接头的结构型式和基本尺寸见图 19 和表 21。

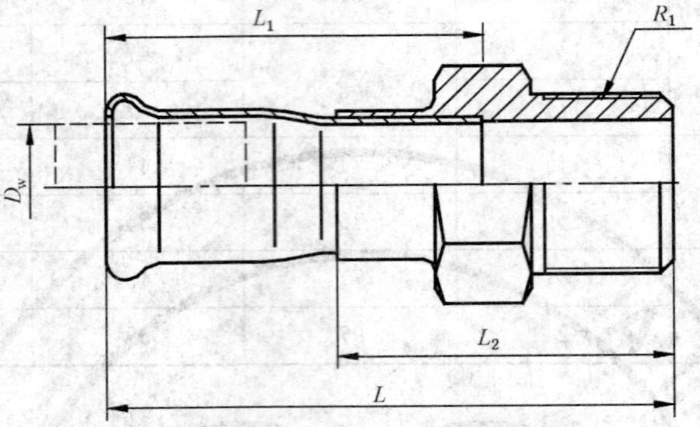

图 18 Ⅰ系列外螺纹转换接头

表 20 Ⅰ系列外螺纹转换接头的基本尺寸

单位为毫米

公称通径 DN	管外径 D_W	管螺纹 R_1	L	L_1	L_2	重量/kg
15	15.0	1/2	53	26	38	0.07
		3/4	57	30		0.07
	18.0	1/2	53	28		0.08
		3/4	57	32		0.12
20	22.0	1/2	54	28	42	0.09
		3/4	58	32		0.13
		1	61	39	38	0.17
25	28.0	3/4		42		0.16
		1	64	42	41	0.18
		1¼	68	44	43	0.23
32	35.0	1		46	45	0.25
		1¼	72	48	47	0.28
		1½	73	49		0.30
40	42.0	1¼		59	41	0.29
		1½	77	53	51	0.31
50	54.0	1½	89	72	49	0.35
		2	83	47	68	0.46
65	76.1	2½	123	86	70	0.58
80	88.9	3	137	98	73	0.64

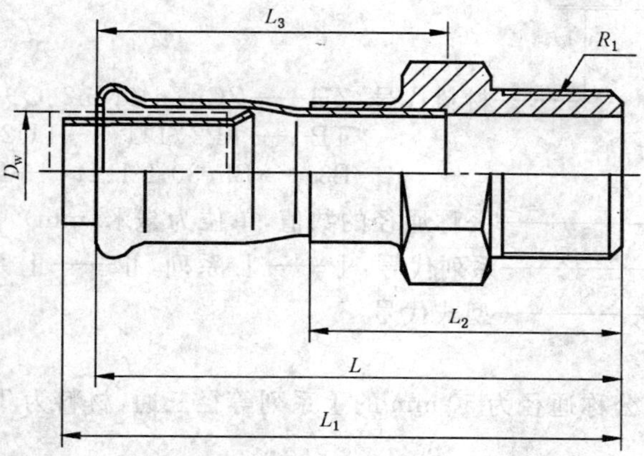

图 19 Ⅱ系列外螺纹转换接头

表 21 Ⅱ系列外螺纹转换接头的基本尺寸

单位为毫米

<table>
<tr><th>公称通径
DN</th><th>管外径
D_w</th><th>管螺纹
R_1</th><th>L</th><th>L_1</th><th>L_2</th><th>L_3</th><th>重量/
kg</th></tr>
<tr><td rowspan="4">15</td><td rowspan="2">15.0</td><td>1/2</td><td>53</td><td>55</td><td rowspan="4">38</td><td>26</td><td>0.08</td></tr>
<tr><td>3/4</td><td>57</td><td>59</td><td>30</td><td>0.08</td></tr>
<tr><td rowspan="2">18.0</td><td>1/2</td><td>53</td><td>55</td><td>28</td><td>0.09</td></tr>
<tr><td>3/4</td><td>57</td><td>59</td><td>32</td><td>0.13</td></tr>
<tr><td rowspan="3">20</td><td rowspan="3">22.0</td><td>1/2</td><td>54</td><td>56</td><td rowspan="2">42</td><td>28</td><td>0.10</td></tr>
<tr><td>3/4</td><td>58</td><td>60</td><td>32</td><td>0.14</td></tr>
<tr><td>1</td><td rowspan="2">61</td><td rowspan="2">63</td><td rowspan="2">38</td><td>39</td><td rowspan="2">0.18</td></tr>
<tr><td rowspan="3">25</td><td rowspan="3">28.0</td><td>3/4</td><td rowspan="2">42</td></tr>
<tr><td>1</td><td>64</td><td>66</td><td>41</td><td>0.20</td></tr>
<tr><td>1¼</td><td rowspan="2">68</td><td>70</td><td>43</td><td>44</td><td>0.25</td></tr>
<tr><td rowspan="3">32</td><td rowspan="3">35.0</td><td>1</td><td>71</td><td>45</td><td>46</td><td>0.28</td></tr>
<tr><td>1¼</td><td>72</td><td>75</td><td rowspan="2">47</td><td>48</td><td>0.31</td></tr>
<tr><td>1½</td><td rowspan="2">73</td><td rowspan="2">76</td><td>49</td><td>0.33</td></tr>
<tr><td rowspan="2">40</td><td rowspan="2">42.0</td><td>1¼</td><td>41</td><td>59</td><td rowspan="2">0.35</td></tr>
<tr><td>1½</td><td>77</td><td>80</td><td>51</td><td>53</td></tr>
<tr><td rowspan="2">50</td><td rowspan="2">54.0</td><td>1½</td><td>89</td><td>92</td><td>49</td><td>72</td><td>0.41</td></tr>
<tr><td>2</td><td>83</td><td>86</td><td>68</td><td>47</td><td>0.52</td></tr>
</table>

4.4 产品标记

4.4.1 型号表示方法

卡压管件的型号表示方法如下：

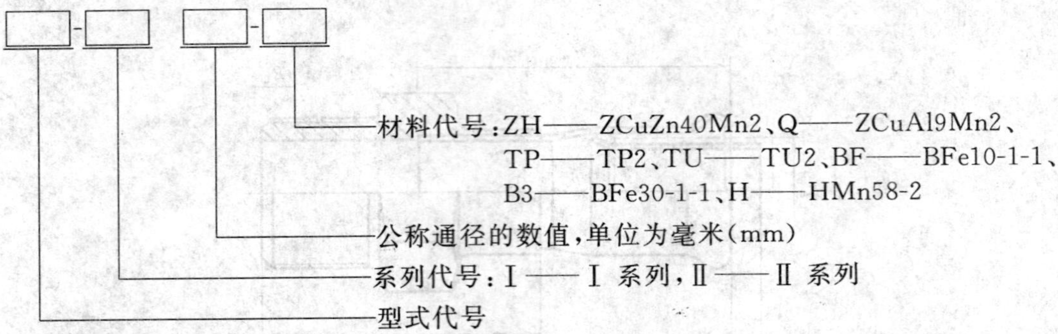

4.4.2 标记示例

公称压力为 1.6 MPa，公称通径为 50 mm 的Ⅰ系列等径三通，材料为 TU2 的铜管管件（卡压式）标记为：

卡压管件　GB/T 11618.2—2008　ST-Ⅰ50-TU

公称压力为 1.6 MPa，公称通径为 65 mm×50 mm 的Ⅰ系列异径管件，材料为 BFe10-1-1 的铜管管件（卡压式）标记为：

卡压管件　GB/T 11618.2—2008　RC-Ⅰ65×50-BF

公称压力为 1.6 MPa，公称通径为 32 mm 的Ⅱ系列的内螺纹转换接头，材料为 ZCuZn40Mn2 的铜管接头（卡压式）标记为：

卡压管件　GB/T 11618.2—2008　FTC-Ⅱ32-ZH

5 要求

5.1 材料

5.1.1 卡压管件的材料见表 22。

表 22　卡压管件的材料

<table>
<tr><th rowspan="2">型式代号</th><th colspan="3">材　料</th><th colspan="2" rowspan="2">适用介质</th></tr>
<tr><th>名称</th><th>牌号</th><th>标准号</th></tr>
<tr><td rowspan="2">ST、RT、A45E、B45E、A90E、B90E、SC、BC</td><td>铜管[a]</td><td>TP2、TU2</td><td>GB/T 18033—2007</td><td colspan="2">生活用水（冷、热水）、饮用水、燃气、医用气体</td></tr>
<tr><td>铁白铜管</td><td rowspan="2">BFe10-1-1</td><td rowspan="2">GB/T 5231—2001</td><td colspan="2" rowspan="2">海水及高氯介质</td></tr>
<tr><td rowspan="3">CAP</td><td>铁白铜板</td></tr>
<tr><td>铜板</td><td rowspan="2">TP2、TU2</td><td>GB/T 2040—2008</td><td colspan="2" rowspan="4">生活用水（冷、热水）、饮用水、燃气、医用气体</td></tr>
<tr><td>铜带</td><td>GB/T 2059—2008</td></tr>
<tr><td rowspan="5">FTC、ETC</td><td>黄铜棒</td><td>HMn58-2</td><td>YS/T 649—2007</td></tr>
<tr><td>铸铜</td><td>ZCuZn40Mn2
ZCuA19Mn2</td><td>GB/T 1176—1987</td></tr>
<tr><td rowspan="3">白铜棒</td><td rowspan="3">BFe30-1-1</td><td rowspan="3">YS/T 649—2007</td><td>适用系列</td><td>适用介质</td></tr>
<tr><td>Ⅰ、Ⅱ</td><td>生活用水（冷、热水）、饮用水、燃气、医用气体</td></tr>
<tr><td>Ⅰ</td><td>海水及高氯介质</td></tr>
<tr><td colspan="6">a 铜管供货状态为半硬态（Y2）。</td></tr>
</table>

5.1.2 卡压管件用O形橡胶圈的材料为氯化丁基橡胶、三元乙丙橡胶，其要求和试验方法等按附录A的规定。

5.2 外观

卡压管件外表面允许有轻微的模痕，但不得有裂纹、凹凸不平和超过壁厚负偏差的划痕；卡压管件表面应清洁，但允许因大气影响而发生的氧化变色。

5.3 尺寸及公差

5.3.1 卡压管件的承口尺寸偏差应符合表23的要求。

表23 卡压管件的承口尺寸偏差

单位为毫米

公称通径 DN	承口内径的偏差 d_1	承口端内径的偏差 d_2	内衬端外径的偏差 d_3	承口端外径的偏差 D
15～25	$^{+0.5}_{0}$	±0.4	±0.1	±0.4
32～50	$^{+0.8}_{0}$	±0.6	±0.2	±0.6
65～100	$^{+1.5}_{0}$	±1.0	±0.3	±1.0

5.3.2 卡压管件外形长度尺寸偏差应符合表24的要求。

表24 卡压管件的外形长度尺寸偏差

单位为毫米

铜管外径 D_W	外形长度（L、H）尺寸偏差
8～22	±1.0
28～54	±1.2
76.1～88.9	±1.5
108	±2.0

5.3.3 卡压管件垂直度应符合表25的要求。

表25 卡压管件的垂直度要求

单位为毫米

铜管外径 D_W	垂直度偏差
≤22	≤2.0
28～54	≤3.0
76.1～108	≤4.0

5.3.4 卡压管件未注尺寸的线性和角度公差应符合GB/T 1804—2000中m级的要求，转换接头内、外螺纹公差应符合GB/T 7306.1—2000的要求。

5.4 强度

卡压管件本体应能承受2.5 MPa的压力，持压15 s，应无渗漏和塑性变形。

5.5 密封性

用于气体介质的卡压管件应能在1.7 MPa气压下无泄漏。用于液体介质的卡压管件应能在0.6 MPa的气压下无泄漏。

5.6 爆破压力试验

舰船用铁白铜材质的卡压管件应耐受大于等于4倍公称压力的爆破压力。

5.7 连接性能

卡压管件应具有符合要求的连接性能。卡压管件与管路连接后，应无渗漏、脱落和塑性变形。

5.8 卫生

卡压管件的卫生应符合《生活饮用水输配水设备及防护材料卫生安全评价规范》的要求。

5.9 连接方法

5.9.1 卡压管件与铜管连接时，相同公称通径的卡压管件与铜管应选用同一种系列；Ⅰ系列铜管选用 GB/T 18033—2007 中 B 系列，Ⅱ系列铜管选用 GB/T 18033—2007 中 C 系列。

5.9.2 铁白铜卡压管件与管子连接时，应选用相同管径、壁厚、材质的铁白铜管。

5.9.3 卡压管件与铜管采用卡压工具卡压连接时，其安装方法参见附录 B。

6 试验方法

6.1 材料

卡压管件的材料用检查卡压管件所用材料牌号及质量证明书的方法进行检验。结果应符合 5.1 的要求。

6.2 外观

在日光或灯光照明下目测检验卡压管件外观。结果应符合 5.2 的要求。

6.3 尺寸及公差

用精度符合极限偏差要求的通用量具检查卡压管件的尺寸和尺寸及角度公差。结果应符合 4.3 和 5.3 的要求。

6.4 强度

将卡压管件装在强度试验台上，试验压力为 2.5 MPa，持压 15 s，试验介质为自来水，试验用压力表的精度应不低于 1.5 级，压力表的最大量程为 1.5 倍～2.0 倍的试验压力，检查卡压管件外表面。结果应符合 5.4 的要求。

6.5 密封性

将卡压管件装在气密试验台上，将其浸没水中，充入纯净的压缩空气，用于气体介质的气密试验压力为 1.7 MPa，用于液体介质的气密试验压力为 0.6 MPa，持压时间均为 10 s，检查卡压管件接头部位。结果应符合 5.5 的要求。

6.6 爆破压力

爆破压力应不小于 6.4 MPa，不用持压，升压至卡压管件破坏为止。结果应符合 5.6 的要求。

6.7 连接性能

6.7.1 耐压试验

将卡压管件两端与长度为 200 mm 的铜管卡压连接，组成一组试样，进行耐压试验，试验介质为自来水，其试验压力为 2.5 MPa，持压 1 min，检查卡压管件与铜管连接部位。结果应符合 5.7 的要求。

6.7.2 负压试验

应使用 3 个不同公称通径的卡压管件分别与长度为 200 mm 的等径管件卡压连接后构成一组试件，试验时，室温为(20±5)℃，试验压力为−80 kPa，在该试验压力下，保持 1 h 后，卡压管件和铜管内压降应不大于 5 kPa，检查卡压管件与铜管连接部位。结果应符合 5.7 的要求。

6.7.3 拉拔试验

试件选用等径管件，两端与长度为 300 mm 的铜管卡压连接，组成一组试件，向管内封入 0.6 MPa 气压，固定在拉伸试验机上。进行拉拔试验时，以 2 mm/min 的速度进行拉伸，测定出现泄漏时的最大拉伸力，此时的拉伸力应大于最小抗拉阻力。卡压管件的最小抗拉阻力见表 26。检查卡压管件与铜管连接部位。结果应符合 5.7 的要求。

表 26　卡压管件的最小抗拉阻力

公称通径 DN/mm	管外径 D_W/mm	最小抗拉阻力/kN	
		Ⅰ系列	Ⅱ系列
15	18.0	3.01	3.37
20	22.0	2.44	2.75
25	28.0	3.92	3.92
32	35.0	5.31	5.34
40	42.0	7.04	7.32
50	54.0	10.12	10.55
65	76.1	15.35	—
80	88.9	21.52	—
100	108.0	28.13	—

6.7.4　温度变化试验

温度变化试验装置见图 20，此项试验应在(20±5)℃和(93±2)℃时用(0.1±0.01)MPa 内压来进行 5 000 次循环变化，一个循环为(30±2)min，冷热水各保持 15 min。在铜管外径大于 54 mm 时，进行 2 500 次循环变化，一个循环为(60±2)min。检查各连接部位。结果应符合 5.7 的要求。

单位为毫米

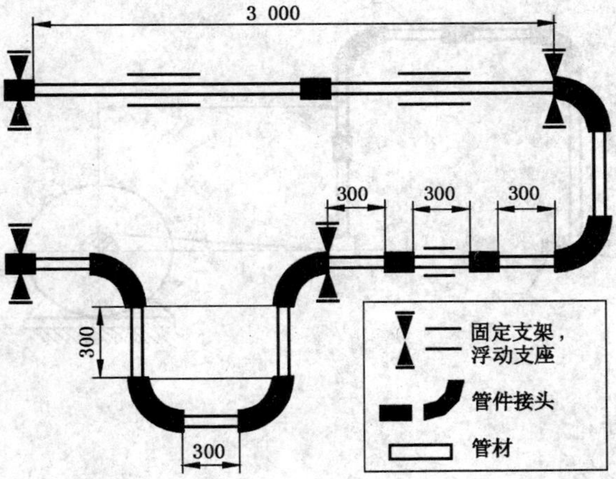

图 20　温度变化试验装置

6.7.5　交变弯曲试验

交变弯曲试验装置见图 21，使用至少 3 个卡压管件，管子跨距为 2 m，在中部布置 1 个接头，在管端各布置 1 个转换接头，弯曲应力加在试验结构中部的接头上。试验时检查各部位连接是否完好，然后打开球阀，启动压力泵，等到压力表显示 1.5 MPa 时，关闭球阀，启动调速电机，管子在中部连接范围内偏转±10 mm。以 15 Hz 持续 20 s，停顿 2 min。检验用 10 万次负荷变化来进行，检查各连接部位。结果应符合 5.7 的要求。

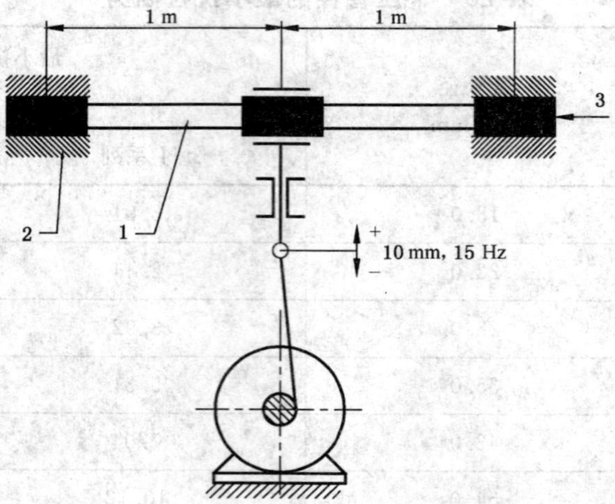

1——管子；

2——夹紧接头；

3——压力连接管。

图 21 交变弯曲试验装置

6.7.6 振动试验

振动试验装置见图 22，试件两端与长度为 200 mm 的铜管卡压连接，组成一组试样，在试件附近固定一端，并与水压试验泵连接，加压至 1.75 MPa 并保压，试验介质为自来水。在试样的另一端端部进行振动，其振动试验条件应符合表 27 的要求。进行振动试验时，试验压力为 1.75 MPa，在该压力下，持续振动 10 万次，检查卡压管件与铜管连接部位。结果应符合 5.7 的要求。

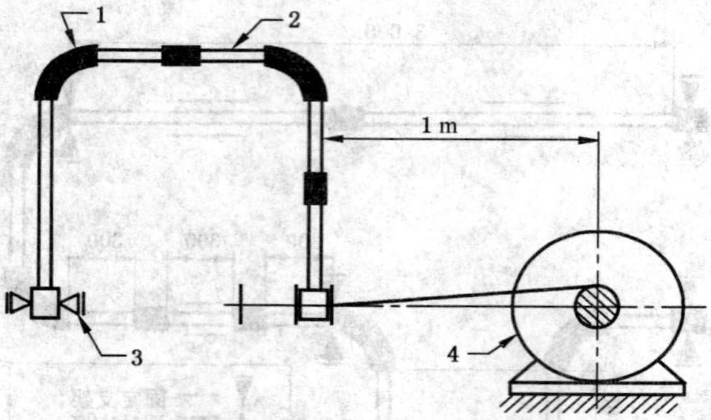

1——试件；

2——长度为 200 mm 的管子；

3——球阀；

4——偏心轮。

图 22 振动试验装置

表 27 振动试验条件

项 目	条 件
振幅	±1 mm
振动频率	20 Hz

6.7.7 压力波动试验

卡压管件两端与长度为 500 mm 的铜管卡压连接，组成一组试样，从 0.1 MPa 加压至 2.5 MPa 为一个循环，试验介质为自来水，每分钟应进行(30±5)个循环，持续 10 000 个循环时，检查卡压管件和铜管连接部位。结果应符合 5.7 的要求。

6.8 卫生要求

用于输送饮用净水和生活饮用水的卡压管件，浸泡试验卫生要求应符合《生活饮用水输配水设备及防护材料卫生安全评价规范》附录 A 的规定。

7 检验规则

7.1 检验分类

本标准规定的检验分类如下：

a) 型式检验；

b) 出厂检验。

7.2 型式检验

7.2.1 检验时机

卡压管件有下列情况之一时，应进行型式检验：

a) 首次生产或转厂生产；

b) 正式生产后，如工艺有较大改变，足以影响产品性能；

c) 长期停产后恢复生产；

d) 上级质量监督提出要求。

7.2.2 检验项目和顺序

卡压管件的型式检验项目和顺序见表 28。

表 28 卡压管件的检验项目

序号	检验项目	型式检验	出厂检验	要求章条号	试验方法章条号
1	材料	●	●	5.1	6.1
2	外观	●	●	5.2	6.2
3	尺寸	●	●	4.3、5.3	6.3
4	强度	●	●	5.4	6.4
5	密封性	●	●[c]	5.5	6.5
6	爆破压力试验[a]	●	—	5.6	6.6
7	耐压试验	●	—		6.7.1
8	负压试验	●	—		6.7.2
9	拉拔试验	●	—		6.7.3
10	温度变化试验	●	—	5.7	6.7.4
11	交变弯曲试验	●	—		6.7.5
12	振动试验	●	—		6.7.6
13	压力波动试验	●	—		6.7.7
14	卫生要求[b]	●	—	5.8	6.8

注：●为必检项目；—为不检项目。

[a] 用于船用海水管路的卡压管件应进行该项检验；

[b] 用于输送饮用净水和生活饮用水的卡压管件应进行该项检验。

[c] 卡压管件拟用于气体介质时，进行此项检验。

7.2.3 检验样品数量

卡压管件的型式检验样品数量为同一型号中取不同规格的3件。

7.2.4 判定规则

卡压管件所有样品全部检验项目符合要求，判定型式检验合格。材料检验不符合要求，则判定卡压管件型式检验不合格。若有其他不符合要求的项目，应加倍取样复验。若复验合格，则判定卡压管件型式检验合格；若复验时仍有不符合要求的项目，则判定卡压管件型式检验不合格。

7.3 出厂检验

7.3.1 检验项目和顺序

卡压管件出厂检验项目和顺序见表28。

7.3.2 检验样品数量

卡压管件的材料同一厂家为一批，按批次检验。表28中第2项和第3项卡压管件的出厂检验为逐个产品检验。表28中第4、5项卡压管件出厂检验样品数量为同种类、同规格卡压管件每生产批抽样5%（不少于5只）。

7.3.3 判定规则

卡压管件所有样品全部检验项目符合要求，判定出厂检验合格。若材料检验不符合要求，则判定该批卡压管件出厂检验不合格。若有其他不符合要求的项目，应加倍取样复验。若复验合格，则判定卡压管件出厂检验合格；若复验时仍有不符合要求的项目，则判定卡压管件出厂检验不合格。

8 标志

卡压管件上应永久性地标上制造商商标和规格。

9 包装、运输和贮存

9.1 卡压管件应以纸质包装箱或者木质包装箱包装，注意防潮和防尘。箱内应附有合格证和产品质量证明书。产品质量证明书内容包括：

a) 产品名称、规格、标准号；

b) 制造厂名、厂址；

c) 材料牌号；

d) 批号、数量；

e) 卫生许可批件文号；

f) 质量部门盖章和签字；

g) 包装日期。

9.2 包装箱上应有产品名称、重量、箱体尺寸、标记、制造厂名、防潮等标志，并应符合GB/T 191和GB/T 8888中的有关规定。饮用水用卡压管件还应有“饮水用”中文字样的标志。

包装成箱的产品，不得与有毒有害物一起运输，且应符合GB/T 8888中有关规定。包装成箱的产品应贮存在无腐蚀气体的干净的环境内，避免杂乱堆放和与有毒、有害物混放。

附　录　A
（规范性附录）
卡压管件用O形橡胶密封圈

A.1　范围

本附录规定了卡压管件用O形橡胶密封圈(以下简称密封圈)的型式与尺寸、要求、试验方法、检验规则、标志、包装、运输和贮存。

A.2　型式和尺寸

A.2.1　密封圈的结构型式和基本尺寸见图A.1和表A.1。

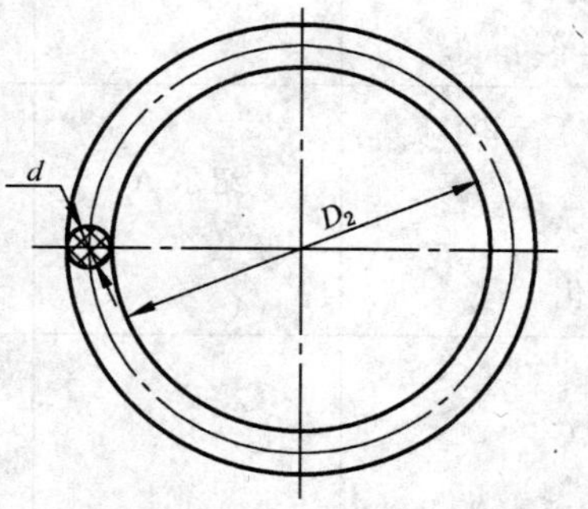

图A.1　O形橡胶密封圈

表A.1　密封圈的基本尺寸

单位为毫米

公称通径 DN	密封圈内径 D_2		密封圈直径 d	
	Ⅰ系列	Ⅱ系列	Ⅰ系列	Ⅱ系列
15	$18.2^{+0.15}_{-0.05}$		$2.5^{+0.15}_{-0.05}$	
20	$22.2^{+0.2}_{0}$		$3.2^{+0.15}_{-0.05}$	
25	$28.2^{+0.2}_{0}$		$3.0^{+0.15}_{-0.05}$	
32	$35.3^{+0.3}_{0}$			
40	$42.3^{+0.3}_{0}$		$4.0^{+0.15}_{-0.05}$	
50	$54.3^{+0.3}_{0}$			
65	$77.0^{+0.2}_{-0.1}$	—	$7.0^{+0.2}_{0}$	—
80	$90.0^{+0.2}_{-0.1}$		$8.0^{+0.2}_{0}$	
100	$109.0^{+0.2}_{-0.1}$		$10.0^{+0.2}_{0}$	

A.3　要求

A.3.1　材料

密封圈的材料宜采用氯化丁基橡胶、三元乙丙橡胶。

A.3.2　外观

密封圈的外观应平整,不应有气泡、裂口及影响其性能的其他缺陷。

A.3.3　物理性能

用于燃气介质的密封圈的物理性能应符合HG/T 3092的规定,用于海水介质的密封圈的物理性能应符合 HG/T 3091—2000 的要求，其余密封圈的物理性能应符合表 A.2 的要求。

表 A.2 密封圈的物理性能

序号	物理性能	单位	要求	适用试验条款
1	硬度	绍尔 A	80±5	A.4.4
2	拉伸强度≥	MPa	9	A.4.5
3	扯断伸长率≥	%	100	
4	压缩永久变形≤ 72 h 23 ℃±2 ℃ 24 h 125 ℃±2 ℃ 70 h −10 ℃±1 ℃	 % % %	 15 20 50	A.4.3
5	水中压缩永久变形≤ 70 d 110 ℃±2 ℃	 %	 30	
6	热空气老化，7 d 125 ℃±2 ℃ 硬度变化 拉伸强度变化≤ 扯断伸长率变化	 绍尔 A % %	 +8/−5 −20 +10/−40	A.4.6 A.4.4 A.4.5 A.4.5
7	压缩应力松弛≤ 7 d 23 ℃±2 ℃ 7 d 125 ℃±2 ℃	 % %	 18 30	A.4.7
8	水中体积变化≤ 7 d 95 ℃±1 ℃	 %	 +8/−1	A.4.8
9	耐臭氧试验 $50\times10^{-8}\times70$ h 拉伸 20%	—	无裂缝	A.4.9
10	撕裂强度≥	N	20	A.4.10

A.3.4 卫生性能

密封圈的卫生性能应符合《生活饮用水输配水设备及防护材料卫生安全评价规范》的规定。

A.4 试验方法

A.4.1 密封圈的外观在日光或灯光照明下用目测法检验。结果应符合 A.3.2 要求。

A.4.2 密封圈的尺寸检验按 GB/T 5720 规定的方法进行。结果应符合 A.2.1 要求。

A.4.3 密封圈的压缩永久变形试验按 GB/T 7759 规定的方法进行。结果应符合表 A.2 中的要求。

A.4.4 密封圈的硬度试验按 GB/T 531 规定的方法进行。结果应符合表 A.2 中的要求。

A.4.5 密封圈的拉伸试验按 GB/T 528 规定的方法进行。结果应符合表 A.2 中的要求。

A.4.6 密封圈的热空气老化试验按 GB/T 3512 规定的方法进行。结果应符合表 A.2 中的要求。

A.4.7 密封圈的压缩应力松弛试验按 GB/T 1685 规定的方法进行。结果应符合表 A.2 中的要求。

A.4.8 密封圈的水中体积变化试验按 GB/T 1690 规定的方法进行。结果应符合表 A.2 中的要求。

A.4.9 密封圈的耐臭氧试验按 GB/T 7762 规定的方法。结果应符合表 A.2 中的要求。

A.4.10 密封圈的撕裂强度试验按 GB/T 12829 规定的方法进行。结果应符合表 A.2 中的要求。

A.4.11 密封圈的卫生性能按《生活饮用水输配水设备及防护材料卫生安全评价规范》的规定进行检验和评估。

A.5 检验规则

A.5.1 检验分类

本标准规定的检验分类如下：

a) 型式检验；

b) 出厂检验。

A.5.2 型式检验

A.5.2.1 检验时机

密封圈有下列情况之一时，应进行型式检验：

a) 首次生产或转厂生产；

b) 正式生产后，如工艺有较大改变，足以影响产品性能；

c) 长期停产后恢复生产；

d) 上级质量监督机构提出要求。

A.5.2.2 检验项目

密封圈的型式检验项目为材料、外观、物理性能和卫生性能。

A.5.2.3 检验样品数量

密封圈的型式检验样品数量为相同规格产品总数的5%(不少于5只)。

A.5.2.4 判定规则

密封圈型式检验项目全部符合要求，判为型式检验合格，若卫生性能不符合要求，则判为型式检验不合格。若有其他不合格要求的项目，必须在审查设计、工艺等基础上，抽取双倍试样对不合格的项目进行复验，若复验符合要求，仍判为型式检验合格。若复验仍有不符合要求的项目，则判为型式检验不合格。

A.5.3 出厂检验

A.5.3.1 检验项目

密封圈的出厂检验项目为材料、外观、部分物理性能(包括硬度、拉伸强度、扯断伸长率和压缩永久变形)。

A.5.3.2 检验样品数量

密封圈的材料以每批胶料为一个检验批，按批检验。外观应全数检验。其余项目的出厂检验样品数量为每批产品总数的5%(不少于5只)。

A.5.3.3 判定规则

密封圈出厂检验项目全部符合要求，判为出厂检验合格。若材料不符合要求，则判为该批密封圈出厂检验不合格。若有其他不合格要求的项目，允许加倍取样对不合格项目进行复验，若复验符合要求，仍判为出厂检验合格。若复验仍有不符合要求的项目，则判为密封圈出厂检验不合格。

A.6 标志、包装、运输和贮存

A.6.1 密封圈的标志、包装、运输和贮存按GB/T 5721的规定。

A.6.2 用于饮用水的密封圈应在外包装和合格证上标明卫生许可批件文号。

A.6.3 密封圈不应与有毒、有害物混合运输和贮存。

附　录　B
（资料性附录）
卡压管件与铜管的安装方法

B.1　范围

本附录适用于铜管卡压管件与铜管的连接与安装。亦可适用于铁白铜管件与铁白铜管的卡压连接与安装。

B.2　结构原理

卡压管件承口端部有环状 U 形槽，内装有 O 形密封圈，安装时，用专用卡压工具使 U 形槽内部缩径，使铜管、卡压管件承插部分卡压成六角形。

B.3　断管

B.3.1　铜管应用电动切管机或手动切管器按照施工尺寸切断。

B.3.2　铜管的切割面在切割时会产生毛刺，应使用专用除毛刺器把毛刺完全除去。

B.3.3　铜管的切割面应与铜管的中心线垂直，铜管端部、外表面插入卡压管件承口一段应光滑平整、清洁、无油污。

B.4　连接准备

B.4.1　为了确保铜管有足够的插入长度，在铜管端部用划线器进行画线，其插入长度基准值见表 B.1。

表 B.1　插入长度基准值

单位为毫米

公称通径 DN	插入长度基准值	
	Ⅰ系列	Ⅱ系列
15	20	19
20	21	20
25	23	22
32	26	25
40	30	28
50	35	33
65	53	
80	60	—
100	75	

B.4.2　铜管插入前，应特别注意密封圈是否确实安装在正确的位置上。安装时严禁使用润滑油。

B.4.3　铜管必须垂直地插入卡压管件中。插入时不应歪斜，避免可能割伤或脱落密封圈。

B.4.4　插入后，应确认铜管上所画标记要距卡压管件端面保持在 3 mm 以内。

B.5　卡压连接

卡压连接时应符合下列要求：

a)　卡压工具在使用前，应仔细阅读相关说明书。

b) 卡压时，应将卡压工具钳口凹槽与卡压管件环形凸部紧密贴合，卡压工具与铜管垂直。

c) 卡压工具应卡压至左右两钳口贴合，即可完成卡压连接。卡压后，卡压部分的管件和铜管呈六角形，形成足够的连接强度，同时密封圈压缩变形产生密封作用。

d) 与内、外螺纹转换接头连接时，应先拧紧螺纹后再进行卡压。

B.6 卡压后检验

B.6.1 卡压后，应用六角量规检验卡压连接是否完好。卡压不当处，可用工具再做卡压，并应再一次用六角量规确认。

B.6.2 整个管线安装完毕后，应进行试压试验，试验介质可为水或气体。水压试验压力为工作压力的1.5倍，气压试验为工作压力的1.05倍。

ICS 13.340.01
C 73

中华人民共和国国家标准

GB/T 11651—2008
代替 GB/T 11651—1989

个体防护装备选用规范

Code of practice for selection of personal protective equipments

2008-12-11 发布　　　　2009-10-01 实施

中华人民共和国国家质量监督检验检疫总局
中国国家标准化管理委员会　发布

前　言

本标准代替 GB/T 11651—1989《劳动防护用品选用规则》。

本标准与 GB/T 11651—1989 相比主要变化如下：

——修改了“个体防护装备”和“防护性能”的定义；

——增加了“冒顶片帮”和“WBGT 指数”的定义；

——增加了事故类型的分类；

——修改了“高温作业”、“低温作业”、“噪声作业”、“低压带电作业”、“高压带电作业”等作业类别的说明；

——增加了“有碎屑飞溅的作业”、“操作转动机械”、“人工搬运”、“接触使用锋利器具”、“地面存在尖利器物的作业”、“手持振动机械”、“地下作业”、“一般性作业”等作业类别的说明；

——增加了“井下作业”作业类别；

——增加了个体防护装备的种类，如“焊接面罩”、“防腐蚀液护目镜”、“防水护目镜”、“防昆虫手套”、“防放射性手套”、“防静电手套”、“焊接手套”等；

——修改了部分个体防护装备的名称；

——修改了表 2 中部分个体防护装备的防护性能说明；

——修改了个体防护装备的选用；

——增加了表 3 中代号的中文说明；

——修改了个体防护装备的判废条件和判废程序内容；

——增加了附录 A“个体防护装备选用和判废程序”；

——修改了附录 B“个体防护装备使用期限”的规定。

本标准的附录 A、附录 B 为资料性附录。

本标准由国家安全生产监督管理总局提出。

本标准由全国个体防护装备标准化技术委员会归口。

本标准起草单位：北京市劳动保护科学研究所。

本标准主要起草人：杨文芬、傅雅惠、藏兰兰、盛海涛、许超、卢伟、罗穆夏。

本标准所代替标准的历次版本发布情况为：

——GB/T 11651—1989。

个体防护装备选用规范

1 范围

本标准规定了个体防护装备选用的原则和要求。

本标准适用于各生产经营单位和个人选用个体防护装备。

2 规范性引用文件

下列文件中的条款通过本标准的引用而成为本标准的条款。凡是注日期的引用文件，其随后所有的修改单(不包括勘误的内容)或修订版均不适用于本标准，然而，鼓励根据本标准达成协议的各方研究是否可使用这些文件的最新版本。凡是不注日期的引用文件，其最新版本适用于本标准。

GB/T 12903—2008 个体防护装备术语

3 术语和定义

GB/T 12903—2008 确立的以及下列术语和定义适用于本标准。

3.1

个体防护装备 personal protective equipment (PPE)

从业人员为防御物理、化学、生物等外界因素伤害所穿戴、配备和使用的各种护品的总称。

注：在生产作业场所穿戴、配备和使用的劳动防护用品也称个体防护装备。

3.2

防护性能 protective properties

防御物理、化学、生物等有害因素，保护作业人员安全与健康的能力。

3.3

有效防护最低指标 minimum effective protection requirement

个体防护装备所具有的最低防护能力。

3.4

有效使用期 effective duration

到达有效防护功能最低指标的使用时间。

3.5

冒顶片帮 roof fall and rib spalling

矿井、隧道、涵洞开挖、衬砌过程中因开挖或支护不当，造成顶部或侧壁大面积的垮塌。

注：工作面、侧壁坍塌称为片帮，顶部垮落称为冒顶，二者常同时发生。

3.6

WBGT 指数 WBGT-index

表示人体接触生产环境热强度的一个经验指数。

注：WBGT 指数亦称为湿球黑球温度(℃)，它采用了自然湿球温度、黑球温度和干球温度三种参数，并由式(1)、式(2)计算而得。

室内作业：

$$WBGT = 0.7\,t_{nw} + 0.3\,t_g \quad \cdots\cdots(1)$$

室外作业：

$$WBGT = 0.7\,t_{nw} + 0.2\,t_g + 0.1\,t_a \quad \cdots\cdots(2)$$

式中：

t_{nw}——自然湿球温度；

t_g——黑球温度；

t_a——干球温度。

4 作业类别

4.1 按照工作环境中主要危险特征及工作条件特点分为39种作业类别，见表1。

表1 作业类别及主要危险特征举例

编号	作业类别	说明	可能造成的事故类型	举例
A01	存在物体坠落、撞击的作业	物体坠落或横向上可能有物体相撞的作业	物体打击与碰撞	建筑安装、桥梁建设、采矿、钻探、造船、起重、森林采伐
A02	有碎屑飞溅的作业	加工过程中可能有切削飞溅的作业		破碎、锤击、铸件切削、砂轮打磨、高压流体清洗
A03	操作转动机械作业	机械设备运行中引起的绞、碾等伤害的作业	机械伤害	机床、传动机械
A04	接触锋利器具作业	生产中使用的生产工具或加工产品易对操作者产生割伤、刺伤等伤害的作业		金属加工的打毛清边、玻璃装配与加工
A05	地面存在尖利器物的作业	工作平面上可能存在对工作者脚部或腿部产生刺伤伤害的作业	其他	森林作业、建筑工地
A06	手持振动机械作业	生产中使用手持振动工具，直接作用于人的手臂系统的机械振动或冲击作业	机械伤害	风钻、风铲、油锯
A07	人承受全身振动的作业	承受振动或处于不易忍受的振动环境中的作业		田间机械作业驾驶、林业作业
A08	铲、装、吊、推机械操作作业	各类活动范围较小的重型采掘、建筑、装载起重设备的操作与驾驶作业	其他运输工具伤害	操作铲机、推土机、装卸机、天车、龙门吊、塔吊、单臂起重机等机械
A09	低压带电作业	额定电压小于1 kV的带电操作作业	电流伤害	低压设备或低压线路带电维修
A10	高压带电作业	额定电压大于或等于1 kV的带电操作作业		高压设备或高压线路带电维修
A11	高温作业	在生产劳动过程中，其工作地点平均WBGT指数等于或大于25 ℃的作业，如：热的液体、气体对人体的烫伤，热的固体与人体接触引起的灼伤，火焰对人体的烧伤以及炽热源的热辐射对人体的伤害	热烧灼	熔炼、浇注、热轧、锻造、炉窑作业

表 1（续）

编号	作业类别	说明	可能造成的事故类型	举例
A12	易燃易爆场所作业	易燃易爆品失去控制的燃烧引发火灾	火灾	接触火工材料、易挥发易燃的液体及化学品、可燃性气体的作业，如汽油、甲烷等
A13	可燃性粉尘场所作业	工作场所中存有常温、常压下可燃固体物质粉尘的作业	化学爆炸	接触可燃性化学粉尘的作业，如铝镁粉等
A14	高处作业	坠落高度基准面大于 2 m 的作业	坠落	室外建筑安装、架线、高崖作业、货物堆砌
A15	井下作业	存在矿山工作面、巷道侧壁的支护不当、压力过大造成的坍塌或顶板坍塌，以及高势能水意外流向低势能区域的作业	冒顶片帮、透水	井下采掘、运输、安装
A16	地下作业	进行地下管网的铺设及地下挖掘的作业		地下开拓建筑安装
A17	水上作业	有落水危险的水上作业	影响呼吸	水上作业平台、水上运输、木材水运、水产养殖与捕捞
A18	潜水作业	需潜入水面以下的作业		水下采集、救捞、水下养殖、水下勘查、水下建造、焊接与切割
A19	吸入性气相毒物作业	工作场所中存有常温、常压下呈气体或蒸气状态、经呼吸道吸入能产生毒害物质的作业	毒物伤害	接触氯气、一氧化碳、硫化氢、氯乙烯、光气、汞的作业
A20	密闭场所作业	在空气不流通的场所中作业，包括在缺氧即空气中含氧浓度小于 18% 和毒气、有毒气溶胶超过标准并不能排除等场所中作业	影响呼吸	密闭的罐体、房仓、孔道或排水系统、炉窑、存放耗氧器具或生物体进行耗氧过程的密闭空间
A21	吸入性气溶胶毒物作业	工作场所中存有常温、常压下呈气溶胶状态、经呼吸道吸入能产生毒害物质的作业	毒物伤害	接触铝、铬、铍、锰、镉等有毒金属及其化合物的烟雾和粉尘、沥青烟雾、矽尘、石棉尘及其他有害的动（植）物性粉尘的作业
A22	沾染性毒物作业	工作场所中存有能粘附于皮肤、衣物上，经皮肤吸收产生伤害或对皮肤产生毒害物质的作业		接触有机磷农药、有机汞化合物、苯和苯的二及三硝基化合物、放射性物质的作业

表 1（续）

编号	作业类别	说明	可能造成的事故类型	举例
A23	生物性毒物作业	工作场所中有感染或吸收生物毒素危险的作业	毒物伤害	有毒性动植物养殖、生物毒素培养制剂、带菌或含有生物毒素的制品加工处理、腐烂物品处理、防疫检验
A24	噪声作业	声级大于 85 db 的环境中的作业	其他	风钻、气锤、铆接、钢筒内的敲击或铲锈
A25	强光作业	强光源或产生强烈红外辐射和紫外辐射的作业	辐射伤害	弧光、电弧焊、炉窑作业
A26	激光作业	激光发射与加工的作业		激光加工金属、激光焊接、激光测量、激光通讯
A27	荧光屏作业	长期从事荧光屏操作与识别的作业		电脑操作、电视机调试
A28	微波作业	微波发射与使用的作业		微波机调试、微波发射、微波加工与利用
A29	射线作业	产生电离辐射的、辐射剂量超过标准的作业		放射性矿物的开采、选矿、冶炼、加工、核废料或核事故处理、放射性物质使用、X 射线检测
A30	腐蚀性作业	产生或使用腐蚀性物质的作业	化学烧灼	二氧化硫气体净化、酸洗、化学镀膜
A31	易污作业	容易污秽皮肤或衣物的作业	其他	碳黑、染色、油漆、有关的卫生工程
A32	恶味作业	产生难闻气味或恶味不易清除的作业	影响呼吸	熬胶、恶臭物质处理与加工
A33	低温作业	在生产劳动过程中，其工作地点平均气温等于或低于 5 ℃的作业	影响体温调节	冰库
A34	人工搬运作业	通过人力搬运，不使用机械或其他自动化设备的作业	其他	人力抬、扛、推、搬移
A35	野外作业	从事野外露天作业	影响体温调节	地质勘探、大地测量
A36	涉水作业	作业中需接触大量水或须立于水中	其他	矿井、隧道、水力采掘、地质钻探、下水工程、污水处理
A37	车辆驾驶作业	各类机动车辆驾驶的作业	车辆伤害	汽车驾驶
A38	一般性作业	无上述作业特征的普通作业	其他	自动化控制、缝纫、工作台上手工胶合与包装、精细装配与加工
A39	其他作业	A01～A38 以外的作业		

4.2 实际工作中涉及多项作业特征的，为综合性作业。

5 个体防护装备的防护性能

常用个体防护装备防护性能的说明，见表 2。

表 2 个体防护装备防护性能的说明

编号	防护用品品类	防护性能说明
B01	工作帽	防头部脏污、擦伤、长发被绞碾
B02	安全帽	防御物体对头部造成冲击、刺穿、挤压等伤害
B03	防寒帽	防御头部或面部冻伤
B04	防冲击安全头盔	防止头部遭受猛烈撞击，供高速车辆驾驶者佩戴
B05	防尘口罩(防颗粒物呼吸器)	用于空气中含氧 19.5% 以上的粉尘作业环境，防止吸入一般性粉尘，防御颗粒物(如毒烟、毒雾)等危害呼吸系统或眼面部
B06	防毒面具	使佩戴者呼吸器官与周围大气隔离，由肺部控制或借助机械力通过导气管引入清洁空气供人体呼吸
B07	空气呼吸器	防止吸入对人体有害的毒气、烟雾、悬浮于空气中的有害污染物或在缺氧环境中使用
B08	自救器	体积小、携带轻便，供矿工个人短时间内使用。当煤矿井下发生事故时，矿工佩戴它可以通过充满有害气体的井巷，迅速离开灾区
B09	防水护目镜	在水中使用，防御水对眼部的伤害
B10	防冲击护目镜	防御铁屑、灰砂、碎石等物体飞溅对眼部产生的伤害
B11	防微波护目镜	屏蔽或衰减微波辐射，防御对眼部的微波伤害
B12	防放射性护目镜	防御 X、Y 射线、电子流等电离辐射物质对眼部的伤害
B13	防强光、紫外线、红外线护目镜或面罩	防止可见光、红外线、紫外线中的一种或几种对眼面的伤害
B14	防激光护目镜	以反射、吸收、光化等作用衰减或消除激光对人眼的危害
B15	焊接面罩	防御有害弧光、熔融金属飞溅或粉尘等有害因素对眼睛、面部(含颈部)的伤害
B16	防腐蚀液护目镜	防御酸、碱等有腐蚀性化学液体飞溅对人眼产生的伤害
B17	太阳镜	阻挡强烈的日光及紫外线，防止刺眼光线及眩目光线，提高视觉清晰度
B18	耳塞	防护暴露在强噪声环境中工作人员的听力受到损伤
B19	耳罩	适用于暴露在强噪声环境中的工作人员，保护听觉、避免噪声过度刺激，不适宜戴耳塞时使用
B20	防寒手套	防止手部冻伤
B21	防化学品手套	具有防毒性能，防御有毒物质伤害手部
B22	防微生物手套	防御微生物伤害手部
B23	防静电手套	防止静电积聚引起的伤害
B24	焊接手套	防御焊接作业的火花、熔融金属、高温金属、高温辐射对手部的伤害
B25	防放射性手套	具有防放射性能，防御手部免受放射性伤害
B26	耐酸碱手套	用于接触酸(碱)时戴用，也适用于农、林、牧、渔各行业一般操作时戴用

表 2(续)

编号	防护用品品类	防护性能说明
B27	耐油手套	保护手部皮肤避免受油脂类物质的刺激
B28	防昆虫手套	防止手部遭受昆虫叮咬
B29	防振手套	具有衰减振动性能,保护手部免受振动伤害
B30	防机械伤害手套	保护手部免受磨损、切割、刺穿等机械伤害
B31	绝缘手套	使作业人员的手部与带电物体绝缘,免受电流伤害
B32	防水胶靴	防水、防滑和耐磨,适合工矿企业职工穿用的胶靴
B33	防寒鞋	鞋体结构与材料都具有防寒保暖作用,防止脚部冻伤
B34	隔热阻燃鞋	防御高温、熔融金属火花和明火等伤害
B35	防静电鞋	鞋底采用静电材料,能及时消除人体静电积累
B36	防化学品鞋(靴)	在有酸、碱及相关化学品作业中穿用,用各种材料或者复合型材料做成,保护脚或腿防止化学飞溅所带来的伤害
B37	耐油鞋	防止油污污染,适合脚部接触油类的作业人员
B38	防振鞋	衰减振动,防御振动伤害
B39	防砸鞋(靴)	保护足趾免受冲击或挤压伤害
B40	防滑鞋	防止滑倒,用于登高或在油渍、钢板、冰上等湿滑地面上行走
B41	防刺穿鞋	矿上、消防、工厂、建筑、林业等部门使用的防足底刺伤
B42	绝缘鞋	在电气设备上工作时作为辅助安全用具,防触电伤害
B43	耐酸碱鞋	用于涉及酸、碱的作业,防止酸、碱对足部造成伤害
B44	矿工靴	保护矿工在井下免受足部伤害
B45	焊接防护鞋	防御焊接作业的火花、熔融金属、高温金属、高温辐射对足部的伤害
B46	一般防护服	以织物为面料,采用缝制工艺制作的,起一般性防护作用
B47	防尘服	透气(湿)性织物或材料制成的防止一般性粉尘对皮肤的伤害,能防止静电积聚
B48	防水服	以防水橡胶涂覆织物为面料防御水透过和漏入
B49	水上作业服	防止落水沉溺、便于救助
B50	潜水服	用于潜水作业
B51	防寒服	具有保暖性能,用于冬季室外作业职工或常年低温环境作业职工的防寒
B52	化学品防护服	防止危险化学品的飞溅和与人体接触对人体造成的危害
B53	阻燃防护服	用于作业人员从事有明火、散发火花、在熔融金属附近操作有辐射热和对流热的场合和在有易燃物质并有着火危险的场所穿用,在接触火焰及炽热物体后,一定时间内能阻止本身被点燃、有焰燃烧和阴燃
B54	防静电服	能及时消除本身静电积聚危害,用于可能引发电击、火灾及爆炸危险场所穿用
B55	焊接防护服	用于焊接作业,防止作业人员遭受熔融金属飞溅及其热伤害
B56	白帆布类隔热服	防止一般性热辐射伤害
B57	镀反射膜类隔热服	防止高热物质接触或强烈热辐射伤害

表 2（续）

编号	防护用品品类	防护性能说明
B58	热防护服	防御高温、高热、高湿度
B59	防放射性服	具有防放射性性能
B60	防酸(碱)服	用于从事酸(碱)作业人员穿用，具有防酸(碱)性能
B61	防油服	防御油污污染
B62	救生衣(圈)	防止落水沉溺，便于救助
B63	带电作业屏蔽服	在 10 kV～500 kV 电器设备上进行带电作业时，防护人体免受高压电场及电磁波的影响
B64	绝缘服	可防 7 000 V 以下高电压，用于带电作业时的身体防护
B65	防电弧服	碰到电弧爆炸或火焰的状况下，服装面料纤维会膨胀变厚，关闭布面的空隙，将人体与热隔绝并增加能源防护屏障，以致将伤害程度减至最低
B66	棉布工作服	有烧伤危险时穿用，防止烧伤伤害
B67	安全带	用于高处作业、攀登及悬吊作业，保护对象为体重及负重之和最大 100 kg 的使用者。可减小从高处坠落时产生的冲击力、防止坠落者与地面或其他障碍物碰撞、有效控制整个坠落距离
B68	安全网	用来防止人、物坠落，或用来避免、减轻坠落物及物击伤害
B69	劳动护肤剂	涂抹在皮肤上，能阻隔有害因素
B70	普通防护装备	普通防护服、普通工作帽、普通工作鞋、劳动防护手套、雨衣、普通胶靴
B71	其他零星防护用品如披肩帽、鞋罩、围裙、套袖等	防尘、阻燃、防酸、防碱等
B72	多功能防护装备	同时具有多种防护功能的防护用品

6 选用

6.1 根据作业类别可以或建议佩戴的个体防护装备，见表 3。个体防护装备的选用程序见附录 A。

表 3 个体防护装备的选用

作业类别		可以使用的防护用品	建议使用的防护用品
编号	类别名称		
A01	存在物体坠落、撞击的作业	B02 安全帽 B39 防砸鞋(靴) B41 防刺穿鞋 B68 安全网	B40 防滑鞋
A02	有碎屑飞溅的作业	B02 安全帽 B10 防冲击护目镜 B46 一般防护服	B30 防机械伤害手套
A03	操作转动机械作业	B01 工作帽 B10 防冲击护目镜 B71 其他零星防护用品	

表 3（续）

<table>
<tr><th colspan="3">作业类别</th><th rowspan="2">可以使用的防护用品</th><th rowspan="2">建议使用的防护用品</th></tr>
<tr><th>编号</th><th colspan="2">类别名称</th></tr>
<tr><td>A04</td><td colspan="2">接触锋利器具作业</td><td>B30 防机械伤害手套
B46 一般防护服</td><td>B02 安全帽
B39 防砸鞋(靴)
B41 防刺穿鞋</td></tr>
<tr><td>A05</td><td colspan="2">地面存在尖利器物的作业</td><td>B41 防刺穿鞋</td><td>B02 安全帽</td></tr>
<tr><td>A06</td><td colspan="2">手持振动机械作业</td><td>B18 耳塞
B19 耳罩
B29 防振手套</td><td>B38 防振鞋</td></tr>
<tr><td>A07</td><td colspan="2">人承受全身振动的作业</td><td>B38 防振鞋</td><td></td></tr>
<tr><td>A08</td><td colspan="2">铲、装、吊、推机械操作作业</td><td>B02 安全帽
B46 一般防护服</td><td>B05 防尘口罩(防颗粒物呼吸器)
B10 防冲击护目镜</td></tr>
<tr><td>A09</td><td colspan="2">低压带电作业(1 kV 以下)</td><td>B31 绝缘手套
B42 绝缘鞋
B64 绝缘服</td><td>B02 安全帽(带电绝缘性能)
B10 防冲击护目镜</td></tr>
<tr><td rowspan="2">A10</td><td rowspan="2">高压带电作业</td><td>在 1 kV～10 kV 带电设备上进行作业时</td><td>B02 安全帽(带电绝缘性能)
B31 绝缘手套
B42 绝缘鞋
B64 绝缘服</td><td>B10 防冲击护目镜
B63 带电作业屏蔽服
B65 防电弧服</td></tr>
<tr><td>在 10 kV～500 kV 带电设备上进行作业时</td><td>B63 带电作业屏蔽服</td><td>B13 防强光、紫外线、红外线护目镜或面罩</td></tr>
<tr><td>A11</td><td colspan="2">高温作业</td><td>B02 安全帽
B13 防强光、紫外线、红外线护目镜或面罩
B34 隔热阻燃鞋
B56 白帆布类隔热服
B58 热防护服</td><td>B57 镀反射膜类隔热服
B71 其他零星防护用品</td></tr>
<tr><td>A12</td><td colspan="2">易燃易爆场所作业</td><td>B23 防静电手套
B35 防静电鞋
B52 化学品防护服
B53 阻燃防护服
B54 防静电服
B66 棉布工作服</td><td>B05 防尘口罩(防颗粒物呼吸器)
B06 防毒面具
B47 防尘服</td></tr>
<tr><td>A13</td><td colspan="2">可燃性粉尘场所作业</td><td>B05 防尘口罩(防颗粒物呼吸器)
B23 防静电手套
B35 防静电鞋
B54 防静电服
B66 棉布工作服</td><td>B47 防尘服
B53 阻燃防护服</td></tr>
<tr><td>A14</td><td colspan="2">高处作业</td><td>B02 安全帽
B67 安全带
B68 安全网</td><td>B40 防滑鞋</td></tr>
</table>

表 3（续）

<table>
<tr><th colspan="2">作业类别</th><th rowspan="2">可以使用的防护用品</th><th rowspan="2">建议使用的防护用品</th></tr>
<tr><th>编号</th><th>类别名称</th></tr>
<tr><td>A15</td><td>井下作业</td><td>B02 安全帽
B05 防尘口罩(防颗粒物呼吸器)
B06 防毒面具
B08 自救器</td><td rowspan="2">B19 耳罩
B41 防刺穿鞋</td></tr>
<tr><td>A16</td><td>地下作业</td><td>B18 耳塞
B23 防静电手套
B29 防振手套
B32 防水胶靴
B39 防砸鞋(靴)
B40 防滑鞋
B44 矿工靴
B48 防水服
B53 阻燃防护服</td></tr>
<tr><td>A17</td><td>水上作业</td><td>B32 防水胶靴
B49 水上作业服
B62 救生衣(圈)</td><td>B48 防水服</td></tr>
<tr><td>A18</td><td>潜水作业</td><td>B50 潜水服</td><td></td></tr>
<tr><td>A19</td><td>吸入性气相毒物作业</td><td>B06 防毒面具
B21 防化学品手套
B52 化学品防护服</td><td>B69 劳动护肤剂</td></tr>
<tr><td>A20</td><td>密闭场所作业</td><td>B06 防毒面具(供气或携气)
B21 防化学品手套
B52 化学品防护服</td><td>B07 空气呼吸器
B69 劳动护肤剂</td></tr>
<tr><td>A21</td><td>吸入性气溶胶毒物作业</td><td>B01 工作帽
B06 防毒面具
B21 防化学品手套
B52 化学品防护服</td><td>B05 防尘口罩(防颗粒物呼吸器)
B69 劳动护肤剂</td></tr>
<tr><td>A22</td><td>沾染性毒物作业</td><td>B01 工作帽
B06 防毒面具
B16 防腐蚀液护目镜
B21 防化学品手套
B52 化学品防护服</td><td>B05 防尘口罩(防颗粒物呼吸器)
B69 劳动护肤剂</td></tr>
<tr><td>A23</td><td>生物性毒物作业</td><td>B01 工作帽
B05 防尘口罩(防颗粒物呼吸器)
B16 防腐蚀液护目镜
B22 防微生物手套
B52 化学品防护服</td><td>B69 劳动护肤剂</td></tr>
<tr><td>A24</td><td>噪声作业</td><td>B18 耳塞</td><td>B19 耳罩</td></tr>
</table>

表 3（续）

作业类别		可以使用的防护用品	建议使用的防护用品
编号	类别名称		
A25	强光作业	B13 防强光、紫外线、红外线护目镜或面罩 B15 焊接面罩 B22 焊接手套 B45 焊接防护鞋 B55 焊接防护服 B56 白帆布类隔热服	
A26	激光作业	B14 防激光护目镜	B59 防放射性服
A27	荧光屏作业	B11 防微波护目镜	B59 防放射性服
A28	微波作业	B11 防微波护目镜 B59 防放射性服	
A29	射线作业	B12 防放射性护目镜 B25 防放射性手套 B59 防放射性服	
A30	腐蚀性作业	B01 工作帽 B16 防腐蚀液护目镜 B26 耐酸碱手套 B43 耐酸碱鞋 B60 防酸(碱)服	B36 防化学品鞋(靴)
A31	易污作业	B01 工作帽 B06 防毒面具 B05 防尘口罩(防颗粒物呼吸器) B26 耐酸碱手套 B35 防静电鞋 B46 一般防护服 B52 化学品防护服	B27 耐油手套 B37 耐油鞋 B61 防油服 B69 劳动护肤剂 B71 其他零星防护用品
A32	恶味作业	B01 工作帽 B06 防毒面具 B46 一般防护服	B07 空气呼吸器 B71 其他零星防护用品
A33	低温作业	B03 防寒帽 B20 防寒手套 B33 防寒鞋 B51 防寒服	B19 耳罩 B69 劳动护肤剂
A34	人工搬运作业	B02 安全帽 B30 防机械伤害手套 B68 安全网	B40 防滑鞋

表 3（续）

作业类别		可以使用的防护用品	建议使用的防护用品
编号	类别名称		
A35	野外作业	B03 防寒帽 B17 太阳镜 B28 防昆虫手套 B32 防水胶靴 B33 防寒鞋 B48 防水服 B51 防寒服	B10 防冲击护目镜 B40 防滑鞋 B69 劳动护肤剂
A36	涉水作业	B09 防水护目镜 B32 防水胶靴 B48 防水服	
A37	车辆驾驶作业	B04 防冲击安全头盔 B46 一般防护服	B10 防冲击护目镜 B13 防强光、紫外线、红外线护目镜或面罩 B17 太阳镜 B30 防机械伤害手套
A38	一般性作业		B46 一般防护服 B70 普通防护装备
A39	其他作业		

6.2 综合性作业需根据作业特点选择多功能防护装备。

6.3 在选择各种防护用品时，除本标准外，还应参考相应的选用规范，遵守国家相应的法律法规要求，并根据实际作业情况选择个体防护装备。

7 判废规定

7.1 判废条件

当出现下列情况之一时，即予判废，包括：

a) 所选用的个体防护装备技术指标不符合国家相关标准或行业标准；

b) 所选用的个体防护装备与所从事的作业类型不匹配；

c) 个体防护装备产品标识不符合产品要求或国家法律法规的要求；

d) 个体防护装备在使用或保管贮存期内遭到破损或超过有效使用期；

e) 所选用的个体防护装备经定期检验和抽查为不合格；

f) 当发生使用说明中规定的其他报废条件时。

7.2 叛废程序

7.2.1 按照附录 A 中图 A.2 的个体防护装备判废程序进行判废。

7.2.2 判废后的个体防护装备应立即封存，并建立封存记录。

附　录　A
（资料性附录）
个体防护装备选用和判废程序

A.1　根据可识别的危险、有害因素进行个体防护装备的选择。选用流程见图 A.1。

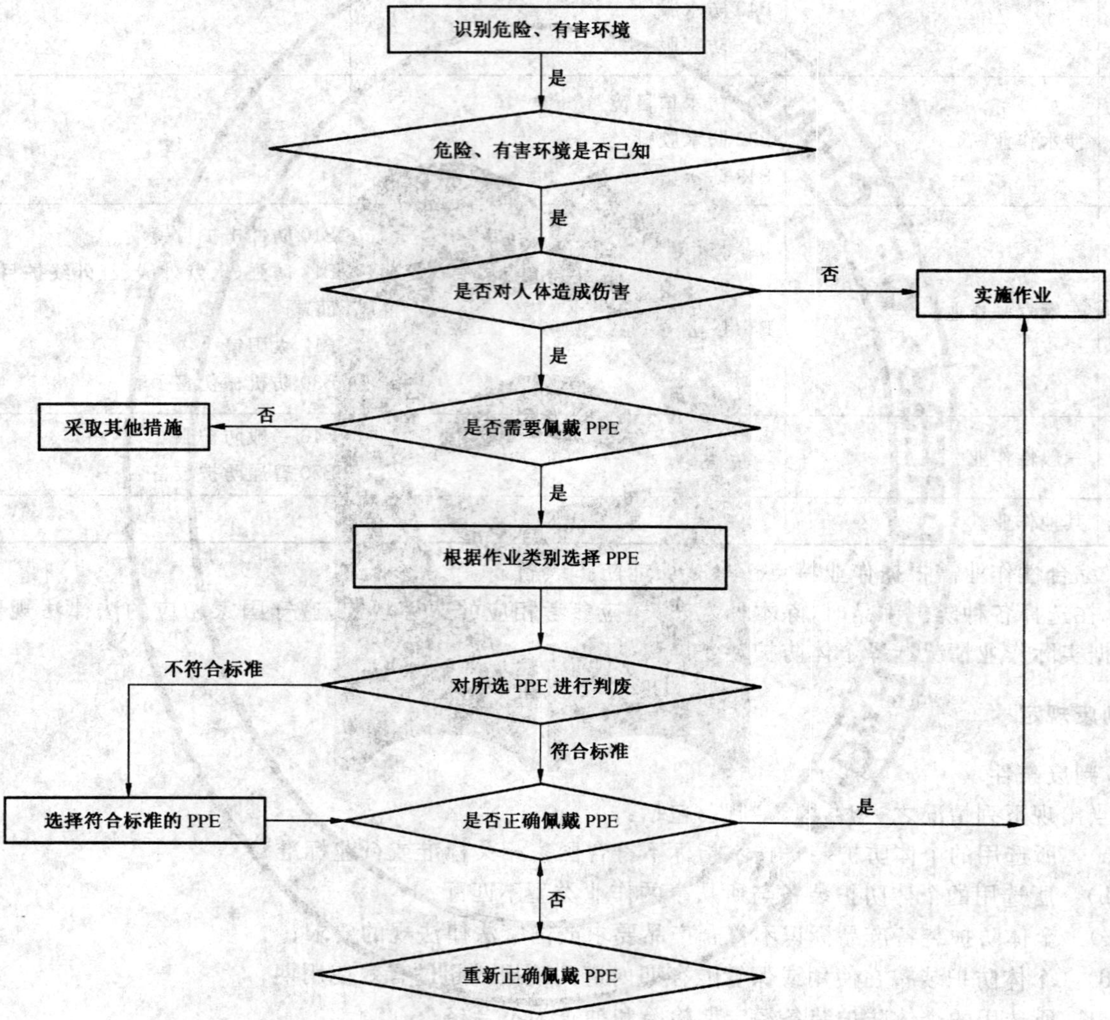

图 A.1　个体防护装备选用程序

A.2 个体防护装备判废程序

见图 A.2。

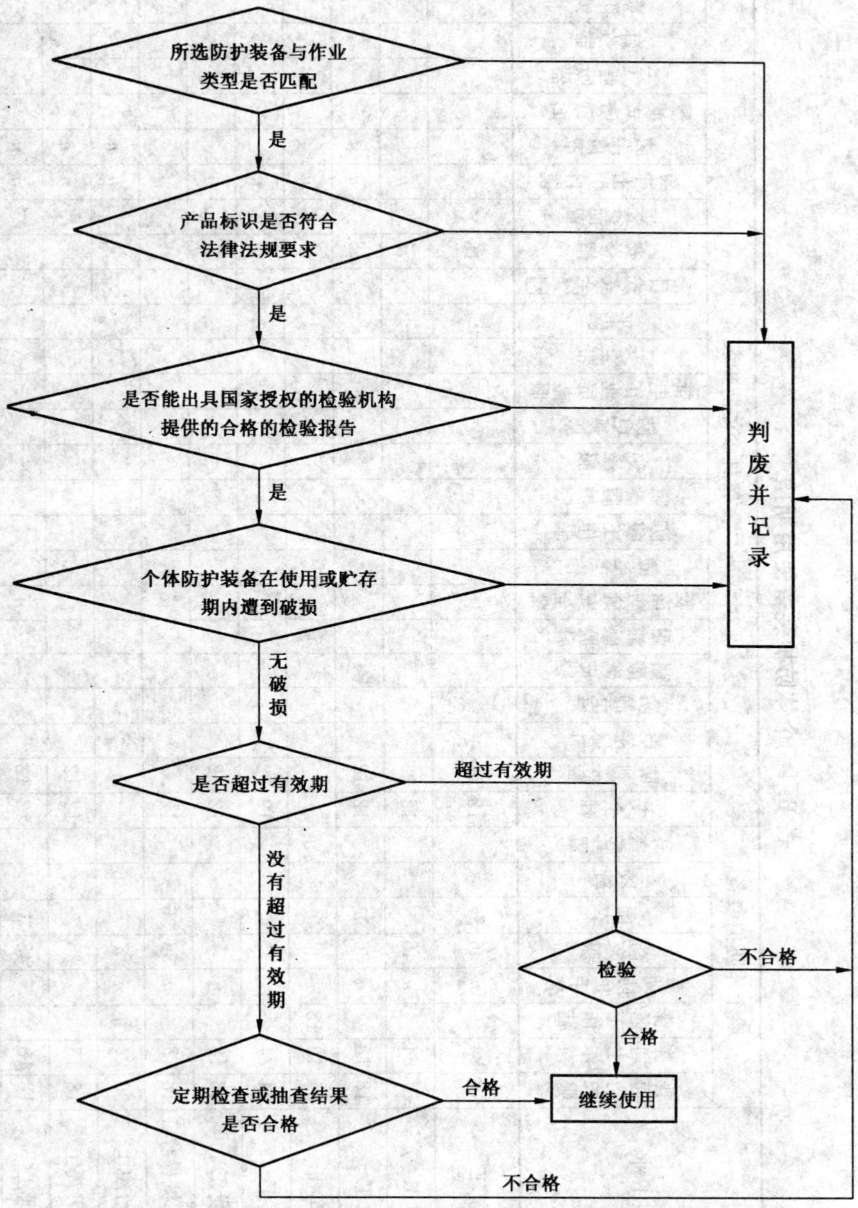

图 A.2 个体防护装备判废程序

附 录 B
（资料性附录）
个体防护装备使用期限

见表 B.1。

表 B.1 个体防护装备使用期限

作业类别	典型工种	一般个体防护装备								特种个体防护装备																								其他
		普通防护服	普通工作帽	普通工作鞋	劳动防护手套	防寒服	雨衣	胶靴	耳塞（耳罩）	安全鞋	防刺穿鞋	电绝缘鞋	防静电鞋	耐酸碱皮鞋	耐酸碱胶鞋	胶面防砸安全靴	防静电工作服	防酸工作服	阻燃防护服	绝缘服	防电弧服	带电作业屏蔽服	安全带	平网	密目式安全立网	安全帽	焊接面罩	防冲击护目镜	防尘口罩	过滤式防毒面具	空气呼吸器	自救器	太阳镜	
存在物体坠落撞击的作业	砌筑工	18	24		n	36	36			12	12					18										18			n					
有碎屑飞溅的作业	钳工	24	24		n	48				12	12															n		n						
	木工	18	18		n	36	n			12	12					n										18		n	n					
操作转动机械作业	挡车工	24	12	18					n																			n						
	车工	24	24							12	12																	n						
	绕线工	18	18		n					12	12																	n						
	中小型机械操作工	18	18		n	36	36			12						36												n						
	石棉纺织工	30	24	n	n	n		36																				n	n					
接触使用锋利器具作业	玻璃切裁工	18	18			36				12	12																	n	n					防机械伤害手套 n
	带锯工	18	18			48	3			12	12					n												n	n					防机械伤害手套 n
	皮鞋划裁工	24	24	n	n																													
地面存在尖利器物的作业	拉丝工	18	18		n	48				12	12															24		n						

表 B.1（续）

作业类别	典型工种	一般个体防护装备								特种个体防护装备																								其他
		普通防护服	普通工作帽	普通工作鞋	劳动防护手套	防寒服	雨衣	胶靴	耳塞（耳罩）	安全鞋	防刺穿鞋	电绝缘鞋	防静电鞋	耐酸碱皮鞋	耐酸碱胶鞋	胶面防砸安全靴	防静电工作服	防酸工作服	阻燃防护服	绝缘服	防电弧服	带电作业屏蔽服	安全带	平网	密目式安全立网	安全帽	焊接面罩	防冲击护目镜	防尘口罩	过滤式防毒面具	空气呼吸器	自救器	太阳镜	
手持振动机械作业	开挖钻工	18	18		n	36	36		n	12	12					24							n			18		n	n					
人承受全身振动的作业	农艺工	30	30	24		48	n	36																										
铲、装、吊、推机械操作作业	安装起重工	18	18		n	36	36			12	12					n							n			24								
低压带电作业	电工	18	18			36	36			12		12				24				n			n			n		n						绝缘手套 n
	电焊工				n	36				12	12								12	n						n	n			n				
高压带电作业	电系操作工	18	18			36	36			12		12				24				n	n	n												绝缘手套 n
高温作业	铸造工					36				12	12								12							24		n	n					防强光、紫外线、红外线护目镜或面罩 n 防热阻燃鞋 12
	热力运行工									12									12															防热阻燃鞋 12
	炉前工					48				12	12								12							24			n					
	砖瓦成型工	18	18		n	n	n			12						12													n					
易燃易爆场所作业	加油站操作工				n	48	48			18			18			36	18																	耐油鞋 18 耐油靴 36
	液化石油气罐装工				n	n				12			12				12																	
可燃性粉尘作业场所	采煤工		n		n		36	36								6	12									n		n	n					
高处作业	机舱拆卸工	18	18		n	48	36			12	12					30							n			18		n	n					
	安装起重工	18	18		n	36	36			12	12					n							n			24								
	电工	18	18			36	36			12		12				24							n			n		n						绝缘手套 n
	灯塔工	18	18		n	36	36			18						n												n						

表 B.1（续）

作业类别	典型工种	一般个体防护装备								特种个体防护装备																								其他
		普通防护服	普通工作帽	普通工作鞋	劳动防护手套	防寒服	雨衣	胶靴	耳塞（耳罩）	安全鞋	防刺穿鞋	电绝缘鞋	防静电鞋	耐酸碱皮鞋	耐酸碱胶鞋	胶面防砸安全靴	防静电工作服	防酸工作服	阻燃防护服	绝缘服	防电弧服	带电作业屏蔽服	安全带	平网	密目式安全立网	安全帽	焊接面罩	防冲击护目镜	防尘口罩	过滤式防毒面具	空气呼吸器	自救器	太阳镜	
井下作业	采煤工		*n*		*n*		36	36								6	12									*n*		*n*	*n*			*n*		
地下作业	隧道工	18	18		*n*	36	36		*n*	12						*n*										24		*n*	*n*			*n*		
水上作业	船舶水手	18	18		*n*	36	36			18						36																		
潜水作业	海难救生员																																	潜水服 *n*
吸入性气相毒物作业	机械煤气发生炉工		18		*n*	36	36			12									12							*n*				*n*				
	釉料工	24	24	*n*	*n*																													
	化工操作工					48	48			18				18	48	48	18	18								30		*n*	*n*	*n*				耐酸碱手套 *n*
密闭场所作业	下水道工	18	18	18		36	36	24	*n*																	24		*n*		*n*	*n*			
吸入性气溶胶毒物作业	喷砂工	18	18		*n*	36	*n*			12	12					*n*										*n*		*n*	*n*					
	制铅粉工		18			36				12				12				12								*n*			*n*	*n*				
	研磨工	24	24		*n*	*n*				18																		*n*	*n*					
	钨铜粉末制造工	*n*	*n*		*n*	*n*				12																		*n*	*n*					
沾染性毒物作业	电镀工					36				12				12	36	36		12												*n*				防酸碱手套 *n* 防腐蚀液护目镜 *n*
	油漆工		18		*n*	36				12			12				12													*n*				防腐蚀液护目镜 *n*
	合成药化学操作工		18		*n*	18				18			18			24	12												*n*					防腐蚀液护目镜 *n*
生物性毒物作业	尸体防腐工	24	*n*	*n*	*n*	48	48	36																						*n*				
噪声作业	泵站操作工	24	24			36	36			12						18																		
强光作业	电焊工				*n*	36				12	12								12							*n*	*n*			*n*				
	炉前工					48				12	12								12							24			*n*					

表 B.1（续）

作业类别	典型工种	一般个体防护装备								特种个体防护装备																								其他
		普通防护服	普通工作帽	普通工作鞋	劳动防护手套	防寒服	雨衣	胶靴	耳塞（耳罩）	安全鞋	防刺穿鞋	电绝缘鞋	防静电鞋	耐酸碱皮鞋	耐酸碱胶鞋	胶面防砸安全靴	防静电工作服	防酸工作服	阻燃防护服	绝缘服	防电弧服	带电作业屏蔽服	安全带	平网	密目式安全立网	安全帽	焊接面罩	防冲击护目镜	防尘口罩	过滤式防毒面具	空气呼吸器	自救器	太阳镜	
激光作业	电视机调适工	24																																防激光护目镜 *n*
荧光屏作业	计算机调试工		24										18				18																	
微波作业	超声探伤工					36	36		*n*	12	12					48													*n*					防放射性服 12 防水手套 *n*
	无线电导航发射工	24	24	24																														防微波护目镜 *n* 带电作业屏蔽服 *n*
射线作业	CT 组装调试工		18		*n*					18			18				12																	
腐蚀性作业	水产品干燥工	24	24	24	*n*	36	36	36																										
	酸洗工					48				12				12	*n*	*n*		12								24				*n*				防腐蚀液护目镜 *n* 防酸碱手套 *n*
	电解工					*n*				12				12				18											*n*					防腐蚀液护目镜 *n* 防酸碱手套 *n*
易污作业	道路清扫工	24	24	18	*n*	36	36	48																					*n*					
	成衫染色工		12		*n*	*n*								6	6			18																
	油墨颜料制作工		18							12																								耐油手套 *n* 防油鞋 12 防油服 12
恶味作业	沥青加工工	18	18			36	36			12						18										24		*n*		*n*	*n*			防水手套 *n*
	炼胶工	18	18		*n*	48				12						30													*n*					
低温作业	冷藏工	24	24		*n*	36				18	18					24																		

表 B.1（续）

作业类别	典型工种	一般个体防护装备								特种个体防护装备																								其他
		普通防护服	普通工作帽	普通工作鞋	劳动防护手套	防寒服	雨衣	胶靴	耳塞（耳罩）	安全鞋	防刺穿鞋	电绝缘鞋	防静电鞋	耐酸碱皮鞋	耐酸碱胶鞋	胶面防砸安全靴	防静电工作服	防酸工作服	阻燃防护服	绝缘服	防电弧服	带电作业屏蔽服	安全带	平网	密目式安全立网	安全帽	焊接面罩	防冲击护目镜	防尘口罩	过滤式防毒面具	空气呼吸器	自救器	太阳镜	
人工搬运作业	商品送货员	24	24		n	48	36			18	18					30																		
	仓库保管工		24		n					18							18																	
野外作业	矿山地质工	36	n	n		n	n	n																				n					n	
涉水作业	水产养殖工	24	n	n	n	n	36	36																										
车辆驾驶作业	机车司机	18	18	24	n	48	48																					n					n	
	汽车驾驶员	18	18	n	48	n	n																										n	

注：表中提供的具体时间是最低要求，其中 n 代表使用年限，可以由企业在产品说明书标注的使用期限内决定。企业可根据实际情况，参照本标准 7.1 进行判废。企业可根据防护用品的使用条件、选择产品的耐用性、使用强度，结合自身经济条件，建立企业内部的更换、报废条件或期限，但不能超过产品说明书标注的使用年限。

参 考 文 献

[1] GB/T 18664—2002 呼吸防护用品的选择、使用与维护
[2] GB 4200—1997 高温作业分级
[3] GB 8958—2006 缺氧危险作业安全规程
[4] GB/T 12903 个体防护装备术语
[5] GB/T 14440—1993 低温作业分级
[6] LD/T 75—1995 劳动防护用品分类与代码
[7] 劳动防护用品配备标准(试行)
[8] 江苏省劳动防护用品配备标准
[9] GB/T 4754—2002 国民经济行业分类与代码
[10] 工业企业噪声卫生标准(试行草案)
[11] GB/T 6441 生产安全伤亡事故分类
[12] 李涛,张敏,缪剑影.用人单位职业病防治实用指南[M].北京:中国科学技术出版社,2006

ICS 13.280
F 84

中华人民共和国国家标准

GB/T 11682—2008
代替 GB/T 11682—1989

低本底α和/或β测量仪

Low background alpha and/or beta measuring instruments

2008-07-02 发布 2009-04-01 实施

中华人民共和国国家质量监督检验检疫总局
中国国家标准化管理委员会 发布

前　言

本标准代替 GB/T 11682—1989《低本底 α 测量仪》。

本标准与 GB/T 11682—1989 相比作了如下修改：

——标准名称修改为《低本底 α 和/或 β 测量仪》；

——增加了测量低本底 β 的内容；

——“规范性引用文件”中增加了引用的标准 ；

——“术语和定义”中增加了“串道比”的内容；

——增加 α 与 β 的相互干扰指标，即串道比指标；

——增加了仪器电磁兼容的要求和试验方法；

——增加了对仪器软件的通用要求；

——删除了“表 1　仪器分级”中本底稳定性的技术指标；

——删除了“表 2　改变影响量的项目和要求”中变化限值和本底计数率的技术要求。

本标准的附录 A 为规范性附录。

本标准由中国核工业集团公司提出。

本标准由全国核仪器仪表标准化技术委员会(SAC/TC 30)归口。

本标准起草单位：中核(北京)核仪器厂。

本标准主要起草人：杨彬华、文建生、吴炳麟。

本标准所代替标准的历次版本发布情况为：

——GB/T 11682—1989。

低本底 α 和/或 β 测量仪

1 范围

本标准规定了低本底 α 和/或 β 测量仪的技术要求、试验方法和检验规则。

本标准适用于测量弱 α、β 放射性活度或表面发射率的仪器，也适用于多用途仪器中的测量弱 α 或 β 放射性的部分。

本标准不适用于测量 α 或 β 能谱类型的仪器。

2 规范性引用文件

下列文件中的条款通过本标准的引用而成为本标准的条款。凡是注日期的引用文件，其随后所有的修改单(不包括勘误的内容)或修订版均不适用于本标准，然而，鼓励根据本标准达成协议的各方研究是否可使用这些文件的最新版本。凡是不注日期的引用文件，其最新版本适用于本标准。

GB/T 4078 放射性测量用样品托盘、瓶子和试管的尺寸

GB/T 8993—1998 核仪器环境条件与试验方法

GB/T 10257—2001 核仪器和核辐射探测器质量检验规则

GB/T 17799.1—1999 电磁兼容 通用标准 居住、商业和轻工业环境中的抗扰度试验

GB/T 19661.1—2005 核仪器及系统安全要求 第1部分：通用要求

GB/T 19661.2 核仪器及系统安全要求 第2部分：放射性防护要求

3 术语和定义

下列术语和定义适用于本标准。

3.1

本底 background

非起因于待测物理量的信号。

3.2

仪器本底 instrumental background

仪器在正常工作条件下，样品盘中无放射源时，仪器的指示值。

3.3

空白样品 blank sample

由无外加放射性但与样品相同的物质，按正常程序制作的待测平面样品。

3.4

空白样品本底 background of blank sample

仪器在正常工作条件下，测量空白样品的指示值。

3.5

本底计数 background count

在没有被测样品存在的条件下，测量装置的固有计数。这些计数来自宇宙射线、周围环境中的放射性物质和探测器本身的放射性污染等。

3.6

本底计数率 background count rate

单位时间内的本底计数。

3.7

（放射性）活度 activity

在给定时刻，处于特定能态的一定量的某种放射性核素的活度 A 是 dN 除以 dt 而得的商：

$$A = dN/dt$$

式中：

dN——在该时间间隔 dt 内，该核素从该能态发生自发核跃迁数的期望值。

3.8

表面发射率 surface emission rate

对于一个给定的放射源，在单位时间内由该表面发射出给定类型的粒子数。

3.9

低本底 α 和/或 β 测量仪 low background alpha and/or beta measuring instruments

测量弱 α、β 放射性活度或表面发射率的仪器。

3.10

探测效率 detection efficiency

在一定的探测条件下，探测器测得的粒子数与在同一时间间隔内辐射源发射的该种粒子数的比值。

3.11

几何因子 geomerty factor

探测效率在一定几何条件下的极限值，它可由探测器灵敏面与放射源之间的几何关系计算出来。

3.12

效率比 efficiency ratio

探测效率测量值与几何因子之比，即除几何因子以外其他决定探测效率的各种因素之积。

3.13

串道比 interfere ratio

仪器测量单一 α 或 β 参考源时，在 β 道或 α 道的计数与 α 道和 β 道总计数的之比。

3.14

干扰辐射 interference radiation

仪器预定测量辐射以外的其他辐射。

3.15

探测器窗 window of a detector

探测器中使待测辐射易于穿透的部位。

3.16

探测器灵敏面积 sensitive surface of a detector

探测器中对辐射灵敏并用于探测的那部分面积。

4 技术要求

4.1 一般要求

低本底 α 和/或 β 测量仪的基本组成包括探测部件和屏蔽体、测量和数据处理单元、电源等部件，这些部件可组装成一个整体，也可分成几个部分用电缆连接。

4.1.1 探测部件和屏蔽体

探测部件由一个或多个探测器以及有关电路组成，其设计应满足如下要求：

——探测器在工作时，探测器窗与待测样品表面之间的距离一般应小于 10 mm；

——设计探测器时，应考虑尽量不受其他电离辐射的影响；

——探测器所用的屏蔽体应注意材料的选用，其结构应易于拆装、搬运。

制造厂应说明探测器的类型和灵敏面积的尺寸。如果使用反符合探测器，还应给出反符合探测器的类型、尺寸等。

探测器工作时如需要供给工作气体时，制造厂应说明所用的气体成分、纯度和供气流量值等。

探测部件的结构应易于去污。

样品盘应符合 GB/T 4078 的有关规定。

4.1.2 测量和数据处理单元

仪器的指示值可用预定时间的计数表示，也可用预定计数的时间表示。定时装置的最长预定时间应不小于 24 h，并可分成若干档。定数装置的最大预定计数容量应不小于 1 000，也可分为若干档。时间的准确度应达到 0.1%。

仪器应有自检、数据储存、历史数据查询、报表打印、数据传输等功能。

仪器应尽可能降低外界干扰的影响。

4.1.3 电源

仪器可用交流或直流供电。

交流供电：电源应为 220 V，50 Hz，并应设有停电指示，也可附加防止数据丢失的措施。

直流供电：由一次电池或二次电池供电，其有效使用期应不小于 250 h，具体时间由制造厂给出。在电池有效使用期间，仪器性能应满足本标准规定的技术要求。仪器应具有更换电池的明显警戒标记。仪器上应清楚地标出电池安装的正、负极性。

4.2 放射源

4.2.1 参考源

参考源应经国家计量部门认可的校准装置进行测量，其不确定度应不大于 5%。

对于 α 测量，推荐使用 ^{241}Am、^{239}Pu 等作为参考源。

对于 β 测量，推荐使用 $^{90}Sr/^{90}Y$、^{204}Tl、^{14}C 等作为参考源。

当仪器用于测量最大能量小于 250 keV 的 β 粒子时，应选用 ^{14}C 作为参考源（使用流气式正比计数管的仪器对 ^{14}C 的 β 效率应不小于 40%）。

4.2.2 检查源

检查源仅用于检查仪器是否正常工作和稳定性，可选用长寿命的 α 或 β 放射源。

为了使测量准确，制造厂应给出仪器在测量时的几何参数，特别是所用参考源或检查源的尺寸。

4.3 仪器分级

低本底 α 和/或 β 测量仪的本底计数率、效率比、效率稳定性和串道比是仪器的四个主要指标，根据这四项指标将仪器分为Ⅰ、Ⅱ、Ⅲ级，见表 1。仪器应同时满足表中所列的各级四项指标的规定，如果仪器的某项指标不满足某一分级中的要求，则应认为归属下一级。

表 1 仪器分级

技术指标		Ⅰ级	Ⅱ级	Ⅲ级
单位面积的平均本底计数率/（计数·cm^2·h^{-1}）	α	≤0.1	≤0.3	≤1.0
	β	≤3.0	≤9.0	≤30.0
效率比	α	≥90%	≥80%	≥70%
	β	≥60%	≥50%	≥40%
效率稳定性	α	≤3%	≤5%	≤10%
	β	≤5%	≤10%	≤15%
串道比	α 射线对 β 道	≤1%	≤3%	≤5%
	β 射线对 α 道	0%	≤0.5%	≤1.0%

注：分级测量 α 参考源用 ^{241}Am 或 ^{239}Pu，参考源活性区为 ϕ25 mm，表面粒子发射率为（10^2～10^3）粒子数/（min·2π）；β 参考源用 $^{90}Sr/^{90}Y$，参考源活性区为 ϕ20 mm，表面粒子发射率为（10^2～10^3）粒子数/（min·2π）。

4.4 环境适应性

不论属于哪一级的低本底α和/或β测量仪，其环境适应性应符合 GB/T 8993—1998 中Ⅰa组仪器的要求，各影响量项目及技术要求见表 2。

表 2 改变影响量的项目和要求

影响量		影响量的数值	探测效率相对变化[a]
环境温度	低温	10 ℃	≤10%
	高温	35 ℃	≤10%
	贮存	−25 ℃～55 ℃	正常工作，不考虑误差
最大相对湿度		75%(30 ℃)	≤10%
电源电压		(88%～110%)U_N[b]	≤10%
运输试验		三级公路上，以时速 25 km/h～40 km/h 运输 200 km	≤10%

[a] 该影响量变化前后测量值的相对变化，也可用平均计数率的相对变化来表示。

[b] U_N 为标称电压。

4.5 安全要求

电气安全要求满足 GB/T 19661.1—2005 的规定。

放射性防护要求满足 GB/T 19661.2 的规定。

4.6 电磁兼容性要求

电磁兼容性应满足 GB/T 17799.1—1999 中表 4 的规定。

5 试验方法

5.1 参考条件和标准试验条件

仪器试验的参考条件和标准试验条件见表 3。

表 3 参考条件和标准试验条件

影响量	参考条件	标准试验条件
预热时间/min	30	≥30
环境温度/℃	20	18～22
相对湿度/%	65	55～75
大气压力/kPa	101.3	86.0～106.0
电源电压	U_N	(1±1%)U_N
电源频率/Hz	50	(50±0.5)
电源波形	正弦波	总谐波畸变<5%
γ辐射本底/(μGy/h)	空气比释动能率为 0.2	空气比释动能率<0.25
外来电磁场	可忽略	小于引起干扰的最低值
外界磁场感应	可忽略	小于地磁引起干扰的两倍
放射性污染	可忽略	可忽略

5.2 本底计数率试验

仪器在标准试验条件下，放置一无污染的样品盘，连续测量本底 24 h(8 h)，其本底计数率应符合表 1 规定。

对于单功能低本底 α 测量仪或低本底 α 和/或 β 测量仪中仅使用弱 α 测量功能的，应进行 24 h 测量。

对于单功能低本底 β 测量仪或低本底 α 和/或 β 测量仪中仅使用弱 β 测量功能的，应进行 8 h 测量。

5.3　效率比试验

在 5.2 相同的试验条件下，分别将 α 参考源、β 参考源置于样品盘中心位置，测量计数 10 次，使得每次测量的累计计数不小于 1 000，代入式(1)计算出探测效率 η：

$$\eta=\frac{\bar{n}_i-\bar{n}_b}{n_s}\times 100\% \qquad \cdots\cdots(1)$$

式中：

$\bar{n}_i$——仪器对参考源测得的平均计数率；

$\bar{n}_b$——仪器本底的平均计数率；

n_s——参考源表面发射率的约定真值。

按式(2)计算出效率比 $\eta_{比}$

$$\eta_{比}=\eta/G \qquad \cdots\cdots(2)$$

式中：

G——几何因子，见附录 A。

计算结果应符合表 1 的规定。

5.4　效率稳定性试验

在标准试验条件下，将受试仪器调整到正常工作状态，将参考源或检查源置于样品盘中心位置，测量效率 10 次，取其平均值。然后，连续通电 24 h，再测量效率 10 次，求其平均值，按式(3)计算效率稳定性：

$$效率稳定性=\frac{|\eta_2-\eta_1|}{\eta_1}\times 100\% \qquad \cdots\cdots(3)$$

式中：

η_1——24 h 前的效率平均值；

η_2——24 h 后的效率平均值。

计算结果应符合表 1 中的规定。

5.5　串道比试验

5.5.1　α 射线对 β 道

仪器在正常工作状态下，将 α 参考源置于样品盘中心位置，测量计数 10 次，使得每次测量的累计计数不小于 1 000，α 射线对 β 道的串道比为 $\eta_{\alpha\beta}$，按式(4)计算：

$$\eta_{\alpha\beta}=\frac{\bar{n}_\beta}{\bar{n}_\alpha+\bar{n}_\beta}\times 100\% \qquad \cdots\cdots(4)$$

式中：

$\bar{n}_\alpha$——α 道内计数的平均值；

$\bar{n}_\beta$——β 道内计数的平均值。

计算结果应符合表 1 中的规定。

5.5.2　β 射线对 α 道

仪器在正常工作状态下，将 β 参考源置于样品盘中心位置，测量计数 10 次，使得每次测量的累计计数不小于 1 000，β 射线对 α 道的串道比 $\eta_{\beta\alpha}$，按式(5)计算：

$$\eta_{\beta\alpha}=\frac{\bar{n}_\alpha}{\bar{n}_\alpha+\bar{n}_\beta}\times 100\% \qquad \cdots\cdots(5)$$

计算结果应符合表1中的规定。

5.6 环境适应性试验

5.6.1 温度试验

在标准试验条件下，将放有合适放射源的受试仪器置于恒温箱中，并调整到正常工作状态，测量计数率10次，求其平均值。然后使受试仪器保持通电状态，恒温箱以温度变化小于20 ℃/h的速率使温度降低到10 ℃±3 ℃或升高到35 ℃±2 ℃。受试仪器在此状态下的热平衡时间不小于30 min，继而恒温4 h。在恒温试验结束前30 min，再次测量计数率，求其平均值。试验前后的测量值变化应符合表2有关规定。

5.6.2 湿度试验

在标准试验条件下，将放有合适放射源的受试仪器置于潮湿箱中，并调整到正常工作状态，测量计数率10次，求其平均值。然后使受试仪器处于断电状态，将潮湿箱子温度上升到30 ℃，使相对湿度达到75%±2%，受试仪器在此状态下保持48 h。在试验结束前通电预热1 h，并提前30 min开始按上述方法再次测量计数率，求其平均值。试验前后的测量值变化应符合表2的规定。

5.6.3 贮存温度试验

受试仪器在分别完成高温或低温试验后，处于断电状态，恒温箱以温度变化小于20 ℃/h的速率使温度升高到55 ℃或下降到−25 ℃，保持4 h，再将恒温箱温度以上述温度变化速率下降或升高到标准试验条件，恢复4 h后，仪器应能正常工作。

5.7 电源电压变化试验

在标准试验条件下，把受试仪器调整到正常工作状态，将检查源置于样品盘中，测量10次，求其平均值。然后依次将电压从标称值U_N升到$(1+10\%)U_N$或降低到$(1-12\%)U_N$，分别各测10次计数，求出平均值。试验前后的测量值变化应符合表2的规定。

5.8 安全试验

电气安全试验按照GB/T 19661.1—2005的5.6、5.7和5.8进行介电强度、可触及电流和绝缘电阻试验。

放射性防护试验按照GB/T 19661.2相关规定进行。

5.9 电磁兼容性试验

按照GB/T 17799.1—1999规定进行试验。

5.10 运输试验

将受试仪器按设计规定完整包装后，进行表2规定的试验，试验前后各测量计数10次，求其平均值，试验前后的测量值变化应符合表2的规定。

6 检验规则

6.1 型式试验

6.1.1 型式试验项目和顺序按表4规定。

有下列情况之一时应进行型式试验：

a) 新产品开发或老产品转厂生产需要定型鉴定时；

b) 正式生产后，如结构、材料、工艺有较大改变，可能影响产品性能时；

c) 产品长期停产后恢复生产时；

d) 正常生产时，定期或积累一定生产量后；

e) 验收试验结果与上次型式试验有较大差异时；

f) 国家质量监督机构提出进行型式试验要求时。

型式试验的项目按表4的规定进行。必要时经过协商可增加其他测试项目。

表 4 检验项目分组及顺序

组别	检验项目	型式试验	常规试验	试验方法	判定规则
A组	外观检查	●	●	制造厂规定	制造厂规定
	本底计数率试验	●	●	5.2	表1
	效率比试验	●	●	5.3	表1
	效率稳定性试验	●	●	5.4	表1
	串道比试验	●	●	5.5	表1
	安全试验	●	●	5.8	4.5
B组	高温试验	●	●	5.6.1	表2
	低温试验	●	●	5.6.1	表2
	湿度试验	●	●	5.6.2	表2
	贮存温度试验	●	○	5.6.3	表2
	电源变化试验	●	●	5.7	表2
	电磁兼容试验	●	○	5.9	4.6
	运输试验	●	○	5.10	表2
注：●——必检项目；○——选检项目。					

6.1.2 型式试验的产品数量为1台～3台。

6.2 常规试验

6.2.1 A组检验

常规试验项目和顺序按表4规定进行。

该检验批为100%检验。判为合格的批，剔除批中出现的不合格品，修复成合格品，整批验收；判为不合格的批，整批退回生产单位，找出原因，全部返修、返工为合格品后，重新交验。

6.2.2 B组检验

6.2.2.1 抽样

在A组检验合格的产品中，按以下抽样方式抽样：

a) 采用一次正常检查抽样方案；

b) 检查水平(IL)为一般检查水平Ⅱ；

c) 合格质量水平AQL=6.5。

6.2.2.2 转移规则

产品检验的放宽或加严的转移规则按GB/T 10257—2001的4.1.9.1、4.1.9.2和4.1.9.3的规定实施。

6.2.2.3 B组检验周期

批量生产的产品，生产周期时间大于6个月时，每批都应进行B组检验；连续生产的产品每年进行一次B组检验。

6.2.2.4 不合格品的处理

检验不合格批退回生产单位，进行100%返修，修复后重新抽取样本进行B组检验，抽样按加严检验一次抽样方案处理，如果检验结果仍不合格，则判本批检验不合格。

7 标志、包装、运输、贮存

7.1 标志

仪器外部的所有操作机构应有名称(符号)和操作标记，仪器外部适当位置应有铭牌，包括制造厂名称、仪器名称、型号、商标、编号、计量器具生产许可标志和产品出厂日期等。

7.2 包装

为了保证在规定运输和贮存条件下不损坏该仪器的技术性能，其包装应有防振、防潮措施。

包装箱上应有“精密仪器”、“小心轻放”、“禁止倒置”、“严禁淋雨”等标记。

7.3 运输

仪器在完整包装条件下，允许以汽车、火车、轮船或飞机等任何方式运输。

对运输有特殊要求的部件应分别包装，并在说明书中说明专门的运输要求。

7.4 贮存

在规定的贮存温度范围内，无酸、碱等有害气体的腐蚀，其包装的承受贮存期至少为6个月，制造厂应保证在此期间内，启开包装箱，仪器能正常使用。

8 产品出厂文件

8.1 说明书

每台出厂仪器应附有使用说明书和维修说明书。它至少包括以下资料：

a) 仪器的用途；

b) 工作特性指标，其中包括探测器种类、灵敏面积的大小和位置、本底平均值、在某种特定条件下的探测效率平均值；

c) 使用环境，包括温度和湿度范围；

d) 使用说明、操作步骤、注意事项；

e) 完整的电路工作原理方框图；

f) 仪器质量、外形尺寸。

8.2 产品合格证书

每台出厂仪器应附有产品合格证书，至少包括以下资料：

a) 制造厂名、型号、序号；

b) 检验员专用标志；

c) 如配有放射源，应附有放射源合格证。

附 录 A
（规范性附录）
几何因子

在进行探测效率测试中，因放射源尺寸的不同，源与探测器间的距离不同，致使源对探测器构成的几何因子也就不同。几何因子是决定探测效率的主要因素之一。如图 A.1 所示平面源与圆平面型探测器的相对位置，其几何因子可用下列级数求近似值，见式(A.1)。

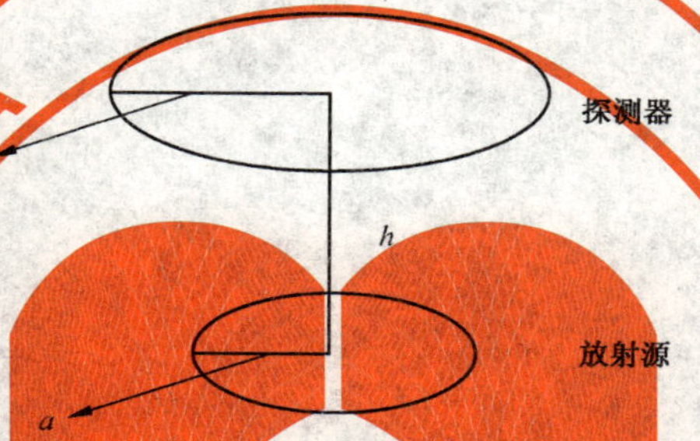

图 A.1 平面源与圆平面型探测器的相对位置示意图

$$G=1-\frac{1}{(1+B^2)^{1/2}}-\frac{3}{8}\frac{A^2B^2}{(1+B^2)^{5/2}}+A^4\left[\frac{5B^2}{16(1+B^2)^{7/2}}-\frac{35B^4}{64(1+B^2)^{9/2}}\right]-A^6[\cdots\cdots]+\cdots\cdots \qquad (A.1)$$

式中：

$A=a/h$；$B=b/h$。

式(A.1)要求 $A \leqslant B$，当 $A=B$ 时，其误差在 10%左右。

ICS 47.020.30
U 55

中华人民共和国国家标准

GB/T 11693—2008
代替 GB/T 11693—1994,GB/T 11694—1994

船用法兰焊接座板

Welded bed plate for flanges of ship pipe

2008-10-20 发布　　2009-04-01 实施

中华人民共和国国家质量监督检验检疫总局
中国国家标准化管理委员会　发布

前言

本标准代替 GB/T 11693—1994《船用法兰焊接单面座板》和 GB/T 11694—1994《船用法兰焊接双面座板》。

本标准与 GB/T 11693—1994 和 GB/T 11694—1994 相比，主要有下列变化：

——增补了不同型式、不同压力、不同通径、不同材料和适用介质之间关系的表格；

——增加了公称压力为 3.0 MPa 座板的厚度系列；

——增补了试验方法、检验规则、标志和包装等。

本标准由中国船舶重工集团公司提出。

本标准由全国船用机械标准化技术委员会管系附件分技术委员会归口。

本标准起草单位：渤海船舶重工有限责任公司。

本标准主要起草人：张振铎、张涛、霍大维、陆德君、于森。

本标准有统一施工图样提供。

本标准所代替标准的历次版本发布情况为：

——GB 11693—1989、GB/T 11693—1994；

——GB 11694—1989、GB/T 11694—1994。

船用法兰焊接座板

1 范围

本标准规定了法兰连接尺寸按 GB/T 569 和 GB/T 2501 的船用法兰焊接座板(以下简称座板)的分类和标记、要求、试验方法、检验规则、标志和包装。

本标准适用于介质为空气、蒸馏水、淡水、海水、滑油、燃油和温度不高于 300 ℃蒸汽的船舶管路系统用座板的设计、制造和验收。

2 规范性引用文件

下列文件中的条款通过本标准的引用而成为本标准的条款。凡是注日期的引用文件,其随后所有的修改单(不包括勘误的内容)或修订版均不适用于本标准,然而,鼓励根据本标准达成协议的各方研究是否可使用这些文件的最新版本。凡是不注日期的引用文件,其最新版本适用于本标准。

GB/T 197—2003 普通螺纹 公差(ISO 965-1:1998,ISO general purpose metric screw threads—Tolerances—Part 1:Principles and basic data,MOD)

GB/T 569 船用法兰 连接尺寸和密封面

GB/T 700—2006 碳素结构钢(ISO 630:1995,Structural steels—Plates,wide flats,bars,sections and profiles,NEQ)

GB 712—2000 船体用结构钢

GB/T 1184—1996 形状和位置公差 未注公差值(eqv ISO 2768-2:1989)

GB/T 1220—2007 不锈钢棒

GB/T 1804—2000 一般公差 未注公差的线性和角度尺寸的公差(eqv ISO 2768-1:1989)

GB/T 1958 产品几何量技术规范(GPS) 形状和位置公差 检测规定

GB/T 2501 船用法兰连接尺寸和密封面(四进位)

GJB 1663A—2005 潜艇用 10CrNi3MoV、10CrNi3MoCu 和 10CrNi2MoCu 钢板规范

GJB 5911—2006 舰艇用 15CrNi3MoV 钢锻钢规范

3 分类和标记

3.1 型式

座板的型式分为下列六种:

a) A 型——连接尺寸和密封面按 GB/T 569 的单面座板;

b) AS 型——连接尺寸和密封面按 GB/T 2501 的单面座板;

c) B 型——连接尺寸和密封面按 GB/T 569 的双面座板;

d) BS 型——连接尺寸和密封面按 GB/T 2501 的双面座板;

e) C 型——连接尺寸和密封面按 GB/T 569 的带凸缘双面座板;

f) CS 型——连接尺寸和密封面按 GB/T 2501 的带凸缘双面座板。

3.2 基本参数

座板的基本参数见表 1。

表 1 座板的基本参数

类 型	公称压力 PN/MPa	公称通径 DN/mm
A	0.6	20～500
	1.0	20～250
	1.6	20～150
	2.5	20～100
	(3.0)	40～200
AS	0.6	20～500
	1.0、1.6	20～250
	2.5	20～100
B	0.6	20～350
	1.0	20～150
	1.6、2.5	20～50
	(3.0)	40～200
BS	0.6	20～350
	1.0、1.6	20～150
	2.5	20～50
C	0.6	20～350
	1.0	20～150
	1.6、2.5	20～50
CS	0.6	20～350
	1.0、1.6	20～150
	2.5	20～50
注：括号内数值为工作压力。		

3.3 结构和基本尺寸

3.3.1 公称压力为 0.6 MPa～2.5 MPa 的 A 型座板结构和基本尺寸见图 1 和表 2。

单位为毫米

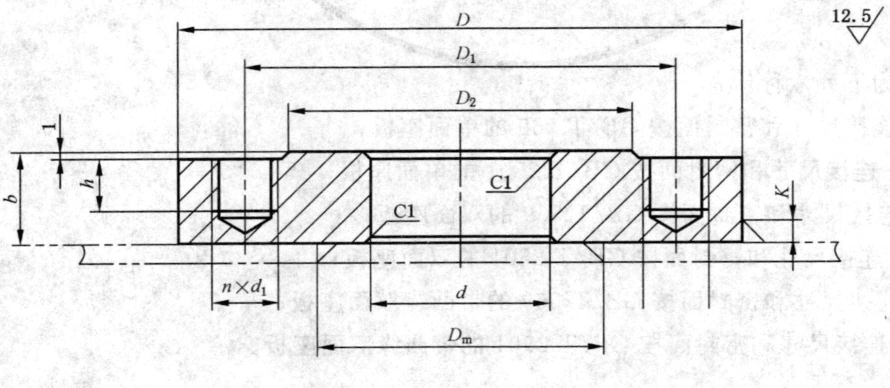

图 1 公称压力为 0.6 MPa～2.5 MPa 的 A 型、AS 型座板

表 2　公称压力为 0.6 MPa～2.5 MPa 的 A 型座板基本尺寸　　单位为毫米

公称压力 PN/MPa	公称通径 DN	单面座板 *d*	*D*	D_1	D_2	*b*	螺栓孔 d_1	*h*	*n*/个	焊缝高度 *K*	隔板开孔 D_m	重量/kg
0.6、1.0、1.6、2.5	20	26	95	68	48	25	M12	12	4	3	50	1.2
	25	31	105	73	56						55	1.5
	32	39	115	83	64	27	M14	14	6	4	65	1.8
	40	46	125	93	74						75	2.1
	50	58	135	103	84						85	2.3
1.6、1.0	65	71	155	123	104						100	3.0
	80	90	170	138	118				8		120	3.2
	100	109	190	158	138						140	3.8
	125	134	215	183	164				10		165	4.4
	150	161	240	208	190				12	5	190	4.9
0.6	175	196	270	238	221						225	5.4
	200	222	295	264	247						250	5.9
	225	248	335	297	276	29	M16	16			275	8.5
	250	276	365	327	306				14		305	9.6
	300	328	430	386	360	36	M20	20			360	16.1
	350	380	480	436	410				16		410	17.9
	400	429	530	486	460						460	20.3
	450	483	580	536	512				18	6	515	21.5
	500	533	635	591	567				20		565	25.0
1.0	175	196	285	248	226	29	M16	16	12	5	225	7.2
	200	222	310	273	250						250	7.9
	225	248	340	302	280				14		275	9.1
	250	276	380	336	310	36	M20	20			305	14.2
1.6、2.5	65	74	170	132	110	29	M16	16	8		105	3.9
	80	90	185	147	126						120	4.4
	100	109	205	167	146				10		140	5.0
1.6	125	134	225	187	168					6	165	5.5
	150	161	255	217	196				12		190	6.5

3.3.2　公称压力为 0.6 MPa～2.5 MPa 的 AS 型座板结构和基本尺寸按图 1 和表 3。

3.3.3　公称压力为 0.6 MPa～2.5 MPa 的 B 型和 C 型座板结构和基本尺寸见图 2、图 3 和表 4。

表 3　公称压力为 0.6 MPa～2.5 MPa 的 AS 型座板基本尺寸　　单位为毫米

公称压力 PN/MPa	公称通径 DN	单面座板					螺栓孔			焊缝高度 K	隔板开孔 D_m	重量/kg
		d	D	D_1	D_2	b	d_1	h	n/个			
0.6	20	28	90	65	50	21	M10	10	4	3	50	0.9
	25	35	100	75	60						60	1.1
	32	43	120	90	70	25	M12	12		4	65	1.8
	40	49	130	100	80						75	2.1
	50	61	140	110	90						85	2.3
	65	77	160	130	110					5	105	2.9
	80	90	190	150	128	29	M16	16			120	4.8
	100	115	210	170	148						145	5.3
	125	141	240	200	178				8		170	6.4
	150	169	265	225	202						200	7.1
	175	195	295	255	232						225	8.4
	200	220	320	280	258						250	9.2
	225	247	345	305	282						275	9.9
	250	275	375	335	312				12		305	11.1
	300	327	440	395	365	36	M20	20			360	18.3
	350	380	490	445	415						410	20.2
	400	429	540	495	465				16		460	22.6
	450	483	595	550	520					6	515	25.5
	500	533	645	600	570				20		565	27.7
1.0、1.6、2.5	20	28	105	75	58	25	M12	12	4	4	50	1.5
	25	35	115	85	68						60	1.7
	32	43	140	100	78	29	M16	16			65	3.0
	40	49	150	110	88					5	75	3.4
	50	61	165	125	102						85	4.0
1.0、1.6	65	77	185	145	122						105	4.8
	80	90	200	160	133				8		120	5.4
	100	115	220	180	158						145	6.0
	125	141	250	210	184						170	7.2
	150	169	285	240	212	36	M20	20			200	11.1
	175	195	315	270	242						225	12.9
1.0	200	220	340	295	268						250	14.2
	225	247	370	325	295						275	16.1
	250	275	395	350	320				12		305	16.9
1.6	200	220	340	295	268						250	14.1
	225	247	370	325	295						275	15.9
	250	275	405	355	320	42	M24	24			305	21.5
2.5	65	77	185	145	122	29	M16	16	8	6	105	4.7
	80	90	200	160	133						120	5.4
	100	115	235	190	158	36	M20	20			145	8.7

单位为毫米

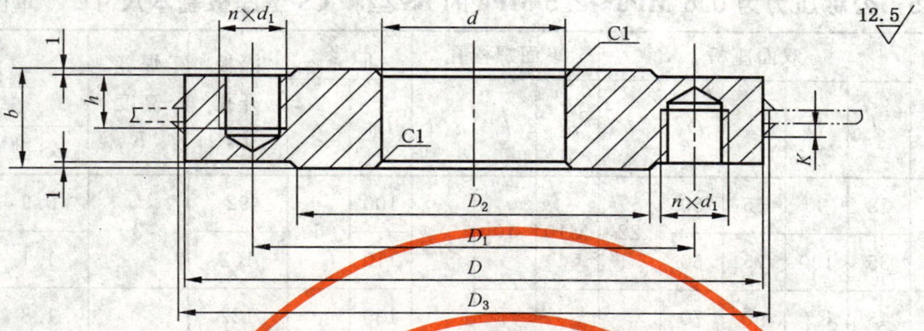

图 2 公称压力为 0.6 MPa～2.5 MPa 的 B 型、BS 型座板

单位为毫米

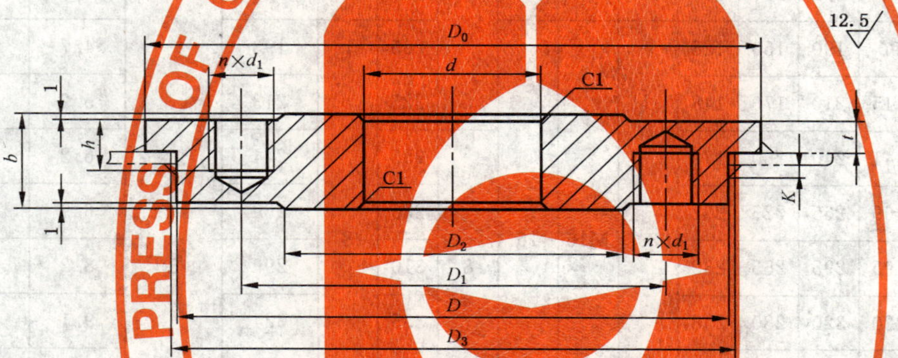

图 3 公称压力为 0.6 MPa～2.5 MPa 的 C 型、CS 型座板

表 4 公称压力为 0.6 MPa～2.5 MPa 的 B 型和 C 型座板基本尺寸 单位为毫米

公称压力 PN/MPa	公称通径 DN	双面座板				单面螺栓孔				凸缘		隔板开孔	焊缝高度	重量/kg	
		d	D	D_1	D_2	b	d_1	h	n/个	D_0	t	D_3	K	B 型	C 型
0.6、1.0、1.6、2.5	20	26	95	68	48	26	M12	12	4	105	6	97	4	1.2	1.3
	25	31	105	73	56					115		107		1.4	1.5
	32	39	115	83	64	28	M14	14	6	125	8	117		1.7	1.8
	40	46	125	93	74					138		128	5	2.0	2.2
	50	58	135	103	84					148		138		2.2	2.4
0.6、1.0	65	71	155	123	104					170		158		2.9	3.2
	80	90	170	138	118				8	185		173		3.1	3.4
	100	109	190	158	138					205		193		3.7	4.0
	125	134	215	183	164				10	230		218		4.3	4.7
	150	161	240	208	190				12	256		244		4.8	5.2
0.6	175	196	270	238	221					286		274		5.3	5.8
	200	222	295	264	247					312		300		5.8	6.4
	225	248	335	297	276	30	M16	16		352		340		8.3	9.1
	250	276	365	327	306				14	382		370		9.4	10.1
	300	328	430	386	360	37	M20	20		450	10	435		15.6	16.9
	350	380	480	436	410				16	500		485		17.3	18.7

3.3.4 公称压力为0.6 MPa～2.5 MPa的BS型和CS型座板结构和基本尺寸见图2、图3和表5。

表5 公称压力为0.6 MPa～2.5 MPa的BS型和CS型座板基本尺寸 单位为毫米

公称压力 PN/MPa	公称通径 DN	双面座板					单面螺栓孔			凸缘		隔板开孔	焊缝高度	重量/kg	
		d	D	D_1	D_2	b	d_1	h	n/个	D_0	t	D_3	K	BS型	CS型
0.6	20	28	90	65	50	22	M10	10	4	100	5	92	3	0.9	0.9
	25	35	100	75	60					110		102		1.1	1.1
	32	43	120	90	70	26	M12	12		130	6	122	4	1.8	1.9
	40	49	130	100	80					145		133		2.1	2.3
	50	61	140	110	90					155		143		2.3	2.5
	65	77	160	130	110					175		163	5	2.9	3.1
	80	90	190	150	128	30	M16	16		205	8	193		4.7	5.0
	100	115	210	170	148					225		213		5.2	5.6
	125	141	240	200	178				8	255		244		6.2	6.6
	150	169	265	225	202					280		269		6.9	7.3
	175	195	295	255	232					310		299		8.2	8.7
	200	220	320	280	258					335		324		9.1	9.5
	225	247	345	305	282					360		349		9.8	10.4
	250	275	375	335	312				12	390		379		10.9	11.5
	300	327	440	395	365	37	M20	20		460	10	445		17.8	18.9
	350	380	490	445	415					510		495		19.8	21.0
1.0、1.6、2.5	20	28	105	75	58	26	M12	12	4	115	6	107	4	1.4	1.5
	25	35	115	85	68					125		117		1.7	1.8
	32	43	140	100	78	30	M16	16		155	8	143		2.9	3.1
	40	49	150	110	88					165		153	5	3.3	3.5
	50	61	165	125	102					180		168		3.9	4.1
1.0、1.6	65	77	185	145	122				8	200		188		4.8	5.0
	80	90	200	160	133					215		203		5.2	5.5
	100	115	220	180	158					235		224		5.8	6.2
	125	141	250	210	184					265		254		7.1	7.5
	150	169	285	240	212	37	M20	20		300	10	289		10.8	11.2

3.3.5 工作压力为3.0 MPa的A型和B型座板结构和基本尺寸见图1、图2和表6。

表 6　公称压力为 0.6 MPa～2.5 MPa 的 A 型和 B 型座板基本尺寸　　单位为毫米

工作压力 p/MPa	公称通径 DN	座板 d	D	D_1	D_2	b A 型 普通	A 型 加厚 +10	A 型 加厚 +20	B 型 普通	B 型 加厚 +10	B 型 加厚 +20	螺栓孔 d_1	h	n/个	隔板开孔 D_m	D_3	焊缝高度 K	重量/kg A 型 普通	A 型 加厚 +10	A 型 加厚 +20	B 型 普通	B 型 加厚 +10	B 型 加厚 +20
3.0	40	46	125	93	74	27	37	47	28	38	48	M14	14	6	75	128	5	2.1	2.9	3.7	2.0	2.8	3.6
	50	58	135	103	84										85	138		2.3	3.2	4.1	2.2	3.1	4.0
	65	74	170	132	110	29	39	49	30	40	50	M16	16	8	105	173	6	3.9	5.3	6.8	3.7	5.1	6.5
	80	90	185	147	126										120	188		4.4	6.0	7.6	4.2	5.8	7.4
	100	109	205	167	146									10	140	208		5.0	6.9	8.7	4.9	6.7	8.5
	125	135	240	196	172	36	46	56	37	47	57	M20	20		165	244	7	8.1	10.5	12.9	7.7	10.1	12.5
	150	161	270	226	200									12	190	274		9.6	12.5	15.4	9.1	12.0	14.9
	175	196	305	261	234										225	310	8	11.5	14.9	18.3	11.0	14.4	17.8
	200	222	340	291	260	42	52	62	43	53	63	M24	24		250	345		15.9	20.0	24.1	15.0	19.1	23.2

注：本表与 CB 859—2004 中 P3.0 焊接钢法兰规范配套使用。

3.4　产品标记

3.4.1　型号表示方法

公称通径相同，适用压力不同的座板，按最高适用公称压力标记。

3.4.2　标记示例

公称压力为 0.6 MPa，公称通径为 100 mm，材料为 0Cr18Ni10Ti 钢的 AS 型座板标记为：

座板　GB/T 11693—2008　AS6100 N

公称压力为 0.6、1.0、1.6、2.5 MPa，公称通径为 50 mm，材料为 A 级钢的 C 型座板标记为：

座板　GB/T 11693—2008　C25050 G

工作压力为 3.0 MPa，公称通径为 80 mm，厚度为 40 mm，材料为 922A 钢的 B 型座板标记为：

座板　GB/T 11693—2008　B30080T-40

4　要求

4.1　材料

座板的材料见表 7。

表 7　座板的材料

座板型式	公称通径 DN/mm	公称压力 PN/MPa	材料 牌号	材料 标准号	适用介质
A、B	40～200	(3.0)	922A、925A 锻钢	GJB 1663A—2005、GJB 5911—2006	蒸馏水、空气、淡水、海水、滑油、燃油、温度不高于 300 ℃蒸汽
A、B、C、AS、BS、CS	20～50	≤2.5	A、Q235A、0Cr18Ni10Ti	GB 712—2000、GB/T 700—2006、GB/T 1220—2007	
AS、BS、CS	65～150	≤1.6			
A、B、C	65～150	≤1.0			
A	65～100	2.5、1.6	A、Q235A	GB/T 700—2006、GB 712—2000	空气、淡水、海水、滑油、燃油、温度不高于 300 ℃蒸汽
	125～150	1.6			
	175～250	1.0			
AS	65～100	2.5			
	175～250	1.6、1.0			
A、B、C、AS、BS、CS	≥175	0.6			

注：括号内数值为工作压力。

4.2 尺寸公差

座板线性尺寸的未注公差应符合 GB/T 1804—2000 的 m 级。螺纹精度等级应符合 GB/T 197—2003 的 6H 级。

4.3 形位公差

座板的未注形位公差应符合 GB/T 1184—1996 的 K 级。

4.4 外观

座板的表面不应有毛刺、凹坑、麻点、裂纹等缺陷。

4.5 重量

座板材料为碳素钢时，重量按表 2～表 6 的规定。

5 试验方法

5.1 材料

检查座板材料的质量证明书，结果应符合 4.1 的要求。

5.2 尺寸公差

座板的尺寸公差用相应等级的量具进行检测，结果应符合 4.2 的要求。

5.3 形位公差

座板的形位公差按 GB/T 1958 规定的方法进行检测，结果应符合 4.3 的要求。

5.4 外观

座板的外观用目测方法检查，结果应符合 4.4 的要求。

5.5 重量

座板的重量用称重方法检查，结果应符合 4.5 的要求。

6 检验规则

6.1 检验分类

本标准规定的检验分类如下：

a) 型式检验；

b) 出厂检验。

6.2 型式检验

6.2.1 检验时机

座板有下列情况之一时，应进行型式检验：

a) 新产品试制定型鉴定；

b) 转厂生产的首制产品；

c) 材料、工艺发生重大改变，足以影响产品性能。

6.2.2 检验项目和顺序

座板型式检验项目和顺序见表 8。

表 8 座板的检验项目和顺序

序 号	检验项目	要求的章、条号	检验方法的章、条号	型式检验	出厂检验
1	材 料	4.1	5.1	●	●
2	尺寸公差	4.2	5.2	●	●
3	形位公差	4.3	5.3	●	—
4	外 观	4.4	5.4	●	●
5	重 量	4.5	5.5	●	●
注：●为必检项目；—为不检项目。					

6.2.3 检验样品数量

座板型式检验样品数量为同一型号三个。

6.2.4 判定规则

座板所有样品全部检验项目符合要求，判为型式检验合格。若材料检验不符合要求，判座板型式检验不合格；其他项目若不符合要求，应加倍取样复验；若复验符合要求，仍判座板型式检验合格；若复验仍有不符合要求的项目，则判座板型式检验不合格。

6.3 出厂检验

6.3.1 检验项目及顺序

座板出厂检验项目及顺序见表8。

6.3.2 检验样品数量

座板材料同一厂家为一批，按批次检验。座板其他项目的出厂检验应逐个产品进行。

6.3.3 判定规则

全部检验项目符合要求的座板判定出厂检验合格。材料检验若不符合要求，判该批座板出厂检验不合格；其他项目检验若不符合要求，允许返修后进行复检；若复验符合要求，仍判座板出厂检验合格；若复检仍不符合要求，则判定该座板出厂检验不合格。

7 标志和包装

7.1 座板外缘应打上公称压力、公称通径等标志。

7.2 座板的机械加工表面在包装前应涂无机硅酸锌。

7.3 座板应包装出厂。

参 考 文 献

[1] CB 859—2004 P3.0 MPa 焊接钢法兰规范.

ICS 47.020.30
U 50

中华人民共和国国家标准

GB/T 11698—2008
代替 GB/T 11698—1989

船用法兰连接金属阀门的结构长度

Metal valves for use in marine flanged pipe systems—Face-to-face and center-to-face dimensions

(ISO 5752:1982,Metal valves for use in flanged pipe systems—Face-to-face and center-to-face dimensions,MOD)

2008-07-30 发布　　2009-02-01 实施

中华人民共和国国家质量监督检验检疫总局
中国国家标准化管理委员会　发布

前言

本标准修改采用 ISO 5752:1982《法兰管路系统金属阀门　结构长度》(英文版)。有关技术性差异已编入正文中，用垂直单线标识在它们所涉及的条款的页边空白处。主要差异如下：

——按照 GB/T 1.1—2000《标准化工作导则　第1部分：标准的结构和编写规则》修改了标准的编排格式；

——按照船用要求修改了标准的范围；

——删除了第2章“术语”；

——按照船用要求删除了表1中结构长度基本系列中部分系列，基本系列号重新编排；

——删除了膜片阀和倾斜式截止阀。

本标准代替 GB/T 11698—1989《法兰管路系统金属阀门　结构长度》。

本标准与 GB/T 11698—1989 相比主要变化如下：

——增加了结构长度基本系列表；

——增加了 ANSI 系列和 API 系列结构长度；

——增加了 PN4.0 MPa 截止阀和截止止回阀结构长度；

——按阀门品种分别列表规定结构长度。

本标准由中国船舶重工集团公司提出。

本标准由全国船用机械标准化技术委员会管系附件分技术委员会归口。

本标准起草单位：大连船舶重工集团有限公司、中国船舶工业综合技术经济研究院。

本标准起草人：邱金泉、刘小朋、薄英、马玉龙、罗发元。

本标准所代替标准的历次版本发布情况为：

——GB/T 11698—1989。

船用法兰连接金属阀门的结构长度

1 范围

本标准规定了船用法兰连接金属阀门结构长度及其极限偏差。

本标准适用于船舶管路系统中公称压力范围为PN系列中的0.25 MPa～4.0 MPa、CLASS系列中的125磅～300磅压力级;法兰连接尺寸和密封面按GB/T 2501、ASME B16.5、ASME B16.47的金属阀门的设计和说明。本标准没包括的其他公称压力或法兰连接尺寸金属阀门的结构长度可参照相近压力级执行。

2 规范性引用文件

下列文件中的条款通过本标准的引用而成为本标准的条款。凡是注日期的引用文件,其随后所有的修改单(不包括勘误的内容)或修订版均不适用于本标准,然而,鼓励根据本标准达成协议的各方研究是否可使用这些文件的最新版本。凡是不注日期的引用文件,其最新版本适用于本标准。

GB/T 2501 船用法兰连接尺寸和密封面(四进位)(GB/T 2501—1989,neq ISO 2084:1974)

ANSI B16.10 阀门的结构长度

ASME B16.5 管法兰和法兰管件(NPS 1/2～NPS 24 米制/英制标准)

ASME B16.47 大口径法兰

API 609 双法兰连接、凸耳及饼式蝶阀

DIN 3202/F1 法兰连接球阀、旋塞、截止阀的结构长度

DIN 3202/F4 法兰连接蝶阀和蝶形止回阀的结构长度

DIN 3202/F5 隔膜阀、旋塞、球阀、闸阀的结构长度

DIN 3202/F32 法兰连接直角阀的结构长度

3 结构长度

3.1 结构长度基本系列

法兰连接金属阀门的结构长度基本系列见表1。

表 1 法兰连接金属阀门的结构长度基本系列 单位为毫米

<table>
<tr><th rowspan="5">公称通径 DN</th><th colspan="13">基 本 系 列</th></tr>
<tr><th>1</th><th>2</th><th>3</th><th>4</th><th>5</th><th>6</th><th>7</th><th>8</th><th>9</th><th>10</th><th>11</th><th>12</th><th>13</th></tr>
<tr><th colspan="13">基本系列来源</th></tr>
<tr><th>DIN 3202/F1</th><th>ANSI B16.10</th><th>ANSI B16.10</th><th>DIN 3202/F32</th><th>ANSI B16.10</th><th>ANSI B16.10</th><th>ANSI B16.10</th><th>ANSI B16.10</th><th>DIN 3202/F4</th><th>DIN 3202/F5</th><th>API 609</th><th>API 609</th><th>ANSI B16.10</th></tr>
<tr><th colspan="13">结 构 长 度</th></tr>
<tr><td>10</td><td rowspan="2">130</td><td>102</td><td>—</td><td>85</td><td>—</td><td>—</td><td>—</td><td rowspan="3">130</td><td>—</td><td>—</td><td>—</td><td>—</td><td>—</td></tr>
<tr><td>15</td><td>108</td><td>140</td><td>90</td><td>140</td><td>108</td><td>57</td><td>—</td><td>—</td><td>—</td><td>—</td><td>152</td></tr>
<tr><td>20</td><td>150</td><td>117</td><td>152</td><td>95</td><td>152</td><td>117</td><td>64</td><td>—</td><td>—</td><td>—</td><td>—</td><td>178</td></tr>
<tr><td>25</td><td>160</td><td>127</td><td>165</td><td>100</td><td>165</td><td>127</td><td>70</td><td>140</td><td>—</td><td>—</td><td>—</td><td>—</td><td>216</td></tr>
<tr><td>32</td><td>180</td><td>140</td><td>178</td><td>105</td><td>178</td><td>140</td><td>76</td><td rowspan="2">165</td><td>—</td><td>—</td><td>—</td><td>—</td><td>229</td></tr>
<tr><td>40</td><td>200</td><td>165</td><td>190</td><td>115</td><td>190</td><td>165</td><td>82</td><td>140</td><td>240</td><td>33</td><td>33</td><td>241</td></tr>
<tr><td>50</td><td>230</td><td>178</td><td>216</td><td>125</td><td>216</td><td>203</td><td>102</td><td>203</td><td>150</td><td>250</td><td>43</td><td>43</td><td>267</td></tr>
<tr><td>65</td><td>290</td><td>190</td><td>241</td><td>145</td><td>241</td><td>216</td><td>108</td><td>222</td><td>170</td><td>270</td><td>46</td><td rowspan="2">46</td><td>292</td></tr>
<tr><td>80</td><td>310</td><td>203</td><td>283</td><td>155</td><td>283</td><td>241</td><td>121</td><td>241</td><td>180</td><td>280</td><td rowspan="2">64</td><td>318</td></tr>
<tr><td>100</td><td>350</td><td>229</td><td>305</td><td>175</td><td>305</td><td>292</td><td>146</td><td>305</td><td>190</td><td>300</td><td>52</td><td>356</td></tr>
<tr><td>125</td><td>400</td><td>254</td><td>381</td><td>200</td><td>381</td><td>330</td><td>178</td><td>356</td><td>200</td><td>325</td><td>70</td><td rowspan="2">56</td><td>400</td></tr>
<tr><td>150</td><td>480</td><td>267</td><td>403</td><td>225</td><td>403</td><td>356</td><td>203</td><td>394</td><td>210</td><td>350</td><td>76</td><td>444</td></tr>
<tr><td>200</td><td>600</td><td>292</td><td>419</td><td>275</td><td>419</td><td>495</td><td>248</td><td>457</td><td>230</td><td>400</td><td>89</td><td>60</td><td>533</td></tr>
<tr><td>250</td><td>730</td><td>330</td><td>457</td><td>325</td><td>457</td><td>622</td><td>311</td><td>533</td><td>250</td><td>450</td><td rowspan="2">114</td><td>68</td><td>622</td></tr>
<tr><td>300</td><td>850</td><td>356</td><td>502</td><td>375</td><td>502</td><td>698</td><td>350</td><td>610</td><td>270</td><td>500</td><td rowspan="2">78</td><td>711</td></tr>
<tr><td>350</td><td>980</td><td>381</td><td>762</td><td>425</td><td>572</td><td>787</td><td>394</td><td>686</td><td>290</td><td>550</td><td>127</td><td>838</td></tr>
<tr><td>400</td><td>1 100</td><td>406</td><td>838</td><td>475</td><td>610</td><td>914</td><td>457</td><td>762</td><td>310</td><td>600</td><td>140</td><td>102</td><td>864</td></tr>
<tr><td>450</td><td>1 200</td><td>432</td><td>914</td><td>500</td><td>660</td><td rowspan="2">978</td><td>483</td><td>864</td><td>330</td><td>650</td><td rowspan="2">152</td><td>114</td><td>978</td></tr>
<tr><td>500</td><td>1 250</td><td>457</td><td>991</td><td>—</td><td>711</td><td>—</td><td>914</td><td>350</td><td>700</td><td>127</td><td>1 016</td></tr>
<tr><td>550</td><td>1 350</td><td>483</td><td>1 092</td><td>—</td><td>749</td><td>1 067</td><td>—</td><td>1 016</td><td>—</td><td>750</td><td>170</td><td rowspan="2">154</td><td>1 118</td></tr>
<tr><td>600</td><td>1 450</td><td>508</td><td>1 143</td><td>—</td><td>787</td><td rowspan="2">1 295</td><td>—</td><td>1 067</td><td>390</td><td>800</td><td>178</td><td rowspan="2">1 346</td></tr>
<tr><td>650</td><td>1 550</td><td>559</td><td>1 245</td><td>—</td><td>—</td><td>—</td><td>—</td><td>—</td><td>850</td><td>210</td><td rowspan="2">165</td></tr>
<tr><td>700</td><td>1 650</td><td rowspan="2">610</td><td>—</td><td>—</td><td>—</td><td>1 448</td><td>—</td><td>—</td><td>430</td><td>900</td><td>229</td><td>1 499</td></tr>
<tr><td>750</td><td>1 750</td><td>1397</td><td>—</td><td>—</td><td>1 524</td><td>—</td><td>—</td><td>—</td><td>950</td><td>230</td><td rowspan="2">190</td><td>1 594</td></tr>
<tr><td>800</td><td>1 850</td><td>660</td><td>—</td><td>—</td><td>—</td><td>—</td><td>—</td><td>—</td><td>470</td><td>1 000</td><td>241</td><td>—</td></tr>
</table>

3.2 闸阀结构长度

法兰连接金属闸阀的结构长度按图1和表2。

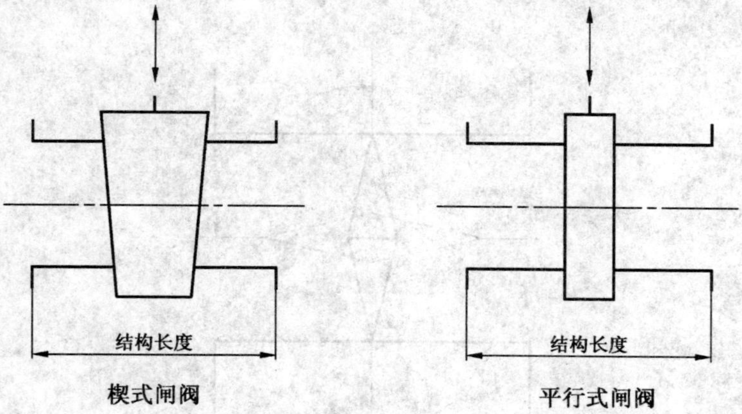

图1 法兰连接金属闸阀的结构长度示例

表2 法兰连接金属闸阀的结构长度

单位为毫米

公称通径 DN	结构长度			
	PN 1.0 MPa/ PN 1.6 MPa CLASS 125/150		PN 2.5 MPa/ PN 4.0 MPa CLASS 300	CLASS 250 铸铁
	短	长		
10	102	—	—	—
15	108	—	140	140
20	117	—	152	152
25	127	—	165	165
32	140	—	178	178
40	165	240	190	190
50	178	250	216	216
65	190	270	241	241
80	203	280	283	283
100	229	300	305	305
125	254	325	381	381
150	267	350	403	403
200	292	400	419	419
250	330	450	457	457
300	356	500	502	502
350	381	550	762	572
400	406	600	838	610
450	432	650	914	660
500	457	700	991	711
550	483	750	1 092	749
600	508	800	1 143	787
650	559	850	1 245	—
700	610	900	—	—
750		950	1 397	—
800	660	1 000	—	—
基本系列	2	10	3	5

3.3 法兰蝶阀和蝶形止回阀结构长度

法兰连接金属蝶阀和蝶形止回阀的结构长度按图 2 和表 3。

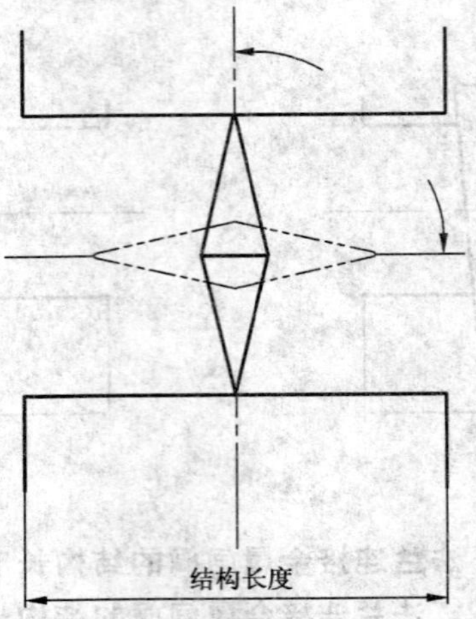

图 2 法兰连接金属蝶阀和蝶形止回阀的结构长度示例

表 3 法兰连接金属蝶阀和蝶形止回阀的结构长度

单位为毫米

公称通径 DN	结构长度 ≤PN 2.5 MPa 和 CLASS 125/150
40	140
50	150
65	170
80	180
100	190
125	200
150	210
200	230
250	250
300	270
350	290
400	310
450	330
500	350
600	390
700	430
800	470
基本系列	9

3.4 对夹式蝶阀和蝶形止回阀结构长度

对夹式金属蝶阀和蝶形止回阀的结构长度按图 3 和表 4。

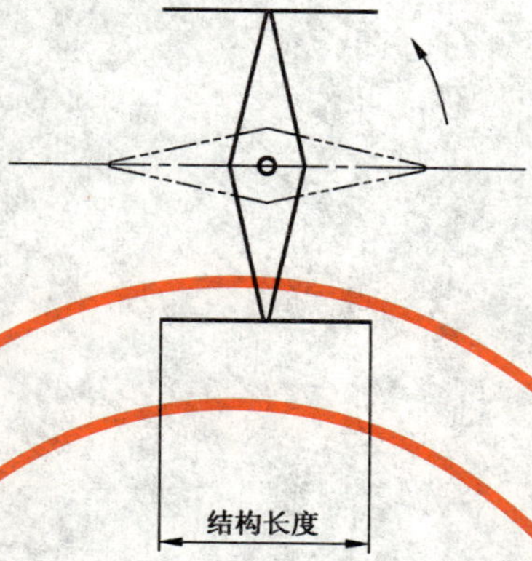

图 3　对夹式金属蝶阀和蝶形止回阀的结构长度示例

表 4　对夹式金属蝶阀和蝶形止回阀的结构长度

单位为毫米

公称通径 DN	结构长度≤PN 1.6 MPa 和 CLASS 125/150	
	短	长
40	33	33
50	43	43
65	46	46
80		64
100	52	
125	56	70
150		76
200	60	89
250	68	114
300	78	
350		127
400	102	140
450	114	152
500	127	
550	154	170
600		178
650	165	210
700		229
750	190	230
800		241
基本系列	12	11

3.5　旋塞和球阀结构长度

法兰连接金属旋塞和球阀的结构长度按按图 4 和表 5。

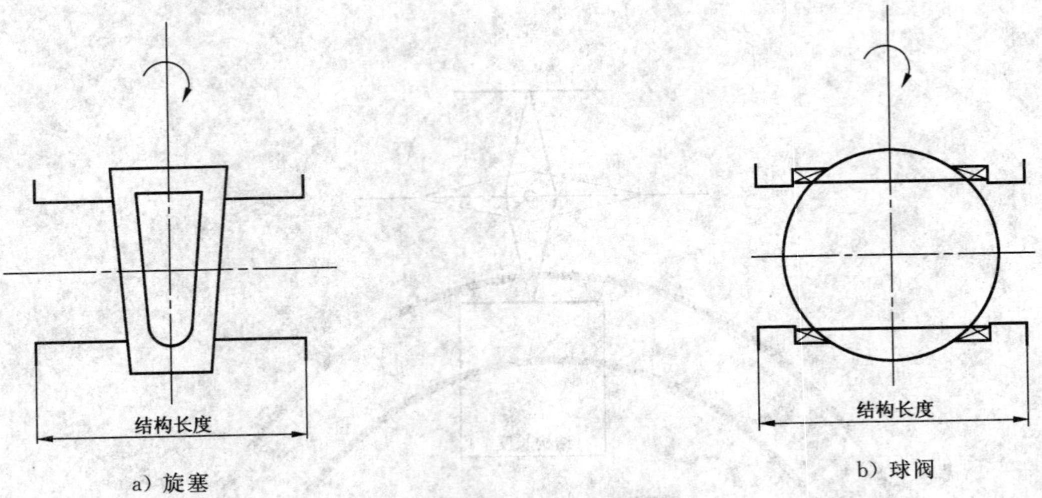

a) 旋塞　　b) 球阀

图 4　法兰连接金属旋塞和球阀的结构长度示例

表 5　法兰连接金属旋塞和球阀的结构长度

单位为毫米

<table>
<tr><th rowspan="3">公称通径
DN</th><th colspan="5">结构长度</th></tr>
<tr><th colspan="3">PN 1.0 MPa、PN 1.6 MPa 和 CLASS 125/150</th><th colspan="2">PN 2.5 MPa、PN 4.0 MPa 和 CLASS 250/300</th></tr>
<tr><th>短</th><th>中</th><th>长</th><th>短</th><th>长</th></tr>
<tr><td>10</td><td>102</td><td rowspan="3">130</td><td rowspan="2">130</td><td>—</td><td rowspan="2">130</td></tr>
<tr><td>15</td><td>108</td><td>140</td></tr>
<tr><td>20</td><td>117</td><td>150</td><td>152</td><td>150</td></tr>
<tr><td>25</td><td>127</td><td>140</td><td>160</td><td>165</td><td>160</td></tr>
<tr><td>32</td><td>140</td><td rowspan="2">165</td><td>180</td><td>178</td><td>180</td></tr>
<tr><td>40</td><td>165</td><td>200</td><td>190</td><td>200</td></tr>
<tr><td>50</td><td>178</td><td>203</td><td>230</td><td>216</td><td>230</td></tr>
<tr><td>65</td><td>190</td><td>222</td><td>290</td><td>241</td><td>290</td></tr>
<tr><td>80</td><td>203</td><td>241</td><td>310</td><td>283</td><td>310</td></tr>
<tr><td>100</td><td>229</td><td>305</td><td>350</td><td>305</td><td>350</td></tr>
<tr><td>125</td><td>254</td><td>356</td><td>400</td><td>381</td><td>400</td></tr>
<tr><td>150</td><td>267</td><td>394</td><td>480</td><td>403</td><td>480</td></tr>
<tr><td>基本系列</td><td>2</td><td>8</td><td>1</td><td>3</td><td>1</td></tr>
</table>

3.6　直通型截止阀、止回阀和旋启止回阀结构长度

法兰连接金属直通型截止阀、止回阀和旋启止回阀的结构长度按图 5 和表 6。

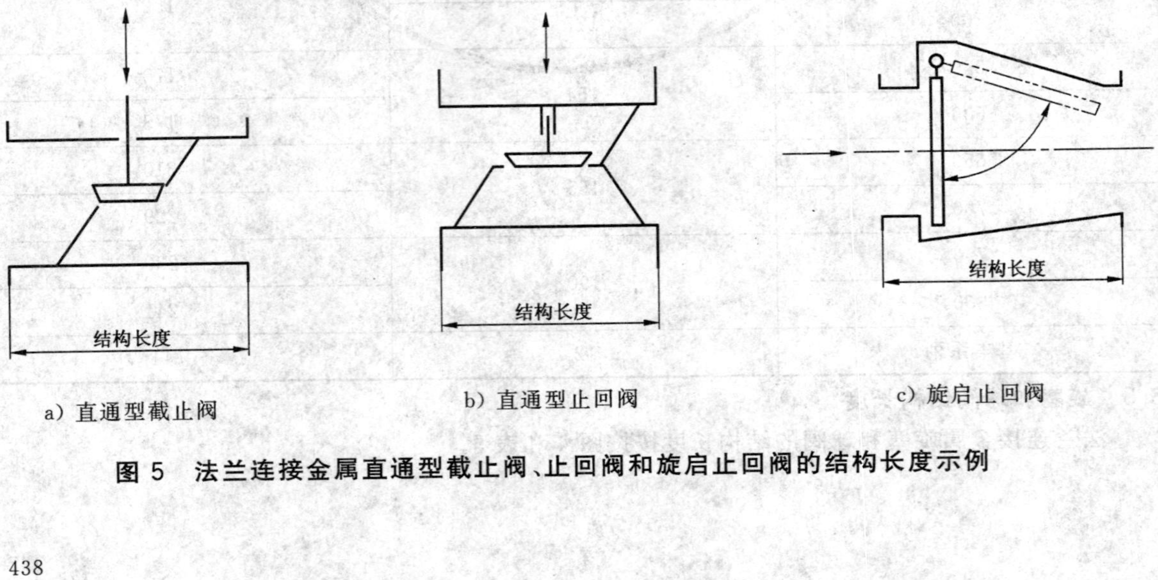

a) 直通型截止阀　　b) 直通型止回阀　　c) 旋启止回阀

图 5　法兰连接金属直通型截止阀、止回阀和旋启止回阀的结构长度示例

表 6　法兰连接金属直通型截止阀、止回阀和旋启止回阀的结构长度　　单位为毫米

公称通径 DN	结构长度			
	PN 1.0 MPa、PN 1.6 MPa 和 CLASS 125/150		PN 2.5 MPa、PN 4.0 MPa 和 CLASS 250/300	
	短	长	短	长
10	—	130	—	130
15	108		152	
20	117	150	178	150
25	127	160	216	160
32	140	180	229	180
40	165	200	241	200
50	203	230	267	230
65	216	290	292	290
80	241	310	318	310
100	292	350	356	350
125	330	400	400	400
150	356	480	444	480
200	495	600	533	600
250	622	730	622	730
300	698	850	711	850
350	787	980	838	980
400	914	1 100	864	1 100
450	978	1 200	978	1 200
500		1 250	1 016	1 250
550	1 067	1 350	1 118	1 350
600	1 295	1 450	1 346	1 450
650		1 550		1 550
700	1 448	1 650	1 499	1 650
750	1 524	1 750	1 594	1 750
800	—	1 850	—	1 850
基本系列	6	1	13	1

3.7　直角型截止阀、升降止回阀结构长度

法兰连接金属直角型截止阀、升降止回阀的结构长度按图 6 和表 7。

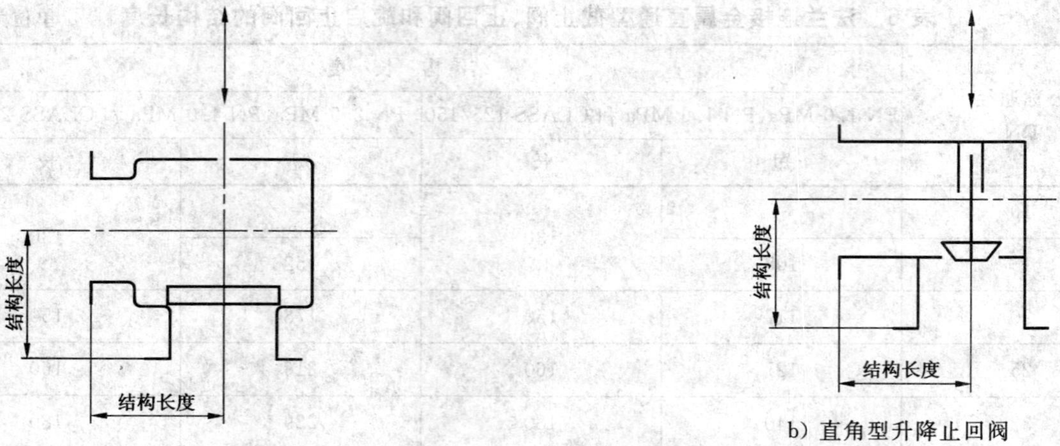

a) 直角型截止阀

b) 直角型升降止回阀

图 6　法兰连接金属直角型截止阀、升降止回阀的结构长度示例

表 7　法兰连接金属直角型截止阀、升降止回阀的结构长度

单位为毫米

公称通径 DN	结构长度		
	PN 1.0 MPa/ PN 1.6 MPa 和 CLASS 125/150		PN 2.5 MPa/ PN 4.0 MPa CLASS 250/300
	短	长	
10	—	85	85
15	57	90	90
20	64	95	95
25	70	100	100
32	76	105	105
40	82	115	115
50	102	125	125
65	108	145	145
80	121	155	155
100	146	175	175
125	178	200	200
150	203	225	225
200	248	275	275
250	311	325	325
300	350	375	375
350	394	425	425
400	457	475	475
450	483	500	500
基本系列	7	4	4

4　法兰连接金属阀门结构长度极限偏差

法兰连接金属阀门结构长度的极限偏差按表 8。

表 8　法兰连接金属阀门结构长度的极限偏差

单位为毫米

结构长度	极限偏差
≤250	±2
>250～500	±3
>500～800	±4
>800～1 000	±5
>1 000～1 600	±6
>1 600～1 850	±8

ICS 47.080
U 37

中华人民共和国国家标准

GB/T 11699—2008
代替 GB/T 11699—2003,GB/T 19309—2003

舷内机小艇　螺旋桨轴端和桨毂

Small craft with inboard engine—Propeller shaft ends and bosses

(ISO 4566:1992,ISO 8845:1994,MOD)

2008-03-05 发布　　　　2008-09-01 实施

中华人民共和国国家质量监督检验检疫总局
中国国家标准化管理委员会　发布

前言

本标准修改采用ISO 4566:1992《舷内机小艇　锥度为1:10的螺旋桨轴端和桨毂》(英文版)和ISO 8845:1994《舷内机小艇　锥度为1:16的螺旋桨轴端和桨毂》(英文版),包括其勘误表ISO 8845:1994/Cor.1:1995。

本标准根据ISO 4566:1992和ISO 8845:1994重新起草。

由于我国法律要求和工业的特殊需要,本标准在采用国际标准时进行了修改。这些技术性差异用垂直单线标识在所涉及的条款的页边处。

为便于使用,本标准还作了下列编辑性修改:

——"本国际标准"一词改为"本标准";

——用小数点"."代替作为小数点的逗号",";

——删除国际标准的前言。

本标准代替GB/T 11699—2003《舷内机小艇　锥度为1:10的螺旋桨轴端和桨毂》和GB/T 19309—2003《舷内机小艇　锥度为1:16的螺旋桨轴端和桨毂》。因为这两项标准技术要求大致相同,仅有少量尺寸有所不同,应予整合。

本标准与GB/T 11699—2003和GB/T 19309—2003相比,主要变化如下:

——本标准根据国际标准ISO 4566:1992《舷内机小艇　锥度为1:10的螺旋桨轴端和桨毂》(英文版)和ISO 8845:1994《舷内机小艇　锥度为1:16的螺旋桨轴端和桨毂》(英文版)将GB/T 11699—2003和GB/T 19309—2003的内容整合;

——整合修订后将锥度为1:16的螺旋桨轴端和桨毂的适用范围中的条注修改为脚注1);

——为便于使用,增加了图题和表题;

——整合修订后使用标准号GB/T 11699。

本标准由中国船舶工业集团公司提出。

本标准由全国小艇标准化技术委员会归口。

本标准主编单位:中国船舶工业综合技术经济研究院。

本标准主要起草人:王俊。

本标准所代替标准的历次版本发布情况为:

——GB/T 11699—1989、GB/T 11699—2003;

——GB/T 19309—2003。

舷内机小艇　螺旋桨轴端和桨毂

1　范围

本标准规定了安装在娱乐和商用舷内机小艇上，锥度为1：10和1：16[1)]，轴径从20 mm～160 mm的螺旋桨桨毂和螺旋桨轴端的互换性尺寸。

2　规范性引用文件

下列文件中的条款通过本标准的引用而成为本标准的条款。凡是注日期的引用文件，其随后所有的修改单(不包括勘误的内容)或修订版均不适用于本标准，然而，鼓励根据本标准达成协议的各方研究是否可使用这些文件的最新版本。凡是不注日期的引用文件，其最新版本适用于本标准。

ISO/R 773：1969　长方形或正方形平行键及与之匹配的键槽(尺寸以毫米计)

ISO 1947：1973　锥度 $C=1:3 \sim 1:500$，长度从6 mm～630 mm锥体的圆锥形配合公差

3　定义

下列术语和定义适用于本标准。

3.1

公称直径　nominal diameter

轴端锥体大端的直径。如果配合公差忽略不计，其尺寸和圆柱体轴的直径相同。

3.2

锥体　taper

轴端的圆锥形部分，可装嵌键以把螺旋桨轴的全部扭矩传递给螺旋桨，同时允许拆卸。

4　尺寸

锥度为1：10的螺旋桨轴端和桨毂尺寸见图1和表1。表1中的“参考尺寸”均为公称尺寸，仅供指导用。

图1所示结构在表1中未规定尺寸者均为不是必须互换的，可由制造厂决定。

锥度为1：16的螺旋桨轴端和桨毂尺寸见图2和表2。

图2所示结构在表2中未规定尺寸者均为不是必须互换的，可由制造厂决定。

应优先选用不带括号的公称直径，其次选用括号内的公称直径。

同样的应优先选用不带括号的螺纹直径，而括号内的螺纹直径作为替换选择。

5　结构细节

图1、图2所示的详图既不是用来限制设计的，也不按比例。键、键槽及其圆角半径、螺纹削平高度及螺纹末端或者其他任选细节(如安全销孔、中心孔等)的类型以及结构或加工方法，允许根据联轴器的构造和特殊需要个别处理。

锥度为1：10的螺旋桨轴端和桨毂的螺纹长度 l_2 应等于或大于螺纹直径 d_2。由螺旋桨紧固螺母啮合的螺纹部分的长度应不小于螺纹长度 l_2 的80％。

---

1)　本标准规定的锥度为1：16的螺旋桨轴端和桨毂的内容适用于所有新的锥度为1：16的国际单位制尺寸螺旋桨轴和与之连接的螺旋桨桨毂。对于被替代的英制尺寸的轴和螺旋桨适用SAE J 755。

锥度为 1∶16 的螺旋桨轴端和桨毂的螺纹长度 l_4 应等于或大于螺纹直径 d_2。由螺旋桨紧固螺母啮合的螺纹部分的长度应不小于螺纹长度 l_4 的 80%。

6 螺纹

螺旋桨紧固螺母和轴端应采用国际单位制细螺纹。

7 公差

7.1 轴端锥体小端直径 d_1

锥度为 1∶10 的螺旋桨轴端和桨毂的公差见表 1,锥度为 1∶16 的螺旋桨轴端和桨毂的公差见表 2,公差值是按公称直径计算出来的。

7.2 桨毂圆锥部大端直径 D

锥度为 1∶10 的螺旋桨轴端和桨毂的公差见表 1,锥度为 1∶16 的螺旋桨轴端和桨毂的公差见表 2。

7.3 锥角

公差应为 ISO 1947 中规定的锥体直径公差,公差范围等同于 7.1 和 7.2 中分别对 d_1 和 D 所规定的直径的公差范围。

7.4 键槽和键

公差应按 ISO/R 773 中规定的标准键的公差。

8 标记

按照上述要求制成的螺旋桨轴端及桨毂应标上本标准号、锥度及公称直径,以毫米计。

示例:

锥度为 1∶10、公称直径为 35 mm 的螺旋桨桨毂标记为:

螺旋桨桨毂 GB/T 11699-1:10-35

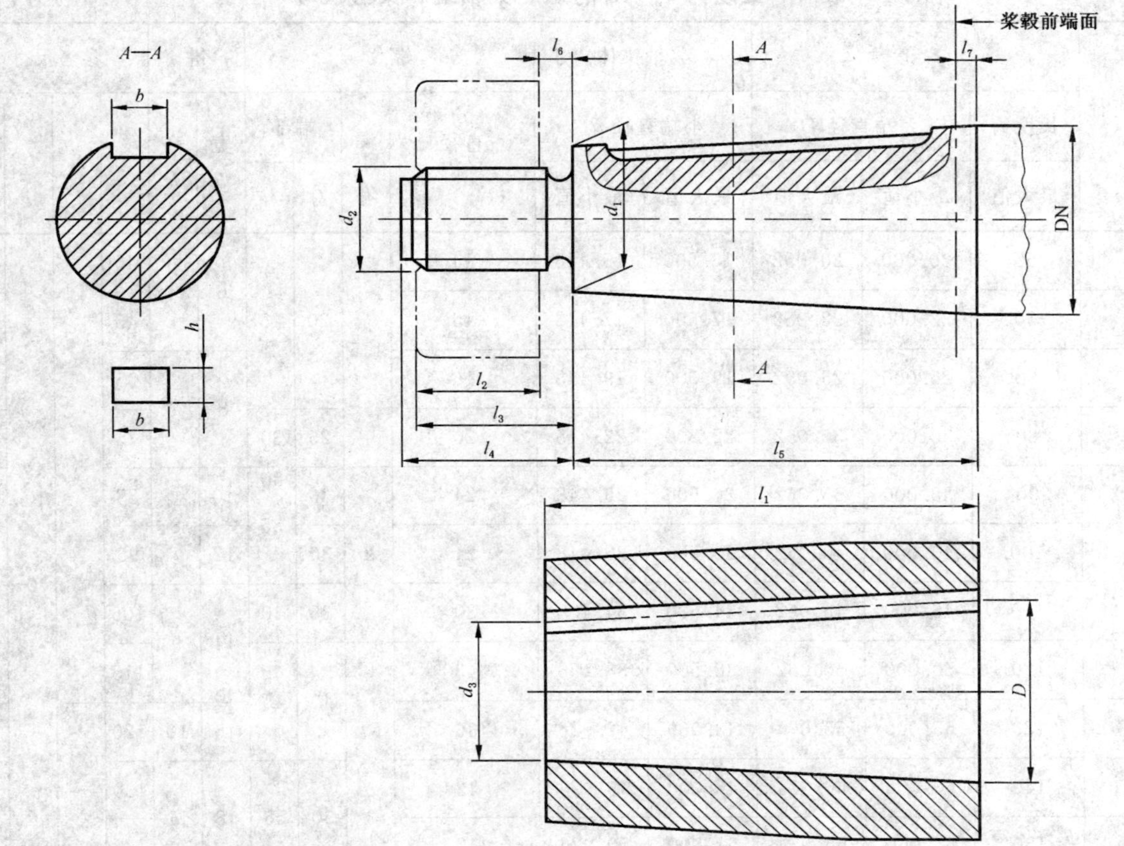

注：l_2（螺纹长度）$\geqslant d_2$，与螺母啮合的螺纹部分不小于 $0.8d_2$（见第 5 章）。

图 1　锥度为 1∶10 的螺旋桨轴端和桨毂尺寸

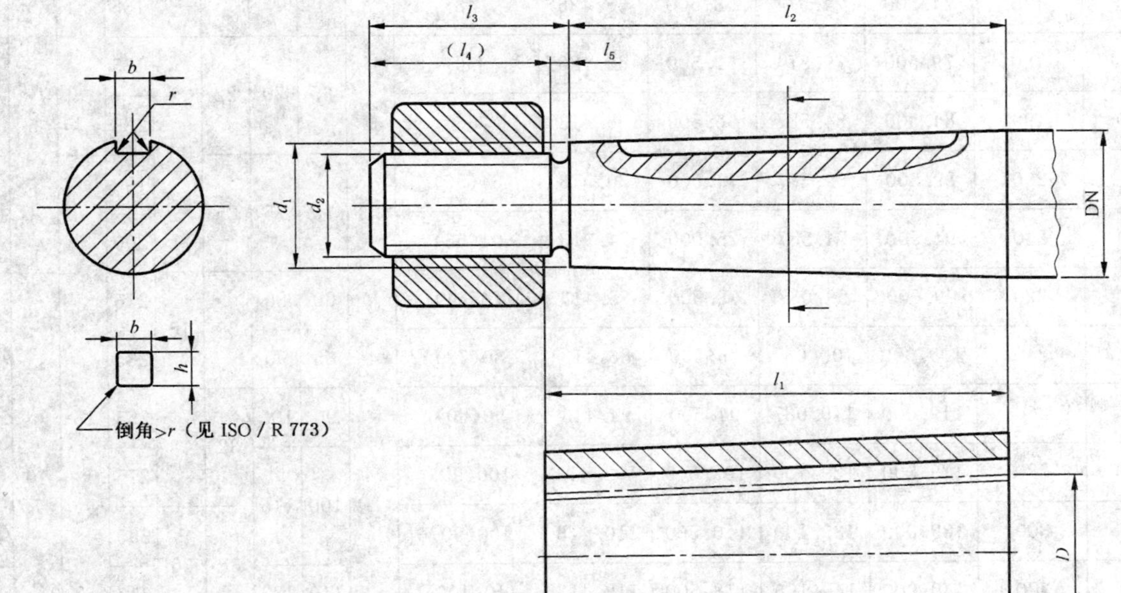

注：l_4（螺纹长度）$\geqslant d_2$，与螺母啮合的螺纹部分不小于 $0.8d_2$（见第 5 章）。

图 2　锥度为 1∶16 的螺旋桨轴端和桨毂尺寸

表 1　锥度为 1∶10 的螺旋桨轴端和桨毂尺寸

单位为毫米

公称直径 DN	桨毂 长度 l_1 最大值	桨毂 大端直径 D 最小值	桨毂 大端直径 D 最大值	桨轴锥体 小端直径 d_1 最大值	桨轴锥体 小端直径 d_1 最小值	螺纹 直径 d_2	螺纹 螺距 p	螺纹 端部 l_3	螺纹 端部 l_4	键 宽 b	键 高 h	参考尺寸[a] l_5	参考尺寸[a] l_6	参考尺寸[a] l_7	参考尺寸[a] d_3
20	50	20.000	20.052	15.500	15.448	14	1.5	20	25	6	6	45	5	0	15
22	50	22.000	22.052	17.500	17.448	16						45			17
25	60	25.000	25.052	19.500	19.448	16				8	7	55			19
30	80	30.000	30.052	22.500	22.448	20		25	30			75			22
35	90	35.000	35.062	26.500	26.448	24	2	30	35	10	8	85			26
40	100	40.000	40.062	30.500	30.448	24		30		12		95			30
45	110	45.000	45.062	34.500	34.438	30		35	40	14	9	105			34
50	120	50.000	50.062	38.500	38.438	36(30)	3	40	45			115			38
(55)	130	55.000	55.074	43.000	42.926	36				16	10	120	10		42
60	140	60.000	60.074	47.000	46.926	42		50	55	18	11	130			46
(65)	150	65.000	65.074	51.000	50.926	42						140			50
70	160	70.000	70.074	55.000	54.926	48		55	60	20	12	150			54
(75)	170	74.500	74.574	58.500	58.426	48						165		5	57
80	180	79.500	79.574	62.500	62.426	56	4	65	70	22	14	175			61
(85)	190	84.500	84.587	66.500	66.413	56						185			65
90	200	89.500	89.587	71.000	70.913	64(56)		70	75	25		190	15		69
(95)	210	94.500	94.587	75.000	74.913	64(56)						200			73
100	220	99.000	99.087	78.500	78.413	72(64)		80	85	28	16	215		10	77
110	240	109.000	109.087	86.500	86.413	80(72)		85	90			235			85
120	260	119.000	119.087	94.500	94.413	90(80)		90	105	32	18	255			93
130	280	129.000	129.100	102.500	102.413	100(90)		100	115			275			101
140	300	139.000	139.100	110.500	110.413	100(90)				36	20	295			109
150	320	149.000	149.100	118.500	118.413	110(100)		110	125			315			117
160	340	159.000	159.100	126.500	126.413	120(110)		120	130	40	22	335			125

[a] 仅供指导，见第 4 章。

表 2 锥度为 1∶16 的螺旋桨轴端和桨毂尺寸

单位为毫米

公称直径[a] DN	桨毂			桨轴锥体			螺纹				键	
	长度 l_1	大端直径 D		小端直径 d_1		锥体长度 l_2	直径 d_2	螺距 p	退刀槽 l_5	螺纹末端长度 l_3	高 h	宽 b
	最大值	最小值	最大值	最大值	最小值							
20	59	20.000	20.052	16.702	16.650	54	14	1.5	4	25	6	6
25	73	25.000	25.052	20.712	20.672	68	16				7	8
30	89	30.000	30.052	24.827	24.775	84	20			30		
35	104	35.000	35.062	28.889	28.837	99	24	2		35	8	10
40	119	40.000	40.062	32.952	32.900	114						12
45	134	45.000	45.062	37.024	36.962	129	30		5	40	9	14
50	149	50.000	50.062	41.087	41.025	144	36(30)	3		45		
(55)	164	55.000	55.074	45.161	45.087	159	36				10	16
60	182	60.000	60.074	49.224	49.150	177	42			55	11	18
(65)	190	65.000	65.074	53.486	53.412	185						
70	205	70.000	70.074	57.549	57.475	200	48		7	60	12	20
(75)	220	74.500	74.574	61.611	61.537	215						
80	235	79.500	79.574	65.674	65.600	230	56	4	10	70	14	22
(85)	250	84.500	84.587	69.749	69.662	245						
90	265	89.500	89.587	73.812	73.725	260	64(56)			75		25
(95)	280	94.500	94.587	77.847	77.787	275						
100	295	99.000	99.087	81.937	81.850	290	72(64)			85	16	28
110	305	109.000	109.087	93.694	93.612	300	80(72)			90		
120	315	119.000	119.087	102.137	102.050	310	90(80)			105	18	32
130	325	129.000	129.100	110.575	110.488	320	100(90)			115		
140	350	139.000	139.100	119.102	118.925	345					20	36
150	380	149.000	149.100	119.837	119.750	375	110(100)		13	125		
160	410	159.000	159.100	127.757	127.670	405	120(110)			130	22	40

a 括号内的尺寸不推荐使用。

ICS 59.080.60
W 56

中华人民共和国国家标准

GB/T 11746—2008
代替 GB/T 11746—1989

簇绒地毯

Tufted carpets

2008-06-16 发布　　　　2009-03-01 实施

中华人民共和国国家质量监督检验检疫总局
中国国家标准化管理委员会　发布

前　言

本标准是对 GB/T 11746—1989《簇绒地毯》的修订，与 GB/T 11746—1989 相比主要变化如下：

a）产品分类，补充按绒头质量（g/m^2）分为若干型号，例如：500 型簇绒地毯，它能直观地向消费者提供地毯厚重类型信息。

b）内在质量要求项变化情况如下：

——增加国际通行的“外观保持性”项目（六足：12 000 次），以评价地毯适用的耐用程度，并直接采用国际标准试验方法和评价方法。

——删除原“中静厚度减少和动态厚度减少”两个项目，由于产品品种不断创新，上述方法已不适用于含有一种以上的绒头厚度或结构的地毯。

——删除原“绒头质量”项目：割绒≥375 g/m^2、圈绒≥250 g/m^2。根据市场经济发展的需要，不应再规定有碍新品种发展的限定要求。

——删除原“背衬剥离强力试验方法及最大力值表示”，改为直接采用 ISO 11857：1999，技术指标调整为≥20 N 不低于国际通行标准。

——为了标志、标签标注需要。本标准对待多样化地毯产品的结构、规格特性，如毯面纤维的类型及含量等采用数据待定方式，由生产企业确定，提供待定数据。

c）增加“室内空气质量”等安全性要求。

d）为适应国内外贸易和使用场所不同需要，增加以下内容：

“附加任选特性技术要求”，如阻燃性、抗静电性、抗微生物活性等七项。

本标准的附录 A 和附录 B 为规范性附录，附录 C 为资料性附录。

本标准自实施之日起代替 GB/T 11746—1989。

本标准由中国轻工业联合会提出。

本标准由全国地毯标准化技术委员会归口。

本标准负责起草单位：中国工艺美术协会地毯专业委员会。

本标准参加起草单位：威海市山花地毯集团有限公司、威海海马地毯有限公司、大连加美地毯有限公司、浙江美术地毯制造有限公司、郑州华德永佳地毯有限公司、重庆市海伦地毯有限公司、北京双泉燕山地毯有限公司。

本标准主要起草人：张玉芬、刘新惠、张波、王国桥、孙祖法、白天文、周锡伦、张殿明。

本标准所代替标准的历次版本发布情况为：

——GB/T 11746—1989。

簇 绒 地 毯

1 范围

本标准规定了簇绒地毯产品分类、要求、试验方法、检验规则、标志、标签和包装、运输、贮存。

本标准适用于合成纤维、羊毛及羊毛混纺纤维为绒头原料，将纱线通过簇绒机刺入底基布形成绒头列，在地毯背面涂敷粘合剂固定绒头，或贴敷背衬的簇绒地毯。以其他纤维材料为绒头的簇绒地毯也可参照使用。

2 规范性引用文件

下列文件中的条款通过本标准的引用而成为本标准的条款。凡是注日期的引用文件，其随后所有的修改单(不包括勘误的内容)或修订版均不适用于本标准，然而，鼓励根据本标准达成协议的各方研究是否可使用这些文件的最新版本。凡是不注日期的引用文件，其最新版本适用于本标准。

GB/T 2910 纺织品 二组分纤维混纺产品定量化学分析方法(GB/T 2910—1997,eqv ISO 1833:1977)

GB/T 2911 纺织品 三组分纤维混纺产品定量化学分析方法(GB/T 2911—1997,eqv ISO 5088:1976)

GB/T 3920 纺织品 色牢度试验 耐摩擦色牢度试验方法(GB/T 3920—1997,eqv ISO 105-X12:1993)

GB/T 6529 纺织品 调湿和试验用标准大气(GB/T 6529—2008,ISO 139:2005,MOD)

GB/T 8427 纺织品 色牢度试验 耐人造光色牢度 氙弧(GB/T 8427—1998,eqv ISO 105-B02:1994)

GB 8624 建筑材料及制品燃烧性能分级

GB/T 11049 地毯燃烧性能 室温片剂试验方法(GB/T 11049—2008,ISO 6925:1982,IDT)

GB/T 11785 铺地材料燃烧性能测定 辐射热源法(GB/T 11785—2005,ISO 9239-1:2002,IDT)

GB 18587 室内装饰装修材料 地毯、地毯衬垫及地毯胶粘剂有害物质释放限量

GB/T 20285 材料产烟毒性危险分级

GB 20286 公共场所阻燃制品及组件燃烧性能要求和标识

QB/T 1087 机制地毯 物理试验的取样和试样的截取法(QB/T 1087—2001,eqv ISO 1957:1986)

QB/T 1088 机制地毯 在浸水和热干燥作用下尺寸变化的试验方法(QB/T 1088—1991,eqv ISO 2551:1981)

QB/T 1090 地毯绒簇拔出力的试验方法(QB/T 1090—2001,eqv ISO 4919:1978)

QB/T 1188 地毯质量的试验方法(QB/T 1188—2001,eqv ISO 8543:1998)

QB/T 1555 地毯毯基上绒头厚度的试验方法(QB/T 1555—2001,eqv ISO 1766:1986)

FZ/T 01053 纺织品 纤维含量的标识

ISO 6356 纺织铺地物 静电习性评价法 行走试验

ISO 9405 纺织铺地物 外观变化的评定

ISO 10361 纺织铺地物 利用威特曼鼓轮或六足滚筒试验产生外观变化

ISO 10965 纺织铺地物 电阻的测定

ISO 11378-2:2001 地毯耐脏污性能 滚筒试验方法及评定

ISO 11857 纺织铺地物 抗脱衬性能的测定

ISO 12951:1999 地毯质量损失 利森四脚踏轮测试方法

ASTM D 6859:2005　成品平齐绒头纱线铺地物　绒头厚度的标准检测方法

AATCC 174:2007　地毯抗微生物活性的测评

3　术语和定义

下列术语和定义适用于本标准。

3.1

外观保持性　appearance retention

地毯防止外观变化的能力。

3.2

外观变化　change in appearance

由于外力作用,使毯面的结构(质地)、厚度、颜色和/或花纹发生变化。

注 1:结构和质地变化是指毯面绒头(割绒或圈绒)和/或纤维结构发生可见变化,如:绒头清晰度降低,绒头倒伏(厚度减损)、纤维化、毡化、起毛、起球、绒头倒向(出现色差)条痕等变化。

注 2:颜色变化是指毯面发白、褪色、起光和脱色等变化。

注 3:花纹的变化是指毯面花纹轮廓清晰度改变或降低。

4　产品分类

4.1　簇绒地毯按绒头结构分为三个品种:

a)　割绒;

b)　圈绒;

c)　割绒圈绒组合。

4.2　簇绒地毯按毯基上单位面积绒头质量分为若干型号,见表 1。

表 1　地毯型号

单位为克每平方米

型号	300 型	350 型	400 型	450 型	500 型
毯基上单位面积绒头质量(标称值)	300～349	350～399	400～449	450～499	500～549
型号	550 型	600 型	650 型	700 型	750 型
毯基上单位面积绒头质量(标称值)	550～599	600～649	650～699	700～749	750～799
注:列举 10 个型号,其他型号以此类推,每个型号间距为 50 g/m^2。					

5　要求

5.1　内在质量

5.1.1　内在质量技术要求应符合表 2 的规定。

表 2　内在质量技术要求

特性	序号	项　　目	单位	技术要求
基本性能	1	外观保持性[a]:六足 12 000 次	级	≥2.0
	2	绒簇拔出力[b]	N	割绒≥10.0、圈绒≥20.0
	3	背衬剥离强力[c]	N	≥20.0
	4	耐光色牢度[d]:氙弧	级	≥5、≥4(浅)[e]

表 2（续）

特性	序号	项目		单位	技术要求
基本性能	5	耐摩擦色牢度	干	级	≥3—4
			湿		≥3
	6	耐燃性：水平法（片剂）		mm	最大损毁长度≤75 至少七块合格
结构规格	7	毯面纤维类型及含量	标称值	%	—
		羊毛或尼龙含量	下限允差	%	−5
	8	毯基上单位面积绒头质量、单位面积总质量	标称值	g/m^2	—
			允差	%	±10
	9	毯基上绒头厚度、绒头高度、总厚度	标称值	mm	—
			允差	%	±10
	10	尺寸　幅宽	标称值	m	—
		尺寸　幅宽	下限允差	%	−0.5
		尺寸　卷长	标称值	m	—
		尺寸　卷长	实际长度	m	大于标称值

注：凡是特性值未作规定的项目，由生产企业提供待定数据。

[a] 绒头纤维为丙纶或≥50％涤纶混纺簇绒地毯允许低半级。

[b] 割绒圈绒组合品种，分别测试、判定绒簇拔出力，割绒≥10.0 N、圈绒≥20.0 N。

[c] 发泡橡胶背衬、无背衬簇绒地毯，不考核表中背衬剥离强力。

[d] 羊毛或≥50％羊毛混纺簇绒地毯允许低半级。

[e] “浅”标定界限为≤1/12 标准深度。

5.1.2　室内有害物质释放量应符合 GB 18587 的规定。

5.2　外观质量

外观质量分等规定应符合表 3 的规定。

表 3　外观质量分等规定

序号	外观疵点	优等品	一等品	合格品
1	破损（破洞、撕裂、割伤等）	无	无	无
2	污渍（油污、色渍、胶渍等）	无	不明显	不明显
3	毯面折皱	无	无	无
4	修补痕迹、漏补、漏修	不明显	不明显	稍明显
5	脱衬（背衬粘结不良）	无	不明显	不明显
6	纵、横向条痕	不明显	不明显	稍明显
7	色条	不明显	稍明显	稍明显
8	毯面不平、毯边不平直	无	不明显	稍明显
9	渗胶过量	无	无	不明显
10	脱毛、浮毛	不明显	不明显	稍明显

5.3 附加任选特性

附加任选特性应符合附录 A 的有关规定。

6 试验方法

6.1 外观质量检验

检验人员按表 3 要求对毯面、毯边、毯背进行目测和手感检验。

6.2 内在质量检验

6.2.1 试验条件(另有规定的除外)

调湿和试验用标准大气采用 GB/T 6529 中规定的二级试验用标准大气,温度(20±2)℃,相对湿度(65±3)%。

6.2.2 调湿处理(另有规定的除外)

试验前在 6.2.1 规定的试验用标准大气条件下将试样的毯面朝上,平整单块地放置,至少保持调湿 24 h。

6.2.3 试样

按 QB/T 1087 规定的方法截取试样。

6.2.4 外观保持性

按 ISO 10361 规定的方法 B(六足滚筒试验仪)进行试验。

按 ISO 9405 规定的方法进行评定。

6.2.5 绒簇拔出力

按 QB/T 1090 进行试验。

6.2.6 背衬剥离强力

按 ISO 11857 的测定进行试验。

6.2.7 耐光色牢度:氙弧

按 GB/T 8427 进行试验。

6.2.8 耐摩擦色牢度

按 GB/T 3920 进行试验。

6.2.9 耐燃性:水平法(片剂)

按 GB/T 11049 进行试验。

6.2.10 毯面纤维类型及含量、羊毛或尼龙含量

需要进行纤维含量分析时应按组分不同采用 GB/T 2910 或 GB/T 2911 进行试验。

6.2.11 毯基上单位面积绒头质量、单位面积总质量

按 QB/T 1188 进行试验。

偏差率按式(1)计算:

$$D=\frac{\overline{m}_t - m_s}{m_s}\times 100 \qquad \cdots\cdots(1)$$

式中:

D——毯基上单位面积绒头质量偏差率,%,精确到小数点后一位;

$\overline{m}_t$——实测毯基上单位面积绒头质量的算术平均值,单位为克每平方米(g/m^2),精确到小数点后一位;

m_s——标称毯基上单位面积绒头质量,单位为克每平方米(g/m^2)。

6.2.12 毯基上绒头厚度、绒头高度、总厚度

绒头厚度、总厚度按 QB/T 1555 进行试验。

绒头高度按 ASTM D 6859:2005 中 A 1.2.2 进行测定。

测量绒头高度的方法是将带刻度的小直尺插入绒头中至毯基,读取绒头高度(mm),精确至 0.5 mm。

6.2.13 地毯尺寸

按附录B规定的方法进行测定。

6.3 附加任选特性检验

附加任选特性技术要求见附录A。

7 检验规则

7.1 检验分类

产品检验分出厂检验和型式检验。

7.1.1 出厂检验(交收检验)

产品出厂前,需经检验合格后方可出厂。

a) 对外观质量和地毯尺寸进行全数检验;

b) 内在质量每批(产品的原材料、品种或工艺有重大改变)按表4规定检验。

表4 出厂检验项目

序号	检验项目		要　求	检验方法
1	外观质量		应符合表3规定	按6.1方法
2	尺寸	幅宽	应符合表2规定	按附录A方法
		卷长		
3	毯面纤维类型及含量 羊毛或尼龙含量			按6.2.10方法
4	毯基上单位面积绒头质量、单位面积总质量			按6.2.11方法
5	毯基上绒头厚度、绒头高度、总厚度			按6.2.12方法

7.1.2 型式检验(例行检验)

有下列情况之一时,对产品进行型式检验:

a) 停产后复产;

b) 产品的原材料、品种或工艺有重大改变;

c) 国家质量监督机构提出型式检验的要求时。

7.2 检验项目

7.2.1 出厂检验项目应按表4执行。

7.2.2 型式检验时,外观质量和内在质量应按表3和5.1规定进行检验。

7.3 抽样规定

抽样按批以卷为单位随机抽取其批量数和样本数量,见表5。

表5 批量和样本数量

单位为卷

批量数	100以下	100～200	201～400	400以上
样本数量	1	2	3	4

7.4 判定规则

7.4.1 品等规定

产品品等按7.4.2进行判定。

7.4.2 分等规定

7.4.2.1 簇绒地毯的品等由内在质量和外观质量结合评定,分为优等品、一等品、合格品和不合格品。

7.4.2.2 内在质量评定以批为单位(原材料、品种、工艺参数、色号相同为一批),全部达到5.1要求为内在质量合格,其中有一项达不到要求为内在质量不合格。

7.4.2.3 外观质量评等以卷为单位,分为优等品、一等品、合格品和不合格品,按表3要求以10项疵点中最低的一项品等定为外观质量等级。

7.4.2.4 内在质量和外观质量都合格时，以外观质量的品等定该产品的等级；内在质量和/或外观质量不合格时，则判该产品为不合格品。

7.5 复验规则

外观质量检验项目中，只有一项不合格时允许从该批产品中加倍抽样，全部指标复验合格或优于合格时，则判定该批产品外观质量合格；如仍有一个样品不合格则判定该批产品外观质量不合格。

内在质量检验项目中，只有一项不合格时，允许对该批产品的不合格项加倍抽样复验，如复验合格则可以判定该批产品内在质量合格；如仍有一个样品不合格则判定该批产品内在质量不合格。

8 标志和标签

8.1 产品标签需要标明的内容

a) 生产企业名称和详细地址、商标；
b) 地毯型号和产品名称、品种；
c) 毯面纤维类型及含量（含量标识应符合 FZ/T 01053）；
d) 地毯尺寸；
e) 产品主要规格（隔距、毯基上绒头质量、单位面积总质量和毯基上绒头厚度、绒头高度等）；
f) 产品执行的标准编号；
g) 产品质量等级、检验合格证明；
h) 使用建议：生产企业应指明该产品按其性能水平适用于使用的场所。

注：关于机制羊毛地毯名称的界定：
纯羊毛地毯（羊毛含量≥95%）；
羊毛地毯（80%≤羊毛含量<95%）；
羊毛混纺地毯（20%≤羊毛含量<80%）；
混纺地毯（羊毛含量<20%）。

8.2 附加任选信息

除应标明的内容外，还包括需向消费者提供说明的其他信息。

8.3 包装标志需要标明的内容

a) 生产企业名称；
b) 地毯型号和产品名称、品种；
c) 地毯尺寸规格、色别；
d) 产品质量等级；
e) 成包日期；
f) 提示语："不准用钩"、"防潮"、"勿重压"等。

8.4 地毯标签标识及提供

地毯标签应缝合、粘贴或附在地毯产品上。在销售地毯时，至少随每块地毯或每卷地毯向消费者提供地毯标签。

9 包装、运输和贮存

9.1 包装

簇绒地毯包装应保证产品不受损伤，能防污、防潮，便于贮存和运输。

9.2 运输和贮存

簇绒地毯在运输和贮存时不得重压，应避免雨淋、长期曝晒，注意防潮、防火等。

附 录 A
（规范性附录）
附加任选特性技术要求

对地毯产品标识附加特性时，应符合表A.1有关规定，其所示项目是按合同或使用场所的需要选择。

表 A.1 技术要求

<table>
<tr><th>序号</th><th colspan="2">项 目</th><th colspan="3">技 术 要 求</th><th>试验方法</th></tr>
<tr><td>1</td><td colspan="2">阻燃性</td><td colspan="3">国家规定的公共场所(参见附录C)用地毯
燃烧性能不低于(D_{fl}－s2，t1)标识等级
D_{fl}：CHF≥3.0 kW/m^2
s2：无性能要求
t1：产烟毒性应达到ZA3级</td><td>GB 8624
GB 20286
GB/T 11785
GB/T 20285</td></tr>
<tr><td>2</td><td colspan="2">抗静电性
（行走试验）</td><td colspan="3">≤2.0 kV～≤3.5 kV</td><td>ISO 6356</td></tr>
<tr><td rowspan="2">3</td><td rowspan="2">电习性</td><td>水平电阻</td><td colspan="3">≤10^6 Ω</td><td rowspan="2">ISO 10965</td></tr>
<tr><td>垂直电阻</td><td colspan="3">≤10^9 Ω</td></tr>
<tr><td rowspan="3">4</td><td colspan="2" rowspan="3">抗微生物活性</td><td colspan="2">抗菌率</td><td>抗霉性</td><td rowspan="3">抗菌率：
AATCC 174：2007中第2部分
抗霉性：
AATCC 174：2007中第3部分</td></tr>
<tr><td>金黄色葡萄球菌
菌号：ATCC 6538</td><td>大肠杆菌
菌号：ATCC 25922</td><td>黑曲霉
菌号：ATCC 6275</td></tr>
<tr><td>≥95.0%</td><td>≥95.0%</td><td>无霉菌生长</td></tr>
<tr><td>5</td><td colspan="2">耐磨损性（脱毛）</td><td colspan="3">≤80%羊毛混纺，质量损失＜25%</td><td>ISO 12951：1999</td></tr>
<tr><td>6</td><td colspan="2">耐脏污性</td><td colspan="3">≥3级</td><td>ISO 11378-2：2001</td></tr>
<tr><td rowspan="2">7</td><td colspan="2" rowspan="2">尺寸稳定性
（浸水、热干燥）</td><td colspan="3">满铺地毯尺寸变化率</td><td rowspan="2">QB/T 1088</td></tr>
<tr><td colspan="3">＋0.4%～－0.8%</td></tr>
<tr><td colspan="7">注1：抗静电性最低水平≤3.5 kV，为一般商务区域使用的地毯。特定场所则需要更低的静电压。
注2：菌种由国家级菌种保藏管理中心提供。</td></tr>
</table>

附　录　B
（规范性附录）
地毯尺寸的测定

B.1　量具

钢尺：钢直尺、钢卷尺，其分度值单位为毫米。

B.2　试样

卷装地毯。

B.3　尺寸测量方法

B.3.1　将地毯放在平面上，展开铺平，呈松弛状后进行测量。

B.3.2　对整卷地毯，用大于幅宽尺寸的钢尺，至少测量五处不同部位幅宽尺寸，单位为厘米，精确到0.5 cm，即小于0.5 cm应舍去不计。

B.3.3　对整卷地毯用钢卷尺测量长度尺寸（不包括卷装地毯两端不完整部分），单位为米，精确到厘米。

B.4　结果计算

B.4.1　实测幅宽的算术平均值表示幅宽尺寸，单位为厘米，精确到小数点后一位。

B.4.2　地毯幅宽尺寸偏差率按式(B.1)计算：

$$D=\frac{\overline{L}_t-L_s}{L_s}\times 100 \quad \cdots\cdots(B.1)$$

式中：

D——幅宽尺寸偏差率，以%表示，精确到小数点后一位；

$\overline{L}_t$——实测幅宽尺寸算术平均值，单位为厘米(cm)，精确到小数点后一位；

L_s——幅宽尺寸标称值，单位为厘米(cm)。

附 录 C
（资料性附录）
公安部令第39号和第61号所规定的公共场所

C.1 公安部令第39号《公共娱乐场所消防安全管理规定》中规定的娱乐性公共场所包括：

a） 影剧院、录像厅、礼堂等演出、放映场所；

b） 舞厅、卡拉OK厅等歌舞娱乐场所；

c） 具有娱乐场所功能的夜总会、音乐茶座和餐饮场所；

d） 游艺、游乐场所；

e） 保龄球馆、旱冰场、桑拿浴室等营业性健身、休闲场所。

C.2 公安部令第61号《机关、团体、企业、事业单位消防安全管理规定》对公共场所的界定是：

a） 商场（市场）、宾馆（饭店）、体育场（馆）、会堂、公共场所等公众聚集场所（统称公众聚集场所）；

b） 医院、养老院和寄宿制学校、托儿所、幼儿园；

c） 客运车站、码头、民用机场；

d） 公共图书馆、展览馆、博物馆、档案馆以及具有火灾危险性的文物保护单位。

参 考 文 献

［1］ ISO 6347:2004 纺织铺地物 向消费者提供信息
Textile floor coverings—Consumer information
［2］ ISO/CD 12950-2:1996 纺织铺地物 绒头地毯分级
Textile floor coverings—Classification of pile carpets
［3］ EN 1307:2005 纺织铺地物 绒头地毯分级
Textile floor coverings—Classification of pile carpets
［4］ EN 14041:2004 弹性,纺织及浸渍纸层压木地板铺地物 必备特性
Resilent,textile and laminate floor coverings—Essential characteristics
［5］ 美国地毯协会(CRI)商用地毯检测及要求
CRI—Commercial carpet—Testing requirements
［6］ ISO 2424 纺织铺地物 词汇
Textile floor coverings—Vocabulary

ICS 59.140.30
Y 46

中华人民共和国国家标准

GB/T 11759—2008
代替 GB/T 11759—1989

牛 皮

Raw cattle hides and skins

2008-07-31 发布 2009-05-01 实施

中华人民共和国国家质量监督检验检疫总局
中国国家标准化管理委员会 发布

前 言

本标准参考了ISO/PDTR 2822-2《生皮　牛皮　第2部分:根据质量分级的指南》(Raw hides and skins—Cattle hides and skins—Part2:Guidelines for grading on the basis of mass),本标准是对GB/T 11759—1989《牛皮》的修订。

本标准代替GB/T 11759—1989。

本标准与GB/T 11759—1989相比,主要变化如下:

——细化了标准的适用范围;

——取消"名词术语";

——取消"加工要求";

——将"规格要求"改为"分类分级";

——取消"注意事项"、"其他"、"品种比差"、"板别比差"、"黄牛皮地区品质比差";

——修改了"检验方法",增加了"检验规则";

——简化了"包装、运输、贮存"。

本标准由中国轻工业联合会提出。

本标准由全国皮革工业标准化技术委员会(SAC/TC 252)归口。

本标准起草单位:中牛有限公司、中国皮革和制鞋工业研究院。

本标准主要起草人:范华东、李士伟、吴纪魁、范可可、李建设。

本标准所代替标准的历次版本发布情况为:

——GB/T 11759—1989。

牛　　皮

1　范围

本标准规定了牛皮的分类和分级、检验方法、检验规则及包装、运输、贮存。

本标准适用于经宰杀后未经处理、或仅经过简单干燥、或经过冷冻处理、或经过盐腌处理、或经过适当保藏处理的生牛皮。

2　分类和分级

2.1　质量分类

牛皮按质量分类见表1。

表1　质量分类

单位为千克

类　别		质量 m			
		鲜皮(含冻鲜皮)	盐湿皮	盐干皮	淡干皮
未成年牛皮(小牛皮,calf skins)		≤20	≤15	≤10	≤7
成年牛皮	轻量皮(light hides)	$20<m\leqslant25$	$15<m\leqslant20$	$10<m\leqslant15$	$7<m\leqslant10$
	中量皮(medium hides)	$25<m\leqslant30$	$20<m\leqslant25$	$15<m\leqslant20$	$10<m\leqslant15$
	重量皮(heavy hides)	$30<m\leqslant35$	$25<m\leqslant30$	$20<m\leqslant25$	$15<m\leqslant20$
	超重量皮(extra heavy hides)	>35	>30	>25	>20

2.2　面积分类

牛皮按面积分类见表2。

表2　面积分类

单位为平方米

类　别		面积 S
未成年牛皮(小牛皮,calf skins)		≤2.00
成年牛皮	小型皮	$2.00<S\leqslant2.56$
	中型皮	$2.56<S\leqslant3.11$
	大型皮	$3.11<S\leqslant4.00$
	超大型皮	>4.00

2.3　缺陷分级

2.3.1　一级

一级皮应符合以下规定：

——皮形完好，清洁，经过良好的防腐处理，无可见的腐烂、掉毛；

——颈部、背部等主要部位无孔洞、剥皮伤等明显伤残，次要部位孔洞、剥皮伤不超过3处，伤残总面积不超过10 cm^2；

——无烙印。

2.3.2　二级

二级皮应符合以下规定：

——皮形完好，经过良好的防腐处理，无可见的腐烂、掉毛；
——主要部位无孔洞，次要部位孔洞、剥皮伤不超过 3 处，伤残总面积不超过 40 cm^2；
——背部的剥皮伤不超过 5%；
——可有轻微的寄生虫伤、中等的已愈合的伤残；
——粪便污迹不超过 10%。

2.3.3 三级

不符合一级、二级的规定，有下列情况之一者为三级皮：
——皮形不完整，但程度不超过 30%；
——可利用面积内伤残不超过 50%；
——可利用面积内剥皮伤不超过 40%；
——可利用面积内掉毛受损面积不超过 30%；
——出现腐烂伤残，腐烂面积不超过 30%；
——粪便污迹超过 10%。

2.3.4 四级

不符合一级、二级、三级的规定为四级皮。

3 检验方法

3.1 称量

——鲜皮：称量时，成年牛皮精确至 0.5 kg，小牛皮精确至 0.1 kg。
——盐湿皮：将皮张打开，肉面向上，抖动，并敲打肉面，除去抖出的盐粒，称量，成年牛皮精确至 0.5 kg，小牛皮精确至 0.1 kg。
——盐干皮：除去抖出的盐粒、多余的附着物，称量，精确至 0.1 kg。
——淡干皮：除去多余的附着物，称量，精确至 0.1 kg。

3.2 面积测量和计算

将皮张平铺，使用最小刻度为 0.5 cm 的量尺，长度从耳根连线与背脊线交点量至尾根，宽度选腰间脐线位置从左右皮边各向内减 15 cm 作为测量点横量，按式(1)计算面积：

$$S=(A-20)\times B/10\ 000 \qquad \cdots\cdots(1)$$

式中：
S——面积，单位为平方米(m^2)；
A——长度，单位为厘米(cm)；
B——宽度，单位为厘米(cm)。
计算结果保留两位小数。

3.3 缺陷检验

将皮张平铺，分别检验肉面、毛面，并用最小刻度为 0.5 cm 的量尺测量缺陷面积。

4 检验规则

4.1 组批

以同一品种、同一产地、同一规格(质量、面积)的产品组成一个检验批。

4.2 修边

检验前将无用的头、尾、腿等部分剪除，前腿从膝盖处修剪，后腿从跗关节处剪平。

4.3 检验

逐张进行检验。

5 包装、运输、贮存

5.1 包装

产品的内外包装应采用适宜的包装材料，防止产品受损。

5.2 运输、贮存

——防曝晒、防雨雪；

——保持通风干燥，防蛀、防潮、防霉，避免高温环境；

——避免化学物质侵蚀。

ICS 67.060
B 22

GB

中华人民共和国国家标准

GB/T 11760—2008
代替 GB/T 11760—1989

裸大麦
Hulless barley

2008-11-04 发布　　　　　　　　　　2009-01-20 实施

中华人民共和国国家质量监督检验检疫总局
中国国家标准化管理委员会　发布

前　言

本标准代替 GB/T 11760—1989《米大麦》。

本标准与 GB/T 11760—1989 的主要技术差异为：

——将标准名称改为《裸大麦》；

——修改了标准的适用范围；

——取消了分类；

——对质量要求中的不完善粒指标作了修改；

——增加了检验规则；

——增加了有关标签标识的规定。

本标准由国家粮食局提出。

本标准由全国粮油标准化技术委员会归口。

本标准起草单位：陕西国家粮食质量监测中心、青海国家粮食质量监测中心、西藏国家粮食质量监测中心。

本标准主要起草人：张雪梅、尉蕊仙、党献民、任正东、徐建宁、张鹏飞、樊晓燕。

本标准所代替标准的历次版本发布情况为：

——GB/T 11760—1989。

裸 大 麦

1 范围

本标准规定了裸大麦的相关术语和定义、质量要求和卫生要求、检验方法、检验规则、标签标识，以及包装、储存和运输要求。

本标准适用于收购、储存、运输、加工和销售的商品裸大麦（青稞、元麦、裸麦、米大麦）。

2 规范性引用文件

下列文件中的条款通过本标准的引用而成为本标准的条款。凡是注日期的引用文件，其随后所有的修改单（不包括勘误的内容）或修订版均不适用于本标准，然而，鼓励根据本标准达成协议的各方研究是否可使用这些文件的最新版本。凡是不注日期的引用文件，其最新版本适用于本标准。

GB 2715 粮食卫生标准

GB/T 5490 粮食、油料及植物油脂检验 一般规则

GB 5491 粮食、油料检验 扦样、分样法

GB/T 5492 粮油检验 粮食、油料的色泽、气味、口味鉴定

GB/T 5494 粮油检验 粮食、油料的杂质、不完善粒检验

GB/T 5497 粮食、油料检验 水分测定法

GB/T 5498 粮食、油料检验 容重测定法

GB 13078 饲料卫生标准

3 术语和定义

下列术语和定义适用于本标准。

3.1

裸大麦 hulless barley

禾本科草本植物栽培大麦一个变种的果实，成熟后果实与颖壳易于脱落分离。

3.2

容重 test weight

裸大麦籽粒在单位容积内的质量，以克每升（g/L）表示。

3.3

不完善粒 unsound kernel

受到损伤但尚有使用价值的裸大麦颗粒，包括虫蚀粒、病斑粒、破损粒、生芽粒、生霉粒几种。

3.3.1

虫蚀粒 injured kernel

被虫蛀蚀，伤及胚或胚乳的颗粒。

3.3.2

病斑粒 spotted kernel

粒面带有病斑，伤及胚或胚乳的颗粒。

3.3.2.1

黑胚粒 black germ kernel

籽粒胚部呈深褐色或黑色，伤及胚或胚乳的颗粒。

3.3.2.2

赤霉病粒　gibberella damaged kernel

籽粒皱缩、呆白，有的粒面呈紫色，或有明显的粉红色霉状物，间有黑色子囊壳。

3.3.3

破损粒　broken kernel

压扁、破碎，伤及胚或胚乳的颗粒。

3.3.4

生芽粒　sprouted kernel

芽或幼根突破种皮不超过本颗粒长度的颗粒，或芽或幼根虽未突破种皮但胚部种皮已破裂或明显隆起且与胚分离的颗粒。

3.3.5

生霉粒　moldy kernel

粒面生霉的颗粒。

3.4

杂质　foreign material

除裸大麦粒以外的其他物质，包括筛下物、无机杂质和有机杂质。

3.4.1

筛下物　throughs

通过直径 1.5 mm 圆孔筛的物质。

3.4.2

无机杂质　inorganic impurity

砂石、煤渣、砖瓦块、泥土等矿物质及其他无机类物质。

3.4.3

有机杂质　organic impurity

无使用价值的裸大麦、异种粮粒及其他有机类物质。

注：常见无使用价值的裸大麦有霉变裸大麦、生芽粒中芽超过本颗粒长度的裸大麦、线虫病裸大麦、腥黑穗病裸大麦等籽粒。

3.5

色泽、气味　colour and odour

一批裸大麦固有的综合颜色、光泽和气味。

4　质量要求和卫生要求

4.1　质量要求

裸大麦质量要求见表 1。其中容重为定等指标，3 等为中等。

表 1　裸大麦质量要求

等级	容重/(g/L)	不完善粒/%	杂质/%		水分/%	色泽、气味
			总量	其中：矿物质		
1	≥790	≤6.0	≤1.0	≤0.5	≤13.0	正常
2	≥770					
3	≥750					
4	≥730	≤8.0				
5	≥710	≤10.0				
等外	<710	—				

注：“—”为不要求。

4.2 卫生要求

4.2.1 食用裸大麦按 GB 2715 及国家有关规定执行。

4.2.2 饲料用裸大麦按 GB 13078 及国家有关规定执行。

4.2.3 作其他用途裸大麦按国家有关标准和规定执行。

4.2.4 植物检疫按国家有关标准和规定执行。

5 检验方法

5.1 扦样、分样:按 GB 5491 执行。

5.2 色泽、气味检验:按 GB/T 5492 执行。

5.3 杂质、不完善粒检验:按 GB/T 5494 执行。

5.4 水分检验:按 GB/T 5497 执行。

5.5 容重检验:按 GB/T 5498 执行。

6 检验规则

6.1 检验一般规则按 GB/T 5490 执行。

6.2 检验批为同产地、同收获年度、同运输单元、同储存单元的裸大麦。

6.3 判定规则:容重应符合表 1 中相应等级的要求,其他指标按国家有关规定执行。容重低于第 5 等、其他指标符合本标准规定的,判定为等外级裸大麦。

7 标签标识

应在包装物上或随行文件中注明产品的名称、类别、产地、收获年度和月份。

8 包装、储存和运输

8.1 包装

包装应清洁、牢固、无破损,缝口严密、结实,不得撒漏,不应给产品带来污染和异常气味。

8.2 储存

应储存在清洁、干燥、防雨、防潮、防虫、防鼠、无异味的仓库内,不应与有毒有害物质或含水量较高的物质混存。

8.3 运输

应使用符合卫生要求的运输工具,运输过程中应注意防止雨淋和污染。

ICS 67.200.20
B 32

中华人民共和国国家标准

GB/T 11763—2008
代替 GB/T 11763—1989

棉　　籽

Cotton seed

2008-11-04 发布　　2009-01-20 实施

中华人民共和国国家质量监督检验检疫总局
中国国家标准化管理委员会　发布

前 言

本标准代替 GB/T 11763—1989《棉籽》。

本标准与 GB/T 11763—1989《棉籽》的主要技术差异如下：

——增加了有关棉籽标准的术语和定义；

——明确了卫生指标、植物检疫项目的国家规定；

——增加了标签标识；

——规范了包装、储存和运输应遵循的相关标准。

本标准由国家粮食局提出。

本标准由全国粮油标准化技术委员会归口。

本标准起草单位：湖北大学知行学院、新元粮油（武汉）有限公司。

本标准主要起草人：杨登想、刘张虎、孙德海、朱爱玲。

本标准所代替标准的历次版本发布情况为：

——GB/T 11763—1989。

棉　　籽

1　范围

本标准规定了棉籽的相关术语和定义、质量要求和卫生要求、检验方法、检验规则、标签、标识以及包装、储存和运输要求。

本标准适用于籽棉经加工脱绒后供制油的商品棉籽。

2　规范性引用文件

下列文件中的条款通过本标准的引用而成为本标准的条款。凡是注日期的引用文件，其随后所有的修改单(不包括勘误的内容)或修订版均不适用于本标准，然而，鼓励根据本标准达成协议的各方研究是否可使用这些文件的最新版本。凡是不注日期的引用文件，其最新版本适用于本标准。

GB/T 5490　粮食、油料及植物油脂检验　一般规则

GB 5491　粮食、油料检验　扦样、分样法

GB/T 5492　粮油检验　粮食、油料的色泽、气味、口味鉴定

GB/T 14488.1　植物油料　含油量测定(ISO 659:1998，MOD)

GB/T 14488.2　油料　杂质含量的测定(ISO 658:2002，IDT)

GB/T 14489.1　油料　水分及挥发物含量测定(ISO 665:2000，IDT)

GB 19641　植物油料卫生标准

3　术语和定义

下列术语和定义适用于本标准。

3.1

含油率　oil content

经机械脱绒后的棉籽所含油脂占试样(干基)的质量分数。

3.2

杂质　foreign material

除棉籽以外的其他物质，包括筛下物、无机杂质和有机杂质。

3.2.1

筛下物　throughs

通过直径 3.0 mm 圆孔筛的物质。

3.2.2

无机杂质　inorganic foreign material

砂石、煤渣、砖瓦块、泥土等矿物质及其他无机类物质。

3.2.3

有机杂质　organic foreign material

无使用价值的棉籽、异种粮粒、油籽以及其他有机类物质。

3.3

色泽、气味　color and odour

一批棉籽固有的综合颜色、光泽和气味。

3.4

水分 moisture content

净棉籽所含水分占试样的质量分数。

4 质量要求和卫生要求

4.1 质量要求

棉籽按含油率定等,质量要求见表1。

表1 棉籽质量要求

等级	含油率(以干基计)/%	水分/%	杂质/%	色泽、气味
1	≥20.0	≤12.0	≤2.0	正常
2	≥19.0			
3	≥18.0			
4	≥17.0			
5	≥16.0			
等外	<16.0			

4.2 卫生要求

按照 GB 19641 及国家有关标准和规定执行。

4.3 植物检疫

植物检疫项目,按照国家有关规定执行。

5 检验方法

5.1 扦样、分样:按 GB 5491 执行。

5.2 含油率检验:按 GB/T 14488.1 执行。

5.3 色泽、气味检验:按 GB/T 5492 执行。

5.4 杂质检验:按 GB/T 14488.2 执行。

5.5 水分检验:按 GB/T 14489.1 执行。

6 检验规则

6.1 检验的一般规则按 GB/T 5490 执行。

6.2 检验批为同种类、同产地、同收获年度、同运输单元、同储存单元的棉籽。

6.3 判定规则:棉籽含油率应符合表1中相应等级的要求,其他指标按国家有关规定执行。含油率低于5等,其他指标符合表1规定的,判定为等外棉籽。

7 标签、标识

7.1 应在包装物上或随行文件中标注产品名称、等级、产地、收获年度和月份。

7.2 产品的销售和运输应标注相应的标志,具体标准按有关规定执行。

8 包装、储存和运输

8.1 包装

8.1.1 应清洁、牢固、无破损,封口严密、结实,不应撒漏,不应给产品带来污染和异常气味。

8.1.2 材料应符合包装技术要求和国家有关食品卫生的规定。

8.2 **储存**

8.2.1 应储存在清洁、干燥、防雨、防潮、防虫、防鼠、无异味的仓库内，不应与有毒有害物质或含水量较高的物质混存。

8.2.2 包装袋码放应距地面、墙壁 20 cm～30 cm，保持通风。

8.3 **运输**

应使用符合卫生要求的运输工具，运输过程中应注意防止雨淋和污染。

ICS 67.200.20
B 33

中华人民共和国国家标准

GB/T 11764—2008
代替 GB/T 11764—1989

葵花籽

Sunflower seed

2008-11-04 发布 2009-01-20 实施

中华人民共和国国家质量监督检验检疫总局
中国国家标准化管理委员会 发布

前言

本标准代替 GB/T 11764—1989《葵花籽》。

本标准与 GB/T 11764—1989 的主要技术差异如下：

——增加了葵花籽的定义；

——修改了葵花籽的分级定等方法：普通葵花籽以纯仁率定等，油用葵花籽以含油率定等；

——修改了水分指标，取消了对产品的地域性区分；

——增加了判定规则；

——增加了有关标签标识的规定。

本标准由国家粮食局提出。

本标准由全国粮油标准化技术委员会归口。

本标准起草单位：武汉工业学院、陕西省粮油产品质量监督检验所、中粮集团武汉科学研究设计院、新疆天海粮油工业有限公司。

本标准主要起草人：张世宏、尉蕊仙、黄小平、毕雁鸿。

本标准所代替标准的历次版本发布情况为：

——GB/T 11764—1989。

葵 花 籽

1 范围

本标准规定了葵花籽的相关术语和定义、分类、质量要求和卫生要求、检验方法、检验规则、标签标识以及包装、储存和运输的要求。

本标准适用于收购、储存、运输、贸易和加工用商品葵花籽。

2 规范性引用文件

下列文件中的条款通过本标准的引用而成为本标准的条款。凡是注日期的引用文件，其随后所有的修改单(不包括勘误的内容)或修订版均不适用于本标准，然而，鼓励根据本标准达成协议的各方研究是否可使用这些文件的最新版本。凡是不注日期的引用文件，其最新版本适用于本标准。

GB/T 5490 粮食、油料及植物油脂检验 一般规则

GB 5491 粮食、油料检验 扦样、分样法

GB/T 5492 粮油检验 粮食、油料的色泽、气味、口味鉴定

GB/T 5494 粮油检验 粮食、油料的杂质、不完善粒检验

GB/T 5497 粮食、油料检验 水分测定法

GB/T 5499 粮油检验 带壳油料纯仁率检验法

GB/T 8946 塑料编织袋

GB/T 14488.1 植物油料 含油量测定

GB 19641 植物油料卫生标准

LS/T 3801 粮食包装 麻袋

3 术语和定义

下列术语和定义适用于本标准。

3.1

葵花籽 sunflower seed

向日葵的籽实，由果皮(壳)和籽仁组成。

3.2

葵花籽仁 sunflowerseed kernel

葵花籽脱壳后的果实，由种皮、两片子叶和胚组成，颜色为白色、浅灰色、黑色、褐色、紫色，并有宽条纹、窄条纹或无条纹。

3.3

纯仁率 pure kernel ratio

净葵花籽脱壳后籽仁(其中不完善粒折半计算)占试样的质量分数。

3.4

含油率 oil ratio

净葵花籽所含油脂占试样(干基计)的质量分数。

3.5

不完善粒 unsound kernel

受到损伤但尚有使用价值的颗粒，包括破损粒、生芽粒、生霉粒、虫蚀粒、病斑粒几种。

3.5.1

破损粒　broken kernel

籽粒压扁、破碎伤及籽仁的颗粒。

3.5.2

生芽粒　sprouted kernel

芽或幼根突破种皮的颗粒。

3.5.3

生霉粒　moldy kernel

粒面或籽仁表面生霉的颗粒。

3.5.4

虫蚀粒　injured kernel

被虫蛀蚀、伤及籽仁的颗粒。

3.5.5

病斑粒　spotted kernel

籽仁带有病斑的颗粒。

3.6

杂质　foreign material

通过规定筛层及无使用价值的物质，包括下列几种：

a) 筛下物：通过直径 3.5 mm 圆孔筛的物质。

b) 无机杂质：泥土、砂石、砖瓦块及其他无机物质。

c) 有机杂质：无使用价值的葵花籽、异种粮粒以及其他有机杂质。

3.7

色泽、气味　colour and odour

一批葵花籽或葵花籽仁固有的综合色泽、气味。

4 分类

根据葵花籽的用途分为普通葵花籽和油用葵花籽两类。

5 质量要求和卫生要求

5.1 质量要求

5.1.1 普通葵花籽质量指标要求见表 1。其中纯仁率为定等指标。

表 1 普通葵花籽质量指标

等级	纯仁率/%	杂质/%	水分/%	色泽、气味
一等	≥55.0	≤1.5	≤11.0	正常
二等	≥52.0			
三等	≥49.0			
等外	<49.0			

5.1.2 油用葵花籽质量指标要求见表 2。其中含油率为定等指标。

表 2　油用葵花籽质量指标

<table>
<tr><th>等级</th><th>含油率/%</th><th>杂质/%</th><th>水分/%</th><th>色泽、气味</th></tr>
<tr><td>一等</td><td>≥42.0</td><td rowspan="6">≤1.5</td><td rowspan="6">≤11.0</td><td rowspan="6">正常</td></tr>
<tr><td>二等</td><td>≥39.0</td></tr>
<tr><td>三等</td><td>≥36.0</td></tr>
<tr><td>四等</td><td>≥33.0</td></tr>
<tr><td>五等</td><td>≥30.0</td></tr>
<tr><td>等外</td><td><30.0</td></tr>
</table>

5.2　卫生指标

按 GB 19641 和国家有关标准、规定执行。

6　检验方法

6.1　扦样、分样：按 GB 5491 执行。

6.2　色泽、气味的鉴定：按 GB/T 5492 执行。

6.3　杂质、不完善粒检验：按 GB/T 5494 执行。

6.4　水分检验：按 GB/T 5497 执行。

6.5　纯仁率检验：按 GB/T 5499 执行。

6.6　含油率检验：按 GB/T 14488.1 执行。

7　检验规则

7.1　检验一般规则：按 GB/T 5490 执行。

7.2　检验批：同种类、同产地、同收获年度、同运输单元、同储存单元的葵花籽为一批。

7.3　判定规则：普通葵花籽以纯仁率定等，油用葵花籽以含油率定等，定等指标达不到要求时，应降为下一等级，其他指标按国家有关规定执行。普通葵花籽定等指标低于三等，油用葵花籽定等指标低于五等，其他指标符合本标准规定的，判定为等外级。

8　标签标识

应在包装或货位登记卡、贸易随行文件中标明产品名称、质量等级、收获年度、产地和生产国。

9　包装、储存和运输

9.1　包装

包装物应密实牢固，不应产生撒漏，不得对葵花籽造成污染。使用麻袋包装时，麻袋应符合 LS/T 3801的规定。使用编织袋包装时，编织袋应符合 GB/T 8946 的规定。

9.2　储存

应分级储存于阴凉干燥处。不应与有害、有毒物品一同存放。

9.3　运输

运输工具要清洁，防止日晒、雨淋、受潮、污染和标签脱落。不得与有腐蚀性、有毒、有异味的物品混运。

ICS 67.060
B 22

中华人民共和国国家标准

GB/T 11766—2008
代替 GB/T 11766—1989

小　　米

Millet

2008-11-04 发布　　2009-01-20 实施

中华人民共和国国家质量监督检验检疫总局
中国国家标准化管理委员会　发布

前言

本标准代替 GB/T 11766—1989《小米》。

本标准与 GB/T 11766—1989 相比主要的技术差异如下：

——将原标准的术语及定义进行了修改；

——对原标准的引用标准进行了修改；

——将原标准的加工精度指标进行了修订；

——取消了对水分指标的地域性区分；

——增加了检验规则；

——取消了小米以二等为计价基础的规定；

——增加了有关标签标识的规定；

——将包装、储存和运输进行了修改。

本标准的附录 A 为规范性附录。

本标准由国家粮食局提出。

本标准由全国粮油标准化技术委员会归口。

本标准负责起草单位：国家粮食储备局无锡科学研究设计院、山西东方物华农业科技有限责任公司。

本标准主要起草人：王猛、倪晓红、陈志华、朱小兵、朱培良、张有志、王四维。

本标准所代替标准的历次版本发布情况为：

——GB/T 11766—1989。

小　　米

1　范围

本标准规定了小米的相关术语和定义、分类、质量要求、卫生要求、检验方法、检验规则、标签标识以及包装、储存和运输。

本标准适用于粟(谷子)经加工制成的商品小米。

2　规范性引用文件

下列文件中的条款通过本标准的引用而成为本标准的条款。凡是注日期的引用文件,其随后所有的修改单(不包括勘误的内容)或修订版均不适用于本标准,然而,鼓励根据本标准达成协议的各方研究是否可使用这些文件的最新版本。凡是不注日期的引用文件,其最新版本适用于本标准。

GB 2715　粮食卫生标准

GB/T 5490　粮食、油料及植物油脂检验　一般规则

GB 5491　粮食、油料检验　扦样、分样法

GB/T 5492　粮油检验　粮食、油料的色泽、气味、口味鉴定

GB/T 5493　粮油检验　类型及互混检验

GB/T 5494　粮油检验　粮食、油料的杂质、不完善粒检验

GB/T 5497　粮食、油料检验　水分测定法

GB/T 5503　粮食、油料检验　碎米检验法

GB/T 6682　分析实验室用水规格和试验方法(GB/T 6682—2008,ISO 3696:1987,MOD)

GB 7718　预包装食品标签通则

GB/T 17109　粮食销售包装

3　术语和定义

下列术语和定义适用于本标准。

3.1

小米　millet

由粟加工而成的成品粮,按粒质不同又分粳性小米和糯性小米两种。

3.2

加工精度　processing degree

粟脱掉皮层的程度。以100粒小米中,粒面皮层基本去净的颗粒所占的百分数表示。

3.3

不完善粒　unsound kernel

受到损伤但尚有使用价值的小米颗粒。包括未熟粒、虫蚀粒、病斑粒、生霉粒、破损粒几种。

3.3.1

未熟粒　immature kernel

籽粒不饱满,与正常粒显著不同的颗粒。

3.3.2

虫蚀粒　injured kernel

被虫蛀蚀,伤及胚或胚乳的颗粒。

3.3.3

病斑粒　spotted kernel

粒面有病斑，伤及胚或胚乳的颗粒。

3.3.4

生霉粒　moldy kernel

粒面生霉的颗粒。

3.3.5

破损粒　broken kernel

籽粒损伤，伤及胚或胚乳的颗粒。

3.4

杂质　foreign material；impurities；dockage

通过规定筛层的筛下物、无食用价值的其他物质，包括筛下物、无机杂质、有机杂质几种。

3.4.1

筛下物　material passed sieve

通过直径 1.0 mm 圆孔筛的物质。

3.4.2

无机杂质　inorganic impurity

泥土、砂石、煤渣、砖瓦块等矿物质及其他无机杂质。

3.4.3

有机杂质　organic impurity

无食用价值的小米粒、粟粒、异种粮粒及其他有机物质。

3.5

碎米　broken millet

通过直径 1.2 mm 圆孔筛，留存在直径 1.0 mm 圆孔筛的破碎粒。

3.6

色泽、气味、口味　colour，odour and taste

一批小米固有的综合色泽、气味、口味。

4　分类

4.1　粳性小米：用粳粟制成的米，纯度达 95%及以上。

4.2　糯性小米：用糯粟制成的米，纯度达 95%及以上。

5　质量要求和卫生要求

5.1　质量要求

小米质量要求见表 1，其中加工精度为定等指标。

表 1　小米质量要求

等级	加工精度/%	不完善粒/%	杂质/%			碎米/%	水分/%	色泽、气味
			总量	其中 粟粒	其中 矿物质			
1	≥95	≤1.0	≤0.5	≤0.3	≤0.02	≤4.0	≤13.0	正常
2	≥90	≤2.0	≤0.7	≤0.5				
3	≥85	≤3.0	≤1.0	≤0.7				

5.2 卫生要求

5.2.1 供人食用的小米，应符合 GB 2715 和国家有关规定。

5.2.2 其他用途小米按国家有关标准和规定执行。

5.2.3 植物检疫项目按国家有关标准和规定执行。

6 检验方法

6.1 扦样、分样：按 GB 5491 执行。

6.2 色泽、气味、口味检验：按 GB/T 5492 执行。

6.3 粳、糯类型及互混检验：按 GB/T 5493 执行。

6.4 杂质和不完善粒检验：按 GB/T 5494 执行。

6.5 水分测定：按 GB/T 5497 执行。

6.6 碎米检验：按 GB/T 5503 执行。

6.7 加工精度检验：按附录 A 执行。

7 检验规则

7.1 检验的一般规则按 GB/T 5490 执行。

7.2 检验批为同种类、同产地、同收获年、同运输单元、同储存单元的小米。

7.3 出厂检验：产品应按 5.1 的要求进行出厂检验，检验合格方可出厂。

7.4 型式检验：当原料、工艺、设备有重大变化或质量监督部门有要求时，应按第 5 章要求进行型式检验。

7.5 判定规则：质量指标中有一项不合格，判为不合格产品；产品未标注质量等级的，判为不合格产品。

8 标签标识

8.1 预包装销售的小米，其标签按 GB 7718 规定标识。

8.2 非零售的小米，应在包装物上或随行文件中注明品种、等级、产地、质量、生产日期和生产厂家。

9 包装、储存和运输

9.1 包装

9.1.1 应符合 GB/T 17109 的规定要求。

9.1.2 标注的净含量应为最大允许水分状态下的质量。

9.1.3 包装环境应清洁、卫生。

9.1.4 材料应符合包装技术要求和国家有关食品卫生的规定。

9.1.5 包装封口，应严密、结实，不应撒漏。

9.2 储存

应储存在清洁、干燥、防雨、防潮、防虫、防鼠、无异味的仓房内，不得与有毒有害物质或含水量较高的物质混存。

9.3 运输

应使用符合卫生要求的运输工具和容器运输，运输过程中应注意防止雨淋和污染，不得与有毒、有害物质混运。

附 录 A
(规范性附录)
小米加工精度检验(EMB)方法

A.1 范围

本附录规定了检验小米加工精度所用的仪器和用具、试剂、操作方法及结果表示。

本附录适用于小米加工精度的检验。

A.2 仪器和用具

A.2.1 天平:分度值 0.001 g。

A.2.2 烧杯:500 mL。

A.2.3 棕色细口瓶:500 mL。

A.2.4 玻璃皿。

A.2.5 镊子。

A.3 试剂

亚甲基蓝、曙红 Y、甲醇和乙醇为分析纯试剂。实验用水至少应符合 GB/T 6682 中三级水的要求。

A.3.1 亚甲基蓝甲醇溶液:将 312 mg 亚甲基蓝溶解于盛有 250 mL 甲醇的 500 mL 烧杯中,搅拌约 10 min,然后静置 20 min ~25 min,使不溶解的颗粒全部沉淀下来。

A.3.2 曙红甲醇溶液:将 312 mg 曙红 Y 溶解于盛有 250 mL 甲醇的 500 mL 烧杯中,搅拌约 10 min,然后静置 20 min~25 min,使不溶解的颗粒全部沉淀下来。

A.3.3 曙红-亚甲基蓝甲醇溶液:将 A.3.1 和 A.3.2 两种溶液一起倒入棕色细口瓶里,使之充分混合,即成为紫色染色剂。存放于避光处保存备用。

A.4 操作方法

从平均样品中分取小米约 20 g,不加挑选地取出整粒小米 100 粒,置于玻璃皿中,用清水洗 2 次~3 次,然后加入曙红-亚甲基蓝甲醇溶液(A.3.3)浸没米粒,轻轻摇动玻璃皿,浸 2 min 后弃去溶液,用清水洗 2 次~3 次并沥干;再加入乙醇并轻轻摇动 1 min,弃去,立即用清水洗 2 次~3 次。最后将米粒置清水中或用滤纸吸干水分,观察米粒表面染色情况。

小米的胚乳呈粉红色,皮层和胚呈绿色,糊粉层呈蓝色。粒面呈粉红色达 2/3 及以上的颗粒,视为皮层基本去净的颗粒。数出粉红色达 2/3 及以上颗粒数(a),计算加工精度。

A.5 结果表示

加工精度按式(A.1)计算:

$$X = \frac{a}{100} \qquad \text{(A.1)}$$

式中:

X——加工精度,%;

a——皮层基本去净的颗粒数；

100——参与染色检验样品的颗粒数。

两次平行试验测定值的允许差不得超过3%，取平均值作为检验结果，检验结果取整数。

ICS 91.060.50
Q 74

中华人民共和国国家标准

GB/T 11793—2008
代替 GB/T 11793.1—1989,GB/T 11793.2—1989,GB/T 11793.3—1989

未增塑聚氯乙烯(PVC-U)塑料门窗力学性能及耐候性试验方法

Test methods on mechanical and weathering properties for unplasticized polyvinyl chloride (PVC-U) doors and windows

2008-12-24 发布　　　　2009-10-01 实施

中华人民共和国国家质量监督检验检疫总局
中国国家标准化管理委员会　发布

前言

本标准代替 GB/T 11793.1—1989《PVC 塑料窗建筑物理性能分级》、GB/T 11793.2—1989《PVC 塑料窗力学性能、耐候性技术条件》、GB/T 11793.3—1989《塑料窗力学性能、耐候性试验方法》。

本标准与 GB/T 11793.1—1989、GB/T 11793.2—1989、GB 11793.3—1989 主要差异如下：

——删除了 GB/T 11793.1—1989、GB/T 11793.2—1989 的内容，保留了 GB/T 11793.3—1989 的主要内容；

——增加了力学性能试验项目顺序的要求；

——增加了未增塑聚氯乙烯(PVC-U)塑料门的相关试验方法；

——增加了的锁紧器(执手)开关力试验；

——将开关疲劳试验修改为反复启闭性能试验；

——修改了力学性能中焊接角破坏力的试验及结果的计算方法；

——人工老化试验由老化时间 1 000 h 修改为试样累计接收辐射能量 M 类为 8 GJ/m^2，S 类为 12 GJ/m^2；老化后的试验修改为双 V 简支梁冲击强度及颜色变化分光光度计测定法；

——自然气候老化试验由曝晒两年修改为试样累计接收波长范围在 300 nm～800 nm 之间的紫外光及可见光的辐射能量：M 类为 8 GJ/m^2，S 类为 12 GJ/m^2；老化后的试验调整为双 V 简支梁冲击强度及颜色变化分光光度计测定法；

——增加了附录 A《测定人工老化试验的辐射强度和暴露时间的计算方法》、附录 B《我国主要的气候类型》。

本标准的附录 A、附录 B 为资料性附录。

本标准由中华人民共和国住房和城乡建设部提出。

本标准由住房和城乡建设部建筑制品及构配件产品标准化技术委员会归口。

本标准主要起草单位：中国建筑科学研究院。

本标准参加起草单位：维卡塑料(上海)有限公司、国家化学建筑材料测试中心(建工测试部)。

本标准主要起草人：黄家文、陈祺、金谦、李鑫、李丛笑。

本标准所代替标准的历次版本发布情况为：

——GB/T 11793.1—1989；

——GB/T 11793.2—1989；

——GB/T 11793.3—1989。

未增塑聚氯乙烯(PVC-U)塑料门窗力学性能及耐候性试验方法

1 范围

本标准规定了未增塑聚氯乙烯(PVC-U)塑料门窗(以下简称塑料门窗)力学性能及耐候性的术语和定义、试验方法及试验报告。

本标准适用于未增塑聚氯乙烯(PVC-U)型材制作的建筑用门窗的力学性能以及耐候性检测。

2 规范性引用文件

下列文件中的条款通过本标准的引用而成为本标准的条款。凡是注日期的引用文件,其随后所有的修改单(不包括勘误的内容)或修订版均不适用于本标准,然而,鼓励根据本标准达成协议的各方研究是否可使用这些文件的最新版本。凡是不注日期的引用文件,其最新版本适用于本标准。

GB/T 2918 塑料试样状态调节和试验的标准环境

GB/T 3681—2000 塑料大气暴露试验方法

GB/T 14155—2008 整樘门 软重物体撞击试验

GB/T 22632—2008 门扇 抗硬物撞击性能检测方法

GB/T 16422.2—1999 塑料实验室光源暴露试验方法 第2部分:氙弧灯

JG/T 192—2006 建筑门窗反复启闭性能检测方法

ISO 179-1:2000 塑料——简支梁冲击强度的测定

3 术语和定义

下列术语和定义适用于本标准。

3.1

开启限位器 restricted opening device

限制窗扇开启度的装置。

3.2

自然气候老化 natural weathering

材料安装在固定角度或随季节变化角度的试验架上在自然环境中的长期暴露。

3.3

门窗反复启闭性能 repeated opening and closing performance of windows and doors

门窗在多次开启和关闭作用下,保持正常使用功能的能力,以不发生影响正常使用的变形、故障和损坏的反复启闭次数表示。

4 窗的力学性能试验方法

4.1 试验项目及进行顺序

各类塑料窗的力学性能试验项目见表1;试验项目的进行顺序应按照锁紧器(执手)开关力、窗的开关力、悬端吊重、翘曲或弯曲、扭曲、对角线变形、撑挡、开启限位器、反复起闭性能、大力关闭依次进行。

表 1　各类塑料窗的力学性能试验项目

检测项目	平开窗			悬转窗				推拉窗	
	垂直轴		滑轴平开窗	上悬窗	下悬窗	中悬窗	立转窗	左右推拉窗	上下推拉窗
	内开	外开							
锁紧器（执手）开关力	√	√	√	√	√	√	√	—	—
窗的开关力	√	√	√	√	√	√	√	√	√
悬端吊重	√	√	√	—	—	—	√	—	—
翘曲或弯曲变形	√	√	√	√	√	√	√	√	√
扭曲	—	—	—	—	—	—	—	—	√
对角线变形	—	—	—	—	—	—	—	√	—
撑挡	—	√	—	√	√	√	√	—	√
开启限位器	—	√	—	√	√	√	√	—	√
反复启闭性能	√	√	√	√	√	√	√	√	—
大力关闭	√	√	√	√	√	√	√	—	—
焊接角破坏力	√	√	√	√	√	√	√	√	√

注：表中符号“√”表示需要检测的项目，符号“—”表示不需检测的项目。

4.2　试验装置

塑料窗的力学性能试验装置如下：

a)　窗试件的固定装置：能保证窗体竖直、稳定地被固定，不会因为试样上施加外力而发生任何方向的位移，并不应妨碍窗扇开关方向的自由度；

b)　加力和测力装置：除特殊说明外，加力装置应保证试验负荷能连续无冲击施加在试样上，并能保持设定值，其力值准确度不低于 0.5 级，满量程不应超过 1 000 N，测力装置示值精度为 1 N；

c)　测量位移（变形）的装置，包括位移测定器及使其定位的装置：位移测量过程中测量装置本身不会发生任何方向的位移，测量装置不应对试样施加影响试验结果的外力，测量精度不低于 0.1 mm，并具有试验数据实时记录功能；

d)　窗的反复启闭性能试验装置：应满足 JG/T 192—2006 中第五章的规定；

e)　焊接角破坏力测定装置：力值测量精度为±1%，测量范围为 0 kN～20 kN，能保证试验负荷能以 50 mm/min±5 mm/min 的速度平稳、连续、无冲击地施加到试样上；并能显示记录试样破坏前（含破坏时）的能承受的最大应力，应具有防止试样破碎飞溅伤人的保护装置。

4.3　试样

4.3.1　试样的工艺及规格要求

如无特殊说明，不应附加多余的零配件，或采用特殊的组装工艺；试样的规格型号和镶嵌方式应符合有关的标准或设计要求。

4.3.2　试样制备

试样采用3樘相同规格、型号的成品塑料窗；焊接角应从未进行镶嵌工艺的半成品窗框、扇的焊接件上用机加工的方式取得相同规格、型号的5个试件。

4.3.3　状态调节

试样应放置在18 ℃～28 ℃间进行状态调节至少24 h后，然后再进行各项性能试验。

4.4　试验项目

4.4.1　锁紧器(执手)开关力试验

4.4.1.1　原理

测量实际使用条件下，锁紧器或执手的开启力值。

4.4.1.2　试验步骤

在锁紧器的手柄上，距其转动轴心100 mm处，挂一个量程为0 N～150 N的测力弹簧秤，沿垂直手柄的运动方向以顺或者逆时针方向加力，直到手柄移动使门扇松开或者紧闭，记录测量过程中所显示的最大力值，取3樘试样中试验数值的最大值，作为锁紧器(执手)的开力或关力。

4.4.2　窗的开关力试验

4.4.2.1　原理

测量实际使用条件下，移动窗扇的所需要的力值。

4.4.2.2　试验步骤

打开窗扇的锁闭装置，使用带有最大示值功能、示值精度为1 N的弹簧秤，钩住窗的执手处，用手通过弹簧秤拉动窗扇，使其开启或关闭，读取开启或关闭过程弹簧秤显示的最大读数；取3樘试样中试验数值最大值作为本试验的结果。

4.4.3　悬端吊重试验

4.4.3.1　原理

悬端吊重试验是测定开着的窗户在受到外加垂直荷载作用时的性能。

4.4.3.2　试验步骤

在开启角度为90°±5°的窗扇自由端的扇框型材中心线上，施加500 N的垂直向下负荷，保持5 s后立即卸荷，卸荷60 s后，记录窗扇自由端扇框型材中心线上测试点的位置初始读数L_0，读数精确到0.01 mm。进行第二次加荷(500 N)，保持60 s。记录此时的测试点的读数L_1，立即卸荷，60 s后，记录测量仪器上的读数L_2，单位均为mm，检查窗户开关功能是否正常，并记录。

4.4.3.3　结果和表示

负载变形按式(1)计算、残余变形按式(2)计算：

$$负载变形 = L_1 - L_0 \qquad (1)$$

$$残余变形 = L_2 - L_0 \qquad (2)$$

式中：

L_0——测试点的位置初始读数，单位为毫米(mm)；

L_1——第二次加荷60 s时，测试点的读数，单位为毫米(mm)；

L_2——第二次加荷并卸荷60 s后测试点的读数，单位为毫米(mm)。

4.4.4　翘曲或弯曲变形试验

4.4.4.1　原理

翘曲或弯曲变形试验是模拟窗扇的一角被卡住时，强行开窗或人依靠在打开着的窗扇上以及受风力时，窗扇产生变形的情况。

4.4.4.2　试验步骤

各类塑料窗的翘曲或弯曲变形试验步骤如下：

a)　平开窗及悬窗的翘曲变形是将窗扇的锁闭打开，并使窗扇的一角卡住。在窗扇执手处施加

300 N 的负荷，保持 5 s 后卸除，卸除负荷 60 s 后记录执手处测量位移装置上的初始读数 L_0，精确到 0.01 mm，再进行第二次加荷（300 N），保持 60 s，记录测量位移装置上的初始读数 L_1，立即卸荷，卸荷 60 s 后，记录测量装置上读数 L_2，单位均为 mm。检查窗户开关功能是否正常，试件是否破坏，并记录；

b) 推拉窗的弯曲变形试验时将窗扇处于半开状态，负荷的位置应处于窗扇开启边竖挺的中点，负荷方向垂直于窗平面。施加 300 N 的负荷，保持 5 s 后卸除，卸除负荷 60 s 后记录测量位移装置上的初始读数 L_0，精确到 0.01 mm，再进行第二次加荷（300 N），保持 60 s，记录测量位移装置上的初始读数 L_1，立即卸荷，卸荷 60 s 后，记录测量装置上读数 L_2，单位均为 mm。检查窗户开关功能是否正常，试件是否破坏，并记录。

4.4.4.3 结果和表示

负载变形按式(1)计算、残余变形按式(2)计算。

4.4.5 扭曲变形试验

4.4.5.1 原理

扭曲变形试验是模拟推拉窗在使用过程中，当窗扇突然受阻而强行推拉时，见图 1，窗扇框执手处受扭曲变形的情况，见图 2。

图 1 扭曲试验状态图

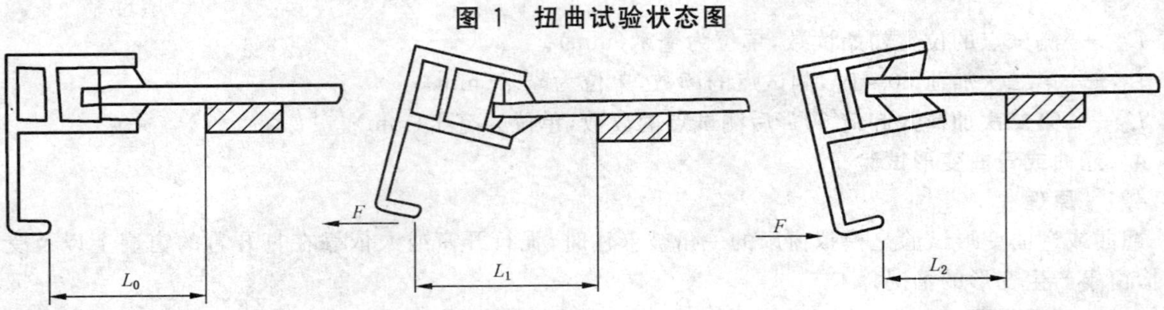

a) 初始状态　　b) 推窗时的变形情况　　c) 拉窗时的变形情况

图 2 扭曲试验时执手处窗扇框的变形情况

4.4.5.2 **试验步骤**

在推拉窗扇框执手处，施加 200 N 与开关方向一致的负荷，加、卸荷步骤及变形记录依照 4.4.3.2，测定第二次加荷及卸荷后执手处的负载变形及残余变形，单位为 mm，精确到 0.01 mm。检查并记录窗户开关功能是否正常。对于没有外凸执手的推拉窗可不作扭曲试验。

4.4.5.3 **结果和表示**

负载变形按式(1)计算、残余变形按式(2)计算。

4.4.6 **对角线变形试验**

4.4.6.1 **原理**

对角线变形试验是测定推拉窗在开关过程中，窗扇受阻时其对角线的变形情况。

4.4.6.2 **试验步骤**

试验是在窗扇的一角被卡住的情况下，在窗扇的执手处，施加与推拉方向一致的负荷 200 N，加、卸荷步骤及变形记录依照 4.4.3.2，测定第二次加荷时及卸荷后窗扇对角线的变形，单位为 mm，精确到 0.1 mm。检查窗户开关功能是否正常。

4.4.7 **撑挡试验**

4.4.7.1 **原理**

撑挡试验是测定撑挡受力(如阵风吹袭窗扇)时的承受能力。

4.4.7.2 **试验步骤**

试验时，窗扇处于稳定的开启状态，在执手处施加垂直于执手 200 N 负荷，依照 4.4.3.2 的规定进行加、卸荷及变形的记录。测定撑挡处在荷载作用下的变形及卸荷后的残余变形，单位为 mm，精确到 0.01 mm。

4.4.7.3 **结果表示**

负载变形按式(1)计算、残余变形按式(2)计算。

4.4.8 **开启限位器试验**

4.4.8.1 **原理**

开启限位器试验是模拟关闭着的窗扇被阵风吹开时，检验窗扇开启限位器遭受猛然开启力作用的承受能力。

4.4.8.2 **试验步骤**

试验时，窗扇先处于关闭状态，施加 10 N 的开启力将窗扇拉开，限位器则受到 10 N 的负荷以及窗扇惯性冲击。重复该步骤 10 次，检查并记录试验过程中及试验后窗扇机器限位器的损坏情况。

4.4.9 **窗的反复启闭性能试验**

依照 JG/T 192—2006 第 9 章进行。

4.4.10 **大力关闭试验**

4.4.10.1 **原理**

大力关闭试验是模拟开着的窗，当撑挡没有锁紧或因功能失效时，在阵风吹袭下窗扇与框发生猛烈碰撞时的承受能力。

4.4.10.2 **试验步骤**

试验时将窗扇开启 45°±5°，松开撑挡，使窗扇在负荷作用下猛力关闭，重复该步骤 10 次，观察并记录试样有无损坏。试验负荷应通过定滑轮作用在窗扇的执手处，其大小应相当于七级风的作用力的一半即为 75 Pa 乘以窗扇的面积。

4.4.11 **焊接角破坏力试验**

4.4.11.1 **原理**

焊接角破坏力试验是为了测定窗扇和窗框的角隅部位的断裂强度。

4.4.11.2 **试验步骤**

试样只清理 90°角的外缘，试样支撑面的中心长度 a 为 400 mm±2 mm，支撑部分加工成 45°角，见图 3。

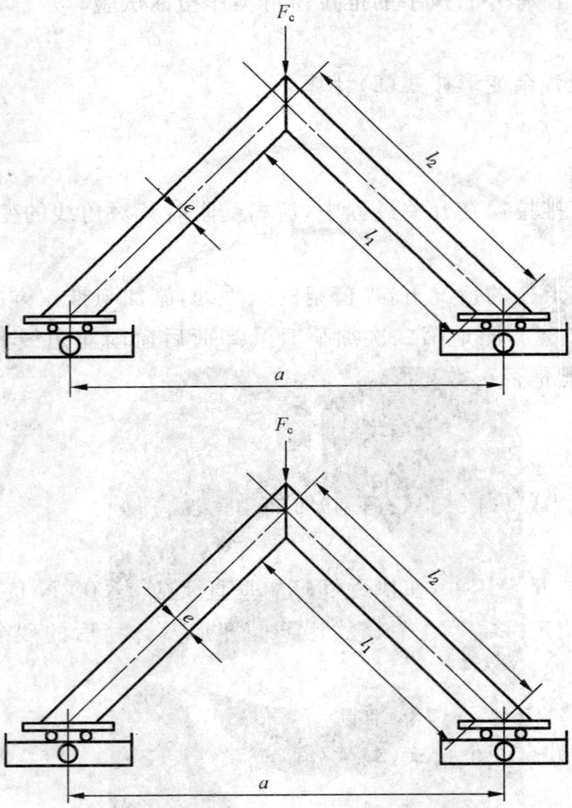

图 3 焊接角破坏力试验示意图

按照图 3 所示，将试样的两端放在活动支撑座上，向焊接头或者 T 型接头处施加压力，直至断裂为止，记录最大力值 F。

4.4.11.3 **结果和表示**

根据生产商或者相关单位提供的型材截面图进行焊接角最小破坏力的计算，计算方法见公式(3)：

$$F_c = (4 \times \sigma_{min} \cdot W)/(a - 2^{1/2} e) \qquad (3)$$

其中

$$W = I/e \qquad (4)$$

式中：

F_c——焊接角最小破坏力，单位为牛顿(N)；

σ_{min}——型材最小破坏应力，设定为 35 MPa；

a——试样支撑面的中心长度，单位为毫米(mm)；

e——临界线 AA′与中性轴 ZZ′的距离，单位为毫米(mm)，见图 4；

W——应力方向的倾倒矩，单位为立方毫米(mm^3)，计算方法见公式(4)；

I——型材横断面 ZZ′轴的惯性矩，T 型焊接的试样应使用两面中惯性矩的较小的值，单位为四次方毫米(mm^4)。

记录每个试样的实测焊接角破坏力 F，并计算 5 个试样的算术平均值 $\overline{F}$，计算结果与焊接角最小破坏力 F_c 进行比较。

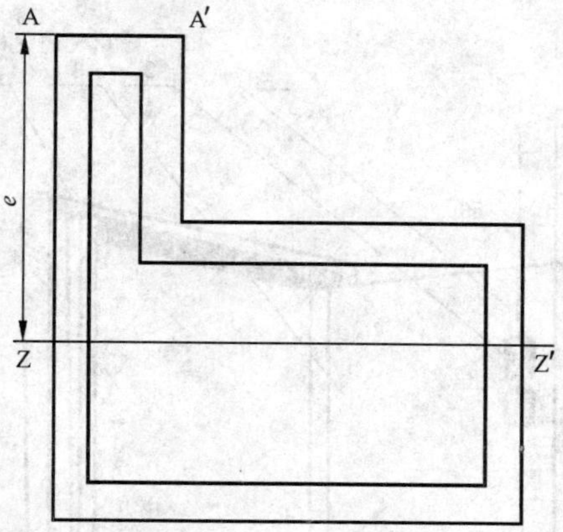

图 4 *e* 值示意图

5 门的力学性能试验方法

5.1 试验项目及进行顺序

各类塑料门的力学性能试验项目见表 2;试验项目的进行顺序应按照锁紧器(执手)开关力、门的开关力、悬端吊重、垂直荷载、翘曲或弯曲、扭曲、反复起闭性能、大力关闭依次进行、软物冲击、硬物冲击。

表 2 各类塑料门的力学性能试验项目

试验项目	平开门	平开下悬门	推拉下悬门	折叠门	推拉门	地弹簧门
锁紧器(执手)开关力	√	√	√	√	—	—
门的开关力	√	√	√	√	√	√
悬端吊重	√	√	—	√	—	√
垂直荷载	√	—	—	—	—	√
翘曲或弯曲变形	—	—	√	—	—	√
扭曲	—	—	√	—	—	√
反复启闭性	√	√	√	√	√	√
大力关闭	√	√	—	—	—	—
软重物体撞击	√	√	√	√	√	√
硬物冲击	√	√	√	√	√	√
焊接角破坏力	√	√	√	√	√	√

注:表中符号"√"表示需要检测的项目,符号"—"表示不需检测的项目。

5.2 试验装置

各类塑料门的力学性能试验装置如下:

a) 门试件的固定装置、加力和测力装置、测量位移(变形)的装置、反复启闭性能测定装置、焊接角破坏力测定装置同 4.2 中的要求;

b) 垂直荷载试验装置,如图 5:
其中百分表精度为 0.01 mm,荷载为五等砝码;

c) 软重物体撞击试验装置应符合 GB/T 14155—2008 中第 5 章的要求;

d) 硬物冲击试验装置应符合 GB/T 22632—2008 中第 2 章的要求。

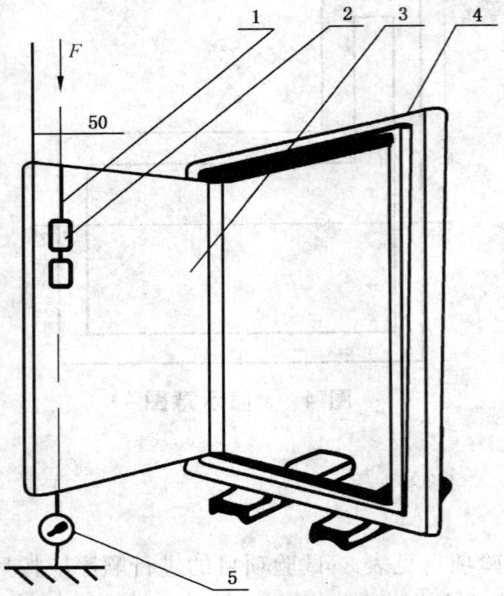

1——绳子；

2——砝码；

3——试样；

4——试验架；

5——百分表。

图 5　垂直荷载试验装置图

5.3　试样

试样要求同 4.3。

5.4　试验项目

5.4.1　锁紧器(执手)开关力、门的开关力、悬端吊重、翘曲或弯曲变形、扭曲变形、反复启闭性能、大力关闭、焊接角破坏力试验方法同 4.4.1、4.4.2、4.4.3、4.4.4、4.4.5、4.4.9、4.4.10、4.4.11。

5.4.2　垂直荷载试验

5.4.2.1　原理

在处于开启状态的门扇顶端的拟定位置施加一垂直荷载，以测定在垂直方向的变形量。

5.4.2.2　试验步骤

将试样牢固的安装在试验架上，门扇应开关、转动正常。门窗开启角度为 45°或 90°，调整百分表零位，根据具体产品标准的要求，选择负载 F，用绳子将砝码悬挂在门扇开启的两侧，F 的作用力距门扇开启边缘为 50 mm，加荷 15 min 时，记录百分表的数值，为门扇的垂直方向变形量，精确到 0.01 mm；卸载 3 min 时，记录百分表的数值，为门扇的残余变形量，精确到 0.01 mm。

5.4.2.3　结果和表征

取 3 樘试样中的试验数据最大值作为试验结果。

5.4.3　软物冲击试验

试验依照 GB/T 14155—2008 中第 6 章要求进行。

5.4.4　硬物冲击试验

试验依照 GB/T 22632—2008 中第 4 章要求进行。

6 耐候性试验方法

6.1 耐候性试验的种类

耐候性试验分为人工老化试验、自然气候老化试验以及实际使用条件下的老化试验。一般情况，可以根据具体条件选用前两种方法中的一种，或者同时使用前两种方法进行试验。试验条件的确定可以参考附录 A 及附录 B 中的内容。当需要检验实际使用条件下的老化情况时，可选用第三种老化试验方法。

6.2 人工老化试验

6.2.1 试验装置

人工老化及老化后试验装置如下：

a) 人工老化试验装置应符合 GB/T 16422.2—1999 中第 5 章的规定；

b) 摆锤冲击试验仪应符合 ISO 179-1:2000 中第 5 章的规定；

c) 分光光度计使用 CIE 标准光源 D65（包括镜子反射率），测定条件 8/d 或 d/8（两者都没有滤光器）的分光光度计。

6.2.2 试样制备

试样制备方法如下：

a) 样品应选用与力学性能试验所用样品一致的塑料窗（门）。试样使用机械加工的方式从成品窗（门）框、扇框接收阳光曝晒的可视面上截取。试样数量应保证能够加工足够的耐候性试验所需的比对试验试样要求。试样宜加工成简支梁冲击试验及颜色变化样品后挂入耐候性试验箱。

b) 简支梁冲击强度试样规格：采用双 V 型缺口，长度 l 为 50 mm±1 mm，宽度 b 为 6.0 mm±0.2 mm，厚度 h 取型材的原厚，缺口半径为 r_N 为 0.25 mm±0.05 mm，缺口剩余宽度 b_N 为 3 mm±0.1 mm，试样数量不少于 6 个。

c) 颜色变化试样规格：长×宽：50 mm×40 mm，数量不少于 2 个。

6.2.3 试验步骤

6.2.3.1 老化试验

人工老化试验依照 GB/T 16422.2—1999 中 A 法的规定进行。黑板温度：65 ℃±3 ℃，相对湿度：(50±5)%，每次喷水时间：18 min±0.5 min，两次喷水之间的无水时间：102 min±0.5 min。曝晒面为可视面，累计接收辐射能量 M 类为 8 GJ/m²，S 类为 12 GJ/m²。对照用样品应贮存在 GB/T 2918 中规定的标准实验室环境中。经过老化试验后的样品分别进行简支梁冲击强度试验和颜色变化试验。

6.2.3.2 老化后的简支梁冲击试验

按照 ISO 179-1 规定进行，其中试验跨距（L）为 $40^{+0.5}_{0}$ mm，冲击方向见图 6，冲击强度按式（5）计算：

$$a_{cN}=\frac{E_c}{h\times b_N}\times 10^3 \qquad \cdots\cdots(5)$$

式中：

a_{cN}——冲击强度，单位为千焦耳每平方米（kJ/m²）；

E_c——试样断裂时吸收的已校准的能量，单位为焦耳（J）；

h——试样厚度，单位为毫米（mm）；

b_N——试样缺口底部剩余宽度，单位为毫米（mm）；

试验结果以一组数据的算术平均值表示，$\bar{a}_{cN}$。

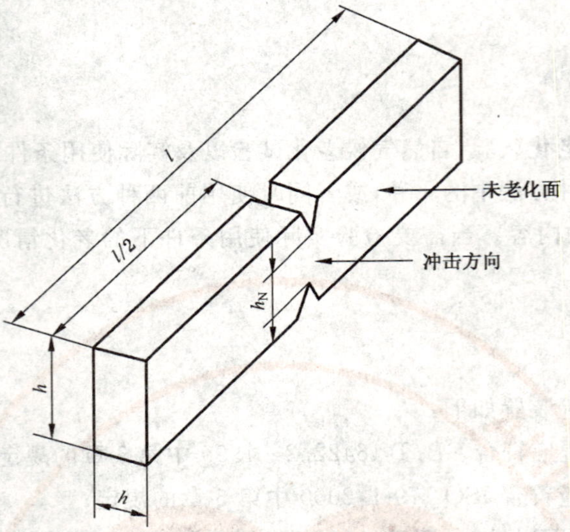

图 6　双 V 缺口试样及冲击方向

6.2.3.3　老化后的颜色变化

使用未经过耐候性试验的试样作为标准样，经过老化试验后的样品在取出老化箱后的 24 h 内根据产品标准的具体要求用分光光度计进行测量，每个试样测量两点，取平均值，计算出 ΔE^* 和 Δb^* 或只测量并计算出 ΔE^*。

6.3　自然气候老化试验方法

6.3.1　试验装置

试验装置应符合 GB/T 3681—2000 中第 5 章的规定。

6.3.2　试样制备

样品应选用与力学性能试验所用样品一致的塑料窗。试样使用机械加工的方式从成品窗(门)框、扇框接受阳光曝晒的可视面上截取。试样数量应保证能够加工足够的耐候性试验所需的比对试验试样要求。试样宜加工成简支梁冲击试验及颜色变化样品后进行耐候性试验。

6.3.3　试验步骤

6.3.3.1　老化试验

试样架、测定太阳辐射能量仪器应按 GB/T 3681—2000 的规定安置妥当。耐候性试验及辐射能量测定应按照 GB/T 3681—2000 规定进行。对照的样品应该在正常的试验条件下贮存于暗处，宜贮存在 GB/T 2918 中规定的标准实验室环境中。

试样累计接收波长范围在 300 nm～800 nm 之间的紫外光及可见光的辐射能量：M 类为 8 GJ/m²，S 类为 12 GJ/m² 后，需要进行简支梁冲击强度试验和颜色变化试验。

6.3.3.2　老化后的简支梁冲击强度试验

按照 6.2.3.2 规定进行。

6.3.3.3　老化后的颜色变化试验

按照 6.2.3.3 对定进行。

6.4　实际使用条件下的老化试验

6.4.1　试样制备

在同一建筑物的不同朝向和楼层上，选取安装完成的规格、型号完全相同的 5 樘窗(门)作为试样，并进行标记。按照 4.4.2 测定每樘试样的窗(门)的开关力。

6.4.2　试验步骤

经过不少于两年的实际使用后，测定每樘样品窗(门)的开关力，对照使用前的数值检查整窗的开关功能是否正常。

7 试验报告

试验报告应包括以下资料：

a) 试样来源的详细说明，如生产企业名称等；

b) 样品名称、类型、开启方式、规格尺寸以及整窗的立面、破面和型材断面图；

c) 五金件的种类及数量；

d) 玻璃的种类、厚度及镶嵌方式；

e) 密封条种类和材质；

f) 试验条件；

g) 试验仪器名称；

h) 自然气候老化试验的暴露方式(倾斜和方位定向)；暴露场地的位置和详细说明(例如纬度、经度、高度、每年的气候特征)；引自附录的气候类型，给出参考依据；遮盖物、背衬，支持架和连接物；测定暴露阶段的方法；总太阳辐射量、紫外总辐射量，包括测量使用的方法；试样清洗细节；

i) 试验结果；

j) 试验日期及试验人员。

附　录　A
（资料性附录）
测定人工老化试验的辐射强度和暴露时间的计算方法

A.1　适用范围

附录A描述了暴露时间的计算方法，人工老化试验中用暴露时间来评价耐温和气候以及恶劣气候的能力。其中温和气候用M(moderate)表示，恶劣气候条件用S(severe)表示。

A.2　计算

A.2.1　气候带的划分根据年平均水平面接受太阳能量以及一年中最热月份的平均温度来确定。

A.2.2　为了便于计算，年太阳能量作以下假设：

——对于温和气候，年太阳能估计为4 GJ/m^2/年；

——对于恶劣气候，年太阳能估计为6 GJ/m^2/年。

A.2.3　为了将以上数据与实际人工老化试验中的数据进行比较，不必将表A.1中能量的全部考虑在内，而是考虑其中波长在300 nm～800 nm中的紫外及可见光部分所包含的能量。该波长范围的能量为60%的太阳能量。另外，考虑到不是所有时间段内的辐射都是在夏季较高的温度下发生的，其对作用面的破坏较小，因此使用一个相关系数67%。波长范围在300 nm～800 nm间的建议辐射能量，见表A.1。

表A.1　波长范围300 nm～800 nm间的建议辐射能量

气候类型	温和气候(M)/(GJ/m^2)	恶劣气候(S)/(GJ/m^2)
1年当量	1.6	2.4
5年当量	8.0	12

A.2.4　对于具有能测量波长范围300 nm～800 nm的时均辐照度装置的人工老化试验装置，暴露时间见表A.2。

表A.2　波长范围300 nm～800 nm间的建议暴露时间

气候类型	温和气候(M)/h	恶劣气候(S)/h
1年当量	4.4×105/I	6.6×105/I
5年当量	2.2×105/I	3.3×105/I
注：其中I=550 W/m^2。		

考虑到5年的辐射当量，以下暴露时间是必要的：

——对于温和气候(M)：暴露时间约4 000 h；

——对于恶劣气候(S)：暴露时间约6 000 h。

附　录　B
（资料性附录）
我国主要的气候类型

我国主要的气候类型及分布见表 B.1。

表 B.1　我国主要的气候类型

气候类型	特　征	地　区
热带气候	气候炎热、湿度大 年太阳辐射总量 5 400 MJ/m² ～5 800 MJ/m² 年积温大于等于 8 000 ℃ 年降水量大于 1 500 mm	雷州半岛以南 海南岛 台湾南部地区
亚热带气候	湿热程度亚于热带，阴雨天多 年太阳辐射总量 3 300 MJ/m² ～5 000 MJ/m² 年积温 8 000 ℃～4 500 ℃ 年降水量 1 000 mm～1 500 mm	长江流域以南 四川盆地 台湾北部等地
温带气候	气候温和，没有湿热月 年太阳辐射总量 4 600 MJ/m² ～5 800 MJ/m² 年积温 4 500 ℃～1 600 ℃ 年降水量 600 mm～700 mm	秦岭、淮河以北 黄河流域 东北南部等地
寒温带气候	气候寒冷，冬季长 年太阳辐射总量 5 400 MJ/m² ～5 800 MJ/m² 年积温小于 1 600 ℃ 年降水量 400 mm～600 mm	东北北部 内蒙古北部 新疆北部部分地区
高原气候	气候变化大，气压低，紫外辐射强烈 年太阳辐射总量 6 700 MJ/m² ～9 200 MJ/m² 年积温小于 2 000 ℃ 年降水量小于 400 mm	青海、西藏等地
沙漠气候	气候极端干燥，风沙大，夏热冬冷，温差大 年太阳辐射总量 6 300 MJ/m² ～6 700 MJ/m² 年积温小于 4 000 ℃ 年降水量小于 100 mm	新疆南部塔里木盆地 内蒙古西部等沙漠地区

ICS 47.020.50
U 47

中华人民共和国国家标准

GB/T 11799—2008
代替 GB/T 11799—1989

船用防爆离心通风机

Marine explosion-proof type centrifugal fans

2008-03-03 发布 2008-09-01 实施

中华人民共和国国家质量监督检验检疫总局
中国国家标准化管理委员会 发布

前　言

本标准代替 GB 11799—1989《船用防爆离心通风机》。

本标准与 GB 11799—1989 相比，主要技术内容有如下变动：

——扩充了性能参数表，流量扩大了 21 000 m^3/h、27 000 m^3/h、32 000 m^3/h、40 000 m^3/h 四档；

——统一了通风机产品型号表示方法；

——分总体要求和主要组成部套对通风机要求进行了描述；

——细化了通风机产品的包装要求。

本标准由中国船舶重工集团公司提出。

本标准由中国船用机械标准化技术委员会甲板机械及机舱辅机分技术委员会归口。

本标准起草单位：中国船舶重工集团第七〇四研究所。

本标准主要起草人：乔江、丁可金、彭杉。

本标准所代替标准的历次版本发布情况为：

——GB 11799—1989。

船用防爆离心通风机

1 范围

本标准规定了单级、单吸船用防爆离心通风机(以下简称“防爆通风机”)的产品分类、要求、试验方法、检验规则、标志、包装、运输和贮存。

本标准适用于通风换气用防爆通风机的设计、生产、试验和验收。

2 规范性引用文件

下列文件中的条款通过本标准的引用而成为本标准的条款。凡是注日期的引用文件,其随后所有的修改单(不包括勘误的内容)或修订版均不适用于本标准,然而,鼓励根据本标准达成协议的各方研究是否可使用这些文件的最新版本。凡是不注日期的引用文件,其最新版本适用于本标准。

GB/T 191 包装储运图示标志(GB/T 191—2000,eqv ISO 780:1997)

GB/T 1236 工业通风机 用标准化风道进行性能试验(GB/T 1236—2000,idt ISO 5801:1997)

GB/T 1804—2000 一般公差 未注公差的线性和角度尺寸的公差(eqv ISO 2768-1:1989)

GB/T 2888 风机和罗茨鼓风机噪声测量方法

GB/T 3235 通风机基本型式、尺寸参数及性能曲线

GB 3836.1—2000 爆炸性气体环境用电气设备 第1部分:通用要求(eqv IEC 60079-0:1998)

GB 3836.2—2000 爆炸性气体环境用电气设备 第2部分:隔爆型“d”(eqv IEC 60079-1:1990)

GB/T 5330 工业用金属丝编织方孔筛网

GB 8923—1988 涂装前钢材表面锈蚀等级和除锈等级(eqv ISO 8501-1:1988)

GB/T 9438 铝合金铸件(GB/T 9438—1999,neq ASTM B26/B26M:1992)

GB/T 13306 标牌

GB/T 13384 机电产品包装通用技术条件

GB/T 16301—2008 船舶机舱辅机振动烈度的测量和评价

CB 1146.1—1996 舰船设备环境试验与工程导则 总则

CB 1146.6—1996 舰船设备环境试验与工程导则 冲击

CB 1146.8—1996 舰船设备环境试验与工程导则 倾斜和摇摆

CB 1146.9—1996 舰船设备环境试验与工程导则 振动

JB/T 6445 通风机叶轮超速试验

JB/T 6886 通风机涂装技术条件

JB/T 9101 通风机转子平衡

JB/T 10214 通风机 铆焊件技术条件

3 术语和定义

3.1

额定工况 rated condition

防爆通风机工作的理论设计点,为通风机的额定工况。即由额定点压力、额定点流量所确定的工作点。

3.2

标准吸气状态 standard condition of inspiration

即大气压力为101 325 Pa,温度为20℃,相对湿度为50%,空气密度为1.2 kg/m^3。

3.3

标准状态流量　standard condition of flux

防爆通风机实际流量换算到标准吸气状态下的空气体积。

3.4

无火花型结构　non arcing structure

防爆通风机运转过程中,转动件与静止件接触不会产生火花、电弧。

4　产品分类

4.1　型式

4.1.1　防爆通风机的防爆型式和等级为 dIIBT4 或 dIICT4。即隔爆型、Ⅱ类电气设备、适用于 B 级或 C 级爆炸性气体混合物最大安全间隙或最小点燃电流比,最高表面温度为 T4 组。

4.1.2　防爆通风机制成Ⅰ型(直联式)和Ⅱ型(隔舱式)两种基本结构型式(见图 1)。Ⅰ型(直联式)为防爆电动机直接传动结构,叶轮直接装在电动机轴上,机壳固定在防爆电动机法兰上。Ⅱ型(隔舱式)为防爆通风机和电动机隔舱布置结构,由防爆通风机以及中间传动部件、密封部件和联轴器等组成。

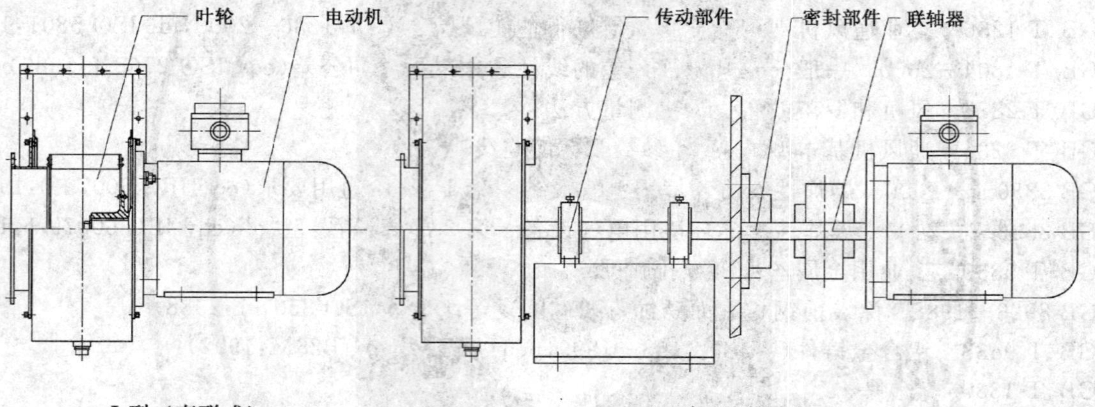

图 1　结构示意图

4.2　基本参数

4.2.1　配用 50 Hz 防爆交流电动机时的基本参数见表 1。

表 1　防爆通风机的基本参数

流量/(m^3/h)	静压/Pa(mmH_2O)														
	294 (30)	392 (40)	490 (50)	588 (60)	686 (70)	785 (80)	883 (90)	981 (100)	1 177 (120)	1 373 (140)	1 569 (160)	1 960 (200)	2 450 (250)	3 430 (350)	4 410 (450)
800		△	△	△											
1 200	△	△	△	△	△										
1 500	△	△	△	△	△	△	△								
2 000	△	△		△	△	△	△	△							
2 500	△	△	△	△		△		△	△						
3 000	△	△	△	△		△	△	△	△	△					
4 000		△		△	△			△	△	△	△				
5 000			△	△	△	△	△	△	△						
6 000		△	△	△	△	△	△	△							

表 1(续)

流量/(m³/h)	静压/Pa(mmH₂O) 294 (30)	392 (40)	490 (50)	588 (60)	686 (70)	785 (80)	883 (90)	981 (100)	1 177 (120)	1 373 (140)	1 569 (160)	1 960 (200)	2 450 (250)	3 430 (350)	4 410 (450)
7 200		△	△	△	△	△		△							
9 000		△	△	△		△		△	△	△					
12 000		△	△	△	△	△	△	△	△	△	△				
15 000			△	△	△	△	△		△	△	△				
18 000			△	△	△		△		△	△					
21 000				△	△	△	△	△	△	△	△	△	△		
27 000					△	△	△	△	△	△	△	△	△		
32 000							△	△	△	△	△	△	△	△	
40 000								△	△	△	△	△	△	△	△

注：表中参数的进气状况为标准状态下的空气状态。防爆通风机的基本参数以其流量和静压，二参数的组合用“△”表示。

4.2.2 配用 60 Hz 防爆交流电动机时的基本参数见表 2。

表 2 防爆通风机的基本参数

流量/(m³/h)	静压/Pa(mmH₂O) 196 (20)	294 (30)	392 (40)	490 (50)	588 (60)	686 (70)	785 (80)	883 (90)	981 (100)	1 177 (120)	1 373 (140)	1 569 (160)	1 960 (200)	2 450 (250)	3 430 (350)
800	△	△			△	△	△	△							
1 200	△	△	△		△	△	△		△						
1 800	△	△	△	△			△		△	△					
2 400	△	△	△	△			△		△	△	△				
3 000		△	△		△	△	△								
3 600		△	△	△	△	△	△								
4 800		△	△	△	△		△	△	△						
6 000			△	△	△	△	△	△	△	△					
7 800				△	△	△	△		△	△					
9 000				△	△	△	△	△	△		△				
10 800				△		△		△		△					
12 000				△	△		△	△	△		△				
15 000				△	△		△		△			△			
18 000		△	△	△	△		△		△	△			△		
21 000									△	△	△	△	△	△	
27 000									△	△	△	△	△	△	
32 000									△	△	△	△	△	△	△
40 000										△	△	△	△	△	△

注：表中参数的进气状况为标准状态下的空气状态。防爆通风机的基本参数以其流量和静压，二参数的组合用“△”表示。

4.3 标记

4.3.1 型号命名准则

防爆通风机的命名以产品名称、技术特性和标准号组成，产品命名时表示产品安装型式的标记不标注，机组明确安装型式后，供货时应在产品名称中填写全部命名，其形式如下(见图2)：

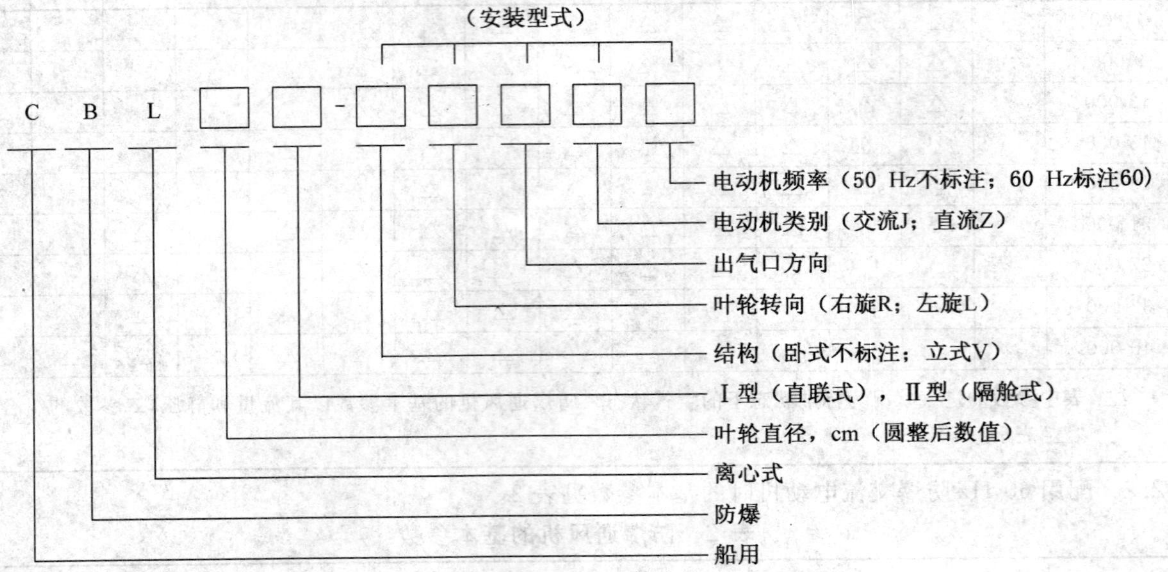

图2 标记

4.3.2 标记示例

叶轮直径286 mm，安装型式Ⅰ型，左旋，出口90°，配用船用60 Hz交流电动机的立式离心防爆通风机标记为：

防爆通风机 CBL28I-VL90J60 或 CBL28I GB/T 11799—2008

5 要求

5.1 外观

防爆通风机外表面应清洁、平整，无压伤、凹凸不平和歪斜等缺陷；焊接处应修理平整光顺。

5.2 尺寸和质量

防爆通风机外形和接口尺寸的公差按GB/T 1804—2000中m级的规定，质量应不超出规定值的±5%。

5.3 设计与结构

5.3.1 总体要求

5.3.1.1 防爆通风机系列产品的基本型式、尺寸参数及性能曲线应符合GB/T 3235的规定。防爆通风机的整机结构，应为无火花型气密式结构。

5.3.1.2 防爆通风机内外表面应涂二次船用油漆，涂面漆前应对底层作除锈处理和涂二次底漆，并符合JB/T 6886的涂装规定。用不锈钢制成的防爆通风机可不进行涂漆，但外露的不锈钢表面应进行抛光或钝化等处理。

5.3.1.3 防爆通风机的钢制件应进行镀锌处理，镀锌厚度应不小于0.045 mm。选用钢材材料的锈蚀等级应不得低于GB 8923—1988规定的B级。喷射或抛射除锈应达到GB 8923—1988规定的Sa3级，手工和动力工具除锈应达到GB 8923—1988规定的St3级。

5.3.1.4 防爆通风机根据使用条件，进风口应设有不锈钢或黄铜保护安全防护网，安全防护网的网丝直径应根据管路面积、管路内压力大小和网丝的刚度选取，并应符合GB/T 5330的规定。机壳底部(最低点)应设有放水螺塞。

5.3.1.5　防爆通风机铆接件、焊接件应符合 JB/T 10214 规定。

5.3.1.6　防爆通风机可制成按顺时针方向旋转(右转)或逆时针方向旋转(左转)。

逆转(左转)——电动机平放,从电动机端正视,运转时其叶轮按逆时针方向旋转,以“L”表示。

顺转(右转)——电动机平放,从电动机端正视,运转时其叶轮按顺时针方向旋转,以“R”表示。

5.3.1.7　防爆通风机出风口位置按叶轮转向制成以下几种基本形式(见图 3)。根据需要,出风口允许采用按 30°的变化形式。

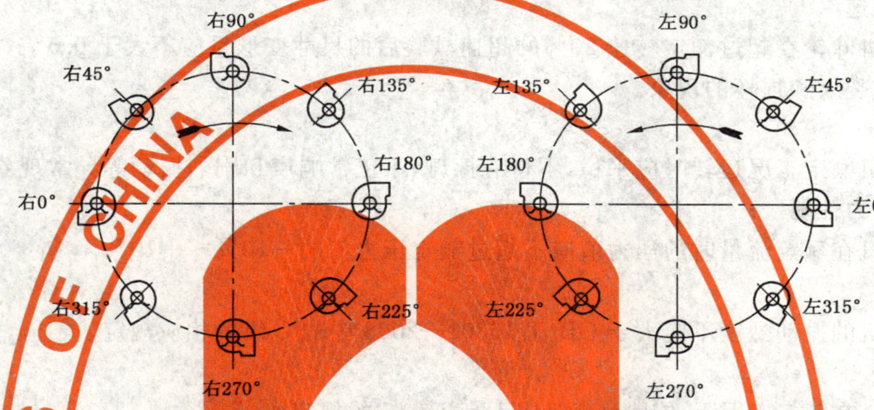

图 3　从防爆电动机端正视

5.3.2　**叶轮**

5.3.2.1　叶轮的表面形状和位置公差应不超过表 3 的规定。

表 3　叶轮的表面形状和位置公差　　单位为毫米

叶轮直径	≤400	>400～800	>800～1 200	>1 200～2 200
前、后盘外径处径向圆跳动	1.0	1.5	2.0	—
前、后盘外径处轴向圆跳动	1.5	2.0	2.5	—
叶轮叶片出口宽度公差	±1.0	±1.5	±2.0	—
叶片与前、后盘垂直度或其他角度(相对叶片宽度)	1/100	1.5/100	2/100	—
后盘平面度公差	小于长度尺寸的 4‰			

5.3.2.2　叶片出口安装角的偏差应不大于±1°。

5.3.2.3　叶轮任意 3 个相邻叶片出口端弦长的公差应不超过弦长的±5%。

5.3.2.4　铸造叶轮的技术要求应符合 GB/T 9438 的规定。

5.3.3　**机壳**

5.3.3.1　机壳应制成能从进风口侧或电动机侧拆装叶轮。叶轮直径在 600 mm 以上时,机壳上一般应设有起吊用吊耳和支撑用底脚。

5.3.3.2　机壳侧板的形位公差应不超过表 4 规定。

表 4　机壳侧板和形位公差　　单位为毫米

外形尺寸	≤400	>400～800	>800～1 200	>1 200～2 200
侧板平面度	2.5	4.0	6.0	8.0
两侧板圆孔同轴度	ϕ1.0	ϕ1.5	ϕ2.0	ϕ2.5

5.3.4 进、出口

5.3.4.1 进、出口法兰的位置偏差应不大于位置尺寸的1.2%。进、出口法兰上钻孔的孔距公差应不大于±0.5 mm。

5.3.4.2 进风口应尽量采用锥形、圆弧形、喷嘴形等降低涡流的集流器。

5.4 性能

5.4.1 叶轮静、动平衡

防爆通风机叶轮的平衡精度等级应不低于G5.6级。

5.4.2 叶轮超速

防爆通风机叶轮在超过额定转速20%的超速试验后的尺寸变形量应不大于0.5‰，检查叶片、铆钉和轮毂，不得有裂纹和损坏的现象。

5.4.3 运转

防爆通风机额定工况运转时应平稳，不得有擦碰，不正常响声和剧烈振动等异常现象。

5.4.4 空气动力性能

防爆通风机在额定流量时的压力值应不超过额定压力值的－10%～＋10%。

5.4.5 振动

防爆通风机的振动烈度不应大于GB/T 16301—2008中的C级的相应规定。

5.4.6 噪声

防爆通风机在额定工况下的比A声级应不高于表5的规定。

表5 防爆通风机噪声限值

防爆通风机型式	比A声级/dB(A)
前向叶片离心通风机	≤25
后向板型叶片离心通风机	≤28
机翼型叶片离心通风机	≤23
径向叶片离心通风机	≤23

5.5 环境适应性

防爆通风机应能在以下条件可靠的工作。试验中防爆通风机应运转正常，不得有擦碰，不正常响声和剧烈振动等异常现象。

a) 符合GB 3836.1—2000中及GB 3836.2—2000中规定的ⅡB级或ⅡC级T4组含有盐雾、油雾等带腐蚀性、爆炸性且硬质颗粒物不多于150 mg/m³，直径不大于2 mm的气体；

b) 温度－25℃～＋50℃；

c) 相对湿度不大于95%；

d) 冲击；

e) 倾斜和摇摆；

f) 振动。

5.6 防爆性

5.6.1 防爆通风机必须在国家认可的防爆测试单位进行防爆试验，取得防爆合格证。

5.6.2 防爆通风机应配用符合GB 3836.2要求经国家认可的防爆测试单位和船舶检验机构检验合格的相应防爆等级的隔爆型电动机和起动器。

6 试验方法

6.1 外观

目测防爆通风机内、外表面、焊接件和铆接件的表面质量。试验结果应符合5.1的要求。

6.2 尺寸和质量

测量防爆通风机主要外形和接口尺寸和质量，试验结果应符合5.2的要求。

6.3 叶轮静、动平衡

叶轮按JB/T 9101的规定试验要求进行静、动平衡校正。试验结果应符合5.4.1的要求。

6.4 叶轮超速

叶轮应在超过额定转速20%下至少运转10 min，试验前准备和运转后试验结果的评定按照JB/T 6445的规定进行。试验结果应符合5.4.2的要求。

6.5 运转

防爆通风机在额定工况下，稳定运转观察时间应不少于20 min。试验结果应符合5.4.3的要求。

6.6 空气动力性能

防爆通风机的性能试验按GB/T 1236规定的试验要求进行。试验结果应符合5.4.4的要求。

6.7 振动

防爆通风机在额定工况下运转，按GB/T 16301—2008规定的试验要求进行。试验结果应符合5.4.5的要求。

6.8 噪声

防爆通风机在额定工况下运转，按GB/T 2888规定的试验要求进行。试验结果应符合5.4.6的要求。

6.9 环境适应性

防爆通风机应按船舶上相似的安装方式固定在专用试验台上进行，试验结果应符合5.5的要求。根据使用条件和需要，高温、低温、盐雾、湿热试验也可按照CB 1146.1—1996相关规定的要求进行。

6.9.1 冲击

防爆通风机在额定工况下运转，按CB 1146.6—1996规定的试验要求进行。试验结果应符合5.5的d)要求。

6.9.2 倾斜与摇摆

防爆通风机在额定工况下运转，按CB 1146.8—1996规定的试验要求进行。试验结果应符合5.5的e)要求。

6.9.3 环境振动

防爆通风机在额定工况下运转，按CB 1146.9—1996规定的试验要求进行。试验结果应符合5.5的f)要求。

6.10 防爆性

系列产品的第一台防爆通风机，应在国家认可的防爆测试单位进行防爆试验。系列产品的每种型号的防爆通风机，应经国家认可的防爆测试单位进行产品防爆检验合格，取得防爆合格证。试验结果应符合5.6的要求。

7 检验规则

7.1 检验分类

防爆通风机的检验分型式检验和出厂检验。

7.2 试验装置

检验装置的组成和测试仪器仪表应符合GB/T 1236的规定。

7.3 型式检验

7.3.1 检验时机

具有下列情况之一时，应进行型式检验：

a) 新产品和老产品转厂生产的首制、试制、定型鉴定；

b) 产品设计、结构、材料和工艺有重大改变，并可能影响产品性能时；

c) 产品停产5年后恢复生产时；

d) 出厂检验结果与上次型式检验有较大差异时；

e) 国家质量监督检验机构提出进行型式检验的要求时。

7.3.2 **项目和顺序**

型式检验的项目和顺序按表6规定。

表6 检验项目和顺序

序号	检验项目	型式检验	出厂检验	要求章条号	试验方法章条号
1	外观	●	●	5.1	6.1
2	尺寸和质量	●	●	5.2	6.2
3	叶轮静、动平衡	●	●	5.4.1	6.3
4	叶轮超速	●	●	5.4.2	6.4
5	运转	●	●	5.4.3	6.5
6	空气动力性能	●	○	5.4.4	6.6
7	振动	●	○	5.4.5	6.7
8	噪声	●	○	5.4.6	6.8
9	环境适应性	●	—	5.5	6.9
10	防爆性	●	—	5.6	6.10
注：●为必检项目；○为订购方与承制方协商检验项目；—为不检项目。					

7.3.3 **受检样品数**

型式检验的样品数量每一种型号的检验数不少于2台，对于倾斜与摇摆试验、振动试验、冲击试验、防爆试验同一系列抽其中2个型号进行。

7.3.4 **合格判据**

当产品所有检验项目均符合要求时，则判为该产品型式检验合格。当产品有任一检验项目不符合要求时，允许采取改进措施，再对该项目进行检验。仍不符合要求时，则应判为该产品型式检验不合格。

7.4 **出厂检验**

7.4.1 **项目和顺序**

出厂检验的项目和顺序按表6规定。

7.4.2 **受检样品数**

出厂检验每台必做。

7.4.3 **合格判据**

当产品所有检验项目均符合要求时，则判为该产品出厂检验合格。当产品有任一检验项目不符合要求时，允许采取改进措施，再对该项目进行检验。仍不符合要求时，则判为该批产品出厂检验不合格。

8 标志、包装、运输和贮存

8.1 产品标志

8.1.1 每台防爆通风机应设有产品铭牌、转向指示牌和接地标牌等标志牌。标志牌的尺寸和技术要求应符合GB/T 13306的规定。

8.1.2 产品铭牌应至少标明以下内容：

a) 名称与型号；

b) 技术参数：额定流量、全压、转速、电动机功率、质量等；

c) 产品出厂编号、制造日期；

d) 设计单位名称和制造厂名；

e) 防爆等级标志；

f) 检验标记。

8.2 包装标志

8.2.1 包装箱箱面指示标志应符合 GB/T 191 的规定。并有醒目的“禁止翻滚”、“小心轻放”、“起吊位置”等字样或符号。

8.2.2 包装箱外应有清楚、整齐的发货标志，至少用文字标明下列内容：

a) 收货单位名称和地址；

b) 发货单位名称和地址及制造厂名；

c) 防爆通风机名称、型号及出厂编号；

d) 包装箱外形尺寸、毛重。

8.3 包装

8.3.1 防爆通风机装箱前，易产生锈蚀的金属加工表面应进行防锈处理，外部加盖透明塑料罩。

8.3.2 防爆通风机应垫平、卡紧和用螺栓固定在包装箱内，折卸工具、备附件和专用工具等一起装箱的零部件应扎紧固定在箱内的空隙处，箱内的每一个单体零部件都应有标签，表明实物的名称、规格和数量。

8.3.3 防爆通风机应用包装箱整体包装，包装箱应符合 GB/T 13384 的规定，满足防潮、防水要求，根据使用条件，满足防震要求。

8.3.4 随机文件资料应装入密封良好、内装防潮剂的塑料袋中。

随机文件资料一般应包括：

a) 产品合格证(含防爆合格证)、船检证、出厂试验的试验报告；

b) 产品使用维修说明书；

c) 履历簿；

d) 装箱单；

e) 备件、附件清单和专用工具清单。

8.4 运输

8.4.1 包装箱的结构应便于起吊、搬运和长途运输，以及多次装卸、气候条件等情况，并适合水路和陆路运输。

8.4.2 防爆通风机应尽量整机装箱，允许以零部套为单位，采用分箱包装，在运输部门装运允许范围内，尽量减少分箱数。

8.5 贮存

8.5.1 防爆通风机应垫平放稳，放在不会受到雨淋、日晒、积水浸蚀、干燥通风的库房。防爆通风机与地面的距离不小于 200 mm～300 mm。

8.5.2 防爆通风机应定期开箱检查，更新损坏和剥落的涂料和标志，更换防锈油脂等并做好记录。

ICS 47.020.50
U 47

中华人民共和国国家标准

GB/T 11800—2008
代替 GB/T 11800—1989

船用防爆轴流通风机

Marine explosion-proof type axial flow fans

2008-03-03 发布　　2008-09-01 实施

中华人民共和国国家质量监督检验检疫总局
中国国家标准化管理委员会　发布

前 言

本标准代替 GB 11800—1989《船用防爆轴流通风机》。

本标准与 GB 11800—1989 相比，主要技术内容有如下变动：

——扩充了性能参数表，流量扩大了 120 000 m^3/h、150 000 m^3/h、200 000 m^3/h 三档；

——统一了通风机产品型号表示方法；

——分总体要求和主要组成部套对通风机要求进行了描述；

——细化了通风机产品的包装要求。

本标准由中国船舶重工集团公司提出。

本标准由中国船用机械标准化技术委员会甲板机械及机舱辅机分技术委员会归口。

本标准起草单位：中国船舶重工集团第七〇四研究所。

本标准主要起草人：乔江、郑福明、丁可金。

本标准所代替标准的历次版本发布情况为：

——GB 11800—1989。

船用防爆轴流通风机

1 范围

本标准规定了单级、单吸船用防爆轴流通风机(以下简称“防爆通风机”)的产品分类、要求、试验方法、检验规则、标志、包装、运输和贮存。

本标准适用于通风换气用防爆通风机的设计、生产、试验和验收。

2 规范性引用文件

下列文件中的条款通过本标准的引用而成为本标准的条款。凡是注日期的引用文件,其随后所有的修改单(不包括勘误的内容)或修订版均不适用于本标准,然而,鼓励根据本标准达成协议的各方研究是否可使用这些文件的最新版本。凡是不注日期的引用文件,其最新版本适用于本标准。

GB/T 191 包装储运图示标志(GB/T 191—2000,eqv ISO 780:1997)

GB/T 1236 工业通风机 用标准化风道进行性能试验(GB/T 1236—2000,idt ISO 5801:1997)

GB/T 1804—2000 一般公差 未注公差的线性和角度尺寸的公差(eqv ISO 2768-1:1989)

GB/T 2888 风机和罗茨鼓风机噪声测量方法

GB/T 3235 通风机基本型式、尺寸参数及性能曲线

GB 3836.1—2000 爆炸性气体环境用电气设备 第1部分:通用要求(eqv IEC 60079-0:1998)

GB 3836.2—2000 爆炸性气体环境用电气设备 第2部分:隔爆型“d”(eqv IEC 60079-1:1990)

GB/T 5330 工业用金属丝编织方孔筛网

GB 8923—1988 涂装前钢材表面锈蚀等级和除锈等级(eqv ISO 8501-1:1988)

GB/T 9438 铝合金铸件(GB/T 9438—1999,neq ASTM B26/B26M:1992)

GB/T 13306 标牌

GB/T 13384 机电产品包装通用技术条件

GB/T 16301—2008 船舶机舱辅机振动烈度的测量和评价

CB 1146.1—1996 舰船设备环境试验与工程导则 总则

CB 1146.6—1996 舰船设备环境试验与工程导则 冲击

CB 1146.8—1996 舰船设备环境试验与工程导则 倾斜和摇摆

CB 1146.9—1996 舰船设备环境试验与工程导则 振动

JB/T 6445 通风机叶轮超速试验

JB/T 6886 通风机涂装技术条件

JB/T 9101 通风机转子平衡

JB/T 10214 通风机 铆焊件技术条件

3 术语、定义、符号和单位

3.1

额定工况 rated condition

防爆通风机工作的理论设计点,为通风机的额定工况。即由额定点压力、额定点流量所确定的工作点。

3.2

标准吸气状态　standard condition of inspiration

即大气压力为 101 325 Pa，温度为 20℃，相对湿度为 50%，空气密度为 1.2 kg/m³。

3.3

标准状态流量　standard condition of flux

防爆通风机实际流量换算到标准吸气状态下的空气体积。

3.4

无火花型结构　non arcing structure

防爆通风机运转过程中，转动件与静止件接触不会产生火花、电弧。

4　产品分类

4.1　型式

4.1.1　防爆通风机的防爆型式和等级为 dⅡBT4 或 dⅡCT4。即隔爆型、II 类电气设备、适用于 B 级或 C 级爆炸性气体混合物最大安全间隙或最小点燃电流比，最高表面温度为 T4 组。

4.1.2　防爆通风机制成Ⅰ型（甲板式）、Ⅱ型（管道式）、Ⅲ型（隔舱式）、Ⅳ型（橄榄式）和Ⅴ型（上出风式）等基本结构型式（见图 1）。Ⅰ型（甲板式）带有风帽，防爆电动机装于机架上部，立式安装在甲板上用于抽风或送风。Ⅱ型（管道式）不带风帽，防爆电动机装于机壳内部，用静叶撑脚或导叶与机壳固定，可立式或卧式安装在管道内。Ⅲ型（隔舱式）为防爆风机和电动机隔舱布置结构，由中间传动装置、密封装置和挠性联轴器等组成，仅用于抽风。Ⅳ型（橄榄式）和Ⅴ型（上出风式）与Ⅰ型（甲板式）结构近似，但气流不经过电动机。

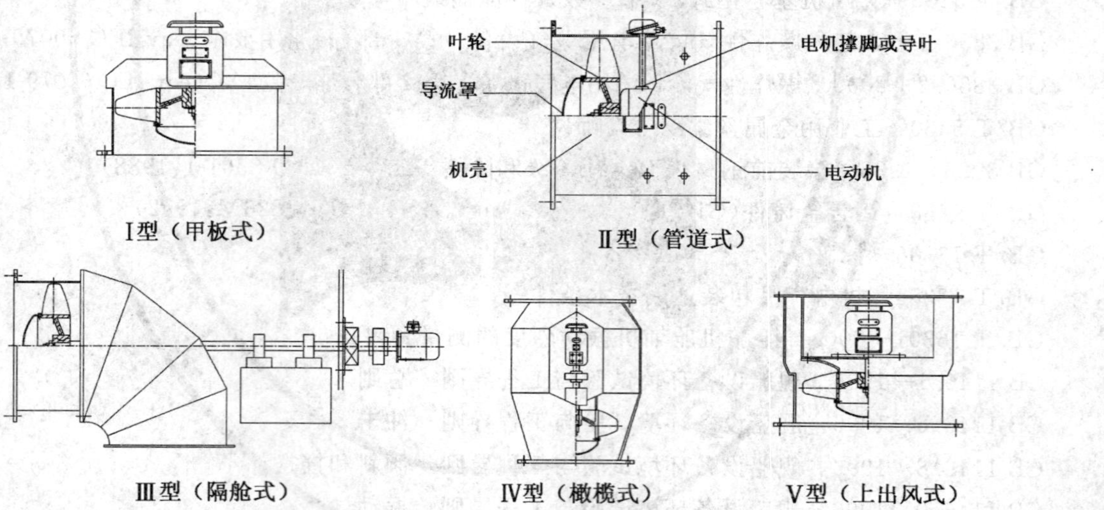

图 1　结构示意图

4.2　基本参数

4.2.1　配用 50 Hz 防爆交流电动机时的基本参数见表 1。

表 1　防爆通风机的基本参数

流量/(m^3/h)	静压/Pa(mmH_2O)									
	147 (15)	196 (20)	294 (30)	392 (40)	490 (50)	588 (60)	686 (70)	785 (80)	981 (100)	1 177 (120)
1 200	△	△	△							
1 800	△	△	△	△						

表 1（续）

流量/ (m^3/h)	静压/Pa(mmH_2O)									
	147 (15)	196 (20)	294 (30)	392 (40)	490 (50)	588 (60)	686 (70)	785 (80)	981 (100)	1 177 (120)
3 000		△	△	△	△					
4 500	△	△	△	△	△	△				
6 000	△	△	△	△	△					
9 000	△	△	△	△		△				
12 000	△	△		△	△					
15 000			△	△	△					
18 000	△	△	△	△	△	△				
21 000	△	△	△	△	△	△				
24 000	△	△	△	△	△	△				
27 000		△	△	△	△					
30 000		△	△	△		△		△		
33 000		△	△		△	△	△			
36 000			△	△	△	△		△		
39 000			△		△		△			
42 000		△	△	△	△	△		△		
48 000		△	△	△		△	△			
54 000		△	△	△	△	△				
60 000			△		△		△			
72 000	△	△	△	△		△				
84 000		△	△		△					
100 000								△	△	△
120 000									△	△
150 000										△
200 000										△
注：表中参数的进气状况为标准状态下的空气状态。通风机的基本参数以其流量和静压，二参数的组合用“△”表示。										

4.2.2　配用 60 Hz 防爆交流电动机时的基本参数见表 2。

表 2　防爆通风机的基本参数

流量/ (m^3/h)	静压/Pa(mmH_2O)									
	147 (15)	196 (20)	294 (30)	392 (40)	490 (50)	588 (60)	686 (70)	785 (80)	981 (100)	1 177 (120)
1 200			△	△	△					
1 800	△	△	△	△						

表 2（续）

流量/(m^3/h)	静压/Pa(mmH_2O)									
	147 (15)	196 (20)	294 (30)	392 (40)	490 (50)	588 (60)	686 (70)	785 (80)	981 (100)	1 177 (120)
3 000	△	△		△	△	△				
4 500		△	△	△	△	△				
6 000	△	△	△		△	△				
9 000	△	△	△		△					
12 000	△	△		△						
15 000		△	△		△					
18 000	△		△	△	△	△				
21 000		△	△	△	△	△	△	△		
24 000	△		△	△	△	△	△	△		
27 000		△	△		△	△	△			
30 000	△	△	△	△	△	△		△		
33 000			△	△	△		△			
36 000		△	△	△	△	△		△		
39 000			△	△	△		△			
42 000		△	△			△	△	△		
48 000	△		△	△	△	△	△		△	
54 000		△	△	△	△			△	△	
60 000		△	△	△	△		△		△	
72 000		△	△	△		△	△			
84 000	△	△	△		△	△				
100 000			△	△	△		△			
120 000				△	△	△	△	△	△	△
150 000							△	△	△	△
200 000								△	△	△

注：表中参数的进气状况为标准状态下的空气状态。通风机的基本参数以其流量和静压，二参数的组合用"△"表示。

4.3 标记

4.3.1 型号命名准则

防爆通风机的命名以产品名称、技术特性和标准号组成，产品命名时表示产品安装型式的标记不标注，机组明确安装型式后，供货时应在产品名称中填写全部命名，其形式如下（见图 2）：

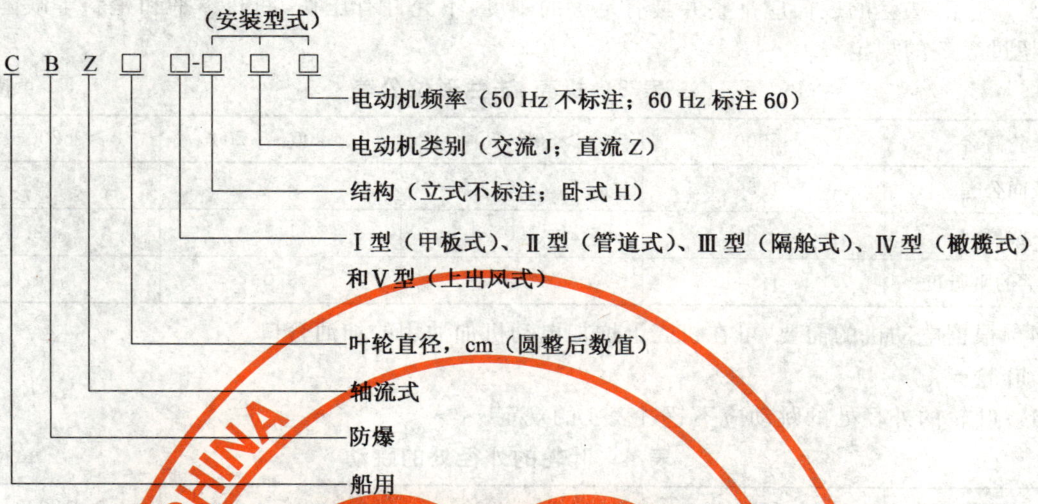

图2 标记

4.3.2 标记示例

叶轮直径 500 mm,卧式安装,配用 60 Hz 船用交流电动机的甲板式卧式安装的防爆轴流通风机标记为:

防爆通风机 CBZ50I-HJ60 或 CBZT50I GB/T 11800—2008

5 要求

5.1 外观

防爆通风机外表面应清洁、平整,无压伤、凹凸不平和歪斜等缺陷;焊接处应修理平整光顺。

5.2 尺寸和质量

防爆通风机外形尺寸的公差按 GB/T 1804—2000 中 m 级的规定,质量应不超出规定值的±5%。

5.3 设计和结构

5.3.1 总体要求

5.3.1.1 防爆通风机系列产品的基本型式、尺寸参数及性能曲线应符合 GB/T 3235 的规定。防爆通风机的整机结构,应为无火花型气密式结构。

5.3.1.2 防爆通风机内外表面应涂二次船用油漆,涂面漆前应对底层作除锈处理和涂二次底漆,并符合 JB/T 6886 的涂装规定。用不锈钢制成的防爆通风机可不进行涂漆,但外露的不锈钢表面应进行抛光或钝化等处理。

5.3.1.3 防爆通风机的钢制件应进行镀锌处理,镀锌厚度应不小于 0.045 mm。选用钢材材料的锈蚀等级应不得低于 GB 8923—1988 规定的 B 级。喷射或抛射除锈应达到 GB 8923—1988 规定的 Sa3 级,手工和动力工具除锈应达到 GB 8923—1988 规定的 St3 级。

5.3.1.4 防爆通风机制成从电动机端正视,叶轮按顺时针或逆时针方向旋转的结构。也可制成可逆转式结构。

5.3.1.5 防爆通风机铆接件、焊接件应符合 JB/T 10214 的规定。

5.3.1.6 采用铝合金制成的零部件,应符合 GB 3836.2—2000 的规定,其含镁量不得超过 0.5%(质量比)。

5.3.2 机壳

5.3.2.1 机壳为圆筒形。根据需要可制成整体式或沿轴向开启式。叶轮直径大于 600 mm 时,机壳上一般应设有起吊用吊耳和支撑用底脚。

5.3.2.2 机壳内叶轮部位都固定有黄铜制成的环,防止叶轮和机壳摩擦后产生火花。

5.3.2.3 机壳、法兰的表面应平整并具有足够的刚度,不允许有压伤,凹凸不平和歪斜等缺陷,形位公差应不超过表3的规定。

表3 机壳、法兰形位公差

单位为毫米

叶轮直径	≤500	>500～800	>800～1 200	>1 200～2 200
径向公差	1.5	2.0	3.0	4.0
圆度	0.8	1.0	1.5	2.0
两法兰的平行度	1.0	2.0	3.0	4.0

5.3.2.4 根据电动机的需要,可在机壳上增加电动机加油用的加油管口。

5.3.3 叶轮

5.3.3.1 叶轮的外径处的跳动应不超过表4的规定。

表4 叶轮的外径处的跳动

单位为毫米

叶轮直径	≤500	>500～800	>800～1 200	>1 200～2 200
径向圆跳动	0.8	1.2	1.6	2.0

5.3.3.2 叶轮叶片各截面安装角和静叶安装角的偏差应不大于±1°。

5.3.3.3 叶轮任意3个相邻叶片出口端弦长的公差应不大于表5的规定。

表5 相邻叶片出口端弦长的公差

单位为毫米

叶轮直径	≤500	>500～800	>800～1 200	>1 200～2 200
叶片数≤10	4	6	8	10
叶片数>10	3	4	5	7

5.3.3.4 铸造叶轮的技术要求应符合GB/T 9438的规定。

5.3.4 进、出口

5.3.4.1 进、出口法兰上钻孔的孔距公差应不大于±0.5 mm。

5.3.4.2 根据使用条件,进口处应设有收敛型集流器和流线型壳体的导流罩。当防爆通风机带有集流器时,其入口应装有不锈钢或黄铜保护安全防护网。安全防护网的网丝直径应根据管路面积、管路内压力大小和网丝的刚度选取,并应符合GB/T 5330的规定。

5.4 性能

5.4.1 叶轮静、动平衡

防爆通风机叶轮的平衡精度等级应不低于G5.6级。

5.4.2 叶轮超速

防爆通风机叶轮在超过额定转速20%的超速试验后的尺寸变形量应不大于0.5‰,检查叶片、铆钉和轮毂,不得有裂纹和损坏的现象。

5.4.3 运转

防爆通风机额定工况运转时应平稳,不得有擦碰、不正常响声和剧烈振动等异常现象。

5.4.4 空气动力性能

防爆通风机在额定流量时的压力值应不超过额定压力值的－10%～＋10%。可逆转防爆通风机逆转时的流量应大于正转时的60%,此时的压力值不低于正转时的36%。

5.4.5 振动

防爆通风机的振动烈度不应大于GB/T 16301—2008中的C级的相应规定。

5.4.6 噪声

防爆通风机在额定工况下的比A声级应不高于35 dB(A)。

5.5 环境适应性

防爆通风机应能在以下条件可靠的工作。试验中防爆通风机应运转正常，不得有擦碰、不正常响声和剧烈振动等异常现象。

a) 符合 GB 3836.1—2000 中及 GB 3836.2—2000 中规定的ⅡB 级或ⅡC 级 T4 组含有盐雾、油雾等带腐蚀性、爆炸性且硬质颗粒物不多于 150 mg/m³，直径不大于 2 mm 的气体；

b) 温度－25℃～＋50℃；

c) 相对湿度不大于 95％；

d) 冲击；

e) 倾斜和摇摆；

f) 振动。

5.6 防爆性

5.6.1 防爆通风机必须在国家认可的防爆测试单位进行防爆试验，取得防爆合格证。

5.6.2 防爆通风机应配用符合 GB 3836.2—2000 要求经国家认可的防爆测试单位和船舶检验机构检验合格的相应防爆等级隔爆型电动机和起动器。

6 试验方法

6.1 外观

目测防爆通风机内、外表面、焊接件和铆接件的表面质量。试验结果应符合 5.1 的要求。

6.2 尺寸和质量

测量防爆通风机主要尺寸和质量，试验结果应符合 5.2 的要求。

6.3 叶轮静、动平衡

叶轮按 JB/T 9101 的规定试验要求进行静、动平衡校正。试验结果应符合 5.4.1 的要求。

6.4 叶轮超速

叶轮应在超过额定转速 20％下至少运转 10 min，试验前准备和运转后结果的评定按照 JB/T 6445 的规定进行。试验结果应符合 5.4.2 的要求。

6.5 运转

防爆通风机在额定工况下，稳定运转观察时间应不少于 20 min。试验结果应符合 5.4.3 的要求。

6.6 空气动力性能

防爆通风机的性能试验按 GB/T 1236 规定的试验要求进行。试验结果应符合 5.4.4 的要求。

6.7 振动

防爆通风机在额定工况下运转，按 GB/T 16301—2008 规定试验要求进行。试验结果应符合 5.4.5 的要求。

6.8 噪声

将防爆通风机在额定工况下运转，按 GB/T 2888 规定试验要求进行。试验结果应符合 5.4.6 的要求。

6.9 环境适应性

防爆通风机应按船舶上相似的安装方式固定在专用试验台上进行，试验结果应符合 5.5 的要求。根据使用条件和需要，高温、低温、盐雾、湿热试验也可按照 CB1146.1—1996 相关规定的要求进行。

6.9.1 冲击

防爆通风机在额定工况下运转，按 CB 1146.6—1996 规定的试验要求进行。试验结果应符合 5.5 的 d)要求。

6.9.2 倾斜与摇摆

防爆通风机在额定工况下运转，按 CB 1146.8—1996 规定的试验要求进行。试验结果应符合 5.5

的 e)要求。

6.9.3 环境振动

防爆通风机在额定工况下运转，按 CB 1146.9—1996 规定的试验要求进行。试验结果应符合 5.5 的 f)要求。

6.10 防爆性

系列产品的第一台防爆通风机，应在国家认可的防爆测试单位进行防爆试验。系列产品的每种型号的防爆通风机，应经国家认可的防爆测试单位进行产品防爆检验合格，取得防爆合格证。试验结果应符合 5.6 的要求。

7 检验规则

7.1 检验分类

防爆通风机的检验分型式检验和出厂检验。

7.2 试验装置

检验装置的组成和测试仪器仪表应符合 GB/T 1236 的规定。

7.3 型式检验

7.3.1 检验时机

具有下列情况之一时，应进行型式检验：

a) 新产品和老产品转厂生产的首制、试制、定型鉴定；

b) 产品设计、结构、材料和工艺有重大改变，并可能影响产品性能时；

c) 产品停产 5 年后恢复生产时；

d) 出厂检验结果与上次型式检验有较大差异时；

e) 国家质量监督检验机构提出进行型式检验的要求时。

7.3.2 项目和顺序

型式检验的项目和顺序按表 6 规定。

表 6 检验项目和顺序

序号	检验项目	型式检验	出厂检验	要求章条号	试验方法章条号
1	外观	●	●	5.1	6.1
2	尺寸和质量	●	●	5.2	6.2
3	叶轮静、动平衡	●	●	5.4.1	6.3
4	叶轮超速	●	●	5.4.2	6.4
5	运转	●	●	5.4.3	6.5
6	空气动力性能	●	○	5.4.4	6.6
7	振动	●	○	5.4.5	6.7
8	噪声	●	○	5.4.6	6.8
9	环境适应性	●	—	5.5	6.9
10	防爆性	●	—	5.6	6.10
注：●为必检项目；○为订购方与承制方协商检验项目；—为不检项目。					

7.3.3 受检样品数

型式检验的样品数量每一种型号检验数不少于 2 台，对于倾斜与摇摆试验、振动试验、冲击试验、防爆试验同一系列抽其中 2 个型号进行。

7.3.4 合格判据

当产品所有检验项目均符合要求时，则判为该产品型式检验合格。当产品有任一检验项目不符合要求时，允许采取改进措施，再对该项目进行检验。仍不符合要求时，则应判为该产品型式检验不合格。

7.4 出厂检验

7.4.1 项目和顺序

出厂检验的项目和顺序按表6规定。

7.4.2 受检样品数

出厂检验每台必做。

7.4.3 合格判据

当产品所有检验项目均符合要求时，则判为该产品出厂检验合格。当产品有任一检验项目不符合要求时，允许采取改进措施，再对该项目进行检验。仍不符合要求时，则判为该批产品出厂检验不合格。

8 标志、包装、运输和贮存

8.1 产品标志

8.1.1 每台防爆通风机应设有产品铭牌、转向指示牌和接地标牌等标志牌。标志牌的尺寸和技术要求应符合GB/T 13306的规定。

8.1.2 产品铭牌应至少标明以下内容：

a) 名称与型号；

b) 技术参数：额定流量、全压、转速、电动机功率、质量等；

c) 产品出厂编号、制造日期；

d) 设计单位名称和制造厂名；

e) 防爆等级标志；

f) 检验标记。

8.2 包装标志

8.2.1 包装箱箱面指示标志应符合GB/T 191的规定。并有醒目的“禁止翻滚”、“小心轻放”、“起吊位置”等字样或符号。

8.2.2 包装箱外应有清楚、整齐的发货标志，至少用文字标明下列内容：

a) 收货单位名称和地址；

b) 发货单位名称和地址及制造厂名；

c) 防爆通风机名称、型号及出厂编号；

d) 包装箱外形尺寸、毛重。

8.3 包装

8.3.1 防爆通风机装箱前，易产生锈蚀的金属加工表面应进行防锈处理，外部加盖透明塑料罩。

8.3.2 防爆通风机应垫平、卡紧和用螺栓固定在包装箱内，拆卸工具、备附件和专用工具等一起装箱的零部件应扎紧固定在箱内的空隙处，箱内的每一个单体零部件都应有标签，表明实物的名称、规格和数量。

8.3.3 防爆通风机应用包装箱整体包装，包装箱应符合GB/T 13384的规定，满足防潮、防水要求，根据使用条件，满足防震要求。

8.3.4 随机文件资料应装入密封良好、内装防潮剂的塑料袋中。

随机文件资料一般应包括：

a) 产品合格证（含防爆合格证）、船检证书、出厂试验的试验报告；

b) 产品使用维修说明书；

c) 履历簿；

d） 装箱单；

e） 备件、附件清单和专用工具清单。

8.4 运输

8.4.1 包装箱的结构应便于起吊、搬运和长途运输，以及多次装卸、气候条件等情况，并适合水路和陆路运输。

8.4.2 防爆通风机应尽量整机装箱，允许以零部套为单位，采用分箱包装，在运输部门装运允许范围内，尽量减少分箱数。

8.5 贮存

8.5.1 防爆通风机应垫平放稳，放在不会受到雨淋、日晒、积水浸蚀、干燥通风的库房。防爆通风机与地面的距离不小于 200 mm～300 mm。

8.5.2 防爆通风机应定期开箱检查，更新损坏和剥落的涂料和标志，更换防锈油脂等并做好记录。

ICS 27.140
K 55

中华人民共和国国家标准

GB/T 11805—2008
代替 GB/T 11805—1999

水轮发电机组自动化元件(装置)及其系统基本技术条件

Basic specifications of automatic control components (devices) and their related system for hydroturbine-generating sets

2008-06-18 发布　　2009-03-01 实施

中华人民共和国国家质量监督检验检疫总局
中国国家标准化管理委员会　发布

前言

本标准代替 GB/T 11805—1999《水轮发电机组自动化元件(装置)及其系统基本技术条件》。

本标准与 GB/T 11805—1999 相比，增补和修改的主要内容如下：

a) 提高了一些元件的技术性能要求；

b) 为提高产品可靠性增加了电气装置电磁兼容的要求及试验方法；

c) 补充了一些新元件(装置)：蠕动监测装置、发电机局部放电监测装置、推力负荷监测装置、水轮机效率测量仪和火灾报警装置；

d) 删减了一些废弃不用的元件：电磁铁、示流器；

e) 提高了试验用仪表精度等级的要求；

f) 一些条款已重新编写。

本标准的附录 A 是规范性附录。

本标准由中国电器工业协会提出。

本标准由全国水轮机标准化技术委员会(SAC/TC 175)控制设备分技术委员会归口。

本标准起草单位：哈尔滨大电机研究所、天津电气传动设计研究所、中国水利水电科学研究院自动化研究所、哈尔滨电机厂有限责任公司、东方电机控制设备有限公司、三峡水力发电厂。

本标准主要起草人：侯人杰、张振中、刘同安、朴秀日、刘时贵、余志强。

本标准所代替标准的历次版本发布情况为：

——GB/T 11805—1989、GB/T 11805—1999。

水轮发电机组自动化元件(装置)及其系统基本技术条件

1 范围

本标准规定了水电站水轮发电机组、进水阀门的自动化元件(装置)的基本技术要求及其系统配置要求,并规定了相应的试验方法及验收规则、标志、包装等内容。

本标准适用于水电站自动化元件(装置)的产品制造和符合下列条件之一的水轮发电机组的自动化元件(装置)的系统配置与交接验收。

a) 单机容量为 10 MW 及以上;

b) 其水轮机为冲击式时,转轮公称直径 1.5 m 及以上;

c) 其水轮机为混流式时,转轮公称直径 2.5 m 及以上;

d) 其水轮机为轴流式、斜流式、贯流式时,转轮公称直径 3.3 m 及以上。

小于以上范围的水轮发电机组、抽水蓄能可逆式机组、潮汐发电机组的自动化元件(装置)的系统配置与交接验收可参照执行。

2 规范性引用文件

下列文件中的条款通过本标准的引用而成为本标准的条款。凡是注日期的引用文件,其随后所有的修改单(不包括勘误的内容)或修订版均不适用于本标准。然而,鼓励根据本标准达成协议的各方研究是否可使用这些文件的最新版本。凡是不注日期的引用文件,其最新版本适用于本标准。

GB/T 1048—2005 管道元件 PN(公称压力)的定义和选用(ISO/CD 7268:1996,MOD)

GB/T 2423.4—1993 电工电子产品基本环境试验规程 试验 Db:交变湿热试验方法(eqv IEC 68-2-30:1980)

GB/T 3452.1—2005 液压气动用 O 形橡胶密封圈 第 1 部分:尺寸系列及公差(ISO 3601-1:2002,MOD)

GB/T 3452.2—2007 液压气动用 O 形橡胶密封圈 第 2 部分:外观质量检验标准(ISO 3601-3:2005,IDT)

GB/T 6075.5—2002 在非旋转部件上测量和评价机器的机械振动 第 5 部分 水力发电厂和泵站机组(idt ISO 10816-5:2000)

GB/T 8564—2003 水轮机发电机组安装技术规范

GB 11120—1989 L-TSA 汽轮机油(neq ISO 8086:1987)

GB/T 11348.5—2002 旋转机械转轴径向振动的测量和评定 第 5 部分 水力发电厂和泵站机组(idt ISO 7919-5:1997)

GB/T 12244—2006 减压阀 一般要求

GB/T 13384—1992 机电产品包装通用技术条件

GB/T 14048.1—2006 低压开关设备和控制设备 第 1 部分:总则(IEC 60947-1:2001,MOD)

GB/T 17626.4—1998 电磁兼容 试验和测量技术电快速瞬变脉冲群抗扰度试验(idt IEC 61000-4-4:1995)

HG/T 2579—1994 O 形橡胶圈材料 第 1 部分:用于普通液压系统

JB/T 834—1999 热带型低压电器技术要求

JB/T 4159—1999 热带电工产品通用技术要求

JB/T 8528—1997 普通型阀门电动装置技术条件

3 术语和定义

下列术语和定义适合于本标准。

3.1

自动化元件(装置) automatic control components(devices)

是指机组开机、运行、停机、备用、事故停机及事故报警所用的自动化元件(装置)。主要指温度、转速、液位、物位、压力、液流等非电量的监测、转换、操作所使用的控制装置和显示仪表等。以下简称自动化元件。

不包括电气二次回路、发电机继电保护、调速系统、励磁系统及中央控制室中需要的自动化元件。

3.2

零转速触点 zero speed contact

电气转速信号装置从5%额定转速至零转速(在使用中加延时闭合)的触点。

3.3

一级过速触点 overspeed contact of first step

机械过速开关或电气转速信号装置的110%～115%额定转速触点。

3.4

二级过速触点 overspeed contact of second step

机械液压过速保护装置或机械过速开关的动作转速大于机组调节保证最大瞬态转速规定值加5%额定转速值的触点。

电气转速信号装置的动作转速大于机组调节保证最大瞬态转速规定值加3%额定转速值的触点。

3.5

过速限制器 overspeed limiter

由事故配压阀、电磁换向阀及油阀组成(或集成)的,在调速器拒动的情况下,用来迅速切换油路——封闭来自调速器主配压阀的油路、将接力器关闭腔直接连通压力油,而将接力器开启腔接通回油的切换装置。

3.6

过速限制系统 overspeed limit system

由机械液压过速保护装置或机械过速开关、电气过速信号及过速限制器组成的防止机组过速(飞逸)的保护系统。

3.7

最大动作间隔时间 maximal actuating interval time

元件相邻两次可靠动作之间的最长间隔时间(小时)。

3.8

动作误差 actuating error

动作误差 c 用均方根误差表征,见式(1):

$$c = \pm \left[\frac{\sum_{i-1}^{n} (X_i - \overline{X})^2}{n-1} \right]^{1/2} \quad \cdots\cdots(1)$$

式中:

X_i——整定点任意一次的动作值;

$\overline{X}$——整定点 n 次动作值的算术平均值;

n——规定的测试次数。

3.9

返回系数 *F*　return coefficient

在全量程内，同一触点的复归值除以动作值。

4　适用条件

所选用的自动化元件(装置)，其技术参数应与本适用条件相符合。

本标准所规定的自动化元件(装置)及其系统的各项指标，均在下列条件下制定。如超出下列条件要求时，由用户和制造厂商协商解决：

a)　海拔高度不超过 2 500 m；

b)　装于户内的元件周围空气温度：

1) 不同海拔高度的最高空气温度；

海拔高度/m	最高空气温度/℃
≤1 000	40.0
＞1 000～1 500	37.5
＞1 500～2 000	35.0
＞2 000～2 500	32.5

2)　最低空气温度 5 ℃

c)　发电机层的周围环境相对湿度不超过 90%，水轮机层及进水阀门室的周围环境相对湿度不超过 95%(最湿月平均温度为 25 ℃)；

d)　自动化元件及其系统应采用 L-TSA32、L-TSA46 汽轮机油或黏度相近的同类型油，对其水分和机械杂质的要求应符合 GB 11120—1989 的规定，使用油温不超过 50 ℃；

e)　自动化元件及其系统用压缩空气应经过过滤及除水处理(调相用气除外)；

f)　自动化元件及其系统所用的油源、气源和电源应安全可靠，并符合有关标准；

g)　冷却器及润滑水系统自动化元件用水的水质，应符合表 1 的规定。

表 1　水质的技术指标

项　　目	技　术　指　标	
	冷却水	润滑水
外观	无明显的漂浮物和水生物；当含有水生物时，应采取防治措施	
硬度	8 度～12 度	
pH 值(25 ℃时)	6.5～8.5	
含砂量/(kg/m³)	≤5	≤0.1
泥砂粒径/mm	≤0.5	≤0.025

5　要求

5.1　自动化元件

5.1.1　一般要求

5.1.1.1　元件所用的材料，应符合设计规定，并具有合格证明。

5.1.1.2　装于发电机层的电气元件，应符合 GB/T 14048.1—2006 的要求，装于水轮机层及其他场合的电气元件应符合 JB/T 834—1999 的要求。

其中：

a) 工频耐受电压应符合 GB/T 14048.1—2006 中 7.2.3.2 的规定；

b) 交变湿热试验及试验后的介电性能应符合 GB/T 14048.1—2006 中附录 K 的要求；

c) 使用于长期工作制或间断长期工作制的线圈，其极限允许温升值应符合 GB/T 14048.1—2006 中 7.2.2.6 的规定；

d) 电气装置应能承受来自电源、信号源和控制端口的干扰，以及周围环境的辐射电磁场干扰，同时设备本身的电磁干扰应减小到最低程度。

至少要对电气装置电源端口、信号和控制端口耦合快速瞬变脉冲群干扰信号。在供电电源端口，保护接地时，试验电压峰值为 2.0 kV；在 I/O（输入/输出）信号、数据和控制端口，试验电压峰值为 1.0 kV，电气装置的功能和动作应正确无误。

5.1.1.3 液（气）压元件中，经常与水分或空气接触的金属部件，设计时应采用防锈材料或采取防锈措施。

5.1.1.4 液（气）压元件的承压部件，应以 GB/T 1048—2005 规定的公称压力 P_N 的 1.5 倍为试验压力进行水压强度试验，在规定的持续时间内不允许出现渗漏、裂纹等异常现象。

5.1.1.5 液（气）压元件装配后，应按照 GB/T 1048—2005 规定的公称压力 P_N 或设计规定值进行密封性试验，在规定的持续时间内，各连接部分及填料部分不准出现外渗漏，内密封面渗漏量不超过表 2 的规定。电磁空气阀漏气量不得超过设计规定值。

表 2 密封性试验时介质的允许渗漏量

公称通径/mm	允许渗漏量		公称通径/mm	允许渗漏量	
	油、水 cm^3/min	空气 dm^3/min		油、水 cm^3/min	空气 dm^3/min
≤40	0.05		300	1.50	
50～80	0.10		350	2.00	
100～150	0.20		400	3.00	
200	0.30		500	5.00	
250	0.50		600	10	

5.1.1.6 滑阀式液压元件装配后在公称油压 P_N 及规定油温下，间隙密封面的内泄漏油量，不得超过设计规定值。

5.1.1.7 O 形橡胶密封圈尺寸及公差，应符合 GB/T 3452.1—2005 的要求，其外观质量应符合 GB/T 3452.2—2007 中一级品的要求；其材质应符合 HG/T 2579—1994 的要求。其他形式的橡胶密封圈应符合有关标准。

5.1.1.8 使用于周围环境相对湿度达 95%的产品的金属电镀层和化学覆盖层，不得低于 JB/T 4159—1999 中 5.4.1 的二级的要求。使用于相对湿度不超过 90%的产品的金属电镀层和化学覆盖层应符合有关规定。

5.1.1.9 使用于相对湿度不超过 95%的产品的油漆层应符合 JB/T 4159—1999 中 5.4.2.1 的 2 级的要求，使用于相对湿度不超过 90%的产品的油漆层应符合 JB/T 4159—1999 中 5.4.2.1 的 3 级的要求。

塑料零件及其外观的要求应符合 JB/T 4159—1999 中 5.4.4 的 2 级的要求。

5.1.1.10 自动化元件外接法兰的连接尺寸、密封面形状尺寸和对外管接头及法兰螺栓孔的位置公差，应符合有关国家标准规定。

5.1.1.11 无特殊要求的指示仪表的精度：机械式不低于 1.5 级，数字式不低于 0.5 级。

5.1.1.12 元件的电气输出量应满足：

a) 模拟量输出：优先为电流型 DC4 mA～20 mA，最大负载电阻不低于 500 Ω；

b) 开关量(触点)通断能力：

1) 不低于 DC220 V，0.2 A；DC110 V，0.4 A；DC24 V，1 A，速动型；

2) 不低于 AC220 V，3 A，速动型。

5.1.1.13 产品布线、配管整齐合理，便于装配、安装、调整及使用维护。

5.1.2 性能要求

5.1.2.1 各种液(气)压元件应按照有关规定进行动作试验，动作应灵活，准确，可靠。

5.1.2.2 各种液压元件应在公称油压下静置 72 h 后，仍能可靠动作。

5.1.2.3 机械式流量开关应动作可靠，在管道通流或流量减少到整定流量时，分别动作，其动作误差≤10%。在有压无流量时应能回到零位。

电气式流量开关应动作可靠，在管道通流或流量减少到整定流量时，分别动作，其动作误差≤1.5%，在流量接近到零时仍能可靠报警。对于热导式流量开关，用于水管路时响应时间≤10 s。

5.1.2.4 液位信号器(液位开关)动作应灵活可靠，应在规定的液位发出信号，在同一液位的动作误差，不超过±5 mm。

5.1.2.5 电磁换向阀(电磁阀)在 85%～110%额定电压，最低油压，公称油压，最高油压及规定行程或流量范围内，应可靠动作，不允许有跳动或卡阻现象。

5.1.2.6 电磁空气阀在 85%～110%额定电压，最低气压，公称气压，最高气压及规定行程范围内，应可靠动作，不允许有跳动或卡阻现象。

5.1.2.7 机械过速开关及电气转速信号装置在转速上升或下降时，应在规定的转速发出信号。

a) 对机械过速开关，同一触点的动作误差≤3%；

b) 对电气转速信号装置，同一触点的动作误差≤1%(零转速触点除外)。

c) 同一触点的返回系数 F：对于转速上升时发信号的触点，$F \geqslant 0.9$；对于转速下降时发信号的触点，$F \leqslant 1.1$(零转速触点除外)；

d) 电气转速信号装置至少应有 4 对 0～2 倍额定转速可调的常开触点，及一对零转速触点；

e) 电气转速信号装置应同时采用残压和齿盘两种测频方式冗余输入。采用单一测频信号输入的机组，应优先采用齿盘测频信号。对于采用残压测频方式的电气转速信号装置应适应 0.2 V 残压值。

5.1.2.8 机械液压过速保护装置在整定转速时，过速摆及换向阀应能准确动作，可手动返回，其动作误差≤3%整定值。

5.1.2.9 过速限制系统应能在一级过速(一级过速触点动作，同时调速器主配压阀拒动，再经延时)及二级过速时准确动作，并能根据要求调整关闭接力器的时间。

5.1.2.10 蠕动监测装置，在机组停机状态下，由于导叶漏水使大轴转动，当转动角度在 1.5°～2°时，应有一对故障触点输出。

5.1.2.11 压力开关动作误差≤1.5%；触点开、断瞬间的压力差值及触点动作返回系数应符合设计规定值。

压力控制表精度不低于 1.5 级；触点开、断瞬间的压力差值及触点动作返回系数应符合设计规定值。

5.1.2.12 差压开关动作误差≤1.5%；触点开、断瞬间的差压差值及触点动作返回系数应符合设计规定值。

差压控制表精度不低于 1.5 级；触点开、断瞬间的差压差值及触点动作返回系数应符合设计规定值。

5.1.2.13 压力式温度信号器，当机组被测部分的温度达到整定值时，应发出信号。其指示精度不低于

1.5级，触点动作误差≤1.5%。

5.1.2.14　测温电阻(RTD)，分度号应选用Pt 100，电阻应有良好的线性及防潮性能，并能抗御电机磁场干扰，宜三线引出。

a)　用于定子的测温电阻及引出线，在使用温度≤150 ℃时，应能正常工作，绝缘应满足要求。

b)　用于其他位置的测温电阻及引出线，在使用温度≤100 ℃时，应能正常工作，并具有防油防水性能。

5.1.2.15　数字式温度信号器，精度不低于0.5级，应至少具有两对报警触点，报警触点应可以在5%～100%量程内任意整定。在断阻、断线、断电情况发生时，报警触点不应误动，同时应有一对故障触点输出。通电时，报警触点也不应误动。

5.1.2.16　当油中混入水分时，油混水信号装置应可靠发出报警信号。当水分被排除时报警信号消除。带有混水量显示的仪表应能显示油中水的含量(容器中水的体积与油的体积之比)，具有显示或4 mA～20 mA模拟量输出的油混水信号装置，其显示值及4 mA～20 mA模拟量输出值应与油中混水量成正比(0～10%范围内)。油中混水量报警信号在0～10%范围内可调，其动作误差≤1%(容器中水的体积与油的体积之比)。

5.1.2.17　剪断销信号器应有良好的防潮性能，其引出电缆应具有良好的耐油性能，当剪断销剪断时应正确发出报警信号。

5.1.2.18　当一个或多个剪断销剪断时，剪断销信号报警装置应能正确发出报警信号。同时剪断销信号报警装置还应指示出被剪断的剪断销的编号。

5.1.2.19　限位开关应可靠动作，并有良好的防潮性能。

5.1.2.20　导叶位置开关的触点位置应能按要求整定，并有良好的防潮性能。

5.1.2.21　电动滤水器和手动滤水器应按要求过滤水中杂质，并按要求电动或手动进行切换清洗。

5.1.2.22　减压阀应符合GB/T 12244—2006的要求。

5.1.2.23　电动阀应符合下列要求：

a)　电动装置转动方向与手轮转动方向应一致，顺时针为关；

b)　位置指示机构的指针与控制开度表指示应一致，误差不大于全行程的±5%；

c)　在最低操作电压及最大工作压力下，电动操作阀门全开或全关应无卡阻现象，并不得有外漏；

d)　在最高操作电压下，电动操作阀门至全开或全关位置时应能自断电；

e)　电动操作阀门在全开和全关位置应分别具有位置触点输出；

f)　其余应符合JB/T 8528—1997的规定。

5.1.2.24　轴电流监测装置在频率为50 Hz或150 Hz的轴电流发生并达到整定值时，应分别发出两级报警信号，第二级报警信号应能延时。应有轴电流值显示，精度不低于1.5级。轴电流互感器应有良好的防潮性能，并能抗御电机磁场干扰。

5.1.2.25　振动(摆度)监测装置应符合下列要求：

a)　固定部分振动监测，在要求的振动频率范围内应显示振幅值，并应在整定值分别发出报警和停机信号。精度不低于1级；

b)　大轴相对摆度：应显示大轴相对径向摆度，并应在整定值分别发出报警和停机信号，精度不低于1级；

c)　停机信号应有延时；

d)　振动(摆度)监测装置及其传感器的频率响应范围和量程应符合GB/ T6075.5—2002及GB/T 11348.5—2002的要求。

5.1.2.26　发电机气隙监测装置应能检测发电机定子与转子间的间隙。间隙过小时应发出报警信号。

5.1.2.27　发电机局部放电监测装置，当发电机局部放电过大时应发出报警信号。

5.1.2.28　大轴轴向位移监测装置应符合下列要求：

a) 位移测量范围应满足主机要求，分辨率为 0.1 mm；

b) 轴向位移发生时，应有可以分别整定的两对报警触点；

c) 精度不低于 0.5 级。

5.1.2.29 推力轴承负荷测量仪应可同时显示每块推力瓦的负荷值。

5.1.2.30 水轮机压力脉动测量仪，监测水轮机的有关部位的压力脉动情况，应能显示绝对脉动值和相对脉动值，并输出对应于相对脉动值的模拟量。

5.1.2.31 轴承油位监测仪可测量导轴承及推力轴承油箱内油位，并达到设计要求。

5.1.2.32 水轮机上下游水位测量仪可全量程显示，精度不低于 0.5 级，有输出接口。

5.1.2.33 水轮机水头测量仪可全量程显示，精度不低于 0.5 级，有输出接口。

5.1.2.34 水轮机流量测量仪可全量程显示，精度不低于 0.5 级，有输出接口。

5.1.2.35 水轮机效率测量仪可全量程显示，精度不低于 0.5 级，有输出接口。

5.1.2.36 水轮机耗水率测量仪可全量程显示，精度不低于 0.5 级，有输出接口。

5.1.2.37 冷却水或润滑水流量测量仪可全量程显示，精度不低于 0.5 级，有输出接口或两对信号触点。

5.1.2.38 火灾报警系统应符合下列要求：

a) 感温探测器应在达到整定温度时动作，温度下降后应返回。

b) 感烟探测器应在整定的有烟情况下动作，无烟时应自动返回。离子型感烟探测器应能抗御电磁场的干扰。

c) 火灾报警装置应与感温，感烟探测器匹配，在有火警时，应发出火警信号及停机信号。

5.1.2.39 自动灭火装置接收火警信号后应能自动启动完成灭火。在自动启动回路中应具有发电机电气保护动作、断路器分闸及导叶全关等闭锁信号。

5.1.2.40 各种变送器输出电流 DC4 mA～20 mA，精度一般不低于 0.25 级。

5.2 机组自动化系统

5.2.1 机组自动化系统的配置，一般应满足下列要求：

a) 手动、自动开启或关闭机组的水、气、油管路和设备；

b) 自动监控机组冷却水、润滑水、密封水及润滑油的通断；

c) 自动监测各轴承油箱油位；自动监控水轮机顶盖(或支撑盖)的水位及漏油箱油位；

d) 自动监测机组各有关部位的温度；

e) 自动监测机组导水机构的工作状态及位置；

f) 自动发出机组相应的转速信号；

g) 自动发出相关压力容器和管路内介质的压力信号；

h) 自动控制导水机构锁锭的投入与拔出；

i) 自动监测相关部位的差压；

j) 自动监控检修密封压缩空气的投入或切除；

k) 自动监控制动器的切除或投入；

l) 自动控制隔离阀的切除或投入(油压装置带有隔离阀的机组)；

m) 自动监控机组开停机程序的完成情况；

n) 自动监控机组蠕动监测装置的投入(在机组停机状态下)或切除；

o) 手动、自动对油压装置进行补气；

p) 自动发出火灾报警信号。

5.2.2 机组自动化元件(装置)及其系统应满足机组以下特殊要求：

a) 机组作调相运行时，可以自动控制水轮机转轮室的水位；

b) 进水管未设快速闸门、蝴蝶阀、球阀或圆筒阀的机组，可以装设备用油源。当主用油源的油压事故下降至规定值时，备用油源可以自动投入并可靠关机；

c) 要求冷却水管路正、反向通水时，流量开关应正、反向运行；

d) 要求监控回油箱、漏油箱及各轴承油箱混水情况的机组，应自动监测；

e) 要求导叶按折线规律关闭时，可以由导叶分段关闭装置实现；

f) 机组过速、且调速器失控仍要求关闭导叶时，可以由过速限制器或其他装置关闭导叶；

g) 要求有二级过速保护时，应由机械型与电气型两种转速信号器（或装置）发出信号；

h) 推力轴承有高油压顶起装置时，应自动监控；

i) 能装设水轮机流量测量仪，监测水轮机流量；能装设流量测量仪来监控机组冷却润滑水流量；

j) 能装设水轮机上下游水位及水轮机水头测量仪，监测水位及水头；

k) 装设灭火系统，能自动或手动扑灭发电机内火灾；

l) 装设发电机气隙监测仪的机组，能监测发电机定子与转子之间的间隙；

m) 装设轴电流报警装置用来监测机组轴电流；

n) 能自动控制轴承油雾吸收装置，以防止油气污染发电机；

o) 能监测机组各部位的振动；

p) 能装设大轴位移装置监测大轴位移；

q) 机组运行过程中能自动吸收发电机碳刷磨擦产生的粉尘；

r) 停机过程中能自动吸收发电机制动时产生的粉尘；

s) 用压力、差压、液位变送器来监控有关部位的压力、差压及液位；

t) 长期停机时能用加热器加热发电机机坑内的空气，以防潮湿；

u) 能自动控制除湿机保证发电机机坑内的空气干燥；

v) 能自动监测发电机推力负荷分布情况；

w) 能自动监视水轮机的压力脉动；

x) 能自动保持冷却水系统的压力；

y) 发电机线棒装设有纯水系统的机组，能监视纯水电导率、大泄漏及水泵运行情况；发电机线棒装设有蒸发冷却机组，能监视冷却介质的温度、压力、压差、液位、流量情况。

5.2.3 机组处于备用状态时，机组自动化元件（装置）及其系统应满足以下要求：

a) 可以使机组随时自动启动；

b) 漏油箱和重力油箱油位升降至规定值时，能自动控制油泵的启停；

c) 水轮机顶盖水位上升至规定水位时，应自动排除积水。

5.2.4 机组正常运行时，除能满足5.2.1、5.2.2、5.2.3的要求之外，还能满足以下要求：

a) 要求调相运行的机组，可以根据需要由发电机运行转为调相运行，或者反之；

b) 机组冷却水管采用正、反向通水时，通水方向能自动或手动切换；

c) 采用水润滑轴承的水轮机，主、备用水源能自动切换，在主用水源发生故障时，备用水源能自动投入。

5.2.5 机组正常停机时，机组自动化元件（装置）及其系统应满足以下要求：

a) 手动或自动停机过程中，能按照规定的程序停机；

b) 机组停机后，相关自动化元件（装置）及其系统应能根据系统要求退出或投入运行，并能自动转入备用状态。

5.2.6 按机组自动化元件的配备情况，在机组发生下列不正常情况时，可以分别发出报警信号：

a) 机组各轴承油箱或油压装置回油箱油位异常；

b) 油压装置备用油泵启动；

c) 漏油箱油位过高、重力油箱及轴承回油箱油位过低，膨胀水箱水位异常；

d) 水轮机顶盖内水位过高；

e) 导水机构剪断销剪断；

f) 机组各轴承、发电机定子、冷风及热风等温度上升至规定值；

g) 机组过速限制器动作；

h) 机组冷却水管内水流中断或降到一定值，水润滑轴承主用润滑水中断或降到一定值；

i) 主、备用润滑水压力降到一定值；

j) 机组启动或停机在规定时间内未完成；

k) 回油箱、漏油箱及各轴承油箱内油中积水或混水过多；

l) 机组主轴密封水压力不正常；

m) 机组振动、摆度大；

n) 机组轴电流过大；

o) 推力轴承高油压顶起系统故障；

p) 压力罐压力高；

q) 停机后机组蠕动；

r) 滤水器或滤油器差压过高；

s) 发电机定子与转子间隙过小；

t) 发电机局部放电过大；

u) 温度信号器断阻、断线、断电；

v) 电气转速信号装置故障；

w) 水轮机压力脉动过大；

x) 大轴轴向位移过大；

y) 采用纯水内冷的发电机组，在纯水电导率过高、纯水水箱水位低、循环纯水流量中断或降到一定值时；采用蒸发冷却的发电机组，冷却介质的温度、压力或液位异常时；

z) 其他异常情况发生时。

5.2.7 机组发生下列情况时，机组自动化元件(装置)及其系统能按要求发出事故停机信号及报警信号，并实现事故停机。

a) 机组各轴承及发电机定子过热；

b) 水润滑轴承主、备用水均中断或降到一定值并且超过规定时限；

c) 机组调相运行时失去电源，与电网解列，机组转速下降至规定值；

d) 电气事故保护动作；

e) 机组火警；

f) 机组振动、摆度过大；

g) 按动事故停机按钮；

h) 安装有圆筒阀或进水口快速闸门的机组，在圆筒阀或快速闸门下滑到事故位置时。

5.2.8 机组发生下列情况时，机组自动化元件(装置)及其系统能按要求发出紧急事故停机信号及报警信号，同时应动作过速限制器并可延时关闭进水阀(多台机组共用一台进水阀的情况除外)实现紧急事故停机。对于只设置进水阀而不设置过速限制器的机组，可直接进行关闭进水阀的操作：

a) 机组甩负荷时，机组转速上升到110%～115%额定转速，又遇调速器主配压阀拒动，再经过延时。

b) 机组过速到最大瞬态转速的规定值加3%额定转速，电气转速信号器动作；

c) 机组过速到最大瞬态转速的规定值加5%额定转速时，机械液压过速保护装置或机械过速开关动作；

d) 油压装置紧急事故低油压或压力罐油位降低到事故低油位；

e) 事故停机时剪断销剪断；

f) 按动紧急事故停机按钮。

5.3 水轮机进水阀自动化系统

5.3.1 水轮机进水阀自动化系统应满足下列要求：

a) 能按规定的程序和条件实现自动或手动操作水轮机进水阀的开启与关闭，并能调整开启、关闭时间；

b) 满足机组对水轮机进水阀动水关闭及关闭时间要求；

c) 蝴蝶阀或球阀开启、关闭后，能自动加锁、保持其位置不变；蝴蝶阀或球阀开启与关闭过程中其锁锭不许误动；

d) 水轮机进水阀到达全开或全关位置后，能自动发出位置信号；

e) 水轮机进水阀系统用的漏油箱，当油位升降至规定油位时，能自动控制油泵启停；当油位过高时，发出报警信号；

f) 有密封装置的进水阀，在进水阀开启之前，密封装置应自动释放；在进水阀关闭到达全关位置后，密封装置应自动投入。

5.3.2 水轮机进水阀或进水管快速闸门的控制系统允许在5.2.8的条件下进行紧急事故关闭操作。

6 抽样

6.1 产品出厂及现场试验抽样规则应符合下列要求：

a) 产品出厂时，应全检与本产品有关的出厂试验项目；

b) 产品现场试验根据需要及现场条件，可以作全部或部分的现场试验项目。

6.2 产品作型式试验时的抽样规则应符合下列要求：

a) 定型生产的产品可以在已做出厂试验的合格品中随机抽取，数量不少于3台；

b) 作本产品有关型式试验项目的全部。

7 试验项目及方法

7.1 外观检查

主要是用目测检查。

7.2 电气元件介电性能试验

按照GB/T 14048.1—2006中8.3.3.4.2.2进行。

7.3 电气装置抗干扰试验（电快速瞬变干扰试验）

按照GB/T 17626.4—1998进行电快速瞬变试验。

7.4 液（气）压元件的承压零件的水压强度试验

压力应逐渐提高至试验压力 P_s（P_s = 1.5倍公称压力 P_N），同时排出腔内气体。试验持续时间5 min，此时间内压力保持不变。

7.5 液（气）压元件装配后的密封性试验

试验介质应采用产品的工作介质。试验压力为公称压力，在用非气体介质试验时应排出腔内空气，试验持续时间5 min。

7.6 滑阀式液压元件的内漏油量试验

施加公称油压 P_N，试验油质为L-TSA46汽轮机油，油温在20 ℃情况下，测量内漏油量。若油质为L-TSA32汽轮机油或油温不是20 ℃时，可根据附录A进行近似换算。

7.7 元件动作试验及有关性能检查

7.7.1 各种液（气）动元件试验应满足以下要求：

a) 通以设计规定压力的介质，按照各元件设计要求接通或断开各通路，往复动作5次；

b) 对油压操作的元件，还应在设计规定的事故低油压下往复动作试验3次。

7.7.2 流量开关的试验

依照产品允许的使用方向及位置，模拟（作型式试验时不允许模拟）逐渐增加或减小流量，动作10次（双向运行的流量开关每个方向各动作5次），检查各信号触点的动作情况。

7.7.3 液位信号器（液位开关）试验

将液位信号器固定于一容器内，注入和排放工作介质（工作介质为油的浮子式液位信号器，在确定浮子能在油中浮起之后，允许用水试验），使液位上升或下降各动作10次，各信号触点在规定的液位应发出相应信号，并测定各触点重复动作的误差值。

7.7.4 电磁换向阀及电磁阀试验

按设计要求分别通以最高工作压力和最低工作压力，在规定的工作行程下，分别施加85%和110%额定电压，往复各动作10次，不得跳动或卡阻，检查其渗漏量应符合设计要求。如有位置触点，还应检查其位置触点的动作情况。

7.7.5 电磁空气阀试验

按设计要求分别通以最高气压和最低气压，在规定的工作行程下，分别施加85%和110%额定电压，往复各动作10次，不得跳动或卡阻，检查其漏气情况应符合设计要求。如有位置触点，还应检查其位置触点的动作情况。

7.7.6 机械过速开关或电气转速信号装置试验

机械过速开关试验时，应在专门的试验装置上按规定的转速进行试验。电气转速信号装置试验时，应输入频率信号源模拟机组启动、甩负荷和停机工况转速变化的PT信号及齿盘信号，用记录仪记录机组转速变化和各触点动作情况。

a) 按转速上升、下降的顺序各动作5次，各触点应发出相应信号，触点不允许抖动；用测速装置测量各次动作时的转速值，并计算其精度及返回系数；
b) 电气转速信号装置应进行连续运行试验，试验时间为72 h，之后重复上述a)试验；
c) 电气转速信号装置应按7.3进行电快速瞬变干扰试验，检验装置的抗电磁干扰性能。

7.7.7 机械液压过速保护装置试验

按设计要求接上各管路及试验装置，在专门的试验装置上整定其动作值，动作5次，并测量其精度。

7.7.8 压力开关（差压开关）试验

用压力校验仪进行试验。在使用范围内取最大值，中间值及最小值，每点重复动作3次，测量其重复动作误差。

7.7.9 压力控制表（差压控制表）试验

用压力校验仪进行试验。在使用范围内取最大值，中间值及最小值，每点重复动作3次，测量其指示精度及动作误差。

7.7.10 油混水信号器动作试验

将油混水信号器的传感器浸没于装有L-TSA46或L-TSA32汽轮机油的容器中，接通电源，再分5次加入试验容器所盛油的体积的1%～10%不同体积的水，充分搅拌后，校验其报警触点的动作情况。对于有模拟量输出的油混水信号器，应检查其4 mA～20 mA输出情况。将传感器从已混水的油中抽出，检查报警信号是否消失。反复试验5次。

7.7.11 压力式温度信号器试验

在模拟装置上进行试验，当测温元件温度达到整定值时应发出信号，温度下降至规定值时，信号消失。按温度上升或下降各动作5次。

7.7.12 测温电阻（RTD）和数字式温度信号器试验

a) 检验RTD特性，对于Pt 100铂电阻，0 ℃时其电阻值应为100 Ω，100 ℃时其电阻值应为138.5 Ω；
b) 用可变电阻箱模拟RTD的阻值变化，校核温度信号器在0 ℃至100 ℃时的显示值及报警触点的动作情况；

c) 模拟断阻、断线、断电及通电情况，故障触点应正常动作，报警触点不应误动；

d) 按 7.3 进行电快速瞬变干扰试验，检验装置的抗电磁干扰性能。

7.7.13 剪断销信号报警装置试验

模拟一个或多个剪断销剪断，检查剪断销信号报警装置是否正确发出报警信号，同时还应指示出被剪断的剪断销的编号。

7.7.14 制动器位置信号装置试验

模拟一个或多个制动器位置信号变化，制动器位置信号装置应能正确发出指示信号，同时还应指示出对应制动器位置的编号。

7.7.15 轴电流监测装置试验

a) 用模拟方法使互感器分别通过 50 Hz 及 150 Hz 的电流，其信号装置上的显示值应与通过互感器的电流值相对应。分别检查两级报警触点的整定值和动作情况；

b) 按 7.3 进行电快速瞬变干扰试验，检验装置的抗电磁干扰性能。

7.7.16 振动、摆度监测装置试验

a) 将振动或摆度传感器装于试验台上，与振动、摆度监测装置正确接线，模拟改变振动或摆度值，观察振动、摆度监测装置的报警和停机触点的动作情况及 DC4 mA～20 mA 输出情况；

b) 具有分析功能的振动、摆度监测系统，应按技术要求进行综合模拟试验；

c) 按 7.3 进行电快速瞬变干扰试验，检验装置的抗电磁干扰性能。

7.7.17 电动阀试验

连接控制装置及电动阀，分别采用 85%和 110%的额定电压操作阀门由全开至全关，全关至全开往复各 5 次，检查如下项目：

a) 阀门自动关到全关位置时，通入额定压力的工作介质，检查阀门的渗漏情况；

b) 检查阀门开度指示器的方向及刻度；

c) 检查手、自动切换动作情况；

d) 分别检查阀门在全开和全关位置时的位置输出触点是否正常切换。

7.7.18 火灾报警系统试验

a) 将感温探测器，感烟探测器与火灾报警装置及自动灭火装置按要求连接，分别模拟动作感温及感烟探测器，火灾报警装置应发出相应报警或火警信号。试验 3 次；

b) 按 7.3 进行电快速瞬变干扰试验，检验装置的抗电磁干扰性能。

7.7.19 自动灭火试验

当火灾报警装置发出火警信号后，检查自动灭火装置能否自动投入。试验 3 次。

7.7.20 发电机气隙监测装置试验

a) 模拟发电机气隙的变化，在气隙过小时，检查装置能否发出报警信号，试验 3 次。具有分析功能的气隙监测装置的试验，应按技术要求进行综合模拟试验；

b) 按 7.3 进行电快速瞬变干扰试验，检验装置的抗电磁干扰性能。

7.7.21 发电机局部放电监测装置

a) 按技术要求进行综合模拟试验；

b) 按 7.3 进行电快速瞬变干扰试验，检验装置的抗电磁干扰性能。

7.7.22 大轴轴向位移监测装置试验

a) 用模拟方式试验大轴轴向位移监测装置，检查其显示精度，调整其整定值，在最小、中间及最大值各选一点，检验其报警及停机触点的动作情况。并往复各动作 5 次；

b) 按 7.3 进行电快速瞬变干扰试验，检验装置的抗电磁干扰性能。

7.7.23 各种测量仪试验

表 3　测量仪试验表

序号	名　　称	试验检查项目	试验次数
a)	水轮机上下游水位测量仪	模拟水位变化，检验仪表精度及输出情况	3 次
b)	水轮机水头测量仪		
c)	冷却水或润滑水流量测量仪	模拟流量变化，检验仪表精度及输出情况	
d)	水轮机流量测量仪		
e)	水轮机压力脉动测量仪	模拟水轮机的压力脉动变化，检验仪表精度及输出情况	
f)	推力轴承负荷测量仪	在模拟试验台上进行，检验推力轴承负荷测量仪的显示情况	

按 7.3 进行电快速瞬变干扰试验，检验装置的抗电磁干扰性能。

7.7.24　通用数字显示仪表试验

a)　检验显示精度及报警功能，往复动作 5 次；

b)　如有模拟量输出，应检查其精度及带负载能力；

c)　如触点有延时动作性能时，则应检查其相应的延时动作情况；

d)　如有断阻、断线、断电报警功能，则应检查其相应的动作情况；

e)　按 7.3 进行电快速瞬变干扰试验，检验装置的抗电磁干扰性能。

7.7.25　压力变送器及差压变送器试验

在压力校验台上进行试验，检验压力变送器或差压变送器的输入与输出对应关系及精度。试验 5 次。

7.8　自动化元件(装置)及其系统的现场试验

7.8.1　试验条件

a)　各元件已经单件试验合格；

b)　元件及其系统与主机及其他有关部件的连接是正确的，并按 GB/T 8564—2003 的要求已具备现场试验条件；

c)　电源、油源、气源、水源等条件已具备；

d)　设备及人身安全条件具备。

7.8.2　调相水位自动控制系统现场试验

在机组发电与调相工况间的相互转换过程中，以及调相运行和调相停机过程中，检查转轮室水位的自动控制情况。

7.8.3　上下游水位测量仪及水头测量仪现场试验

将测量水位(或水头)的传感器与测量仪表正确连接，观察水位变化时测量仪表的显示及输出是否正常。

7.8.4　水轮机流量测量仪(差压法测量)现场试验

a)　将测量流量的差压传感器与测量仪表正确安装连接；

b)　通水、通电、检查缓冲等设施的效果，并对相关值进行标定；

c)　根据流量系数 K 值指示的流量值，与理论流量值比较后修订 K 值，如有条件可与实测流量值比较后最后决定 K 值；

d)　调试其他性能，如累积流量测量，超限报警及打印功能等。

7.8.5　机组振动、摆度监测装置及发电机气隙监测装置的现场试验

a)　将装置的各部件按要求装好；

b)　通电，可用千分表比对各标定值；

c)　根据要求整定各报警、停机触点；

d) 在机组开机、停机、运行和过速的过程中，应分别记录各显示值；

e) 调试其他性能，如 DC4 mA～20 mA 输出、通讯、打印等。

7.8.6 火灾报警系统及自动灭火系统现场试验

a) 按要求对火灾报警系统及自动灭火系统进行安装；

b) 现场模拟动作感温及感烟探测器，火灾报警装置应正常动作；

c) 对水灭火系统，接到火警信号后模拟自动操作雨淋阀开启，检查其动作情况，在有水时检查其密封情况；

d) 对 CO_2 灭火系统，接到火警信号后模拟动作 CO_2 灭火操作系统，检查其动作及漏气情况。

7.8.7 大轴轴向位移监测装置现场试验

a) 测出机组最大可能位移量；

b) 按要求进行安装，调整零位；

c) 在机组进行甩负荷试验及紧急停机试验时，测量轴向位移量，并根据实测值整定轴向位移报警触点。

7.8.8 电气转速信号装置及机械过速开关现场试验

a) 按要求安装并调整；

b) 按转速上升和下降的过程校验各转速触点；

c) 电气转速信号装置其他性能试验：如转速、频率显示切换、DC4 mA～20 mA 输出。

7.8.9 机械液压过速保护装置现场试验

按要求安装并调整转动部分与固定部分的间隙；在过速试验中校验机械摆及换向阀的动作值，同时检查辅助触点的动作情况。手动复归。

7.8.10 过速限制系统现场试验

a) 在没有充水的情况下作过速限制系统模拟操作试验；

b) 在机组甩负荷试验之后，根据机组要求及调速器试验数据，校核整定过速限制系统参数；

c) 充水后，调速器处于手动运行，模拟事故状态；当机组转速上升至 5.2.8 f)的规定值时，过速限制器应动作关机(5.2.8 a)、5.2.8 b)仅作模拟试验)；记录有关数据。在试验中可根据需要，调整过速限制系统关闭导叶的时间。

7.8.11 分段关闭装置现场试验

根据机组要求调整分段关闭装置投入点及关闭导叶接力器的延缓时间。在无水时进行导叶开、关试验，记录曲线和相关数据。在机组进行甩负荷试验时，记录曲线和相关数据。

7.8.12 轴电流监测装置现场试验

a) 安装好互感器及信号装置，消除机组形成的环路接地现象；

b) 检验机组在开机、空载、投励磁以及机组加不同负荷时的轴电流情况；

c) 整定两级轴电流报警值，并检查是否正常工作；

d) 检验延时动作性能。

7.8.13 机组温度检测系统现场试验

a) 检验所有 RTD；

b) 检验并整定数字温度显示仪的显示值、报警值及停机值；

c) 检验温度巡检装置的显示、报警及通讯是否正常。

7.8.14 机组冷却润滑水系统现场试验

a) 检验水源的自动阀门(含液压和电动阀门)开关、指示及位置信号是否正常；

b) 滤水器能够正常运行，并有差压报警，能正常切换及清洗；

c) 减压阀能调节水压维持在 0.2 MPa～0.3 MPa(或要求的水压)之间；

d) 检验压力表及压力控制表等监测装置，并整定其报警值；

e) 检验流量开关和流量测量装置，并整定其报警值；

f) 如机组冷却水系统需自动正反向运行，应检验系统正反向切换功能及流量开关或流量测量装置的正反向运行功能；

g) 检验机组各部位排水是否通畅；

h) 检验机组主、备用冷却、密封润滑水切换是否正常。

7.8.15 机组压缩空气系统现场试验

a) 检验油压装置自动补气系统；

b) 检验机械制动系统及大轴空气围带控制系统；

c) 检验轴承防油雾气动元件；

7.8.16 顶盖排水系统现场试验

a) 检验顶盖排水泵及控制设备的自动操作功能、切换功能、水位过高报警功能；

b) 检验射流泵控制系统的自动排水功能。

7.8.17 水轮机进水阀自动化系统现场试验

a) 进水管道充水后，机组处于停机状态，导叶(喷针)全关；手动及自动开、关水轮机进水阀，检验进水阀是否按规定的程序正常开、关；检验并按要求整定进水阀的开、关时间；

b) 当要求做动水关闭试验时，应在已完成上述试验后进行；机组带要求的负荷运行，动水关闭水轮机进水阀，检查系统是否正常，并记录动水关闭时间。

7.8.18 机组开、停机试验

在机组及二次回路等各部件都具备开、停机条件后进行。

a) 手动开、停机，检查自动化元件及其系统；

b) 自动开、停机，检查自动化元件及其系统。

7.8.19 试运行

a) 配套的元件及其系统应随机组进行 72 h 试运行，考验自动化元件及其系统；

b) 供鉴定的元件及其系统应进行 4 000 h 以上的试运行；

c) 出口产品的试运行可由供需双方商定。

7.9 其他电气装置试验

按产品本身的试验方法进行。

7.10 电磁换向阀及电磁阀类元件动作可靠性试验

按下列要求进行：

a) 在室温下进行试验，试验电压为额定电压，其余按动作试验的要求；

b) 动作频率不得少于每分钟 6 次；

c) 试验过程中不准清理、修理或更换任何零件；

d) 动作次数各 3 000 次，动作准确率 100%。

7.11 电磁换向阀(电磁阀)静置后动作试验

通以公称压力的介质，静置 72 h 后，施加 85% 额定电压动作一次，应动作正常。

7.12 剪断销信号器及剪断销信号装置动作试验

模拟水轮机剪断销剪断，检查剪断销信号器断裂及装置的动作情况。

7.13 寿命试验

a) 同类产品或结构，材料基本相同的产品，可抽一种规格或一种产品进行试验；

b) 允许产品薄弱环节的局部试验代替整个产品试验，但必须保证试验状态与实际工况相同；

c) 按照产品各自动作试验的要求与方法进行，记录动作次数，试验过程中更换易损件不允许超过 3 次，主要零件不得有损坏；

d) 试验在室温下进行；

e) 电气元件施加额定电压操作，液压元件与气压元件用公称压力的介质操作，介质温度为10 ℃～35 ℃范围；

f) 各类元件寿命试验要求的动作次数见表4。

表4 各类元件寿命试验的动作次数

元件名称	动作次数
电磁阀、电磁换向阀	20 000
电磁空气阀、液动空气阀	10 000
液压操作阀、液动截止阀	10 000
其他液压元件	20 000
压力开关	15 000
注1：其他液压元件是指使用中动作较多的液压元件。 注2：动作次数为上、下，往、复，开、闭或升、降算一次。	

7.14 温升试验

电气元件中，使用于长期工作制和间断长期工作的线圈，按GB/T 14048.1—2006中8.3.3.3.1、8.3.3.3.2及8.3.3.3.6规定的方法进行温升试验，温升用电阻法测量。

7.15 湿热试验

a) 使用环境相对湿度大于90%而不大于95%的电气元件，按GB/T 2423.4—1993中的试验Db方法进行11周期湿热试验；

b) 电子产品按GB/T 2423.4—1993中的试验Db方法进行试验。

7.16 耐潮试验

用于周围环境相对湿度不大于90%的电气元件，按GB/T 2423.4—1993中试验Db方法进行6周期湿热试验。

7.17 试验用仪表

a) 电气仪表精度不低于0.1级；

b) 压力测量仪表精度不低于0.075级；

c) 其他仪表符合有关规定。

8 检验及验收规则

8.1 检验规则

8.1.1 产品出厂检验试验项目

按7.1、7.2、7.4、7.5、7.6、7.7进行试验。

8.1.2 现场试验项目

根据现场条件及需要，可在机组或相应模拟试验装置上进行8.1.1试验项目的全部或部分，但7.2项应按有关规定进行。

现场试验时允许在符合技术条件的情况下，对元件的动作值进行必要的整定。

在机组及二次回路完全具备条件后，按7.8.2、7.8.3、7.8.4、7.8.5、7.8.6、7.8.7、7.8.8、7.8.9、7.8.10、7.8.11、7.8.12、7.8.13、7.8.14、7.8.15、7.8.16、7.8.17、7.8.18、7.8.19进行试验。

8.1.3 产品型式试验

8.1.3.1 产品型式试验的规定：

在下列情况之一时，产品需要进行型式试验。

a) 新产品或老产品转厂生产的试制定型鉴定；

b) 正式生产后，如材料、结构、工艺有较大改变，可能影响到产品的性能时；

c) 正常生产每隔 3 年～5 年或累积一定产量后，应周期性进行试验；

d) 产品长期停产后，恢复生产时；

e) 出厂检验结果与上次型式试验有较大差异时。

8.1.3.2 型式试验项目

a) 出厂检验试验及现场试验的全部内容；

b) 对于电磁换向阀(电磁阀)类元件还应做动作可靠性试验；

c) 对电磁换向阀(电磁阀)静置 72 h 后的动作试验；

d) 对剪断销信号器还应做动作试验；

e) 寿命试验(见表 4)；

f) 温升试验；

g) 湿热试验与耐潮试验；

h) 电气装置抗干扰试验(电快速瞬变干扰试验)；

i) 其他电子装置试验；

j) 由用户及制造厂协商进行的蝴蝶阀、球阀或圆筒阀动水关闭试验。

8.2 验收规则

8.2.1 供货成套性

8.2.1.1 易损件及备件

8.2.1.2 技术资料

a) 成套供货时应提供机组自动化机械液压系统图、电气系统图及操作程序图；

b) 产品原理图、外形安装图、电气接线图；

c) 产品原理、结构、安装、调试及维护说明书；

d) 交货明细表；

e) 产品出厂合格证；

f) 装箱单。

8.2.2 验收规定

8.2.2.1 由制造厂质量检查管理部门提供出厂检验试验报告及填写合格证。

8.2.2.2 现场试验由制造厂和用户在现场进行；但一方对试验结果有异议时，可重作。

8.2.2.3 由制造厂质量检查管理部门或委托有关单位进行型式试验。

8.2.3 保证期

a) 制造厂自发货之日起，在正常贮运条件下，应在一年内不致因包装不善而引起产品的锈蚀，精度降低；

b) 供货方自发货之日起 2 年内，或机组投入运行 1 年内(上述期限以先到为准)，因产品制造不良，导致损坏或不能正常工作时，供货方应无偿地为用户更换或维修；

c) 出口产品的保证期由双方商定。

9 标志、包装、运输与贮存

9.1 标志

9.1.1 每台产品在适当的明显位置固定产品的铭牌，其主要内容有：

a) 产品型号、规格及名称；

b) 制造厂名；

c) 产品制造编号；

d) 产品制造日期。

9.1.2 包装箱的外壁应注明下列事项：

a） 收货单位和地址；

b） 发货单位和地址；

c） 产品型号、名称及出厂编号；

d） 大型包装箱的净重、毛重、箱子的重心及吊索位置，以及箱子的外形尺寸；

e） 标明“轻放”、“防潮”、“防震”、及“不准倒置”的字样和标记。

9.2 包装

9.2.1 包装前必须做好下列准备工作：

a） 在产品外部加工表面上，采取临时防锈措施；

b） 将易碎、怕震和有特殊要求的零部件及表计拆下，另行妥善包装；

c） 液动元件腔内，必须留有一定数量的符合要求的汽轮机油。不得残存加工后的残屑、沙粒及积水；

d） 产品内可动零部件，必须与机体固定；

e） 元件对外连结管孔，应封堵。

9.2.2 包装要求

a） 箱内产品不准乱放，堆放、倒放应固定牢靠；

b） 随机组一起供应的技术资料及备件，经包扎后固定在明显的位置；

c） 包装必须密封和牢固，保证水陆长途运输及库存中能防潮和防尘，以满足运输、装卸及贮存的要求；

d） 其他未规定的要求及出口产品的包装按 GB/T 13384—1992 的规定执行。

9.3 运输

a） 运输和装卸过程中应根据包装箱外的标记放置和起吊；

b） 非成箱包装和运输的部件，在运输中不得放在直接受雨雪侵袭的地方。

9.4 贮存

用户收到产品后，在未安装前，应将产品贮存在温度为－5 ℃～40 ℃，相对湿度不大于 90%，无腐蚀性气体和不受灰尘、雨雪侵袭的室内。

附 录 A
（规范性附录）
不同油温及油质滑阀的内泄漏油量近似换算

A.1 油压元件的内泄漏油量规定值均指在下列条件下：

a) L-TSA46 汽轮机油；

b) 油温为 20 ℃。

A.2 若试验油为 L-TSA32 或 L-TSA46 汽轮机油的油温不为 20 ℃可用下列公式换算：

$$Q_H = K_{TB} \cdot Q_s / K_V$$

式中：

Q_H——换算至规定油质及油温为 20 ℃时的内泄油量，单位为立方厘米每分钟（cm^3/min）；

K_{TB}——与油温有关的系数（见表 A.1），若测量时油温为表 A.1 两温度之间时，可由两相近油温的 K_{TB} 值，用线性内插法求出；

Q_s——在实际油温及油质下测得的内泄漏油量，单位为立方厘米每分钟（cm^3/min）；

K_V——与油质有关的系数，若为 L-TSA46 汽轮机油时则 $K_V=1$，若为 L-TSA32 汽轮机油时见表 A.1，若测量时油温为表 A.1 两油温之间时，可由两相近温度的 K_V 值用线性内插法求出。

表 A.1 与 L-TSA32 汽轮机油有关的系数

测量时油温	10 ℃	20 ℃	30 ℃	40 ℃	50 ℃
K_V	2	1.6	1.6	1.6	1.5
K_{TB}	2	1	0.5	0.33	0.2

ICS 27.120.10
F 65

中华人民共和国国家标准

GB/T 11807—2008/IEC 60988:1990
代替 GB/T 11807—1989

探查松脱零件的声学监测系统的特性、设计和运行程序

Acoustic monitoring systems for loose parts detection—Characteristics, design and operational procedures

(IEC 60988:1990, IDT)

2008-07-18 发布 2009-04-01 实施

中华人民共和国国家质量监督检验检疫总局
中国国家标准化管理委员会 发布

前　言

本标准等同采用 IEC 60988:1990《探查松脱零件的声学监测系统的特性、设计和运行程序》(英文版)。

本标准等同翻译 IEC 60988:1990。

为便于使用,本标准做了下列编辑性修改:

——删除了 IEC 60988 的前言;

——用小数点“.”代替作为小数点的逗号“,”。

本标准代替 GB/T 11807—1989《探查松脱零件的音响监测系统的特性、设计和运行程序》。

本标准与 GB/T 11807—1989 相比主要有以下变化:

——增加了“外来物　foreign parts”的术语和定义(见 2.2.3);

——增加了系统设计的外部报警接口单元(见图 4 中的方块 12),并增加了相应的规定(见 4.5.5);

——频率范围由“f_a=1 kHz 到 f_b=20 kHz”,改为“一般应在 f_a=0.5 Hz~1 kHz 到 f_b=10 kHz~20 kHz之间”(见 4.1);

——RMS 监视器的频率范围由“0.7f_a 和 1.5f_b 之间”,改为“f_a 和 f_b 之间”(见 4.4.2);

——增加了对数字化记录单元的要求(见 4.4.4)。

本标准的附录 A 为资料性附录。

本标准由中国核工业集团公司提出。

本标准由全国核仪器仪表标准化技术委员会归口。

本标准起草单位:核工业标准化研究所。

本标准起草人:王继东、崔贞北。

本标准所代替标准的历次版本发布情况为:GB/T 11807—1989。

探查松脱零件的声学监测系统的特性、设计和运行程序

1 范围

本标准规定了轻水反应堆声学监测系统的特性、设计要求和运行程序。

本标准适用于反应堆冷却剂系统松脱零件监测系统的设计和运行。声学监测系统用于监测通过结构传播、在反应堆冷却剂包容壳体外侧可测到的声音，其目的是探查异常事件，特别是由松脱零件引起的金属对金属的撞击事件，并用于确定这些事件发生的位置。所监测之声音仅限于可听频率范围，大约从 30 Hz 到 20 kHz。

本标准基于：使用压电式加速度传感器，探测由结构传播的声音。本标准不排除使用其他可代用的传感器。

2 术语和定义

下列术语和定义适用于本标准。

2.1

监测区域 monitoring areas

反应堆冷却剂压力边界之内、零件可能发生松脱或者松脱零件滞留概率高的区域。

2.2

松脱零件 loose parts

脱落零件、松动零件和外来物的统称。

2.2.1

脱落零件 detached parts

同反应堆冷却剂压力边界内的部件已失去连接，因而能被冷却剂所携带的零件。

2.2.2

松动零件 loosened parts

已经松动，但与原来赖以固定的部件仍保持着连接的零件。

2.2.3

外来物 foreign parts

在反应堆停运(例如换料大修)期间留在了反应堆冷却剂压力边界内、不属于内部结构的物体。

2.3

结构传播声音 structure-born sound

在固体中传播的声音。本标准中，结构传播声音主要是指频率从 30 Hz 至 20 kHz 的声音。

2.4

声音传感器 sound sensors

把机械信号转变为电信号的变换器，它在反应堆冷却剂压力边界外表面接受声音，该声音借助于位移、速度或加速度探测。

注：本标准中的声音传感器是指探测“结构传播声音”的传感器。

2.5

本底噪声 background noise

反应堆运行期间产生的结构传播噪声，这种噪声在无松脱零件时也会有。本底噪声包括恒定本底噪声以及运行相关单一声音事件。

2.5.1

恒定本底噪声　stationary background noise

由随机部分(如冷却剂流动噪声)和确定部分(如依赖于反应堆冷却剂泵转速的噪声)组成。

2.5.2

单一声音事件　single sound event

由单一事件所造成的结构传播声音(如松脱零件的撞击、控制棒的驱动、应力的突然降低等),它叠加在恒定本底噪声之上。

2.6

阵发波　burst

单一声音事件导致的、在声音传感器中产生的信号部分。它叠加在恒定本底噪声之上(见图1和图2)。

2.7

阵发波间隔的频率分布　burst interval distribution of frequency

所观察到的相邻阵发波之间的时间间隔的频率分布。

2.8

阵发波幅度的频率分布　burst amplitude distribution of frequency

所观察到的阵发波最大幅度的频率分布。

2.9

滞后时间差　delay difference

由一个单一声音事件在不同的声音传感器中所产生的阵发波之间的时间差。

2.10

系统灵敏度　system sensitivity

能被系统从本底噪声中分辨出来的声音事件的最低能量。

2.11

通带　pass band

通过的频率范围。本标准规定的通带的下界 f_a 和上界 f_b 均为3 dB对应的频率。

3　松脱零件监测技术

只要松动零件、脱落零件或外来物撞击了反应堆冷却剂压力边界的内表面或其内部结构,就会有能量传给压力边界壁,从而导致单一声音事件。

本底噪声是由冷却剂流动、冷却剂泵运转产生的,以及由固定在反应堆冷却剂压力边界之内或其上的部件在运行操作时引起的(如阀门动作或控制棒的驱动)。

结构传播声音被安装在反应堆冷却剂压力边界外侧的声音传感器所接受。

在确定的频率范围内对声音传感器的信号幅度进行监督就可实现松脱零件的监测。运行人员可以定期地、或根据需要收听噪声信号。

为了整定信号幅度的报警值,需要使用参考记录。建议系统探测灵敏度根据本底噪声调整,以期在可接受的误报警率条件下达到最高灵敏度(见5.4)。如果一起报警事件不能被清楚地解释,则可将记录的阵发波同参考信号和记录进行比较。

用于区别脱落零件和松动零件的准则是相关联的单一声音事件的滞后时间差,该时间差是由声音传感器处于不同位置所决定的。在松动零件的情况下,会观察到恒定的滞后时间差,而在脱落零件情况下,滞后时间差会发生变化。

典型的信号形状如图1、图2和图3所示。

图4提供了典型松脱零件监测系统功能示意图的例子。

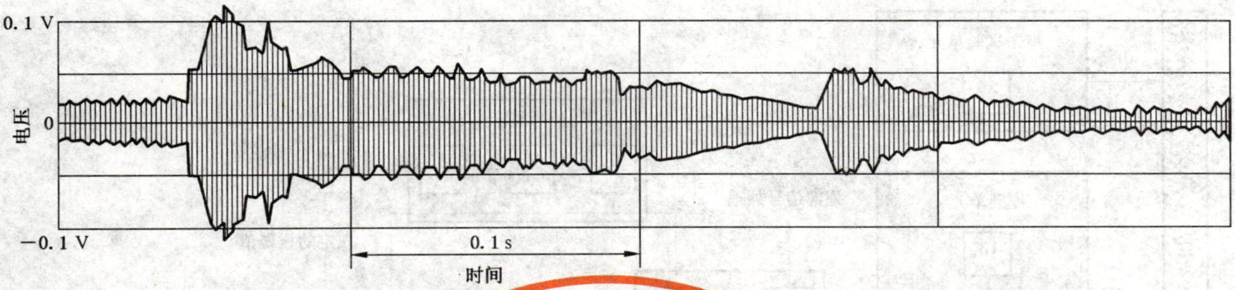

图1　某压水堆(PWR)的控制棒驱动机构引起的运行相关单一声音事件阵发波的信号形状

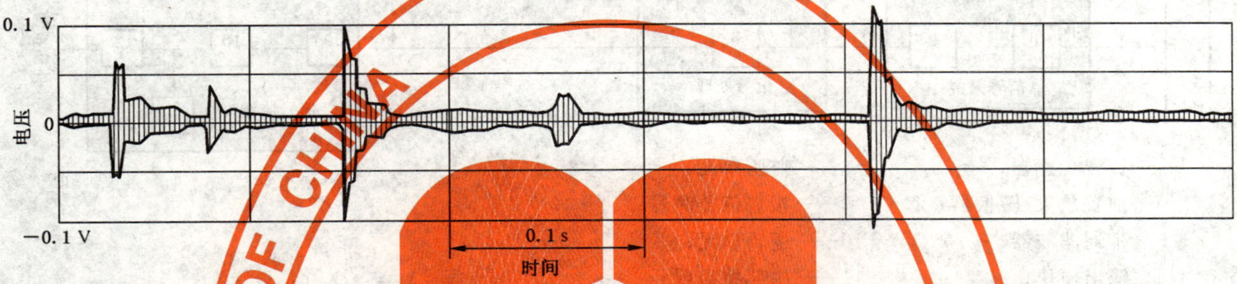

图2　某PWR蒸汽发生器进口水室的一个松脱零件(外来物)所引起的阵发波的形状

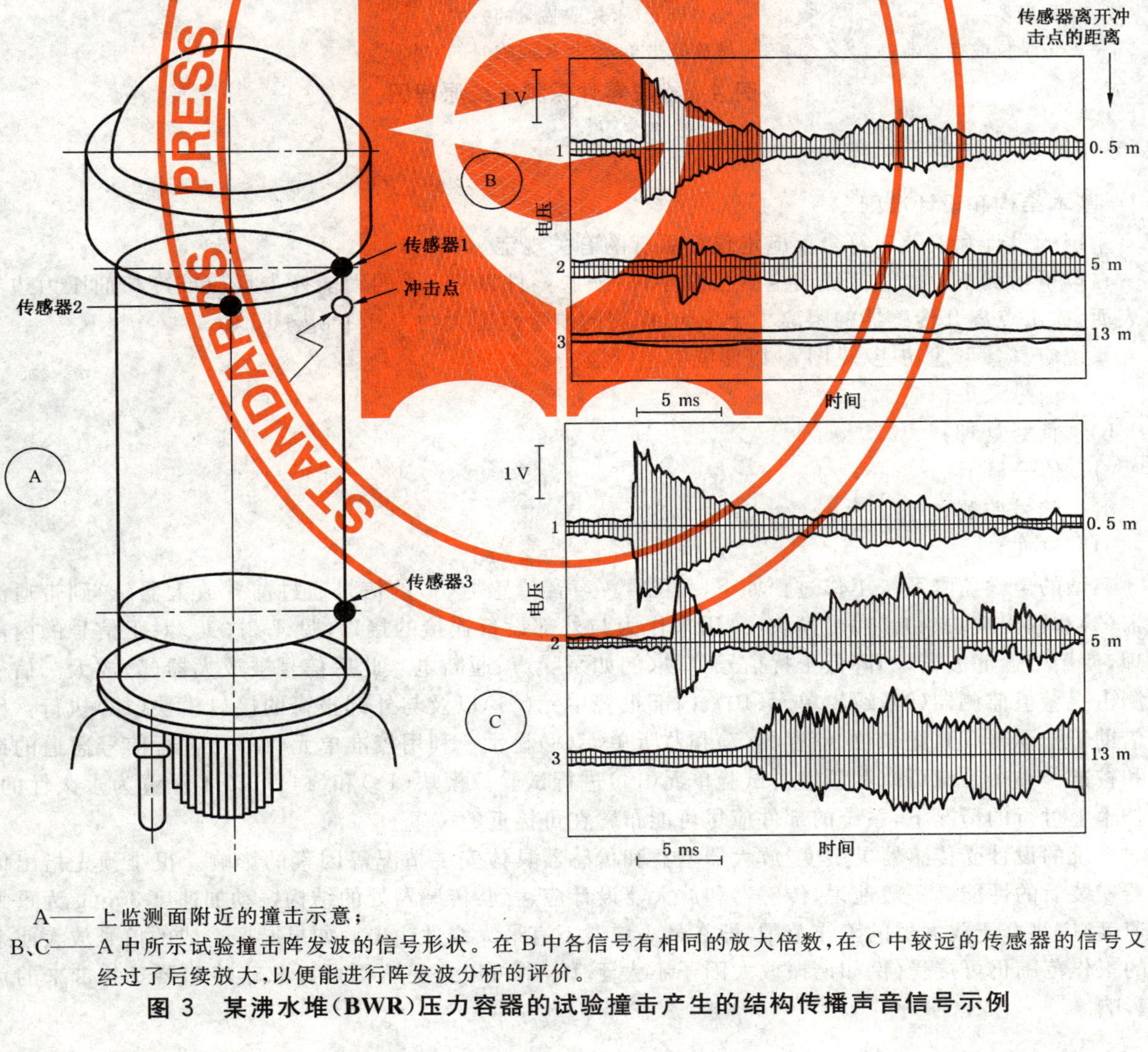

A——上监测面附近的撞击示意；

B、C——A中所示试验撞击阵发波的信号形状。在B中各信号有相同的放大倍数，在C中较远的传感器的信号又经过了后续放大，以便能进行阵发波分析的评价。

图3　某沸水堆(BWR)压力容器的试验撞击产生的结构传播声音信号示例

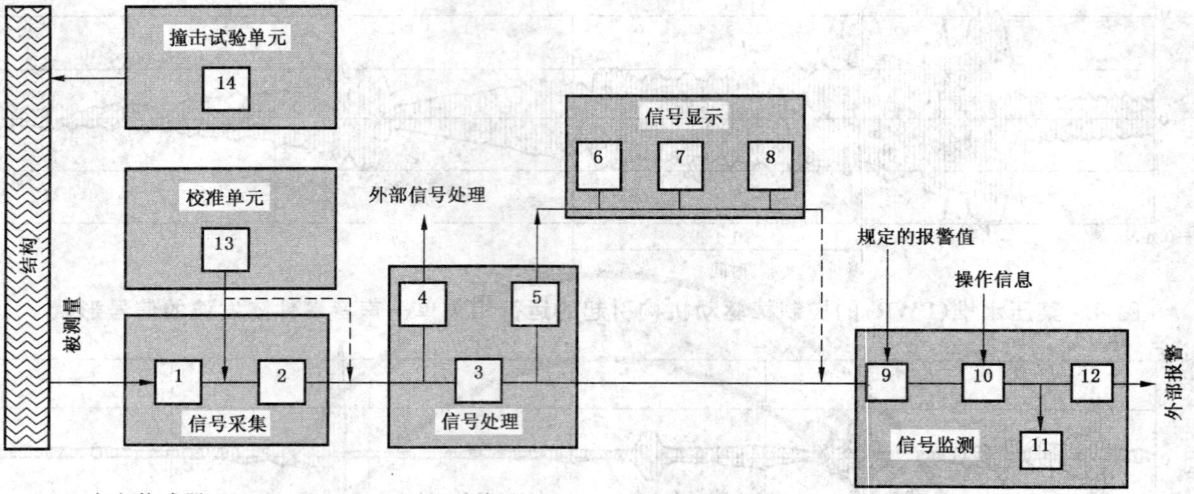

1——声音传感器；
2——前置放大/转换器；
3——带通滤波器；
4——输出模块；
5——放大器；
6——指示器；
7——记录仪或存贮器；
8——监听单元；
9——报警值监测器；
10——逻辑单元；
11——内部报警单元；
12——与外部报警设备的接口；
13——校准单元（永久或临时的）；
14——试验撞击单元（永久或临时的）。

图 4　松脱零件探测系统原理图

4　系统要求

4.1　基本结构和设计准则

系统的设计和安装应符合反应堆仪控系统的有关规定。

在以下情况下应能够探测出金属松脱零件：松脱零件以 0.7 J 的动能撞击反应堆冷却剂压力边界内表面，撞击点离开传感器的距离小于 1 m，探测的质量范围大约为 0.1 kg～15 kg。

系统应具备下述功能（见图 4）以便能够连续监测：

a)　信号采集；

b)　信号处理；

c)　信号显示；

d)　信号监测；

e)　校准。

典型的声学监测系统工作过程如下（见图 4）：声音传感器（1）的信号通过前置放大器（2）到带通滤波器（3）和输出模块（4）。输出模块（4）用来作为与外部设备连接的接口（见 4.3.3）。对于信号的内部处理，使用带通滤波器（3）降低干扰信号分量（例如泵噪声、通断电），此后信号被放大器（5）放大。信号监测由报警值监测器（9）、逻辑单元（10）、内部报警单元（11）以及与外部报警的接口模块（12）执行。信号借助于指示器（6）、记录仪/储存器（7）和监听单元（8）显示。利用校准单元（13）可进行信号通道的试验和校准。整个系统可以利用撞击试验单元（14）进行试验。模块（13）和（14）可以不设置为永久性的。在技术上可行的情况下，系统的部件应尽可能布置在可接近的位置。

系统的设计受传感器灵敏度、放大器增益和传感器具体安装情况等因素的影响。很难预先指出传感器安装后的性能。一般地说，传感器和放大器设计应达到：传感器处的结构振动加速度 30g（g 为重力加速度）应吻合于放大器的工作范围，即在最小增益下有最大线性输出。如果谐振造成的信号放大使系统的工作范围仍可接受（例如谐振放大因子不大于 15，则可以接受），则可以忽略传感器安装带来的负面影响。

对于更高的谐振放大因子，应当相应地调整测量通道的灵敏度。

如果被安装的声音传感器的谐振频率落在了监测频率范围内，建议采用测相对值(相对于满量程)的测量办法。

系统应利用合适的、符合探测算法规则的频率范围，以确保既有足够的灵敏度(能够探测出前述质量和能量的金属松脱零件)，又有最低的误报警率。依赖于算法规则等因素，频率范围的下界 f_a 应为 0.5 Hz～1 kHz，上界 f_b 应为 10 kHz～20 kHz。

一个测量组件同任何另外的测量组件(不包括声音传感器)的幅度/频率响应函数之差不应大于 1 dB。这一要求对测量组件的各模块也都有效，但不适用可对声音传感器做出补偿的模块或校正元件。在监测频率范围之内和动态区域中，幅度的线性度误差应小于 1 dB。全部测量组件的频率响应函数的偏差应处在 3 dB 频带之内。

4.2 信号采集

4.2.1 声音传感器的选择和安装

本标准推荐选用压电式声音传感器。所选用的传感器应能承受运行期间安装点周围的环境条件(如同时暴露于高温、辐射等)。因早期报警和诊断系统不需要在异常的环境条件下工作，因而本标准不对承受异常环境条件作出正式规定。

声音传感器应安装在反应堆冷却剂压力边界外表面。满足本标准要求且不损害压力容器完整性的所有安装方法(如螺钉连接、磁连接、夹具连接等)都是允许采用的。用在同一个声学监测系统中的全部声音传感器应具有一致的响应特性(灵敏度、频率响应函数)。

在选择传感器的安装位置时应考虑下述事项：

a) 应以确定声源位置为目的，对反应堆冷却剂压力边界作一次评价；
b) 声音传感器应处于监测区域内(如压力容器顶盖、压力容器底部、反应堆冷却剂泵、蒸汽发生器水室和管束区等)；
c) 声音传感器的安装位置应具备声音由内部结构向压力边界传播的有利条件(如压水堆的管座区域、压力容器封头的吊耳、沸水堆的堆芯支撑区以及蒸汽干燥器支撑环区域内)；
d) 声音传感器应易于更换；
e) 声音传感器的布置不得影响无损检验；
f) 所选位置的剂量率应尽可能低。

对每个监测区域，声音传感器的数目和其功能有直接关系；如仅仅是为了查出脱落或松动零件，则一个传感器就够了(如蒸汽发生器的进口水室区域)。为了区分出究竟是脱落零件还是松动零件，可能用两个传感器较为合适。当有必要在一个大容积里(如反应堆压力容器内)对脱落和松动零件确定位置时，至少应使用三只传感器。

为了诊断单一声音事件，有可能需要设置更多的声音传感器。单一声音事件的信号经处理后由逻辑单元 10(见图 4)识别出操作信号，从而防止操作振动引起误报警。

为了安装声音传感器，安装位置应根据拟采用的连接方法作好预先处理。应保证安装位置有一个平面，其尺寸至少等于传感器的安装面。安装表面的粗糙度应和预计的安装类型相适应。此外，螺钉连接和夹具连接应有防松装置，磁连接要防止滑脱。建议磁连接只用于临时安装。还应有适当措施来夹持传感器电缆。应保证安装后的传感器不受到大气热循环腐蚀和热老化的明显影响。传感器的安装不得影响赖以固定的部件的功能和完整性。

4.2.2 前置放大器

从声音传感器接受的信号应当在前置放大器(或阻抗变换器)里加以转换，以使得信号在向信号处理单元传输时尽量不受干扰。前置放大器(或阻抗变换器)的设计应考虑安装点的主要环境条件。

应正确选择电缆类型、走向和长度，以最大限度地降低电干扰，同时还要考虑到安装维修的方便。电缆应根据环境条件进行设计。考虑到传感器灵敏度的差异，为使各通道之间相互匹配，前置放大器或信号处理单元应当能够连续调节。

前置放大器的上截止频率应这样选择：使得所安装的传感器的谐振频率能够通过。如果前置放大器安装在安全壳内部，则应特别注意其可靠性和维修需求。

4.3 信号处理

4.3.1 概述

信号处理单元的功能是：

a) 借助于带通滤波来改善信号强度同恒定本底噪声之比；

b) 为外部处理提供未经滤波和/或滤波后的信号；

c) 对信号进行处理，使之便于显示和监测。

所有各单元都应有足够的动态范围以及相应于总体要求的频率响应。如果采用数字技术，则也应当满足同样程度的要求。这些要求可以用不同的方式来实现。信号处理单元一般包括下述模块。

4.3.2 带通滤波器

带通滤波器应满足的最低要求是：

a) 滤波器陡度：24 dB/oct；

b) 滤波器特性曲线顶部线性度：±1 dB；

c) 通带和截止频率在 4.1 确定的通带范围内可调。

可以通过的幅度范围应与前置放大器的幅度范围相匹配。

4.3.3 向外输出信号

信号输出单元应提供去耦隔离的输出信号，并能承受短路的考验。信号输出级的设计应使前置放大器的整个幅度和频率范围得以通过。信号输出应同数据处理设备相容。

4.3.4 显示放大器

如果提供了显示放大器，则该显示放大器的放大倍数应可改变，至少可变化四档，每档约 10 dB。如果信号监测单元同该放大器串联，则信号监测的绝对报警值不允许随着放大器的放大倍数的改变而变化。因而建议信号监测单元直接同带通滤波器连接。

4.4 信号显示

4.4.1 概述

信号显示的功能是：

a) 指示本底噪声电平，指示用于功能试验的信号电平；

b) 记录信号以得到解释事件所需的参量值。信号的阵发波波形对精确确定上升沿和滞后时间差特别重要，正如附录 A(参考件)所说明的；

c) 便于用听觉进行主观评价。

在模拟技术中，信号显示单元正常应包括以下将描述的模块。如果采用数字技术，亦应满足同样程度的要求。

4.4.2 本底噪声监测

应提供监测本底噪声的手段：可以利用未经处理的原始信号，利用信号包络，或利用信号的均方根(RMS)值。RMS 监视器可用于本底噪声以及功能试验信号的客观评价。本单元的设计应达到能够显示所有信号的 RMS 值(例如用带有选择开关的 RMS 伏特表)。

RMS 监测器应满足下述要求：

a) 频率范围：f_a 和 f_b(见 4.1)之间；

b) 峰值因子：大于 5；

c) 精度：好于满刻度的 10%；

d) 积分时间：1 s～5 s。

4.4.3 峰值监测

峰值监测器用于监视传感器信号的峰值，它用于评定潜在撞击。峰值监测器的设计性能应达到：能够监测系统通带（f_a 到 f_b）内任何信号的峰值。

4.4.4 记录和存贮单元

不管采用何种记录方法，都应考虑与数字设备以及后续数据处理设备的相容性。

记录单元的设计应达到：能够记录来自各测量通道的 f_a 到 f_b 之间所有信号，或者至少能够记录 1 kHz～10 kHz 之间的信号；能够同时记录全部测量通道的信号，或者有选择地（从每一个监测区内选择有代表性的测量组件）同时记录一部分测量通道的信号。

在信号超过报警值时，系统应能按预置时间进行自动记录，至少对报警声源敏感的通道能进行自动记录。

数字化记录单元对信号分析和解释（参见附录 A）有特别的优点，比如在时程分辨率、触发前特性和进一步数据处理上都有明显的优势。

以下是对数字化记录单元的最低要求：

a) 有 12 bit 的 A/D 转换器；

b) 各通道的取样率与 2.5 倍 f_b（见 4.1 定义）以内的频率范围相匹配；

c) 时间窗口至少 40 ms；

d) 预触发特性能够保证所有波型的完整性。

4.4.5 监听单元

试验证明，靠听觉辨别声音传感器的信号是主观评价声音信号的最好方法。为此应有设计措施，保证能够把任何一个测量组件或任何被记录的信号与扬声器或耳机相连接，以便靠听觉进行监测。

监听单元应满足的最低要求为：

a) 频率范围：f_a～f_b 的通带（见 4.1 定义）；

b) 音量：可调。

4.5 信号监测

4.5.1 概述

信号监测部分的功能为：

a) 探测瞬时电干扰（与电干扰有关或电干扰引起的信号）；

b) 分辨并消除运行相关声音事件（例如阀门动作、控制棒的驱动等）的瞬态；

c) 对每个通道，在达到报警值时实现报警，直至报警被确认；

d) 使外部报警装置工作；

e) 启动自动记录或储存装置。

4.5.2 报警值监测器

信号监测是由逻辑单元实现的，当逻辑单元监测到的信号超过报警整定值时实现报警。所监测的信号是带通滤波器（图 4 中的 3）的输出信号，或该信号形成的参量（例如几毫秒积分时间的短期平均 RMS 值）。每个通道都应配置报警值监测器。应能够改变报警值，并读出报警整定值（见 5.4）。

报警值监测器应能够把虚假的幅度增加（例如电干扰所引起的幅度增加）同阵发波区别开。如果报警值监测器具有一种特性，该特性能够形成一种参量（不同于短期 RMS 值）用于探测带通滤波器输出的阵发波，则该参量同 RMS 平均值或峰值之间的关系应是已知的，以便满足 5.4 中规定的条件。

4.5.3 逻辑单元

逻辑单元用于抑制误报警（比如由已知声源引起的误报警，或不同通道阵发信号不合理结合造成的误报警）。因而任何情况下都应满足：在发生运行相关单一声音事件（例如控制棒的驱动、阀门动作等）时，虽然通道信号超过了报警值，但不应导致报警。由报警值监测器输出且能通过逻辑单元的输出信号才应激发内部报警单元，并通过与外部报警单元的接口引发记录和贮存。

4.5.4 内部报警单元

报警值监测器输出的、能够通过逻辑单元的信号应导致通道的单独报警。报警应一直持续到被确认为止。

4.5.5 与外部报警单元的接口

在发生内部报警时,该接口应产生导致外部报警(例如在主控室)的输出信号。

4.6 校准

4.6.1 概述

校准功能的目的是:

a) 验证信号处理通道设置正确;

b) 验证声音传感器对撞击是灵敏的,传感器与结构之间的连接正确,与通道其余部分连接正确;

c) 评估通道对模拟撞击的总体响应特性。

可以采用电厂运行期间的自动校准、电厂停运期间的非连续校准或两种校准模式的混合。校准单元包括:

a) 检验信号处理通道的电信号校准单元。该单元从前置放大器输入端或从信号处理单元的输入端施加电信号(见图4中的13);

b) 检验系统总体特性的试验撞击单元。该单元施加可重复的模拟撞击(见图4中的14)。

4.6.2 电信号校准单元

电信号校准单元可以是正弦波发生器。其要求如下:

a) 校准信号频率:可调,或者在 f_a 和 f_b 之间固定不变;

b) 校准信号的幅度:可调,其准确度应为满量程值的5%;或者在(例如)80%量程范围内固定于一个或几个预定值上;

c) 应能核对报警整定值;

d) 若在核电厂运行期间进行校准,试验一个通道时,应保持其余通道的监测功能。

4.6.3 试验撞击单元

见6.5.4。

4.7 系统的可用性

系统的设计应考虑老化和辐照的影响。为确保其性能,应进行必要的分析和试验。

5 初始启动

5.1 概述

松脱零件监测系统在完成安装之后,应按照5.2～5.4的步骤进行初始启动试验。

5.2 反应堆冷却剂泵初始启动之前的系统试验

应校核系统全部通道的功能(见4.6.2)。应根据每个声音传感器的灵敏度调节通道的放大倍数,使各通道具有名义上相同的灵敏度。

当反应堆冷却剂系统充满冷却剂时,向压力边界施加机械脉冲(试验撞击),从而使声音的传播情况、声音传感器的适应性及其同前置放大器的匹配性得以校核。试验撞击的目的在于证明各通道能完成其预定功能。

产生机械脉冲的方法细节并不重要,但对脉冲的能量应有所要求,即靠近撞击位置的声音传感器所产生的阵发波的峰值至少要达到所选音量范围的50%。在首次撞击试验中所选取的放大倍数应参照同类(或可比较的)反应堆运行期间声学监测所使用的放大倍数。

应同步地记录在撞击试验中产生阵发波的那些声音传感器的信号。

下述数据应以适当形式形成文件：

a） 安装的目视检查结果；

b） 电信号性能试验结果；

c） 前置放大器的调整情况；

d） 机械脉冲的产生方式；

e） 撞击特点；

f） 声音传感器的位置；

g） 撞击点的位置；

h） 撞击期间的声音信号。

为采集数据并为运行期间的功能试验提供方便，在电厂停运期间应选择多个可接近的位置进行试验撞击（见 6.5.4）。

5.3 在未设报警值情况下的初步监测

应保证从反应堆冷却剂泵初始启动就对反应堆冷却剂系统实施松脱零件监测。一旦系统可用，就应在电厂冷态功能试验（压力低于 10 MPa）期间，特别是在反应堆冷却剂泵启动时，由运行人员借助于监听单元收听声音信号以进行监督。

应针对所选择的反应堆运行状态（例如不同的压力台阶）记录本底噪声，以便同其他反应堆的经验值进行比较。所选择的反应堆运行状态和所记录的本底噪声要以适当的形式形成文件。

5.4 使系统适应特定反应堆的要求

当反应堆达到拟监测的运行状态时，应使松脱零件监测系统投入连续监测，并调整报警值监测器。借助于使用带通滤波器降低运行相关噪声，可获得最佳信噪比。

系统放大倍数和滤波器的调整依赖于传感器的安装和匹配情况以及所采用的探测撞击的方法。

所用的探测算法将影响放大器和报警的调整。就两种最通用的探测方法（即 RMS 法和峰值法）而言，有如下要求：放大器的增益应调整到使恒定本底噪声占整个动态范围的一个份额，这一份额可按下述办法选择：

a） 在短期平均 RMS 值监测的情况下，依据恒定本底噪声（长时期平均）RMS 值，这一份额应在 3％和 15％之间；

b） 在峰值监测情况下，依据恒定本底噪声的峰值，这一份额应在 2％和 5％之间。

上述放大器增益调整可确保在高于恒定本底噪声的一个较大的区域内整定报警值，并确保有一个足够的范围来容纳并记录大于报警值的阵发波。

如果系统中不使用放大器（图 4 中的 5），则测量通道的动态范围至少应达到 48 dB。

报警监测器应能单独整定。可按下述办法进行初始整定：

a） 对于短期平均 RMS 值监测，设置大约 6 倍于恒定本底噪声标准偏差（长期平均 RMS 值）的报警整定值；

b） 对于峰值监测，设置大约 2 倍～3 倍于恒定本底噪声峰值的报警触发定值。

为了更好地抑制误报警，可以根据情况改变整定值，以增加或降低报警的灵敏性。为此目的可以调整带通滤波器和放大器的增益。另外，报警整定值应能够调整到使试验撞击触发报警。

如果恒定本底噪声在运行期间（如电厂启动期间）发生了变化，则应能适应此情况改变报警整定值。

下述数据应以适当的形式形成文件：

a） 带通滤波器的调整情况；

b） 报警值监测器的整定情况；

c） 带通滤波器和放大器增益调整之后的恒定本底噪声。

此外，对于具有确定特性并可重复出现的运行相关单一声音事件，应留下参考记录。

6 监督大纲

6.1 概述

当下述各项实现之后，反应堆冷却剂压力边界的声学监测系统便告就绪：

a) 监督系统能够执行其功能；

b) 报警值已经整定；

c) 开始监测的先决条件已经具备。

在初始启动(见第5章)之后监测开始。监测包括连续监测、间断性功能试验和继续采集参考记录。

开始监测的先决条件如下：

a) 成功地完成了初始启动；

b) 已具备参考记录，包括运行相关单一声音事件记录、试验撞击记录和恒定本底噪声记录；

c) 在系统性能方面没有发生不允许的变化。

作为自动监测的重要补充，运行人员应定期(或根据需要)收听声音信号。这样就可把声音传感器的实际信号或其参量值同已存贮的参考信号或其参量值进行客观或主观比较，从而作出评价。此外，还应采取一些人工措施，这些措施有些是普遍有效的(见6.3和6.4)，有些只与特定的电厂有关联。

本章中的程序可保证对所发生的报警适时作出结论：报警是不是由松脱零件所引起，以及松脱零件对系统会产生何种后果。由于涉及到主观判断，因而电厂应建立、实施相关的培训大纲，以便对使用监测系统的人员进行培训。

6.2 参考记录

参考记录对评价实际声音信号和解释声音信号的变化都是很必要的。有两种类型的参考记录，它们是反应堆停堆期间的参考记录(试验撞击，见6.5.4)和反应堆运行期间的参考记录(运行噪声)。

反应堆运行期间的参考记录是解释所观察到的声音信号变化的基础。为作好参考记录，提出以下要求：

a) 读出并记录所有监测通道RMS值和峰值；

b) 对全部通道作记录，记录介质的动态范围至少为50 dB，最大允许幅度误差为±5%；

c) 利用监测系统的专设记录仪针对每种情况分别作出记录。

对长时间停堆(如反应堆换料)，反应堆再启动之后应对参考记录进行校验或重新获取。

6.3 无报警运行期间的措施

运行人员应按照电厂规定的时间间隔收听并记录各监测通道的声音信号。如果觉察到噪声谱有明显变化，则该主观发现应形成记录，并结合所有其他通道进行评价。最后还需要决定是否与参考记录进行比较。

6.4 报警之后的措施

报警之后应执行下述程序：

a) 在日志中对内部报警单元已被触发的那些通道做出记述。

b) 确认报警。

c) 确定是否有新的报警发生以及新的报警在何处。

d) 做出图表、磁带或其他记录。

e) 核实监测系统和记录仪处于正确运行状态。

f) 收听报警的通道。

g) 评价已获得的记录，并对所有测量组件或特定测量组件做出新的记录。特别当收听到噪声谱有重大改变时，更强调做出新的记录(见附录A)。

h) 评价所有记录并审定其结果。

进一步的措施(比如附录A中指出的)需要根据具体电厂的要求来确定。

6.5 系统的定期试验

6.5.1 概述

应进行定期试验。定期试验有三种类型：

a) 功能试验；

b) 电气系统试验；

c) 试验撞击。

6.5.2 功能试验

功能试验采取对运行中每一通道的信号进行定性评价的方式。试验在6.3和6.4所述的监测程序范围之内进行。

6.5.3 电气系统试验

应分别对反应堆停堆和反应堆运行两种状态进行独立的电气系统试验。

在停堆期间应进行系统电气部分的试验，以便证明系统输入级及其以后各级依然具有所要求的功能相关的性能。

反应堆运行期间应定期进行试验（一般每三个月试验一次），以检验各测量组件的元件的可用性。试验可按下列方法进行：

a) 报警值监测器的整定值用专门的校准单元来校核，后者发送峰值因子可调整的试验信号。

b) 信号处理单元的增益用系统中的专门校准单元来校核。

c) 实际值应予以记录。

d) 名义值应根据监测放大倍数的整定值针对每一通道逐一记录并同显示器和存贮或记录单元的实际值加以比较。

e) 对每一通道，校准信号的幅度应逐步增加，直至报警值监测器被触发。应将当前的报警值同最近一次整定的报警值作比较，并同本底噪声作比较。如果采用浮动报警值，则应检查其时间特性。

f) 如果名义值和实际值之间的差异大于±10%，则应尽可能立即消除该差异。如果产生这一问题的原因在于传感器或前置放大器，则应在下一次停堆中将其更换，特别是在监督区域内仅有一个传感器时更应更换。使用波谱图可以帮助辨认故障部件。

6.5.4 机械试验撞击

机械试验撞击用于验证整个系统（包括声音传感器和其通向前置放大器信号线在内）具有所要求的技术特性。此外机械试验撞击还能够提供一个评价运行中发生任何单一声音事件的比较标准（见6.2）。

试验撞击应在反应堆冷却剂循环泵初始启动之前（见5.2）或反应堆换料后再启动前进行，以及不管在任何情况下至少每三年进行一次。如果设置了施加撞击的永久性装置，则该装置应每三个月使用一次，以及在报警发生时用于进行校核。

试验撞击应施加于预定的撞击点。撞击点的数目应足够，以使得每一个传感器至少能接受来自一个撞击点的撞击激发。撞击点和撞击能量的选择应使得相应通道的报警值监测器被触发。当施加试验撞击时，应同步地贮存由各传感器接受的声音信号。

为了易于重复和便于比较，建议使用一种专门的撞击装置，这种装置能够施加具有已知能量的机械脉冲。推荐使用质量为100 g的撞击器，其动能选择为1J。

注：如果用于施加撞击的装置没有永久性地被安装，则影响撞击的变量应加以确定。

下列数据应形成文件：

a) 产生机械撞击的方式；

b) 撞击特性，即绝对能量或可重复使用撞击器的相对能量；

c) 撞击点位置；

d) 撞击期间的声音信号（要求有足够的时间和幅度分辨率，以便确定阵发波的波形和滞后时间差）。

试验撞击数据，特别是撞击能量和撞击位置，在以后的时间里应予以保存。

7 文件

应记录松脱零件监测的有关数据。下述重要数据应形成文件：

a） 有关实体布置的资料以及系统的技术数据（如关于声音传感器、前置放大器、电缆布线、信号处理单元、校准单元、信号记录等方面的数据）；

b） 系统整定数据（放大器、带通滤波器、报警值监测器）；

c） 声音传感器安装的有关资料；

d） 初始启动期间的记录（见第5章）；

e） 运行监测期间的记录（见第6章）。

附 录 A
（资料性附录）
信号分析示例

对于实际案例，是否需要采取措施以及采取何种措施，取决于稳态信号［见图 A.1 中 a）和 b）］是否发生了变化，以及在监测信号通道中是否观察到了单一声音事件。

为了评价无单一声音事件情况下噪声的变化，确定波幅频率分布［图 A.1 中 c）和 d）］和频谱［图 A.1 中 e）和 f）］以及将它们与已备好的相应参考记录进行比较是很有用的。也可能需要更多的测量，以便（例如）确定所选择频率的 RMS 值、进行谱分析（对数谱的傅立叶变换）或确定高阶矩等。

如果发生了阵发波，则应考察某些关键参量。应把阵发波清楚地显示为时间的函数，以便获得相关信息并给出下述关键参量的量值：

a） 滞后时间差；

b） 阵发波最大幅度；

c） 阵发波波形（上升沿、时程宽、下降沿、微观结构）。

如果阵发波以一种（准）连续的方式重复发生，就有可能对它们的频率（阵发波间隔分布、平均发生频率）和波幅分布作出描述。

滞后时间差用于对松脱零件进行定位。滞后时间差和阵发波的间隔分布在确定是脱落零件还是松动零件这一点上是特别重要的。

阵发波的最大幅度在确定松脱零件的质量方面很有帮助。

阵发波的波形可借助于下述特性予以评价：阵发波（包括它们发生之前的紧邻时程）的高时间分辨率、几个信号通道的并列显示、阵发波幅度分辨率的最佳显示形式。上述要求一般意味着对不同的通道选择不同的放大倍数。

图 3C 是评价声音事件中所用的阵发波实例，该图是在一个沸水堆压力容器上测量面（图 3A）施加撞击所得到的。与图 3B（相同的试验撞击，但三个通道信号放大倍数相同）相比较表明，为了便于综合评价阵发波的参量，远离撞击点的传感器其信号通道需要有更高的放大倍数。

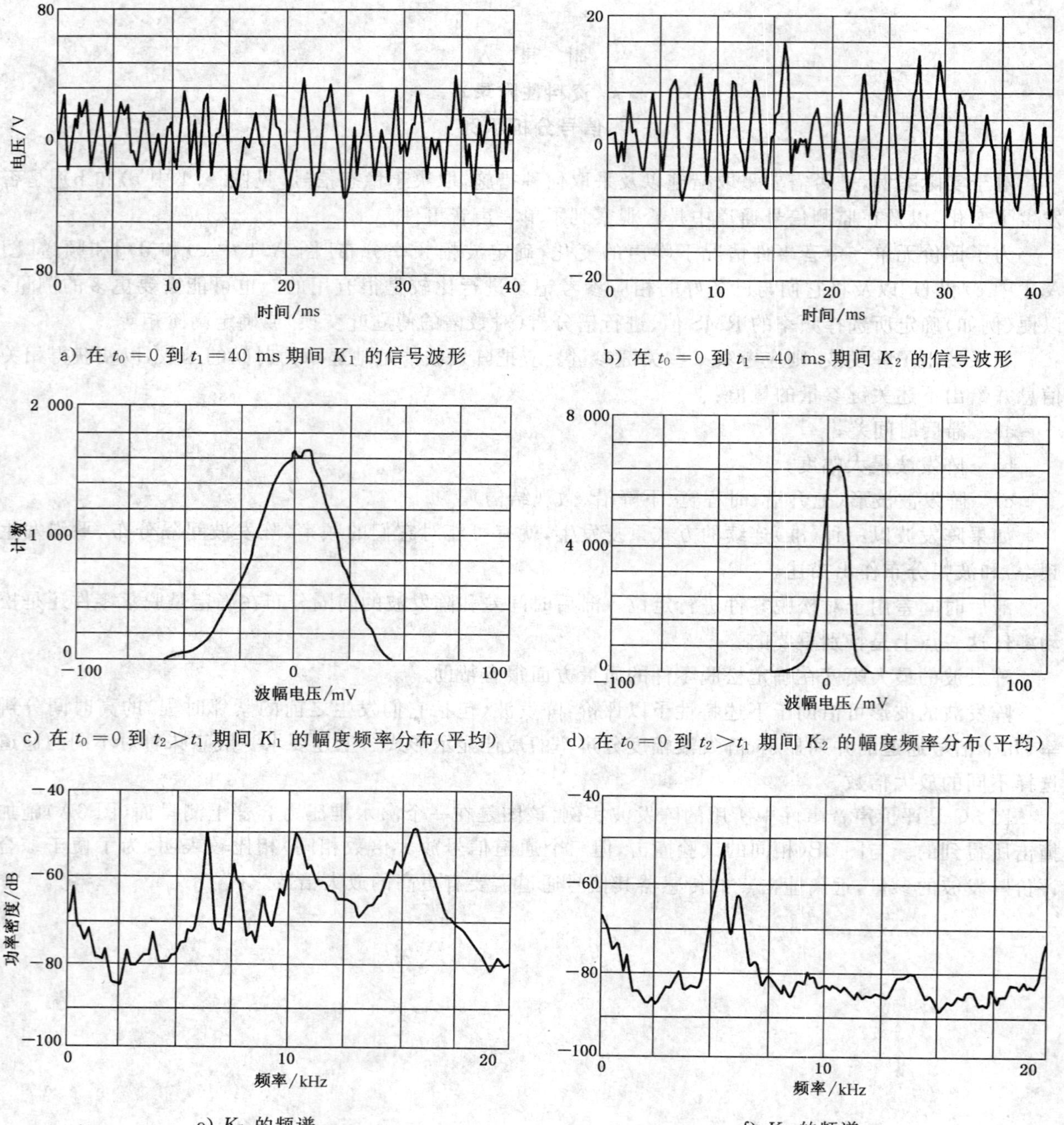

a) 在 $t_0=0$ 到 $t_1=40$ ms 期间 K_1 的信号波形

b) 在 $t_0=0$ 到 $t_1=40$ ms 期间 K_2 的信号波形

c) 在 $t_0=0$ 到 $t_2>t_1$ 期间 K_1 的幅度频率分布(平均)

d) 在 $t_0=0$ 到 $t_2>t_1$ 期间 K_2 的幅度频率分布(平均)

e) K_1 的频谱

f) K_2 的频谱

图 A.1 两个监测通道的恒定本底噪声信号波形和特征函数

ICS 27.120
F 48

GB

中华人民共和国国家标准

GB/T 11809—2008
代替 GB/T 11809—1998,GB/T 11851—1996

压水堆燃料棒焊缝检验方法 金相检验和X射线照相检验

Test method of weld of fuel rod for PWR—Metallographic examination and radiographic testing

2008-07-02 发布　　　　2009-04-01 实施

中华人民共和国国家质量监督检验检疫总局
中国国家标准化管理委员会　发布

前言

本标准代替 GB/T 11809—1998《压水堆核燃料棒焊缝金相检验》和 GB/T 11851—1996《压水堆燃料棒焊缝 X 射线照相检验方法》。本标准将 GB/T 11809—1998 和 GB/T 11851—1996 整合修订。

本标准与 GB/T 11809—1998 和 GB/T 11851—1996 相比，主要变化如下：

——将燃料棒一般结构和焊缝位置调整为附录 A；

——将浸蚀方法调整为附录 B；

——对有效熔深 S 测量示意图进行补充并调整为附录 C；

——增加 X 射线防护要求；

——修改象质计的部分规定；

——将人员资格独立成章；

——删除 GB/T 11851—1996 的 4.7。

本标准的附录 C 为规范性附录，附录 A、附录 B 和附录 D 为资料性附录。

本标准由中国核工业集团公司提出。

本标准由全国核能标准化技术委员会(SAC/TC 58)归口。

本标准起草单位：中核建中核燃料元件有限公司。

本标准主要起草人：范绍华、钟福波、韩承、郭旭林、代强、张希祥、陈超。

本标准所代替标准的历次版本发布情况为：

——GB 11809—1989、GB/T 11809—1998；

——GB 11851—1989、GB/T 11851—1996。

压水堆燃料棒焊缝检验方法 金相检验和X射线照相检验

1 范围

本标准规定了压水堆燃料棒(以下称燃料棒)焊缝的金相检验和X射线照相检验方法。

本标准的金相检验方法适用于采用电子束或钨极惰性气体保护进行焊接的锆合金燃料棒环焊缝和密封焊点熔深及缺陷的检验,也适用于焊缝的微观组织检查。其中的薄膜法仅适用于采用电子束焊接的Zr-Sn合金燃料棒焊缝。燃料组件中锆合金导向管焊缝熔深和缺陷以及采用其他焊接方式得到的焊缝的金相检验也可参照执行。

本标准的X射线照相检验方法适用于燃料棒环焊缝及密封焊点的检查。压水堆控制棒、可燃毒物棒、中子源棒及导向管部件焊缝也可参照执行。

2 规范性引用文件

下列文件中的条款通过本标准的引用而成为本标准的条款。凡是注日期的引用文件,其随后所有的修改单(不包括勘误的内容)或修订版均不适用于本标准,然而,鼓励根据本标准达成协议的各方研究是否可使用这些文件的最新版本。凡是不注日期的引用文件,其最新版本适用于本标准。

GB/T 3375　焊接术语

GB/T 6394　金属平均晶粒度测定方法

GB/T 12604.2　无损检测术语　射线照相检测

GB 16357　工业X射线探伤放射卫生防护标准

GB 18871　电离辐射防护与辐射源安全基本标准

GB/T 19348.1　无损检测　工业射线照相胶片　第1部分:工业射线照相胶片系统的分类

3 术语和定义

GB/T 3375和GB/T 12604.2确立的以及下列术语和定义适用于本标准。

3.1

环焊缝熔深　penetration of the ring welding

S_h

包壳管与端塞焊接熔合厚度(见图1)。

3.2

密封焊点熔深　penetration of the seal welding

S_d

密封焊点沿中心轴线方向测得的最小熔合厚度(见图2)。

3.3

环焊缝熔化区深度　depth of the melted zone of ring welding

P_h

包壳管与端塞焊接熔化区最大深度(见图1)。

3.4

密封焊点厚度　depth of the seal welding

P_d

密封焊点熔合最小厚度(见图2)。

3.5

环焊缝有效熔深　least thickness of sound part of weld zone

S

环焊缝中排除缺陷影响后包壳管与端塞熔合处的焊接最小厚度。

3.6

气胀　undercut

包壳管环焊缝根部咬边的现象。

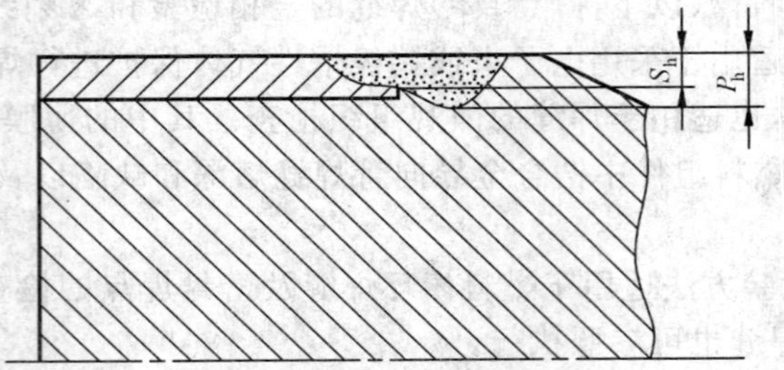

图 1　环焊缝测量参数示意图

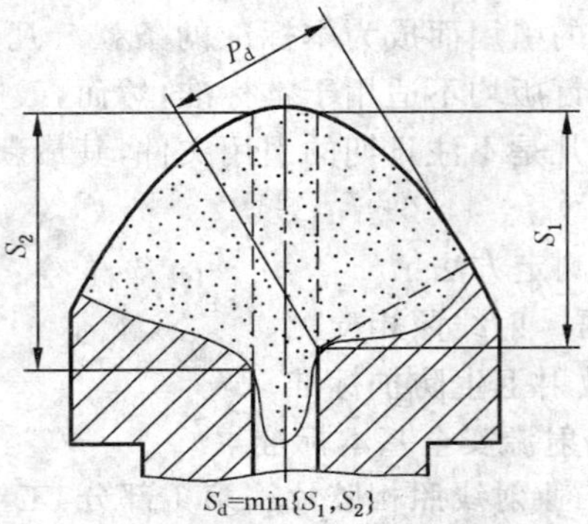

图 2　密封焊点测量参数示意图

4　金相检验

4.1　方法提要

用线切割或机械加工方法从待测件上切割一块试样，镶嵌后，对待测面进行研磨、抛光和浸蚀，然后在校准过的金相显微镜上进行熔深测量和缺陷检查。

燃料棒一般结构和焊缝位置参见附录 A。

4.2　试剂和材料

4.2.1　草酸($H_2C_2O_4 \cdot 2H_2O$)：化学纯。

4.2.2　硝酸(HNO_3)：质量分数为 65%～68%，化学纯。

4.2.3　氢氟酸(HF)：质量分数为 40.0%，化学纯。

4.2.4　镶样材料采用环氧树脂、酚醛树脂或硫磺等。

4.2.5　金相水砂纸，120#～800#。

4.2.6　抛光材料。

4.3　仪器设备

4.3.1　金相试样磨抛机。

4.3.2　金相显微镜，带测微尺。

4.3.3　马弗炉。

4.4 取样

4.4.1 上端环焊缝及密封焊点试样

用线切割或机械加工方法取试样长 15 mm～20 mm，然后沿 *A-A* 面剖开取较大块(见图 3)。

单位为毫米

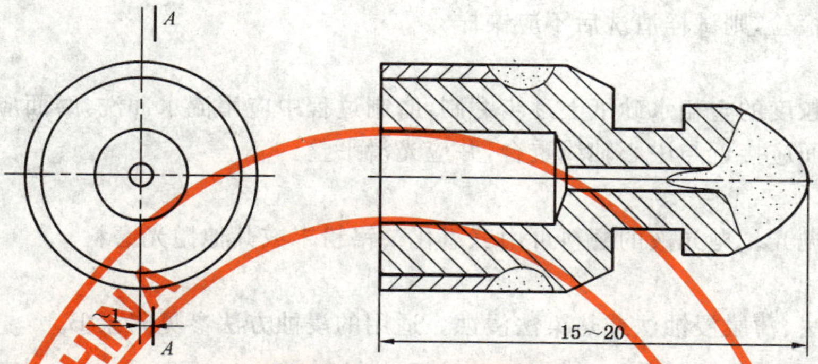

图 3 上端样品取样示意图

4.4.2 下端环焊缝试样

用线切割或机械加工方法取试样长 15 mm～20 mm，然后沿 *B-B* 面剖开取较大块(见图 4)。

单位为毫米

图 4 下端样品取样示意图

4.4.3 环焊缝分层检测试样

用线切割或机械加工方法将试样沿 *C-C* 面切去端头，然后取试样长度约 15 mm～20 mm(见图 5)。

单位为毫米

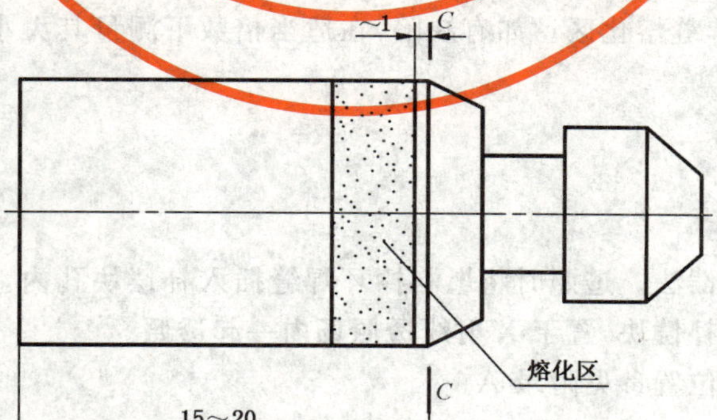

图 5 环焊缝分层检测取样示意图

4.5 制样

4.5.1 镶样

镶样前的试样磨面应平整，一般先用酒精或丙酮清洗，干燥后可用环氧树脂、酚醛树脂、硫磺等镶嵌材料镶样。

如采用热染法检验，则试样清洗后不应镶样。

4.5.2 磨制

将试样在不同粒度的金相水砂纸上逐步磨制，磨制过程中应用流水冲洗，磨面应尽可能平行于样品中心轴线。最终磨面应接近与中心轴线重合，并应光滑平整。

4.5.3 机械抛光

必要时可机械抛光。抛光液的磨料可用三氧化二铬粉末或其他抛光磨料。

4.5.4 浸蚀

可用化学浸蚀法、薄膜浸蚀法或热染法浸蚀。适用的浸蚀方法参见附录 B。

4.6 检查与测量

4.6.1 熔深等参数测量

4.6.1.1 P_h 和 P_d 值的测量

试样磨面经薄膜浸蚀法浸蚀后不应擦拭，以免破坏浸蚀膜。对于正置式显微镜，试样可直接带水观察；对于倒置式显微镜，吹干水迹后在显微镜上观察，在适当倍数下测量环焊缝的 P_h 值或密封焊点的 P_d 值。必要时照相记录熔化区图像。

4.6.1.2 S_h 和 S_d 值的测量

浸蚀后的试样清洗干燥后，在金相显微镜上放大适当倍数测量出环焊缝的 S_h 值或密封焊点的 S_d 值。

4.6.1.3 S 值的测量

有效熔深 S 值的测量方法见附录 C。

4.6.2 焊缝缺陷检验

浸蚀后在适当放大倍数下检验试样的熔化区，如有裂纹、气孔、夹杂、气胀等缺陷，应记录其类型、大小及位置。

4.6.3 焊缝微观组织检验

用热染法或其他有效浸蚀方法显示出三区后，在金相显微镜下检查焊缝熔化区、热影响区和基体的晶粒组织，必要时照相记录。照相可采用明场或偏光照明。晶粒度的评级可按 GB/T 6394 执行。

4.6.4 环焊缝分层检测

将 4.4.3 中切取的分层检测试样镶嵌后磨制，每磨去约 0.2 mm，在显微镜下观察是否有气孔或气胀等缺陷，直至磨完整个环焊缝熔化区。如有缺陷，在适当倍数下测量其大小并记录其位置，必要时照相记录。

5 X 射线照相检验方法

5.1 方法提要

环焊缝照相采用厚度补偿法。透照时将燃料棒环焊缝插入补偿块孔内，形成一个组合体。密封焊点可与上端环焊缝共用一个补偿块，置于 X 射线透照场内一起透照。

燃料棒一般结构和焊缝位置参见附录 A。

5.2 防护

X 射线的安全防护应符合 GB 18871 和 GB 16357 的规定。

5.3 人员资格

无损检测人员应取得射线照相检验资格证书。评片人员应具有射线照相检验Ⅱ级（含Ⅱ级）以上资格，且应每年进行一次视力检查，其未经校正或经校正后视力不低于5.0。

5.4 设备和器材

5.4.1 工业X射线机

工业X射线机管电压应满足透照工件的要求。

5.4.2 象质计

象质计对X射线的吸收系数应与被检件一致或相近，每级阶梯厚度应与该级上两个孔的直径相等，阶梯级数一般为3级。梯级厚度和孔径加工精度：下偏差0 mm，上偏差+0.015 mm。孔中心到阶梯边缘及两个孔边缘之间的距离应大于1 mm。孔应与阶梯表面垂直。粗糙度允许的最大值是1.6 μm。象质计分类见表1，结构见图6。

表1 象质计类别

单位为毫米

类　别	Ⅰ类	Ⅱ类	Ⅲ类	Ⅳ类
孔径尺寸系列 ϕ_1、ϕ_2、ϕ_3	0.16、0.20、0.25	0.20、0.25、0.32	0.25、0.32、0.40	0.32、0.40、0.50

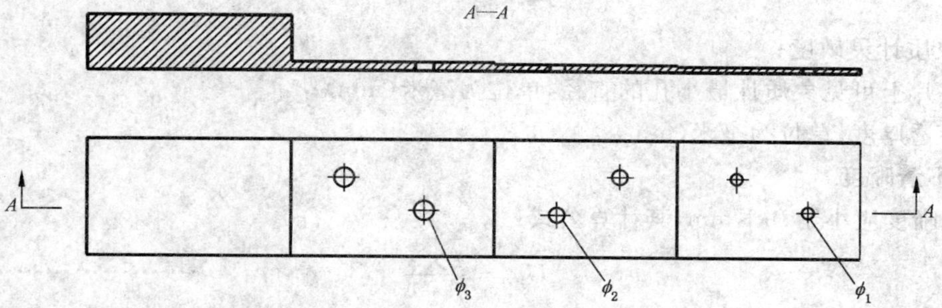

图6 象质计结构示意图

5.4.3 增感屏

铅增感屏，前屏厚度及后屏厚度为0.02 mm～0.15 mm。

5.4.4 观片灯

光线漫射、亮度可调，灯屏应有遮光板遮挡非评定区。观片灯的亮度应能保证底片透过光的亮度不低于30 cd/m²，尽量达到100 cd/m²。

5.4.5 工业X射线胶片

工业X射线胶片应按GB/T 19348.1选用，胶片等级应不低于T2类。

5.4.6 密度计

密度计的测量范围：$D=0.00\sim4.00$。

5.4.7 厚度补偿块

厚度补偿块按所检焊缝形状和尺寸制造，其对X射线的线吸收系数与被检件一致或相近，且需经X射线检验合格。孔加工精度：$\phi D^{+0.25}_{+0.15}$ mm，D代表被检部位直径。在保证补偿块适度刚性的前提下，补偿块厚度应尽可能小。厚度补偿块示意图见图7。

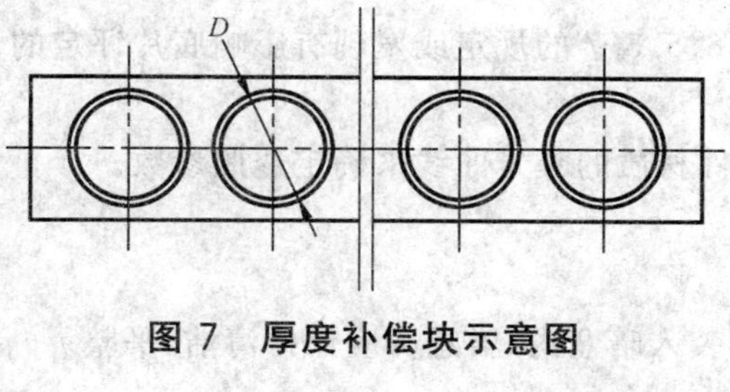

图7 厚度补偿块示意图

5.5 照相的技术要求

5.5.1 透照件布置

将燃料棒插入补偿块的圆孔内时，应使环焊缝、密封焊点处在规定的位置，使全部被透照燃料棒的环焊缝处在一条直线段上。透照时，X射线发生器窗口中心指示器应对准此直线段的中点。

所有被透照件应处于有效透照场内。象质计和铅字标识应处于投影正面，其投影不应与焊缝投影重叠。

透照件布置参见附录D。

5.5.2 环焊缝和密封焊点表面要求

环焊缝和密封焊点的表面质量应经外观检查合格。表面的不规则状态在底片上的图象应不掩盖焊缝中的缺陷或与之相混淆，否则应作适当的修整。

5.5.3 象质计灵敏度

象质计灵敏度应等于或优于2.5%，其计算公式：

$$S_A = \frac{\phi}{T} \times 100\% \quad \cdots\cdots(1)$$

式中：

S_A——象质计灵敏度；

ϕ——底片上可见象质计最小孔的直径，单位为毫米(mm)；

T——穿透厚度，单位为毫米(mm)。

5.5.4 几何不清晰度

几何不清晰度应小于0.1 mm，其计算公式：

$$U_g = \frac{l \times s}{f - s} \quad \cdots\cdots(2)$$

式中：

U_g——几何不清晰度，单位为毫米(mm)；

l——X射线管焦点对角线长度，单位为毫米(mm)；

s——射线透过工件上表面到胶片的距离，单位为毫米(mm)；

f——焦距，单位为毫米(mm)。

5.5.5 散射线防护

用厚度不低于5 mm的铅板作底片非评定区域屏蔽板，用1 mm～5 mm的铅板作背板。在背板与暗盒之间放置一个铅字符号“B”(B的高度为13 mm，厚度为1.6 mm)，若在较黑背景上出现“B”的较淡影像说明背射线防护不够，底片不合格。

5.5.6 标识

底片上的各种标识应清晰、完整。

5.5.7 底片密度

在满足象质计灵敏度要求所对应象质计梯级上测量底片密度，应在1.5～3.5之间，最好在2.1～2.4之间。

5.5.8 重照

不符合5.5.1、5.5.3、5.5.6、5.5.7的规定或发现有影响底片评定的伪缺陷时，应重新透照。

5.5.9 透照参数

通过工艺试验或制作被检件材质的曝光曲线来确定透照参数。

5.6 检验步骤

5.6.1 装片

将X射线胶片和铅增感屏装入暗盒内，增感屏应保持清洁、平整。

5.6.2 贴片

将暗盒紧贴于工件上，在整个射线透照过程中胶片与增感屏应始终相互贴紧，没有任何机械损伤。

5.6.3 透照

环焊缝及密封焊点透照布置示意图参见附录D。环焊缝应透照三次，每次透照完成后，将燃料棒转动120°。

5.6.4 暗室处理

按胶片说明书提供的程序和参数或其他的有效方法对透照后的胶片进行暗室处理。

5.6.5 底片评定

5.6.5.1 底片图象质量评定

底片应干燥后进行评定。评片时，对底片上不需要观察或透光量过强的部分应适当屏蔽，所评定的底片质量应符合5.5.3、5.5.6、5.5.7的规定。

5.6.5.2 焊缝缺陷评定

焊缝缺陷按相关要求进行评定。

6 检验报告

6.1 金相检验

金相检验报告应包括但不限于下列内容：

a) 熔深等参数的测量结果；

b) 缺陷几何尺寸及位置；

c) 检验人员及日期。

6.2 X射线照相检验

6.2.1 X射线照相检验报告

检验报告可以采用单独或与其他检验结果合并的形式出具，包括但不限于以下内容：

a) 燃料棒编号及对应透照日期、批次；

b) 缺陷燃料棒编号、缺陷部位及性质。

6.2.2 X射线照相检验记录

除检验报告的内容外，检验记录内容还应包括设备型号、胶片型号、透照参数、操作人员名单及透照日期、评片人员签名及日期等。

附　录　A
（资料性附录）
压水堆燃料棒结构图

A.1 燃料棒一般结构和焊缝位置示意图见图 A.1。

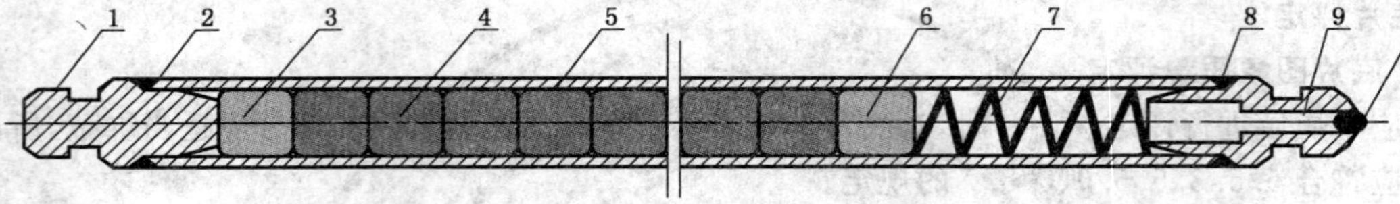

1——下端塞；
2——下端环焊缝；
3——隔热块；
4——UO_2 芯块；
5——包壳管；
6——隔热块；
7——弹簧；
8——上端环焊缝；
9——上端塞；
10——密封焊点。

图 A.1　压水堆燃料棒结构示意图

附 录 B
（资料性附录）
浸 蚀 方 法

B.1 浸蚀原理

B.1.1 薄膜浸蚀法

薄膜浸蚀法也称薄膜染色法。试样经选定的薄膜浸蚀剂浸蚀之后，由于浸蚀剂与磨面组织化学作用的结果，磨面上形成一层厚薄不均匀的化学沉积物覆盖在各组织上，在白色光的照射下，引起了光的干涉现象。在焊缝熔化区覆盖的较浅颜色的沉积物与较深颜色基体形成明显的界限，用肉眼或显微镜均能清晰地分辨和测量。

B.1.2 化学浸蚀法

化学浸蚀法是选定适当的化学浸蚀液，对已抛光的检验面进行浸蚀。其浸蚀过程是一个化学溶解过程。浸蚀剂首先把磨面表层的非晶形层溶去，接着就对晶界起化学溶解作用，继续浸蚀，浸蚀剂将对晶粒起溶解作用，由于磨面上每个晶粒的位向不同，溶解速度各异。浸蚀后，每个晶粒将露出原子最密排面，并与磨面形成不同的角度。在显微镜垂直光线照射下，将显示出阴暗不一的晶粒组织。

B.1.3 热染法

热染法用于检验燃料棒焊缝的熔化区、热影响区及基体组织（简称三区组织）。热染法是置抛光好的试样于 500 ℃空气中加热，使磨面形成一层氧化膜，在同一温度下由于晶粒位向的差异，氧化能力高低各异，致使不同晶粒形成氧化膜厚度不一，靠白色光在氧化膜之间产生干涉而显示出不同色彩的晶粒组织。

B.2 浸蚀方法

浸蚀方法参见表 B.1。

表 B.1 浸蚀方法

浸蚀方法	适用范围	试剂组分	说　明
薄膜浸蚀法	焊区轮廓显示（Zr-Sn 合金电子束焊接）	过饱和草酸溶液 100 mL 氢氟酸（40.0%） 20 mL	试样磨制后直接浸入试剂中晃动约 3 s～8 s，取出后流水冲洗 10 s 左右。浸蚀后熔化区为白色，其他区域为黑色
化学浸蚀法	Zr-Sn 合金及 Zr-Nb 合金焊缝的浸蚀	硝酸（65%～68%） 45 mL 氢氟酸（40.0%） 10 mL 水 45 mL	擦拭试样表面 10 s～20 s，流水清洗10 s 左右
热染法	Zr-Sn 合金及 Zr-Nb 合金焊缝三区组织的显示	—	将未镶嵌的试样磨制后按化学浸蚀法处理，干燥后在已升温到 500℃左右的马弗炉中保温 2 min～5 min，出炉冷至室温。热染后试样表面颜色应为蓝色，偏光或明场下检查

附 录 C
（规范性附录）
有效熔深 S 值的测量

C.1 环焊缝有效熔深 S 值的测量见图 C.1～图 C.9。

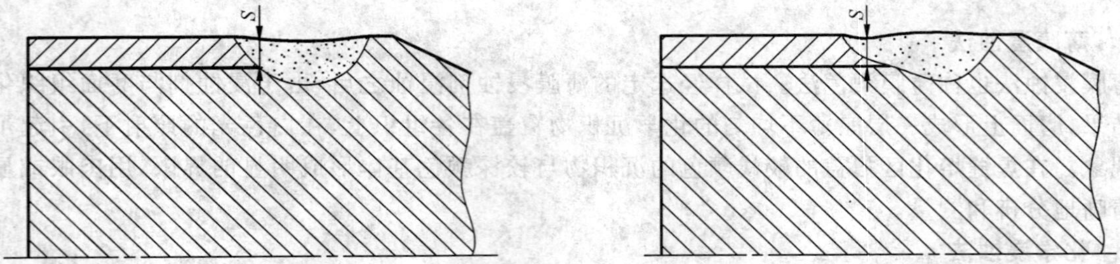

a)　　　　b)

图 C.1 外表面凹陷

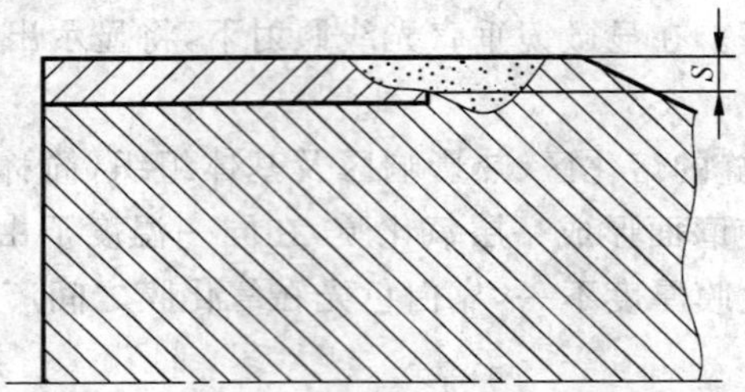

图 C.2 未焊透

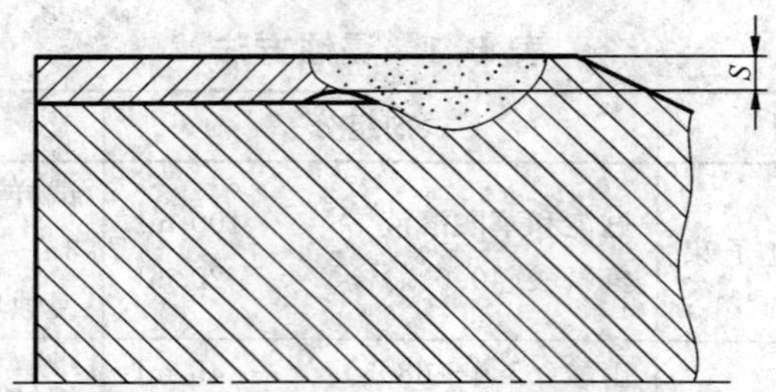

图 C.3 气胀

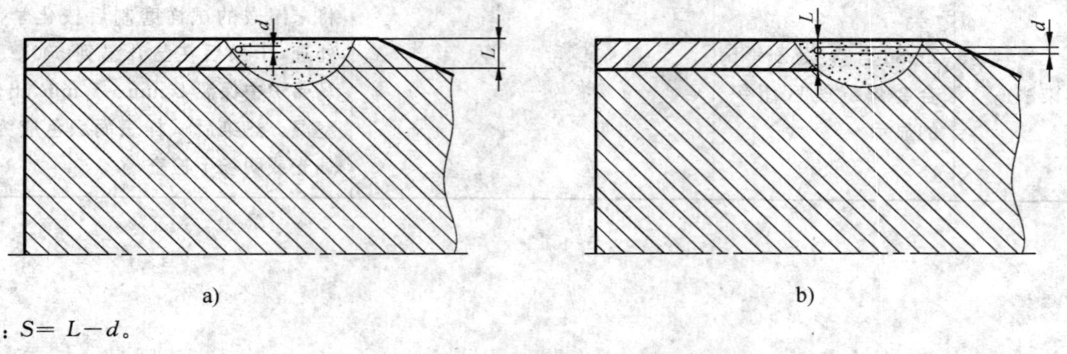

a)　　　　b)

注：$S = L - d$。

图 C.4 气孔或夹杂在管子侧

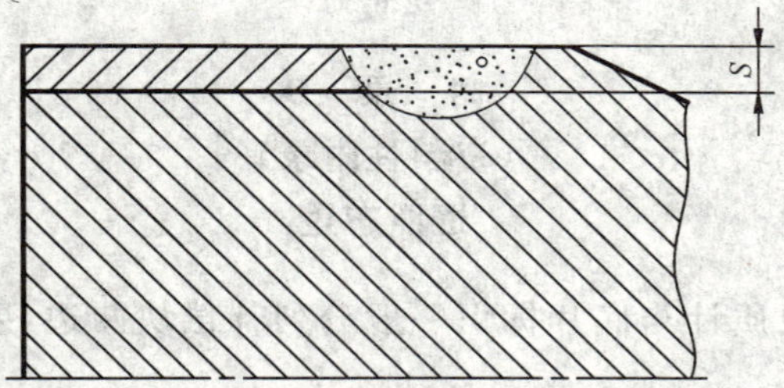

图 C.5 气孔或夹杂在端塞侧

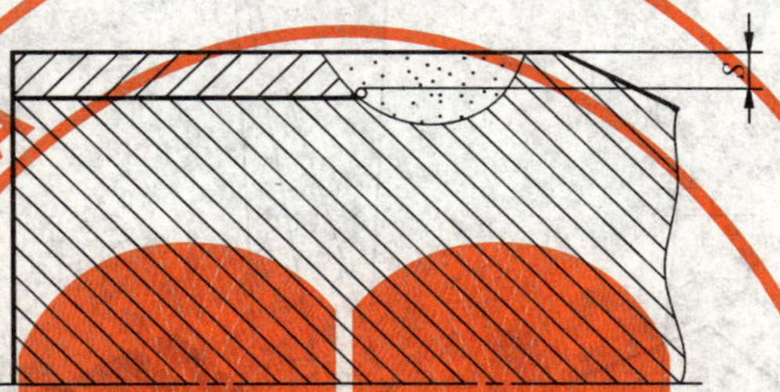

图 C.6 气孔在结合点

图 C.7 串状孔

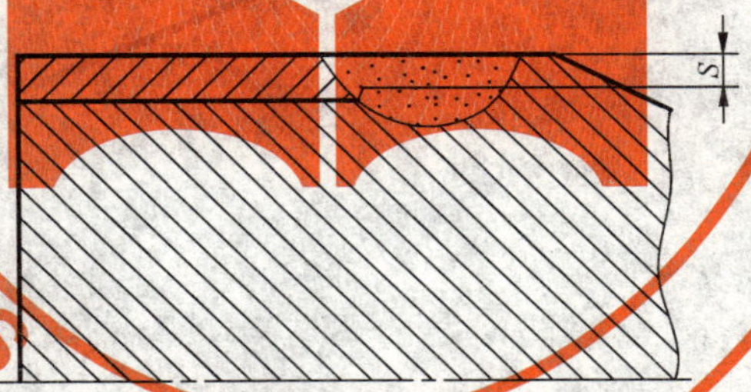

图 C.8 裂纹

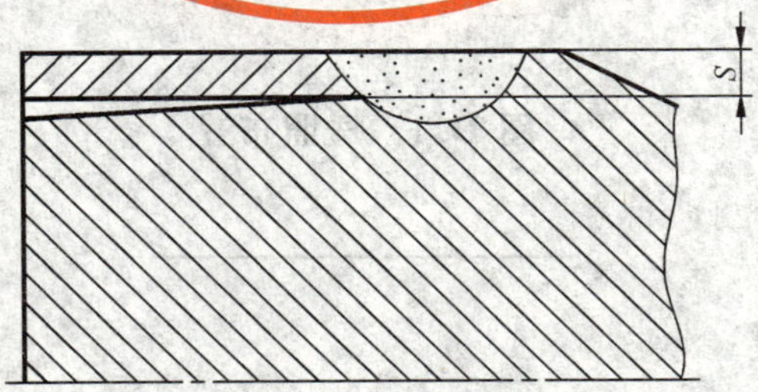

图 C.9 端塞与管有间隙

附　录　D
（资料性附录）
透照布置

D.1　透照布置见图 D.1。象质计与底片标识一般分列补偿块两边，射线源焦点中心正对被检工件中心。

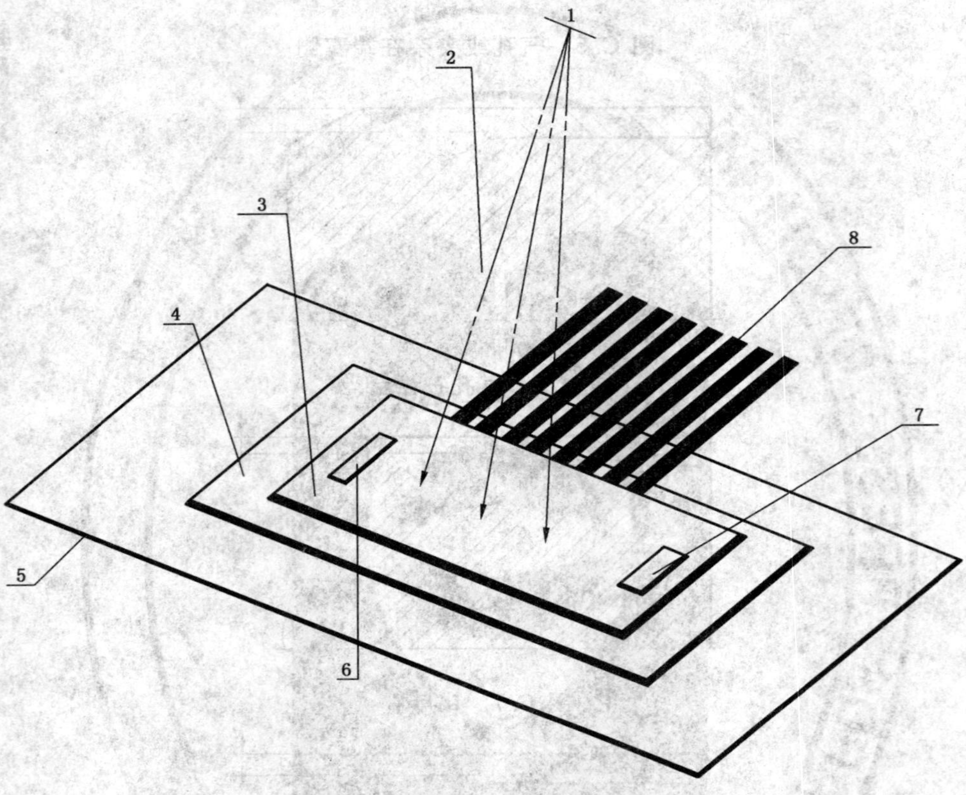

1——X 射线机焦点；
2——X 射线；
3——厚度补偿块；
4——X 射线胶片暗盒；
5——背板；
6——底片标识；
7——象质计；
8——燃料棒。

图 D.1　透照布置

ICS 27.120.99
F 54

中华人民共和国国家标准

GB/T 11810—2008
代替 GB 11810—1989

锡 113-铟 113 m 发生器

Tin113-Indium113 m generator

2008-07-02 发布 2009-04-01 实施

中华人民共和国国家质量监督检验检疫总局
中国国家标准化管理委员会 发布

前言

本标准代替GB 11810—1989《医用铟-113放射性核素发生器》。本标准与GB 11810—1989相比主要有以下修改：

——将标准名称由《医用铟-113 m放射性核素发生器》改为《锡113-铟113 m发生器》；

——增加了EJ/T 841—1994、EJ/T 843—1994、EJ/T 845—1994 3个引用标准；

——删除了“HZO”、“吸附容量”和“无菌”等3个定义，增加了“参考时间”和“淋洗效率”的定义，分别将原标准中“医用铟-113 m放射性核素发生器”和“含锆量”条款修订为“锡113-铟113 m发生器”和“锆含量”，同时对“洗脱液”定义的内容进行了修订；

——删除了原标准第4章“产品分类”；

——删除了原标准“技术内容与指标”一章中“HZO技术指标和无菌”等内容。增加了“放射化学纯度和放射性浓度”等内容，同时对其他技术要求的内容进行了修改；

——增加了第5章“试验方法”；

——“检验规则”一章中对“型式检验和出厂检验”进行了修改，同时增加了“检验结果的判定”删除了原标准中6.3和6.4；

——将原标准第7章由“产品标志、包装、运输、贮存”修改为“产品标志、标签、检验证书和使用说明书”，并将其中的“包装”、“运输”和“贮存”放入新增加的第8章中；新增第8章“包装、运输和贮存”。

本标准的附录A为资料性附录。

本标准由中国核工业集团公司提出。

本标准由全国核能标准化技术委员会(SAC/TC 58)归口。

本标准起草单位：中国核动力研究设计院。

本标准主要起草人：陈彧。

本标准所代替标准的历次版本发布情况为：

——GB 11810—1989。

锡 113-铟 113 m 发生器

1 范围

本标准规定了锡 113-铟 113 m 发生器的技术要求，试验方法，检验规则，标志、检验证书和使用说明书，包装、运输和贮存等内容。

本标准适用于锡 113-铟 113 m 发生器。

2 规范性引用文件

下列文件中的条款通过本标准的引用而成为本标准的条款。凡是注日期的引用文件，其随后所有的修改单(不包括勘误的内容)或修订版均不适用于本标准，然而，鼓励根据本标准达成协议的各方研究是否可使用这些文件的最新版本。凡是不注日期的引用文件，其最新版本适用于本标准。

GB/T 2828.1 计数抽样检验程序 第1部分：按接收质量限(AQL)检索的逐批检验抽样计划

GB 11806 放射性物质安全运输规程

EJ/T 841 放射性药品的放射化学纯度测定 纸色谱法

EJ/T 843 放射性核素活度测量 井型电离室法

EJ/T 845 放射性药品溶液 pH 测定方法

3 术语和定义

下列术语和定义适用于本标准。

3.1

锡 113-铟 113 m 发生器 Tin113-Indium113 m generator

能从放射性母体核素 ^{113}Sn 中定期或不定期地洗脱出子体 ^{113m}In 的装置。

3.2

洗脱液 eluate

用淋洗液(0.05 mol/L 的盐酸溶液)淋洗发生器得到的含子体核素 ^{113m}In 的溶液。

3.3

参考时间 reference time

产品检验时，标定发生器放射性活度的时刻。

3.4

锆含量 concentration of zirconium

单位体积洗脱液中锆的含量，单位为 μg Zr/mL。

3.5

淋洗效率 elute yield

在规定的淋洗体积内，发生器洗脱液所含的子体放射性活度与淋洗前发生器中生成的子体放射性活度的比值。

4 技术要求

4.1 发生器的技术要求

4.1.1 淋洗效率

发生器的淋洗效率应不低于 70%。

4.1.2 发生器标示活度偏差

发生器的活度偏差应不超过±10%。

4.1.3 密封性

发生器不得泄漏放射性液体。

4.1.4 表面辐射水平

加屏蔽层后,应符合 GB 11806 的规定。

4.1.5 表面污染水平

发生器的表面污染水平应不超过 4 Bq/cm^2。

4.1.6 有效期

发生器的有效使用期为 180 d(自生产之日起)。

4.2 氯化铟[^{113m}In]洗脱液的技术要求

4.2.1 性状

氯化铟[^{113m}In]洗脱液应为无色澄明液体。

4.2.2 放射性核纯度

氯化铟[^{113m}In]洗脱液中,^{113m}In 的放射性活度应大于放射性总活度的 99.9%。

4.2.3 pH 值

氯化铟[^{113m}In]洗脱液的 pH 值应为 1.3~1.5。

4.2.4 锆含量

氯化铟[^{113m}In]洗脱液的锆含量应小于 20 μg/mL。

4.2.5 放射化学纯度

氯化铟[^{113m}In]洗脱液的放射化学纯度应不低于 98%。

4.2.6 放射性浓度

出厂时氯化铟[^{113m}In]洗脱液的放射性浓度应不低于 18.5 MBq/mL(放射性活度不低于370 MBq)。

5 试验方法

5.1 发生器试验

5.1.1 淋洗效率

当发生器母子体达到平衡后,淋洗发生器,准确收集前 20 mL 洗脱液于测量瓶中,测量^{113m}In 的放射性活度,按式(1)计算^{113m}In 的淋洗效率。

$$Y = \frac{A_1}{A_0} \times 100\% \qquad \cdots\cdots(1)$$

式中:

Y——淋洗效率,%;

A_1——淋洗时刻洗脱液中^{113m}In 的活度,单位为贝可(Bq);

A_0——淋洗时刻发生器柱体中^{113m}In 的活度,单位为贝可(Bq)。

5.1.2 发生器标示活度测量

用淋洗液淋洗发生器,准确收集 20 mL 洗脱液于测量瓶中,准确测量^{113m}In 的放射性活度。

5.1.3 密封性

在发生器入口连接淋洗液瓶,在发生器出口连接负压瓶收集洗脱液,淋洗液瓶内气泡消失时负压收集瓶内洗脱液体积应不小于 10 mL。

5.1.4 表面辐射水平

采用 γ 测量仪法进行试验。

5.1.5 表面污染水平

采用擦拭法进行试验。

5.1.6 有效期

自生产之日起,对发生器的各项技术指标进行试验,在 180 d 内,发生器的各项技术指标(除放射性活度外)均应符合要求。

5.2 氯化铟[^{113m}In]洗脱液试验

5.2.1 性状

氯化铟[^{113m}In]洗脱液的性状采用目视法试验。

5.2.2 放射性核纯度

氯化铟[^{113m}In]洗脱液的放射性核纯度采用衰变法或 γ 谱仪法试验。

5.2.3 pH 值

氯化铟[^{113m}In]洗脱液的 pH 值按 EJ/T 845 中酸度计法试验。

5.2.4 锆含量

准确量取洗脱液和锆标准工作液(20 μg Zr/mL)各 1.0 mL,分别置于 5 mL 容量瓶中,依次分别加入 1 mol/L 盐酸溶液 0.5 mL 与 0.05% 二甲酚橙溶液 1.0 mL,加水稀释至刻度,摇匀,放置 10 min 。采用分光光度法在 535 nm 处分别测量吸光度,计算出锆含量。

5.2.5 放射化学纯度

以 85%甲醇为展开剂,按 EJ/T 841 试验氯化铟[^{113m}In]洗脱液的放射化学纯度。

5.2.6 放射性浓度

氯化铟[^{113m}In]洗脱液的放射性浓度按 EJ/T 843 进行试验。

6 检验规则

6.1 型式检验

本标准中技术要求规定的项目均为型式检验项目。型式检验样品数不少于 3 个,每两年进行一次。

当发生下列情况之一时,也应安排型式检验:

a) 当发生器的原料、结构和生产工艺有较大改变,可能影响产品质量时;

b) 停产一年以上,重新恢复生产时;

c) 出厂检验结果与上次型式检验结果有较大差异时;

d) 国家质量监督部门提出型式检验要求时。

6.2 出厂检验

6.2.1 发生器的出厂检验

发生器的出厂检验项目如下:

a) 放射性活度;

b) 密封性;

c) 表面辐射水平;

d) 表面污染水平。

每条氯化铟[^{113m}In]发生器均需对上述项目进行全检。

6.2.2 氯化铟[^{113m}In]洗脱液的出厂检验

氯化铟[^{113m}In]洗脱液的出厂检验项目如下:

a) 性状;

b) 放射性核纯度;

c) pH 值;

d) 锆含量;

e) 放射化学纯度。

发生器出厂检验采用抽样检验，抽样程序和样本数按 GB/T 2828.1 规定进行。样本发生器均需对上述项目进行检验。

6.2.3 检验结果的判定

若 6.2 中的出厂检验结果均满足第 4 章中的相关规定，则判定该批产品合格。如有一项指标不符合规定要求，则加大一倍抽样量进行复检，若复检结果均满足第 4 章中的相关规定，则判定该批产品合格；如该指标仍不符合规定要求，则判定该批产品不合格。

7 产品标志、标签、检验证书和使用说明书

7.1 内包装标签

内包装标签应有下列内容：

a) 产品名称；
b) 产品批号；
c) 放射性标志；
d) 发生器编号；
e) 放射性活度；
f) 参考时间；
g) 生产日期；
h) 有效期；
i) 生产厂名称。

7.2 外包装标志、标签

7.2.1 标志

外包装应有下列标志：

a) 放射性标志；
b) 放射性运输等级标志；
c) 防雨、小心轻放、向上标志。

7.2.2 标签

外包装标签应有下列内容：

a) 产品名称；
b) 生产厂名称；
c) 用户名称。

7.3 检验证书

产品检验合格时应填写产品检验证书，产品出厂时检验证书随行。检验证书格式参见附录 A。检验证书的内容至少应包括：

a) 生产厂名称；
b) 产品名称；
c) 产品批号；
d) 发生器编号；
e) 性状；
f) 放射性活度；
g) 参考时间；
h) 放射性核纯度；
i) pH 值；

j） 锆含量；

k） 放射化学纯度。

7.4 使用说明书

发生器在出厂时应提供使用说明书，使用说明书的内容至少应包括：

a） 用途；

b） 主要技术指标；

c） 主要核性质；

d） 使用方法；

e） 安全注意事项；

f） 事故应急处理方法。

8 包装、运输和贮存

8.1 包装

产品包装从内向外依次为铅罐、泡沫衬垫、铁皮桶，外包装容器表面辐射水平和污染水平应满足GB 11806 规定。

包装时，铁皮桶内应附带检验说明书、使用说明书，包装完毕后应铅封。

8.2 运输

产品的运输按 GB 11806 的规定执行。

8.3 贮存

产品应在 0 ℃以上保存在清洁的环境内，并注意防盗、防冻、防倒、防震。

附　录　A
（资料性附录）
锡 113-铟 113 m 发生器检验证书格式

锡 113-铟 113 m 发生器检验证书格式如表 A.1。

表 A.1　锡 113-铟 113 m 发生器检验证书

检字__________号

发生器编号		产品批号	
检验项目	标准值	检验结果	
放射性活度	≥370 MBq(20 mL)	放射性总活度为 __________ GBq (__________ mCi) 参考时间______年____月____日	
性　状	洗脱液为无色、澄明液体		
放射性核纯度	≥99.9%		
锆 含 量	<20 μg/mL		
放射化学纯度	≥98%		
pH 值	1.3～1.5		
结　论			
备　注			

检验人　　　　　　　　复核人　　　　　　　　检验单位和负责人签章

__________　　　　　__________　　　　　__________

______年____月____日　　______年____月____日　　______年____月____日

ICS 27.120
F 48

中华人民共和国国家标准

GB/T 11813—2008
代替 GB/T 11813—1996

压水堆燃料棒氦质谱检漏

Helium leak testing of nuclear fuel rod for PWR

2008-07-02 发布　　　　2009-04-01 实施

中华人民共和国国家质量监督检验检疫总局
中国国家标准化管理委员会　发布

前言

本标准代替 GB/T 11813—1996《压水堆燃料棒氦质谱检漏》。

本标准与 GB/T 11813—1996 相比，主要变化如下：

a） 增加规范性引用文件一章；

b） 增加人员和计量要求一章；

c） 修改检漏测量时间要求；

d） 修改系统本底值的判定标准；

e） 增加标准漏孔校准控制范围及检漏系统本底要求；

f） 增加测量时间的确定方法。

本标准的附录 A、附录 B、附录 C 是规范性附录。

本标准由中国核工业集团公司提出。

本标准由全国核能标准化技术委员会归口。

本标准起草单位：中核建中核燃料元件有限公司。

本标准主要起草人：杨通高、郭旭林、曹晖、郭春海。

本标准所代替标准的历次版本发布情况为：

——GB 11813—1989、GB/T 11813—1996。

压水堆燃料棒氦质谱检漏

1 范围

本标准规定了压水堆燃料棒(以下简称“燃料棒”)密封性能氦质谱检漏的方法以及检测结果的计算和判定。

本标准适用于燃料棒的密封性能检测,检测泄漏率的范围为 1×10^{-11} Pa·m³/s～1×10^{-7} Pa·m³/s。

压水堆控制棒、可燃毒物棒、中子源棒等的氦质谱检漏也可参照本标准执行。

2 规范性引用文件

下列文件中的条款通过本标准的引用而成为本标准的条款。凡是注日期的引用文件,其随后所有的修改单(不包括勘误的内容)或修订版均不适用于本标准,然而,鼓励根据本标准达成协议的各方研究是否可使用这些文件的最新版本。凡是不注日期的引用文件,其最新版本适用于本标准。

GB/T 4844.2　纯氦

GB/T 8979　纯氮、高纯氮和超纯氮

3 术语和定义

下列术语和定义适用于本标准。

3.1

直接检漏法　direct helium leak testing

利用燃料棒制造时所充氦气作为示漏气体进行密封性能检测的方法。

3.2

背压检漏法　immersed helium leak testing

燃料棒置于真空容器内,充入一定压力的氦气,使氦气从燃料棒漏孔或缝隙处进入内部后,再进行氦质谱检漏的方法。

3.3

最长泄漏时间　the maximum time of leaking

当燃料棒漏焊或包壳管和端塞存在穿透性缺陷时,自充氦密封焊接起到氦质谱检漏仪能探测到的泄漏率判废值止所经历的时间。最长泄漏时间按附录 A 确定。

4 方法提要

本标准依据质谱分析技术原理,采用氦质谱检漏仪、检测装置及真空系统、标准漏孔等,对燃料棒的密封性能进行检漏。根据燃料棒设计技术条件对密封性能规定的允许漏率和检漏系统的测量偏差,按附录 B 来确定燃料棒泄漏率判废值。当泄漏率小于判废值时燃料棒密封性能为合格;否则为不合格。

5 材料与设备

5.1　氦气,GB/T 4844.2,合格品。

5.2　工业液氮。

5.3　工业氮气,GB/T 8979。

5.4　氦质谱检漏仪,灵敏度优于 1×10^{-11} Pa·m³/s 。

5.5　标准漏孔,采用带氦室的石英薄膜渗氦型系列标准漏孔,漏率范围在燃料棒技术条件允许的漏率

数量级范围内。

5.6 检漏系统，如图1所示，检漏容器的极限真空度应达到 1×10^{-3} Pa。

5.7 充氦密封容器，装有低真空泵、压力计和氦气源。

5.8 计时器，分度值为1 s。

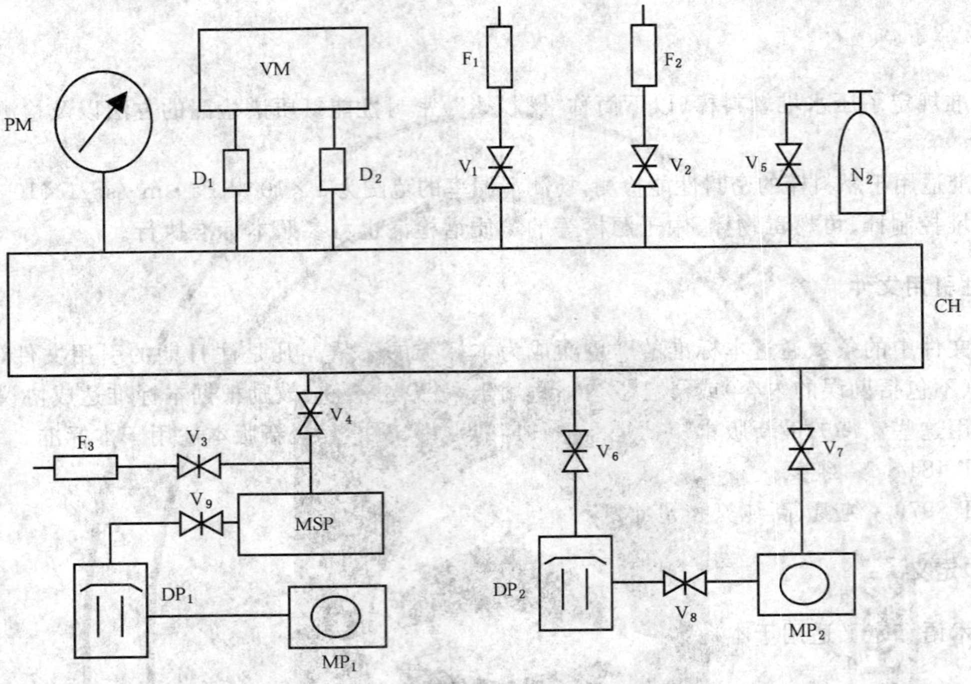

V_1～V_9——真空管道阀；

MSP——氦质谱检漏仪；

DP_1、DP_2——高真空泵；

MP_1、MP_2——前级真空泵；

F_1、F_2、F_3——标准漏孔；

D_1——热偶真空规；

D_2——电离规；

VM——复合真空计；

N_2——氮气瓶；

CH——检漏容器；

PM——压力计。

图1 燃料棒氦质谱检漏系统示意图

6 人员和计量要求

6.1 泄漏检测人员应具备相应技术资格。

6.2 真空计、压力计及标准漏孔应检定合格并在有效期内。

7 检测步骤

7.1 准备工作

7.1.1 按氦质谱检漏仪操作说明书的步骤启动检漏仪。

7.1.2 关好检漏容器密封端盖，启动真空系统对容器抽真空。

7.1.3 给仪器冷阱注入液氮，继续对检漏仪质谱室抽真空。

7.1.4 调节质谱室发射电流。

7.1.5　当漏率输出表指在 1×10^{-11} Pa·m^3/s 量程时，调整输出零点。

7.1.6　按质谱仪操作说明书用标准漏孔调节氦峰。

7.2　系统的标定

7.2.1　当检漏容器真空度达到 9×10^{-3} Pa 时，打开检漏仪、标准漏孔 F_1 与容器的连接阀门，关闭容器与真空系统的连接阀门，同时开始计时，在达到规定测量时间后，调节校准旋钮，使漏率指示值达到按附录 B 确定的该标准漏孔输出值校准控制范围内。规定的测量时间按附录 C 确定。

7.2.2　按 7.2.1 用标准漏孔 F_2 对系统进行验证，但不允许调节校准旋钮，确认输出值是否在按附录 B 确定的该标准漏孔输出值校准控制范围内。

7.2.3　测量检漏系统的本底输出值，不得超过按附录 B 确定的检漏系统本底最大值，否则应对检漏容器或质谱室进行清洗。

7.3　燃料棒检漏

7.3.1　直接检漏法

7.3.1.1　对放置时间不超过最长泄漏时间的燃料棒采用直接检漏法进行检漏。

7.3.1.2　系统标定后，切断复合真空计的电源，向检漏容器内注入氮气，直至容器内外压力达到平衡。打开检漏容器的密封端盖，将一定数量的燃料棒或整组燃料组件装入检漏容器，关闭密封端盖。

7.3.1.3　对检漏容器抽真空。当容器真空度达到 9×10^{-3} Pa 时，打开检漏仪与容器的连接阀门，关闭容器与真空系统的连接阀门，开始计时，在达到规定测量时间后，读取输出指示值并作好记录。如果输出指示值小于判废值时，该批燃料棒密封性能为合格，否则应采用对半平分法，再次按 7.3.1.2～7.3.1.3 检验，直至找出有泄漏的燃料棒。

7.3.2　背压检漏法

7.3.2.1　对超过最长泄漏时间的燃料棒使用背压检漏法。

7.3.2.2　将燃料棒放入充氦密封容器内，抽真空至 0.01 MPa 后，向容器内充入不低于 0.2 MPa 氦气，保持时间不少于 30 min。

7.3.2.3　从容器中取出燃料棒进行表面除氦处理，可用清洁的压缩空气或氮气吹拂燃料棒表面约 10 min。

7.3.2.4　按 7.3.1.2～7.3.1.3 对燃料棒进行检漏。

8　检测报告

检测报告应包括但不限于如下内容：

a)　标准漏孔编号和漏率；

b)　燃料棒棒号和数量；

c)　燃料棒泄漏输出信号判废值；

d)　标准漏孔的输出信号值；

e)　检漏系统的本底信号输出值；

f)　燃料棒检漏输出值；

g)　检漏仪校验输出值；

h)　检测人员签名、检测日期。

附　录　A
（规范性附录）
燃料棒最长泄漏时间的确定

A.1　试样制备

取正常工艺生产的燃料棒若干(建议3根～4根)，在同一时间内切除端部的密封焊点，使棒内氦气自然释放，或者对燃料棒不作堵孔焊接，直接进行充氦。

A.2　试样测定

A.2.1　材料与设备符合5.1～5.8要求。

A.2.2　按7.1～7.3.1步骤对其中一根试样测定，如输出值大于B.4规定的判废值*RL*值的1.2倍，隔一段时间后再按上述步骤复测。如果已达到*RL*值的1.2倍，应更换另一根试样测试，直至其中一根试样初次测试结果接近判废值*RL*值为止，由试样制备到此时所经历的时间，为燃料棒最长泄漏时间。放置时间小于最长泄漏时间的待检燃料棒均可按直接检漏法进行检漏，否则按背压检漏法进行检漏。

附 录 B
（规范性附录）
燃料棒泄漏率判废值、标准漏孔校准控制范围及检漏系统本底的确定

B.1 按7.1.1～7.1.6操作检漏系统。

B.2 按7.2.1～7.2.3对标准漏孔F_1、F_2和系统本底值B分别重复测量10次，记录输出指示值。

B.3 分别计算标准漏孔F_1、F_2和系统本底值B的输出指示平均值和标准偏差。

B.4 按式(B.1)计算燃料棒泄漏输出指示值的判废值：

$$RL = \frac{S_2 - S_1}{F_2 - F_1} \times SPL + B - 3\sigma \quad \cdots\cdots (B.1)$$

式中：

RL——燃料棒泄漏输出指示值判废值，单位为帕立方米每秒(Pa·m³/s)；

S_1——标准漏孔F_1输出指示平均值，单位为帕立方米每秒(Pa·m³/s)；

S_2——标准漏孔F_2输出指示平均值，单位为帕立方米每秒(Pa·m³/s)；

F_1——标准漏孔F_1标称漏率，单位为帕立方米每秒(Pa·m³/s)；

F_2——标准漏孔F_2标称漏率，单位为帕立方米每秒(Pa·m³/s)；

SPL——燃料棒技术条件给定的允许漏率，单位为帕立方米每秒(Pa·m³/s)；

B——检漏系统的本底信号平均输出值，单位为帕立方米每秒(Pa·m³/s)；

σ——标准偏差，计算见式(B.2)。

B.5 按式(B.2)计算标准偏差：

$$\sigma = \sqrt{\frac{\sigma_1^2 + \sigma_2^2}{2}} \quad \cdots\cdots (B.2)$$

式中：

σ_1——F_1输出指示值的标准偏差，单位为帕立方米每秒(Pa·m³/s)；

σ_2——F_2输出指示值的标准偏差，单位为帕立方米每秒(Pa·m³/s)。

B.6 按式(B.3)计算标准漏孔校准控制范围：

$$S' = S \pm 3\sigma \quad \cdots\cdots (B.3)$$

式中：

S'——标准漏孔校准控制范围，单位为帕立方米每秒(Pa·m³/s)；

S——标准漏孔输出指示平均值，单位为帕立方米每秒(Pa·m³/s)；

σ——标准漏孔输出指示值标准偏差，单位为帕立方米每秒(Pa·m³/s)。

B.7 按式(B.4)计算本底值的最大值：

$$B_m = B + 3\sigma_b \quad \cdots\cdots (B.4)$$

式中：

B_m——检漏系统的最大本底值，单位为帕立方米每秒(Pa·m³/s)；

B——检漏系统的本底信号平均输出值，单位为帕立方米每秒(Pa·m³/s)；

σ_b——设备本底输出指示值标准偏差，单位为帕立方米每秒(Pa·m³/s)。

附　录　C
（规范性附录）
测量时间的确定

C.1　将标准漏孔接在氦质谱检漏仪检漏口，调节氦峰，使其输出值稳定后，与标准漏孔标称漏率一致。

C.2　将标准漏孔装在检漏容器上，按 7.2.1～7.2.3 对标准漏孔进行测量，并记录输出值达到标准漏孔标称值的 90%所需要的时间。

C.3　连续测量 5 次，计算出达到标称值所需时间的平均值，取该平均值为测量时间。

ICS 01.140.20
A 14

中华人民共和国国家标准

GB/T 11822—2008
代替 GB/T 11822—2000

科学技术档案案卷构成的一般要求

General requirements for the file formation of scientific and technological archives

2008-11-13 发布　　2009-05-01 实施

中华人民共和国国家质量监督检验检疫总局
中国国家标准化管理委员会　发布

前言

本标准代替 GB/T 11822—2000《科学技术档案案卷构成的一般要求》。

本标准与 GB/T 11822—2000 相比主要变化如下：

——标准的总体编排和结构按 GB/T 1.1—2000 进行了修改；

——增加了前言；

——组卷原则上强调了科技档案成套性、系统性特点；在组卷要求中删除了不符合档案保管要求科技文件制成材料的具体名称；在组卷方法上除在用词上进行调整外，还增加了插卷方法、建设项目的组卷方法；

——增加了一般性文件的排列要求、科研类“成果和知识产权申报”和建设项目类“后评估”；

——增加了“案卷目录编制”，强调案卷内以件为单位编写页号，已有页号的可不再编；案卷封面删除了档案馆号；案卷脊背取消了色标；卷内目录将页号改为页数；

——装订方法改为以卷装订和以件装订两个方法；档号章改为盖在首页空白处；提出超出卷盒幅面的科技文件应折叠，图纸折叠按标准执行。

本标准的附录 A 是规范性附录。

本标准由国家档案局提出并归口。

本标准起草单位：国家档案局。

本标准主要起草人：姜延溪、方强、吴苏闽、郑辉、肖云、王冰、王红敏、陈秀菊、马忠魁。

本标准于 1989 年 10 月 25 日首次发布，2000 年 12 月 11 日第一次修订。

科学技术档案案卷构成的一般要求

1 范围

本标准规定了科学技术档案案卷的组卷原则和方法、案卷和案卷内文件材料的排列、案卷的编目、案卷的装订、卷盒、表格规格及其制成材料的质量要求。

本标准适用于一般科学技术档案的案卷整理。专业性较强和非纸质载体科学技术档案的整理可参照本标准。

2 规范性引用文件

下列文件中的条款通过本标准的引用而成为本标准的条款。凡是注日期的引用文件，其随后所有的修改单(不包括勘误的内容)或修订版均不适用于本标准，然而，鼓励根据本标准达成协议的各方研究是否可使用这些文件的最新版本。凡是不注日期的引用文件，其最新版本适用于本标准。

GB/T 10609.3 技术制图 复制图的折叠方法

3 术语和定义

下列术语和定义适用于本标准。

3.1

科学技术文件材料 scientific and technological records

记录和反映科学研究、生产运营、项目建设活动和设备仪器运行、维护及其管理工作的文字、图表、声像等不同形式文件材料的总称，以下简称科技文件。

3.2

科学技术档案 scientific and technological archives

国家机构、社会组织以及个人从事各项社会活动形成的，对国家、社会、本单位和个人具有保存价值的，应当归档保存的科技文件，以下简称科技档案。

3.3

案卷 file

由互有联系的若干文件组合而成的档案保管单位。

3.4

卷内文件目录 inner-file item list

登录卷内文件题名和其他特征并固定文件排列次序的表格，排列在卷内文件之前，以下简称卷内目录。

3.5

卷内备考表 file note

卷内文件状况的记录单。

3.6

档号 archival code

以字符形式赋予档案实体的用以固定和反映档案排列顺序的一组代码。

3.7

案卷目录 file list

登录案卷题名、档号、保管期限及其他特征，并按案卷号次序排列的档案目录。

4 案卷组织

4.1 组卷原则

遵循科技文件的形成规律，保持案卷内科技文件的有机联系和案卷的成套、系统，便于档案的保管和利用。

4.2 组卷要求

4.2.1 案卷内科技文件应齐全、完整，签章手续完备。

4.2.2 案卷内科技文件的载体和书写印制材料应符合档案保护要求。

4.3 组卷方法

4.3.1 针对具体项目的管理性科技文件应放入所针对的项目文件中，按阶段或分年度组卷。

4.3.2 科研课题、产品、建设项目、设备仪器方面的科技文件，应按其项目、结构、阶段或台(套)等分别组卷。

4.3.3 成册、成套的科技文件宜保持其原有形态。

4.3.4 通用图、标准图可放入相应一项目文件中或单独组卷。其他涉及这些通用图、标准图的项目，应在卷内备考表中注明并标注通用图、标准图的图号和档号。

4.3.5 底图以张或套为保管单位进行整理。

4.3.6 产品局部或零部件变更、建设项目和设备仪器在维修和维护中所形成的科技文件，宜采取插卷方式放入原案卷中；亦可单独组卷排列在原案卷之后，并在原案卷的备考表中予以说明和标注。

4.3.7 产品升级换代、建设项目后评估、改扩建或重建所形成的科技文件应单独组卷排列。

5 案卷和案卷内科技文件排列

5.1 科技文件宜按系统、成套性特点进行案卷或卷内文件排列。卷内文件一般应文字材料在前，图样在后；译文在前，原文在后。

5.2 案卷内管理性文件按问题结合时间(阶段)或重要程度排列。一般应印件在前，定稿在后；正件在前，附件在后；复文在前，来文在后。

5.3 科研类案卷宜按课题可行性研究立项、方案论证、研究实验、总结鉴定、成果和知识产权申报、推广应用等阶段排列。

5.4 产品类案卷宜按产品设计(含初步设计、基础设计、技术设计)、工艺、工装、制造、定型等工作程序，或按其产品系列、结构等排列。

5.5 建设项目类案卷宜按项目前期、项目设计、项目施工、项目监理、项目竣工、项目验收及项目后评估等阶段排列。

5.6 设备仪器类案卷应按设备仪器立项审批、外购设备仪器开箱验收(自制设备仪器的设计、制造、验收)、设备仪器安装调试、随机文件材料、设备仪器运行、设备仪器维护等阶段或工作程序排列。

6 案卷编目

6.1 卷内科技文件页号编写

6.1.1 案卷内科技文件以件为单位编写页号，以有效内容的页面为一页。

6.1.2 已有页号的文件可不再重新编写页号。

6.1.3 卷内目录、卷内备考表不编写页号。

6.2 案卷封面编制

6.2.1 案卷封面应印制在卷盒正表面，亦可采用内封面形式(封面式样见图 A.1。虚线内为提示项，下同)。

6.2.2 案卷题名，应简明、准确地揭示卷内科技文件的内容，主要包括产品、科研课题、建设项目、设备仪器名称或代字(号)、结构、阶段名称、文件类型名称等。

6.2.3 立卷单位,应填写负责组卷部门或单位。

6.2.4 起止日期,应填写案卷内科技文件形成的最早和最晚的时间——年、月、日(年度应填写四位数字,下同)。

6.2.5 保管期限,应填写组卷时依照有关规定划定的保管期限。

6.2.6 密级,应填写卷内科技文件的最高密级。

6.2.7 档号,由全宗号、分类号(或项目代号或目录号)、案卷号组成。

全宗号:需向档案馆移交的档案,其全宗号由负责接收的档案馆给定;

分类号:应根据本单位分类方案设定的类别号确定;

项目代号:由所反映的产品、课题、项目、设备仪器等的型号、代字或代号确定;

目录号:应填写目录编号;

案卷号:应填写科技档案按一定顺序排列后的流水号。

6.3 案卷脊背编制

6.3.1 案卷脊背印制在卷盒侧面,脊背式样见图 A.2。

6.3.2 案卷题名、保管期限、档号,填写方法同 6.2。

6.3.3 案卷脊背项目可根据需要选择填写。

6.4 卷内目录编制

6.4.1 卷内目录应排列在卷内文件首页之前,式样见图 A.3。

6.4.2 序号,应依次标注卷内文件排列顺序。

6.4.3 文件编号,应填写文件文号或型号或图号或代字、代号等。

6.4.4 责任者,应填写文件形成者或第一责任者。

6.4.5 文件题名,应填写文件全称。文件没有题名的,应由立卷人根据文件内容拟写题名。

6.4.6 日期,应填写文件形成的时间——年、月、日。

6.4.7 页数,应填写每件文件总页数。

6.4.8 备注,可根据实际填写需注明的情况。

6.4.9 档号,填写方法同 6.2.7。

6.5 卷内备考表编制

6.5.1 卷内备考表式样见图 A.4。

6.5.2 卷内备考表应标明案卷内全部文件总件数、总页数以及在组卷和案卷提供使用过程中需要说明的问题。

6.5.3 立卷人,应由立卷责任者签名。

6.5.4 立卷日期,应填写完成立卷的时间。

6.5.5 检查人,应由案卷质量审核者签名。

6.5.6 检查日期,应填写案卷质量审核的时间。

6.5.7 互见号,应填写反映同一内容不同载体档案的档号,并注明其载体类型。

6.5.8 档号,填写方法同 6.2.7。

6.5.9 卷内备考表,应排列在卷内全部文件之后,或直接印制在卷盒内底面。

6.6 案卷目录编制

6.6.1 案卷目录式样见图 A.5。

6.6.2 序号,应填写登录案卷的流水顺序号。

6.6.3 档号、案卷题名、保管期限,填写方法同 6.2。

6.6.4 总页数,应填写案卷内全部文件的页数之和。

6.6.5 备注,可根据管理需要填写案卷的密级、互见号或存放位置等信息。

7 案卷装订

7.1 案卷内文件可整卷装订或以件为单位装订。

7.2 以件为单位装订的应在每件文件首页空白处加盖档号章，式样见图 A.7。档号填写方法同6.2.7，序号填写方法同 6.4.2。

7.3 案卷内超出卷盒幅面的科技文件应叠装。图纸折叠方法见 GB/T 10609.3。破损的科技文件应修复。

8 卷盒、表格规格及其制成材料

8.1 卷盒式样见图 A.6。

8.2 卷盒规格和制成材料

8.2.1 卷盒外表面规格为：310 mm×220 mm。脊背厚度可根据需要设定。

8.2.2 卷盒宜采用 220 g 以上的单层无酸牛皮纸板双裱压制。

8.3 表格规格和制成材料

8.3.1 案卷目录、卷内目录、卷内备考表表格规格为：297 mm×210 mm。

8.3.2 表格宜采用 70 g 以上白色书写纸制作。

8.4 表格字迹应清晰端正。

附 录 A
（规范性附录）
案卷编目式样

单位为毫米

比例 1∶2

图 A.1 案卷封面式样

单位为毫米

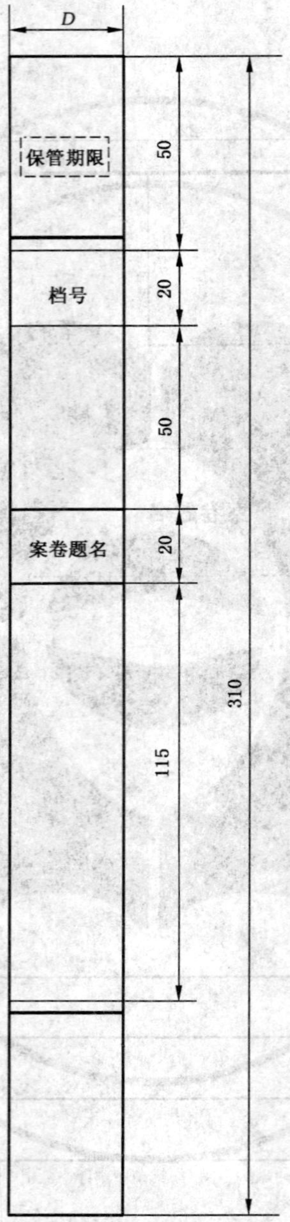

比例 1：2

D=10 mm、20 mm、30 mm、40 mm、50 mm、60 mm(可根据需要设定)。

图 A.2 案卷脊背式样

单位为毫米

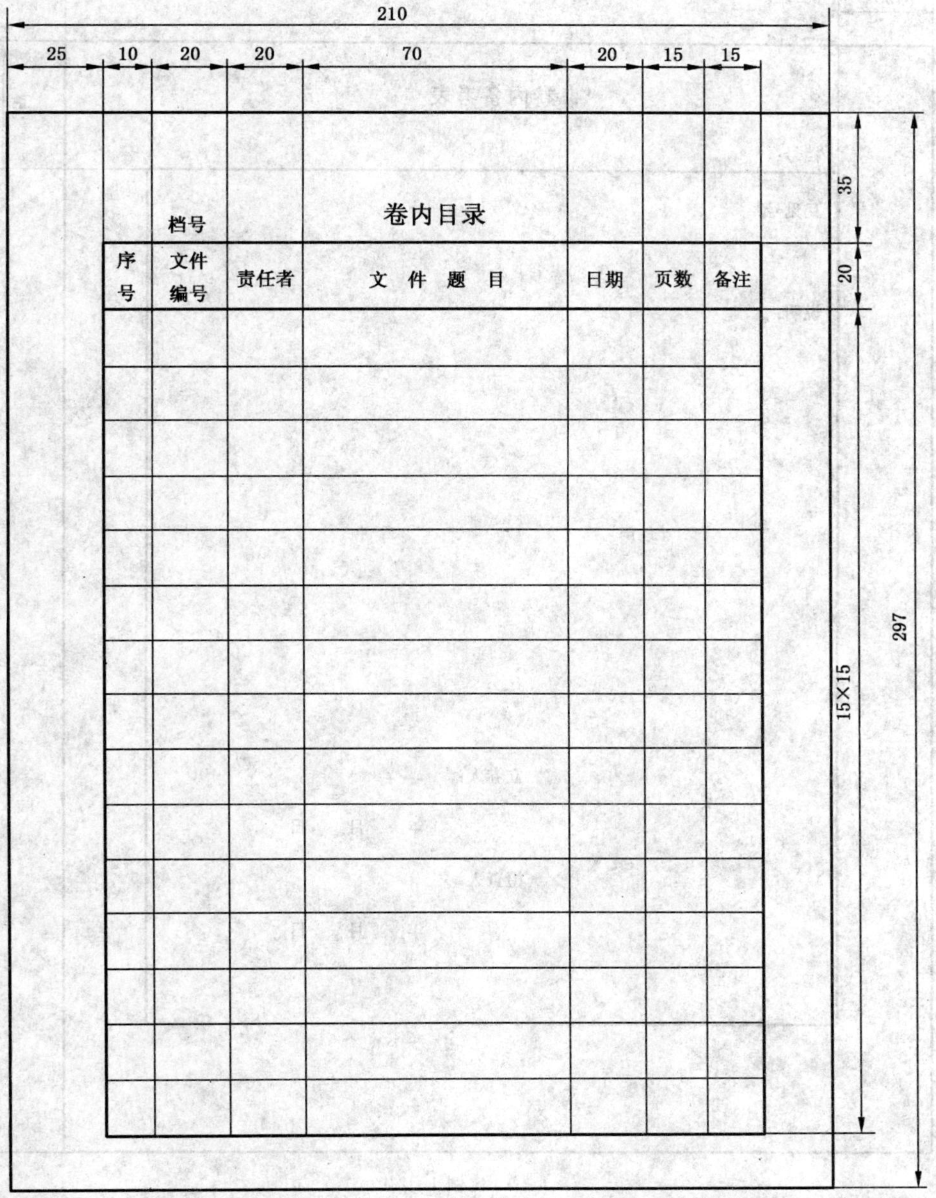

比例 1∶2

图 A.3　卷内目录式样

单位为毫米

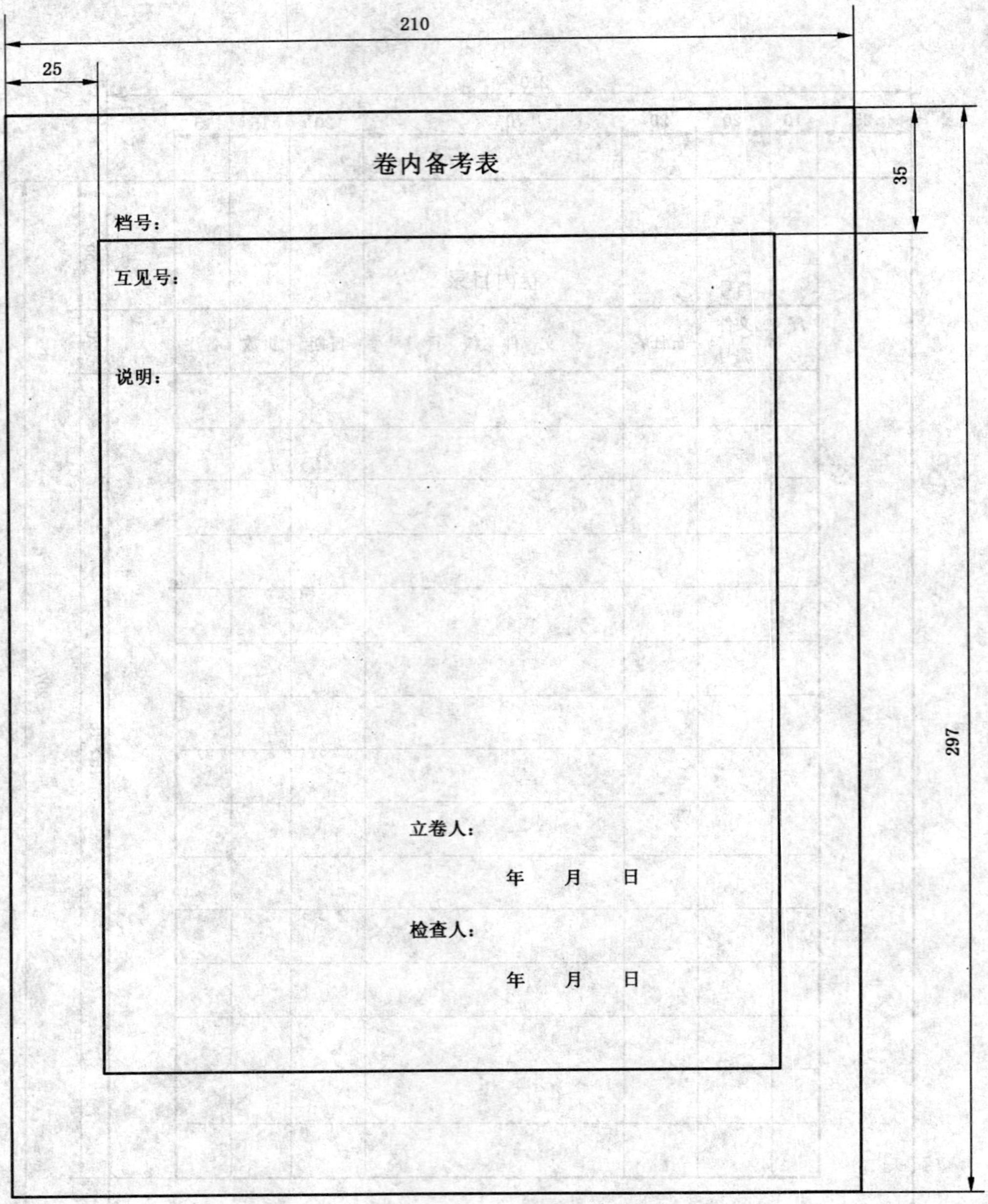

比例 1：2

图 A.4 卷内备考表式样

单位为毫米

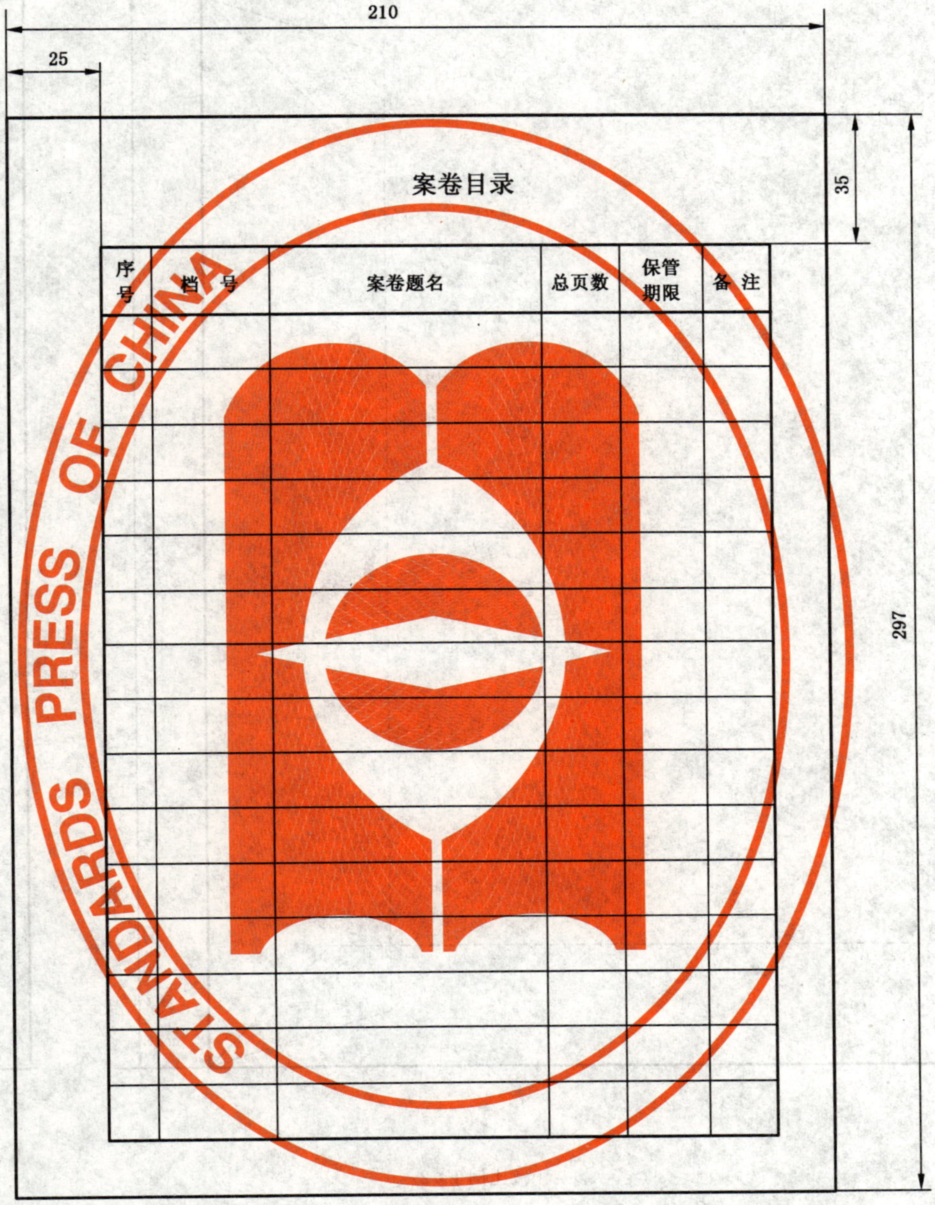

比例 1：2

图 A.5 案卷目录式样

单位为毫米

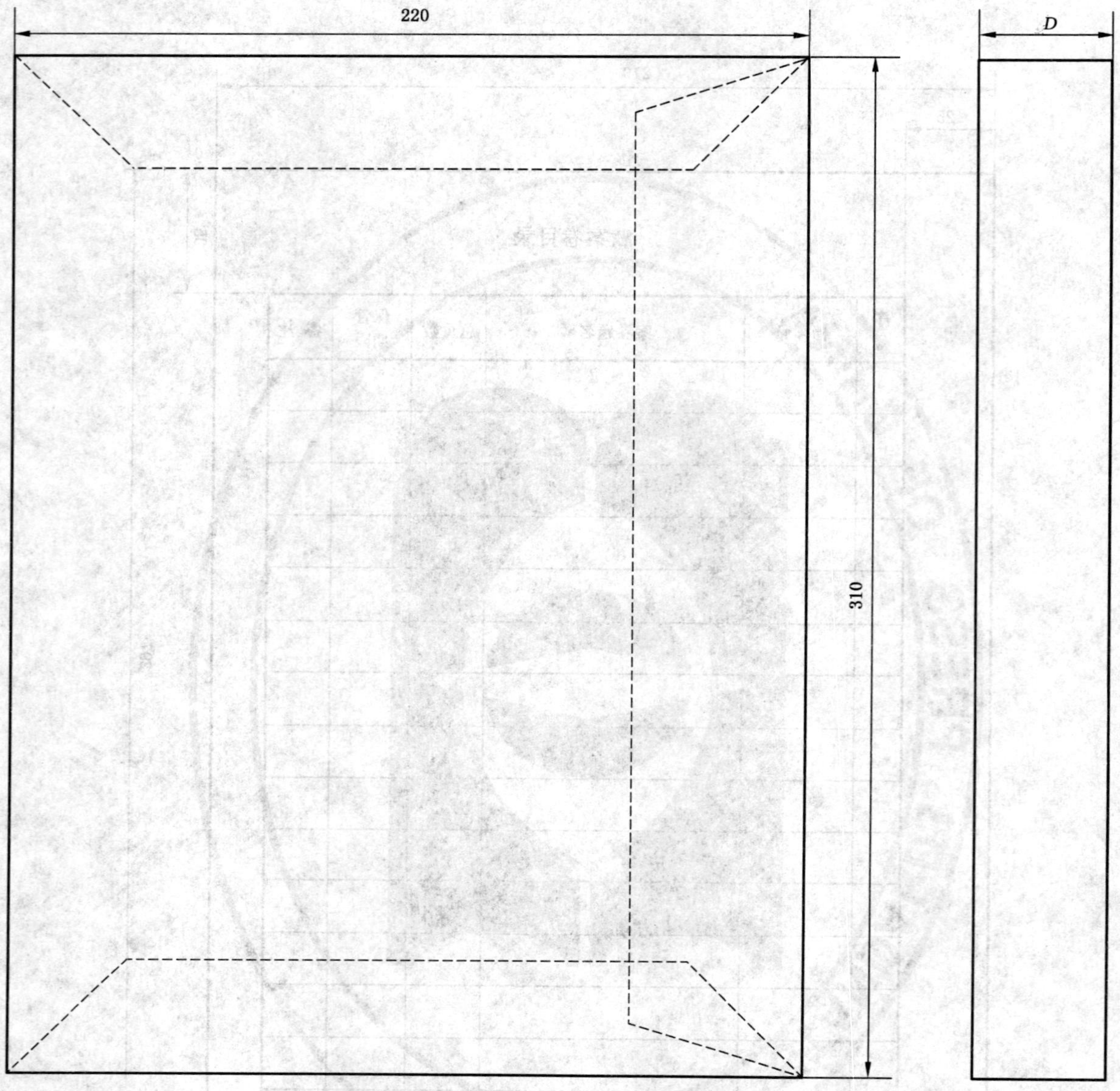

比例 1：2

D=10 mm、20 mm、30 mm、40 mm、50 mm、60 mm。

a) 卷盒式样

图 A.6 卷盒及其展开式样

单位为毫米

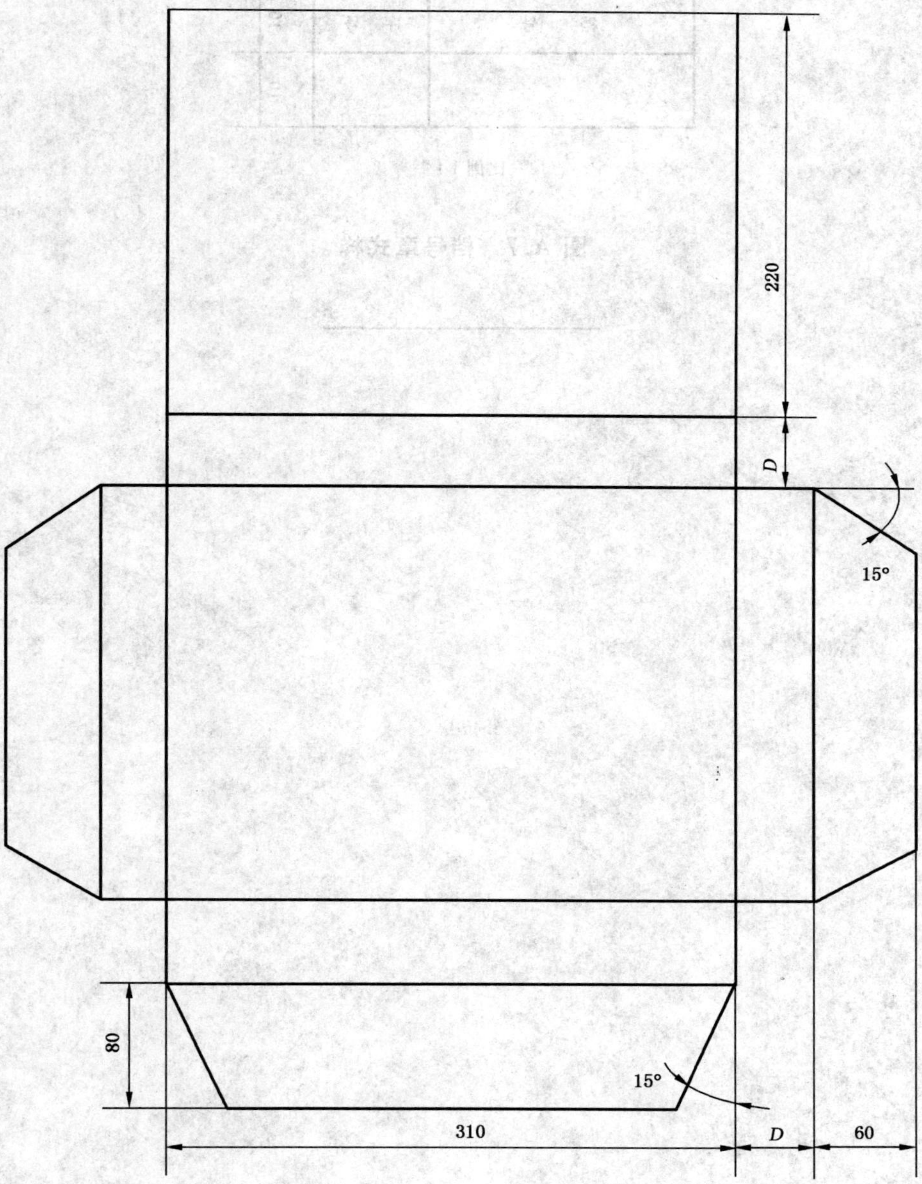

比例 1：4

b）卷盒展开示意图

图 A.6（续）

单位为毫米

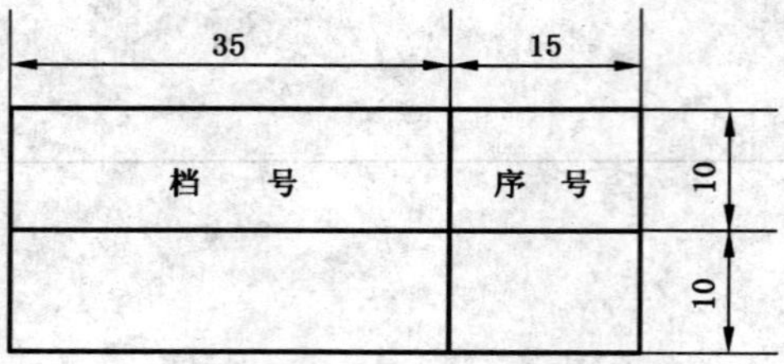

比例 1∶1

图 A.7 档号章式样

ICS 17.120
N 12

GB

中华人民共和国国家标准

GB/T 11828.6—2008

水位测量仪器
第6部分：遥测水位计

Instruments for stage measurement—
Part 6: Remote measuring stage gauge

2008-04-09 发布

2008-07-01 实施

中华人民共和国国家质量监督检验检疫总局
中国国家标准化管理委员会 发布

前　言

GB/T 11828《水位测量仪器》分为七个部分：

——第1部分：浮子式水位计；

——第2部分：压力式水位计；

——第3部分：地下水位计；

——第4部分：超声波式水位计；

——第5部分：电子编码水尺；

——第6部分：遥测水位计；

——第7部分：水位测针。

本部分为GB/T 11828的第6部分。

本部分与GB/T 11828.1—2000等其他部分、SL/T 243—1999《水位计通用技术条件》等相互协调一致。

本部分由中华人民共和国水利部提出。

本部分由全国水文标准化技术委员会水文仪器分技术委员会归口。

本部分主要起草单位：水利部水文仪器及岩土工程仪器质量监督检验测试中心、南京水利水文自动化研究所、太原理工天成科技股份有限公司。

本部分主要起草人：冯讷敏、林薇、何小刚、吴申、董秀颖。

水位测量仪器
第6部分:遥测水位计

1 范围

GB/T 11828的本部分规定了遥测水位计的产品分类、要求、试验方法、检验规则及标志、包装、运输、贮存、使用说明书。

本部分适用于测量江河、湖泊、明渠、水库等自然水体水位的遥测水位计(以下简称水位计)。

本部分不适用于水文自动测报系统(以下简称系统)中的遥测终端机。

2 规范性引用文件

下列文件中的条款通过GB/T 11828的本部分的引用而成为本部分的条款。凡是注日期的引用文件,其随后所有的修改单(不包括勘误的内容)或修订版均不适用于本部分,然而,鼓励根据本部分达成协议的各方研究是否可使用这些文件的最新版本。凡是不注日期的引用文件,其最新版本适用于本部分。

GB/T 9359—2001 水文仪器基本环境试验条件及方法

GB/T 11828.1—2002 水位测量仪器 第1部分:浮子式水位计

GB/T 18185—2000 水文仪器可靠性技术要求

GB/T 18522.2—2002 水文仪器通则 第2部分:参比工作条件

GB/T 18522.6 水文仪器通则 第6部分:检验规则及标志、包装、运输、贮存、使用说明书

GB 18523—2001 水文仪器安全要求

GB/T 19677—2005 水文仪器术语及符号

GB/T 50095—1998 水文基本术语和符号标准

SL 61—2003 水文自动测报系统技术规范

SL/T 180—1996 水文自动测报系统设备 遥测终端机

SL/T 184—1997 超声波水位计

SL/T 243—1999 水位计通用技术条件

3 术语和定义

GB/T 50095—1998、GB/T 19677—2005、SL/T 180—1996确立的以及下列术语和定义适用于GB/T 11828的本部分。

3.1

遥测水位计 distance stage gauge(remote measuring stage gauge)

通过有线或无线方式,将水位数据传至远离观测现场处进行显示、记录的水位观测仪器。遥测水位计通常包括传感器、传输部件、显示记录器。

3.2

有线远传距离 remote transmission distance of wire communication

由传感器至显示记录器或遥测终端机之间的信号有线传输距离。

4 产品分类

4.1 按配置分类

4.1.1 当水位计单独使用时，如图 1 所示。

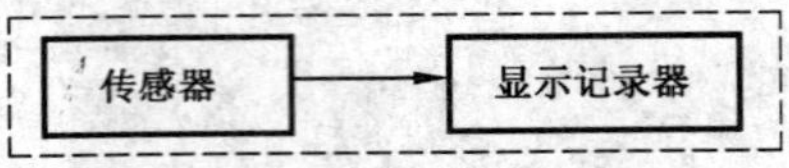

图 1

4.1.2 当水位计用于系统时，如图 2、图 3、图 4、图 5 所示。

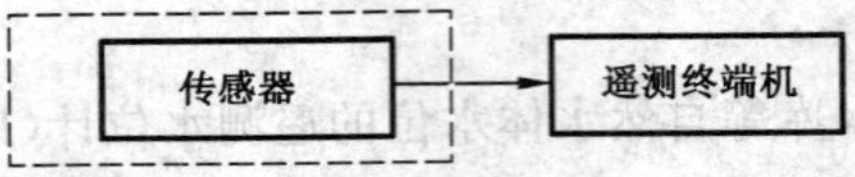

图 2

图 3

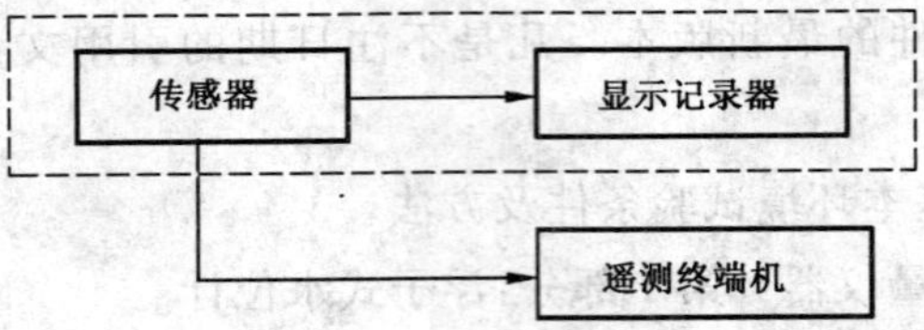

图 4

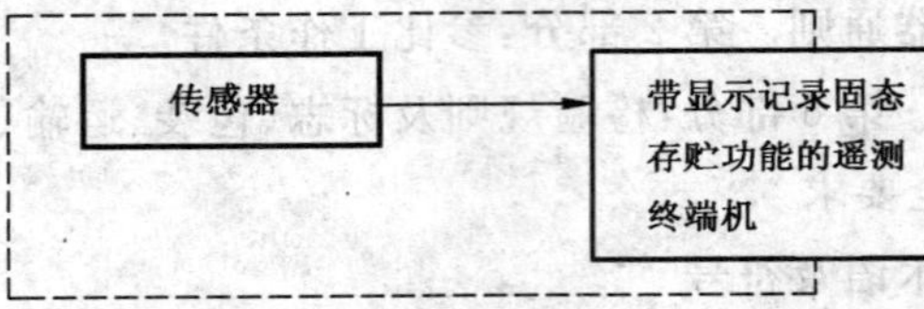

图 5

注：虚线框内为本部分范围。

4.2 按传感原理分类

4.2.1 浮子式

利用水中浮子位置随水位而变化的原理，并通过转换器件将被测水位转换成可测信号，一般有机械式和光电式等。

4.2.2 跟踪式

用电机作动力，驱动浮子或测针跟随水面运动，并同时带动传感器轮运转，将被测水位转换成可测信号。

4.2.3 压力式

通过测量水体静水压力测定水位，一般有气泡和固态压阻两种型式。

4.2.4 声波式

用声波(超声波)反射测距的原理测定水位。其中超声波有气介式和水介式。

4.2.5 电子水尺式

利用电子电路探测水体表面接触水尺的位置测量水位。

4.2.6 雷达式

用微波反射测距的原理测定水位。

4.2.7 激光式

用激光反射测距的原理测定水位。

4.3 按传感器输出信号分类

4.3.1 增量编码式

按分辨力的要求，每升降一定水位值，即发出一次升降信号，或经处理后全量输出。

4.3.2 全量编码式

将水位值进行编码并以并行或串行输出，其中串行方式采用 RS-485、SDI-12 等输出标准。

4.3.3 电模拟量式

将水位值转换成相应的电量输出，例 4 mA～20 mA 等。

4.3.4 电频率量式

将水位值转换成频率量输出。

4.4 按记录方式分类

4.4.1 模拟划线记录

分别以时间、水位为坐标，划线记录水位变化过程线。

4.4.2 固态存贮记录

采用半导体存贮器进行数据记录，并有相应的输出口，供数据读出、传输。

4.4.3 打印记录

根据设定，打印机定时打印水位值。

4.4.4 其他

无线或有线远传后的记录。

遥测水位计记录方式可以是以上一种或多种的组合。

5 要求

5.1 基本参数

5.1.1 测量范围

0 m～5 m、0 m～10 m、0 m～20 m、0 m～40 m、0 m～40 m 以上。

5.1.2 分辨力

水位计的分辨力分档如下(单位为厘米)：

0.1、0.5、1.0。

5.1.3 水位变率

一般应不低于 40 cm/min。

5.1.4 记录周期

水位计的记录周期按下列分档：

日记、周记、月记、季记、半年记和年记。

5.2 工作环境条件

5.2.1 传感器

5.2.1.1 工作环境温度：−10℃～50℃。

5.2.1.2 工作环境相对湿度：≤95％(40℃时)。

5.2.2 显示记录器

5.2.2.1 工作环境温度：10℃～45℃。

5.2.2.2 工作环境相对湿度：≤95％(40℃时)。

5.3 测量精度

5.3.1 水位计准确度、灵敏阈、回差、重复性误差、再现性误差应分别符合 SL/T 243—1999 中 5.3.1、5.3.2、5.3.3、5.3.4、5.3.5 的要求。

5.3.2 水位计计时装置的准确度和连续工作时间应符合 SL/T 243—1999 中表 3、表 4 的要求。

5.4 电性能要求

5.4.1 工作电源

应优先采用直流电源，推荐使用可充电蓄电池配太阳能电池浮充，其电压为 6 V、12 V、24 V、优选 12 V，允许偏差±15%。

5.4.2 输出接口

5.4.2.1 增量编码式

传感器感应水位变化，按水位增减分辨力要求输出信号，一般由一组或多组输出组成，可有接点通断或电平输出两类。接点通断输出其允许承受最大电压应不小于 30 V，电流应不小于 10 mA。

5.4.2.2 全量编码式

将水位实时数据转换成编码方式输出，分并行输出和串行输出两种，并行输出推荐采用 BCD 码或格雷码，有电平输出或接点通断输出两类：接点通断输出要求同增量编码式，串行输出推荐采用 RS-485、SDI-12 等接口。

5.4.2.3 电模拟量式

凡输出与水位呈函数关系的电压、电流等模拟量信号，推荐采用电流 4 mA～20 mA。

5.4.2.4 电频率量式

输出与水位呈对应关系的频率量信号。

5.4.3 数据传输

5.4.3.1 传输控制方式包括：

a） 实时输出：水位每变化一个规定值，传感器即输出全量或增量水位数据；
b） 定时采集：根据预先设定的时间间隔，定时采集水位数据。定时段采样记录的水位计可在 1 min、5 min、6 min、10 min、12 min、15 min、30 min、60 min 及 60 min 整倍数中选取记录时段；
c） 随机查询：根据查询命令，随时采集水位数据。

5.4.3.2 传感器与显示记录器间，采用专用电缆连接，其最大有线远传距离应不小于 100 m。

5.4.3.3 传感器与显示记录器间，采用超短波通信，应符合 SL61—2003 的规定。

5.4.3.4 传感器与显示记录器间，采用邮电公用通信信道或数字移动通信信道相连，则应符合相应公网标准。

5.5 显示与记录

5.5.1 显示方式

5.5.1.1 机械数字显示

采用计数器数字轮、指针式显示等。

5.5.1.2 电子数字显示

液晶显示屏、发光管显示器。

5.5.2 记录方式

5.5.2.1 图形（划线）记录

记录线连续不间断，记录划线宽度 0.2 mm～0.5 mm，实时图形记录值与数字显示值之差应小于等于该仪器的分辨力。

5.5.2.2 固态存贮记录

存贮容量应能满足仪器自记周期记录要求，固态存贮记录值与数字显示值应完全一致。

5.5.2.3 打印记录

根据需要，设定定时打印间隔，定时打印时间、水位，打印值应与显示值完全一致。

5.5.3 其他要求

5.5.3.1 显示记录器的读数和指示的标志应清晰，仪器显示装置的主动发光器件应有滤光措施，使其醒目而不刺眼。

5.5.3.2 使用交流电源工作的显示记录器应严格符合 GB 18523—2001 的有关电气安全要求。

5.5.3.3 固态存贮记录器的数据输出口应是 RS-232C、RS-485、USB 等标准数据接口。

5.5.3.4 根据需要，显示记录器可加设水位报警装置，允许误差±1 cm。

5.5.3.5 根据仪器的使用环境，提出相应的 IP 防护等级要求。

5.6 防雷要求

5.6.1 信号传输电缆一般应采用穿入金属管并埋地的方法安装。

5.6.2 传感器、显示记录器输入输出端、电源输入端应采取有效的信号隔离防雷措施。

5.6.3 对无线传输或利用公网有线传输的水位计，根据不同情况，应按通信部门的要求设计和安装避雷装置。

5.7 可靠性要求

水位计的可靠性指标用平均无故障工作时间(MTBF)表示，可从以下系列中选取：

8 000 h,10 000 h,16 000 h,25 000 h。

应符合 GB/T 18185—2000 中 7.7 的规定。

6 试验方法

6.1 试验要求

6.1.1 试验设备包括：

a) 水位试验台(或专用水位试验装置)；

b) 环境试验设备；

c) 电气测试设备；

d) 标准时钟；

e) 模拟雷电波发生器。

6.1.2 水位计的环境试验条件应符合 GB/T 18522.2—2002 要求。

6.1.3 除试验开始前允许对仪器作校准外，试验过程中不允许再作调整。

6.2 试验项目

试验项目见表 1。

表 1 试验项目

序号	要求条款	试验内容	试验方法
1	5.2.1.1 5.2.2.1	工作环境温度	使用设备：高低温交变湿热箱。 按 GB/T 9359—2001 要求进行，受试水位计的工作应正常。
2	5.2.1.2 5.2.2.2	工作环境相对湿度	使用设备：高低温交变湿热箱。 按 GB/T 9359—2001 要求进行，受试水位计的工作应正常。
3	5.1.1 5.1.2 5.1.3 5.3.1	测量范围 分辨力 水位变率 准确度 灵敏阈 回差 重复性误差 再现性误差	使用设备：水位试验台或专用水位试验装置。 按 SL/T 243—1999 表 6 中的序号 3、4、5、6、7 进行。

表 1（续）

序号	要求条款	试验内容	试验方法
4	5.3.2	计时准确度	使用设备：标准时钟。 按 SL/T 243—1999 表 6 中的序号 8 进行。
5	5.4.1	电压波动	使用设备：直流稳压电源。 受试水位计在±15%电压波动下能正常工作。
6	5.4.2.1	增量编码输出接口	使用设备：水位台或专用水位试验装置、数字万用表、双踪同步示波器等。 用双踪同步示波器逐个检查输出端波形变化，应符合该产品输出要求。
7	5.4.2.2	全量编码输出接口	使用设备：水位试验台或专用水位试验装置、万用表。 检查输出端波形变化，应符合该产品输出要求。串行编码输出传感器，可结合产品自身的显示记录装置进行。
8	5.4.2.3 5.4.2.4	电模拟量式或电频率量式输出接口	使用设备：水位台或专用水位试验装置、数字万用表、示波器等。 a) 利用产品自身显示记录器进行测试。 b) 专用的 BCD 码显示记录器测试。
9	5.4.3.1	传输控制方式	使用设备：水位台或专用水位试验装置。 分别以实时输出、定时采集、随机查询方式检查仪器功能。
10	5.4.3.2	有线远传距离	使用设备：水位台或专用水位试验装置。 以产品规定的远传距离（应大于标准规定的 100 m）连接传感器与显示记录器，检查其功能。
11	5.4.3.3	超短波传输	使用设备：水位台或专用水位试验装置、产品自身通信接收装置。 利用产品自身通信接收装置检查其功能。
12	5.4.3.4	公网传输	使用设备：水位台或专用水位试验装置。 以产品规定的公网联结传感器与显示记录器，检查其功能。
13	5.5.1	显示方式	目测显示记录器的读数和指示应清晰。
14	5.5.2 5.1.4	记录方式 记录周期	a) 划线记录 目测检查。 b) 固态存贮记录 联机检查。 c) 打印记录 联机检查。 根据不同的记录周期，需在室内运行 1 个～2 个记录周期。 长周期（一个月或以上）记录可压缩至 1 个月进行，试验时每天给 100 次～200 次输入量，应满足 5.5.2 要求。
15	5.5.3	安全防护	a) 根据仪器的使用环境，提出相应的 IP 防护等级要求。 b) 按 GB 18523—2001 中 7.3 要求，进行基本安全测试。 c) 若仪器配备报警功能，联机试验仪器的报警功能应符合 5.5.3.4要求。

表 1（续）

序号	要求条款	试验内容	试验方法
16	5.6	电磁干扰 防雷	使用设备：电磁干扰器、模拟雷电波发生器。 a) 用电磁干扰器（或 620 W 以上冲击钻）在工作状态下的传感器（不带电路的传感器免做此项）和显示记录器旁 25 cm 处开关 10 次，每次持续 1 min，传感器显示器工作正常。 b) 在带电状态下，用模拟雷电波发生器 1 000 V、700/10 μs 冲击传感器（不带电路的传感器免做此项）和显示记录器输入输出值，正负各 5 次，仪器不受损坏。 本试验为破坏性试验，应谨慎进行。当产品有配置避雷装置要求时，试验应在配置避雷装置后进行。
17	5.7	可靠性	可靠性试验以现场试验为主，推荐采用定时（定数）截尾试验，详见 GB/T 18185—2000 之 7.7.2.2。

7 检验规则

7.1 出厂检验

7.1.1 一般由生产单位的质量检验部门进行产品的出厂检验，出厂检验应逐个检验，产品经检验合格并签发合格证后，方允许出厂、销售。

7.1.2 出厂检验项目包括：

a) 应根据水位计传感原理的不同，选取 GB/T 11828.1—2002 等部分或 SL/T 243—1999、SL/T 184—1997 中对出厂检验的要求进行检验；

b) 按 5.4.3.1、5.4.3.2、5.4.3.3、5.4.3.4 的规定进行。

7.1.3 出厂检验中凡出现不合格者，应进行返工，直至检验合格。

7.2 型式检验

7.2.1 型式检验条件

遥测水位计有下列情况之一时，应进行型式检验：

a) 新产品提交技术（定型）鉴定或产品科技成果（项目）鉴定前；

b) 新产品试生产或老产品转厂生产后；

c) 产品结构、材料、工艺有重大改变，可能影响产品性能时；

d) 正常生产时，定期或积累一定产量后；

e) 产品长期停产（3 年以上）后，需要恢复生产时；

f) 出厂检验结果与上一次型式检验有较大差异时；

g) 国家质量监督机构提出进行型式检验要求时；

h) 根据合同规定双方有约定时。

7.2.2 型式检验内容

型式检验由制造厂质量检验部门按第 5 章规定的全部项目（可靠性试验除外）进行全性能检验。

可靠性试验为非型式检验项目，可通过专项试验进行，也可以在运行或鉴定移交时进行统计。

7.2.3 抽样规则

型式检验的样品应从经出厂检验中随机抽样，产品抽样至少不少于 3 台。若样品总数不足 3 台，则应全部检验。

7.2.4 判定规则

在型式检验中有 2 台或 2 台以上不合格时，则判该批产品型式检验不合格。有 1 台不合格时，则应加倍抽样进行不合格项目复检，其后仍有不合格时，则判该批产品型式检验不合格。若全部检验合格，则除去第一批抽样不合格的产品，该批产品应判为合格。

7.2.5 易损件更换

经过型式检验的仪器，需要更换易损件，在更换后应再经出厂检验合格后方能出厂。

8 标志、使用说明书

8.1 标志

按 GB/T 18522.6 的规定执行。

8.2 使用说明书

按 GB/T 18522.6 的规定执行。

9 包装、运输、贮存

9.1 包装

按 GB/T 18522.6 的规定执行。

9.2 运输

9.2.1 包装好的水位计应能适应各种运输方式。

9.2.2 包装好的水位计应能承受运输中规定程度的振动，冲击和跌落。应防止机械损伤、受潮和日光照射。

9.3 贮存

包装好的水位计应能适应下列环境条件贮存：

a) 贮存环境温度：−40℃～60℃；

b) 贮存环境相对湿度：≤90%（40℃时）；

c) 贮存水位计的附近不应存有酸性，碱性及其他腐蚀性物质。